böhlau

Landschaften in Deutschland
Band 83

im Auftrag des Leibniz-Instituts für Länderkunde
und der Sächsischen Akademie der Wissenschaften zu Leipzig

Hans-Jürgen Hardtke | Sarah Jacob | Karl Mannsfeld | Haik Thomas Porada |
Michael Strobel | André Thieme | Thomas Westphalen (Hg.)

Zwischen Lommatzsch und Wilsdruff

Eine landeskundliche Bestandsaufnahme

Böhlau Verlag Wien Köln

Für die institutionellen Herausgeber

Prof. Dr. Sebastian Lentz, Direktor des Leibniz-Instituts für Länderkunde e. V. Leipzig
Prof. Dr. Dr. h. c. Bernhard Müller, Kommission für Landeskunde der Sächsischen Akademie der Wissenschaften zu Leipzig

Wissenschaftlicher Beirat der Reihe

Dr. Stefan Klotz, Halle (Saale), Vorsitzender;
Prof. Dr. Karl Martin Born, Vechta | Prof. Dr. Dietrich Denecke, Göttingen |
Prof. Dr. Vera Denzer, Leipzig | Prof. Dr. Andreas Dix, Bamberg |
Dr. Luise Grundmann, Leipzig | Prof. Dr. Ulrich Harteisen, Göttingen |
Prof. Dr. Carsten Lorz, Weihenstephan-Triesdorf | Prof. Dr. Karl Mannsfeld, Dresden |
Prof. Dr. Winfried Schenk, Bonn | Dr. André Thieme, Dresden

Redaktion

Leibniz-Institut für Länderkunde
z. Hd. Prof. Dr. Haik Thomas Porada
Schongauerstraße 9, 04328 Leipzig
E-Post: lid@leibniz-ifl.de
Internet: www.leibniz-ifl.de

Bibliografische Information der Deutschen Nationalbibliothek:
Die Deutsche Nationalbibliothek verzeichnet diese Publikation in der
Deutschen Nationalbibliografie; detaillierte bibliografische Daten sind
im Internet über https://dnb.de abrufbar.

Dieses Publikationsvorhaben wurde freundlicherweise vom Förderverein für Heimat und Kultur in der Lommatzscher Pflege e. V. unterstützt.

© 2023 Vandenhoeck & Ruprecht, Theaterstraße 13, D-37073 Göttingen, ein Imprint der Brill-Gruppe (Koninklijke Brill NV, Leiden, Niederlande; Brill USA Inc., Boston MA, USA; Brill Asia Pte Ltd, Singapore; Brill Deutschland GmbH, Paderborn, Deutschland; Brill Österreich GmbH, Wien, Österreich) Koninklijke Brill NV umfasst die Imprints Brill, Brill Nijhoff, Brill Hotei, Brill Schöningh, Brill Fink, Brill mentis, Vandenhoeck & Ruprecht, Böhlau, V&R unipress und Wageningen Academic.

Alle Rechte vorbehalten. Das Werk und seine Teile sind urheberrechtlich geschützt. Jede Verwertung in anderen als den gesetzlich zugelassenen Fällen bedarf der vorherigen schriftlichen Einwilligung des Verlages.

Umschlagabbildung: Blick auf Leuben in der Lommatzscher Pflege 2017 (Foto: Gerhard Schlechte)
Layout und Herstellung: Liane Reichl, Göttingen
Satz: SchwabScantechnik, Göttingen
Druck und Bindung: Westermann Druck, Zwickau
Printed in the EU

Vandenhoeck & Ruprecht Verlage | www.vandenhoeck-ruprecht-verlage.com

ISBN 978-3-412-52600-9

INHALT

- 7 Verzeichnis der Einzeldarstellungen
- 9 Verzeichnis der Themen, Online-Vertiefungen und -Exkursionen
- 10 Vorwort
- 11 Buch, E-Book und Online-Auftritt

12 LANDESKUNDLICHER ÜBERBLICK

- 12 Einleitung
- 14 Naturraum und Landschaft
  - 14 Naturraumübersicht
  - 16 Geologischer Überblick
  - 21 Klima
  - 24 Bodengeographie
  - 33 Hydrologie/Gewässer
  - 35 Flora und Vegetation
  - 41 Die Tierwelt der Lommatzscher Pflege und der Wilsdruffer Hochfläche
  - 44 Natur- und Landschaftsschutz
  - 48 Das Gebiet zwischen Lommatzsch und Wilsdruff aus der Satellitenperspektive
- 49 Siedlung, Bevölkerung, Wirtschaft, Kultur
  - 49 Ur- und Frühgeschichte
  - 58 Historische Entwicklung vom 10. Jh. bis 1918
  - 66 Kontinuität und Transformation im 20. Jh. bis zur Gegenwart
- 89 Orts- und Flurnamen

94 EINZELDARSTELLUNG

- 94 A Gebiet um Zschaitz, Ostrau, Mochau und Choren
- 122 B Gebiet um Lommatzsch, Zehren und Stauchitz
- 188 C Gebiet um Leuben, Ketzerbach und Löthain
- 222 D Gebiet um Klipphausen, Miltitz, Wendischbora und Garsebach
- 274 E Gebiet um Wilsdruff, Grumbach, Limbach und Blankenstein

294 **Anhang**

    294 Abkürzungsverzeichnis
    296 Autorenverzeichnis
    298 Abbildungsverzeichnis und Bildquellennachweis
    307 Quellen und Literatur

322 **Register**

    322 Personenregister
    328 Ortsregister
    339 Sachregister

VERZEICHNIS DER EINZELDARSTELLUNGEN

94	A	Gebiet um Zschaitz, Ostrau, Mochau und Choren
94	A1	Hof und Stauchitz
99	A2	Jahna (Ort)
100	A3	NSG Alte Halde – Dolomitgebiet Ostrau
103	A4	Zschaitz
110	A5	Gödelitz
112	A6	Mochau
114	A7	Choren
116	A8	Jahna und Jahnabachtal
122	B	Gebiet um Lommatzsch, Zehren und Stauchitz
122	B1	NSG Jahna-Auenwälder und Jahnishausen
126	B2	Seerhausen
130	B3	Ragewitz
131	B4	Prausitz
135	B5	Striegnitz
137	B6	Mehltheuer
139	B7	Göhrisch
143	B8	Naundorf und Eckardsberg
145	B9	Pahrenz
145	B10	Paltzschen
150	B11	Altlommatzsch
152	B12	Lommatzsch
160	B13	Piskowitz und Prositz
163	B14	Schieritz
166	B15	Zehren
169	B16	Pitschütz
173	B17	Birmenitz
173	B18	Schwochau
175	B19	NSG Trockenhänge südöstlich Lommatzsch
176	B20	Zöthain (Käbschützbachtal)
182	B21	Seilitz
183	B22	Staucha
185	B23	Seebschütz
186	B24	Churschütz
188	C	Gebiet um Leuben, Ketzerbach und Löthain
188	C1	NSG Großholz Schleinitz und Petzschwitzer Holz
190	C2	Wauden
190	C3	Mertitz
192	C4	Schleinitz
195	C5	Leuben
198	C6	Niederjahna
200	C7	Kaisitz
203	C8	Leutewitz
207	C9	Badersen
208	C10	Graupzig
210	C11	Löthain
214	C12	Ziegenhain und Höfgen
214	C13	Nössige und Porschnitz
216	C14	Meißen und Dobritz
217	C15	Mehren
218	C16	Rüsseina
219	C17	Krögis
222	D	Gebiet um Klipphausen, Miltitz, Wendischbora und Garsebach
222	D1	Garsebacher Pechsteinklippen und Götterfelsen
224	D2	Batzdorf
226	D3	Scharfenberg
230	D4	Naustadt
234	D5	Constappel mit Saubach- und Prinzbachtal
236	D6	Miltitz
239	D7	Heynitz
241	D8	Taubenheim
243	D9	Röhrsdorf
245	D10	Wendischbora und Deutschenbora
248	D11	Rothschönberg
251	D12	Kleine Triebisch und Polenz
253	D13	Mahlitzsch
254	D14	Sora
255	D15	Saubachtal bei der Neudeckmühle
256	D16	Klipphausen

261	D17	Niederwartha	274	E	Gebiet um Wilsdruff, Grumbach, Limbach und Blankenstein
263	D18	Oberwartha	274	E1	Limbach
265	D19	Weistropp	276	E2	Blankenstein
267	D20	Niedermunzig	280	E3	Struth
268	D21	Sönitz	281	E4	Wilsdruff
269	D22	Triebisch	289	E5	Helbigsdorf
273	D23	Steinbruch Rothschönberg Röhrleite	291	E6	Kesselsdorf
			292	E7	Unkersdorf

VERZEICHNIS DER THEMEN, ONLINE-VERTIEFUNGEN UND -EXKURSIONEN

Themen

28	Abfolge der Lösssedimente
74	Digitale Landwirtschaft
80	Steckbrief der Stadt Lommatzsch
81	Steckbrief der Stadt Wilsdruff
92	Orts- und Flurformen
106	Mittelalterliche Befestigungsanlagen
118	Bodenerosion
132	Eisenbahnbau und Wirtschaftsentwicklung
146	Mühlen
154	Wohnung, Brauch und Fest – Zu den Wandlungen der ländlichen Volkskultur
170	Landwirtschaft und Archäologie
176	Bedrohte Pflanzenarten im NSG (Rote Liste)
178	Nutzung regenerativer Energien
204	Schafzucht
212	Bahnhof Löthain
220	Bauernkultur
232	Bergbau
246	Rittergüter
258	Streuobstwiesen
278	Ländliche Bauten vor 1800
286	Sendemast der Funkstelle Wilsdruff

Online-Vertiefungen

30	Bodenerosion am Beispiel Baderitz
41	Verbreitungskarten ausgewählter Pflanzenarten
42	Konkordanz der Pflanzen- und Tiernamen
84	Alterskohorten Kinder und Jugendliche
99	Kulturdenkmalschutz in Hof-Stauchitz und Zschaitz
129	Parkanlagen
148	Thietmar von Merseburg über die Heilige Quelle
153	Landeskunde digital – Lommatzsch
160	Landeskunde digital – Ketzerbachtal
163	Eine bandkeramische Siedlung mit Grabenwerk bei Piskowitz
191	Botanische und faunistische Ausstattung des Gebietes
236	Mühlen
240	Landwirtschaft in der Lommatzscher Pflege vor 1990
284	Friedliche Revolution
285	Stadtbild im Wandel – Wilsdruff Ende der 1980er Jahre und heute

Exkursionen

101	Exkursion durch das Jahnatal mit Ostrau und Hof
128	Parkwanderung durch das Jahnabachtal
164	Von Lommatzsch durch das Ketzerbachtal und zurück
177	Durch das Käbschützbachtal
193	Am Dreißiger Wasser
237	Durch das untere Triebischtal
257	Rundwanderung Klipphausen
290	Durch das mittlere Triebischtal

VORWORT

„Zwischen Lommatzsch und Wilsdruff" ist der 83. Band der gemeinsam vom Leibniz-Institut für Länderkunde und der Sächsischen Akademie der Wissenschaften zu Leipzig herausgegebenen Reihe „Landschaften in Deutschland" betitelt. Er erscheint 65 Jahre nach dem ersten Band der damaligen Reihe „Werte der deutschen Heimat", der 1957 dem Gebiet um Königstein in der Sächsischen Schweiz gewidmet war. Dieser Band zur Lommatzscher Pflege und Wilsdruffer Hochfläche steht also in einer langen Tradition führt aber zugleich Innovationen weiter, die die Buchreihe in den letzten Jahren entwickelt hat.

Diese beiden Landschaften durchlaufen seit längerer Zeit durchaus gegensätzliche Strukturentwicklungen. Das Wachstum der Stadtregion Dresden hat auch Wilsdruff und seine Umgebung erreicht. Suburbanisierungsphänomene, die mit Einwohnerzunahme und flächenhafter Ausdehnung von Wohnen, Gewerbe und Infrastruktur verbunden sind, fordern zu einer umsichtigen räumlichen Planung auf, sodass die Gestaltungsmöglichkeiten künftiger Generationen nicht unbeabsichtigt oder leichtfertig eingeschränkt werden.

Lommatzsch und sein Umland stehen dagegen vor der Herausforderung, unter den Bedingungen von demographischer Alterung und Schrumpfung den Wandel so zu gestalten, dass die Lebensqualität für die Bewohner der Stadt und des Umlands möglichst weitgehend und nachhaltig erhalten bleibt.

Unter den Bedingungen des raschen Wandels in Lommatzsch selbst, aber auch in der umgebenden Natur- und Kulturlandschaft hat die Sächsische Akademie der Wissenschaften 2018 ein Projekt koordiniert, das mit dem nun vorliegenden Buch verknüpft wurde: Vom Sächsischen Ministerium für Wissenschaft und Kunst finanziert, wurden in Kooperation mit dem Leibniz-Institut für Länderkunde (IfL, Leipzig) und dem Leibniz-Institut für ökologische Raumentwicklung (IÖR, Dresden) sowie der TU Dresden zwei digitale Musterverfahren entwickelt, die die digitale Vermittlung von landeskundlichen Informationen an ein breiteres und vor allem jüngeres Publikum verbessern. Die lokalen Fallbeispiele aus diesem Projekt, nämlich aus dem Ketzerbachtal und aus der Lommatzscher Innenstadt, sind Bestandteile des Online-Auftritts, der dieses Buch begleitet.

Die Initiative zu diesem Band haben Hans-Jürgen Hardtke und Karl Mannsfeld ergriffen. Sie haben für diese Idee auch den Landesverein Sächsischer Heimatschutz und den Förderverein für Heimat und Kultur in der Lommatzscher Pflege e. V. als Unterstützer gewonnen. Hinzu kam die aktive Förderung durch die Kommunen dieses Raumes, allen voran die Städte Lommatzsch und Wilsdruff. Ein solch breites bürgerschaftliches und kommunales Engagement ist für eine so anspruchsvolle landeskundliche Buchreihe von unschätzbarem Wert. Stellvertretend gilt unser besonderer

Dank der Bürgermeisterin von Lommatzsch, Anita Maaß, die sich auch als Autorin am vorliegenden Band beteiligte. Der Dank der beiden Herausgeber geht auch an die Mitglieder des Wissenschaftlichen Beirats für die Begleitung in der Entstehung des Bandes, und insbesondere an die beiden Gutachter des Bandes, Carsten Lorz und Winfried Müller, die wichtige Hinweise zur Qualitätssteigerung der Manuskripte gegeben haben.

Das umfangreich mit Karten- und Bildmaterial ausgestattete Buch sowie der komplementäre Online-Auftritt bieten unter anderem Informationen zu Geographie, Geologie, Botanik, Zoologie, Natur- und Umweltschutz, Archäologie, Geschichte, Sprachwissenschaft, Volkskunde und Wirtschaft. Beides kann als Nachschlagewerk und Exkursionsführer genutzt werden.

Wir wünschen diesem Band eine positive Aufnahme beim Publikum und freuen uns, wenn die Leserinnen und Leser daraus ein vertieftes Verständnis für die Entstehungs- und Wirkungszusammenhänge in der Landschaftsentwicklung gewinnen können.

Stefan Klotz
Vorsitzender des Wissenschaftlichen Beirats

Sebastian Lentz
Direktor des Leibniz-Instituts für Länderkunde

Bernhard Müller
Vorsitzender der Kommission für Landeskunde der Sächsischen Akademie der Wissenschaften zu Leipzig

BUCH, E-BOOK UND ONLINE-AUFTRITT

Neben einem größeren Format und einem abwechslungsreicher gestalteten Layout der gedruckten Ausgabe gibt es ein damit inhaltlich identisches E-Book-PDF, das schnell elektronisch durchsucht werden kann. Verzeichnisse, Querverweise und Register sind aktiv und führen per Klick zu den entsprechenden Textstellen.

Für Interessierte bietet sich darüber hinaus die Chance, Themen aus dem Buch im Internet zu vertiefen. Die Webseite ist frei zugänglich und mit zahlreichen interaktiven Elementen angereichert. Auch wird über dieses Medium die Neubelebung eines wichtigen Bausteins der Buchreihe – der Exkursionen – angestrebt. Für den hier vorliegenden Band werden deshalb zahlreiche Exkursionsvorschläge unter dem Stichwort „Unterwegs" bereitgestellt.

Buch, E-Book und Webseite sind miteinander verlinkt. Je nach verfügbaren technischen Mitteln kann die Webseite auf verschiedenen Wegen erreicht werden. Unter der Adresse „landschaften-in-deutschland.de" gibt es einen Überblick über alle Themen, Exkursionsangebote sowie Informationen zur Reihe. Daneben besteht die Möglichkeit, gezielt einzelne Themen anzusteuern. An bestimmten Stellen wurden QR-Codes eingefügt. Beim Scannen der Codes mit einer QR-Code-Scanner-App auf Smartphone oder Tablet-PC wird sofort das gewählte Thema aufgerufen. Außerdem können über einen so genannten Weblink (in grüner oder oranger Schrift) alle Nutzer, die keinen QR-Code-Scanner besitzen, dasselbe Thema über eine direkte Eingabe im Webbrowser erreichen. Der angegebene Link führt auf genau dieselbe Webseite wie der zuvor genannte QR-Code.

Bei Nutzung des E-Books sind die Links interaktiv und können bei vorhandenem Internetzugang direkt angewählt werden.

LANDESKUNDLICHER ÜBERBLICK

Einleitung

Im vorliegenden Band der Buchreihe „Landschaften in Deutschland" werden zwei benachbarte Landschaften mit vielen Gemeinsamkeiten und einigen gravierenden Unterschieden in den Blick genommen. Beide Räume, die sogenannte Lommatzscher Pflege und das Wilsdruffer Hochland, gehören zum klimatisch begünstigten Mittelsächsischen Lösshügelland mit seiner herausragenden Bodenqualität. Beide Landschaften waren deshalb bis tief in das 20. Jh. hinein vor allem landwirtschaftlich geprägt und besitzen mit den beiden Kleinstädten Lommatzsch und Wilsdruff historisch und strukturell gewachsene Mittelpunkte mit zentralörtlichen Funktionen. ▶ Abb. 1, 2

Dennoch gehörte nur die Lommatzscher Pflege mit ihrer flachwelligen Oberflächengestalt und mächtigen Lössbedeckung in 150–200 m ü. NHN zu den bereits vorgeschichtlich ebenso intensiv wie kontinuierlich besiedelten und bewirtschafteten Räumen. Aktuell sind ca. 700 archäologische Denkmäler bekannt. Sie bezeugen in ihrer außergewöhnlichen Dichte die Siedlungserschließung von der Jungsteinzeit (ca. 5500–2200 v. Chr.) über die Bronzezeit (ca. 2200–750 v. Chr.) bis in das frühe Mittelalter. Bis heute gilt die engere Lommatzscher Pflege als die eigentliche „Kornkammer Sachsens".

Dagegen erfolgte die dauerhafte Besiedlung des höher gelegenen (250–320 m ü. NHN)

Abb. 1 Die Stadt Lommatzsch von Südwesten 2020

und reliefstärkeren Hügellandes um Wilsdruff erst im 12. Jh. Während in der Lommatzscher Pflege kleine Siedlungen dominieren, die im Kern noch bis in das frühe Mittelalter (8./9. Jh.) zurückgehen dürften, ist das Wilsdruffer Hochland von größeren Siedlungen, vor allem den typischen Waldhufendörfern, geprägt, deren Entstehung mit neuen rechtlichen und wirtschaftlichen Strukturen einherging. Als Folge der günstigen Bodenbeschaffenheit und der immer intensiveren Landwirtschaft sind natürliche Waldreste (Eichen-Hainbuchen-Wälder) auf unter fünf Prozent gesunken; sie finden sich an den häufig steilen Hängen der zur Elbe entwässernden Täler oder an Gesteinsdurchragungen. Selbst größere Waldreste haben in den vergangenen ca. 180 Jahren etwa die Hälfte ihrer Fläche für agrarische Nutzzwecke verloren. Im Gebiet fallen die großen Feldblöcke der seit ca. 50 Jahren industriell betriebenen Landwirtschaft auf, womit aber zugleich zerstörerische Spuren starker Bodenerosion verbunden sind, deren Vermeidung eine aktuelle Aufgabe bleibt. In dieser „Agrarsteppe" erlangen Reste naturnaher Begleitvegetation wie Trockengebüsche, Halbtrockenrasen mit seltenen Wildkräutern, insgesamt eine örtlich hochwertige Xerothermflora und -fauna, besondere Bedeutung und begründen ihre Schutzwürdigkeit als Naturschutzgebiete. Im Ketzerbachtal haben sich Halbtrockenrasen von nationalem Interesse mit Rote-Liste-Arten, wie Bologneser Glockenblume, Wiesen-Kuhschelle und Acker-Schwarzkümmel, erhalten.

Spätestens seit dem 16. Jh. galten beide Landschaften als agrarische Hochleistungsgebiete mit wohlhabender Bauernschaft und dicht gestreuten Rittergütern. Auch die Erschließung beider Teilräume durch das sächsische Eisenbahnnetz in der zweiten Hälfte des 19. Jh. führte deshalb zu keiner namhaften industriellen Entwicklung. Von den erheblichen Zäsuren für die Landwirtschaft nach dem Zweiten Weltkrieg waren Lommatzscher Pflege und Wilsdruffer Hochland dann gleichermaßen betroffen. Bodenreform und Kollektivierung führten sogar zu einer noch stärkeren Angleichung der agrarwirtschaftlichen Strukturen beider Regionen, die in der späten DDR dann auch ähnlich zu mehr oder weniger schleichenden Bevölkerungsverlusten führten.

Das änderte sich 1990 mit der Wiedervereinigung grundlegend. Während die Lommatzscher Pflege mit der Stadt Lommatzsch erhebliche Abwanderungen zu verzeichnen hatte und mit den Folgen des wirtschaftlichen und demographischen Strukturwandels kämpfte, profitierten die verkehrsgünstig näher am wirtschaftlich aufblühenden Dresden gelegenen Orte des Wilsdruffer Hochlandes von den neuen Entwicklungsimpulsen. Industrie- und Gewerbeansiedlungen sowie die Ausweisung größerer Wohngebiete führten in einigen Gemeinden, auch in Wilsdruff selbst, nicht nur zu Bevölkerungswachstum, sondern auch zu strukturellen Veränderungen. Die Entwicklung beider Untersuchungsregionen driftete signifikant auseinander.

Dieser unterschiedlichen Transformation der landschaftlichen Teilgebiete Lommatzscher Pflege und Wilsdruffer Hochland nach 1990 widmet der vorliegende Band besondere Aufmerksamkeit. Sie bildet einen Schwerpunkt bei der Auswahl und Konfiguration der Schwerpunkte und Themenkästen, ohne das klassische Profil der Reihe „Landschaften in Deutschland" mit seinem ganzheitlichen, interdisziplinären Ansatz zu verlassen.

Abb. 2   Die Stadt Wilsdruff von Süden 2020

Naturraum und Landschaft

Naturraumübersicht

Innerhalb der mitteleuropäischen Naturregion mit bestimmender Lössverbreitung stellt das mittelsächsische Lösshügelland durch seine besonders fruchtbaren Böden einen charakteristischen Beispielsraum dar, dessen Merkmale in besonderer Weise von Prozessen und Vorgängen während der letzten Kaltzeit (Weichsel-Glazial, etwa von 115000 bis 12000 v. Chr.) geprägt worden sind. Ältere Gesteine werden von Löss überdeckt, der im Durchschnitt 2–5 m mächtig sind, aber stellenweise auch 10–15 m erreichen können. Nur entlang von Flusstälern (Jahna, Ketzerbach, Käbschützbach oder Triebisch) ist ein reliefstarkes, auf den Wasserscheiden hingegen ein flachwelliges Hügelland in Höhenlagen um 180 bis 220 m ü. NHN ausgebildet. Dieses bewegte Relief entsteht, weil durch eine Vielzahl von Dellen sowie zahlreiche kleine Bachtälchen flache Hügel und Schwellen herauspräpariert wurden. ▶ Abb. 3

Das quartäre Sedimentpaket umfasst neben den Jungweichsellössen auch ältere Lössschichten (ausklingende Saale-Kaltzeit und mittlere Weichselkaltzeit) in welchem ältere Bodenbildungen zugleich als Klimaarchiv der Landschaftsentwicklung gedeutet werden können. Die mittelsächsische Lösszone erstreckt sich vom nordwestlichen Rand der Dresdner Elbtalweitung bis etwa Mügeln im W. Ihre Nordgrenze findet sie an der von der Mulde bei Nerchau kommenden Lössrand- oder Hügellandstufe, die den Übergang zum Nordsächsischen (Moränen-)Platten- und Hügelland markiert. Die Geländestufe selbst weist eine Höhendifferenz von 20 bis 40 m auf. Nach S geht das Lösssediment durch Umwandlung des locker-porösen und teilweise entkalkten Lössmaterials in Lösslehm über, was in Verbindung mit ansteigendem Niederschlag zu Staunässeeinfluss in den Böden führt, bis schließlich nur noch lückenhaft lössbeeinflusste Schuttdecken zum unteren Osterzgebirge überleiten.

Innerhalb dieser Raumkulisse erfasst das Bearbeitungsgebiet trotz vorherrschender Lössbedeckung verschiedene Teilräume, die sich in Abhängigkeit von den variierenden Klima-, Wasserhaushalts- und Bodenbedingungen vor allem auch hinsichtlich der natürlichen Vegetation und der Landnutzungsstrukturen unterscheiden (HAASE u. MANNSFELD 2008). Schwerpunktgebiete sind die sogenannte Lommatzscher Pflege und im östlichen Teil das Wilsdruffer Hochland. Auf der Karte werden diese beiden Teilräume in die umgebenden Naturraumstrukturen eingeordnet, sodass sich die naturräumliche Gesamtsituation recht gut erkennen lässt. Für eine übersichtliche Darstellung sind die zugrundeliegenden Naturraumeinheiten (sogenannte Mikrochoren) nach Merkmalen der Oberflächenform, der Substratgenese oder der Wasserhaushaltseigenschaften zu Typen zusammengefasst. Auf dieser Grundlage dominieren im östlichen Teilraum bis etwa zum Ketzerbach Löss-Hügelgebiete vergesellschaftet mit den Plateaurandbedingungen, die zum Elbtal überleiten. Westlich davon bestimmen bis zur Jahna die flachwelligen Löss-Platten, innerhalb derer auch das Verbreitungsgebiet der besonders fruchtbaren humusreichen Parabraunerde zu finden ist, während nach S zunehmend Lösslehm-Plateaus (Höhenlagen ab 200 m ü. NHN) mit beginnendem Stauwassereinfluss ausgebildet sind.

Die Oberflächenformen beider Teilräume zeichnen sich aber außerhalb der hügeligen Plateaus weitgehend durch wellige Flachformen aus, wobei die im Gebiet auch immer wieder erkennbare „Wellen-

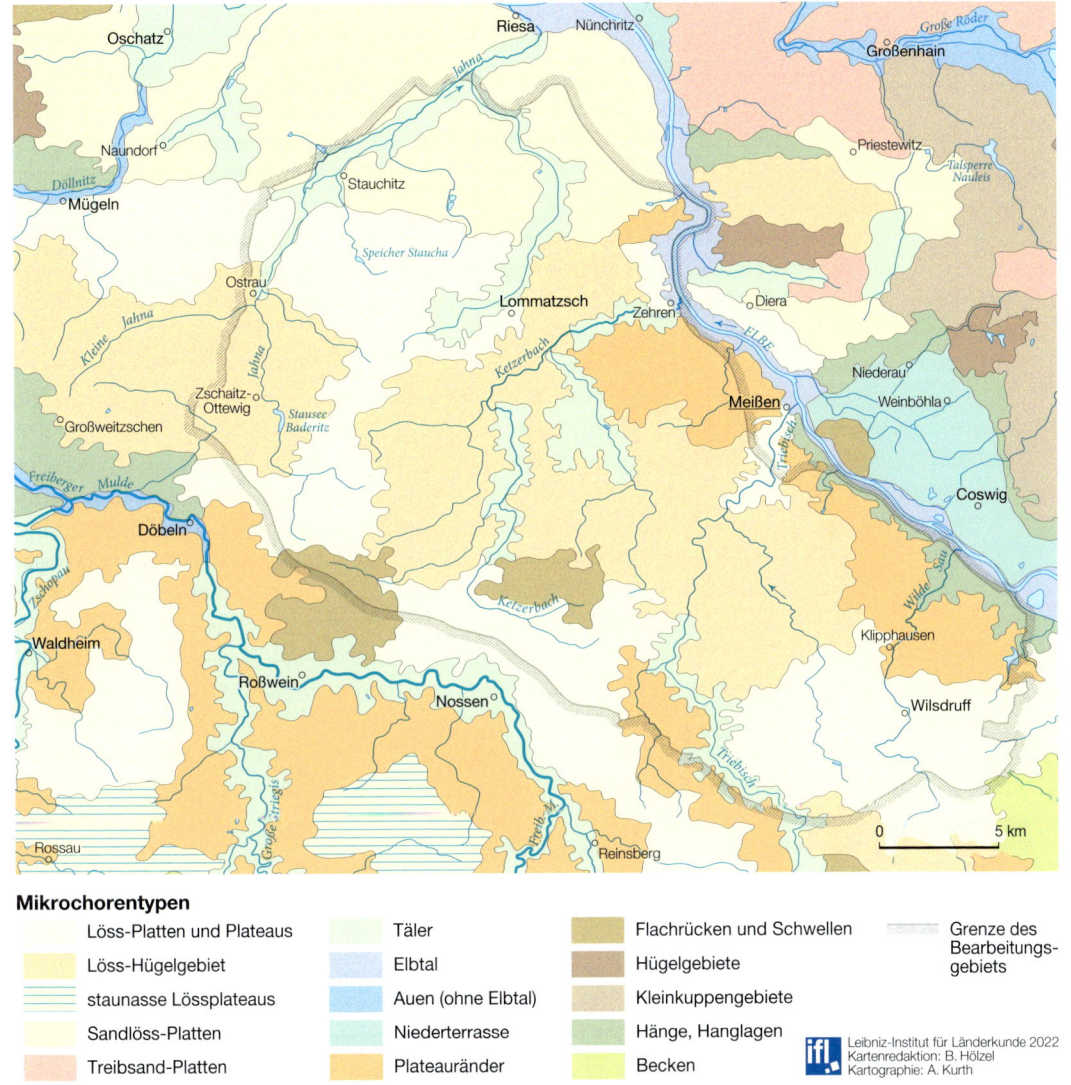

Abb. 3   Mikrochoren (Naturraumeinheiten mittlerer Größe als Mosaik zugrundeliegender Naturfaktoren)

struktur" der Ackerflächen vor allem durch die seit dem späten Neolithikum anhaltenden Erosionsvorgänge im leicht erodierbaren Lössmaterial bei der landwirtschaftlichen Nutzung erneuert wird. Gebunden an unterlagernde Gesteine, z. B. im Kontakthof des Meißener Syenodiorit/Granit-Massivs, ragen im Südteil der mittelsächsischen Lössregion mehrere Flachrücken wie die Bayerhöhe (320 m ü. NHN), die Radewitzer Höhe (305 m ü. NHN) oder die Wetterhöhe (318 m ü. NHN) auf, die etwa von Soppen bis Hasslach eine deutliche, west-östlich verlaufende und sich etwa 15 km erstreckende Geländestufe markieren, welche die umgebenden Plateaus 40–60 m überragen und als Landmarken im flachwelligen Relief zugleich lohnende Ausblicke ermöglichen. In die dominierenden welligen Flachformen und gelegentlichen Hügelgruppen sind Sohlen- und Kastentälchen eingetieft, während lediglich die Talprofile von Triebisch und

Ketzerbach/Käbschützbach durch überwiegende Tiefenerosion auch stärker geneigte, steilere Hanglagen aufweisen.

Dennoch gibt es bei den Talformen eine grundsätzliche Besonderheit. Die vielfach zu beobachtende Asymmetrie der Talhänge geht auf Prozesse des Bodenfließens (Solifluktion) in den Kaltzeiten zurück. Nach S und W gerichtete Talhänge sind überwiegend steiler und daher auch häufig noch bewaldet. Unter kaltzeitlichen Bedingungen (aber ohne direkte Eisbedeckung, d. h. periglazial) trockneten Hänge in dieser Exposition zur Sonneneinstrahlung schneller ab, während sich an den Schatthängen eine Materialverlagerung auch im Sommer über gefrorenem Untergrund fortsetzte, was zur Abflachung der nord- und ostexponierten Hangseiten geführt hat. Diese asymmetrische Talgestaltung wirkte sich auch auf die Verteilung jungweichselglazialer Sedimentaufwehungen aus, die flacheren Hangseiten weisen allgemein eine größere Lössmächtigkeit auf. Zu der welligen Geländeoberfläche tragen auch andere aus der Ackernutzung resultierende Kleinformen des Reliefs bei. Bäuerliche Transportfahrten gruben über Jahrhunderte immer weiter vertiefende Spurrinnen in den Löss ein, woraus sich die typischen Hohlwege von 2–2,5 m Tiefe entwickelten.

Da die Quellgebiete der größeren Gewässerläufe im unteren Bergland mit höheren Niederschlägen liegen, sind im Bearbeitungsgebiet Hochwasserereignisse nicht selten. Von der Geländestruktur, die vom Tiefland (<140 m) bis zum unteren Bergland (um 350 m ü. NHN) reicht, sind insbesondere auch die klimatischen Gegebenheiten beeinflusst. Von Niederschlagswerten um 600 mm steigen diese nach S kontinuierlich auf 650 mm an und erreichen an bzw. südlich der benannten Flachrücken 700–750 mm. Ähnlich sinkt der Temperaturjahresverlauf von Mittelwerten um 9 °C in Elbtalnähe auf den Löss-Platten und Plateaus in Höhenlage zwischen 180–240 m ü. NHN auf 8,7 bis 8,3 °C.

Der Nord-Süd-Gradient der Niederschläge ist auch für die Ausprägung der Bodenstruktur entscheidend. Leittyp der Böden ist die Parabraunerde, die nach S (Niederschlagszunahme) auch von der Fahlerde mit intensiverer Tonverlagerung begleitet wird. Die humusreiche Variante der Parabraunerde im Umfeld von Lommatzsch zeigt Anklänge an in Westsachsen erhaltene Schwarzerdevorkommen. Das naturbedingt hohe Ertragspotential dieser humusreichen Parabraunerde hat der Gegend schon im Mittelalter das Attribut der „großen Korntenne des Landes Meyssen" eingebracht, während gegenwärtig von der „Kornkammer Sachsens" gesprochen wird.

Aufgrund der vorzüglich für den Ackerbau geeigneten Böden existieren im Gebiet nur noch wenige Waldreste. Von Natur aus wären lindenreiche Waldlabkraut-Hainbuchen-Eichenwälder zu erwarten. Hingegen verfügt das Mittelsächsische Lössgebiet über eine andere biotische Kostbarkeit, die bedeutendste Xerothermflora und -fauna Sachsens, vor allem im Ketzerbachgebiet.

Geologischer Überblick

Die rezente Landoberfläche von Lommatzscher Pflege und Wilsdruffer Land wird überwiegend durch geologisch junge Ablagerungen, Sedimente der quartären Kaltzeitzyklen, bestimmt. In der Geologischen Übersichtskarte sind diese quartären Bildungen nicht erfasst, sondern nur die Gesteine ab Tertiär und älter dargestellt, die oberflächlich jedoch einen geringen Anteil haben. ▶ Abb. 4

Im Norden begrenzt der Hauptvorfluter Elbe die Lommatzscher Pflege. Diese große Flussaue wird durch holozäne und pleistozäne Terrassensedimente als jüngste Bildungen ausgefüllt. Sie ist Teil der in NW-SO-Richtung erstreckten Elbezone (das Elbtalsynklinorium), eine tiefreichende geologische Großstruktur. Ihre tektonische Begrenzung bildet im Nordosten die Lausitzer Überschiebung (Grenze zur Lausitzer Antiklinalzone) mit magmatischen Granodioriten und Graniten des Lausitzer Massivs. Im Südwesten endet das Betrachtungsgebiet an der Mittelsächsischen Störung, wo ein abrupter Gesteinswechsel zu den sehr alten neoproterozoischen bis paläozoischen metamorphen Gneisen und Glimmerschiefern der Fichtelgebirgisch-Erzgebirgischen Antiklinalzone – hier Osterzgebirgischer Antiklinalbereich erfolgt (PÄLCHEN et al. 2008).

Die Talflanken zum Elbtal steigen meist steil bis auf ca. 200 m ü. NHN an. Sie werden überwiegend von paläozoischen Festgesteinen eingenommen. Daran schließt sich nach Süden eine breite, ebene bis kuppig-wellige, bis auf über 300 m ü. NHN ansteigende Hochfläche an, die vollständig von pleistozänen Lockergesteinen der verschiedenen quartären Vereisungszyklen (besonders der Saale- und Weichsel-Kaltzeit) bedeckt ist. Unterbrochen wird diese Hochfläche nur durch meist kleinere Täler der zahlreichen ebenfalls grundsätzlich nach Norden entwässernden Bäche. In der weiter nach S in Richtung Erzgebirge ansteigenden Lommatzscher Pflege bestimmt der weichselkaltzeitliche Löß, der an der Erzgebirgsspaltscholle (im Zuge junger, alpidischer Bewegungen im Tertiär herausgehoben und angekippt) als Lössgürtel abgelagert wurde, die Oberflächenmorphologie.

Im Betrachtungsgebiet sind sehr unterschiedliche geologische Struktureinheiten erfasst, die vorwiegend unter Lockergesteinsbedeckung einen Festgesteinssockel bilden. Von N nach S sind das: Nordwestsächsischer Eruptivkomplex, Mügelner Senke, Meißener Massiv/Meißener Eruptivkomplex, Döhlener Senke und Nossen-Wilsdruffer Synklinorium (Nossen-Wilsdruffer Schiefergebirge).

Die Entstehungszeit (geochronologische Abfolge) der jeweils typischen Gesteine reicht vom Neoproterozoikum (vor über 545 Mio. Jahren) über das Paläozoikum (Kambrium bis Oberkarbon-Unterrotliegendes – 495–270 Mio. Jahren), die Untertrias (Buntsandstein – bis vor ca. 240 Mio. Jahren) bis zum Tertiär (Untermiozän bis vor ca. 1,8 Mio. Jahre).

Flächenmäßig von besonderer Bedeutung sind die zwei Struktureinheiten Meißener Massiv und Nossen-Wilsdruffer Synklinorium (NWG). Das Meißener Massiv (Meißener Pluton) ist in seiner elliptischen NW-SO-Erstreckung über 80 km als linementtypischer Pluton eng an die tektonisch begrenzte Elbezone gebunden. Er nimmt das Gebiet zwischen der Elbe und der Linie Lommatzsch und Wilsdruff ein. Das Magma drang in mehreren Phasen im Oberkarbon bis Rotliegenden spätvariszisch (BEEGER et al. 1965) mit Plutoniten und Vulkaniten auf und bildete so Gesteine eines Übergangs- und Molassestockwerks (ab ca. 330 bis 260 Mio. Jahre) aus. Mit der lithologischen Entwicklung verbunden ist ein schaliger Aufbau von intermediären Gesteinen am Rande der Struktur bis zu sauren Gesteinen in dessen Zentrum (von Dioriten über Monzonite zu Granodioriten und Graniten). Wichtigstes Gestein ist der Hornblendemonzonit (Typ Plauenscher Grund), früher als Syenit/Syenodiorit bezeichnet. Umschlossen von diesen magmatischen Tiefengesteinen drangen in der variszischen Spätphase noch Vulkanite auf: Rhyolithe (Dobritzer Quarzporphyr, Porphyrite) und vulkanische Gläser (Pechstein), die als Meißener Eruptivkomplex bezeichnet werden. Alle diese genannten Gesteine wurden im Elbtal zwischen Niederwartha und dem Göhrischfelsen bei Niederlommatzsch ▶ B7 sowie an den Talflanken des Triebischtales zwischen Meißen und Roitzschen und im Käbschütz- und Ketzerbachtal zwischen Leutewitz, Leuben und Zehren über einen längeren Zeitraum in jetzt aufgelassenen Steinbrüchen abgebaut. ▶ B7, B20, C8, C14, D1 Auch die Erzgänge von Scharfenberg sind an den Biotitgranodiorit des Meißener Massivs geknüpft. ▶ D3

Nach S werden die paläozoischen Tiefengesteine und Vulkanite des Meißener

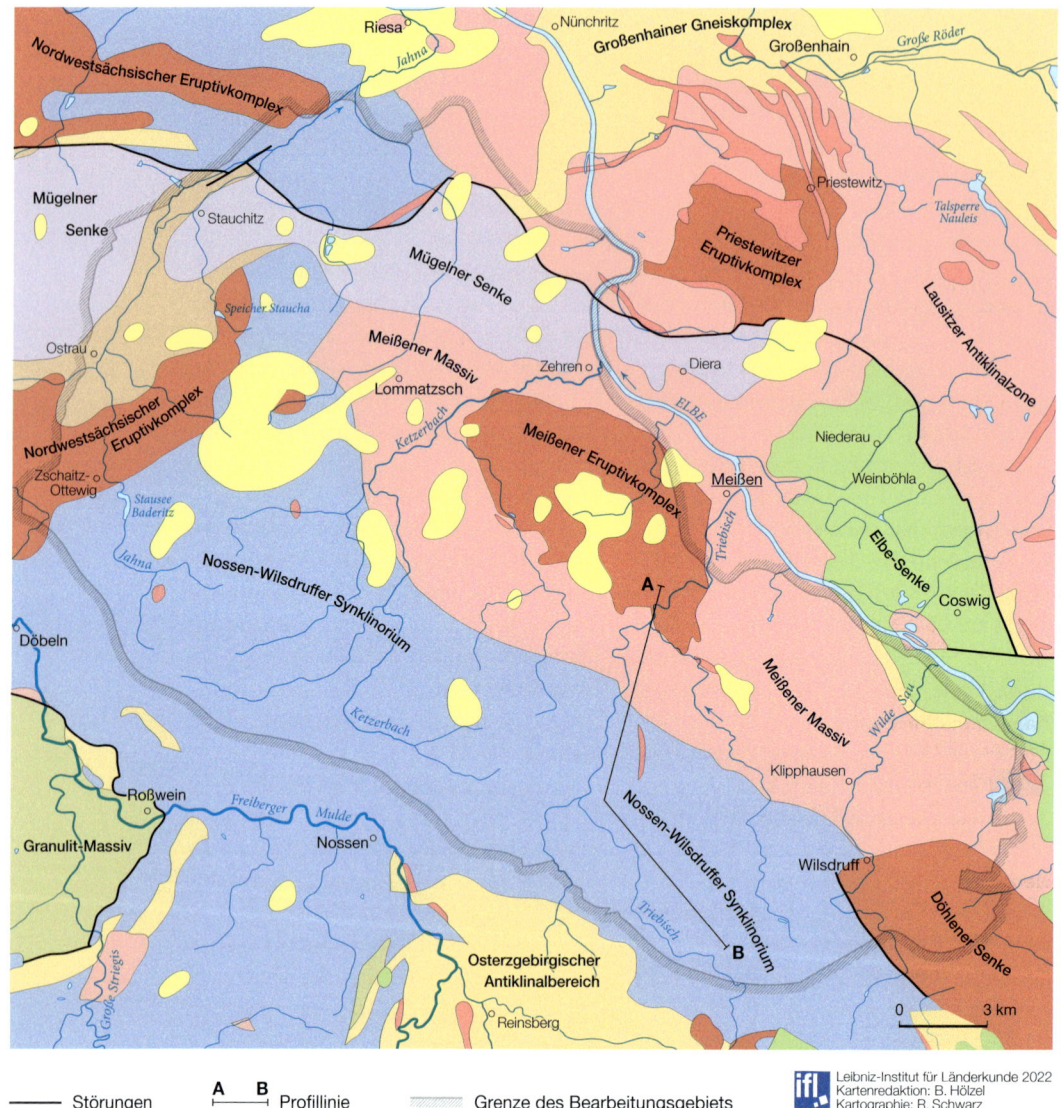

Abb. 4 Geologische Übersicht ohne quartäre Bildungen

Massivs von deutlich älteren paläozoischen Schiefern des Nossen-Wilsdruffer Synklinoriums (NWG) abgelöst (LfUG 1996). Sie gehören zum Grundgebirgsstockwerk (ab ca. 1000 bis 330 Mio. Jahre). Zwischen beiden Einheiten verläuft die tektonische Grenze quer über das Triebischtal hinweg unmittelbar nordwestlich von Miltitz und Sönitz. Vom Kambrium bis zum Unterkarbon des Paläozoikums lagerten sich im NWG Sedimente eines Flachmeeres ab. Diese Schiefer unterlagen durch Tektonik und Metamorphose (unter erhöhtem Druck und Temperatur) starken Veränderungen. Neben Tonschiefern und Phylliten entstanden Knoten- und Fruchtschiefer, Glimmerschiefer, Serizit- und Chloritgneise, Kiesel- und Alaunschiefer sowie Quarzitschiefer und Grauwacken. Im Kontakthof bildeten sich Hornfelse, Knotengrauwacke, Knotenschie-

Tertiär (nur Untermiozän)
ca. 23–5 Mio. Jahre

 Sand, Kies, Schluff, z.T. Braunkohle

Oberkreide (nur Cenoman und Turon)
99–65 Mio. Jahre

Plänersandstein und -mergel, Sandstein, z.T. Konglomerat

Trias (nur Buntsandstein)
ca. 251– ca. 240 Mio. Jahre

 Sandstein, Konglomerat, Schieferton

Oberkarbon–Perm (nur Zechstein)
ca. 255– ca. 251 Mio. Jahre

Dolomit/„Plattendolomit"

Oberkarbon–Unterrotliegendes
ca. 320– ca. 270 Mio. Jahre

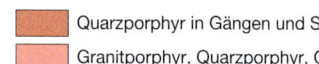
Quarzporphyr in Gängen und Stöcken
Granitporphyr, Quarzporphyr, Gangporphyrit
Granite

Kambrium–Unterkarbon
495– ca. 320 Mio. Jahre

 Glimmerschiefer, Phyllite, Tonschiefer, Grauwacken, Quarzite, Konglomerate, Kalkstein, Kieselschiefer, Diabas

Neoproterozoikum–Kambrium
>545–495 Mio. Jahre

Zweiglimmerparagneis
Waldheimer Gruppe

fer, Alaun- und Kieselschiefer wie am Blauberg bei Badersen. ▶ C9 Lokal haben silurischer bis devonischer Kalkstein und Marmor in mehreren Gängen und Lagern die Schiefergesteine durchschlagen. In Kontaktnähe zum Meißener Massiv wurde er bei Miltitz-Roitzschen teilweise als Marmor abgebaut (BOECK 2016). ▶ D6 Am Weinberg bei Rothschönberg ▶ D11, bei Groitzsch/Perne, bei Blankenstein ▶ E2 und bei Helbigsdorf ▶ E5 wurden diese Kalklagergänge ebenfalls genutzt. Auch das Erzbergbaugebiet bei Niedermunzig liegt innerhalb von metamorphen Schiefern des NWG ▶ D20.

Durch die variszischen Gebirgsbewegungen wurden die Gesteine stark eingeengt, aufgefaltet, verschuppt und zudem noch durch mehrere Störungen versetzt. Steil stehende Schichten lösen sich so auf engstem Raum ab. Beispielhaft ist das aus dem geologischen S-N-Profil durch das Triebischtal abzulesen.
▶ Abb. 5

Im Schiefergebirge entstanden so Phyllitaufwölbungen (Sattelstrukturen) bei Rothschönberg, Neu-Tanneberg und Herzogswalde, die von Muldenstrukturen bei Helbigsdorf, Groitzsch und Miltitz abgelöst werden. Bisher wurden im Ergebnis der regional- und kontaktmetamorphen Veränderungen zwei stratigraphische Einheiten unterschieden, die phyllitische und die altpaläozoische Einheit. Durch KUPETZ wurden im Jahr 2000 die lithostratigraphischen Einheiten neu definiert. Vom Hangenden zum Liegenden werden danach unterschieden: Choren-, Dachselberg-, Tanneberg- und Hirschfeld-Formation. Die bisherige phyllitische Einheit betrifft nur noch die ca. 490 Mio. Jahre alten Gesteine des oberen Kambriums bis Ordoviziums (Hirschfeld-Formation). Die Gesteine der hier besonders wichtigen Tanneberg-Formation sind mit ca. 370 Mio. Jahren deutlich jünger (Mittel-/Oberdevon).

Den Südostrand des Gebietes bilden die Gesteine der Döhlener Senke. Dieses jungpaläozoische Molassebecken wurde vom Oberkarbon bis zum Unterrotliegenden mit dem Schutt des variszischen Gebirges gefüllt. Für den Betrachtungsraum sind nur deren Basisbildungen (vulkanische Tuffe und Porphyrite) wichtig, die zwischen Wurgwitz-Kesselsdorf-Wilsdruff und Unkersdorf unter meist geringmächtiger quartärer Lockergesteinsbedeckung oberflächennah anstehen (ALEXOWSKY et al. 2005). Sie gehören noch zum Übergangs- und Molassestockwerk.

Das Deckgebirgsstockwerk (ab ca. 260 Mio. Jahre) beginnt mit dem Zechstein (untere Trias). Am Nordwestrand des Gesamtgebietes greifen die östlichen Ausläufer der Mügelner Senke bis in den Elberaum über. Hier lagern permische und triassische sedi-

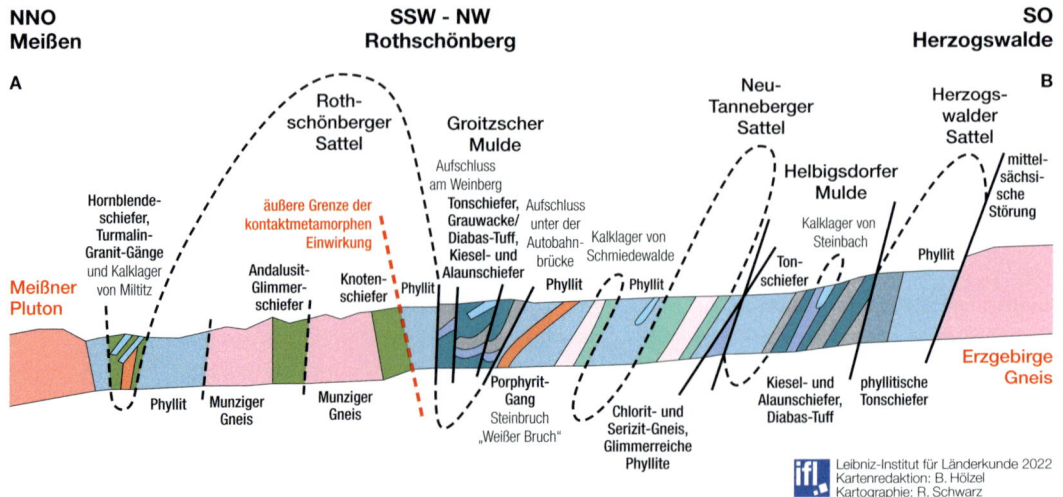

Abb. 5   Geologisches Profil durch das Triebischtal

mentäre Gesteine (Plattendolomit, Kalkstein, Gips und Anhydrit, Schluff- und Tonsteine) über den Festgesteinen des tieferen Untergrundes. Diese werden um Ostrau, Münchhof und Zschochau ▸ A3 bereits langzeitig abgebaut (Boeck 2017). Buntsandsteinablagerungen (Untertrias) sind im Steinbruch Wölkisch (Tummelsberg) aufgeschlossen. Bildungen von Obertrias, Jura und Kreide fehlen im Betrachtungsgebiet. Im älteren Tertiär (ab ca. 67 Mio. Jahre) war unser Betrachtungsgebiet vorwiegend festländisches Abtragungsgebiet. Der Feldspat im Porphyr und Pechstein verwitterte unter den feuchtwarmen Klimabedingungen durch Hydrolytische Verwitterung zu Kaolin teilweise sehr tiefgründig. Diese Verwitterungsprodukte bilden die Grundlage für die Kaolin- und Tongewinnung im Meißener Hochland zwischen Löthain, Mehren, Seilitz und Schletta. ▸ B15, B21, C11 Im Tertiär (Braunkohlenzeit) kam es außerdem zu häufigem Wechsel mariner Überflutungen und Verlandungen. In kleinen Randbecken bildete sich hier eine Waldmoorvegetation aus, die neben Sanden, Tonen und Schluffen lokal auch Braunkohle in mehreren geringmächtigen Flözen enthält (u. a. bei Arntitz/Wuhnitz im 19. Jh. abgebaut). Im Quartär (ab ca. 2,2 Mio. Jahren) entwickelte sich als Folge gravierender Klimaveränderungen durch das Überwiegen kalter Klimaabschnitte das Pleistozän mit den Elster-, Saale- und Weichsel-Kaltzeiten und den Holstein- und Eem-Warmzeiten.

Aus dem mehrfachen Wechsel von Inlandvereisung mit gelegentlichen Abschmelzphasen resultieren die im (nördlichen) Mitteleuropa unter dem Begriff „glaziale Serie" erzeugten Formengemeinschaften. Dieser glaziale Formenschatz setzt sich in gesetzmäßiger Abfolge von Oberflächenformen aus Grund- und Endmoränen, Sandern und Urstromtälern zusammen. In diesen Formenkategorien herrschen zugleich jeweils charakteristische Sedimente (Lehm/Ton, Sand/Kies oder Schotter) vor. Solche aus der ältesten Eisbedeckung (Elster- Kaltzeit) im südlichen Sachsen sporadisch noch anzutreffende Ablagerungen werden bei einzelnen Suchpunkten näher beschrieben. In zahlreichen Sand- und Kiesgruben bei Zschaitz, Plotitz, Churschütz und Sönitz ▸ B24, D21 wurden und werden diese genutzt. Der weichselkaltzeitliche Löss als äolisches Sediment und die daraus entstandenen Böden (z. B. Parabraunerde) sichern seit vielen Jahrhunderten eine außerordentlich ertragreiche Landwirtschaft in der Lommatzscher Pflege.

Klima

Ähnlich einheitlich wie die oberflächennahe Sedimentdecke sind in der Mittelsächsischen Lössregion die klimatischen Bedingungen ausgeprägt und entsprechen weitgehend dem mäßig trockenen Binnenlandklima der unteren Lagen des Hügellandes. Mit der von N (Höhen um 140 m ü. NHN) nach S ansteigenden Oberflächengestalt (Höhen um 300 m ü. NHN) vollziehen sich im Bearbeitungsgebiet klimatische Unterschiede nur moderat. So zeichnet die Niederschlagsverteilung durchaus höhenabhängige Veränderungen nach. Während von der Lössrandstufe die Gebiete bis in Höhe Ketzerbach Jahressummen von 590 mm/a bis etwa 650 mm/a erhalten, steigen nach S in Annäherung an die Ausläufer des unteren Osterzgebirges bei Höhenlagen um 300–350 m, die Niederschläge als Ausdruck der hochcollinen Verhältnisse auf 700 mm/a, örtlich auch schon bis 750 mm/a an. In einer anderen N-S-Variation verlieren nördlich der Lössrandstufe die wärmenden Wirkungen des Elbtales mit Jahresdurchschnittswerten von 8,5–9 °C rasch an Einfluss auf die Mitteltemperaturen der südwärts ansteigenden Platten und Plateaus.

Von lokalen Gegebenheiten (z. B. Strahlungsexposition, kleinräumige Luv-Lee-Effekte) abgesehen, liegen die Jahresmittelwerte der Lufttemperatur verhältnismäßig gleichförmig zwischen 8,5 und 8 °C, um erst südlich der Autobahn unter die 8°-Marke abzusinken. Diese Werte für die Gebietscharakteristik entstammen noch der Referenzperiode 1961–1990. Neuere Untersuchungen durch den Deutschen Wetterdienst und das sächsische LfULG lassen hingegen erste Tendenzen von Klimaveränderungen im Hinblick auf langjährig erhobene Klimaelemente erkennen. Zunächst werden die Klimabedingungen im Bearbeitungsgebiet am Beispiel von zwei Stationen dargestellt. ▶ Abb. 6 Die Station Garsebach bei Meißen steht dabei stellvertretend für die östliche Flanke des Bearbeitungsgebietes, während für die westlichen Gebietsteile bis zur Jahna die Station Oschatz

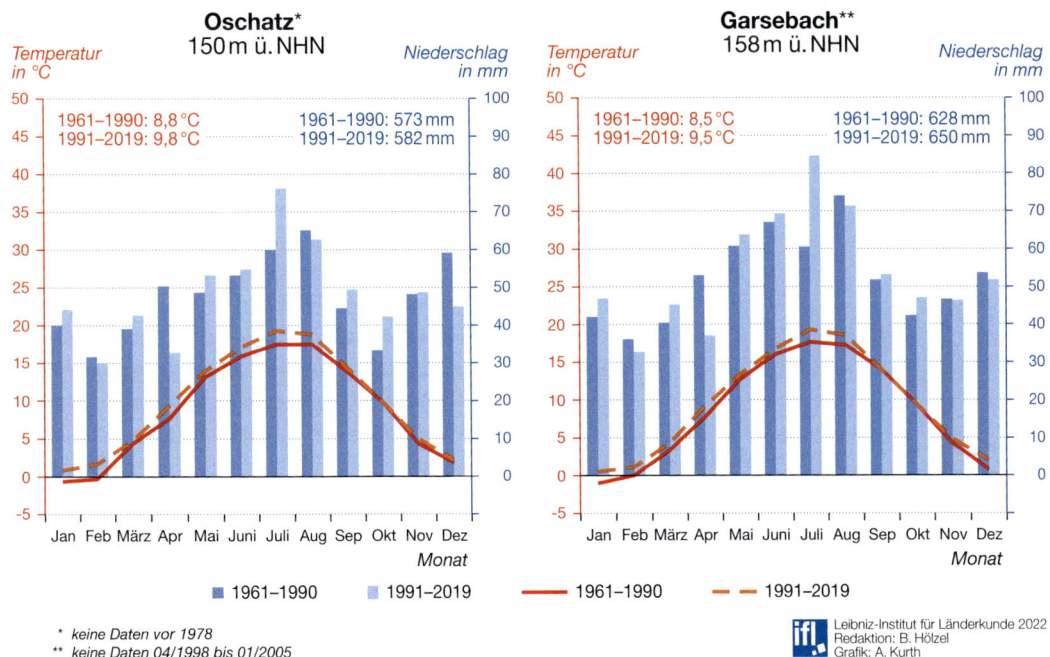

Abb. 6 Klimadiagramme für Stationen im westlichen und östlichen Gebiet (Oschatz und Garsebach)

Element/Größe	Höhenbereich	Naturräumliche Teileinheiten im Bearbeitungsgebiet				
		100 bis 300 m ü. NN				
	Zeit	Riesaer Lössplatten	Lommatzscher Pflege	Meißener Lösshügelland	Wilsdruffer Lössplateaus	Gebietsmittel
Temperatur	1961–1990	9,0	8,7	8,5	8,2	8,6
	1991–2019	10,0	9,8	9,7	9,3	9,7
	delta (K)	1,0	1,1	1,2	1,1	1,1
Sommertage (Tmax > 25°C)	1961–1990	39	36	35	32	35
	1991–2019	50	47	45	42	46
	delta (%)	27	29	31	33	30
Frosttage (Tmin < 0°C)	1961–1990	82	85	86	92	86
	1991–2019	76	79	80	86	80
	delta (%)	−8	−7	−7	−6	−7
Niederschlag*	1961–1990	650	703	724	779	714
	1991–2019	695	753	784	839	768
	delta (%)	7	7	8	8	8
klimatische Wasserbilanz	1961–1990	9	67	93	155	81
	1991–2019	−4	59	94	159	77
	delta (mm)	−13	−8	1	3	−4
Starkregen (R90p, R95p)	delta 1991–2015 vs. 1961/90 (jeweils Zunahmen in Flächenprozent)					
	Häufigkeit	81	80	99	56	79
	Intensität	95	83	100	85	91

*korrigierter Niederschlag, d.h. Korrektur des windbedingten Messfehlers   Bezugszeitraum: Jahr

Abb. 7   Veränderungen von Klimaelementen (1961–2019) für Jahreswerte

als repräsentativ für diesen Teil des Mügeln-Lommatzscher Hügellandes gelten kann.

Die Stationsdiagramme veranschaulichen jeweils die Zeitabschnitte 1961–1990 und 1991–2019. An den Kurven für die Temperaturverteilung und den Niederschlagssäulen lassen sich schon im optischen Vergleich z. T. deutliche Veränderungen im Klimageschehen in Mittelsachsen erkennen. Im Ergebnisbild für die Station Garsebach im Meißener Gebiet betreffen die Veränderungen vor allem die auffällige Ablösung des Monats August als niederschlagsreichster Monat durch den Monat Juli. Zugleich fällt der Niederschlagsrückgang im ersten Halbjahr insgesamt auf. Diese Tendenz gilt grundsätzlich auch für den westlichen Teil des Bearbeitungsgebietes. Eine vertiefte Analyse kann zusätzlich für vier Teilräume weitere aufschlussreiche Veränderungstendenzen sichtbar machen. Ausgehend von den beiden Stationen des Wetterdienstes konnten durch das LfULG interpolierte Werte auf der Basis von 100 m Rasterzellen, statt wie bisher 1.000 m, erhoben werden, was eine wesentlich bessere Berücksichtigung der Topographie zulässt und somit die Aussagekraft der interpolierten Daten stärkt.

Obwohl die klimatische Gesamtkonstellation im Bearbeitungsgebiet in den zurücklie-

Element/Größe		Naturräumliche Teileinheiten im Bearbeitungsgebiet				
	Höhenbereich	100 bis 300 m ü. NN				
	Zeit	Riesaer Lössplatten	Lommatzscher Pflege	Meißener Lösshügelland	Wilsdruffer Lössplateaus	Gebietsmittel
Temperatur	1961–1990	12,9	12,5	12,2	11,8	12,4
	1991–2019	13,8	13,6	13,5	13,1	13,5
	delta (K)	0,9	1,1	1,3	1,3	1,1
Niederschlag*	1961–1990	182	198	207	219	201
	1991–2019	167	181	188	199	184
	delta (%)	−8	−9	−9	−9	−9
klimatische Wasserbilanz	1961–1990	−68	−49	−39	−23	−45
	1991–2019	−109	−93	−84	−69	−89
	delta (mm)	−41	−44	−45	−45	−44
Starkregen (R90p, R95p)		delta 1991–2015 vs. 1961/90 (Flächenprozent)				
	Häufigkeit	weitgegend flächendeckende **Abnahmen**				
	Intensität					

*korrigierter Niederschlag, d.h. Korrektur des windbedingten Messfehlers   Bezugszeitraum: VP I

Abb. 8   Veränderungen von Klimaelementen (1961–2019) für die Vegetationszeit April bis Juni

Element/Größe		Naturräumliche Teileinheiten im Bearbeitungsgebiet				
	Höhenbereich	100 bis 300 m ü. NN				
	Zeit	Riesaer Lössplatten	Lommatzscher Pflege	Meißener Lösshügelland	Wilsdruffer Lössplateaus	Gebietsmittel
Temperatur	1961–1990	16,8	16,5	16,3	15,9	16,4
	1991–2019	17,9	17,6	17,5	17,1	17,5
	delta (K)	1,1	1,2	1,3	1,2	1,2
Niederschlag*	1961–1990	186	198	207	223	203
	1991–2019	219	233	240	254	236
	delta (%)	18	17	16	14	16
klimatische Wasserbilanz	1961–1990	−66	−51	−41	−22	−45
	1991–2019	−57	−42	−34	−16	−37
	delta (mm)	9	9	7	6	8
Starkregen (R90p, R95p)		delta 1991–2015 vs. 1961/90 (Flächenprozent)				
	Häufigkeit	weitgegend flächendeckende **Zunahmen**				
	Intensität					

*korrigierter Niederschlag, d.h. Korrektur des windbedingten Messfehlers   Bezugszeitraum: VP II

Abb. 9   Veränderungen von Klimaelementen (1961–2019) für die Vegetationszeit Juli bis September

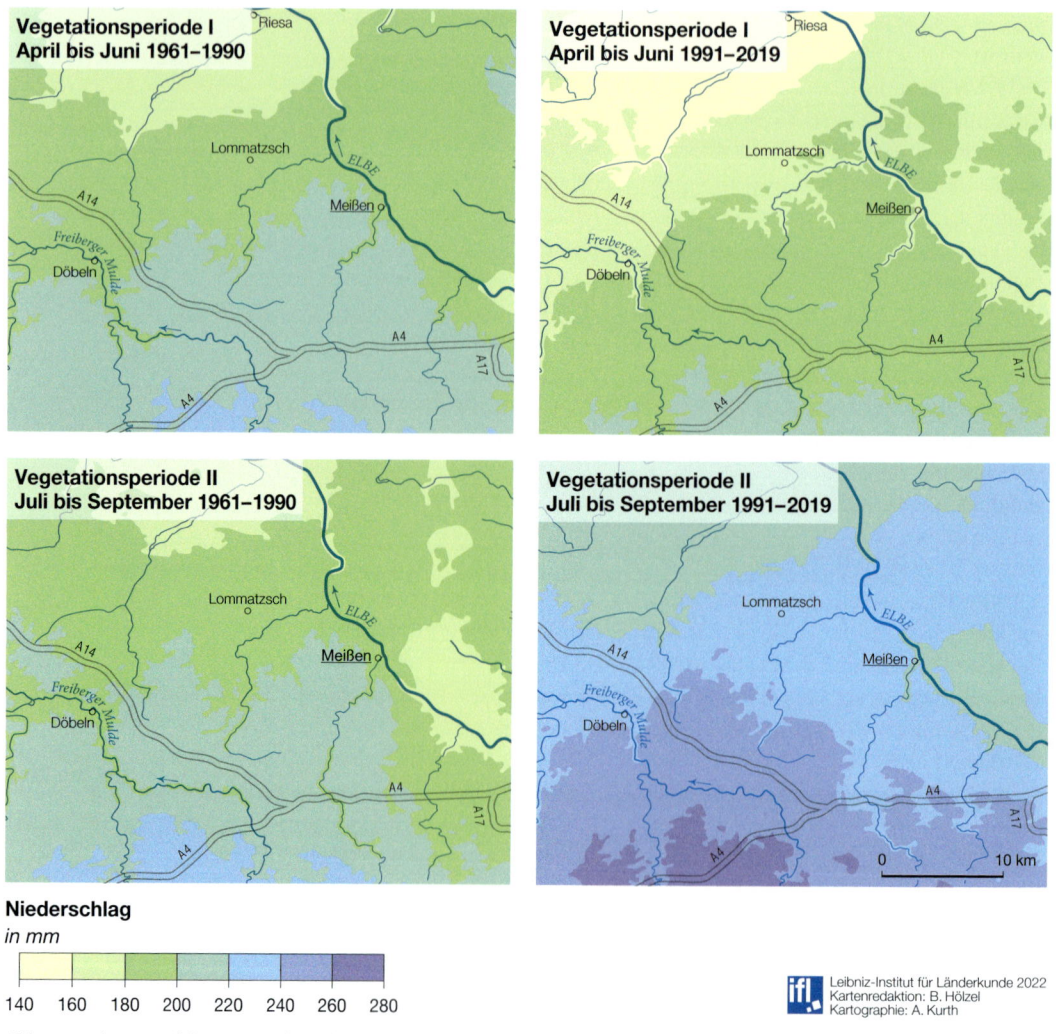

Abb. 10 Klimawandel am Beispiel Niederschlag für die beiden Vegetationsperioden im Vergleich für Normalperiode und aktuelle Periode

genden ca. 60 Jahren weitgehend vergleichbar geblieben ist, lohnt es sich doch aus einer vertieften Betrachtung regionale Differenzierungen abzuleiten. Dazu wurde das Gesamtgebiet in vier Teilräume gegliedert, woraus vor allem ein Vergleich der Klimadaten aus der Normalperiode (1961–1990) zu der jüngeren Vergangenheit (1991–2019) ermöglicht wird. ▸ Abb. 7, 8, 9 Die vier Teilräume setzen sich zusammen aus Riesaer Lössplatten, der Lommatzscher Pflege, dem Meißener Lösshügelland und den Wilsdruffer Lössplateaus.

Für das Gesamtgebiet sind zunächst einige grundsätzliche Befunde ableitbar. So ist die Jahresmitteltemperatur in den vergangenen sechzig Jahren im mittelsächsischen Lössgebiet um rund 1,1 °C, von 8,6 auf 9,7 °C angestiegen. Die Untergliederung umfasst verschiedene Gebietskulissen. ▸ Abb. 3 Im Westen beginnend ist das Einzugsgebiet der Jahna bis nach Riesa ein solcher Teilraum, dann folgt nach Osten die engere Lommatzscher Pflege, danach das Lösshügelgebiet südlich von Meißen und weiter nach Osten werden vom Triebischtal die Lössplatten um Wilsdruff ausgeschieden.

Während Sommertage (Tmax> 25 °C) im Gesamtgebiet um ein Drittel zugenommen haben, bleibt der Rückgang bei Frosttagen mit 7–8 % nur im einstelligen Bereich. Die regionalisierte Niederschlagsverteilung lässt hingegen, auch beeinflusst durch den Wärmefaktor, auf stärkere Dynamik schließen. Das zeigt sich vor allem in einem durchschnittlichen Anstieg der Regenmenge von ca. 8 % (etwa 50–60 mm) in den vergangenen dreißig Jahren. Die jüngsten Trockenjahre (2018–2020) können diesen Trend statistisch noch nicht korrigieren. Bei einer Aufgliederung der Jahreswerte für die Monate April bis Juni sowie von Juli bis September erkennt man, dass ab 1991 im langjährigen Mittel eine Niederschlagszunahme im Spätsommer und Frühherbst stattfindet. Für die Erhöhung der Jahresniederschläge kann auch auf die Zunahme von Starkregen verwiesen werden, die weniger in ihrer Häufigkeit als in der Intensität zugenommen haben. So sind besonders Starkregen (> 20 l pro Stunde) häufiger registriert worden. Die Prozentangaben in den Tabellen beim Indikator Starkregen hingegen sagen aus, wieviel Fläche der jeweiligen Raumkulisse davon überhaupt betroffen ist. Andererseits zeigt sich zugleich eine zunehmende Niederschlagsarmut im Frühjahr. Die klimatische Wasserbilanz als Differenz zwischen Niederschlag und der potentiellen Verdunstung gibt Auskunft über mögliche Defizite oder Überschüsse im Bodenwasserhaushalt. Diesbezüglich ist im trockeneren, nordwestlichen Gebiet um Riesa eher ein Defizit zu erkennen, während nach Osten hin (Meißen, Wilsdruff) größere Ausgeglichenheit herrscht. Windoffenheit ist in der weitgehend baumlosen Agrarlandschaft ein charakteristisches Klimamerkmal. In den Gebieten der flachwelligen Löss-Platten bleiben auch die kleinen Tallagen frostgefährdet und im stark eingetieften Triebischtal sind sogar oberhalb von Mohorn in den Sommermonaten Bodenfröste möglich. Als Ausdruck des mit der Erwärmungstendenz verknüpften Strahlungswetters ist in den vergangenen zehn Jahren auch die Dauer der Sonnenscheinstunden angestiegen. Im gesamten Westteil überwiegen jetzt Werte um 1.575 h, und in den Jahren 2018–2020 lag die Sonnenscheindauer sogar bei jeweils rund 1.700 h. Auch im östlichen Raum sind inzwischen die langfristigen Mittelwerte auf etwa 1.600 h angestiegen. ▶ Abb. 10

Bodengeographie

Der als Beispielraum für die Bodenverhältnisse im Mittelsächsischen Lösshügelland ausgewählte Musterausschnitt um Lommatzsch und Wilsdruff weist das gesamte Spektrum der Bodenformen für die vom Löss geprägte Region (Pedoregion) auf. Die unterschiedliche Verteilung der bereits im Spätglazial (ca. ab 7500 v. Chr.), vor allem aber im Postglazial gebildeten Böden ist auch abhängig von späteren Abtrags- und Akkumulationsprozessen innerhalb der Lössauflage. Das flächenhaft ausgebreitete äolische Sediment bleibt insgesamt bestimmend für die Bodenentwicklung und -qualität, während der Einfluss des Untergrundes nur an Talhängen oder an vereinzelten Gesteinsdurchragungen wirksam wird.

Im Einzelnen ergibt sich folgendes Bild: Beginnend mit dem Gebiet um die Stadt Lommatzsch lassen sich in deren Umfeld hochproduktive Böden in Gestalt einer humusreichen („dunkelgrauen") Parabraunerde (die möglicherweise ein frühes Stadium als Feuchtschwarzerde durchlaufen hat) finden. Man nimmt an, dass diese Böden aus dem Zusammenspiel von Verlagerung toniger Substanzen (Lessivierung) unter lichten Laubwaldbeständen sowie zugleich durch Bedingungen für Steppenbodendynamik (Humusanreicherung) entstanden sind. Eine

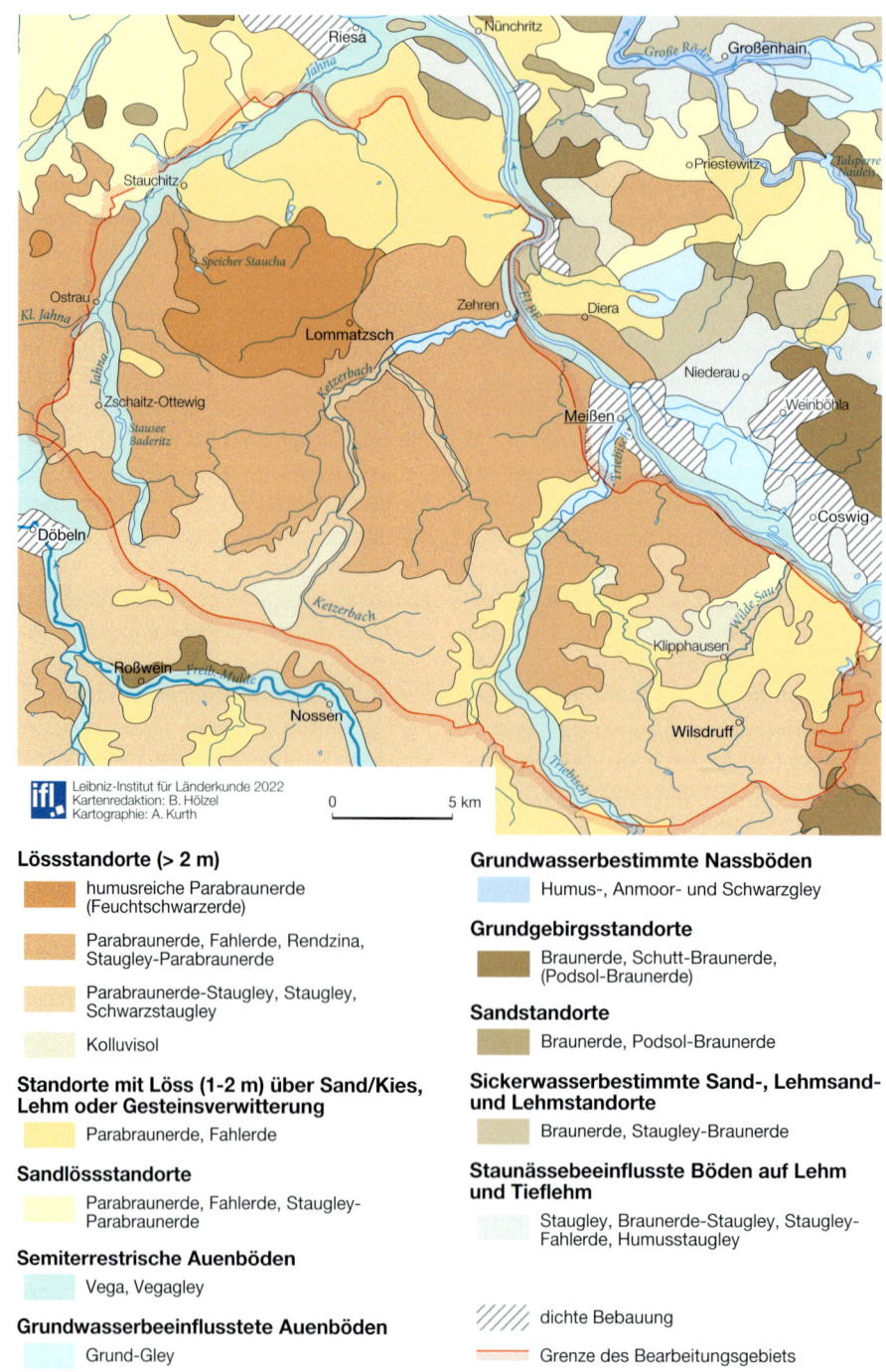

Lössstandorte (> 2 m)
- humusreiche Parabraunerde (Feuchtschwarzerde)
- Parabraunerde, Fahlerde, Rendzina, Staugley-Parabraunerde
- Parabraunerde-Staugley, Staugley, Schwarzstaugley
- Kolluvisol

Standorte mit Löss (1-2 m) über Sand/Kies, Lehm oder Gesteinsverwitterung
- Parabraunerde, Fahlerde

Sandlössstandorte
- Parabraunerde, Fahlerde, Staugley-Parabraunerde

Semiterrestrische Auenböden
- Vega, Vegagley

Grundwasserbeeinflusstete Auenböden
- Grund-Gley

Grundwasserbestimmte Nassböden
- Humus-, Anmoor- und Schwarzgley

Grundgebirgsstandorte
- Braunerde, Schutt-Braunerde, (Podsol-Braunerde)

Sandstandorte
- Braunerde, Podsol-Braunerde

Sickerwasserbestimmte Sand-, Lehmsand- und Lehmstandorte
- Braunerde, Staugley-Braunerde

Staunässebeeinflusste Böden auf Lehm und Tieflehm
- Staugley, Braunerde-Staugley, Staugley-Fahlerde, Humusstaugley

- dichte Bebauung
- Grenze des Bearbeitungsgebiets

Abb. 11 Übersichtskarte zum Vorkommen der wichtigsten Bodenformen im Bearbeitungsgebiet

solche Dynamik konnte sich sowohl durch trockeneres Klima (Leewirkungen des Mittelsächsischen Riedels und des Collmberges) als auch durch einen im äolischen Sediment für Mittelsachsen höheren Kalkgehalt entfalten. Während der Kalkgehalt im Mittelweichsellöss durchschnittlich 3–4 % CaCO3 betrug, erreicht der Jungweichsellöss im Raum Mügeln-Lommatzsch, hervorgerufen durch die bei Ostrau vorkommenden Zechsteinkalke, Kalkgehalte von 6–10 % CaCO3 und damit andere Voraussetzungen für die Bodenentwicklung. Dennoch haben die Klimabedingungen und der Kalkreichtum für eine normhafte Schwarzerde nicht ausgereicht. Hinsichtlich des Bodentyps bleibt demnach als prägender Vorgang auf die Tonverlagerung zu verweisen, zumal humose Tonbelege im Untergrund weitgehend fehlen. Somit kann die Humusanreicherung auch erst nach der Texturdifferenzierung stattgefunden haben. Eine Tonverlagerung in diesen Lössböden dürfte bereits im Spätglazial (Alleröd-Interstadial) begonnen haben. Die Akkumulation stabiler Humusstoffe kann dann in die nacheiszeitlichen Wärmephasen des Spätboreals und Atlantikums (6000 bis 4500 v. Chr.) eingeordnet werden. Unter diesen Bedingungen war die Humusqualität höher, weil die die Schluffkörner des Löss umgebenden Humathüllen die Bodenreaktion neutral hielt, damit die Stoffverlagerung verringerte und damit den Zusammenbruch der Kapillarstrukturen vermied, weshalb sich in dem durch höhere Kalkanteile gekennzeichneten Jungweichsellöss, diese dunkelgrauen und humusreichen Parabraunerden entwickelten und erhalten konnten. Ihr Merkmal ist ein vielfach 4–6 dm mächtiger mineralischer und humoser Oberboden (A-Horizont) über dem saumartigen an Humus und Ton verarmten Tonverarmungshorizont. Das Vorkommen dieses seltenen Boden(sub)typs kann mit den Ortschaften Lommatzsch–Neckanitz–Wuhnitz–Staucha–Striegnitz umrissen werden und umschließt damit eine Fläche von ca. 35–40 km². Begleitet wird dieses besondere Areal von dem eigentlichen Leittyp der Region, der Löss-Parabraunerde. Ihr Merkmal sind interne Verlagerungsprozesse im bodenbildenden Löss, bei denen als Folge von Carbonatverlust und damit einhergehender schwacher Versauerung tonige Substanzen (z. B. Fein-Ton) beweglich werden und aus dem Oberboden in den Unterboden verlagert wurden, sodass dieser unter dem humosen Ackerhorizont farblich aufgehellt, „gebleicht", ist. Kommt die Sickerfront zum Stehen oder nimmt der Grobporenanteil ab bzw. findet Ausflockung durch erhöhte Elektrolytkonzentration statt wird dann im Unterboden der verlagerte Ton wieder abgesetzt und verleiht dem Tonanreicherungshorizont eine charakteristische dunkelbraune Färbung. Nach S geht die Parabraunerde häufig in Löss-Fahlerde über, die auf noch deutlichere Tonverlagerung hinweist. ▶ Abb. 11

Abb. 12 Typischer mittelsächsischer Lössboden (humusreiche Parabraunerde)

Abfolge der Lösssedimente

Eine umfassende Darstellung der Lössstratigraphie im mittelsächsischen Raum kann von gründlichen Vorarbeiten (LIEBEROTH 1963) ausgehen. Im bearbeiteten Gebiet zwischen Triebisch und Jahna erreichen die weichselkaltzeitlichen Lösspakete Mächtigkeiten stellenweise bis zu 15 m.

Abb. 13 Kiesgrube Naundorf, nördliche Grubenwand mit groben Geröllschichten (vorwiegend Quarz), von schluffigen Sanden unterlagert

An einigen Örtlichkeiten können Großaufschlüsse die Landschaftsentwicklung von etwa 125.000 Jahren dokumentieren. Stellvertretend für eine solche Belegstelle im Lommatzscher Raum kann die ehemalige Lehmgrube Gleina gelten. Sie repräsentiert, trotz ihrer Devastierung nach 1990, das Idealprofil für die Lössgliederung in Sachsen, kann aber aus der Fachliteratur wenigstens als Graphik reproduziert werden. ▶ Abb. 14

Die Abfolge der Lösssedimente beginnt auf einem Moränenrest der Saale-Kaltzeit. Auf dem in der nachfolgenden Warmzeit (Eem-Interglazial ca. 10.000 Jahre) angewehten Löss ist über die Zwischenstufe einer Lessivierung ein Staugley ausgebildet. Dieser Fahlerde-Pseudogley ist somit ein fossiler Boden, der seinerseits von einem 1–1,5 m mächtigen lössartigen Material überlagert wird, das der beginnenden Weichselkaltzeit entstammt. Auf diesem durch Solifluktion und Kryoturbation stark veränderten Löss hat sich ein braunerdeartiger Boden entwickelt, der im oberen Teil zu einem Frostgley umgebildet ist. Diese Bodenbildungen fasst man gemeinsam mit dem eemzeitlichen Interglazialboden als „Lommatzscher Bodenkomplex" zusammen. In dem darüber liegenden, mäßig kalkhaltigen Löss aus der mittleren Weichselkaltzeit ist ein arktischbrauner Boden mit erkennbarer Humusanreicherung hervorgegangen. Dieses als „Gleinaer Bodenbildung" bezeichnete Profilbild wird mit einer kurzen Wärmephase erklärt, die in ganz Mitteleuropa als Paudorf-Interstadial (ca. von 30–26.000 v. Chr.) belegt ist.

Die nach oben folgende 8–10 m mächtige Sedimentdecke wird als Jungweichsel-Löss bezeichnet, dessen basaler Teil mit einem Fließlösshorizont beginnt. Insgesamt repräsentiert dieses mächtige Lösspaket die trocken-kalten Klimabedingungen des Hochglazials vor ca. 18–14.000 Jahren. Es ist die geschlossenste Lössschicht in ganz Sachsen und zeigt sich als die typisch gelbliche und vor allem kalkhaltige (7–10 % $CaCO_3$) Sedimentauflage. Im oberen Teil der Losssedimente des Jungglazials erkennt man einen 15–30 cm entwickelten Boden, der teilweise erhöhte Ton-und Humusgehalte aufweist und zugleich teilweise solifluidal verlagert ist. Dieser Befund kann als Folge schwacher Erwärmungsphasen mit sommerlicher Auftauphase gedeutet werden.

Den Abschluss bildet dann die letzte in Sachsen nachweisbare Lössbildung. Sie ist 0,5–2,5 m mächtig und kalkarm bis kalkfrei. An ihrer Basis erkennt man braune Fließbändchen und Flecken, die als sogenannte Lamellenfleckenzone angesprochen werden. Sie ist keine primäre Schichtung im Löss, sondern das Ergebnis einer mit der Ablagerung erfolgten Texturdifferenzierung, wobei die Braunfärbung Fließfronten des vorhandenen Tongehaltes markiert. Sie sind Indiz für die Kalkfreiheit, weil auch im kalten Klima eine Peptisierung (Überführung von Tonmineralien oder Huminstoffen durch Wasser in einen fließfähigen Zustand) auf kurzen Strecken möglich ist. Innerhalb dieser Zone ist dann im oberflächenbildenden Löss die rezente Bodenbildung mit Parabraunerde oder Fahlerde erfolgt. ▶ Abb. 13

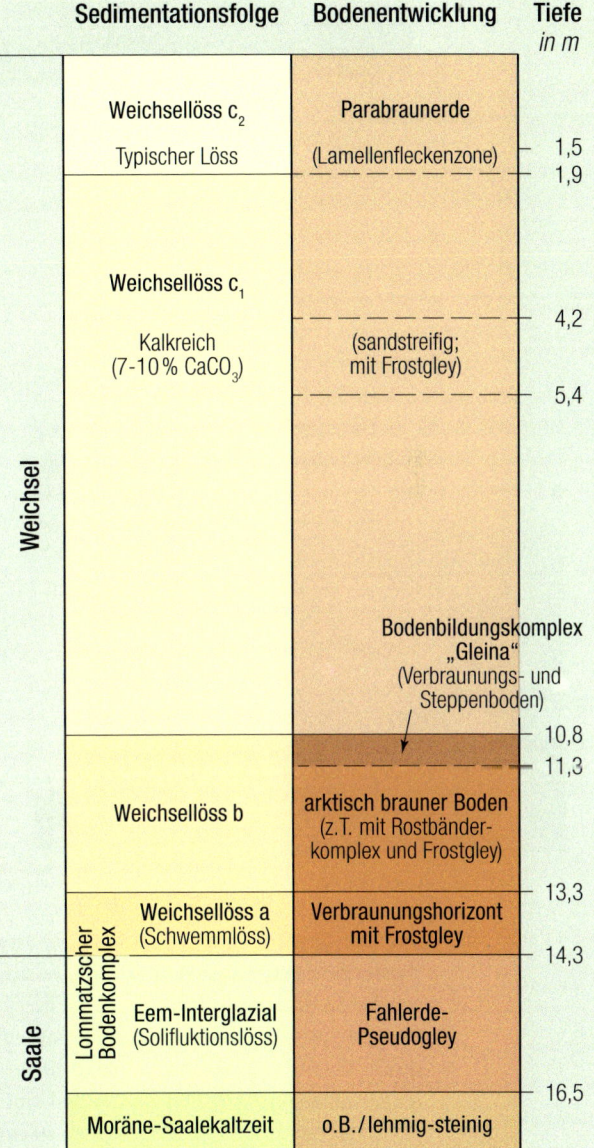

Abb. 14 Profil der Grube Gleina

Bodenerosion am Beispiel Baderitz

Die Analyse bodenschutzgerechter Bewirtschaftung zur Eindämmung von Bodenerosion und Gewässerverschmutzung sowie die Umsetzung der gewonnenen Erfahrungen für die landwirtschaftliche Praxis sind wichtige Beiträge, um das Konfliktfeld zwischen Landwirtschaft und Bodenschutz vor allem im lössbestimmten Hügelland zu entschärfen. Das Beispiel Baderitz liefert dafür neue Erkenntnisse, u. a. für landwirtschaftliche Beratung bei unterschiedlichen Standortbedingungen.

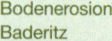

Bodenerosion Baderitz

▪ lid-online.de/83102

Zu den dominierenden Bodenformen der Lössregion gesellen sich aber örtlich noch einige besondere Bodenbildungen, die als Folge der ständigen Abtragungsprozesse aufgrund der schon seit über 7.500 Jahren andauernden Bodenerosion entstanden sind. Mit teilweise großer Mächtigkeit (>40 cm bis teilweise über 4,50 m) ist von Hanglagen abgespültes Bodenmaterial Ursache für sogenanntes Kolluvium (lat. ‚Zusammengeschwemmtes'), das in Tiefenlinien, kleinen Dellen oder Mulden als Sediment auch auf vorhandene Böden aufgetragen wurde. Böden dieser Genese heißen Kolluvisole. Böden aus Kolluvial-Löss sind im welligen Hügelland häufig, wenn auch kleinflächig, verbreitet. Örtlich bedecken dabei Kolluvialsedimente auch Reste fossiler Böden wie die humusreiche Parabraunerde. Die bodenkundliche Kartierung belegt, dass in den Einzugsgebieten von Käbschütz- oder Ketzerbach sowie anderen stark welligen Geländeabschnitten, wie um Löthain, Krögis, Zschaitz, Raßlitz, Leuben usw. das Vorkommen von tiefgründigen sowie nährstoffreichen Kolluvialstandorten als ergänzende Bodenform zu Parabraun- und Fahlerde benannt werden muss (HAASE 1978).

Dieser Prozess hat bodenkundlich auch eine Kehrseite, denn an den Abtragungsstellen wurden zugleich über Jahrtausende gebildete Parabraunerde-Profile gekappt. Der Pflughorizont und darunterliegende Horizonte wurden örtlich vollständig abgetragen. War das liegende Gestein der kalkreiche Jungweichsellöss, entwickelten sich an solchen Örtlichkeiten Böden als Rendzina (Humus-Gesteinsprofil). Sie sind noch vereinzelt im Bearbeitungsgebiet anzutreffen. Erklärlicherweise treten sie in Raumeinheiten mit stärkerer Zerschneidung der Oberfläche wie beispielsweise im Seilitzer oder Weistropper Plateaurand auf. Zusammengefasst kann so eine gesetzmäßige Bodenabfolge in Abhängigkeit vom Relief beschrieben werden. Sie umfasst von den Platten/Plateaus über flache Kuppen, Dellen und Hanglagen die Bodentypen: Parabraunerde – erodierte Parabraunerde – Pararendzina und Kolluvisol.

Etwa in Höhe von Leuben am Ketzerbach erhöhen sich in westlicher Richtung zur Jahna sowie nach O zur Triebisch, ungefähr entlang der Linie Mochau–Leippen–Krögis–Taubenheim, die Anteile der Böden mit Stauwassereinfluss. Dabei ist die Abstufung von Pseudogley-Parabraunerde zu Löss-Pseudogley getreues Abbild der nach S ansteigenden Höhenlage (auf etwa 280–320 m ü. NHN) und der damit verbundenen Niederschlagszunahme. Im Bearbeitungsgebiet sind größere Flächen mit Staugley Böden noch die Ausnahme (<20 %), erst an seinem südlichen Rand, markiert etwa von Wendischbora, beginnen der Löss-Staugley und zugleich auf sogenanntem Lössderivat (nachträgliche Sedimentüberprägung als Solifluktions- oder Schwemmlöss) vorherrschend zu werden.

Hinsichtlich der Bodentypen stärker gegliedert ist das Gebiet östlich der Triebisch. Während zunächst talbegleitend noch Löss-Staugley-Parabraunerde auftritt, sind dann Parabraunerden auch auf geringmächtigem Lössderivat über sandig-kiesigem Untergrund („Decklöss") z. B. nördlich von Grumbach, ausgebildet oder südwestlich von Klipphausen führt die Lössauflage über lehmig-tonigem Untergrund (Grundmoräne) zu Löss-Tieflehm-Fahlerde/Parabraunerde. Im Taltrakt der Kleinen Triebisch oder im unteren Ketzerbachtal, jeweils an stark geneigten Hängen, sind Böden auf Festgesteinsverwitterung verbreitet, sodass bei nur geringmächtiger lössartiger Auflage Berglöss-Parabraunerde oder -Braunerde, vermehrt aber Berglehm-Braunerden den östlichen Randbereich der Lössregion markieren.

Abb. 15 Erosion durch Wasser im Einzugsgebiet der Jahna 2005

Nördlich der morphologisch wie pedogenetisch wichtigen Lössrandstufe, die man mit den Orten Dörschnitz–Roitzsch–Dobernitz–Stauchitz markieren kann, ändert sich ebenfalls der sonst vom Löss bestimmte Bodencharakter. Nun wird der eiszeitliche Untergrund aus Kiesen/Sanden oder sandiger Grundmoräne für die Bodenqualität bestimmend, auch wenn überwiegend noch eine geringmächtige feinerdereiche Deckschicht in Gestalt von sandigem Löss, aber vor allem aus Sandlöss oder lehmigem Treibsand existiert. Sandlöss-Parabraunerde über Sand/Kies und örtlich Sandlöss-Staugley-Braunerde (bis Parabraunerde) bestimmen daher das Spektrum der Böden im nordwestlichen Bearbeitungsgebiet.

In den Tälern sind die Abtragungsleistung durch die vom Ackerbau dominierte Landnutzung im jeweiligen Einzugsgebiet und die Lage des Grundwasserspiegels für unterschiedliche Bodentypen ausschlaggebend. ▸ Abb. 15 Über basalen Kiesen und Schottern lagert nahezu in jeder Talung eine dem Einzugsgebiet entstammende Decke aus Lehm und vor allem schluffigem Lehm. Dabei kann gebietsweise eine Übereinstimmung der Auflagerung aus verschiedenen Eingriffszeiten zu einer Zweiteilung des Auenlehms gefunden werden, welche zeigt, dass besonders im 13. Jh. mit der landeskulturellen Erschließung und Rodung die Auenlehmbildung stark ausgeprägt war. So dominiert im mittleren und unteren Jahnatal die Auenlehm-Vega, (die Vega oder Auenbraunerde ist ein Bodentyp, der infolge der mächtigen Auensedimente vom rezenten Grundwasserspiegel nicht mehr beeinflusst wird). Abschnittsweise ist die Vega kombiniert mit einem Auenlehm Vega-Gley, dessen Unterboden grundwasserbeeinflusst ist. Im Gegensatz dazu überwiegen im Triebischtal echte Grundwasserböden wie Auenlehm-Gley über Kiesen und Schottern, aber auch Auenlehmsand-Gley ist anzutreffen. In den kleineren Bachtälern wie Keppritzbach, Mehltheuerbach, Kleine Jahna, aber auch im Käbschütz- oder oberen Ketzerbach sind hauptsächlich Löss-Staugley, Kolluviallöss-Gley oder Auensandlehm-Gley ausgebildet. Am Unterlauf der Jahna weisen noch kleinflächig vorhandene Bodentypen wie Auen-Humus-Gley oder gar Niedermoor-Gley auf den ursprünglichen Auencharakter hin. Auf Kippsubstraten des Dolomitabbaus um Ostrau können auch Lockersyroseme (Rohböden aus kalkhaltigem Material) erkannt werden, die sich bei ungestörter Entwicklung zur Pararendzina entwickeln können. ▸ Abb. 12

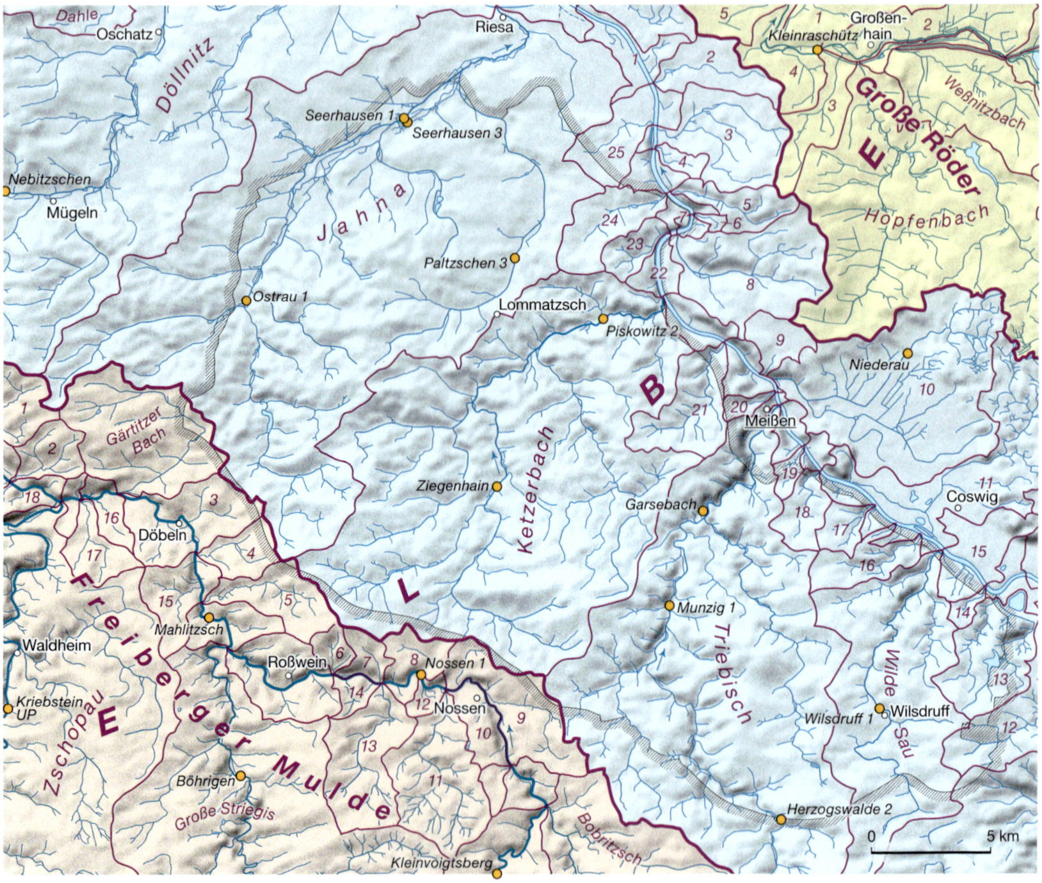

Flusseinzugsgebiet

I. Ordnung	**ELBE**	
II. Ordnung	**(MULDE)**	**(SCHWARZE ELSTER)**
III. Ordnung	**Freiberger Mulde**	**Große Röder**
nachgeordnet	*Zschopau*	*Hopfenbach*

Grenze zwischen Einzugsgebieten 2. Ordnung

Grenze nachgeordneter Einzugsgebiete

Jahna Pegel mit Name

Meißen Kreisstadt

Riesa Stadt

Grenze des Bearbeitungsgebiets

Leibniz-Institut für Länderkunde 2022
Kartenredaktion: B. Hölzel
Kartographie: R. Schwarz

Große Röder

1 Spitalbach
2 Birckigtborngraben
3 Grenzgraben
4 Großraschützer Flurgraben
5 Langgrundgraben

Freiberger Mulde

1 Schafbach
2 Zieschbach
3 Amselgrundbach
4 Bielbach
5 Kaiserbach
6 Wolfstalbach
7 -
8 Bodenbach
9 Eulabach
10 Augustusberger Dorfbach
11 Pitzschebach
12 Kaltenbornbach
13 Marienbach
14 Krebsbach
15 Ebersbach
16 Stockhausener Bach
17 Forchheimer Bach
18 Krebsbach

ELBE

1 Wackerbach
2 Grenzgraben (Leckwitzbach)
3 Goltzschabach
4 Neuseußlitzer Bach
5 Seußlitzer Bach
6 Bohnsgrundbach
7 Löbsaler Dorfbach
8 Nieschützbach
9 Knorrbach
10 Niederauer Dorfbach
11 Lockwitzbach
12 Zschonerbach
13 Lotzebach
14 Kleditschgrundbach
15 Wildberger Dorfbach
16 Gauernitzbach
17 Scharfenberger Bach
18 Riemsdorfer Wasser
19 Bockwener Bach
20 Meisabach
21 Jahnabach
22 Kohlholzbach
23 Widderbach
24 Wölkisches Wasser
25 Gosenbach

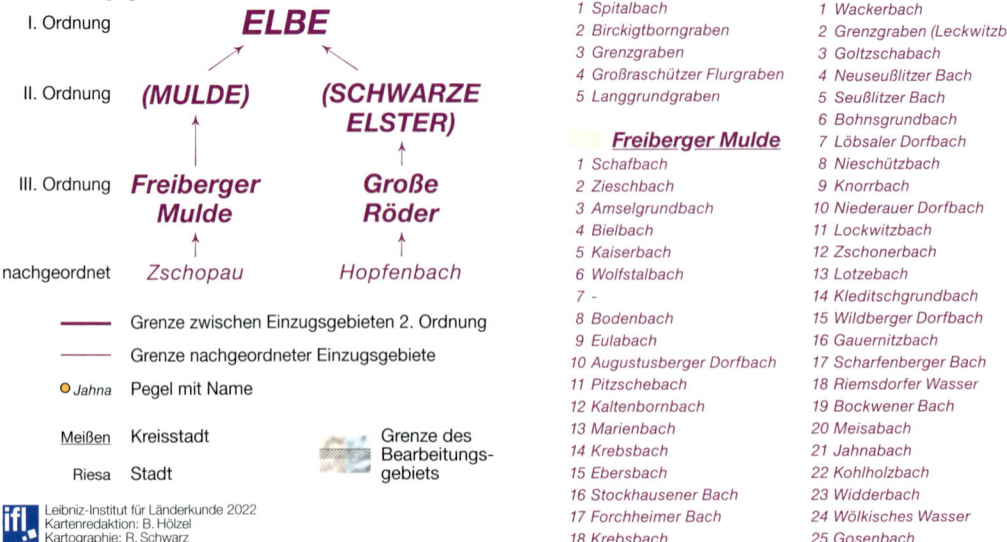

Abb. 16 Gewässernetz und Einzugsgebiete

Hydrologie/Gewässer

Das Bearbeitungsgebiet entwässert ausnahmslos zur Elbe, ist aber zugleich in Abhängigkeit von den geologischen wie auch klimatischen Bedingungen verhältnismäßig gewässerarm. Einerseits bedingt das flächendeckend verbreitete Quartärsediment aus Löss und Lösslehm eine hohe Bodenspeicherung für Niederschläge und andererseits ist mit einer im Durchschnitt jährlichen Niederschlagsspende von 600–650 mm im Bearbeitungsgebiet auch ein eher moderates Angebot für oberflächigen Abfluss zu erwarten. Auch die intensive Landwirtschaft mit Schwerpunkt Getreideanbau beansprucht mit hohen Verdunstungsraten den Bodenwasserhaushalt. Dennoch ist aufgrund der geomorphologischen Gebietsentwicklung besonders im Spätglazial mit der Bildung zahlreicher Dellen die Flussdichte (gebietsweise 0,8 km/km²) durchaus hoch, jedoch überwiegen als Folge der benannten Bedingungen zumeist kleine und abflussschwache Gewässer. Da die Quellgebiete der größeren Fließgewässer andererseits am Südrand der Lössregion im unteren Bergland mit Höhenlagen von 300 bis 380 m liegen, in denen bereits deutlich mehr Niederschläge als im Gebiet der Löss-Plateaus fallen, werden die Durchflusswerte der zur Elbe gerichteten Flüsse etwas ausgeglichen.

Die drei wichtigsten Talgebiete und zugleich die mit unmittelbarem Elbeanschluß sind von West nach Ost die Jahna (244 km² Einzugsgebiet), der Ketzerbach (169 km² Einzugsgebiet) und die Triebisch (177 km² Einzugsgebiet). Daneben bilden auch Keppritzbach, Käbschützbach oder Wilde Sau (Saubach) landschaftlich prägende Talstrukturen. Während sich die jährlichen Abflusswerte in den drei genannten größeren Flussgebieten mit 0,5 bis 1,5 m³/s nicht auffallend unterscheiden, sind diese eher unauffälligen Jahresabflusswerte aber keine Garantie dafür, dass im Hinblick auf Extremwerte in Hochwassersituationen nicht doch größere Unterschiede in Abhängigkeit vom Witterungsgeschehen in den Quellgebieten und den Talprofilen zu verzeichnen sind. ▶ Abb. 16

Liegen die sogenannten äußersten Werte der Hydrologie oder HHQ-Werte an der Jahna am Pegel Ostrau bei 25 m³/s und am Unterlauf vor Einmündung in die Elbe bei 32 m³/s, so erreichen die Spitzenwerte an der Triebisch beim Pegel Munzig schon 160 m³/s und gar weiter talwärts am Pegel Garsebach nahe Meißen 200 m³/s. Im Übrigen stammen aktuell die Spitzenwerte an fast allen Fließgewässern im Gebiet vom August 2002. Bezogen auf die Klimareferenzperiode 1961–1990 betrug der von den Landflächen abfließende Niederschlagsanteil für den nördlichen Raum zwischen Elbe und Lommatzsch bei Niederschlägen von 600–650 mm lediglich 100 mm (rd. 16 %) während im südlichen Bearbeitungsgebiet bei Höhenlagen von 220–280 m von den dort fallenden Niederschlägen (650–700 mm) etwa 170 mm (ca. 25 %) abfließen. Diese Verhältniszahlen spiegeln sowohl das hohe Speichervermögen der Lössböden als zugleich reduzierte Beiträge zum Oberflächenabfluss wider.

Die durchaus bestehende Gewässerarmut hat man versucht, durch die Anlage von Kleinteichen und kleinen Speichern zu kompensieren. Noch vor ca. 20 Jahren wurden über 160 Teiche im Bearbeitungsgebiet ausgewiesen (SAW 2001). Grundwasservorräte sind infolge der hohen Speicherkraft der Lösssedimente nur unbedeutend. Grundwasserneubildung erfolgt vor allem in Dellen und Bachtälchen, wobei der Grundwasserspiegel dann 2–3 m unter Flur liegt, im Untergrund der Löss-Plateaus eher in 3–6 m Tiefe. Bis vor wenigen Jahrzehnten beruhte die öffentliche Wasserversorgung auf Einzelbrunnen, die aber im Intensivlandwirtschaftsraum aus Qualitätsgründen abzulösen war. Noch 1995 verfügten erst 70 % der Haushalte über einen zentralen Wasseranschluss. Während inzwischen die zentrale Wasserversorgung Standard (99,7 %) ist, bleibt bei der speziellen Siedlungsstruktur

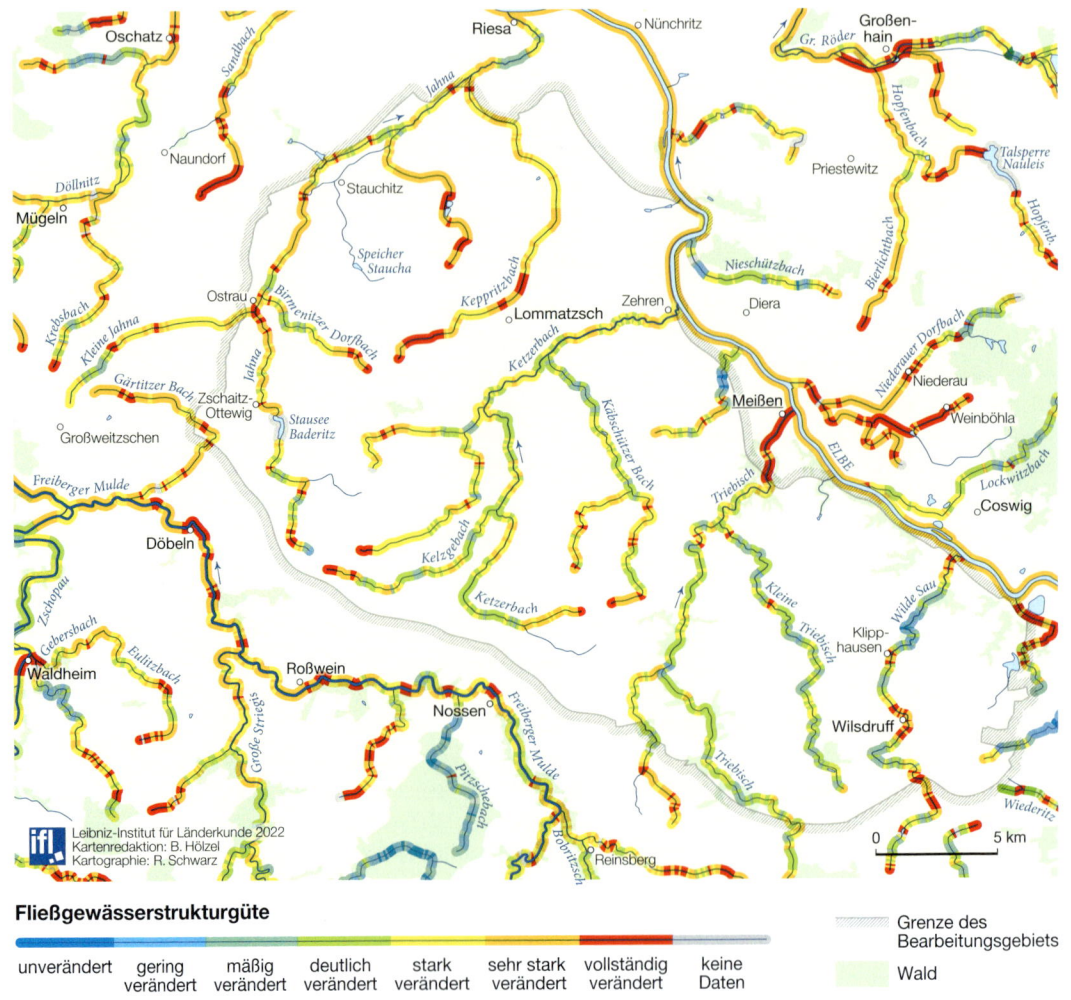

Fließgewässerstrukturgüte

unverändert — gering verändert — mäßig verändert — deutlich verändert — stark verändert — sehr stark verändert — vollständig verändert — keine Daten

Grenze des Bearbeitungsgebiets
Wald

Abb. 17 Fließgewässerstrukturgüte

die Abwasserentsorgung eine Herausforderung für die kommunalen Aufgabenträger.

Da für die Flußgebiete von Jahna und Triebisch zusätzliche Informationen zum Gewässer- und Naturhaushalt abrufbar sind, sollen für die größeren Nebenbäche im Hinblick auf hydrologische Gegebenheiten noch einige Ergänzungen angefügt werden. Der Charakter eines Hügellandflusses ist beim Ketzerbach am deutlichsten ausgeprägt. Er entspringt in etwa 285 m ü. NHN östlich von Wendischbora, umfließt die Radewitzer Höhe und schlägt dann eine nördliche Laufrichtung ein. Mit dem Richtungswechsel nach Nordost ab Leuben und stärkerer Eintiefung wird die asymmetrische Talhangausbildung besonders wirksam. Der langjährige mittlere Durchflusswert beträgt 0,6 m³/s, während als Hochwasserspitzenwert von 2013 die Menge von 56 m³/s gilt. Bei Zehren mündet der Ketzerbach in die Elbe. Der Keppritzbach (aus dem Sorbischen für ‚Fenchelort') hat seine Hauptquellgebiete bei Wuhnitz (200 m ü. NHN) und bei Neckanitz (220 m ü. NHN). Das etwa 12 km lange Gewässer mündet bei Nickritz in die Jahna und hat dabei ein 350–400 m breites Sohlental durchflossen, das nur vereinzelt eingetiefte

Passagen aufweist, so bei Prausitz als Folge widerstandsfähiger Gesteine (Hornfels). Der Bachlauf ist großflächig begradigt und die damit verbundenen Eingriffe haben bis zur Mitte des 20. Jh. zum Verlust wertvoller Bodenflora in der Begleitvegetation wie auch solchem in der ursprünglich reicheren Fischfauna beigetragen.

Vom nordöstlichen Hang des Landberges (428 m ü. NHN) entspringt in ca. 370 m Höhe auf Pohrsdorfer Flur der als Wilde Sau oder auch Saubach bezeichnete Nebenfluss zur Elbe, der mit einem Einzugsgebiet von ca. 26 km² und einer Lauflänge von 22 km bei Gauernitz in die Elbe mündet. Aus dem niederschlagsreicheren, unteren Bergland (Tharandter Wald) kommend, ist das Gewässer, wovon vermutlich die Namensgebung herrührt, vielfach von Hochwasserereignissen im waldarmen Offenland betroffen. Im Oberlauf bildet das Sohlental besonders zwischen Grumbach und Wilsdruff noch eindrucksvolle Mäander, während unterhalb von Klipphausen ein steilhängiges, kerbtalartiges Talprofil ausgebildet ist. Der mittlere Abfluss liegt bei nur 0,1–0,2 m³/s, kann aber bei Hochwasser, wie 2002, Werte um 27 m³/s erreichen. Von Grumbach über Wilsdruff und Klipphausen erreicht die Gewässerstrukturgüte nur noch das Prädikat „vollständig verändert" und erst nach dem scharfen Laufknick bei Klipphausen steigt mit den Veränderungsstufen „mäßig" oder gar „gering verändert" die Einschätzung der Strukturgüte des Flusslaufes wieder an. ▶ Abb. 17

Zusammenfassend kann man sagen, dass der Gewässerhaushalt im mittelsächsischen Lößgebiet von geringeren Niederschlägen, gut den Niederschlag speichernden Böden, aber auch von Hochwasserschadenswellen geprägt ist. Letztere werden durch Einzugsgebiete im unteren Bergland mit höheren Niederschlägen bei gleichzeitig hohem Offenlandanteil hervorgerufen. Alle Flussgebiete zeichnen sich aber in Abhängigkeit von Einflüssen aus Industrie und Haushalten noch immer durch hohe Schadstofffrachten und gleichzeitig eine hohe morphologische Veränderung der Gewässerläufe (Gewässerstrukturgüte) aus. Die von der EU-WRRL vorgegebene Erreichung eines nach ökologischen und chemischen Gesichtspunkten zu schaffenden naturnahen Gewässerzustandes wurde in Sachsen, wie in ganz Deutschland, trotz der Zwischentermine 2015 und 2021 nicht erreicht, und so sind auch in den Flussgebieten der sächsischen Lößregion bis zum Schlusstermin 2027 noch erhebliche Anstrengungen für die Zielerreichung zu leisten.

Flora und Vegetation

Die Vegetation einer Landschaft wird durch Klima, Geologie/Böden, Relief und anthropogene Einflüsse bestimmt. Das betrachtete Gebiet ist durch die fruchtbaren Lössböden gekennzeichnet. Pflanzengeographisch gehört das Gebiet zur Lommatzscher Pflege und im östlichen Teil zum Wilsdruffer Hochfläche, auch Wilsdruffer Hochland genannt.

Die Wilsdruffer Hochfläche liegt aber mit über 250 m bis 320 m ü. NHN deutlich höher als das Lommatzscher Gebiet. Die mittlere Jahresdurchschnittstemperatur liegt auf der Hochfläche mit 6,5 °C deutlich niedriger als die in der Lommatzscher Pflege mit 8 °C und im Ketzerbachtal sogar mit 9 °C. Ähnlich starke Unterschiede bestehen in den durchschnittlichen Niederschlagswerten. Die potenzielle natürliche Vegetation des Gebietes ist der Linden-Hainbuchen Traubeneichenwald und im SO der Hainbuchen-Stieleichenwald, wie die Karte zeigt. Auf verdichteten, pseudovergleyten Standorten dominiert der Zittergrasseggen-Hainbuchen-Stieleichenwald, so in der Struth bei Wilsdruff. Erlen-Eschen-Auwälder sind nur an der Jahna ausgebildet. Die Daten der „Potenziellen Natürlichen Vegetation"

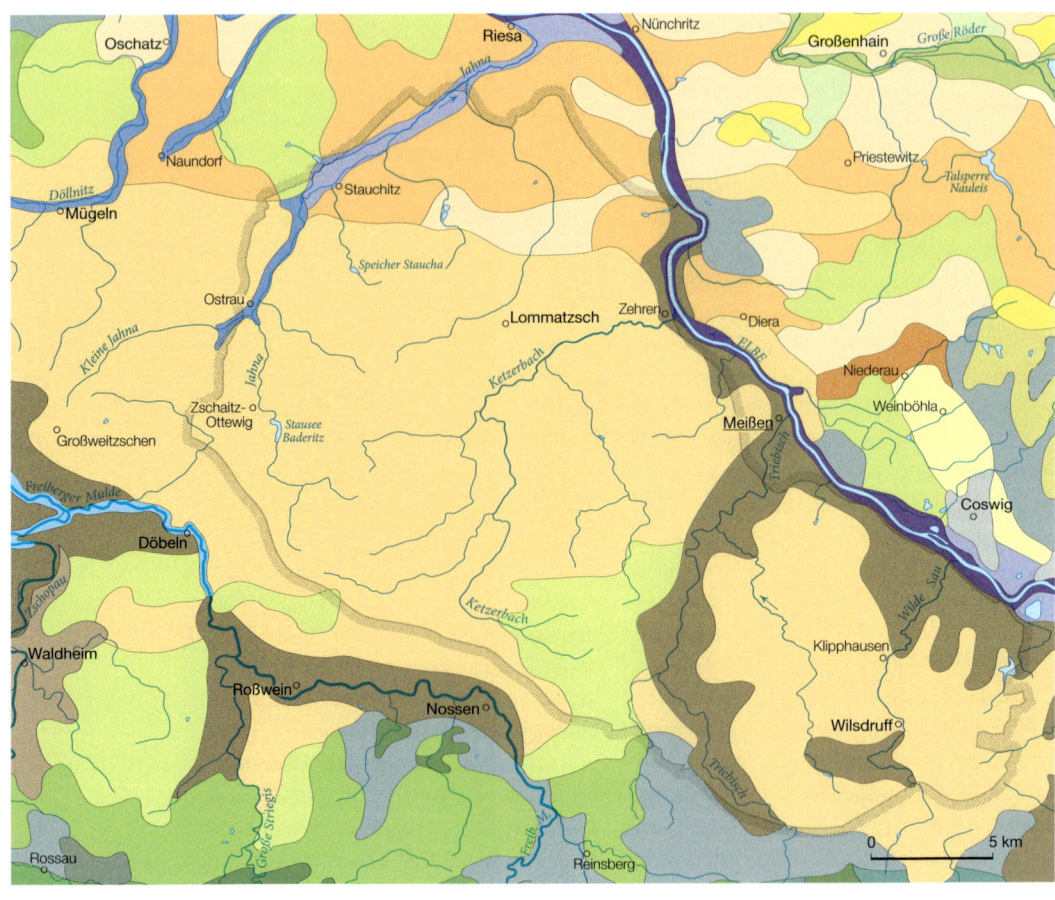

Abb. 18   Potenzielle natürliche Vegetation

geben Auskunft über den (Schluss-)Zustand der natürlichen Vegetation Sachsens, der unter den gegenwärtigen Standortbedingungen vorherrschen würde, wenn die Landnutzung durch den Menschen ausbliebe. ▶ Abb. 18

Für die Zusammensetzung der Flora sind jedoch im betrachteten Gebiet die anthropogenen Einflüsse von besonderer Bedeutung. Die Lommatzscher Pflege wurde seit dem Neolithikum vor 7.500 Jahren besiedelt und die Wälder immer großflächiger gerodet. Als Folge der durch die günstige Bodenbeschaffenheit ausgeprägten und immer intensiveren Landwirtschaft sind die natürlichen Waldreste (Hainbuchen-Eichenwälder) auf unter fünf Prozent gesunken. Selbst größere Waldreste wie das Schleinitzer Großholz hat in den vergangenen ca. 180 Jahren etwa die Hälfte seiner Fläche für agrarische Nutzzwecke verloren.

Die Lommatzscher Pflege besitzt heute eine durch die Landwirtschaft geprägte und dezimierte Flora. In dem weitgehend strukturarmen Gebiet konzentrieren sich die artenreichen Biotope auf den südöstlichen Teil und besitzen ihren artenreichen Schwerpunkt im Ketzerbach-, Keppritzbach- und Käbschützbachtal (Leonhardt 1926; Grund 1962–1975; Döge 2009; Hardtke, Klenke u. Müller 2013; Hardtke u. Ihl 2000). ▶ Abb. 19 Die Wilsdruffer Hochfläche wurde erst mit dem deutschen Landausbau

Mesophile Buchen(misch)wälder

▪ Mesophile Buchen(misch)wälder

Bodensaure Buchen(misch)wälder
- ziemlich reich bis mäßig nährstoffversorgter Standorte

▪ (Hoch)kolliner Eichen-Buchenwald mit Flattergras- und Zittergrasseggen-Eichen-Buchenwald

▪ Zittergrasseggen-Eichen-Buchenwald mit Waldmeister-Buchenwald

- mäßig nährstoffversorgter Standorte

▪ (Hoch)kolliner Eichen-Buchenwald mit Zittergrasseggen-Eichen-Buchenwald

▪ Submontaner Eichen-Buchenwald mit Zittergrasseggen-Eichen-Buchenwald

▪ Zittergrasseggen-Eichen-Buchenwald

Komplexe und Übergänge aus Linden-Hainbuchen-Eichenwäldern und bodensauren Buchen(misch)wäldern

▪ Linden-Hainbuchen-Stieleichenwälder mit Zittergrasseggen-Eichen-Buchenwald

▪ Linden-Hainbuchen-Traubeneichenwälder mit Typischem Eichen-Buchenwald

Linden-Hainbuchen-Traubeneichenwälder grundwasserferner Standorte
- mäßig bis reich nährstoffversorgter Standorte

▪ Elsbeeren-Hainbuchen-Traubeneichenwald

▪ Typischer Hainbuchen-Traubeneichenwald mit Waldziest-Hainbuchen-Stieleichenwald

▪ Typischer Hainbuchen-Traubeneichenwald im Komplex mit Grasreichem Hainbuchen-Traubeneichenwald

- ausschließlich mäßig nährstoffversorgter Standorte

▪ Grasreicher Hainbuchen-Traubeneichenwald

Linden-Hainbuchen-Stieleichenwälder grund- oder stauwasserbeeinflußter Standorte

▪ Zittergrasseggen-Hainbuchen-Stieleichenwald

▪ Zittergrasseggen-Hainbuchen-Stieleichenwald im Übergang zu Traubenkirschen-Erlen-Eschenwald

▪ Pfeifengras-Hainbuchen-Stieleichenwald

Bodensaure Eichen(misch)wälder

▪ Buchen-Eichenwald

▪ (Kiefern-)Birken-Stieleichenwald

▪ Komplex von vernäßten (Kiefern-)Birken-Stieleichenwäldern und von Eichen-Buchenwäldern

▪ Typischer Kiefern-Eichenwald

Auen- und Niederungswälder (überwiegend) mineralischer Naßstandorte
- Erlen-Eschen-Auen, Quell- und Niederungswälder

▪ Hainmieren-Schwarzerlen-Bachwald und Bruchweiden-Auengebüsch und -wald

▪ Traubenkirschen-Erlen-Eschenwald

- Hart- und Weichholz-Auenwälder

▪ Eichen-Ulmen-Auenwald mit Silberweiden-Auenwald

▪ Eichen-Ulmen-Auenwald im Übergang zu Zittergrasseggen-Hainbuchen-Stieleichenwald

Künstliche Ökosysteme

▪ Dichte Siedlungsgebiete

ab 1100 durch Rodungen erschlossen. Hier finden wir typische Waldhufendörfer, deren Hufenflur auch heute vielfach noch erkennbar ist. Die potenzielle natürliche Vegetation ist auch hier im Übergang zum Vorgebirge der Hainbuchen-Stieleichenwald. Am Südrand des Bearbeitungsgebietes, auf Böden, die stärker vom Nossen-Wilsdruffer Schiefergebirge beeinflusst werden, findet man in Resten noch Buchenmischwälder. Auf steinigen, sauren Böden findet sich neben dem Zittergrasseggen-Hainbuchen-Stieleichenwald auch ein Kiefern-Eichen-Birkenwald. In den tief eingeschnittenen Tälern der Kleinen Triebisch und der Triebisch finden sich Ahorn-Eschen-Schluchtwälder. Hier reichen montan verbreitete und atlantisch-subatlantische Arten bis in die Hügellandzone, während an den Südhängen mit Felsdurchragungen subkontinentale Arten aus dem Elbhügelland aufsteigen. Einen Rest der offenen, steinreichen Vegetation kennzeichnen die Bestände des Feld-Mannstreu.

Die unterschiedliche Vegetation der zwei Naturräume zeigt sich in der Verbreitung der montanen und wärmeliebenden Arten. Die submontanen Arten, wie Hallers Schaumkresse oder Hirschholunder steigen nur in den Tälern der Triebisch bis unter 250 m ü. NHN herab. Beispielhaft ist dies an der Verbreitungskarte von Hallers Schaumkresse zu erkennen. ▶ Abb. 20

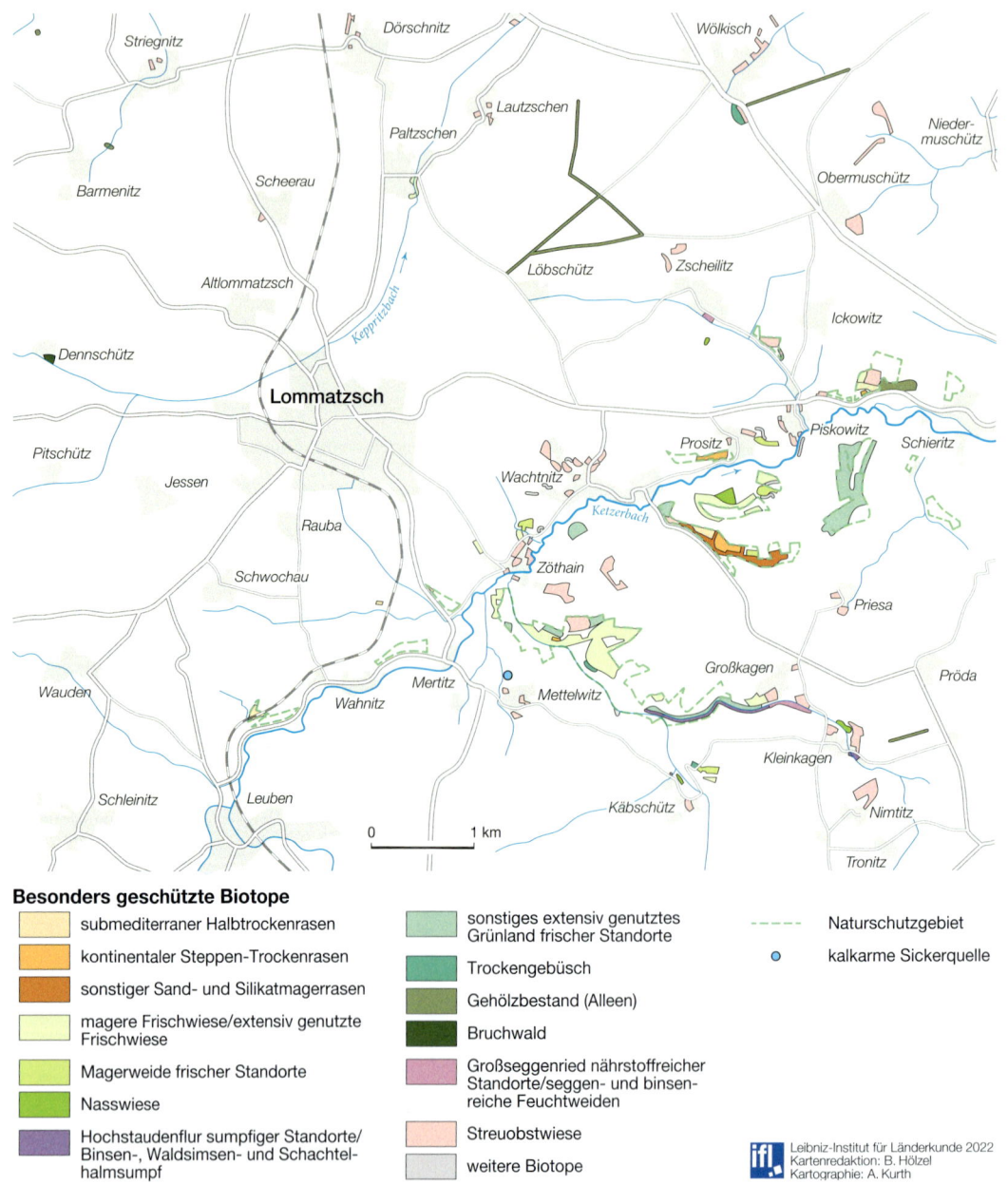

Abb. 19   Besonders geschützte Biotope im Lommatzscher Umland

Die wärmeliebenden Arten des Hügellandes, wie die Pechnelke, konzentrieren sich auf die strukturreichen Biotope des Ketzerbachtales und der Elbseitentäler.

Mit den Ackerbauern kamen seit dem Neolithikum an Wildpflanzen die Archäophyten des Ackerbaus und Ruderalarten in den Siedlungen und auf den Weiden ins Gebiet. Es bildeten sich die typischen Gesellschaften der Dorffluren heraus, wie die Gänsefuß oder Malvenflur, die das Bild der Siedlungen bestimmen.

Heute fallen bei den Äckern in der Lommatzscher Pflege die großen Feldflächen der seit ca. 50 Jahren industriell betriebenen Landwirtschaft auf, womit zugleich Spuren starker Bodenerosion verbunden sind, deren Zurückdrängung auch zukünftig viel entschiedener erfolgen muss. In dieser „Agrarsteppe" erlangen Reste naturnaher Begleitvegetation wie Trockengebüsche oder Halbtrockenrasen mit seltenen Wildkräutern, insgesamt eine örtlich hochwertige Xerothermflora und -fauna, besondere Bedeutung und begründen ihre Schutzwürdigkeit.

Die Ackerwildkrautgesellschaften der Lommatzscher Pflege und des Wilsdruffer Landes gehören zu verschiedenen Phytozönosen. Weit verbreitet in den Lössland-schaften ist die Kamillengesellschaft in verschiedenen Ausbildungsformen. Noch nicht selten sind darin die Kornblume und verschiedene Mohnarten. Fast ausgestorben sind die Gesellschaften der Labkraut-Adonisröschen-Kalkäcker. In diesen Ackergesellschaften kommen an wertbestimmenden Ackerwildkrautarten neben dem Sommer-Adonisröschen z. B. der Feld-Rittersporn, die Korn-Rade und die Sichelmöhre vor. Der Feld-Rittersporn ist ein wärmeliebender Archäophyt, der nährstoffreiche, basische Böden liebt und bis in die 1930er/1940er Jahre im Gebiet häufig vorkam, dann jedoch stark zurückging (BUCHER 1806; REICHENBACH 1942; SCHLIMPERT 1891–1895; GRUND 1936–1962; DÖGE 2009). Wie die Verbreitungskarte des Feld-Rittersporns zeigt, kommt der Lommatzscher Pflege eine besondere Bedeutung zum Erhalt dieser Art zu. ▶ Abb. 21

Ein mit dem Feld-Rittersporn vergleichbarer Rückgang ist bei der giftigen Korn-Rade zu verzeichnen. Durch Saatgutreinigung wurde diese Art bereits bis 1900 stark zurückgedrängt. In der Rote Liste Sachsens 1990 wird die Korn-Rade als ausgestorben geführt. Der Acker-Goldstern war auf den Äckern in Sachsen, so auch der Lommatzscher Pflege und im Meißener Gebiet, allgegenwärtig (REICHENBACH 1842, SCHLIMPERT 1891–1895). Dieser Zwiebelgeophyt ist Ende des 19. Jh. durch Tiefpflügen auf den Äckern verschwunden und überdauerte nur in Parkanlagen und auf Friedhöfen. Um die reiche Ackerwildkrautflora als Zeugnis früherer Bewirtschaftung zu erhalten, wurde in Schwochau ein Schutzacker angelegt.

In den Augebieten kommt die Vielsamengänsefußgesellschaft vor.

Auf den Äckern der Wilsdruffer Hochfläche und des Triebischeinzugsgebietes wird die Kamillengesellschaft durch die Hundspetersilien-und Weichhoniggras-Hohlzahngesellschaften abgelöst (RANFT 1981, BORSDORF u. RANFT 1961). In beiden Gesell-

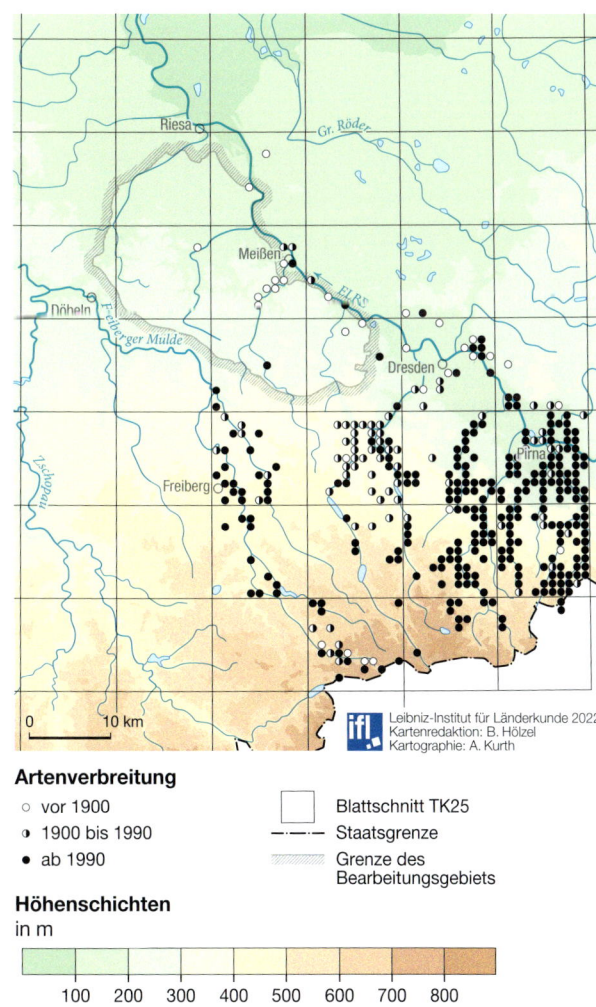

Abb. 20   Verbreitung von Hallers Schaumkresse

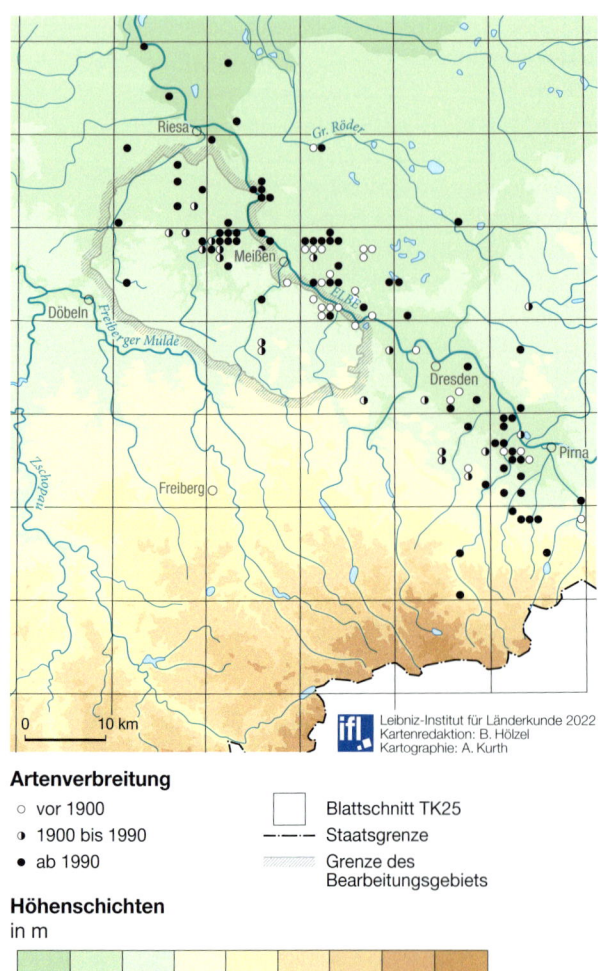

Artenverbreitung
○ vor 1900
◐ 1900 bis 1990
● ab 1990

☐ Blattschnitt TK25
−·− Staatsgrenze
▨ Grenze des Bearbeitungsgebiets

Höhenschichten
in m

100 200 300 400 500 600 700 800

Abb. 21 Verbreitung von Feld-Rittersporn

serlinsen bedeckt. Die Flüsse und Bäche im Gebiet sind zum großen Teil begradigt. Nur an der Kleinen Triebisch finden sich noch mäanderartige Flussstrecken. Die schneller fließenden größeren Flüsse (Triebisch) der Wilsdruffer Hochfläche bieten keiner Wasserpflanzenvegetation ausreichenden Lebensraum. In den langsam fließenden Teilen des Ketzerbaches und der Jahna ist die Kamm-Laichkraut Gesellschaft ausgebildet, in der regelmäßig das Ährige Tausendblatt vorkommt.

Die flussbegleitende Flora an den beiden Triebischläufen, am Ketzerbach und an der Jahna wird durch Erlen-Eschenwaldstreifen mit Traubenkirsche eingenommen, die in Ortschaftsnähe durch Weidenarten und Pappeln bestimmt sind. Die Uferflora ist je nach Bodengüte artenreich, besonders im Frühjahr. Etwa seit Mitte der 1960er Jahre erobern die Neophyten Japanischer Staudenknöterich und Drüsiges Springkraut die Ufer fast aller Fließgewässer und werden heute zunehmend zum Problem (Ranft et al. 1965; Grund 1966; Archiv der AGsB 1986).

In der aktuellen Vegetation ist die Leitgesellschaft der Grasflächen des Hügellandes die Tal-Glatthaferwiese mit den charakteristischen Arten Wiesen-Storchschnabel, Wiesen-Pippau, Pastinak und Wiesen-Bocksbart. Nur noch selten eingestreut sind heute meist meliorierte Nassstandorte, die als Kohldistel-Feuchtwiesen, Fuchsschwanz-Auenwiesen und als wechselfeuchte Pfeifengraswiesen in Erscheinung treten. Ihre Elemente finden sich noch in stark reduzierten Resten an entsprechenden Standorten am Rande intensiv genutzter Graslander. In floristischer Hinsicht besonders interessant sind die Trocken- und Halbtrockenrasen. Erstere sind nur kleinflächig an nie bewaldeten Stellen im Ketzerbachtal und Käbschützbachtal vorhanden. Zu ihnen gehören die Rasengesellschaften mit Erdsegge und Wiesen-Kuhschelle, Violette Königskerze und Bologneser Glockenblume. Von submediterranen Arten seien neben den schon genannten Arten die Nelken-Sommerwurz und als Weinbaurelikt

schaften fällt der hohe Anteil des Bunten Feld-Stiefmütterchens auf.

Die Lommatzscher Pflege und die Wilsdruffer Hochfläche sind gewässerarm. Nur einige aufgelassene Tongruben und künstlich angelegte Stauteiche für die landwirtschaftliche Bewässerung, wie in Badersen, bieten Tier-und Pflanzenwelt größere Wasserflächen. Hier finden sich am Ufer Rohrkolben-Röhrichte, Rohrglanzgras-Röhricht, Schilf-Röhricht und Teichsimsen-Röhricht. Die vielen kleinen Dorfteiche sind entweder ausgebaut oder sehr kleinflächig nur mit dem Schwimmenden Laichkraut und Wasdie Essig-Rose genannt. Selten sind Blauschwingelfluren und verschiedene Sandmager- und -trockenrasen mit Grasnelke. Von den grundsätzlich anthropogen entstandenen Halbtrockenrasen sind die submediterranen Esparsetten-Trespenrasen mit Aufrechter Trespe der kleinflächigen Kalkgebiete im Raum Ostrau und die subkontinentalen Fiederzwenkenrasen über tiefgründigeren Standorten im Kontakt zu Eichen-Hainbuchenwäldern typisch. Hutungsrelikte, wie Skabiosen-Flockenblume und Kriechende Hauhechel, sind in diesen Halbtrockenrasen noch zu finden.

Einen bedeutenden Anteil an der aktuellen Vegetation haben Ruderalgesellschaften, jedoch sind die charakteristischen Dorfflurgesellschaften durch neue Straßen und Häuser, den Verlust von Gartenflächen sowie eine exzessive „Unkrautbekämpfung" fast verschwunden. Im Allgemeinen dominieren Hochstauden-Schuttgesellschaften mit Rainfarn und Melde-Arten, in denen zahlreiche Neophyten Eingang gefunden haben. Zu letzteren zählen z. B. der Runzlige Windsbock, der Steife Gänsefuß, der Grausenf und viele Fuchsschwanzarten. In Ausbreitung befinden sich gegenwärtig Queckenfluren und Ampferbestände als Zeiger für Bodenverdichtung und Stickstoffanreicherung. Die typischen Dorfunkraut- und Gänseangerfluren sind demgegenüber stark zurückgegangen. In vielen Dorfkernen, auch im Stadtgebiet von Lommatzsch, finden sich noch heute Reste der Malvenfluren. Auf skelettreichen Böden können auch noch die buntblumigen Natternkopf- und Eselsdistelfluren, an und auf Mauern die Mäusegerste-Gesellschaften beobachtet werden. Meist wurden aber alle diese Ruderalfluren von hochwüchsigen Rauken- und Meldengesellschaften mit Lösels-Rauke und Glanz-Melde abgelöst.

Verbreitungskarten ausgewählter Pflanzenarten

Die schützenswerte Flora des Bearbeitungsgebietes wird anhand der Verbreitung ausgewählter Arten vorgestellt. Kornblume, Milzkraut, Großes Springkraut, Aufrechter Ziest und Königskerze sind in der Lommatzscher Pflege und im Wildsruffer Land heimisch.

■ lid-online.de/83108

Artenverbreitungskarten

Die Tierwelt der Lommatzscher Pflege und der Wildsruffer Hochfläche

Nur wenige Artengruppen im Untersuchungsgebiet wurden bislang hinreichend und oft nur auf Teilflächen erfasst. Abhängig von der Tiergruppe und der Untersuchungsintensität findet man gegenwärtig 41 % bis 81 % der in Sachsen nachgewiesenen Arten im Betrachtungsraum (Brockhaus u. Fischer 2005, Füllner et al. 2016, Hauer et al. 2009, Reinhardt et al. 2007, Steffens et al. 2013, Teufert et al. 2022, Zöphel u. Steffens 2002). ▶ Abb. 22

Arten der Äcker müssen sich mit der Bewirtschaftung und dem engen Spektrum vorkommender Pflanzenarten auf nivellierten Standorten arrangieren. Die Bodentiere sind im Wechselspiel mit Mikroorganismen bedeutsam für die Fruchtbarkeit der Böden. Die winzigen Milben, Springschwänze und Weißwürmer sind dabei sehr zahlreich. Feldlerche und Feldmaus haben in den Ackerfluren einen Verbreitungsschwerpunkt. In-

Artengruppe	historisch und aktuell, Zeitraum 1900 bis 2020			aktuell Zeitraum 2000 bis 2020		
	Sachsen	Gebiet Lo-Wi	Anteil	Sachsen	Gebiet Lo-Wi	Anteil
	Artenzahl	Artenzahl	in %	Artenzahl	Artenzahl	in %
Säugetiere	81	63	77,8	73	59	80,8
Brutvögel	197	138	70,1	184	121	65,8
Lurche und Kriechtiere	27	19	70,3	25	16	64,0
Fische und Rundmäuler	58	25	43,1	54	22	40,7
Tagfalter	114	85	74,6	98	43	43,9
Heuschrecken	57	44	77,2	56	42	75,0
Libellen	68	45	66,2	67	41	61,2
Weichtiere	185	90	48,6	170	78	45,9

Artennamen-konkordanz

■ lid-online.de/83114

Abb. 22 Überblick zum Bestand ausgewählter Artengruppen in Sachsen und im Gebiet um Lommatzsch und Wilsdruff (Gebiet Lo-Wi)

folge der Intensivnutzung verschwanden Charakterarten wie der Feldhamster (Mitte 1970er Jahre) und die Knoblauchkröte (zuletzt 1997 nachgewiesen). Die Bestände von Rebhuhn, Feldhase und Maulwurf sind rückläufig. Wildschweine bevölkern den Sommer über große Feldschläge. Ganzjährig im Ackerland lebende „Feldrehe" sind eine ähnliche neue Entwicklung.

Vom Ackerbau weitgehend ausgenommen sind die Täler der Bäche und Flüsse. Ein markantes Netz dieser Täler bietet an teils steilen Hängen wertvolle Lebensräume. Dort konzentrieren sich die Nachweise von Reptilien wie der Blindschleiche, der Zauneidechse und der Glattnatter. Die Bereiche dienen auch Fledermäusen als Nahrungsflächen (z. B. Großes Mausohr, Kleine Hufeisennase). ▶ Abb. 23

Mitunter eingeschlossen von Ackerflächen befinden sich in den Talzügen und an ihren Flanken Wiesen, Weiden und besonders Trockenrasen als außerordentlich wertvolle Lebensräume. Verzahnt mit Wiesen-, Gebüsch- und Waldbiotopen gewinnen sie an Wert. Sie nehmen hinsichtlich der Artenzahl und faunistischer Besonderheiten einen Spitzenplatz in Sachsen ein. Im Ketzerbach- und Käbschützbachtal wurden aktuell 25 Heuschrecken-, 67 Zikaden-, 434 Käfer-, 32 Tagfalter-, 18 Ameisen-, 87 Wildbienen-, 94 Webspinnen- und 35 Landschneckenarten nachgewiesen (UNB Meissen 2011, Schniebs 2018).

Abb. 23 Kleine Hufeisennase im ehemaligen Kalkwerk Blankenstein beim Winterschlaf

Zeitraum	1880 bis 1949	→	1950 bis 1980	→	1981 bis 2009	→	2010 bis 2020
Arten nachgewiesen	74		53		47		43
Arten verschollen (davon pro Jahr)		28 (0,33)		10 (0,23)		7 (0,21)	
Arten neu (davon pro Jahr)		7 (0,08)		4 (0,09)		3 (0,09)	

Abb. 24   Veränderungen in der Anzahl der Tagfalter im Gebiet um Lommatzsch und Wilsdruff (insgesamt 85 Arten)

Die Hang- und Restwälder nehmen zwar einen geringen Flächenanteil ein, bieten jedoch partiell naturnahe Verhältnisse und beherbergen vergleichsweise viele Arten. So wurden im Großholz Schleinitz 254 an Holz gebundene Käferarten nachgewiesen, darunter 72 gefährdete Arten sowie neun „Urwald-Reliktarten" (Lorenz 2010, 2020a). Typische waldbewohnende Fledermausarten sind u. a. die Mopsfledermaus, die Wasserfledermaus und der Abendsegler. Unter den Kleinsäugern treten die Gelbhalsmaus, die Rötelmaus und die Waldspitzmaus häufig auf, der Siebenschläfer nur im SO des Gebietes. Feuersalamander und Springfrosch kommen nur im SO in bewaldeten Tälern an ihrer regionalen Verbreitungsgrenze vor.

Streuobstwiesen sind besonders dann bedeutsam, wenn sie Komplexe bilden und Verbindung zum Wald haben. In Streuobstbeständen des Gebietes wurden 16 der 22 in Sachsen vorkommenden Fledermausarten nachgewiesen (Chiroplan 2020). Das Gebiet ist Teil des sächsischen Schwerpunktvorkommens des Eremits (Lorenz 2012/13). Aufgrund der Überalterung vieler Obstbäume und einer ausbleibenden oder unangepassten Nutzung sind die Zukunftsaussichten vieler Obstwiesen jedoch ungünstig.

In den Fließgewässern sind 31 Fischarten nachgewiesen, davon neun nicht heimische. Am artenreichsten ist die Triebisch (21 Arten), gefolgt von Ketzerbach (18) und Wilder Sau (15). Kommunale und industrielle Gewässerbelastungen gingen nach 1990 deutlich zurück, die Durchgängigkeit wurde verbessert. Die Gewässerfauna profitierte davon. Häufige Arten sind nun Schmerle, Forelle, Elritze und Gründling. Neuerdings steigt sogar die Quappe wieder aus der Elbe in Nebengewässer auf. Das Bachneunauge als Vertreter der Rundmäuler ist sehr selten in Jahna und Triebisch nachgewiesen. Die Libellenfauna erholte sich deutlich binnen der letzten 30 Jahre. Gebänderte und Blauflügel-Prachtlibelle, Gemeine Keiljungfer, Grüne Flussjungfer und Blaue Federlibelle breiteten sich aus. Seit Beginn der 1990er Jahre besiedelt der Fischotter die größeren Fließgewässer wieder. Bereits etwas früher begann die Rückkehr des Bibers, der 1974/75 zuerst die Jahna und den Ketzerbach wieder besiedelte, seit 2010 auch die Triebisch.

Im Gebiet mangelt es an Standgewässern. Entenarten nutzen die größeren Flachspeicher während der Brut- und Mauserzeit. Manche vegetationsreiche Kleinteiche und Grubengewässer fungieren, selbst innerorts, als Brutplatz der Teichralle. Fischfreie Gewässer dienen Amphibien als Laichplatz und sind Entwicklungsstätte von Libellen. Aktuell besiedeln nur noch elf von ehemals 15 Amphibien-Arten das Gebiet. Der Bestand des einst in Massen auftretenden Grasfrosches, ein typischer Bewohner der Auen, ging dramatisch zurück. Daneben sind Erdkröte, Teichfrosch und Teichmolch noch am weitesten verbreitet. Im Stausee Baderitz wurden Gemeine und Große Teichmuschel sowie die Große Flussmuschel nachgewiesen.

Abbauflächen des Bergbaus bieten Lebensräume für Spezialisten. Dazu gehören auch Bewohner spärlich bewachsener Rohböden, wie die Blauflügelige Ödlandschrecke. Pfützen dienen dort der Wechselkröte als Laichplatz. Lokal und teils unregelmäßig brüten Steinschmätzer, Uferschwalbe, Bienenfresser und Flussregenpfeifer im Bereich solcher Abbaustätten. Stollen und Hohlräume des ehemaligen untertägigen Kalk- und Silberbergbaus dienen u. a. Fledermäusen als Überwinterungsstätten. In den ehemaligen Kalkwerken bei Blankenstein, Miltitz und Ostrau wurden zwischen sieben und neun Arten registriert.

In den Siedlungen leben einerseits anpassungsfähige Arten wie Haussperling, Igel und Steinmarder. Sie profitieren vom Menschen. Andererseits finden sich dort auch Arten mit höheren Ansprüchen, wie gebäudebewohnende Fledermausarten. In den Dörfern gingen mit dem Rückgang der Vieh- und Kleintierhaltung Arten wie Hausmaus, Rauch- und Mehlschwalbe deutlich zurück, die Hausratte starb aus. Der Strukturreichtum und das Blütenangebot in Gärten begünstigen Wirbellose, unter ihnen bestimmte Wildbienenarten.

Die Tierwelt des Gebietes wurde in den letzten ca. einhundert Jahren artenärmer. Verdeutlichen lässt sich das anhand der Tagfalter, für die auch historische Angaben vorliegen (Reinhardt et al. 2007). 85 Arten wurden bisher nachgewiesen, davon 34 Arten in allen vier Betrachtungszeiträumen. ▶ Abb. 24

Im Vergleich der Zeiträume 1 und 4 erloschen die Vorkommen von 37 Arten. Anteilig besonders betroffen waren Bewohner der trocken-warmen und feuchten Standorte, weniger indes Arten der „Normallandschaft". Gegenüber dem Zeitraum 1 sind acht Arten neu nachgewiesen worden, von denen vier aktuell vorkommen. Die Zahl der nachgewiesenen Tagfalter-Arten halbierte sich binnen ca. 70 Jahren beinahe. Zu den verschollenen Arten gehören etwa die Berghexe mit historischen Fundorten bei Leuben und Schieritz und der Kreuzdorn-Zipfelfalter mit ehemaligen Vorkommen im Saubach- und Triebischtal.

Bei Betrachtung der Individuenzahl heimischer Tagfalter sind schmerzhafte Rückgänge zu konstatieren. Selbst ehemalige Allerweltsarten wie Tagpfauenauge, Kleiner Fuchs und Großer Kohlweißling sind oft nicht mehr in großer Anzahl zu beobachten. Auch der Braunkolbige Braundickkopf besiedelte früher zahlreich die Getreidefelder, was ihm den Namen „Kornfüchschen" einbrachte.

Natur- und Landschaftsschutz

Nach dem BNatSchG sind Natur und Landschaft so zu schützen, zu pflegen und zu entwickeln, dass die biologische Vielfalt, die Leistungsfähigkeit des Naturhaushaltes und die Vielfalt, Eigenart und Schönheit der Landschaft sowie ihr Erholungswert auf Dauer gesichert sind. Dazu dient auch die Ausweisung von NSG und LSG. In der EU bestehen außerdem die FFH-Richtlinie 92/43/EWG und die Europäische Vogelschutzrichtlinie 79/409/EWG. Realisiert wird dies in Sachsen durch das Natura-2000-Netz

Nr.	Name des FFH-Gebiets	Größe in ha
169	Jahnaniederung	403
207	Dolomitgebiet Ostrau und Jahnatal	183
170	Großholz Schleinitz	53
86E	Täler südöstlich Lommatzsch	635
171	Triebischtäler	1177
168	Linkselbische Täler zwischen Dresden und Meißen	896

Abb. 25   FFH-Gebiete für das Schutzgebietsnetz Natura 2000 in der Lommatzscher Pflege

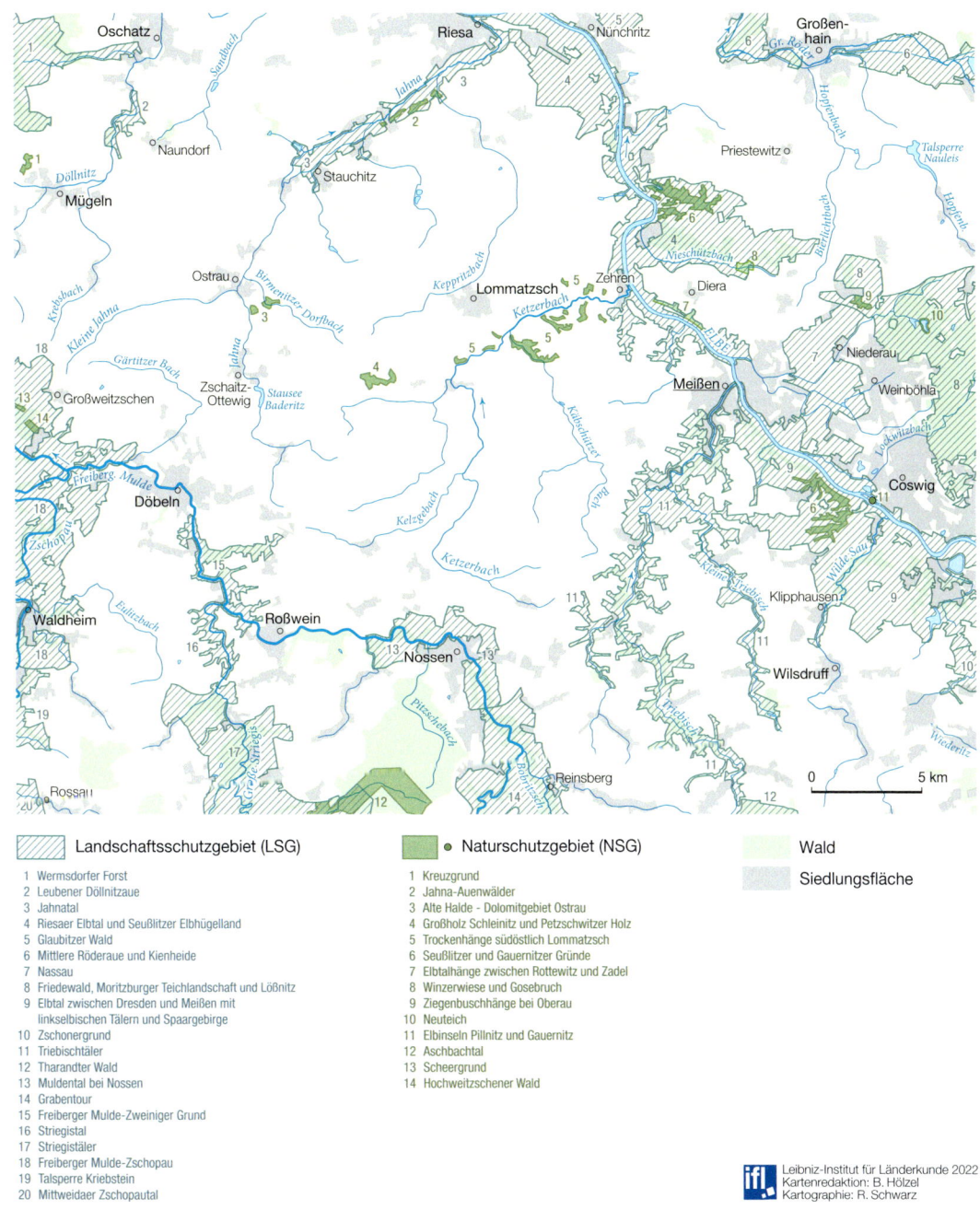

| | Landschaftsschutzgebiet (LSG) | | Naturschutzgebiet (NSG) | | Wald |
| | | | | | Siedlungsfläche |

1 Wermsdorfer Forst
2 Leubener Döllnitzaue
3 Jahnatal
4 Riesaer Elbtal und Seußlitzer Elbhügelland
5 Glaubitzer Wald
6 Mittlere Röderaue und Kienheide
7 Nassau
8 Friedewald, Moritzburger Teichlandschaft und Lößnitz
9 Elbtal zwischen Dresden und Meißen mit linkselbischen Tälern und Spaargebirge
10 Zschonergrund
11 Triebischtäler
12 Tharandter Wald
13 Muldental bei Nossen
14 Grabentour
15 Freiberger Mulde-Zweiniger Grund
16 Striegistal
17 Striegistäler
18 Freiberger Mulde-Zschopau
19 Talsperre Kriebstein
20 Mittweidaer Zschopautal

1 Kreuzgrund
2 Jahna-Auenwälder
3 Alte Halde - Dolomitgebiet Ostrau
4 Großholz Schleinitz und Petzschwitzer Holz
5 Trockenhänge südöstlich Lommatzsch
6 Seußlitzer und Gauernitzer Gründe
7 Elbtalhänge zwischen Rottewitz und Zadel
8 Winzerwiese und Gosebruch
9 Ziegenbuschhänge bei Oberau
10 Neuteich
11 Elbinseln Pillnitz und Gauernitz
12 Aschbachtal
13 Scheergrund
14 Hochweitzschener Wald

Leibniz-Institut für Länderkunde 2022
Kartenredaktion: B. Hölzel
Kartographie: R. Schwarz

Abb. 26   Natur- und Landschaftsschutzgebiete

(SMUL 2008b). 2009 wurde die bisherige durch die neue Richtlinie 2009/147/EG ersetzt. Für die Lommatzscher Pflege und die Wilsdruffer Hochfläche wurden bereits im Jahr 2001 folgende FFH-Gebiete für das Schutzgebietsnetz Natura 2000 an die EU gemeldet. ▶ Abb. 25

Außerdem wurde das EU-Vogelschutzgebiet Linkselbische Bachtäler eingerichtet. Des Weiteren sind nach dem BNatSchG eine Reihe

45

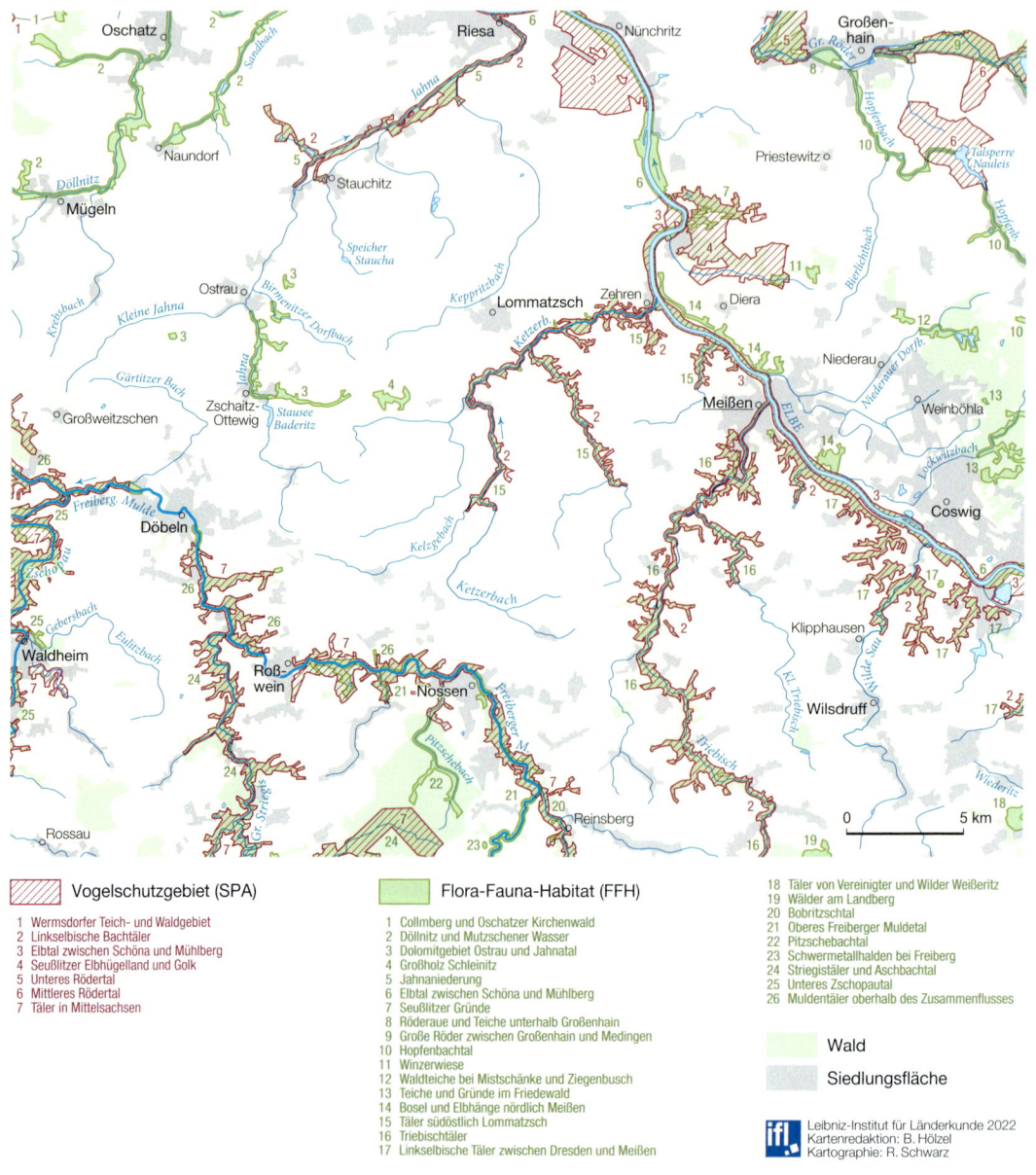

Abb. 27   Vogelschutzgebiete und Flora-Fauna-Habitate

nationaler Schutzgebiete festgelegt worden, darunter LSG, NSG, FND und ND. ▶ Abb. 26, 27

Bereits 1958 erfolgte die einstweilige Sicherung des LSG Triebischtal, das im Jahre 1974 als LSG Triebischtäler festgesetzt und 1990 und 2017 erweitert wurde. Im Jahre 1960 folgte die Festsetzung des LSG Jahnatal und dessen Erweiterung 1998.

Die Einrichtung von NSG kann auf eine weitaus längere Geschichte zurückblicken. Dies soll beispielhaft am Ketzerbachtal gezeigt werden.

Die Begriffe „Lommatzscher Pflege" und „Wilsdruffer Land" stehen symbolhaft für ertragreiche und intensiv genutzte Agrarlandschaften mit langer Geschichte, in denen

Natur- und Landschaftsschutz eher in den Hintergrund zu treten scheinen. Andererseits fallen gerade hier naturnahe Relikte in der Feldflur besonders auf: mäandrierende Bachabschnitte, kleine Restwälder, blütenreiche Wiesen oder Triften, Dorfteiche, alte Einzelbäume oder Hecken.

Die Besonderheiten der „sonnigen Hügelformation" im Ketzerbachtal und entlang der Elbe mit ihren „östlichen Pflanzengenossenschaften" waren bereits seit dem Ende des 19. Jh. durch den Dresdner Botaniker und Universitätsprofessor Oscar Drude hervorgehoben worden (Drude 1885; Drude 1902). Einen ersten Vorschlag für „Naturschutzbezirke" formulierte Drudes Assistent Arno Naumann 1911 im Namen des damals noch jungen Landesvereins Sächsischer Heimatschutz in einer Eingabe an das Kgl.-Sächs. Innenministerium. Unter den von ihm vorgeschlagenen Gebieten wurde auch „ein Teil der Hügelflora bei Meißen, z. B. zwischen Schieritz und Prositz" genannt. In der Folgezeit kümmerte sich der Verein um die Pflege, Erforschung und den Schutz der artenreichen Wiesen im Ketzerbachtal, von denen er auch einige erwarb (Naumann 1920). Nur zwei kleine Teilflächen wurden 1948 als ND ausgewiesen und 1958 als FND bestätigt. Bis zur Unterschutzstellung eines größeren NSG Trockenhänge südöstlich Lommatzsch 2011 vergingen jedoch einhundert Jahre.

Im Jahr 1958 wurden drei naturnahe Restwälder als NSG einstweilig gesichert und 1961 festgesetzt. Es handelt sich um das NSG Elbleiten zwischen Gauernitz und Scharfenberg, das NSG Großholz bei Schleinitz und das NSG Auewald Jahnishausen. Einige Schutzmaßnahmen wurden jedoch erst nach 1990 möglich. 1996 wurde das NSG Alte Halde – Dolomitgebiet Ostrau ausgewiesen, das wegen seiner Kalkvorkommen botanisch, zoologisch und geologisch gleichermaßen bedeutsam ist.

2013 wurde das NSG Seußlitzer und Gauernitzer Gründe ausgewiesen, von denen die letzteren zu dem im vorliegenden Buch betrachteten Gebiet gehören. In diesem Gebiet besteht eine unbewirtschaftete Sonderschutzzone, die Teilen der Waldbestände an den Elbleiten, im Eichhörnchengrund und in der Wolfsschlucht eine dauerhafte eigendynamische Naturentwicklung ermöglicht. Diese Flächen bilden Initiale eines Netzes unbewirtschafteter Referenzflächen mit Naturentwicklung, das landesweit aufgebaut wird. 2021 wurde das NSG Großholz erweitert und um das Petzschwitzer Holz ergänzt.

Eine wichtige Funktion im Biotopverbund und damit zur Sicherung einer hohen Diversität spielen die FND. Allein im Landkreis Meißen gehören im Betrachtungsgebiet 15 FND zur Ausstattung, darunter die Galgenbergkuppe Oberpolenz, der Schluchtwald Weistropp, das Burgstädtel Graupzig und die Hägelkuppe am Göhrisch sowie das FND Helbigsdorf und der Edelkastanienhain Militz. Einige bereits vor 1990 gesicherte FND sind in die neu ausgewiesenen NSG aufgegangen.

Zu den ND gehören vorwiegend Einzelbäume, Alleen und geologische Denkmale. Im Gebiet sind ca. 34 ND gesichert (Kneis 2004). Bereits seit den 1930er Jahren wurden mehrere geologische Naturdenkmäler ausgewiesen, um sie vor dem Abbau zu bewahren, darunter der Götterfelsen (1939) und die Pechsteinklippen Garsebach (1940), beide im unteren Triebischtal nahe Meißen gelegen. Sie sind heute FND nach Bundesrecht.

Zwei Alleen stehen unter Schutz: die Lindenallee bei Birkenhain und die Stiel-Eichen-Allee an der L171 am Abzweig nach Klipphausen. Sie ist mit den mächtigen bis zu etwa 250-jährigen Eichen die älteste Straßenallee Sachsens.

Eine Reihe von Biotopen sind grundsätzlich gesetzlich geschützt. Dazu gehören Quellgebiete, Röhrichte, Großseggenrieder, Erlenbrüche, Bruchhalden, Streuobstwiesen, Hohlwege und Trockenmauern in der offenen Landschaft. Des Weiteren sind die gefährdeten Biotoptypen der Roten Liste Sachsens zu beachten (Buder 2010).

Das Gebiet zwischen Lommatzsch und Wilsdruff aus der Satellitenperspektive

Der Blick aus der Satellitenbildperspektive auf einen Landschaftsraum ergibt einen anderen Eindruck vom jeweiligen Gebiet als eine topographische Karte, die eine maßstabsgerechte, verkleinerte Abbildung der Erdoberfläche mit Hilfe genormter Kartenzeichen (für Straßen, Siedlungen, Brücken, Bewuchs usw.) anstrebt.

Fernerkundungsbilder ermöglichen durch aktuelle und flächenhafte Abbildung, vor allem der Nutzungsstruktur, Aussagen zum Charakter eines Landschaftsraumes. Multispektrale Satellitenaufnahmen erlauben je nach Wahl der Spektralbänder eine differenzierte Sicht auf die ausgewählte Landschaft, indem sie diese in der gewohnten Echtfarbdarstellung oder in einer Falschfarbendarstellung zeigen, womit besonders aussagekräftige Landschaftsmerkmale (Gewässer, Wald, Siedlungen Kulturarten im Ackerbau u. ä.) hervorgehoben werden können.

Die Landsat-Daten liefern eine großflächige Gebietsabdeckung bei vergleichsweise guter geometrischer Auflösung von 30 m.

Zudem werden die Daten seit einigen Jahren kostenfrei durch den United States Geological Servey (Earth Ressources Observation Center – EROS) rückwirkend und ununterbrochen bis in das Jahr 1972 bereitgestellt.

Für die Darstellung des Bearbeitungsgebietes zwischen Triebisch und Jahna im mittelsächsischen Lössgebiet wurden zwei unterschiedliche Kanalkombinationen eines Szene-Ausschnittes der LANDSAT 8/OLI-Szene vom 23. April 2020 ausgewählt. Die Darstellung auf Faltblatt A zeigt das Gebiet in Echtfarben der Kanäle 4,3,2 während für die Falschfarbendarstellung in Faltblatt B die Kanäle 5,4,3 (vor allem nahes und kurzwelliges Infrarot) verwendet wurde. ▶ Faltblätter A, B und C, siehe Rückentasche

Während der genutzte Farbraum einer Echtfarbendarstellung sehr begrenzt ist und durch Grün-und Grautöne dominiert wird, ist der Farbraum in der Falschfarbenvariante sehr viel größer, sodass Objekte besser differenziert und so leichter bestimmt werden können (z. B. unbedeckte Bodenoberfläche oder landwirtschaftliche Nutzfläche mit dichtem Bestand).

Aus dem Kerngebiet der Lössverbreitung in Sachsen erfasst das Bearbeitungsgebiet (farbige Umrandung) im mittelsächsischen Lösshügelland charakteristische Teilräume zwischen Wilsdruff im O und nordwestlich von Lommatzsch. Von den Landwirtschaftsmerkmalen erkennt man im Echtfarbenbild einen Wechsel von Wintergetreide (grünlich) und aufgelaufenem Sommergetreide bzw. Maiskulturen (grau bis roséfarben) ablesbar. In der Falschfarbenvariante deuten die blauen Farbtöne im Rot des Ackerlandes auf Böden mit noch geringer Bodenbedeckung oder Grasland hin.

Am rechten Rand des Kartenbildes tritt vom westlichen Stadtrand Dresdens als gliederndes Element die Elbe hervor, in deren Tal sich rechtselbisch die Siedlungskörper von Radebeul/Coswig, sowie beidseitig die von Meißen und am nördlichen Kartenrand sich linkselbisch die Stadt Riesa abzeichnet. Außerhalb der agrarischen Gunstzone sind vereinzelt Waldkulissen an ihren dunklen Farbtönen identifizierbar, die von N nach S zu folgenden Forstkulissen gehören: Die Waldbedeckung am oberen rechten Bildrand gehört nordöstlich von Großenhain zum Raschützwald. Nach W folgt südlich des Elbebogens bei Riesa der Auwaldkomplex Jahnishausen, während nördlich davon ein Ausläufer der Gohrischheide ins Satellittenbild hineinragt. Westlich von Riesa lassen sich kleinere Waldkulissen entlang der Döllnitz erkennen.

Im mittleren Bildteil fällt zunächst östlich der markanten Elbschleife bei Hirschstein/Seußlitz der Golkwald auf. Von dort in südlicher Richtung tragen linkselbisch das untere Triebischtal und rechtselbisch das bewachsene Felsmassiv der Bosel ein Waldkleid. Und rechtselbisch bis zum rechten Bildrand breitet sich der Friedewald von Radebeul/Coswig bis nach Moritzburg aus.

Aus dem südlichen Bildrand erstreckt sich in nordwestliche Richtung gut erkennbar das Tal der Freiberger Mulde.

Die großflächige Waldung rechtsseitig der Mulde markiert den Tharandter Wald, während flussabwärts linksseitig die dunkle Kulisse zum Zellwald gehört. Südwestlich davon breitet sich zwischen Striegis und Zschopau der Nonnenwald aus. Im Muldetal lassen sich zugleich die Siedlungszeile von Nossen bis Roßwein und Döbeln erkennen.

Der Raum ist durch die B101 und B169 sowie durch die BAB 4 und die BAB 14 an den Fernverkehr angeschlossen.

Siedlung, Bevölkerung, Wirtschaft, Kultur

Ur- und Frühgeschichte

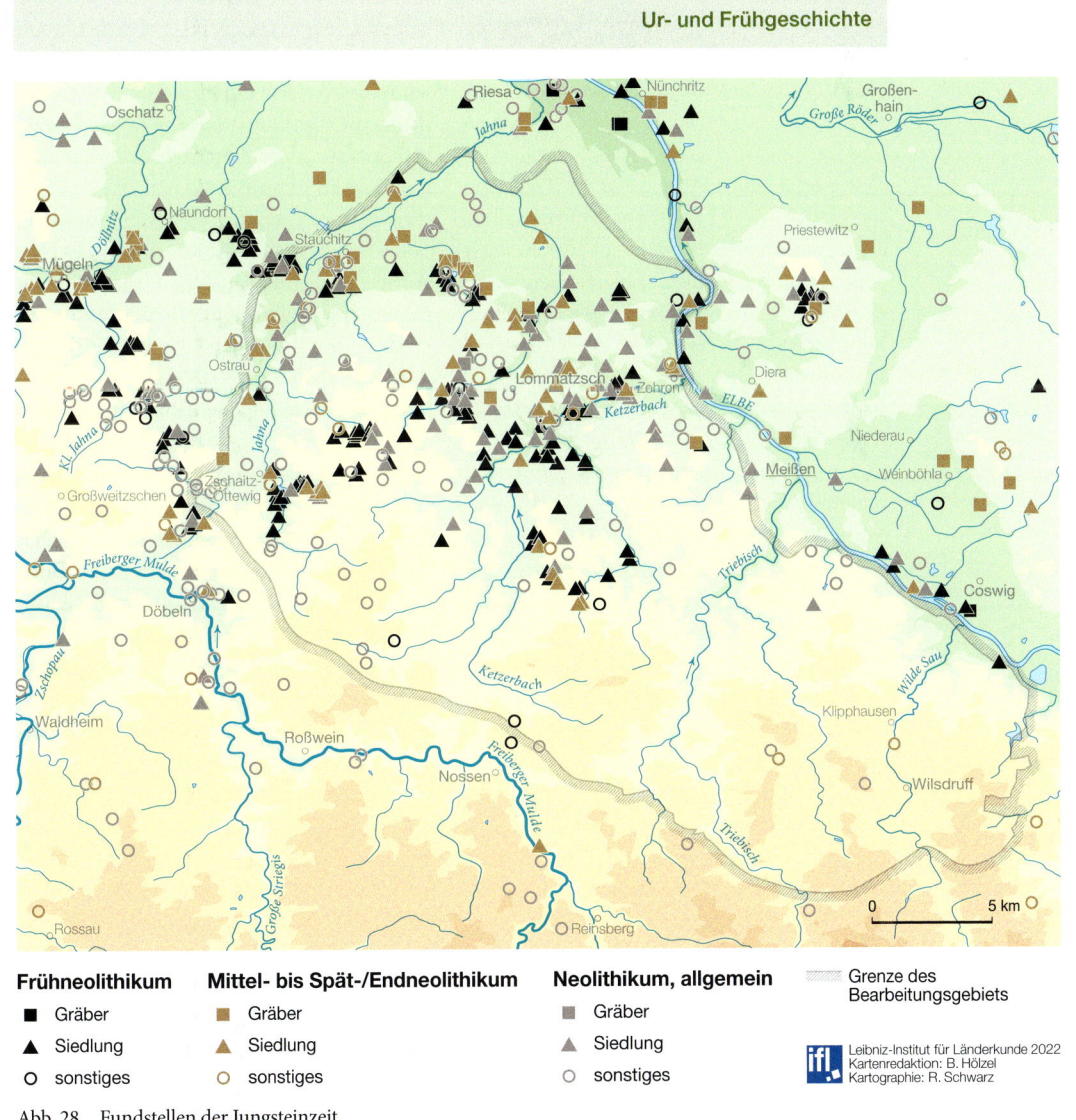

Abb. 28   Fundstellen der Jungsteinzeit

Abb. 29   Rekonstruktionszeichnung eines linienbandkeramischen Hauses

Seit bald 7.500 Jahren wird in der Lommatzscher Pflege Landwirtschaft betrieben. Das Lösshügelland bot den frühen, um 5500 v. Chr. aus Transdanubien einwandernden bäuerlichen Gruppen vieles, was ihrer Lebens- und Wirtschaftsweise entgegenkam: großflächig entwickelte fruchtbare Parabraunerdeböden mit noch fruchtbareren eingestreuten Schwarzerdeinseln, lichte Eichenmischwälder, gemäßigte Jahresmitteltemperaturen und -niederschläge sowie zahlreiche Bachläufe – kurz: eine hervorragende naturräumliche Ausstattung, von der die Landwirtschaft bis heute lebt und zehrt (STROBEL u. WESTPHALEN 2017).

Lange bevor allerdings innerhalb weniger Generationen Pioniere vom westlichen Balkan Sesshaftigkeit, feste Häuser, Feldbau und Viehzucht auch in das heutige Sachsen brachten, gehörten das Elbtal und mittelsächsische Lösshügelland zum Streifgebiet alt- und mittelsteinzeitlicher Jäger und Sammler. Der älteste Nachweis menschlicher Anwesenheit, ein spitzenartiges Gerät aus graubraunem Feuerstein, wurde beim Kiesabbau nicht weit von Schloss Hirschstein in saaleeiszeitlichen Schmelzwasserschottern (vor 280.000 und vor 130.000 Jahren) entdeckt und darf als typisches Werkzeug der mittleren Altsteinzeit (Mittelpaläolithikum) frühen Neanderthalern zugeschrieben werden. Mindestens 100.000 Jahre jünger ist das Fragment einer Blattspitze, ein Oberflächenfund von einem Feld bei Poppitz, von der sich nicht sicher sagen lässt, ob sie am Übergang zwischen Mittel- und Jungpaläolithikum „noch" von Neanderthalern oder „bereits" von „modernen" Menschen (homo sapiens sapiens) gefertigt wurde.

Etwa 15.000 Jahre später, d. h. vor ca. 25.000 Jahren, erreichte die Weichseleiszeit ein Kältemaximum, das aus der vegetationsarmen Tundra alles menschliche Leben vertrieben zu haben scheint. Jedenfalls sind hierzulande aus den frühen und mittleren Abschnitten der jüngeren Altsteinzeit (Jungpaläolithikum) bislang keine Spuren archäologisch greifbar. Sie wären am ehesten in jenen jungweichselzeitlichen Ablagerungen von Lössen zu suchen, die aus dem Gletschervorfeld im südlichen Brandenburg angeweht wurden und die Grundlage der fruchtbaren Böden bilden.

Es vergingen weitere 10.000 Jahre, ehe während wärmerer Phasen am Ende der letzten Eiszeit Rentierjäger der späten jüngeren Altsteinzeit (vor ca. 14.000 Jahren) besonders von der Ressourcenvielfalt des Elbtals angezogen wurden. Am Göhrisch ▶ B7 zeugen typische Geräteinventare aus Klingen, Kratzern, Sticheln und Geschoßspitzeneinsätzen von diesen meist wohl sehr kurzen, episodischen Aufenthalten.

In dem Maße, in dem sich im Laufe mehrerer Warm- und Kaltphasen wieder Wald ausbreitete, zunächst inselartig, schließlich flächen- und dauerhaft, schrumpfte der angestammte Lebensraum der Rentiere. Wer den abwandernden Herden nicht in die kältere Tundra folgte, musste seine Lebensweise grundlegend umstellen und waldbewohnendes Standwild (Elch, Rothirsch, Auerochse, Reh, Wildschwein etc.) bejagen. Elbnahe Oberflächenfundstellen dokumentieren einmal mehr die Attraktivität der ressourcenreichen Tallandschaft, nunmehr für die mittelsteinzeitlichen Jäger und Sammler. Wenn sich aus dem Hinterland kein einziger sicherer

Nachweis der zeittypischen kleinen bis winzigen Steingeräte (Mikrolithen) anführen lässt, darf daraus nicht der Schluss gezogen werden, dass zwischen 9600 und 5500 v. Chr. keine Wildbeuter durch die Lommatzscher Pflege streiften und die ankommenden Bauern in eine menschenleere Landschaft einzogen. Gesichert ist indessen, dass in der wald- und gewässerreichen Lausitz eine „aneignende" Lebensweise noch Jahrhunderte lang praktiziert wurde, als in den Altsiedellandschaften bäuerliche Verhältnisse längst fest etabliert waren. Spätestens in der ersten Hälfte des 5. Jt. v. Chr. standen beide Welten in einem Austausch, der sich dem archäologischen Zugriff nicht mehr entzieht.

Dabei waren dem frühen bäuerlichen Wirtschaften auch in der Lommatzscher Pflege durchaus naturräumliche Grenzen gezogen. Südlich der Wettewitzer und Katzenberger Höhe verhinderten offenbar staunasse Böden und höhere Jahresniederschläge bis ins hohe Mittelalter eine dauerhafte Ansiedlung. Die nördliche Grenze der jungsteinzeitlichen Altsiedellandschaft verlief ihrerseits bis weit ins 5. Jt. v. Chr. in einem mehrere km breiten Korridor vor der Lössrandstufe, über den hinaus allenfalls bandkeramische Pioniere, hauptsächlich entlang der Elbe weiter nach N vordrangen und Siedlungsenklaven gründeten. ▶ Abb. 28

Die älteste Kultur der Jungsteinzeit verdankt ihren Namen den anfangs überwiegend eingeritzten (Linienbandkeramik, 5500–4900/4800 v. Chr.), dann auch gestochenen (Stichbandkeramik, 4900/4800–4500 v. Chr.) linearen Gefäßverzierungen. Aus Feuersteinknollen, die meistens aus lokalen eiszeitlichen Schottern stammten, wurden Messer, Kratzer, Pfeilspitzen und Sicheleinsätze geschlagen, deren Lackglanzbedeckung vom Schneiden von Getreide und Gräsern herrührt. Auf kleinen gartenartigen Feldern wurden nach einer Bodenlockerung mit einfachen Hacken Einkorn, Emmer, Hülsenfrüchte (Linsen, Erbsen) sowie Schlafmohn angebaut und die entspelzten Getreidekörner mit Handmühlen aus grobkörnigen Gesteinen zu Mehl gemahlen. Mit den einfachen, dechselartig quergeschäfteten Steinbeilen aller Größen konnten nicht nur Baumstämme gefällt, sondern auch komplexe Holzverbindungen hergestellt und filigrane Holzgefäße gefertigt werden. Das Bauholz für die bis zu 50 m langen, massiven, lehmverputzten Pfostenbauten lieferten die Eichenmischwälder, die zur Gewinnung von Anbaufläche weiter ausgelichtet wurden. Unter den stroh- oder schindelgedeckten Giebeldächern waren Wohnen und Schlafen, Vorratshaltung und Nahrungszubereitung sowie Hand- und Hauswerk vereint. ▶ Abb. 29 Nichts deutet darauf hin, dass innerhalb der vier Wände auch Haustiere gehalten wurden. Vielmehr scheinen Rinder und Schweine, aber auch Schafe und Ziegen, die ihren „wilden" Vorfahren deutlich ähnlicher sahen als heutigen Hochleistungsrassen, je nach Saison in den Wäldern zu Mast und Weide oder innerhalb der Dörfer gehalten worden zu sein. Da in den entkalkten Böden der Lommatzscher Pflege Knochen von Tieren und Menschen in der Regel restlos vergangen sind, ist über das Verhältnis von Haus- und Wildtieren so wenig bekannt wie über die Größe, die Krankheiten oder die Lebenserwartung der Dorfgemeinschaften. Wahrscheinlich hat man die Verstorbenen nicht nur in Hockerstellung bestattet, sondern auch verbrannt. Die zahlreichen Keramik-, Silex- und Felsgesteingerätefunde dürfen nicht darüber hinwegtäuschen, dass alle Gegenstände aus organischen Materialien wie Holz, Rinde, Bast oder Wolle sowie Pflanzenreste in der Regel ebenfalls nicht überliefert sind.

Die bandkeramischen Dörfer lagen auf Kuppen oder flachen Hängen und fast immer in der Nähe von Fließgewässern. Hinter den oft riesigen Ausmaßen bandkeramischer Fundstellen von bis zu 30 ha verbergen sich jedoch keine ebenso großen, stabilen Siedlungen, vielmehr eine fast tausendjährige Dynamik, die zu einer Verlagerung von Häusern, z. T. wohl ganzen Dörfern und damit einer Überschneidung von Grundrissen in den Siedlungsplänen führt. ▶ B16

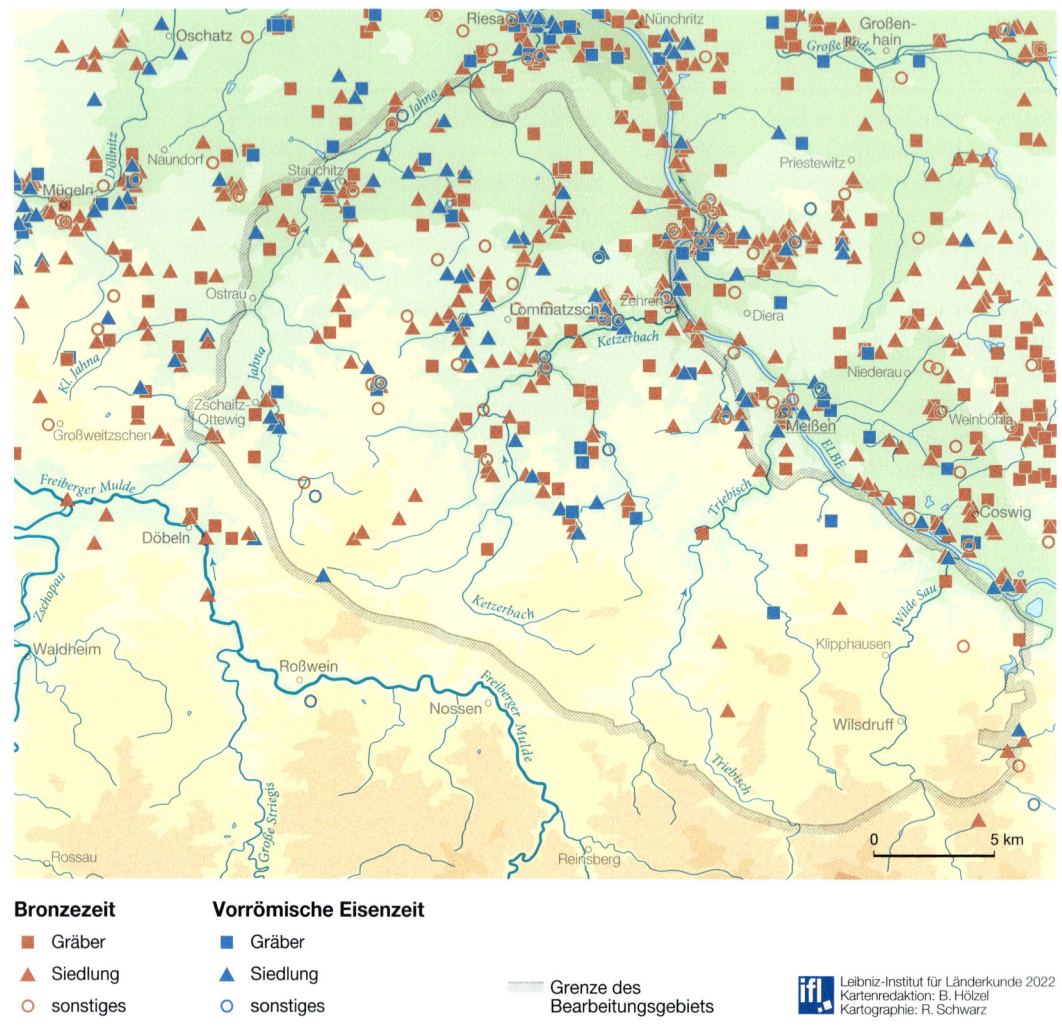

Bronzezeit
- Gräber
- Siedlung
- sonstiges

Vorrömische Eisenzeit
- Gräber
- Siedlung
- sonstiges

Grenze des Bearbeitungsgebiets

Leibniz-Institut für Länderkunde 2022
Kartenredaktion: B. Hölzel
Kartographie: R. Schwarz

Abb. 30 Fundstellen der Bronzezeit und der vorrömischen Eisenzeit

So viel Wissen sich in den letzten Jahrzehnten über Siedlungen, Architektur, Technik und Wirtschaft der Bandkeramik angesammelt hat, so sehr entziehen sich vollplastische Tonfiguren, die als „Venus" von Birmenitz ▸ B17, Mauna oder Pitschütz ▸ B16 in die Forschung eingegangen sind, bis auf weiteres einer plausiblen Deutung: Handelte es sich um Muttergottheiten, Urmütter oder Fruchtbarkeitsfetische?

Wie schnell sich die Quellenlage verändern kann, zeigt eine bandkeramische Denkmälergruppe, die im mittelsächsischen Löss- hügelland erst seit Kurzem durch systematische Befliegungen und Prospektionsarbeit an fünf Stellen belegt ist (Salbitz, Staucha, Sieglitz, Piskowitz, Kmehlen). Bei keiner Kreisgrabenanlage, die zwischen 4800 und 4600 v. Chr. während der Stichbandkeramik wohl unter Einflüssen aus Südosteuropa errichtet wurde, ist bislang gesichert, ob Bauweise und zeitgenössische Sicht- bzw. Landschaftsverhältnisse Himmelsbeobachtungen zuließen. Man wird deshalb nicht von astronomischen Observatorien, sehr wohl aber von rituellen, sozialen und wirtschaftlichen Mittelpunktsorten sprechen dürfen. Abgesehen von diesem neuen Architekturtyp unterscheiden sich weder die Keramikornamente oder Geräte noch die Siedlungsstandorte oder Hausformen der Stichbandkeramik nennenswert von ihren linienbandkeramischen Vorläufern. Kurz darauf war der Bruch dafür umso tiefer.

Um die Mitte des 5. Jt. v. Chr. vollzogen sich innerhalb von zwei bis drei Jahrhunderten grundlegende Veränderungen: Den vielfältigen Verzierungen bandkeramischer Gefäße steht eine auffällige Schmucklosigkeit mittelneolithischer Keramik gegenüber. Bandkeramische Pfostenbauten wichen kleinen und leicht gebauten Rechteckhäusern, deren oberflächliche Spuren in der Regel längst der Erosion zum Opfer gefallen sind. Die weiler- und gehöftartigen Siedlungen, die in kurzen Abständen von ein bis zwei Jahrzehnten verlagert worden zu sein scheinen, verraten sich meist nur durch wenige Vorrats- bzw. Abfallgruben. Offensichtlich gingen eine geringere Bevölkerungsdichte und größere Mobilität ebenso Hand in Hand wie die regelmäßige Verlegung von Feldflächen und Kleinsiedlungen. Erstmals wurden auch Naturräume nördlich der Lössstufe in den Wirtschafts- und Siedlungsraum einbezogen. Die gelockerte Orts- und Sozialbindung scheint man durch den Rückzug auf leicht zu verteidigende Bergsporne und den gemeinschaftlichen Bau von bis zu 10 ha großen, vielfach unterbrochenen Grabenwerken kompensiert zu haben ▸ B4, B6, die möglicherweise der Bewirtschaftung größerer Herden, kaum jedoch Verteidigungszwecken dienten. Der älteste Vertreter dieser monumentalen Architektur wurde schon um 4200 v. Chr. bei Nössige errichtet. ▸ C13

Da archäologische Strukturen auf den heterogenen Moränenplatten nördlich der Lössstufe größere Chancen haben, aus der Luft entdeckt zu werden, ist die Konzentration von sieben Grabenwerken im Raum Riesa keine Überraschung. Sie dürfen alle in die erste Hälfte des 4. Jt. v. Chr. datiert werden. Dies gilt genauso für zahlreiche trapezförmige Grabmonumente, die den Grabenwerken regelhaft zugeordnet zu sein scheinen und sich von Großsteingräbern (Megalithen) nur durch eine andere Bauweise aus Holz und Erde, nicht jedoch durch ihre monumentale Wirkung unterschieden haben dürften. ▸ B6 Da Findlinge im Lösshügelland nicht so häufig oberflächennah anzutreffen sind wie in Norddeutschland, sind megalithische Denkmäler selten. Eine Ausnahme stellt vermutlich jener ca. 1,7 m hohe Monolith (Menhir) dar, der bei Steudten einen 2 m hohen Hügel (Huthübel) krönt.

Wurden die Grundlagen bäuerlicher Wirtschaftsweise im ausgehenden 6. Jt. v. Chr. gelegt, ist eine moderne Landwirtschaft ohne Wagen, Zugkraft und Pflug unvorstellbar. Obwohl in der Lommatzscher Pflege bislang keine Bestattung eines Rinderpaares, das vor einen zweirädrigen Wagen gespannt war, und keine datierbaren Pflugspuren dokumentiert sind, darf eine Kenntnis bzw. Nutzung dieser Innovationen ebenfalls schon am Ende des 4. Jt. v. Chr. vorausgesetzt und als Neuausrichtung an den Kulturen in Ost- und Südosteuropa gewertet werden. In Verbindung mit der Verarbeitung von Kupfer und Wolle oder der Haltung von Viehherden ist dieser „Technologietransfer" aus Südosteuropa um 3000 v. Chr. schon als zweite neolithische Revolution beschrieben worden. Die Verbreitung der Siedlungsplätze der Kugelamphorenkultur (ca. 3100–2700 v. Chr.), die nach stempelverzierten, kugelförmigen Amphoren benannt ist, zeigt gleichwohl, dass sich wenigstens die Standortpräferenzen gegenüber den bäuerlichen Anfängen nicht grundlegend geändert haben können.

In der etwas jüngeren Schnurkeramik (2700–2400 v. Chr.) lassen sich diese Einflüsse aus den östlichen Nachbarregionen, vielleicht verstärkt durch das Einsickern fremder Bevölkerungsgruppen, besonders in den Gräbern greifen ▸ B8, B23: Wer unter einem Grabhügel in Hockerstellung mit schnurverzierten Amphoren und Bechern sowie facettierten Streitäxten bestattet wurde, gehörte wahrscheinlich ebenso wenig zur bäuerlichen

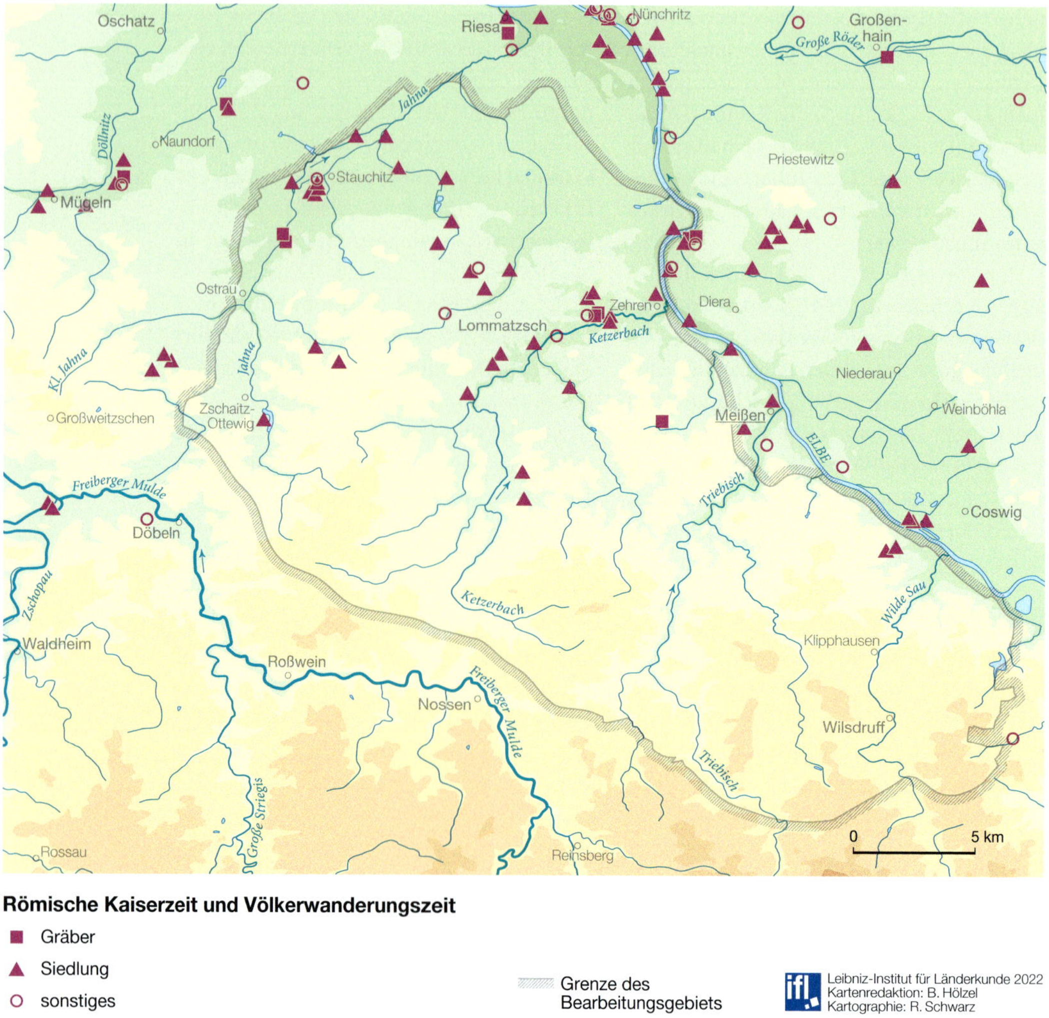

Römische Kaiserzeit und Völkerwanderungszeit

- ■ Gräber
- ▲ Siedlung
- ○ sonstiges

Grenze des Bearbeitungsgebiets

ifl Leibniz-Institut für Länderkunde 2022
Kartenredaktion: B. Hölzel
Kartographie: R. Schwarz

Abb. 31 Fundstellen der Römischen Kaiserzeit und Völkerwanderungszeit

Mehrheitsbevölkerung wie Bogenschützen und Kupferschmiede der Glockenbecherkultur (ca. 2600–2200 v. Chr.), deren besondere Stellung an Grabbeigaben wie Pfeilspitzen, Armschutzplatten, Dolchen, Wetzsteinen, Ambossen und den namengebenden verzierten Bechern ablesbar ist. Unter und neben diesen herausgehobenen Gruppen behaupteten sich im 3. Jt. v. Chr. traditionelle bäuerliche Lebens- und Wirtschaftsgemeinschaften, deren Mittelpunkt dörfliche Siedlungen waren. Einige konnten mittlerweile archäologisch untersucht werden.

Hausgrundrisse und Bestattungssitten der ausgehenden Jungsteinzeit nehmen bereits so viele frühbronzezeitliche Merkmale vorweg, dass alles für eine kontinuierliche Entwicklung spricht. So lange es gedauert haben mag, bis sich um 3000 v. Chr. Pflug und Wagen durchgesetzt hatten, so langsam begann sich auch die Fähigkeit, Kupfer und Zinn zu Bronze zu legieren, auszubreiten. Am noch weitgehend jungsteinzeitlichen Gepräge der Siedlung von Prausitz ändern auch wenige Bronzeartefakte nichts. ▶ B4 Dieser Siedlungsgrabung kommt eine umso größere Bedeutung zu, als die Quellenlage für die Zeit um 2000 v. Chr. jahrzehntelang von Grab- und Hortfunden dominiert wurde. Letztere sind durchweg in der Zeit zwischen 1850 und 1950 und damit in einer Phase enormer Intensivierung der Landwirtschaft entdeckt worden. Zu den Depots von Niederjahna, Paltzschen und Wauden ist seitdem kein weiteres mehr hinzugekommen. ▶ B10, C2, C6 Die Kenntnis der frühbronzezeitlichen Bestattungen leidet einmal mehr an der miserablen Knochenerhaltung, die eine Interpretation von kleinen Gefäßensembles (etwa aus Altlommatzsch, Eulitz, Schleinitz) erheblich erschwert. Bei den Gräbern vom Eckardsberg steht die herausragende Qualität der Beigaben leider in einem eklatanten Missverhältnis zur Qualität der Grabungsdokumentation. ▶ B8 Zweifellos haben hier um 1700/1600 v. Chr. die Angehörigen einer frühbronzezeitlichen Elite ihre letzte Ruhe gefunden. Es ist zu vermuten, dass in diesen Kreisen auch die Fäden eines Kommunikationsnetzes zusammenliefen, das Europa von Skandinavien und vom Baltikum bis in das Karpatenbecken und in den Mittelmeerraum umspannte. Während Bernstein aus dem Ostseeraum eingehandelt worden sein muss, kann eine im 19. Jh. bei Meißen aus der Elbe gebaggerte Prunkaxt nur aus dem Karpatenbecken in hiesige Gefilde gelangt sein.

Wo sich überregionale Kontakte bündelten und die soziale Differenzierung zunahm, wuchsen auch Schutz- und Repräsentationsbedürfnisse. Frühbronzezeitliche Keramik vom Göhrisch-Plateau ▶ B7 zeigt zwar noch keine Burg, aber allemal eine Besiedlung an. Der Ausbau zur Befestigung dürfte kurz nach der Mitte des 2. Jt. v. Chr. begonnen worden sein. Der Widerspruch zwischen den gewaltigen, mehrfach verstärkten Wehrmauern und einer lockeren, keinesfalls stadtartig verdichteten Innenbebauung ist noch nicht befriedigend aufgelöst.

Wer an der Rauen Furt sich kreuzende Fernverbindungswege und gleichzeitig das fruchtbare Hinterland beherrschte, kontrollierte Tauschbeziehungen genauso wie landwirtschaftliche Überschüsse. Sofern der Burgenbau von einer bronzezeitlichen „Ober-" oder „Adelsschicht" initiiert und koordiniert wurde, zeigt sich diese Elite nicht in Prunk- oder Fürstengräbern. Die Brandbestattungen der Urnengräberfriedhöfe sind zwar reich an Geschirrsätzen, aber arm an Metallbeigaben. Aus der Nekropole von Altlommatzsch ▶ B11 ragt kein Grab durch eine besondere Ausstattung heraus. Was in den Gräbern fehlt, häuft sich in den Hortfunden, die Werkzeuge, Waffen, Schmuck und Altmetall in wechselnden Zusammensetzungen umfassen. Aus welchen Gründen auch immer die Gegenstände vergraben wurden – als Gaben an die Götter oder profane Metallvorräte –, dem Wirtschaftskreislauf wurden erhebliche Werte entzogen. Wenngleich sich die Indizien für eine bronzezeitliche Ausbeutung von Zinnseifen im Erzgebirge mittlerweile verdichtet haben, musste Kupfer allemal aus dem Ostalpenraum eingeführt werden. Versorgungsengpässe könnten daher durchaus auch durch das Einschmelzen von Altmetall überbrückt worden sein.

Ist Bronzehandwerk in den Burgen bezeugt, müssen die landwirtschaftlichen Überschüsse im fruchtbaren Umland erwirtschaftet worden sein. Das Lösshügelland zwischen den Befestigungen war wohl von einem Netz kleiner Gehöfte und Weiler überzogen, deren Spuren – meist Vorratsgruben, ungleich seltener Grundrisse von Schwellbalkenbauten – sich erst seit Kurzem bei Grabungen zu erkennen geben.

Bis in die Eisenzeit scheint dieses Siedlungsmuster die Lösslandschaft geprägt zu haben. Je zerstreuter die Bevölkerung lebte, desto größer war die Sehnsucht nach Stabilität und Nähe zu den Ahnen im Angesicht des Todes. Große Friedhöfe wie auf dem Tanzberg bei Piskowitz setzen schon in der Jungsteinzeit ein und wurden wohl kontinuierlich bis in die Kaiserzeit, eventuell sogar bis in das Frühmittelalter belegt. Standen die umfangreichen Geschirrsätze in früheisenzeitlichen Gräbern noch in bronzezeitlichen

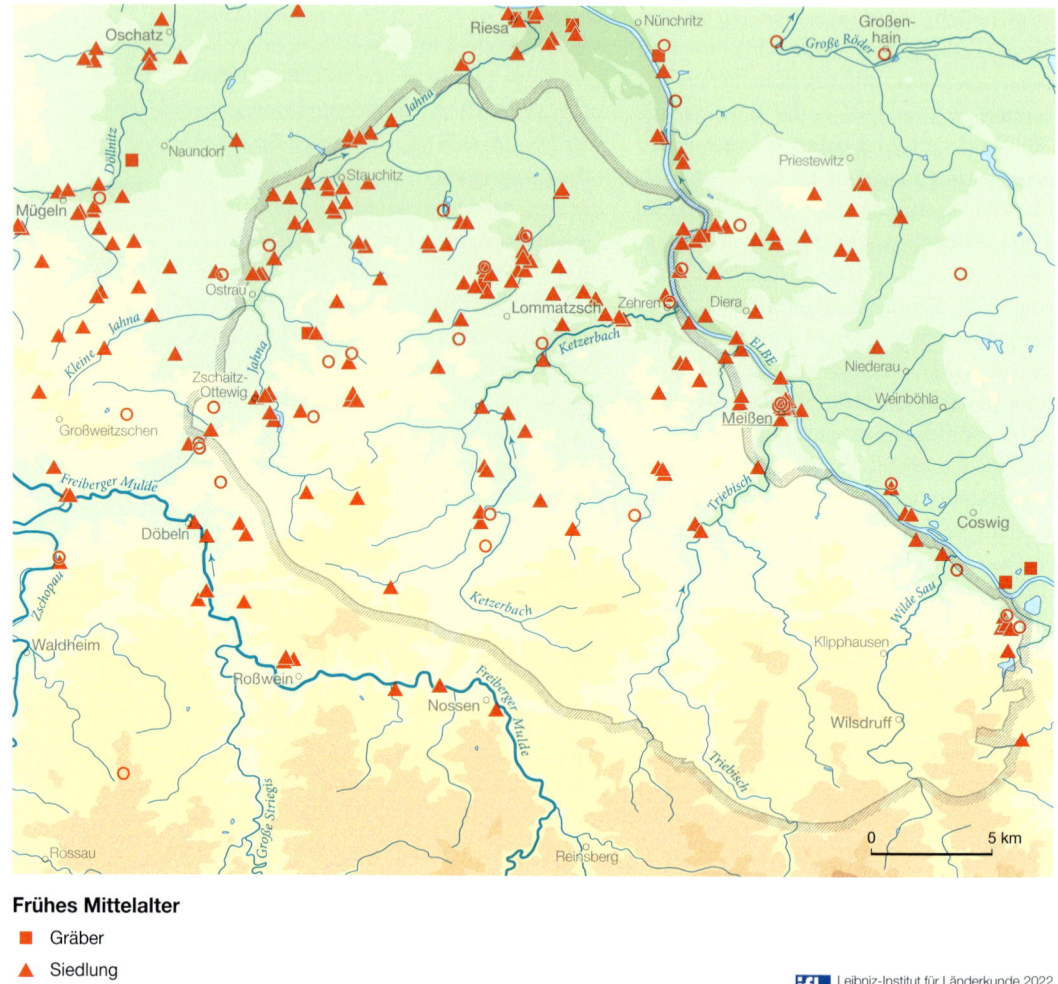

Frühes Mittelalter
- ■ Gräber
- ▲ Siedlung
- ○ sonstiges
- ▨ Grenze des Bearbeitungsgebiets

Abb. 32 Fundstellen des frühen Mittelalters

Traditionen, schrumpften Zahl und Größe der Gefäße allmählich, bis nach der Jahrtausendmitte nur noch Urnen und Deckschalen übrigblieben. Dem latènezeitlichen Friedhof von Seebschütz (5.–3. Jh. v. Chr.) kommt bis heute eine überregionale Bedeutung zu, weil nirgendwo sonst in der Lommatzscher Pflege keltische Einflüsse, wohl aus dem böhmischen Raum, in solcher Dichte zu fassen sind. ▶ B23 Abseits des Elbtales machen sich Funde dieser Zeitstellung nach wie vor rar. Abgesehen von einem Keramikkomplex aus Eulitz handelt es sich durchweg um Altfunde wie die Gürtelkette von Mettelwitz oder einzelne Gräber von Schänitz. ▶ Abb. 30

Während der beiden letzten Jahrhunderte vor der Zeitenwende scheinen die Fundstellen noch ungleicher verteilt zu sein und sich jetzt vorwiegend an den Talrändern von Elbe und Mulde zu konzentrieren. Dieses Ausdünnen archäologischer Quellen in der Lommatzscher Pflege, das nahezu in einer völligen Fundleere um die Zeitenwende zu münden scheint, sollte freilich nicht mit einer historischen Siedlungsleere verwechselt werden, denn insbesondere an der Elbe ist die augusteische Zeit mittlerweile durch Siedlungsneufunde durchaus repräsentiert. Warum sollte also ausgerechnet im fruchtbaren Hinterland des Stromes eine mehrtausendjährige Siedlungskontinuität abrupt unterbrochen gewesen sein?

Spätestens um die Mitte des 1. Jh. n. Chr. füllt sich die Lommatzscher Pflege ohnehin wieder mit Fundnachweisen sowohl aus Siedlungen als auch aus Gräbern. Der älterkaiserzeitliche Friedhof auf dem Tanzberg bei Piskowitz ist bis heute der größte Bestattungsplatz des 1. Jh. n. Chr. in Sachsen überhaupt und lässt enge Verbindungen ins Böhmische erkennen. ▶ B13 Mit ebenso repräsentativen Fundstellen aus der jüngeren und späten römischen Kaiserzeit (2.–4. Jh. n. Chr.) kann das Lössgebiet vorläufig nicht aufwarten. Auf ungünstige naturräumliche Voraussetzungen lässt sich diese Armut freilich kaum zurückführen. Vor einer Gleichsetzung des aktuellen Forschungsstands mit der historischen Wirklichkeit warnen mehrere jüngerkaiserzeitliche Siedlungen an Döllnitz, Jahna, Mulde und Elbe, wo Raseneisenerzvorkommen in den feuchten Niederungen zu Verhüttungszwecken genutzt werden konnten.

Allerdings wird man die Seltenheit völkerwanderungszeitlicher Fundstellen (5.–6. Jh. n. Chr.) nicht allein durch Forschungslücken, sondern tatsächlich durch einen Bevölkerungsrückgang erklären müssen. Die Lommatzscher Pflege unterscheidet sich darin nicht von anderen sächsischen Altsiedellandschaften. Lediglich an der Elbe und ihren größeren Zuflüssen wie der Jahna hielten sich – am östlichen Rand des Thüringer Reiches – dörfliche Gemeinschaften, die in kleinen Gräbergruppen (Liebersee, Dresden-Nickern) und einzelnen Siedlungen ihre Spuren hinterlassen haben. Wie es dagegen im fruchtbaren Lösshügelland aussah, ist momentan völlig unklar.

Wo sich der Mensch zurückzieht, breitet sich schnell wieder Wald aus. Von einer seit der Vorgeschichte stabilen Offenlandschaft kann selbst in der Lommatzscher Pflege zu keiner Zeit die Rede sein. Die immer noch schüttere archäologische Quellenlage spricht derzeit mehr für das Einsickern kleiner slawischer Verbände als für die Ansiedlung größerer Bevölkerungsgruppen in den Jahrzehnten um 600 n. Chr. In diese Richtung weisen zumindest isolierte neue Brandgräber (z. B. Mügeln), die durch Urnen vom Prager Typ und byzantinische, wohl durch das Awarenreich vermittelte Schmuckformen auffallen und zusammen mit wenigen Altfunden den dünnen Anfangshorizont slawischer Besiedlung markieren. Die Erschließung der Lommatzscher Pflege scheint vom Elblauf her durch die Täler von Jahna, Ketzerbach und Triebisch erfolgt zu sein und war möglicherweise noch gar keine dauerhafte Landnahme. ▶ Abb. 31

Spätestens in der ersten Hälfte des 8. Jh. setzte aber ein Landausbau ein, der im 10. Jh. das gesamte Lösshügelland erfasste. Vermutlich ging diese Aufsiedlungsbewegung von den qualitätsvollen schwarzerdeartigen Böden um Lommatzsch aus, wo auch die Ortschaften einer ältesten Namensschicht und der Paltzschener „Orakelsee" liegen. ▶ B10 Der Kern jener Landschaft, die in der Ostfränkischen Völkertafel des Bayerischen Geographen *Talaminzi* (Daleminzien) genannt wird, ist zweifelsohne hier zu suchen (SPEHR 2011). Auffälligerweise sind bislang überraschend viele Spuren offener frühmittelalterlicher Siedlungen außerhalb oder am Rand heutiger Ortslagen zum Vorschein gekommen (Käbschütz, Scheerau, Nössige, Altlommatzsch, Paltzschen, Höfgen). Im Lichte dieser Dynamik werden auch die Ergebnisse der historischen Siedlungsforschung neu zu bewerten sein. ▶ Abb. 32

In den Forschungsstand zur daleminzischen Burgenlandschaft hat die Luftbildarchäologie in den letzten Jahren neue Bewegung gebracht. Sobald Befestigungen neu entdeckt (Mochau, Trogen) oder umdatiert (Paltzschen ▶ B10) werden, führt dies zwangsläufig zu einer Neuaufteilung jener 14 Burgbezirke, die beim Bayerischen Geographen *civitates* genannt werden. Es ist daher eher ein großer Zufall, dass sich die Zahl der bekannten Anlagen und der Burgbezirke derzeit zur Deckung bringen lässt.

Zudem mehren sich die Zweifel, dass mutmaßlich ältere, große Befestigungen, die als slawische „Volksburgen" in die Literatur eingegangen sind, und jüngere, deutlich kleinere sogenannte „frühdeutsche" Burgwardmittelpunkte auf der Grundlage einer unscharfen Keramikchronologie scharf auseinandergehalten werden können. Dabei erweist sich das jubiläumsträchtige Gründungsdatum der sächsischen Landesgeschichte zusehends als Zwangspunkt, von dem aus Ablösungs- und Herrschaftsverhältnisse schematisch konstruiert werden: Die Fixierung auf die legendäre Jahreswende 928/929, als Heinrich I. erst die daleminzische Hauptburg Gana zerstört und dann mit der Gründung Meißens die Grundlage für die ostfränkische Herrschaft in Sachsen gelegt haben soll, verstellt womöglich den Blick auf komplexere Übergangsprozesse. Dass die Zerstörung Ganas nur von Widukind von Corvey überliefert wird, während umgekehrt nur Thietmar von Merseburg später lediglich von der Gründung Meißens berichtet, gibt zu Misstrauen allen Anlass. Auch wenn tatsächlich große, bis zu 6 ha große Burgen tendenziell ins 8.–10. Jh. zu datieren sein sollten, während die Kleineren überwiegend vom 10. bis ins 12. Jh. errichtet wurden, war der Übergang im 10. Jh. wohl fließender, als ihn die Forschung bis heute darzustellen pflegt.

Bei allen Unterschieden teilen die frühmittelalterlichen Burgen des 8. bis 11. Jh. viele gemeinsame Merkmale: Unzugängliche, natürlich geschützte Bergsporne waren schon in der Bronze- und Eisenzeit bevorzugte Standorte. Deshalb wurden die Befestigungen bisweilen auf den Ruinen vorgeschichtlicher Vorgänger errichtet. Typisch sind ferner massive, holzverstärkte Mauerkonstruktionen mit steinverblendeten Außenfronten sowie vorgelagerten Gräben. Durch die mehrfache Verstärkung und Erweiterung der Wehranlagen scheint man auf anhaltende oder wiederholte Bedrohungen reagiert zu haben. Die Burgen waren politische Machtdemonstrationen und wirtschaftliche Zentren, in denen Handwerk bzw. Handel getrieben wurden, doch zumindest bis ins 10. Jh. gleichfalls Rückzugsorte für eine bäuerliche Bevölkerung, die nach anthropologischen Untersuchungen an Körperbestattungen des 11./12. Jh. von Altlommatzsch ▶ B11 ein entbehrungsreiches Leben führte und unter den wiederkehrenden militärischen Auseinandersetzungen des 8. bis 11. Jh. wohl am meisten zu leiden hatte.

Historische Entwicklung vom 10. Jh. bis 1918

Das Untersuchungsgebiet umfasst den vormaligen slawischen Gau Daleminze, der im Jahr 805 erstmals erwähnt wurde. Nach der Mitte des 9. Jh. berichtet der sogenannte Bayerische Geograph, dass sich in dieser Region 14 Burgen befinden (*Surbi. Iuxta illos sunt quos vocant Talaminzi, qui habent civitates* 14). Der Gau Daleminze war durch den Kriegszug des Königs Heinrich I. im Jahr 928/929 an das ostfränkische Reich gekommen. Widukind von Corvey teilt in seiner Sachsengeschichte mit, dass die Burg an der Jahna *(urbs quae dictur Gana)* nach zwanzigtägiger Belagerung durch Heinrich I. erobert worden sei. Die eingeäscherte Anlage muss nach Auffassung der Archäologie bei Hof/Stauchitz gesucht werden. Im Zuge dieser Auseinandersetzungen ließ der König im Jahr 929 die Burg Meißen errichten. Sie stieg zum zentralen und wichtigsten Herrschaftsmittelpunkt der gesamten Region auf.

Infolge der Erhebung Meißens zum Bistum des Magdeburger Metropolitanverbandes im Jahr 968 wurde die Voraussetzung geschaffen, um Land und Leute zu christianisieren. Die Diözesangrenze zwischen den Bistümern Meißen und Merseburg könnte identisch mit jener Grenze sein, die Daleminze von den westlich angrenzenden Gauen *Chutuci* und *Neletici* getrennt hat. Bezeichnenderweise ist das die Wasserscheide zwischen Freiberger bzw. Vereinigter Mulde und der Elbe. Über die gesellschaftlichen Verhältnisse des 10./11. Jh. ist wenig bekannt. Durch die gewaltsame Unterwerfung der Daleminzier war die Region auf dem überaus fruchtbaren Lössplateau, das sich von der Mulde bis an die Elbe erstreckt, anfänglich lose an das ostfränkisch-deutsche Reich gebunden. Frühe schriftliche Zeugnisse informieren über die Burgwarde bzw. Herrschaftsmittelpunkte. Beispielsweise werden die Burgen *Gozne* (981, vermutlich bei Schweta), Leuben (1069, *in burguuardo Lvvine*), Mochau (1090, *in burcwardo Nimucowa*), Zehren (zum Jahr 1003, *castellum Cirin; Zirin*) ▶ Abb. 33 oder Zschaitz (1046, *Zavviza castellum*) erwähnt (BILLIG 1989). Schriftliche Belege über die ältesten Kirchen fehlen hingegen völlig. Ein erster Nachweis liegt für die Pfarrei Taubenheim aus dem Jahr 1186 vor. Gleichwohl ist anzunehmen, dass es nicht zuletzt in den Burgwarden und in einigen wenigen Siedlungen wie vermutlich in Brockwitz, Zadel oder Zehren Kirchen oder zumindest Kapellen gegeben haben muss (SCHLESINGER 1983).

Abb. 33   Der Burgberg Zehren im Winter 2010

Der Name Lommatzsch ist erstmals für das Jahr 981 bezeugt: *in pago Dalminze seu Zlomekia*. Die hier mitschwingende Unsicherheit („im Gau, der Daleminze oder Zlomekia" genannt wird) greift Thietmar von Merseburg in seiner um 1012/1018 niedergeschriebenen Chronik auf. Ausdrücklich erwähnt er *Glomaci*. Allerdings nahm er irrtümlicherweise an, dass das die althochdeutsche Bezeichnung für den Namen Daleminze sei. Tatsächlich scheint der Name von den im 6. Jh. eingewanderten Slawen von der vorslawischen Bevölkerung übernommen worden zu sein. *Głomač* bedeutet nichts anderes als eine kultische Quelle bzw. ein religiös bedeutsamer See. Der Name *Głomač* schliff sich im Laufe der Zeit zu Lommatzsch ab. Um das Jahr 1200 sind erstmals Formen nachweisbar, die der heutigen ähnlich sind: vor 1190, *Thiemo de Lomacz;* 1206, 1226: *Heinricus plebanus de Lomaz(c)* (EICHLER u. WALTHER 1966, S. 173, 397–401).

Die noch weitgehend slawische Bevölkerung des 10./11. Jh. lebte autark in Weilern. Städte und Märkte mit Geldverkehr waren ihr unbekannt. Die Agrarverfassungsverhältnisse werden grundherrlich-ähnlich gewesen sein, wobei die Abhängigkeit des Landvolkes gegenüber den adligen Großen, die ebenfalls slawisch waren, am besten mit einer Art von Hörigkeit zu umschreiben ist. Durch die zunehmende politische Stabilisierung nach der Mitte des 11. Jh. verband sich der neu aufsteigende einheimische slawische Adel sozial und rechtlich vermehrt mit jenen Gewalten, die fürstengleich Herrschaft ausgeübt haben – also mit den Bischöfen, Markgrafen und Burggrafen von Meißen. Die herrschaftliche Klammer war diesbezüglich das Lehnswesen. Ein Beispiel ist aus dem Jahr 1071 überliefert. Demnach trug ein slawischer Adliger mit Namen Bor zusammen mit seinen Söhnen sein Allodium, einem frei vererbbaren Eigentum, dem Bischof Benno von Meißen an, um es von ihm wieder als Lehn zu empfangen. Es wird in der Urkunde ausdrücklich als *beneficium* bezeichnet. Erst in der Mitte des 12. Jh. wird sodann – wenn es um Lehnsbeziehungen geht – das eindeutigere *feudum* bzw. *infeudare* in den Quellen genannt – besonders nach 1170/80. Dies muss mit den inzwischen veränderten gesellschaftlichen Verhältnissen erklärt werden. Im Laufe des 12. Jh. siedelten sich vermehrt Franken, (Nieder-)Sachsen, Thüringer, Flamen oder Bayern östlich der Saale an. Die Ortsnamen Frankenau (w. Mittweida: *Franckinowe*, 1350), Sachsendorf (n. Wilsdruff: *Sachssindorf*, 1350), Dörgenhausen (s. Hoyerswerda: *Duringenhusen,* 1264, 1290), Flemmingen (w. Hartha: *Vleminge,* 1288) oder Beiersdorf (n. Leisnig: *Beieresdorph,* 1215) belegen es nachdrücklich.

Viele Orts- und Personennamen aus dem 12. und 13. Jh. weisen zugleich darauf hin, dass eine Sozialformation über die ländliche Bevölkerung gebot. Dieser herrschaftsausübende Stand war die Ministerialität bzw. der Niederadel. Hinsichtlich ihrer ethnischen Herkunft scheinen sie größtenteils slawisch, aber auch deutsch gewesen zu sein, wobei zwischen den beiden Ethnien starke kulturelle Assimilationskräfte gewirkt haben. Der christliche Glaube war in dieser Hinsicht das alles verbindende Band. Nur wer getauft war, besaß Zugang zu den politischen Eliten – also zu Bischof, Markgraf und Burggraf, die diese Region vom Meißener Burgberg aus kontrolliert haben. In den Dörfern herrschte der Niederadel, der sich vornehmlich zwischen dem Ende des 11. und der Mitte des 13. Jh. als Vasall den herrschenden Gewalten untergeordnet hat. Anfänglich scheint die Vasallität des Bischofs und des Burggrafen zahlenmäßig am umfangreichsten gewesen zu sein. Währenddessen wuchs die markgräfliche Gefolgschaft im 13. Jh. immer stärker an. Daneben – wie zum Beispiel das edelfreie Geschlecht derer von Mügeln – versuchten andere Kräfte, Herrschaft aufzubauen; was letztlich misslang (SCHIECKEL 1956). Auf alle Fälle war der Niederadel des Meißener Landes bzw. der Lommatzscher Pflege fest an die drei Gewalten gebunden, die von Meißen aus herrschten. Dabei ist zu beachten, dass es die Markgrafen seit der Mitte des 13. Jh. zunehmend fertiggebracht haben, den Bischof und den Burggrafen zurückzudrängen. Letzterer wurde nach 1426 entmachtet. Die Bischöfe begannen sich bereits während des 14. Jh. aus Meißen nach Stolpen, Wurzen bzw. Mügeln zurückzuziehen. Im späten 15. bzw. frühen 16. Jh. wurden sie schließlich mediatisiert. ▶ Abb. 34 Nach der Reformation waren sie faktisch bedeutungslos. Der letzte Bischof, Johann IX. von Haugwitz, resignierte im Jahr 1581 und zog sich auf sein Schloss nach Mügeln zurück.

Während das Lehnswesen starke Bindungskräfte zwischen den gefürsteten Markgrafen und ihrer Ministerialität bzw. dem Niederadel entfaltete, waren die Bauern durch die Grundherrschaft an ihre Herren gebunden. Die mittelalterliche Grundherrschaft nach altsächsischem Recht bot den bäuerlichen Gemeinden ein hohes Maß an Freiheit und Selbstbestimmung. Die bäuerliche Autonomie gründete sich auf dieses Rechtsinstitut. Die Masse der Grundherren war niederadlig. Wie erwähnt, war der Adel ein Lehnsträger des Bischofs, des Burggrafen sowie vor allem des Markgrafen von Meißen. Spätestens seit dem zweiten Drittel des 13. Jh. wird ersichtlich, dass die Markgrafen aus dem Haus Wettin als unumstrittene Hegemonen zwischen Saale und Pulsnitz, zwischen Brehna und dem Erzgebirgskamm agierten. Ihr politischer Erfolg basierte – neben dem Freiberger Silberbergbau – im höchsten Maße auf der markmeißnischen Ministerialität aus diesem Raum. Allein im Bereich des Amtes Meißen, das große Teile der Lommatzscher Pflege umfasst hat, gab es nach Ausweis des Lehnbuchs Friedrich des Strengen (1349/50), des Verzeichnisses der Ehrbarmannschaft von 1445 oder des Amtserbbuchs von 1547 ca. 70 Rittergüter, die ausschließlich in Besitz des Niederadels waren. Wiederkehrend tauchen vor allem die Familien von Haugwitz, Heynitz, Honsberg, Maltitz, Marschall, Mergenthal, Miltitz, Saalhausen, Schleinitz oder Schönberg in den Quellen auf (PANNACH 1960).

Die Rittergüter waren die politischen, wirtschaftlich-sozialen und kulturellen Mittelpunkte der entsprechenden Grundherrschaften. ▶ Abb. 35 So besaßen zum Beispiel die von Schleinitz um das Jahr 1547 zwölf Rittergüter in dieser Region. Sie, wie natür-

Abb. 34 Kirchenorganisation um 1500

lich auch viele andere adlige Geschlechter, konnten zu vertrauten Hofräten der Fürsten, zu Domherren in Meißen, Naumburg oder Merseburg sowie sogar bis ins Bischofsamt aufsteigen. Die Wirkmacht des markgräflichen Niederadels insgesamt war überregional anerkannt und wurde allerorts respektvoll zur Kenntnis genommen. Der Meißnische Niederadel, namentlich der aus der Lommatzscher Pflege, war eine mächtige Sozialformation. Seine Macht korrespondierte im hohen Maße mit wirtschaftlichen Erfolgen und politischem Einfluss. Entsprechende Signaturen waren repräsentative Herrensitze, mildtätige Stiftungen, typische Dorfkirchen mit Herrenloge, der Universitätsbesuch der adligen Jugend sowie eine landestypische Adelskultur.

Die bäuerlichen Gemeinden waren weitgehend selbstständig. Das Rechts- und Verfassungsinstitut „Grundherrschaft" bot den Bauern Schutz und Schirm. Im Gegenzug mussten sie ihrem Grundherrn Geld- und Naturalzins reichen; seit dem Spätmittelalter leisteten sie zudem Frondienste. Die Zinsen und Dienste waren im überregionalen Vergleich erträglich, sodass es einem Großteil der Bauern gelang, gewinnbringend zu wirtschaften. Neben den günstigen Agrarverfassungsverhältnissen und dem geltenden Anerbrecht mit geschlossener Hoffolge waren es vor allem die exzellenten Ackerböden, die zu Vermögen und Wohlstand nicht weniger Bauern beigetragen haben. Ausdruck wirtschaftlicher Erfolge waren der umfangreiche Hufenbesitz. Geradezu typisch für die Lommatzscher Pflege sind die relativ kleinen Dörfer mit einigen wenigen, jedoch großen Bauerngütern, zu denen zwei bis vier und gelegentlich noch mehr Hufen gehört haben. In keiner Region Sachsens gab es derartig viele Großbauern. Ein Blick in die Türken- und Landsteuerregister genügt, um sich dieses Sachverhaltes zu vergegenwärtigen. Beispielsweise gab es in Mehltheuer im Jahr 1571 zwei Viertel- und 15 Halbhüfner. Sie alle waren Teil der bäuerlichen Gemeinde, die jedoch durch eine bäuerliche Oberschicht vervollständigt wurde. Ihr gehörten sechs Bauern mit jeweils zwei Hufen sowie ein Drei- und ein Sechshüfner an. In Radewitz (n. Nossen) gab es 1547, 1551, 1571 nur zwei Bauern – einer besaß fünf, der andere sieben Hufen. Die beiden wird man wohl kaum als Gemeinde bezeichnen dürfen. Vielmehr wird ein jeder individuell gewirtschaftet haben. Sie standen bäuerlichen Großbetrieben vor, die sich durchaus mit kleineren Rittergütern vergleichen konnten. Die beiden aus Radewitz, die Großbauern aus Mehltheuer und viele weitere Bauern verfügten über einen ansehnlichen Viehbesitz. Eine hohe Marktquote muss ebenso angenommen werden wie eine Vielzahl an Knechten und Mägden, die auf diesen Höfen tagtäglich gearbeitet haben (SCHIRMER 2020).

Charakteristisch für die Lommatzscher Pflege ist das Fehlen einer größeren Stadt. Meißen, Oschatz und Döbeln waren hinsichtlich der Bevölkerungszahl für die ohnehin bescheidenen markmeißnisch-obersächsischen Verhältnisse nur Städte mittlerer Bedeutung. Die die Lommatzscher Pflege umgrenzenden Kleinstädte und Marktflecken besaßen nur eine gewisse lokale Strahlkraft (Mügeln, Nossen, Riesa, Roßwein, Wilsdruff). Sie waren jedoch wie auch Lommatzsch wichtige Marktorte für die Bauern. Lommatzsch selbst wird 1286 erstmals als *civitas* bezeichnet. Ursprünglich unterstand die Stadt den Burggrafen von Meißen. Seit 1408 war sie markgräflich und gehörte fortan zum Amt Meißen. In der Mitte des 16. Jh. besaßen 173 Personen eigene Stadtgrundstücke (besessene Mann), dazu kamen 211 Inwohner – also Knechte und Mägde sowie Hausgenossen. Insgesamt lebten in der Stadt wohl über 1.000 Einwohner. 1699 waren es rund 1.165 Leute, die in 236 Häusern wohnten. Das Gros der Hausbesitzer ging einem Handwerk nach (15 Nahrungsmittel-, 26 Bekleidungs-, 21 Textil-, 16 Metall-, 25 Holz-, 37 Leder- und 11 Bauhandwerk; es kamen zehn Krämer und fünf Bader bzw. Wundärzte o. ä. hinzu). Einzelne Stadtbürger besaßen Vieh. In ihren Ställen standen 26 Pferde und 174 Kühe. Das Bierbrauen besaß seit alters Bedeutung für die Stadt. Im Jahr 1748 waren 245 Häuser bewohnt (besessene Mann). Die Einwohnerzahlen stiegen im 19. Jh. kontinuierlich an: Um 1800 waren es über 1.000, 1834 jedoch bereits 2.459, 1871 2.902, 1890 2.968 und im Jahr 1910 schließlich 4.179 Personen. Trotz des starken Bevölkerungswachstums blieb Lommatzsch ein typischer Marktflecken mit einer starken ländlichen Prägung. Im Vergleich mit den größeren Städten Sachsens fällt – neben einer Vielzahl anderer Faktoren – die fortwährend geringe Zahl der

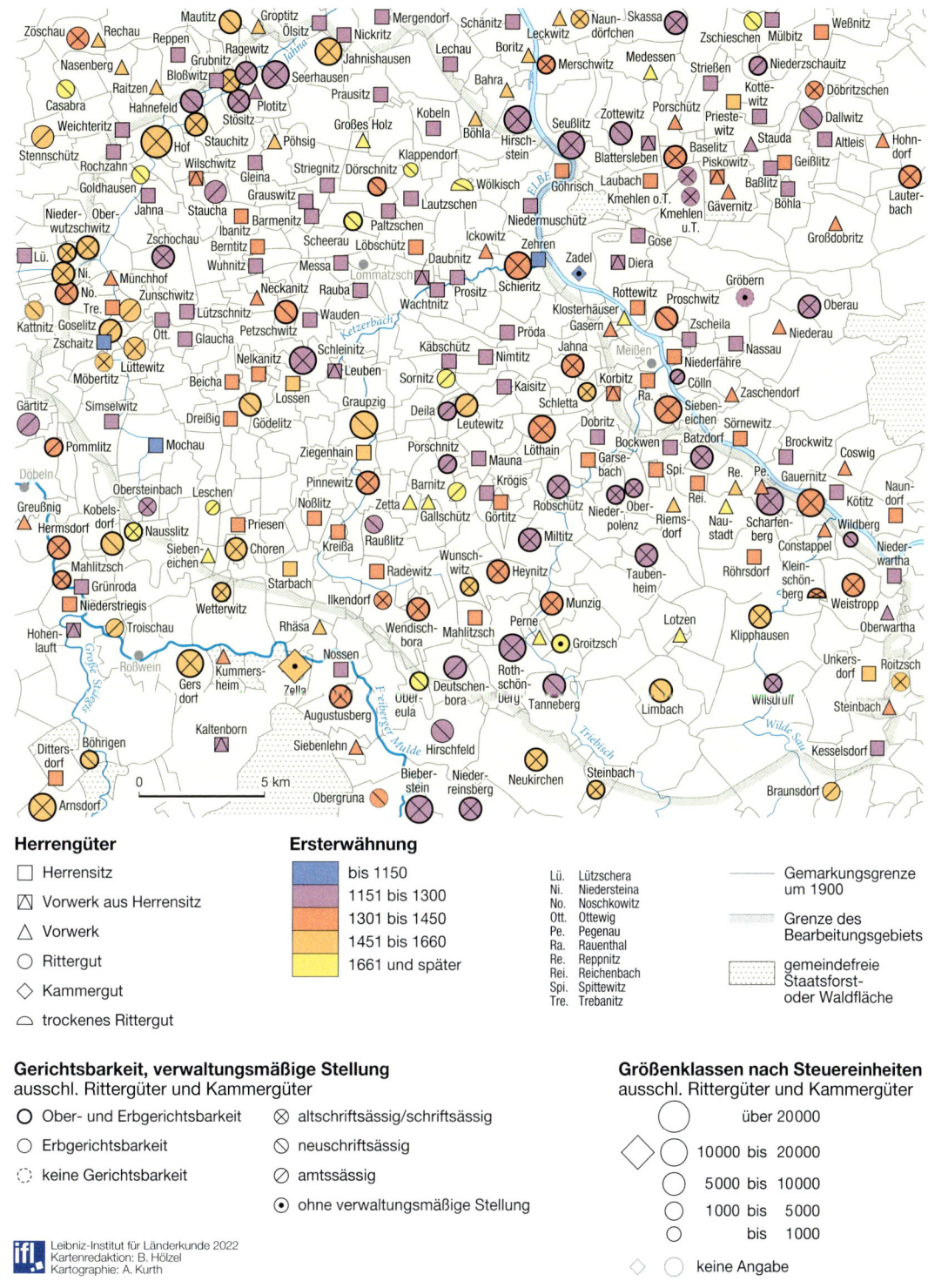

Abb. 35 Herrschaftliche Güter

in Lommatzsch lebenden Knechte, Mägde, Dienstboten und Haugenossen auf (Keller 2001, Maaß 2017).

Die starke Nachfrage nach Knechten, Mägden, Tagelöhnern, Dreschern und Schirrmeistern war für die Lommatzscher Pflege charakteristisch. Die Ursache liegt im Agrarsektor mit den zahlreichen Rittergütern und den vielen Großbauern begründet. Die seit dem 15. Jh. fortwährend neu erlassenen Gesindeordnungen spiegeln diese Tatsache wider. Letztlich gipfelte dies in der Einführung des Gesindezwangsdienstes im Jahr 1661. Gesindezwangsdienst bedeutet, dass alle ländlichen Untertanen ihre Kinder – sofern diese in ein Dienstverhältnis eintreten wollten – zuerst dem Grund- und Gerichtsherrn zum Dienst anbieten mussten. Dieses Gesetz war ein fundamentaler Rechtsbruch. Es verhalf dem kursächsischen Adel dazu, rasch und problemlos an billige Arbeitskräfte zu gelangen. Auf diese Weise hatte er einen unlauteren Wettbewerbsvorteil erzielt – namentlich gegenüber den Groß- und Mittelbauern, die ihre Höfe selbstverständlich nicht allein mit ihren Familien bewirtschaften konnten. Der Gesindezwangsdienst führte dazu, dass nach dem Dreißigjährigen Krieg bzw. dem erlassenen Gesetz große Bauergehöfte wüst und verlassen waren. So standen beispielsweise in Obergrauschwitz bei Mügeln, Oberlützschera, Priestewitz oder Oberjahna große und mehrere Hufen umfassende Gehöfte „wegen übermachter Beschwerungen" um die Jahre 1660 verlassen da (Herz 1964, S. 13). Die „Beschwerungen" waren hohe Steuern und der Mangel an Arbeitskräften sowie vor allem der stets stärker werdende herrschaftliche Druck auf die bäuerlichen Gemeinden seitens des Adels. Ferner war durch das Gesetz von 1661 der alte Rechtsgrundsatz, dass Herrschaft im ländlichen Bereich nur mit den bäuerlichen Gemeinden durchgesetzt werden könne, aufgekündigt worden. Adlige Herrschaft wurde fortan nicht mehr mit, sondern über die bäuerlichen Gemeinden verwirklicht. Dies befeuerte erheblich die ständischen Widersprüche.

Die Tatsache, dass der Bauernkrieg von 1525 ohne erkennbare Resonanz in der Lommatzscher Pflege verhallte, erscheint als Signatur funktionsfähiger grundherrlicher Verhältnisse. Die bäuerliche Gemeinde war im 16. Jh. im Untersuchungsraum noch stark genug, um sich gegen die adlig-herrschaftlichen und staatlich-landesherrlichen Begehren zu erwehren. Eine Grundlage dafür war nicht zuletzt die sogenannte Bauernschutzpolitik des Kurfürsten August von Sachsen (1553–1586). Ihr Ziel war die Erhaltung starker und leistungsfähiger bäuerlicher Betriebe – jedoch einzig und allein aus fiskalischen Gründen, weil der kursächsischen Finanzverwaltung bewusst war, dass vor allem die Bauern einen großen Teil der Landsteuer entrichteten. Trotzdem wurden die Bauern am Ausgang des 16. Jh. immer stärker bedrückt. Einen Höhepunkt fand dieser ständische Antagonismus im Gesindezwangsdienst von 1661. In den nachfolgenden Jahrzehnten haben unzählige Gemeinden gegen dieses Gesetz sowie andere willkürliche Herrschaftsgebote prozessiert – teils erfolgreich, oft jedoch vergebens. Die sozialen und rechtlichen Widersprüche entluden sich schließlich im sächsischen Bauernaufstand von 1790, der vor allem die Lommatzscher Pflege erfasst hat (Schmidt 1907). Das Bemerkenswerte an diesem Aufstand ist, dass die Bauern ausschließlich in den Grund- und Gerichtsherrschaften des Adels rebelliert haben. Das heißt zugleich, dass jene Bauern, deren Grundherren die landesherrlichen Ämter, die Fürstenschulen oder andere Institutionen waren, sich nicht erhoben haben. Das zentrale Aufstandsgebiet in der Lommatzscher Pflege befand sich in den Rittergutsherrschaften zu Gödelitz, Klipphausen, Petzschwitz, Schleinitz, Seerhausen oder in Taubenheim (Blaschke 1978). Die hinsichtlich der Ursachen starke lokale Binnenstruktur des Bauernaufstandes von 1790 erschwert nicht zuletzt die Beantwortung der Frage, ob am Ende des 18. Jh. bereits grundsätzliche Reformmaßnahmen im Agrarbereich auf der politischen Agenda gestanden haben. ▶ Abb. 36

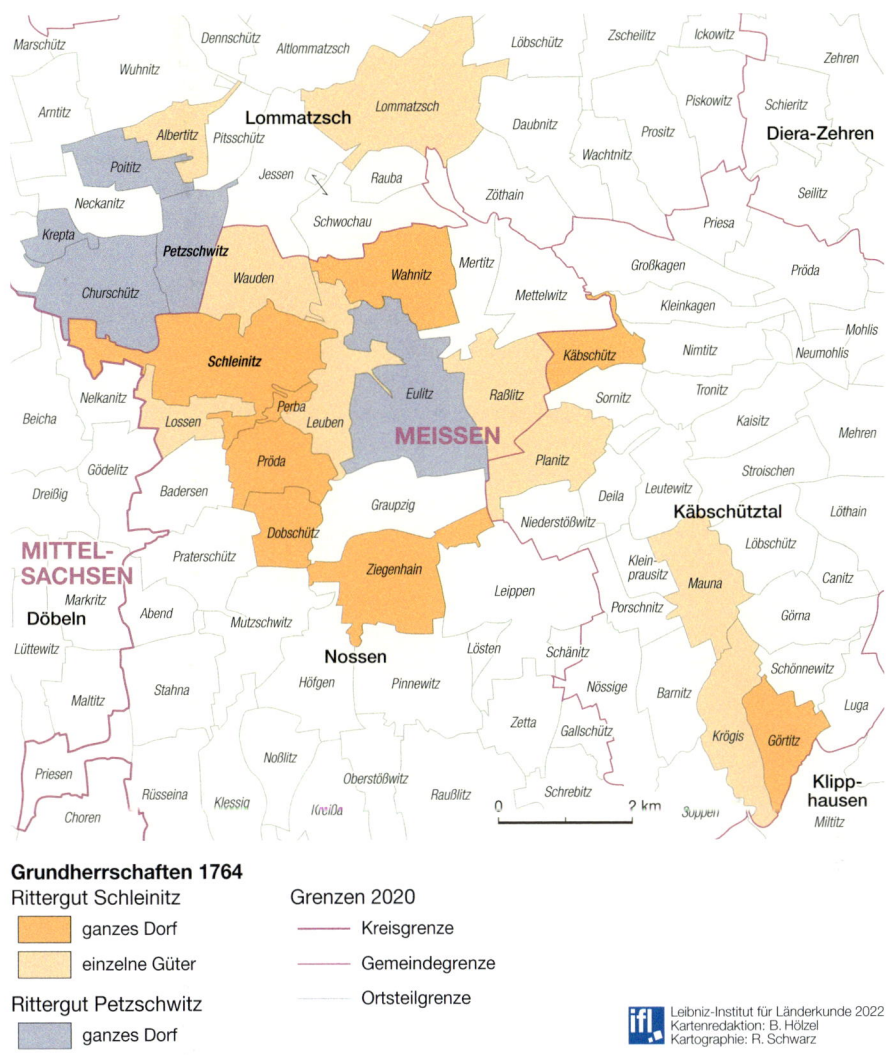

Grundherrschaften 1764

Rittergut Schleinitz
- ganzes Dorf (orange)
- einzelne Güter (hellgelb)

Rittergut Petzschwitz
- ganzes Dorf (blau)

Grenzen 2020
- Kreisgrenze
- Gemeindegrenze
- Ortsteilgrenze

Leibniz-Institut für Länderkunde 2022
Kartenredaktion: B. Hölzel
Kartographie: R. Schwarz

Abb. 36   Grundherrschaften 1764

Letztendlich beschloss die sächsische Administration vierzig Jahre später, im Jahr 1832, ein umfassendes Reformwerk in Gang zu setzen (Gross 1968). Es wirkte sich nicht zuletzt für die agrarisch geprägte Lommatzscher Pflege außerordentlich positiv aus. Zum einen wurden die Inhaber der Rittergüter aufgrund der Ablösung ihrer grundherrlichen Rechte finanziell entschädigt, sodass dieses Kapital zu guten Teilen in die Modernisierung ihrer Betriebe sowie in die der Landwirtschaft nachgelagerten Verarbeitungsindustrie investiert wurde. Zum anderen konnten alle Bauern ihre grundherrlichen Lasten und Dienste durch Kredite ablösen. Ferner stand es den Gemeinden offen, sich vom Flurzwang zu befreien und die vielen einzelnen Feldteile und Parzellen zu separieren. Das Abgelten der Lasten und Dienste geschah relativ rasch. Auch die Separation vollzog sich in der Lommatzscher Pflege recht zügig, da die bäuerlichen Gemeinden nicht so vielköpfig waren. Mancherorts hatten einige Bauern bereits im 18. Jh. ihre Zelgen zu größeren Feldern zusammengelegt, sodass die Besitzparzellierung in den Gemengen aufgehoben war. Im Zuge der Reformen bedeutete es das Ende des Hut- und Flurzwangs und somit die Aufhebung der Dreifelderwirtschaft. Die Separation ermöglicht es den einzelnen Bauern, individuell zu wirtschaften. Nunmehr war eine vielgestaltige Fruchtfolgewirtschaft mit Zuckerrüben, Kartoffeln und Leguminosen oder mit anderen Futterfrüchten durchführbar. Besonders der Feldfutterbau ermöglichte die ganzjährige Stallfütterung. All die genannten Neuerungen führten nach der Mitte des 19. Jh. allmählich zum Durchbruch einer hochkommerzialisierten Landwirtschaft, die zur erfolgreichen Industrialisierung, insbesondere zur Ernährung der städtischen Bevölkerung, beigetragen hat. Die durch die Reformen von 1832 ausgelösten rechtlichen, sozialen und wirtschaftlichen Veränderungen sind in der Lommatzscher Pflege und den benachbarten Städten gut nachzuweisen. Die Produktionszahlen stiegen auf den Rittergütern und in den Bauernwirtschaften merklich an. Es wurden vermehrt Hackfrüchte angebaut. Zuckerfabriken, Molkereien und Schlachthöfe fragten nach agrarischen Erzeugnissen aller Art nach, sodass zur effektiveren Belieferung Eisenbahnstrecken – oft auf Schmalspur – gebaut worden (KIESEWETTER 1988). Die Lommatzscher Pflege stieg zum wichtigsten agrarwirtschaftlichen Motor der sächsischen Industrialisierung auf. In Lommatzsch selbst wurden eine Glasfabrik und 1919 die Firma Gotthard & Kühne gegründet, die Futterdämpfer für die Landwirtschaft herstellte (MAAß 2017). Ungeachtet der aufziehenden Modernisierung und intensiver werdenden Urbanisierung hatten sich in der Lommatzscher Pflege noch agrarisch-bäuerliche Sitten und Bräuche erhalten. Sie sind in den 1930er Jahren vorbildlich dokumentiert, kartographiert und ausgewertet worden (ROSSECK 1992). Die sozialen Traditionen, bäuerlichen Gewohnheiten und Überlieferungen aus diesen Jahren haben sich bis weit ins 20. Jh. hinein erhalten. Sie spiegelten die kulturelle Vitalität und soziale Vielfalt einer inzwischen fast vollständig untergegangenen bäuerlichen Kultur wider.

Kontinuität und Transformation im 20. Jh. bis zur Gegenwart

Entwicklung der Landwirtschaft in der Lommatzscher Pflege im 19. und 20. Jh.

Die Agrarreformen des 19. Jh. hatten eine Modernisierung der landwirtschaftlichen Betriebe erzwungen und zugleich dazu geführt, dass viele Rittergüter, die bislang in adliger Hand waren, an bürgerliche Landwirte übergingen. Dass einzelne Rittergutsbesitzer und Landwirte auch überregional hervortraten, lag an ihren persönlichen Leistungen. Hervorzuheben ist die Familie Steiger, die das Rittergut Leutewitz in einen Saat- und Tierzuchtbetrieb von hoher Innovationskraft und mit internationalem Ruf umwandelte. Otto Steiger (1851–1931) war von 1891 bis 1908 Abgeordneter des 18. bäuerlichen Wahlkreises in der Zweiten Kammer des sächsischen Landtags und von 1913 bis 1918 Mitglied der Ersten Kammer. Von 1890 bis 1925 gehörte er dem Landeskulturrat an, dem Vorgänger der Landwirtschaftskammer, und hatte von 1923 bis zur Auflösung 1925 dessen Vorsitz inne. Ludwig von Zehmen (1812–1892) auf Stauchitz war von 1850 bis 1890 Mitglied der Ersten Kammer des Landtags und von 1871 bis 1890 deren Präsident. Bei den Landtags- und Reichstagswahlen fielen die Mandate ausschließlich an konservative Abgeordnete, und auch Steiger und von Zehmen vertraten in gesellschaftspolitischen Fragen dezidiert konservative Ansichten.

Die Lommatzscher Pflege und das Wilsdruffer Land wurden im 19. Jh. kaum von der industriellen Revolution erfasst, sondern blieben agrarisch geprägt. Mit Ausnahme der Kleinstädte Lommatzsch und Wilsdruff kam es nicht zur Ansiedlung größerer Betriebe. Arbeit fand man überwiegend nur in der Landwirtschaft, was bedeutete, dass ein Teil der seit dem 19. Jh. anwachsenden Bevölkerung in die Großstädte und industriellen Ballungsräume abwanderte.

In der Lommatzscher Pflege gab es vergleichsweise viele Höfe mit 15 bis 50 ha, die Feldwirtschaft und Tierhaltung betrieben und gute Überschüsse erzielten. Ausdruck des gewachsenen Wohlstands war der Neubau zahlreicher Bauernhöfe im letzten Drittel des 19. Jh. ▶ Abb. 37 Die traditionelle Fachwerkbauweise wurde, auch aus Brandschutzgründen, zugunsten einer steinernen Bauweise aufgegeben. Dabei verwendete man einerseits Bruchstein aus örtlichen Steinbrüchen, zunehmend aber auch industriell hergestellte Mauerziegel. Der Personaleinsatz in der Landwirtschaft war sehr hoch. Die Rittergüter, die seit den Agrarreformen nicht mehr auf Frondienste zurückgreifen konnten, beschäftigten jeweils dutzende Landarbeiter, die meist in den Gutsgebäuden wohnten. Personalmangel bei der Ernte wurde mitunter durch die Anwerbung polnischer Saisonkräfte ausgeglichen.

Die Weimarer Reichsverfassung von 1919 verfügte die Aufhebung der Fideikommisse, also gebundenen, vorwiegend landwirtschaftlichen Vermögens. Damit war die Absicht verbunden, Großbetriebe zu zerschlagen und mehr Kleinbauern Siedlungsmöglichkeiten zu schaffen. Das hatte auf die Lommatzscher Pflege allerdings kaum Auswirkungen. Zum einen gab es hier nur wenige Fideikommisse – so Jahna, eines der ältesten in Sachsen, Stauchitz oder Rothschönberg mit Wilsdruff und Limbach –, zum anderen gingen die Betriebe bei Auflösung des Fideikommisses vorwiegend in das Alleineigentum des Inhabers über, während Aufteilungen unterblieben. Die Agrarkrise der 1920er Jahre, verbunden mit einem starken Rückgang der Erlöse für landwirtschaftliche Erzeugnisse, traf größere Betriebe wie Rittergüter, die auf den Verkauf ihrer Produkte auf dem Agrarmarkt angewiesen waren, stärker als kleinere Betriebe, die Selbstversorgung betrieben. Die Erfahrung, dass

Abb. 37 Fachwerkbau in Weitzschenhain 2021

der intensive Personaleinsatz nicht mehr zu finanzieren war, begünstigte die Maschinisierung der Landwirtschaft, die in den 1920er Jahren mit dem Einsatz der ersten Traktoren begann.

Mit dem Reichserbhofgesetz vom 29. September 1933 schufen die Nationalsozialisten eine neue Eigentumsform, die eine ungeteilte Übertragung landwirtschaftlichen Besitzes erlaubte, ohne dass im Erbfall Erbschafts- oder Grunderwerbssteuer erhoben wurden. Viele Bauern beantragten die Umwandlung ihrer Betriebe in Erbhöfe, weil sie sich davon Vorteile erhofften. Alle in der Agrarwirtschaft Beschäftigten wurden in Ortsbauernschaften organisiert, die dem Reichsnährstand unterstanden. Die Ortsbauernführer waren oftmals überzeugte Nationalsozialisten. Die 1933 im Rahmen der nationalsozialistischen „Blut-und-Boden-Politik" neugeschaffene Organisation lenkte Produktion und Vertrieb landwirtschaftlicher Erzeugnisse und führte Festpreise und Marktordnungen ein. Während des Zweiten Weltkriegs hatten die Höfe erhebliche Ablieferungspflichten zu erfüllen. Da viele Männer zum Kriegsdienst eingezogen waren, wurden den Betrieben Kriegsgefangene und Zwangsarbeiter als Hilfskräfte zugewiesen.

Das Meißener und Wilsdruffer Land waren – wie alle anderen Teile Deutschlands

Abb. 38   Blick über Getreidefelder zum Schloss Schleinitz

auch – Schauplätze des nationalsozialistischen Terrors gegen Andersdenkende und Menschen, die nicht als Teil der „arischen Rasse" angesehen wurden. Da es im ländlichen Raum praktisch keine jüdischen Bewohner gab und auch Widerspruch und Widerstand kaum vorkamen, fielen Zwangs- und Verfolgungsmaßnahmen in der Öffentlichkeit weniger auf. Schloss Hirschstein war seit Juni 1944 geheimer Internierungsort für die belgische Königsfamilie, die hier unter Bewachung lebte. Man hatte das Schloss aufgrund seiner weiten Entfernung von den damaligen Frontlinien und seiner abgeschiedenen Lage bereits im Oktober 1943 ausgewählt und zugunsten des Höheren SS- und Polizeiführers Elbe beschlagnahmt. Die SS betrieb neben dem Schloss von Oktober 1943 bis März 1944 ein Außenlager des Konzentrationslagers Flossenbürg. Die dort untergebrachten ca. 220 Häftlinge bauten „Haus Elbe", so der Tarnname des Schlosses, zum SS-Gefängnis um und errichteten ein Wachhaus. Zu den Verbrechen der „Endphase" gehört die Ermordung von 36 Menschen am 29. April 1945 vor der Lommatzscher Kirche durch die SS (Brenner et al. 2018). Ihnen wurde vorgeworfen, sich an Plünderungen Lommatzscher Geschäfte beteiligt zu haben.

Der Lommatzsch-Wilsdruffer Raum ist kaum durch Kriegshandlungen betroffen worden. Die Besetzung durch die Rote Armee erfolgte in den letzten Tagen des Krieges, teilweise, wie in Wilsdruff, erst am 8. Mai 1945. Aus verschiedenen Dörfern waren Bewohner noch kurz vor Eintreffen der Sowjets geflüchtet. Aufgrund des Kriegsendes kehrten sie nach wenigen Tagen in ihre meist inzwischen geplünderten Höfe zurück. Die sowjetische Besetzung ging mit einer Entmachtung der bisherigen Eliten einher. Der sowjetische Geheimdienst verhaftete ab dem Sommer 1945 Ortsbauernführer, NSDAP-Ortsgruppenleiter, angebliche „Werwölfe" und vermeintliche „Klassenfeinde", um eine radikale Umgestaltung der Gesellschaft nach sowjetischem Vorbild abzusichern. Ohne Anklage oder Gerichtsverfahren brachte man diese oft zu Unrecht beschuldigten Männer und einige wenige Frauen in Gefängnisse und Speziallager, vor allem in das Speziallager Nr. 1 in Mühlberg an der Elbe. Aufgrund von Hunger und Krankheiten starben dort über 30 % der Insassen.

Teil der Sowjetisierung und Diktaturdurchsetzung war auch die von Josef Stalin (1878–1953) angeordnete und von deutschen Kommunisten durchgeführte Bodenreform (BAUERNKÄMPER 1996; SCHÖNE 2008; DONATH 2011). Gemäß der stalinistischen Faschismustheorie wollte man den „feudal-junkerlichen Großgrundbesitz" und damit „eine Bastion der Reaktion und des Faschismus in unserem Lande" „liquidieren". Die Verordnung über die landwirtschaftliche Bodenreform des Landes Sachsen vom 10. September 1945 erzwang die entschädigungslose Enteignung von Grundbesitzern, die über 100 ha Land besaßen. Sämtlicher Besitz, auch Kunstgut und persönlicher Hausrat, wurden zugunsten der Landesbodenkommission beschlagnahmt. Enteignet wurden aber auch vermeintliche „Kriegsverbrecher und Kriegsschuldige" ohne Flächenbegrenzung. Bei dieser Kollektivbestrafung galten keinerlei rechtsstaatliche Prinzipien, eine gerichtliche Überprüfung war nicht möglich. Die Betroffenen und ihre Familienmitglieder wurden, soweit sie nicht rechtzeitig fliehen konnten, Anfang Oktober 1945 verhaftet und über das Bodenreform-Lager Coswig in Eisenbahnwaggons auf die Insel Rügen deportiert, wo man auf die Ankunft der mittellosen Gutsbesitzer nicht vorbereitet war. Die meisten Deportierten konnten 1946 von Rügen flüchten. Wer Verwandte in Westdeutschland hatte, ging dorthin. Enteignete Landwirte, die keinen adligen Namen trugen, blieben teilweise in der sowjetischen Besatzungszone, durften aber nicht den Kreis betreten, in dem sich ihr früherer Besitz befunden hatte. In der Lommatzscher Pflege und im Wilsdruffer Land wurden rund sechzig Rittergüter mit über 100 ha Land enteignet, dazu noch einmal mindestens so viele Bauerngüter unter 100 ha. Die mit Abstand größten Einzelbetriebe waren die Rittergüter Rothschönberg (498 ha), Schleinitz (338 ha) und Limbach (325 ha), die über Jahrhunderte hinweg in adligem Besitz geblieben waren. ▶ Abb. 38 Die meisten Rittergüter waren deutlich kleiner; ein Drittel von ihnen umfasste nur zwischen 50 und 150 ha und befand sich überwiegend in der Hand bürgerlicher Landwirte.

Der enteignete Grund und Boden wurde zu großen Teilen an „Neubauern" verteilt, die 5–8 ha Land bekamen und sich eine Neubauernstelle einrichten mussten. Sie erhielten die Zuteilung nicht als Eigentum, sondern als eine Art zweckgebundenes Arbeitseigentum. Das Land durfte nicht vererbt, verkauft, verpfändet oder verpachtet werden. Gab ein „Neubauer" die Landwirtschaft auf, fiel das Land wieder an den Landesbodenfonds zurück. Mit der Aufteilung des Rittergutslands und dem Verbot gemeinschaftlicher Bewirtschaftung war die Absicht verbunden, die Auflösung der Rittergüter unumkehrbar zu machen. Wirtschaftlich gesehen, war die Einrichtung von Klein- und Kleinstbauernwirtschaften ein Fehlschlag, weil die landwirtschaftliche Produktion aufgrund der Zerschlagung gewachsener Einheiten sank. Oft reichte das Inventar nicht aus, um die „Neubauern" mit dem Notwendigsten auszustatten. Vor allem Tiere waren schwer aufzuteilen. Nicht wenige „Neubauern", die keine Erfahrung in der Landwirtschaft hatten, gaben auf; ihre Bauernstellen mussten dann neu vergeben werden. Im landesweiten Durchschnitt wurde rund ein Fünftel der Neubauernstellen an Flüchtlinge und Vertriebene aus ehemaligen deutschen Siedlungsgebieten im Osten Europas vergeben. Das trug erheblich zur Integration der Neuankömmlinge bei, war aber nicht eigentliche Absicht der Bodenreform gewesen. Durch den Zustrom der Vertriebenen, die verharmlosend „Umsiedler" genannt wurden, wuchs die Einwohnerzahl im ländlichen Raum erheblich. Die Bevölkerungszahl stieg um rund ein Viertel. Die Mehrzahl der Vertriebenen kam aus Schlesien, aus dem Sudetenland und aus Ungarn. Ihre Aufnahme veränderte auch die konfessionelle Struktur: Vor 1945 hatte es nur wenige Katholiken gegeben, doch nun wies fast jedes Dorf einen katholischen Bevölkerungsanteil auf.

Abb. 39   Unter dem Bildnis Stalins beschließt eine Bauernversammlung am 24. Juni 1952 im Gasthof Niederjahna die Gründung der ersten LPG in Sachsen.

Um die „Liquidierung der Feudalklasse" voranzutreiben, ordnete der Befehl 209 der Sowjetischen Militäradministration 1947 den Abriss aller Schlösser an, die nicht für die Verwaltung, als Schule oder für das Gesundheitswesen zu gebrauchen waren. Aus dem Abbruchmaterial sollte Baumaterial für Neubauernhöfe gewonnen werden, was oft daran scheiterte, dass Bruchstein und Balken nur selten wiederverwendbar waren. Die Umsetzung des Befehls hing stark von örtlichen Funktionären ab. Während im Kreis Meißen nur wenige Schlösser verlorengingen, wurden im Kreis Oschatz alle größeren Schlösser auf die Abrissliste gesetzt. Zerstört wurden die historischen Herrensitze in Seerhausen, Stauchitz, Stösitz, Jahna (Goldhausen), Niederwutzschwitz, Goselitz und Graupzig. In Sornitz blieb das Schloss als Neubauernstelle erhalten, doch brach der neue Besitzer alle Giebel und einen der beiden Türme ab. Die Gutshöfe wurden vielerorts durch Abbruch von Gebäudeteilen und Toren und die Beseitigung von Wappen „ihres herrschaftlichen Charakters entkleidet", wie es hieß. Die Wirtschaftsgebäude der Rittergüter baute man in Wohnhäuser und Neubauernstellen um, die Guts- und Schlosshöfe unterteilte man in Einzelparzellen.

Von der Aufteilung der Rittergüter wurden nur einzelne Güter von überregionaler Bedeutung ausgenommen, die man als VEG organisierte. Die einzigen Volksgüter in der Lommatzscher Pflege waren die in Leutewitz und Klappendorf. Das Volksgut Leutewitz führte die von der Familie Steiger bis 1945 betriebene Saatzucht weiter und entwickelte sich zum wichtigsten Saatgutproduzenten der DDR.

Weil die sehr kleinteilige Struktur der Landwirtschaft, die man durch Zerschlagung der Rittergüter noch gefördert hatte, für die wachsende Nachfrage nach Lebensmitteln hinderlich war, wurden ab 1948 Maschinen-Ausleih-Stationen eingerichtet, die man mit landwirtschaftlichen Geräten aus den enteigneten Gütern sowie neubeschafften Maschinen bestückte. Gegen Entgelt konnten sich die Landwirte Feld- und Transportarbeiten von den Maschinenhöfen, den späteren Maschinen-Traktoren-Stationen, erledigen lassen. Betriebe über 20 ha mussten höhere Tarife zahlen und wurden nur berücksichtigt, wenn keine Nachfrage von kleineren Höfen bestand.

Ab 1952 plante die SED die Einführung von Kollektivwirtschaften nach dem Vorbild der sowjetischen Kolchosen. Die zwangsweise Kollektivierung der Landwirtschaft war Teil des „planmäßigen Aufbaus des Sozialismus", der 1952 vom Politbüro der SED verkündet wurde. Nachdem am 8. Juni 1952 die erste LPG in Merxleben bei Bad Langensalza (Thüringen) entstanden war, wurde am 10. August 1952 in Niederjahna die LPG „Walter Ulbricht" Jahna als erste LPG Sachsens gegründet. ▶ Abb. 39 Den Vorgaben der SED folgend, schlossen sich immer mehr Landwirte in Genossenschaften zusammen. Die Landwirte brachten je nach Typ I, II oder III ihr Ackerland, ihre Maschinen oder gar den gesamten landwirtschaftlichen Betrieb mit Maschinen, Vieh und Gebäuden in die Genossenschaft ein. Die Mitgliedschaft war für Klein- und Neubauern, die am Existenzminimum lebten, durchaus attraktiv, kaum aber für die Besitzer mittlerer und größerer Bauernhöfe.

In der ersten Jahreshälfte 1953 verschärfte die SED den Druck auf die sogenannten „Großbauern", also Landwirte, die zwischen 20 und 100 ha Land bewirtschafteten. Die Ablieferungspflichten landwirtschaftlicher Erzeugnisse an den Staat wurden so stark erhöht, dass viele Landwirte diese Vorgaben gar nicht erfüllen konnten. Bauern, die das Soll nicht erreichten, wurden unter dem Vorwurf der Sabotage verhaftet. Diese Zwangsmaßnahmen lösten eine Fluchtwelle aus. Ein erheblicher Teil der verfemten „Großbauern" flüchtete nach Westdeutschland oder musste einer Zwangsverpachtung des Grund und Bodens an staatliche Einrichtungen zustimmen. In den Dörfern der Lommatzscher Pflege ging ein erheblicher Teil der großen Bauernhöfe an den Staat über. Die verlassenen Höfe wurden als „devastierte Betriebe" bezeichnet. Die Kampagne gegen die „Großbauern" führte zur Abwanderung alteingesessener Bauernfamilien und damit auch einem Verlust an wirtschaftlichem und geistigem Potenzial.

Bis 1958 bewirtschafteten die LPG nur 30 % der landwirtschaftlichen Nutzfläche. Im Frühjahr 1960 allerdings zwang man alle verbliebenen Einzelbauern in der DDR zum Beitritt in eine LPG. Dabei wurden die Unterschriften häufig durch Druck und Terror erpresst. Ziegenhain war die erste „vollgenossenschaftliche" Gemeinde des Kreises Meißen. Der „sozialistische Frühling", so der beschönigende DDR-Begriff, veränderte Landwirtschaft und Bodennutzung immens, denn seitdem gab es keine privaten Bauernwirtschaften mehr. Die Kollektivierung beschleunigte die Bildung immer größerer Produktionseinheiten in der Landwirtschaft, ein Prozess, der sich nach 1990 trotz Wiedereinführung privater Einzelbetriebe fortsetzte.

In den drei Jahrzehnten nach 1960 war die Landwirtschaft in der DDR immer wieder Um- und Neustrukturierungen unterworfen. Um die Industrialisierung der Landwirtschaft voranzutreiben, schuf man ab der zweiten Hälfte der 1960er Jahre KAP, die auf immer größeren Flächen nur wenige Sorten anbauten und dazu immer stärker Maschinen wie zum Beispiel Traktoren und Mähdrescher nutzten. 1973 erfolgte eine von der SED vorgegebene Trennung der Pflanzen- von der Tierproduktion. Die Pflanzenproduktionen mehrerer Genossenschaften wurden zu einer LPG (P) zusammengelegt, während die Viehwirtschaft in eine spezialisierte LPG (T) eingebracht wurde. Damit verbunden war die Errichtung riesiger Stallanlagen für bis zu 3.000 Rinder oder Schweine.

Abb. 40 Mähdrescher des Typs „Fortschritt E 512" bei Lommatzsch, 1970er Jahre

Die LPG in der Lommatzscher Pflege waren überdurchschnittlich groß und wirtschafteten in der Regel sehr erfolgreich. Im Kreis Meißen gab es 1989 nur sieben LPG (P), die jeweils bis zu 5.200 ha bewirtschafteten. Sie arbeiteten jeweils mit mehreren LPG (T), genossenschaftlichen Gärtnereien und zwischenbetrieblichen Einrichtungen wie Milchviehanlagen oder Eierproduktionsbetrieben zusammen. Die Schlachthöfe, Molkereien und Zuckerfabriken, die die Weiterverarbeitung vornahmen, befanden sich am Rand der Lommatzscher Pflege etwa in Döbeln, Meißen, Oschatz und Riesa.

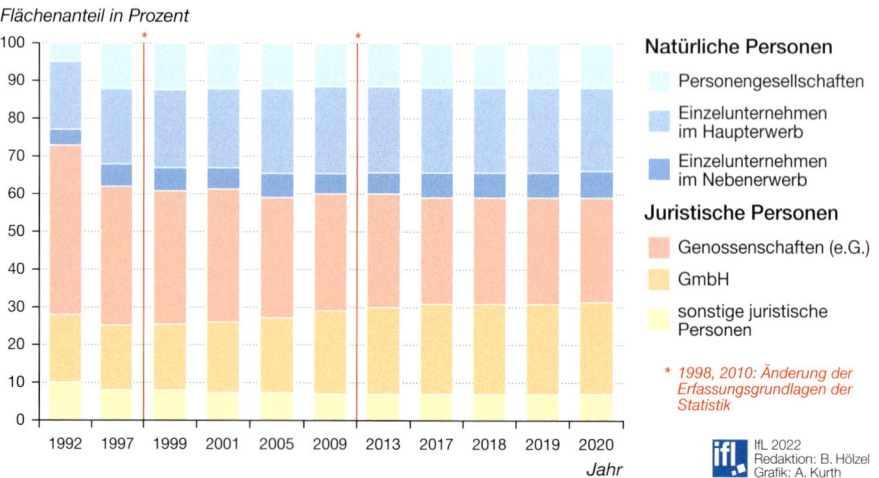

Abb. 41 Entwicklung der Flächenanteile landwirtschaftlicher Betriebe unterschiedlicher Rechtsformen in Sachsen 1992–2020

In den 1970er und 1980er Jahren konnten die Erträge pro Hektar enorm gesteigert werden. Das lag an dem zunehmenden Maschineneinsatz, verbesserten Sorten und dem Einsatz großflächiger Beregnung. ▶ Abb. 40 Die Genossenschaften bauten Wasserspeicher und Stauseen und transportierten das Wasser über Leitungssysteme und Beregnungsanlagen auf die Felder. Bis zu 20 % der landwirtschaftlichen Fläche wurden beregnet. Gute Erträge erzielte man in der Lommatzscher Pflege mit Sonderkulturen wie Gemüse oder Hopfen.

Die LPG waren nicht nur Großbetriebe, sondern Sozialeinrichtungen, die das Leben ihrer Mitglieder organisierten und prägten. Die Genossenschaften boten eine Essensversorgung, Kulturveranstaltungen, Ferienplätze oder Hilfe beim Bau von Einfamilienhäusern an. Während die alten Bauernhöfe verfielen, entstanden außerhalb der Dorfkerne große LPG-Standorte sowie Einfamilienhaussiedlungen. Der Personalbestand der LPG blieb sehr hoch. Bis zu 40 % der Arbeitskräfte arbeiteten allerdings nicht im landwirtschaftlichen Produktionsbereich, sondern in der Verwaltung, in Baubrigaden, in Reparatur- und Technikabteilungen oder im Sozialbereich.

Die Industrialisierung der Landwirtschaft trug dazu bei, dass in der DDR kein Mangel an Grundnahrungsmitteln herrschte und durch Exporte sogar Devisen erzielt wurden. Damit gingen aber soziale und ökologische Verwerfungen einher, die bis heute nachwirken. Die Zusammenlegung der Felder, die einheitliche Bewirtschaftung riesiger Schläge und der massive Einsatz von Düngemitteln und Pestiziden reduzierten die Artenvielfalt an Pflanzen und Tieren. Hasen und Kaninchen, Fasane und Rebhühner, die bis zu Beginn der 1980er Jahre noch in großen Mengen anzutreffen waren, verschwanden fast vollkommen. Die Bauernhöfe, die über Jahrhunderte die Lebensorte der Bauernfamilien und die Zellen der Nahrungsmittelproduktion darstellten, verloren ihre traditionelle Bedeutung. Scheunen und Ställe, für die es keine Nutzung mehr gab, wurden aufgegeben. Aus Bauern, die in eigener Verantwortung wirtschafteten, wurden spezialisierte Beschäftigte der Landwirtschaftsindustrie.

Die Führungskräfte der DDR-Landwirtschaft wurden in der Hochschule für Landwirtschaftliche Produktionsgenossenschaften in Meißen ausgebildet, die das Schloss Schieritz als Internat für Fernstudenten nutzte.

Entwicklung der Landwirtschaft in der Lommatzscher Pflege nach 1990

In der landwirtschaftlich geprägten Lommatzscher Pflege hatten und haben politische Veränderungen, welche agrarische Rahmenbedingungen und Märkte neu strukturieren, große Auswirkungen auf die gesamte Region.

Die politischen Umbrüche seit Ende der 1980er Jahre sowie die deutsche Wiedervereinigung brachten auch für die Landwirtschaft in der Lommatzscher Pflege und die hier tätigen Menschen enorme Veränderungen mit sich. Die betrieblichen Strukturen mussten sich an neue rechtliche Rahmenbedingungen anpassen, die Betriebe waren in kürzester Zeit marktwirtschaftlichen Bedingungen ausgesetzt und mussten auf internationalen Märkten bestehen. Technologische Defizite mussten aufgeholt werden.

Der überwiegende Teil der landwirtschaftlichen Flächen der DDR, auch in der Lommatzscher Pflege, wurde bis dahin durch LPG bewirtschaftet. Die Agrarstrukturen entwickelten sich seit dem Zweiten Weltkrieg im Osten Deutschlands in verschiedenen Etappen, die sich grob folgendermaßen gliedern lassen (WIEGAND 1994):
- Bodenreform und Kollektivierungsvorbereitung (1945–1952)
- Kollektivierung und Schaffung von LPG (1952–1960)
- Konsolidierung, Kooperation und Konzentration (1960–1968)
- Spezialisierung (betriebliche Trennung von Pflanzen- und Tierproduktion) und Industrialisierung (1968–1983)

Im Jahr 1989 waren folgende Merkmale charakteristisch für den Agrarsektor der DDR (ROTHE u. LISSITSA 2005):
- großbetriebliche Strukturen
- eine verglichen mit westeuropäischen Ländern geringere Produktivität (Flächen-, als auch Arbeitsproduktivität)
- hoher Arbeitskräftebesatz
- Investitionsgüter in der Land- und Ernährungswirtschaft wiesen eine hohe Ersatzbedürftigkeit auf (Effizienz- und Qualitätsverluste)
- System der Planung und Lenkung
- schlechte Verfügbarkeit von Produktionsmitteln
- verzerrte Preisrelationen durch staatliche Festsetzung der Erzeuger- und Verbraucherpreise

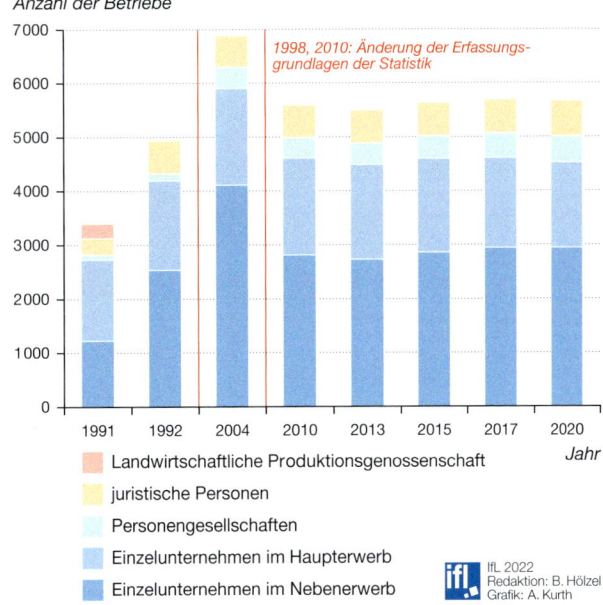

Abb. 42 Entwicklung der Anzahl landwirtschaftlicher Betriebe nach Rechts- und Erwerbsform in Sachsen von 1991–2020

Der größte Teil des Bodens war rechtlich betrachtet Privateigentum. In den Genossenschaften behielten die LPG-Mitglieder zwar formal ihre Eigentumsrechte, die Nutzungs- und Verfügungsrechte lagen jedoch bei den LPG. Nur in den staatlichen Betrieben, die ca. 7,5 % der landwirtschaftlichen Nutzfläche ausmachten, überwog staatliches Eigentum.

Mit der Wiedervereinigung fiel auch die Landwirtschaft im Osten unter das bundesdeutsche Rechtssystem. Wichtige Rahmenbedingungen wurden mit dem Vertrag zur Schaffung der Wirtschafts-, Währungs- und Sozialunion (Staatsvertrag, 1. Juli 1990) sowie dem Vertrag über die Herstellung der Einheit Deutschlands (Einigungsvertrag vom 3. Oktober 1990) gelegt. Aus der hiermit verbundenen Einbindung in die EU-

Digitale Landwirtschaft

Eine moderne Landwirtschaft ist in vielfältiger Weise mit dem Einsatz digitaler Technik verbunden. Die Gesellschaft erwartet heute von der Landwirtschaft, dass sie schonend mit den natürlichen Ressourcen umgeht, die Betriebsmittel effektiv einsetzt und hochwertige, unbedenkliche wie gesunde Lebensmittel erzeugt. Dies kann nur gelingen, wenn Informationen zu den lokalen Bedingungen von Pflanze, Boden und Wetter vorliegen und hieraus präzise Bewirtschaftungsmaßnahmen abgeleitet werden.

Unter dem Stichwort „precision farming" verbirgt sich eine Vielzahl neuer Methoden, die insbesondere bei heterogenen standörtlichen Bedingungen eine neue Art von präziser Landwirtschaft ermöglichen. ▶ Abb. 43
Hierzu gehören beispielsweise:
- die Steuerung, Regelung und Kontrolle von Arbeitsabläufen im Pflanzenbau wie auch in der Tierhaltung,
- die punktgenaue Anwendung von Dünge- und Pflanzenschutzmitteln,
- die Automatisierung von Prozessabschnitten (Melkroboter, Fütterungsroboter, Feldroboter),
- die automatische Erfassung von Gesundheits- und Verhaltensparametern zur Kontrolle des Wohlbefindens und Früherkennung von Erkrankungen der Tiere,

Abb. 43 Beim Treffen der bundesweiten Experimentierfelder zur Digitalisierung in der Landwirtschaft am 23. und 24. September 2020 auf Schloss Proschwitz bei Meißen wird der Drohneneinsatz im Weinbau am Elbhang gegenüber der Albrechtsburg demonstriert.

- Flottenmanagementsysteme zur Verbesserung der betrieblichen Logistik,
- Farmmanagement- und Informationssysteme (FMIS) zur Managementunterstützung.

In der Lommatzscher Pflege haben sich mehrere Unternehmen angesiedelt, die sich auf Dienstleistungsaufgaben im Bereich des „precision farming" spezialisiert haben.

Im Fokus stehen die Entwicklung, die Erprobung, der Verkauf und die Betreuung von Precision-Farming-Verfahren. Besonderes Augenmerk gilt der zeitlich und räumlich präzisen Ausbringung von Stickstoffdüngern. So wird eine gute Ertragssicherheit gewährleistet und eine Überdüngung vermieden, überschüssiger Stickstoff gelangt nicht mehr in das Grundwasser und dessen Verunreinigung wird verhindert.

Darüber hinaus werden die Landwirtschaftsbetriebe bei der Anwendung und beim Einsatz von verschiedenen Instrumenten des „precision farming" unterstützt. Dazu zählen eine angepasste und differenzierte Düngemittel- und Pflanzenschutzanwendung, differenzierte Aussaat, die Erstellung von Applikationskarten sowie das Datenmanagement.

Precision Farming und digitale Lösungen kommen auch beim Schutz von Bodendenkmälern zur Anwendung.

Trotz Digitalisierung bleibt die Landwirtschaft jedoch eine an den Boden sowie an lebende Organismen gebundene Stoffproduktion, die durch die unterschiedlichsten Wettersituationen und sich wandelnde klimatische Bedingungen laufenden Veränderungen unterworfen ist. Sensortechnik kann helfen, die Prozessbedingungen genauer zu erfassen, Automatisierung kann den Menschen schwere Arbeit abnehmen. Trotzdem bleibt der Landwirt mit seinem Wissen und seinen Erfahrungen auf dem Feld wie im Stall unentbehrlich. Mit Digitalisierung ist er jedoch in der Lage, effizienter, schonender und produktiver zu wirtschaften. Digitalisierung macht das Berufsbild des Landwirts deutlich anspruchsvoller, aber auch noch attraktiver. ▶ Abb. 44

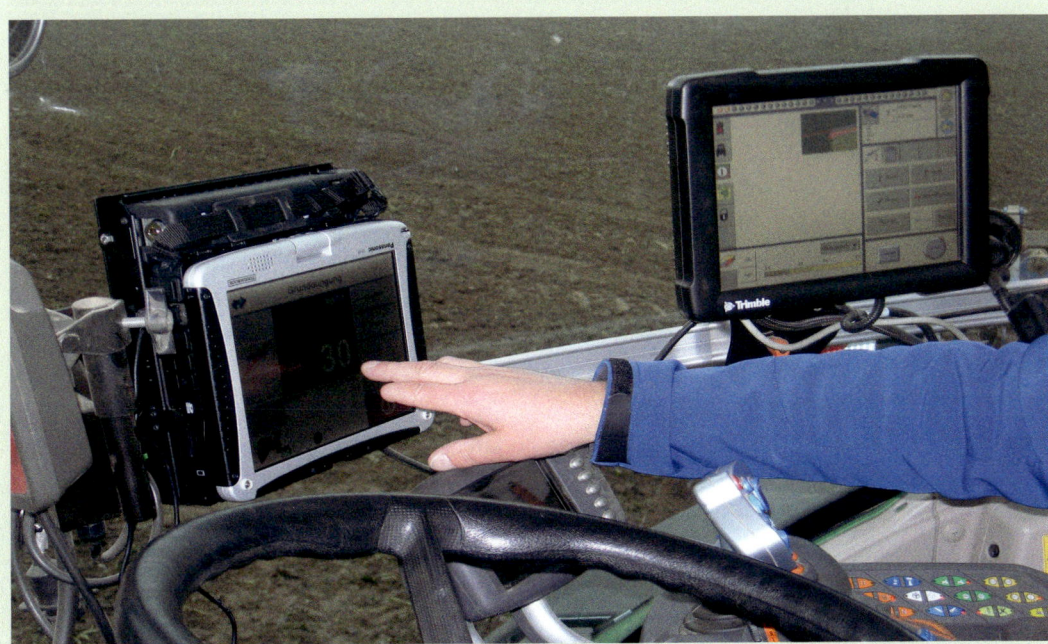

Abb. 44 Der Einsatz digitaler Technik unterstützt bei der Umsetzung einer modernen und ressourcenschonenden Landwirtschaft.

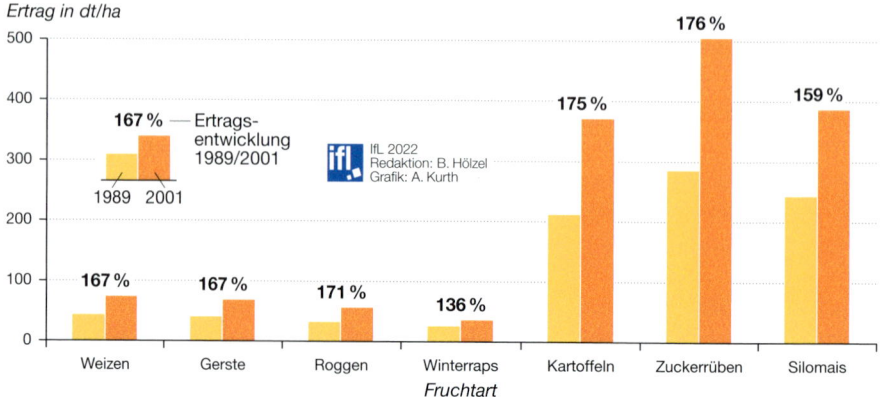

Abb. 45　Ertragsentwicklung ausgewählter Feldfrüchte 1989–2001 in den östlichen Ländern der Bundesrepublik Deutschland

Agrarmarktordnung war ein massiver Anpassungsdruck an die bestehenden Weltmarktbedingungen gegeben. Mit diesem rechtlichen Rahmen waren die Voraussetzungen für die Transformation des Agrarsektors im Osten der Bundesrepublik von der Plan- zur sozialen Marktwirtschaft gegeben. Politisches Ziel war es, neben der Privatisierung der Produktionsmittel eine leistungsfähige, marktorientierte und umweltverträgliche Landwirtschaft zu schaffen (ROTHE u. LISSITSA 2005).

Für die Umstrukturierung und Privatisierung der ehemaligen LPG war das LwAnpG vom 29. Juni 1990 maßgeblich. Hier war geregelt, wie mit den Vermögensansprüchen über Boden, Arbeit und Kapital zu verfahren sei und wie die Umwandlung der Betriebe in eine Rechtsform nach bundesdeutschem Recht zu erfolgen habe. Die Umwandlung in neues Recht war bis zum Jahresende 1991 abzuschließen.

Für die ehemaligen Staatsbetriebe war hingegen das Treuhandgesetz vom 17. Juni 1990 maßgeblich. Dieses bildete die Grundlage für die Privatisierung der in staatlichem Eigentum befindlichen landwirtschaftlichen Flächen, also im Wesentlichen der staatlichen Güter. Die Besitzverhältnisse der staatlichen Betriebe resultierten zu einem erheblichen Teil aus den im Zuge der Bodenreform nach 1945 durchgeführten Enteignungen und der damit verbundenen Überführung der Eigentumsrechte an den Staat.

Nach dem LwAnpG konnte die Umwandlung der LPG in eingetragene Genossenschaften (e. G.), in Kapitalgesellschaften (GmbH, Aktiengesellschaften) oder Personengesellschaften (GbR, OHG, KG) erfolgen. Ein Teil der ausscheidenden LPG-Mitglieder gründete Familienbetriebe, die im Haupt- oder Nebenerwerb geführt wurden. Ein anderer Teil der ehemaligen LPG-Mitglieder verblieb jedoch neben weiteren Beschäftigten in den Betrieben und baute neue Genossenschaften oder Kapitalgesellschaften auf.

Die Umwandlung der LPG führte zum Teil zu erheblichen Interessenskonflikten, insbesondere in Hinblick auf die Vermögensaufteilung, aber auch bei der Neubewertung des genossenschaftlichen Vermögens.

Seit Mitte der 1990er Jahre stabilisierte sich die Struktur der Landwirtschaftsbetriebe. Etwa 60 % der landwirtschaftlichen Fläche wird seitdem in Sachsen von Agrargenossenschaften und Kapitalgesellschaften bewirtschaftet. ▶ Abb. 41 Verglichen mit den anderen östlichen Bundesländern etablierte sich hier auch ein erheblicher Anteil Neu- und Wiedereinrichter im Haupt-, aber auch im Nebenerwerb. ▶ Abb. 42

Die neugegründeten Betriebe mussten unter marktwirtschaftlichen Bedingungen bestehen. Erhebliche Absatzprobleme entstanden durch veraltete Verarbeitungsindustrien und nicht wettbewerbsfähige Vermarktungsstrukturen, durch den Nachfragerückgang nach Produkten aus dem Osten der Bundesrepublik, durch den Wegfall osteuropäischer Märkte und die Übernahme durch westdeutsche Handelsketten sowie durch gesättigte EU-Agrarmärkte. Die Erzeugerpreise sanken bei pflanzlichen Produkten um ca. 50 %, bei tierischen Produkten um ca. 70 %.

Im Jahr 1989 waren in der DDR-Landwirtschaft 859.714 Personen beschäftigt. Das war je Hektar ein Vielfaches, verglichen mit der Landwirtschaft in der Bundesrepublik Deutschland. Dabei ist jedoch zu berücksichtigen, dass große Teile der ländlichen Kultur- und Sozialbereiche, aber auch Dienstleistungseinrichtungen (Werkstätten, Baubrigaden und andere Hilfsbereiche aus der landwirtschaftlichen Primärproduktion) in die Betriebe integriert waren, die mit der Neugründung der landwirtschaftlichen Betriebe nach der Wende ausgegliedert wurden, um den landwirtschaftlichen Status und damit die Förderfähigkeit nicht zu verlieren. Zu Beginn der 1990er Jahre reduzierten sich die Arbeitskräfte in der Landwirtschaft im Osten der Bundesrepublik auf 361.900 im Jahr 1991 und 161.400 im Jahr 1995. In den Folgejahren stabilisierten sich dann die Beschäftigungszahlen auf einem Niveau von etwa 20 % der ehemals Beschäftigten mit leicht rückläufiger Tendenz.

Der Arbeitskräfteabbau Anfang der 1990er Jahre hatte gravierende Auswirkungen auf die Strukturen in den ländlichen Räumen, so auch in der Lommatzscher Pflege. Viele ältere Beschäftigte mussten ausscheiden und durch die Sozialsysteme aufgefangen werden. Ein erheblicher Teil der Jugend wanderte ab und orientierte sich um.

Umso motivierter waren jedoch diejenigen, die die Chance hatten, neue Unternehmen aufzubauen, sei es im Haupt- oder Nebenerwerb oder als Führungskräfte oder Mitarbeiter in Betrieben nach Rechtsform juristischer Personen. Welche Perspektive diese jungen Unternehmen hatten und ob es gelingen würde, sie nachhaltig zu stabilisieren, war jedoch ungewiss. Die Betriebe standen vor gewaltigen Herausforderungen. Dazu zählten die ungeklärten Eigentumsverhältnisse, die Erstellung einer DM-Eröffnungsbilanz, die Verfahrensweise bei Alt-Schulden, der Umgang mit Eigentum aus gemeinsamen Investitionen, die Gewinnverteilung und Besteuerung und vieles mehr. Mit enormem Mut und mit Zuversicht stellten sich viele Landwirte diesen Aufgaben, genossen die unternehmerischen Freiheiten, machten sich sachkundig und informierten sich bei westdeutschen Berufskollegen. Der Prozess der Umstrukturierung und der Anpassung an die Weltmarktbedingungen war steinig, die Existenz vieler Betriebe akut bedroht. Einschneidende Maßnahmen wie die Senkung der Personalkosten durch Entlassungen und Kurzarbeit, die Reduzierung oder zeitweilige Aussetzung von Vergütungszahlungen oder der Verzicht auf den Zukauf notwendiger Betriebsmittel (wie beispielsweise Dünger, Futtermittel, Saatgut) waren an der Tagesordnung.

Bestehende Rechtsunsicherheiten und weiterhin notwendige Umstrukturierungen stellten ebenso eine große Herausforderung dar. Auch die Flächennutzungsstruktur ändert sich erheblich. So ging beispielsweise der Anbau von Futterpflanzen, Kartoffeln und Zuckerrüben stark zurück. Auch die Tierbestände, insbesondere bei Rindern (auf 44 %), Schweinen (auf 42 %), Schafen (auf 54 %) und Geflügel (auf 62 %), wurden deutlich reduziert.

Die Quotenregelung Milch brachte eine 30 %-Absenkung gegenüber dem bisherigen Produktionsumfang. Verbunden mit dem Leistungsanstieg in der Milcherzeugung je Kuh führte dies zu einem deutlichen Absenken der Milchkuhbestände.

Trotz aller Schwierigkeiten und Startprobleme entwickelte sich in Sachsen und insbesondere in der Lommatzscher Pflege eine vielfältige und international wettbewerbsfähige Agrarstruktur. Durch Fleiß und Engagement, gutes Qualifikationsniveau, aber auch durch staatliche Hilfen und Förderprogramme gerade im investiven Bereich ist es

	Anteil AF in %	GV/ha LF	Rinder/ ha LF	Kühe/ ha LF	Schweine/ ha LF	Sauen/ ha LF	Mast- schweine/ ha LF	Schafe/ ha LF
LK Meißen	86,48	0,45	0,36	0,16	1,28	0,11	0,76	0,09
Sachsen	78,96	0,53	0,54	0,25	0,72	0,08	0,36	0,11
Deutschland	70,92	0,79	0,75	0,25	1,68	0,13	1,06	0,10

1) → LF – Landwirtschaftlich genutzte Fläche, AF – Ackerfläche, GV - Großvieheinheiten

Abb. 46 Vergleich des mittleren Tierbesatzes zwischen dem Landkreis Meißen, Sachsen und Deutschland

gelungen, leistungsfähige Betriebe aufzubauen. Es bildete sich eine unternehmerische Landwirtschaft mit einer Vielfalt am Rechtsformen heraus. Bei der überwiegenden Mehrzahl der Betriebe handelt es sich bezogen auf die Fläche um Vollerwerbsbetriebe mit überdurchschnittlicher Flächenausstattung und Mehrpersonenbeschäftigung in Lohnarbeit. Sie sind rationell organisiert, haben schlanke und effiziente Managementstrukturen, qualifizierte und motivierte Mitarbeiter und sind aufgeschlossen für die Nutzung der Möglichkeiten des technischen Fortschritts (Jaster u. Filler 2003).

Die Entwicklung der Leistungsfähigkeit der Landwirtschaft wird deutlich, wenn man bedenkt, dass ein Landwirt 1970 nur 27 und 1990 69 Menschen ernährt hat. Durch technischen Fortschritt und Rationalisierung erzeugt ein Landwirt heute Nahrungsmittel für mehr als 140 Mitbürgerinnen und Mitbürger.

Die Entwicklung der Erträge bei ausgewählten Feldfrüchten allein in den 1990er Jahren ist beispielhaft aufgeführt. Eine ähnliche Entwicklung vollzog sich in der Tierhaltung. ▶ Abb. 45

Voraussetzungen für eine gesteigerte Leistungsfähigkeit und nachhaltige Stabilität der Betriebe waren u. a.:
- Investitionen in eine moderne, leistungsfähige sowie umweltschonende Landtechnik im Feldbau, aber auch in tiergerechte Stallanlagen
- Aufbau von Vermarktungsstrukturen über Erzeugerorganisationen
- Sicherung der fachlichen Qualifikation der Mitarbeiter
- Etablierung moderner Anbau-, Haltungs- und Fütterungsverfahren, Nutzung leistungsfähiger Genetik
- Nutzung des technischen Fortschritts einschließlich der Digitalisierung (beispielsweise Agrarsoftware, betriebliche Kommunikation, GPS- und GIS-Lösungen, moderne Melk-, Fütterungs- und Lüftungstechnik im Stall, Spurleitsysteme im Feldbau)

Typisch für die Lommatzscher Pflege ist der relativ umfangreiche Anbau von Feldgemüse. Die Gemüseverarbeitung hat in der Stadt Lommatzsch eine nahezu 100-jährige Tradition. Seit 1990 hat die Frosta AG das Werk übernommen und modern ausgebaut. Über 160 Beschäftigte sowie 50 Saisonarbeitskräfte sind über die Kampagne hier beschäftigt. Umliegende landwirtschaftliche Betriebe bauen im Vertragsanbau u. a. Spinat, Erbsen, Bohnen, Kohl und Möhren an.

Die Betriebe in der Lommatzscher Pflege waren über die Jahrhunderte primär auf die Erzeugung der klassischen Marktfrüchte ausgerichtet, aber auch der heute gut etablierte Gemüseanbau, die Saatgutproduktion, Spezialkulturen, Obst-und Hopfenanbau zeugen von der Vielfalt der landwirtschaftlichen Produktionsformen in der Region. Die Lommatzscher Pflege ist keine Veredlungsregion, in der Nutztierhaltung eine dominierende Rolle gespielt hätte. Prägend war aufgrund der natürlichen Gegebenheiten immer der Ackerbau. Insbesondere die Fleischrindhaltung spielt aufgrund des wenigen vorhandenen absoluten Grünlandes hier kaum eine Rolle. Trotzdem hat die Nutztierhaltung auch hier ihren festen Platz. ▶ Abb. 46

Auch ökologischer Landbau hat in der Lommatzscher Pflege eine lange Tradition. Um die Aufarbeitung und Pflege dieser Tradition kümmert sich heute der Verein Ökolandbau-Museum Schloss Heynitz e. V. (ÖKOLANDBAU 2022).

Exemplarisch seien hier folgende Betriebe genannt:

- Der Demeter-Betrieb Hof Mahlitzsch, ein Betrieb mit knapp 400 ha mit Weide- und Ackerflächen, Freiland- und Gewächshausflächen und Wald sowie 80 Milchkühen. Der Betrieb hat einen Hofladen mit Direktvermarktung (SCHWAB 2022a, 2022b).
- Der Demeter-Betrieb Hofgut Pulsitz, ein Betrieb mit 200 ha mit Acker- und Grünland, 50 Milchkühen, Käserei und Hofladen (HOFGUT PULSITZ 2022).

In der modernen Landwirtschaft kommt dem Umweltschutz eine herausgehobene Bedeutung zu. Zwar ist der ertragreiche Boden in der Lommatzscher Pflege mit seiner fruchtbaren Lössauflage in der Lage, längere Trockenperioden in Folge des Klimawandels bis zu einem gewissen Grad zu kompensieren. Starkregenereignisse verursachen jedoch aufgrund der Hanglagen und fehlender Bodenbedeckung immer wieder Erosionsschäden durch Bodenabtrag. Durch eine pfluglose, dauerhaft konservierende Bodenbearbeitung und weitere vorbeugende ackerbauliche Maßnahmen können die Risiken durch Bodenerosion deutlich gesenkt werden. Im Rahmen der zweiten Säule der EU-Agrarförderung werden den landwirtschaftlichen Betrieben eine ganze Reihe an Fördermaßnahmen angeboten. Mit ihrer Hilfe werden die Biodiversität im Agrarraum vorangebracht und nachhaltige Wirtschaftsweisen, die deutlich über den gesetzlichen Standard hinausgehen, etabliert.

Die Anforderungen an die heutige Landwirtschaft sind außerordentlich vielfältig. Neben der Sicherung der wirtschaftlichen Tragfähigkeit erwartet die Bevölkerung, dass Risiken für die menschliche und tierische Ernährung, den Naturhaushalt, den Gewässerschutz, aber auch den Klimaschutz vermieden und Tiere schonend und artgerecht gehalten werden. Ohne eine qualifizierte Ausbildung an den umliegenden landwirtschaftlichen Hochschulen wie der Universität Halle, der Humboldt-Universität Berlin, der Hochschule für Technik und Wirtschaft Dresden-Pillnitz und der Berufsakademie in Dresden, an den landwirtschaftlichen Fachschulen in Großenhain, Döbeln und Freiberg-Zug oder den landwirtschaftlichen Berufsschulen sowie der überbetrieblichen Ausbildung am Lehr- und Versuchsgut in Köllitsch wäre dies undenkbar.

Die moderne Landwirtschaft unterliegt einem ständigen Wandel. Neue wissenschaftliche Erkenntnisse, sich verändernde fachrechtliche Vorgaben, aber auch zunehmende gesellschaftliche Anforderungen im Hinblick auf Umwelt-, Natur- und Tierschutz machen eine fachlich fundierte Unterstützung, die unabhängig von wirtschaftlichen Interessen ist, zwingend erforderlich. Hier leisten die landwirtschaftlichen Fachverbände, aber auch das LfULG mit dem Förder- und Fachbildungszentrum Döbeln-Nossen, der Informations- und Servicestelle Großenhain sowie der Abteilung Landwirtschaft in Nossen einen wichtigen Beitrag durch Beratung und Wissenstransfer sowie anwendungsorientierte Forschung.

Neben den genannten Einrichtungen sollen beim Streifzug durch die heutige Landwirtschaft in der Lommatzscher Pflege weitere Einrichtungen nicht unerwähnt bleiben, die prägend für die Region sind und auch darüber hinaus wirken. Dazu zählt die Saatzuchtstation Leutewitz der Deutsche Saatveredelung AG, ein traditionsreicher Standort der Zucht neuer Gräser- und Getreidesorten. Hier wird auf einer Fläche von 90 ha auf Versuchsfeldern und in Zuchtgärten mit umfangreicher Technik Saatgutzucht- und Vermehrung betrieben. Auf der Versuchsstation in Nossen und den Versuchsflächen in Salbitz

Steckbrief der Stadt Lommatzsch

Administrative Einordnung:	Freistaat Sachsen
	Landkreis Meißen
Verwaltungssitz:	Stadt Lommatzsch
Fläche:	66,59 km²
Einwohner (Stand 31.12.2019):	4.838
Bevölkerungsdichte:	73 Einwohner je km²

Ortsteile:
Albertitz, Altlommatzsch, Altsattel, Arntitz, Barmenitz, Birmenitz, Churschütz, Daubnitz, Dennschütz, Dörschnitz, Grauswitz, Ickowitz, Jessen, Klappendorf, Krepta, Lautzschen, Lommatzsch, Löbschütz, Marschütz, Mögen, Neckanitz, Paltzschen, Petzschwitz, Piskowitz, Pitschütz, Poititz, Prositz, Rauba, Roitzsch, Scheerau, Schwochau, Sieglitz, Striegnitz, Trogen, Wachtnitz, Weitzschenhain, Wuhnitz, Zöthain, Zscheilitz

Abb. 47 Ortskern von Lommatzsch 2021

des LfULG finden landwirtschaftliche Versuche zur regionalen Anbaueignung von Sorten sowie zu Düngung und Pflanzenschutz statt. Auf der Prüfstelle Nossen des Bundessortenamtes finden vielfältige amtliche Testreihen des Sortenschutzes und der Sortenzulassung im Rahmen der Umsetzung des Bundessortenrechtes statt (BUNDESSORTENAMT 2022).

Demographische Entwicklung seit 1989/90

Die Regionen um Lommatzsch und Wilsdruff haben seit 1989/90 erhebliche demographische Veränderungen, mit Auswirkungen in allen Lebensbereichen, erfahren. Dabei verlief die Entwicklung der Bevölkerungszahl und der Altersstrukturen in den Kleinregionen und Einzelgemeinden durchaus widersprüchlich, teilweise gegensätzlich. Im Vergleich der Städte Lommatzsch und Wilsdruff tritt das besonders augenscheinlich hervor; dieser soll deshalb beispielhaft beleuchtet werden. In der Bevölkerungsentwicklung werden beide Untersuchungsgebiete in ihrer heutigen Ausdehnung betrachtet. ▶ Abb. 47, 48

Lommatzsch liegt als städtischer Mittelpunkt zentral im landwirtschaftlich geprägten Siedlungsgebiet der Lommatzscher Pflege mit ihren mehr als zweihundert kleinen

Steckbrief der Stadt Wilsdruff

Administrative Einordnung: Freistaat Sachsen
Landkreis Sächsische Schweiz-Osterzgebirge
Verwaltungssitz: Stadt Wilsdruff

Fläche: 81,49 km²
Einwohner (Stand 31.12.2019): 14.237
Bevölkerungsdichte: 174 Einwohner je km²

Ortsteile:
Birkenhain, Blankenstein, Braunsdorf, Grumbach, Grund, Helbigsdorf, Herzogswalde, Kaufbach, Kesselsdorf, Kleinopitz, Limbach, Mohorn, Oberhermsdorf, Wilsdruff

Abb. 48 Ortskern von Wilsdruff 2021

Dörfern, Weilern sowie Vierseithöfen im Außenbereich. Mit 38 Ortsteilen ist die Stadtgemeinde weit in diesen ländlichen Raum hineingewachsen. Der Bestand an Handwerks-, Produktions- und Verarbeitungsbetrieben sowie von Einzelhandels- und Dienstleistungsbetrieben erscheint im Vergleich mäßig. Nachteilig wirken sich hier die große Entfernung Lommatzschs von den sächsischen Großstädten Leipzig, Dresden und Chemnitz sowie die periphere Anbindung an das überregionale Straßennetz aus.

Wilsdruff grenzt unmittelbar an die Landeshauptstadt Dresden. Mit den nahen BAB 4 und BAB 17 sowie dem vierspurigen Ausbau der B173 von Dresden bis in den Ortsteil Kesselsdorf bietet die Stadt eine hervorragende Verkehrsanbindung, die nach 1990 zur zügigen Erschließung von Wohn- und Gewerbestandorten führte. Die wirtschaftliche und demographische Situation Wilsdruffs ist seither immer enger mit der Entwicklung Dresdens verbunden. Zur Stadt zählen seit der Eingemeindung von Kesselsdorf im Jahr 2001 13 Ortsteile.

Um die Bevölkerungsentwicklung in ihren Trends klarer erfassen zu können, wurden die Jahre unmittelbar vor der Friedlichen

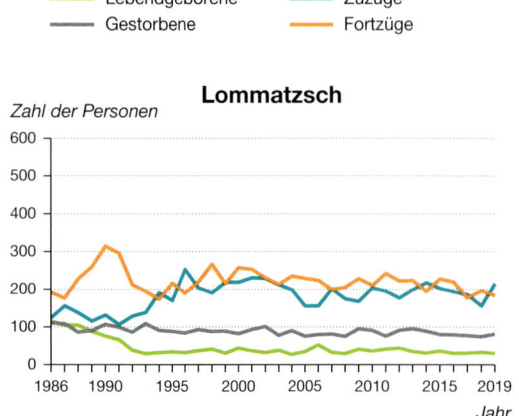

Abb. 49 Jährliche Bevölkerungsveränderung 1986–2019

Revolution in die Betrachtung miteinbezogen. Danach vollzog sich bis 1992 ein spürbarer Bevölkerungsverlust in Wilsdruff und Lommatzsch noch parallel. Während sich diese regressive Entwicklung in Lommatzsch über den gesamten Betrachtungszeitraum abgeschwächt fortgesetzt hat, zeigt sich in Wilsdruff zwischen 1992 und 1999 eine Trendumkehr mit erheblich wachsender Einwohnerzahl, die danach stagniert oder nur noch moderat wächst. Das sprunghafte Bevölkerungswachstum von Wilsdruff nach 1994 lässt sich auf das prosperierende neue Wohngebiet in Kesselsdorf zurückführen. Allerdings ist zu beachten, dass Kesselsdorf damals noch eine eigenständige Gemeinde war. Seit 1994 entstanden weitere neue Wohngebiete in Grumbach, Mohorn und in Wilsdruff selbst. ▶ Abb. 50

Der Blick auf drei demographischen Grundkomponenten – Geburten, Sterbefälle und Wanderungssaldo (= Differenz zwischen den Zuzügen und Fortzügen) – erlaubt eine tiefergehende Analyse.

Seit 1989 verzeichnet die Stadt Lommatzsch ein Geburtendefizit, d. h. es sterben mehr Menschen als geboren werden. Mit dem dramatischen Geburtenknick zwischen 1989 und 1992 hat sich diese negative Bevölkerungsentwicklung ausgeprägt und wurde seitdem chronisch. Vor 1989 lag die Zahl der jährlichen Geburten bei über 100 und in etwa gleichauf mit den Todesfällen. 1992 wurden dann nur noch 29 Kinder geboren. In den nächsten Jahren pendelte sich die Anzahl der Geburten auf niedrigem Niveau zwischen 31 und 44 Kindern ein. 2006 war mit 52 Kindern ein geburtenstarkes Ausnahmejahr. Zwischen 2014 und 2019 lag die durchschnittliche Geburtenzahl dann wieder bei lediglich 32 Geburten im Jahr.

Der negative Trend spiegelt sich im Wanderungssaldo. Allerdings fällt auf, dass die Schere zwischen Zuzug und Wegzug bereits seit 1987 immer stärker auseinanderklaffte, bevor die Wegzüge in den Jahren 1989 bis 1991 ihre Spitze erreichten. Auffällig ist

Abb. 50 Bevölkerungsentwicklung 1982–2019

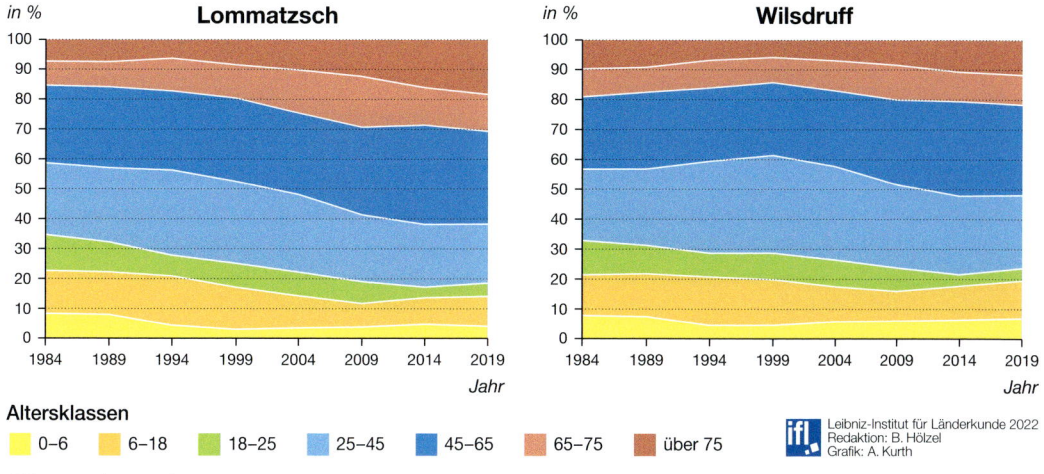

Abb. 51   Altersstruktur 1984–2019

dabei der Wegzug der Altersgruppen zwischen 15 und 35 Jahren und besonders der 18- bis 25-Jährigen. Diese Altersgruppe vor allem hat Lommatzsch nach der Wende verlassen. Seit 1994 stabilisierte sich der Wanderungssaldo und glich sich stärker aus. 1996 erreichte Lommatzsch sogar einen Wanderungsgewinn von 63 Personen, wohl eine Folge des neu erschlossenen Wohngebietes Domselwitz.

Die Wilsdruffer Entwicklung ist auffällig verschieden von Lommatzsch. Nur in den ersten Jahren nach der Wende bis 1997 ist hier bei der natürlichen Bevölkerungsbewegung ein, prozentual weitaus geringeres, Geburtendefizit zu verzeichnen. Danach gleichen sich die Anzahl der Geburten und die Anzahl der Sterbefälle weithin aus. Der stärkste Rückgang der Geburten ist in Wilsdruff 1993 zu verzeichnen, als lediglich 53 Kinder geboren wurden; 1989 lag diese Zahl noch bei 107 Kindern. Zwischen 1996 und 1997 stiegen die Geburten mit dem Zuzug wieder an. Seit 1998 blieb die natürliche Bevölkerungsbewegung wieder leicht positiv.

Damit wurde der Bevölkerungstrend in Wilsdruff vor allem vom Wanderungssaldo bestimmt. Die Wanderungsverluste der Jahre 1989 bis 1991 konnten durch den Zuzug zwischen 1992 und 1999 mehr als ausgeglichen werden. 1997 erreichte diese Phase ihren Höhepunkt: 1.652 Menschen zogen zu und nur 780 weg. Hatten nach 1989 vor allem die 18- bis 25-Jährigen Wilsdruff verlassen, zogen seit 1993 vor allem 30- bis 40-Jährige zu. Nach dem Jahr 2000 ebbte diese Zuwandererwelle ab; allerdings blieb mit Ausnahme des Jahres 2007 der Wanderungssaldo positiv.

Die demographischen Veränderungen haben sich auf einzelne Altersgruppen sehr unterschiedlich ausgewirkt. Die Altersgruppe der Kinder unter sechs Jahren verringerte sich in Lommatzsch aufgrund des drastischen Geburtenrückgangs mit dem Tiefpunkt 1993 drastisch. Danach stabilisiert sich die Anzahl auf einem niedrigen Niveau. Der erneuerte Rückgang in den letzten Jahren ist auch dadurch bedingt, dass es wegen des hohen Geburtenrückgangs zu Anfang der 1990er Jahre nach 2010 weniger Mütter gibt. Die Altersgruppe der 6- bis 18-Jährigen veränderte sich durch den Geburtenknick nach der Wende entsprechend zeitverzögert, bei den Kindern im Grundschulalter war dieser in Lommatzsch vor allem 2001 und 2002 spürbar, bei den Kindern zwischen 10 und 15 Jahren zwischen 2006 und 2007 und bei den Jugendlichen unter 18 Jahren ist 2010 die geringste Anzahl dieser Altersgruppe zu verzeichnen. Die Abwanderung der Altersgruppe der jungen Erwachsenen (18- bis

Alterskohorte

Alterskohorten Kinder und Jugendliche

Ein Blick hinter die Zahlen und auf die unterschiedliche Entwicklung einzelner Altersgruppen in den Städten Lommatzsch und Wilsdruff mit ihren Einflussfaktoren und Auswirkungen lohnt sich. Eindrücklich ist dies in der Altersgruppe der Kinder und Jugendlichen nachvollziehbar. Betrachtet wird die Bevölkerungsentwicklung der Altersgruppen bis unter 18 Jahren, deren Anzahl durch den Geburtenknick zwischen 1989 und 1992 erheblich zurückging. Dies brachte Veränderungen der sozialen Infrastruktur wie Kindergärten, Kinderkrippen und Schulen mit sich. ■ lid-online.de/83101

25-Jährigen) Anfang der 1990er Jahre ist klar ablesbar; am erneuten Rückgang zwischen 2014 und 2017 lässt sich wieder der Geburtenknick nach der Wende ablesen. Aber dieser Rückgang wird sich auf die zukünftige Familienbildung auswirken. Die Gruppe der Erwachsenen, die Hauptgruppe des Arbeitskräftepotenzials, wird weniger und älter. Sehr deutlich sind die Veränderungen in den Altersgruppen der Senioren. Die Anzahl der Hoch- und Höchstbetagten, d. h. der 80-Jährigen und Älteren steigt seit Mitte der 1990er Jahre an. ▶ Abb. 49

Insgesamt nimmt die Bevölkerung in Lommatzsch ab und wird älter, aber in den letzten Jahren ist der Rückgang der Bevölkerung nicht mehr so stark – die Entwicklung in Lommatzsch stabilisiert sich also. Der Bevölkerungsrückgang und die Veränderungen der altersstrukturellen Zusammensetzung haben die soziale Infrastruktur in den Jahren nach der Wende entscheidend verändert. ▶ Abb. 51

Die Entwicklung in der Altersgruppe der Kinder unter sechs Jahren wird in Wilsdruff vor allem durch den Anstieg dieser Altersgruppe infolge von Zuwanderung junger Familien bestimmt. Der Geburtenknick nach der Wende lässt sich in der Entwicklung bis 1994 ablesen. In den folgenden Jahren steigt die Anzahl der Kinder unter sechs Jahren wieder an. 1993 und 1994 wuchs die Anzahl der Grundschulkinder durch den Zuzug von Bevölkerung. Danach machte sich aber auch in Wilsdruff der Geburtenknick nach der politischen Wende bemerkbar. Der darauffolgende Anstieg lässt sich wieder auf den Zuzug von Familien in die Stadt Wilsdruff zurückführen. Die Anzahl der Grundschüler erhöhte sich durch die Anzahl der Geburten der vorangegangenen Jahre. Seit 2007 steigt die Anzahl an Kindern dieser Altersgruppe kontinuierlich. Zwischen 1990 und 1999 stieg zunächst auch die Anzahl der Jugendlichen in schulischer und beruflicher Ausbildung, danach macht sich der Geburtenknick drastisch bemerkbar. Um über 50 % ging der Anteil dieser Altersgruppe zurück, steigt seitdem aber wieder kontinuierlich an. Fast die gleiche wellenhafte Entwicklung kann bei den jungen Erwachsenen und Berufstätigen gesehen werden. Anfang der 1990er Jahre ging deren Anteil aufgrund des Wegzuges zurück, um danach spürbar anzusteigen. Die guten Arbeitsbedingungen, die sich durch die neuen Gewerbegebiete ergaben, waren ein Grund dafür. Nach einem zeitweiligen prozentualen Rückgang in den 2000er Jahren scheint sich der Anteil dieser Altersgruppe wieder zu stabilisieren. Sehr deutlich sind auch die Veränderungen in den Altersgruppen der Senioren. Die Anzahl der Hoch- und Höchstbetagten, d. h. der 80-Jährigen und Älteren, steigt seit Mitte der 1990er Jahre.

Die Altersstruktur von Wilsdruff hat sich durch die Einwohnergewinne merklich verändert, diese sind der Suburbanisierungsbewegung vor allem aus Dresden zuzuschreiben, d. h. wegen der guten Verkehrsanbindung, der

Ausweisung von Wohn- und Gewerbegebieten sind nach 1992 vor allem junge Familien nach Wilsdruff gezogen. Das Übergewicht dieser Alterskohorte der 24- bis 45-Jährigen hat sich inzwischen zu den 45- bis 65-Jährigen verschoben. Mit dem bevorstehenden Eintritt dieser Kohorte ins Rentenalter dürfte sich die Bevölkerungsstruktur noch einmal wandeln.

Eindrücklich zeigt der Vergleich von Lommatzsch und Wilsdruff, wie gravierend verschieden die lokalen und regionalen demographischen Entwicklungen nach 1989 verlaufen konnten und wie stark sie von Umfeldfaktoren bestimmt wurden. Der Blick hinter den Vorhang pauschaler großräumiger Zuschreibungen lohnt sich jedenfalls.

Ländliche Baukultur in der Lommatzscher Pflege: Erbe und Verlust

Über Jahrhunderte hat sich die wellige Landschaft der Lommatzscher Pflege mit ihren sehr fruchtbaren Böden gegenüber anderen Regionen herausgehoben. Die landwirtschaftlichen Höfe und Güter konnten sich und die umliegenden Städte gut ernähren. Wohlstand hielt in vielen Dörfern Einzug. Besonders die Neuerungen in der ersten Hälfte des 19. Jh. mit erweiterter Dreifelderwirtschaft, künstlicher Düngung und ersten Landmaschinen zur Verrichtung von schwerer Feldarbeit brachten weiteren Aufschwung, der durch die Agrarreformen 1832 einen Höhepunkt erreichte. Neue Anforderungen an die Gebäude eines bäuerlichen Gehöftes brachten einen Veränderungsdruck, der sich schließlich in deren Gestalt und Erscheinung erkennen lassen musste. Wesentlich größere Raumvolumen waren notwendig, um gesteigerte Ernteerträge und das nun ganzjährig im Stall stehende Vieh sachgerecht und repräsentativ unterbringen zu können.

Diese Entwicklung ist kein Alleinstellungsmerkmal der Lommatzscher Pflege, aber deren Auswirkungen schon, war doch durch den Wohlstand aus den guten Böden eine gründliche und umfassende Veränderung in einem relativ kurzen Zeitraum möglich. Waren die wirtschaftlichen Voraussetzungen gegeben, stand Veränderungen nichts im Wege. Es gab kein bewahrendes öffentliches Interesse im Sinne einer Denkmalpflege. Mit dem neuen Hof- und Dorfbild waren Aufschwung und Fortschritt verbunden. Im Gegensatz zur landwirtschaftlichen Entwicklung unserer Zeit blieb aber der Einzelhof mit der zugehörigen Flur erhalten. So hatten auch im zeitgemäßen Neubau Repräsentation und zur Schau gestellte Schönheit und auch Eleganz, nun schon mit dem Blick zum Städtischen, ihren Platz im Dorf.

Im Gegensatz zu anderen Regionen vollzog sich der Erneuerungsprozess in der Lommatzscher Pflege in wenigen Jahrzehnten des 19. Jh. und sehr gründlich. Die Dörfer sind bis heute geprägt von diesen großen Hofanlagen in den welligen Hochflächen und kleineren Anwesen in den Talniederungen. Es war der Bruchsteinbau, der mit den Baumaßnahmen nun umfassend zum Einsatz kommen konnte. Der Stein wurde aus den Hängen der dorfnahen Täler gebrochen und mit Lehm und Kalkmörtel zu mächtigen Wänden von Wohnstallhäusern, Seitengebäuden und großen Scheunen aufgeschichtet. Das Holz, jahrhundertelang diente es als erster Baustoff für Stuben, Fachwerke und Dachwerke, wurde zuerst auf Oberstockwerke an Traufseiten, späterhin nur noch in Deckenbalkenlagen und Dachwerke zurückgedrängt. Diese überspannen mit hochstehenden Pfettenkonstruktionen auf liegenden Ständern und Drempelgefügen oder auch wandhoch stützenlos große Scheunen.

Die große Zeit des Holzbaus war vorbei, die Holzfachwerke der Erdgeschoße hielten den ganzjährigen Tiereinstand nicht aus, der Stein bot dauerhafte Haltbarkeit und mit dem Gewölbe in unterschiedlicher Form und Ausführung einen repräsentativen Raum für des Bauern höchstes Gut, das Vieh. Besonders verbreiteten sich Böhmische Kappen und Kuppeln und Kreuzgratgewölbe auf Pfeilern oder Säulen mit klassischer Ordnung in Basis, Schaft und Kapitell in so mancher anmutig bäuerlichen Interpretation. Die Orientierung an Zitaten klassischer Architekturelemente

Abb. 52 Kummethalle in Mögen 2011

gipfelte in den der Straße oder dem Platz zugewandten Giebeldreiecken mit Serlio-Palladio-Fenstergruppen, Sternfenstern oder auch Zweier-, Dreier- oder Vierergruppen von Fenstern mit Rundbogenschluss. Ortgangzier mit profiliertem Schulter- und Firststein mit Voluten, als Vasen oder in freien Zierelementen bis hin zu Akroterien krönten die mit dem wirtschaftlichen Aufschwung einhergehende Darstellung neuen Selbstverständnisses als Landwirt und Hofbesitzer. Der Zeitgeist der Aufklärung und die allgemeine Öffnung der Sicht auf die Antike seit Johann Joachim Winkelmann fand seine Äußerung bis hin an das Bauernhaus des ersten Drittels des 19. Jh. Die Lommatzscher Pflege hatte zur Aufnahme und Verbreitung dieser neuen Formensprache des sich vom Alten lösenden Neuen Geistes beste wirtschaftliche Voraussetzungen und mit der Nähe zur Elbe gute Lieferbedingungen für den Sandstein zur Ausformung repräsentativer Zitate der neuen Zeit. Mit den Steinbauten bestimmte, wie die Dachneigungen und die Hofbilder der ziehenden Hofmaler des 19. Jh. zeigen, das Ziegeldach mit Biberschwanz das Dorfbild, obgleich als Doppel-, später Kronendeckung oder zuerst als Spließdeckung.

Zu den herausragenden und wertvollsten Hofgenossen einer bäuerlichen Wirtschaft gehörte über Jahrhunderte das Pferd. Es brachte Arbeitskraft zum Zug des Pfluges durch die schwere Erde des Ackers, es zog den Wagen zur Ausfahrt und den Schlitten im Winter über die verschneiten Felder ins Kirchdorf zum Gottesdienst. Neben dem guten Dienst zeigte es der Dorfgenossenschaft, wer der Anspanner war, wer sich eine Kutsche, einen Schlitten leisten konnte. Das Pferd bekam einen besonderen Stall, es war kein Vieh. Der Stall war höher, was dessen Größe geschuldet war, und repräsentativer, bis hin zu Fliesen an den Wänden. Zum Pferd gehörte das Zaumzeug, das Kummet, einmal zur Arbeit, aber mindestens auch eines für den Festtag. Nach der Nutzung musste das Kummet, mit dem das Pferd Pflug oder Wagen zog, vom Schweiß der Arbeit trocknen, bevor es in der Kummetkammer aufbewahrt wurde. Mit dem Neubau des Hofes erhielt in der Lommatzscher Pflege das Seitengebäude, in dem sich der Pferdestall befand, ein gestalterisch herausragendes Element, die Kummethalle. Mit den kleineren mit zwei, den größeren mit drei Öffnungen unter Bogen- oder Segmentabschluss erhielt der Hof einen Blickfang und zugleich die Auszeichnung, einem Anspanner zu gehören. Die Halle entstand durch Rücksetzen der Zugangswand zum Pferdestall als eine Laube, welche unter dem Obergeschoß des Seitengebäudes Schutz für das Trocknen der Kummets bot und zugleich für den Austritt aus dem Pferdestall. Oft steigt aus der Kummethalle eine Treppe in das Obergeschoß des Seitengebäudes, um das Futter für die Pferde einlagern zu können. Die Kummethalle ist ein wesentliches Element des großen Hofes in der Lommatzscher Pflege und verbreitet sich von da ins Umland der Gefildezone. ▶ Abb. 52

Die Dörfer der Lommatzscher Pflege sind nicht von großen Dorflagen geprägt; wirtschaftliche Basis blieb immer die Landwirtschaft. Industrieansiedlungen wie im Erzgebirge, Westsachsen oder der Oberlausitz gab es hier nicht; auch größere Waldflächen fehlen. Die kleinen Orte haben oft nicht mehr als vier Höfe, diese aber von stattlicher Größe. Größere Dörfer haben neben den großen Wirtschaften kleinere Häusler- und Gärtneranwesen. Das Handwerk fand genügend Arbeit, wie auch Tagelöhner auf den großen Höfen.

Der Stolz des Bauern und das Verständnis seines Hofes zeigen sich in den im 19. Jh. angefertigten Hofbildern. Maler zogen durch die Dörfer und zeichneten die Höfe, seltener in romantischem Stile zur Darstellung der Schönheit, mehr als repräsentatives Schaubild mit geraden Linien, üppigen Gärten, aus dem Hof sprengenden Pferden mit Feldgerät und der stolzen Bauernfamilie, oder aber mit vollen Wagen die gute Ernte zeigend. Auch nach der Verbreitung der Photographie war das Hofbild die vorzügliche Darstellungsart, konnte doch so das Idealbild fern vom realen Zustand dargestellt und alltäglich betrachtet und natürlich gezeigt werden. ▶ Abb. 53

Der moderne Landwirt kann mit seiner Technik nur selten im alten Hof arbeiten, und wenn, dann wieder nur mit Veränderungen an den Baulichkeiten. Die meisten der Höfe wirtschaften in Sachsen schon seit sechs Jahrzehnten nicht mehr eigenständig. Gab es mit der LPG bis 1990 noch immer den Bauern im Dorf, wenn auch ohne Hof, so kann heute nicht mehr von einem Bauernstand gesprochen werden, der über Jahrhunderte die Kulturlandschaft Lommatzscher Pflege entwickelt und mit seinen Höfen das bauliche Antlitz der Dörfer geprägt hat. Die nach der Auflösung der LPG nach 1990 einsetzende Bewirtschaftung der guten Böden durch zumeist weit auswärts angesiedelte Betriebe ohne einen Bezug zur Region hat sich inzwischen gewandelt. Die im Verhältnis zur Ackerfläche wenigen landwirtschaftlichen Großbetriebe haben heute zum größeren Teil ihren Sitz wieder in den Dörfern der Lommatzscher Pflege. Der landespflegerische Aspekt spielt in der modernen Landwirtschaft trotzdem nur eine geringe Rolle.

Heute sind viele Baulichkeiten nutzlos geworden und stehen so dem Verfall offen. Vom vergangenen Reichtum ist noch einiges zu spüren, jedoch in der Mehrzahl in einem ungenutzten, verwahrlosten oder auch verfallenen Zustand. Die Höfe sind auf der Basis der Landwirtschaft entstanden. Die großen

Abb. 53   Bild eines Bauernhofes in Jessen 1928

Scheunen wurden benötigt zur Speicherung der Erträge und für das Aufbewahren des Feldgerätes im Maßstab der Hufe, die gewölbten Ställe für das Vieh. Jedoch haben diese einstmals für den bäuerlichen Betrieb notwendigen Funktionen mit dem Totalverlust des Bauern ihren Auftraggeber, ihren Interessenten verloren. Die nur für diese Funktionen geschaffenen Baulichkeiten haben damit ihren ursprünglichen Sinn verloren. Allein die Wohnfunktion blieb erhalten.

Das Leben im Dorf war durch die Arbeit auf dem Felde und beim Vieh, aber auch durch ein geselliges Leben in der Dorfgemeinschaft geprägt. Den Rahmen dazu bildete im Wesentlichen die Religion mit ihren Festen im Jahreskreis. Wie sich der Verlust des Bauern und seiner Feste darstellt, kann besonders beim Niedergang der Gasthäuser und Säle beobachtet werden. Nicht besser stehen die Kirchen in den Dörfern da. Baulich häufiger in gutem Zustand, werden sie als religiöses Zentrum immer weniger nachgefragt.

Die Erhaltung ländlicher Kulturdenkmale ist eine Aufgabe der Denkmalpflege. Ist es möglich, den über Jahrhunderte durch bäuerliche Arbeit geformten Charakter einer Landschaft wie der Lommatzscher Pflege nach dem Verlust der treibenden Kraft für die Zukunft zu erhalten? Gemeinhin werden die beschriebenen Vorgänge im ländlichen Raum als tiefgreifende Umstrukturierungsprozesse dargestellt. Der Erhaltung des ländlichen Kulturguts wird in Statements und Veröffentlichungen der Politik breiter verbaler Raum gegeben. ▶ Abb. 54

Zur Erhaltung von Bauwerken, die ihre Aufgabe verloren haben, müssen neue Nutzungen gefunden werden. Ohne Nutzen gibt es keinen dauerhaften Bestandsschutz. Natürlich sind auch museale Nutzungen bauwerkserhaltend, wohl im Sinne der Denkmalpflege vorzügliche. Aber der Umfang solcher Verwendung ist begrenzt: Das Haus in Neckanitz ist ein Bürgerhaus mit einem Museum für das ländliche Brauchtum, denkmalfachlich eine glückliche Nutzung für ein überregional wertvolles Kulturdenkmal. Im Rittergut Staucha hat Peter Sodann seine Bibliothek unterbringen können. Es ist eine kulturelle Nutzung, die, solange das Interesse einer Öffentlichkeit besteht, dem Kulturdenkmal eine Aufgabe geben kann und somit dessen Erhalt sichert. Schloss Schleinitz gehört zu den über die Lommatzscher Pflege hinaus bekannten Schlössern und wird von einem Förderverein mit Leben erfüllt. Dank kommunaler und privater Initiative und finanzieller Förderung hat es seinen alten Glanz wiederbekommen können. Im Zuge der Eingemeindung auch von Schleinitz in die Stadt Nossen gibt es Bestrebungen, das Schloss zum Verkauf auszuschreiben. Die Erfahrung hat gelehrt, dass nur in glücklichen Fällen privatisierte Schlösser und Herrenhäuser eine auch denkmalfachlich gesicherte Zukunft haben. Was geschieht mit den großen Bauernhöfen, welche neue Nutzung kann es für diese geben? Kulturelle Aktivitäten erschöpfen sich. Die Anziehungskraft der Lommatzscher Pflege wird nicht zwanzig beeindruckend gewölbte Kuhställe, die zu ihrem weiteren Erhalt in atmosphärische Veranstaltungsräume umgewandelt werden, füllen können. Manch ein Hof dient einem Handwerker als Firmensitz, welcher mit mehr oder weniger Geschick ein ländlich-bäuerliches Bild erhält.

Das Wohnen bleibt im Dorf, solange es besiedelt ist. Im Großteil der Höfe und Häuser lebt die Generation, die die Jahre des Rentenalters erreicht hat, daneben gibt es Familien, die als Kinder oder Zugezogene das Leben auf dem Lande bevorzugen und denen immer wieder eine das Dorfbild erhaltende und denkmalpflegerisch gute Haus- und Hofreparatur gelingt. Jedoch ist nicht zu übersehen, dass der Ausfall des Haupterwerbs im Dorf, die Arbeit in Feld und Stall, nicht kompensiert werden kann. Weil in der Lommatzscher Pflege nur die Möglichkeit der Fahrt zu einem der Arbeitsplätze in die über Kilometer entfernten Städte gegeben ist, bleiben wenige junge Leute im Dorf. Viele ziehen weg.

Die großen Vierseithofanlagen, die einst wirtschaftliche Prosperität zeigten, sind in der Umnutzung besondere Problemfälle geworden. Während ein Häusleranwesen oder auch ein kleiner Zweiseit- oder Winkelhof gut einer Familie als Wohnstatt dienen kann, ist der Vierseithof mit seinen großen Bauten und seinen direkt zum Hof gehörenden Grünflächen für eine Familie kaum zu reparieren und zu unterhalten. Die großen Höfe haben Wohnstallhäuser von 30 m Länge, für eine Familie zu viel. Die Teilung des Hofes in Wohneigentum ist möglich, als Voraussetzung muss die Bereitschaft zum gemeinsamen Wohnen gegeben sein. Die Alternative ist das Parzellieren in Reihenhäuser mit den entsprechenden Folgen für die überkommene Bausubstanz. Der Umbau von Scheunen bietet eine größere Freiheit in der Gestaltung, beseitigt aber den wirtschaftlich geprägten Raum und verringert damit deren Denkmalwert.

Die nachhaltig dauerhafte Erhaltung von Kulturdenkmalen ist nur bei einer adäquaten Nutzung möglich. Vielleicht kann die ökologische Bewirtschaftung ein Weg sein. Gerade die großen Gehöfte bieten für Ökobauern gute Ausgangsbedingungen. Mit der Nutzung und damit dem Erhalt der Hofanlagen und notwendigen Neu- oder Ersatzbauten wird mit einer kleinteiligeren Flur die Landschaft wieder gepflegt, die Lommatzscher Pflege kehrt zu ihrem Namen zurück. Die Anpassung der Größe des Feldgerätes auf vorhandene Räume könnte zu deren Weiternutzung und Erhalt beitragen, ist aber heute im Zuge der Weiterentwicklung landwirtschaftlicher Technik nicht absehbar. Mit der Minimierung des Einsatzes menschlicher Arbeitskraft, der Maximierung der Technik und der weiteren Steigerung der Erträge zeichnet sich die Weiterführung der um 1800 beginnenden Entwicklung ab. Als Ziel bleibt, diesem Prozess zeitgemäße, aber auch gestaltete, in vorhandene Siedlungsstrukturen und in die Landschaft eingeordnete Bauformen zu geben.

Eine große Hoffnung ruht auf dem Tourismus. Die Flucht der Bewohner soll durch von anderswo Fliehende ausgeglichen werden. Viele Dörfer nehmen den Tourismus als Ansporn zur Pflege ihres Erscheinungsbildes, mitunter gefährlich nahe am Kitsch. Ein genormtes Autobahnschild kündet mit geschwungenem Weg, großem Hof, Baum und der Schrift „Lommatzscher Pflege" an der BAB 14 zwischen den Anschlussstellen Nossen-Ost und Nossen-Nord eine touristisch sehenswerte Attraktion an. Was soll der Fremde entdecken, wenn er in die Lommatzscher Pflege fährt, die Spuren einer vergangenen großen Zeit? Als Garant für eine Landschaftspflege fällt der Fremdenverkehr wohl eher aus. Die vielen kleinen Dörfer müssen die Motivation zu einem Erhalt ihrer althergebrachten Strukturen stattdessen aus

Abb. 54   Leerstehender Hof in Soppen 2011

dem eigenen Anspruch an das Wohnumfeld gewinnen.

Die Umnutzung des Dorfes kennzeichnet die derzeitige Situation im ländlichen Bauen. Infolge des Verlustes der bäuerlichen Wirtschaft entwickelt es sich zum Wohnort. Der Verlust an Kulturdenkmälern wird aus heutiger Perspektive zwangsläufig voranschreiten und einen Umfang erreichen, der mit wenigen Ausnahmen das Dorfbild lichtet und über Jahrhunderte genutzte Kulturwerte auslöscht – bis hin zum Wüstfallen ganzer Ortschaften. In einigen kleinen Dörfern in der früher so reichen Lommatzscher Pflege kann dieser bisweilen schon fortgeschrittene Prozess beobachtet werden.

Orts- und Flurnamen

Das mittelsächsische Lösshügelland ist eine Ausnahmeregion, was die geographischen Namen anbetrifft. Innerhalb der Landschaften östlich der Saale, die im frühen und hohen Mittelalter von einer slawisch sprechenden Bevölkerung geprägt waren, zeichnet sie sich durch eine Reihe von Charakteristika aus, die in ihrer Summe geeignet sind, für die heutigen und zukünftigen Bewohner dieser Region als identitätsstiftende Faktoren zu fungieren. Die slawische Vergangenheit ist hierbei in zahlreichen Benennungen manifest:

1. Zum einen in der Landschaftsbezeichnung. Dass es sich hier um Daleminze handelt, ist weithin bekannt. Weniger klar ist auch in der Wissenschaft, wofür dieser Name eigentlich steht – einen „Gau", einen Stamm oder eine Landschaft? Hinzu kommt mit *Glomazi* eine weitere Benennung aus

slawischer Zeit für die gleiche Region, die später zum Namen der Stadt Lommatzsch wurde (Eichler u. Walther 1966, S. 173–175; Eichler 1985–2009, 2, S. 145 f.; Eichler u. Walther 1988. S. 173 f.; Eichler u. Walther 2001, 1, S. 614). Die Ursprünge dieser Namen sind nicht eindeutig gesichert und lassen sich wie auch die unterschiedlichen Schreibungen nicht hinreichend auf wenigen Zeilen erklären (u. a. Eichler u. Walther 1966; Eichler 1975). Wahrscheinlich ist *Glomazi* die slawische Umformung des älteren Namens Daleminze, der in einem (indo)germanischen Kontext entstanden ist.

2. Überaus prägend für die Landschaft sind die zahlreichen, zumeist kleinen Dörfer und Weiler, die das fruchtbare Land überziehen und überwiegend einen Namen slawischer Herkunft haben. Diese Dominanz wird auch im Kartenbild deutlich, das auf einer detaillierteren Kartierung der Ortsnamen im Freistaat Sachsen beruht (Walther 1998). ▶ Abb. 55 Ihr gegenüber wurde die Darstellung hier insofern vereinfacht, als dass die Namen, die in Gänze slawischen Ursprungs sind wie z. B. Baderitz usw. (siehe unten) mit den sogenannten Mischnamen, die – vereinfacht ausgedrückt – aus einem slawischen und einem deutschen Element bestehen (Albertitz, Zaschendorf) zusammengefasst wurden. Aufgrund der Sprachbarriere bleibt häufig unzugänglich, dass diese Namen ein facettenreiches Spiegelbild der Vergangenheit bieten, das nach einer sprachwissenschaftlichen Untersuchung dieser Namen zum Vorschein kommt, z. B. Baderitz, Gasern, Grauswitz zu den altsorbischen Wörtern *podgrodici ‚die unter der Burg Wohnenden', *kozaŕ ‚Ziegenhirte', *gruša ‚(Wild)birnbaum' (Eichler u. Walther 1966, S. 18, 81 f. und 100; Eichler 1985–2009, 1, S. 25, 128 f. und 172; Eichler u. Walther 2001, 1, S. 33, 289 und 353). In den vergangenen Jahrzehnten wurden diese Namen mehrfach analysiert, und ihnen sind mehrere umfangreiche Lexika gewidmet (Eichler u. Walther 1967; Eichler 1985–2009; Eichler u. Walther 2001; Wenzel 2017, S. 87–126). Zudem wurde gerade für diese Landschaft eine innovative Methode entwickelt, wie durch eine chronologische Differenzierung verschiedener Ortsnamentypen die Entwicklung einer mittelalterlichen slawischen Siedlungslandschaft rekonstruiert werden kann (Walther 1967). Diese Studie diente als Vorlage für ähnliche Bearbeitungen zahlreicher anderer Regionen.

3. Auch die zahlreichen Flurnamen dieser Region wurden durch die Sprachwissenschaft auf innovative Weise untersucht. Dies ist keine Selbstverständlichkeit, denn für zahlreiche Landschaften liegen überhaupt keine brauchbaren Flurnamenuntersuchungen vor. Hier jedoch wurden die Namen unter dem Gesichtspunkt ihrer Funktion in Kommunikation und Gesellschaft umfassend beleuchtet (Naumann 1972). Die Arbeit beruhte auf einer in der DDR-Zeit angelegten, umfangreichen und mit großem Aufwand zusammengetragenen Flurnamensammlung, die dann aber aus verschiedenen (u. a. auch politisch-ideologischen) Gründen nicht weiterbearbeitet wurde.

Die traditionellen geographischen Namen sind ein wertvolles Kulturgut, das der Lommatzscher Pflege einen spezifischen Charakter gibt und zu erhalten, zu pflegen und zu popularisieren ist. Die vorhandene wissenschaftliche Literatur bietet, wenn sie auch nicht immer leicht zugänglich ist, einer individuellen Beschäftigung mit dem Namenerbe viel Material. Hierbei eröffnen sich auch Möglichkeiten, traditionelle Benennungen als Marken zu etablieren, mit denen sich die Bewohner von Ortschaften, von ihnen hergestellte Produkte oder touristische Angebote buchstäblich einen guten Namen machen können, um unverwechselbar auf sich aufmerksam zu machen. Dies bildet gleichzeitig eine Chance, in der gegenwärtigen Situation, in der durch administrative Umgestaltungen die Eigennamen zahlreicher kleinerer Ortschaften im allgemeinen Sprachgebrauch marginalisiert werden, den Gebrauch der Namen „von unten" zu fördern.

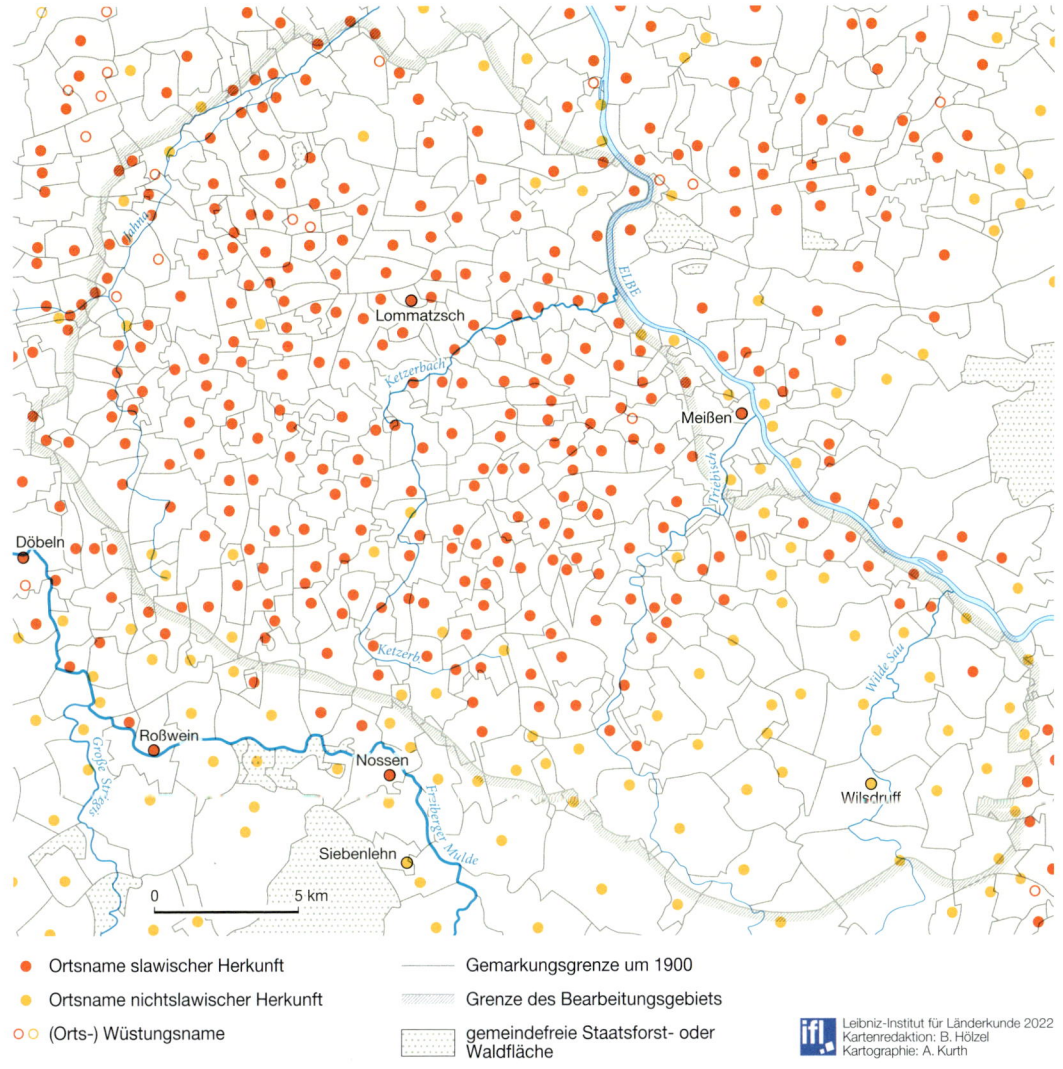

●	Ortsname slawischer Herkunft	——	Gemarkungsgrenze um 1900
●	Ortsname nichtslawischer Herkunft		Grenze des Bearbeitungsgebiets
○○	(Orts-) Wüstungsname		gemeindefreie Staatsforst- oder Waldfläche

Abb. 55 Ortsnamen

Die Bildung von Großgemeinden, auch wenn sie aus Gründen der demographischen Entwicklung oder der Effizienz in Politik und Verwaltung geboten sein mag, krempelt die Namenlandschaft buchstäblich um, indem Hausadressen auf die oft artifizielle Bezeichnung der neuen Gemeinde einerseits und einen ebenso vielfach recht gesichtslosen Straßennamen andererseits reduziert wird. Dass es nicht gelingen will, in den offiziellen Datenbanken eine Kategorie „Ortsteil" fest und verbindlich zu etablieren, ist einerseits ein unmittelbarer Schaden für die Orientierung (wenn ohne technische Geräte kaum herauszubekommen ist, wo sich in dem 20 km weiten ländlichen Raum einer Gemeinde z. B. die Lindenstraße 10 befindet), andererseits ein Mangel an Verständnis für den gewachsenen regionalen Namenbestand, indem ein seit Jahrhunderten etabliertes Netz der Raumwahrnehmung der Erosion preisgegeben wird (BELEITES 2018).

Orts- und Flurformen

Für die historische Landeskunde in der ersten Hälfte des 20. Jh. gehörten die Orts- und Flurformen zu den wichtigsten Werkzeugen, um die mittelalterliche Siedlungs- und Bevölkerungsgeschichte zu rekonstruieren. ▶ Abb. 56

Gerade Sachsen wurde unter dem Einfluss der siedlungskundlichen Schule um den Leipziger Professor Rudolf Kötzschke zu einem Musterbeispiel der Erfassung, Systematisierung und Interpretation ländlicher Siedlungsformen. Dabei ging man von einer jahrhundertlangen Stabilität der Orts- und Flurverhältnisse aus und wies bestimmten Siedlungsformen nicht nur zeitliche, sondern auch ethnische Schichtungskraft zu. Insbesondere die älteren „sorbischen" Siedlungsräume zeichneten sich hiernach in Rundlingen und Weilern mit Block. bzw. Block-/Streifenfluren deutlich ab, während die „deutsche Ostkolonisation" in den Straßen-, Straßenanger- und Platzdörfern mit Gewann- und Gelängefluren, vor allem aber in den Waldhufendörfern ablesbar sei.

Gegen eine zu eindimensionale Interpretation der Siedlungsformen hat die historische Geographie des späteren 20. Jh. zu Recht Bedenken geäußert. Sie hob stärker auf eine dynamische Entwicklung der Orts- und Flurverhältnisse ab und verstand die fassbaren Formen des 18./19. Jh. als Ergebnis einer siedlungsgenetischen Entwicklung. Für eine eindimensionale ethnische Zuweisung von Siedlungsformen gebe es deshalb wenig Raum.

Dennoch erscheint gerade die räumliche Verbreitung der Siedlungsformen um Lommatzsch und Wilsdruff prägnant. Weithin deckt sich das Bild der kleinen weilerartigen Dörfer mit ihren Block- bzw. Block-/Streifenfluren mit der Verbreitung sorbischer Ortsnamen, mit entsprechenden archäologischen Befunden und mit dem Gebiet höchster Bodenwerte, das später Lommatzscher Pflege genannt werden wird. Dagegen dominieren auf den ansteigenden Höhen Richtung Wilsdruff auf deutlich schlechteren Böden die großen Waldhufendörfer mit ihren zumeist deutschen Ortsnamen. Hier spiegelt sich der große siedlungsstrukturelle Unterschied zwischen den Altsiedelgebieten einerseits und den kolonialen Erschließungen des späteren 12. Jh. andererseits, für die Taubenheim ein wichtiges Beispiel gibt.

Doch hinter diesem generellen Bild bedarf es der lokalen Differenzierung. Übergangsräume zeichnen sich ab, und auch deutsche Kolonisten siedelten vereinzelt innerhalb der Altsiedelgebiete, während sorbische Bauern in begrenztem Maße an der großen Kolonisation teilhatten. Neben dem Waldhufendorf Deutschenbora weist so etwa auch das benachbarte Wendischbora koloniale Siedlungsformen auf (Straßen-Platzdorf mit Gelängen). Und wie stark die Einflüsse der kolonialen Neugestaltungen auch auf die Altsiedelgebiete zurückwirkten, offenbart sich an den häufigeren Platzdörfern in der Lommatzscher Pflege, die wohl grundherrlich ordnend aus älteren Formen entwickelt wurden. Auffällig erscheint auch der Raum nordöstlich von

Lommatzsch, in dem die von der Dreifelderwirtschaft und grundherrlicher Durchdringung bestimmten moderneren Gewannfluren mit ganz unterschiedlichen Ortsformen kombiniert sind. Schließlich verweisen die im Lommatzscher Altsiedelgebiet weiter verbreiteten Gutssiedlungen auf die dort größere Dichte an Rittergütern, an denen über das späte Mittelalter bis in die frühe Neuzeit hinein eigene Siedlungsstrukturen entstanden.

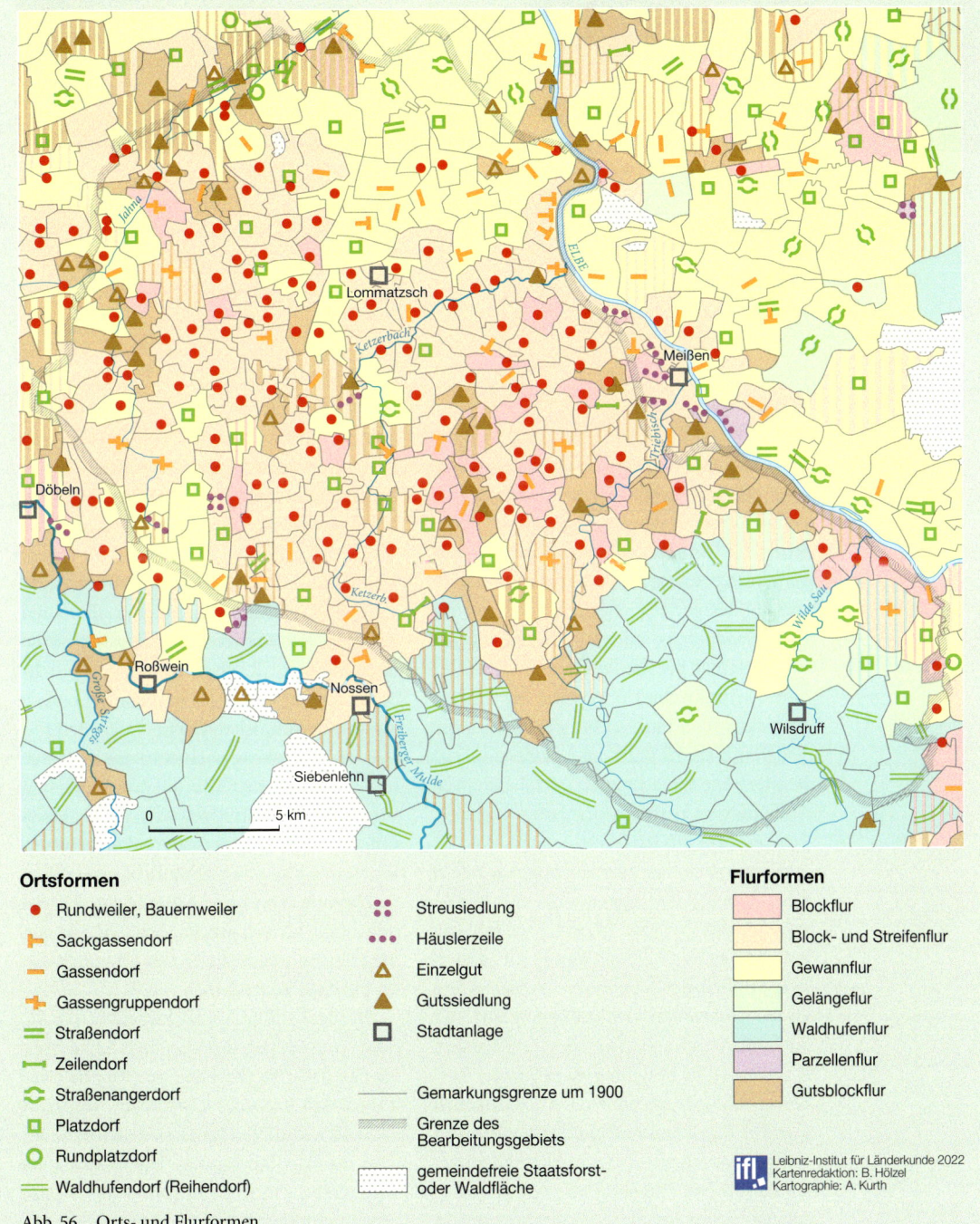

Abb. 56   Orts- und Flurformen

EINZELDARSTELLUNG

A Gebiet um Zschaitz, Ostrau, Mochau und Choren

A1 Hof und Stauchitz

Wer auf dem sogenannten Huthübel bei Steudten steht, genießt einen Blick von der Lössrandstufe weit ins Umland, vor allem über das Tal der Jahna. Auf diesem künstlichen Hügel, der von einem Menhir gekrönt wird, soll – so geht die Sage – Heinrich I. im Winter 928/929 seinen Sitz bezogen haben, um die Belagerung jener *urbs, quae dicitur Gana* zu leiten, von der Widukind von Corvey in seiner Sachsengeschichte berichtet. Der ostfränkische König habe auf seinem Heereszug von Brandenburg nach Prag diese daleminzische Befestigung zwanzig Tage belagert. Die Schlacht um „Gana" beschäftigt Archäologen, Historiker und die Öffentlichkeit seit dem 19. Jh.

Kein Archäologe oder Historiker, sondern ein Landwirt, der Reppener Bauer Louis Alfred Rendler, brachte 1956 die Vermutung auf, dass sich die „Feste Jahna" auf seinem Feld südlich der Stauchitzer Papiermühle an der Grenze der Gemarkungen Hof und Stauchitz befunden haben müsse (RUMMER et al. 2014). Er berichtete dem Riesaer Lehrer und Museumsleiter Alfred Mirtschin (1892–1962) von ortsfremden Kalkplatten, wahrscheinlich aus Ostrauer Plattendolomit, auf die er beim Pflügen wiederholt gestoßen sei. Mirtschin hat diese Beobachtungen in seinem Tagebuch festgehalten. Er kannte das Feld von seinen Geländeaktivitäten in den 1930er Jahren, bei denen er in Kiesgruben vorgeschichtliche und frühmittelalterliche Befunde dokumentiert hatte.

Tatsächlich ist an dieser Stelle im Sächsischen Meilenblatt ein „Burgberg" eingetragen. Die Geodäten des frühen 19. Jh. hätten diese Bezeichnung nicht verwendet, wären nicht markante Reste einer Wallanlage sichtbar gewesen. Die frühmittelalterliche Burg lag auf einem Rücken aus fluviglazialen Kiesen, der spornartig nach N in die Jahnaaue hineinragt, bis ins 19. Jh. auf drei Seiten von sumpfigen Feuchtwiesen bzw. Auewäldern umgeben war und stets so trocken gewesen sein muss, dass er ackerbaulich genutzt werden konnte. Von S und N her wurden Kiese und Sande für Bauzwecke abgebaut. Die ehemaligen Entnahmestellen sind heute noch im Gelände zu erkennen.

Die Besiedlung des hochwasserfreien Rückens lässt sich bis in die frühe Jungsteinzeit um 5000 v. Chr. (Bandkeramik) zurückverfolgen. Am Ende des 4. Jt. v. Chr., während der späten mittleren Jungsteinzeit, wurde der Platz als Friedhof genutzt. Über einer 2003 entdeckten Hockerbestattung der Kugelamphorenkultur (um 2900 v. Chr.) war mög-

licherweise sogar ein Grabhügel aufgeschüttet. Ferner liegen von der Kieszunge Siedlungsnachweise aus der späten Bronze- bzw. frühen Eisenzeit (12.–6. Jh. v. Chr.) sowie aus der späten römischen Kaiser- bzw. Völkerwanderungszeit vor (4.–5. Jh. n. Chr.) vor.

Die natürliche Schutzlage dürfte im Laufe des 9. Jh. n. Chr. den Ausschlag gegeben haben, auf dem nur von S her zugänglichen Sporn eine Befestigung zu errichten. Die volle Ausdehnung und die vielen Strukturdetails der Anlage offenbarten sich jedoch erst durch Luftbilder, geomagnetische Messungen und Ausgrabungen. Die Burg besteht aus drei Grabeneinfriedungen im Zentrum und aus einer massiven, mehrfach verstärkten Wehrmauer, die als verebneter Wall bis heute im Gelände erkennbar ist und eine Fläche von ca. 4 ha umgibt. Durch archäologische Grabungen wissen wir, dass das Befestigungswerk mindestens fünfmal erneuert und ausgebaut wurde (OEXLE u. STROBEL 2004): Über einem ersten ca. 2,5 m tiefen und 6 m breiten Graben (1. Phase), der wahrscheinlich lediglich mit einer Innenpalisade kombiniert war und dann verfüllt wurde, errichtete man eine mehrreihige Holzkastenmauer (2. Phase), die sich sowohl auf Luftbildern als auch im geomagnetischen Messbild zu erkennen gibt. Schon die Deutlichkeit, mit der sich die hölzernen Kastenkonstruktionen abzeichnen, lässt erahnen, dass die archäologischen Relikte nur durch eine dünne Schicht Oberboden geschützt sind. Nachdem Teile der verbrannten Außenfront und Brustwehr in den vorgelagerten neuen Graben gestürzt waren, entschied man sich, diesen vorläufig zu beräumen und die Kastenmauer zu erneuern bzw. durch eine dritte Reihe zu verstärken (3. Phase). Seine maximale Größe und Wehrhaftigkeit erreichte das Bauwerk in einer vierten Phase, als man den Holzkasten durch Sand- und Kiesschüttungen zusätzlich verbreiterte bzw. erhöhte und davor einen neuen, jetzt 5 m tiefen und 15 m breiten Graben aushob (4. Phase), der im letzten Stadium noch einmal von nachgerutschten Ablagerungen befreit werden musste und möglicherweise mit Wasser aus der benachbarten Aue geflutet werden konnte (5. Phase). Dieser Rekonstruktionsversuch beruht auf den Ergebnissen von zwei Grabungskampagnen: 2003 und 2013 konnten jeweils exemplarisch Teile des Wallkörpers, der vorgelagerten Gräben und des Innenbereichs der Burganlage untersucht werden. Zahlreiche frühmittelalterliche Keramikfunde bestätigen eine Datierung in das 9./10. Jh. v. Chr. Besonders die Gruben und Gräben aus dieser Zeit enthielten größere Mengen an Knochen, die von Schweinen, Schafen/Ziegen, Rindern und Pferden stammen. In den beiden innersten Gräben im Zentrum der Burg wurden auch einzelne Menschenknochen gefunden, die allerdings nicht ohne Weiteres mit einem kriegerischen Ereignis in Zusammenhang gebracht werden dürfen. Es könnte sich durchaus auch um Reste umgelagerter älterer Bestattungen handeln. ▶ Abb. 57

Auch wenn damit bislang nicht der letztgültige historische oder archäologische Nachweis erbracht werden kann, dass sich hier im Winter 928/929 n. Chr. tatsächlich zugetragen hat, was Widukind von Corvey in seiner Sachsengeschichte drastisch schildert, so

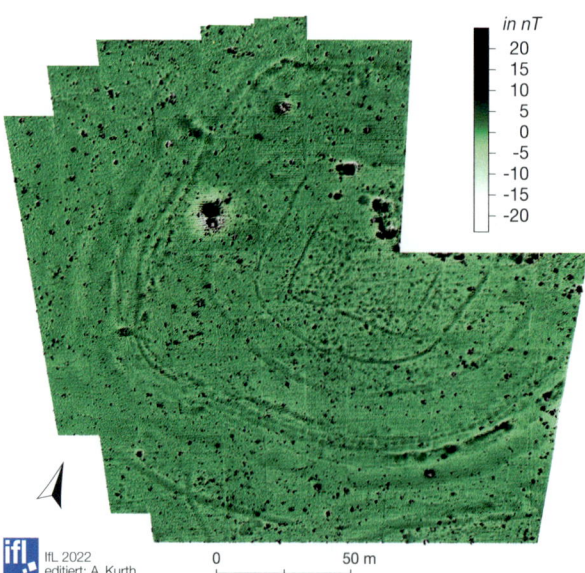

Abb. 57 Die Befestigungsanlage von Hof/Stauchitz im geomagnetischen Messbild

sprechen Lage und Monumentalität der Befestigung von Hof/Stauchitz sowie einzelne Metallfunde allemal für eine Burganlage von großer Bedeutung für die sächsische Landesgeschichte. Dieses herausragende archäologische Kulturdenkmal für die Zukunft zu bewahren, ist nach vielen Jahrzehnten ackerbaulicher Nutzung eine große Herausforderung (Rummer et al. 2014).

Ebenfalls von historischer Bedeutung für das Umland waren das Rittergut Hof und seine Bewohner. Das Gut gehörte in die Spitzengruppe der ertragreichsten Rittergüter in Sachsen. 1840 wurde es mit 23.427 Steuereinheiten bewertet. Nur zwölf Rittergüter auf dem Gebiet des Königreichs Sachsen wiesen eine höhere steuerliche Veranlagung auf. Diese Bewertung erklärt sich aus den ertragreichen Lössböden, der Größe der Eigenwirtschaft (1925: 175 ha) und der Zahl der Untertanen. Der Herrschaftsbezirk umfasste die Orte Dobernitz, Hof, Kreina, Nasenberg und Raitzen sowie Anteile von Hohenwussen und Panitz. Nach Abschaffung der mittelalterlichen Agrarverfassung sank die Ertragsstärke des Ritterguts. 1925 wurde es mit 8.964 Mark Steuereinheiten bewertet und rangierte damit in der Lommatzscher Pflege nach den Rittergütern Schleinitz, Löthain, Schieritz, Rittmitz und Staucha an sechster Stelle.

Das Rittergut hatte wechselnde Besitzer, die mit ihren Bauten das Ortsbild prägten. Das Alte Schloss, heute Sitz der Gemeindeverwaltung der Gemeinde Naundorf, wurde um 1540 für Christoph von Schleinitz erbaut. Das winkelförmig angelegte Gebäude mit zwei Stockwerken und einem einfachen Satteldach ist an zwei Seiten von einem Teich umgeben, was vermuten lässt, dass es sich bei dem Vorgängerbau um ein Wasserschloss handelte. Die rechteckigen Fenster mit Sandsteingewänden weisen auf die beginnende Renaissance hin. Im Obergeschoss baute Dietrich von Schleinitz d. J. auf Borna, Jahnishausen und Hof um 1620 eine künstlerisch herausragende Renaissance-Holzbalkendecke ein, die erst 1992 bei Sanierungsarbeiten wiederentdeckt wurde. In den Kassettenfeldern sind 88 auf Leinwand gemalte Bilder befestigt. Garten- und Schlossdarstellungen, die Illustrationen zur Gartenkunst des Niederländers Hans Vredeman de Vries sowie Radierungen von Pieter van der Borcht (1529–1609) entnommen sind, wechseln sich mit Emblemen ab. Diese Sinnbilder, umgeben von lateinischen Sprüchen, entstammen dem Emblembuch von Gabriel Rollenhagen (1582–1619), das in zwei Teilen 1611 und 1613 in den Niederlanden erschienen war. Die Bilderdecke im Alten Schloss, die größte und wahrscheinlich älteste Emblemdecke in Sachsen, verdeutlicht, dass auch der Adel der Lommatzscher Pflege in internationale Netzwerke der Kommunikation und Bildung eingebunden war. Dietrich von Schleinitz d. J. stiftete 1624 auch den eindrucksvollen, raumgreifenden Epitaphaltar in der Hofer Dorfkirche zum Gedenken an seinen Vater Dietrich von Schleinitz d. Ä. (1545–1612). Die mehrgeschossige Schauwand an der Rückseite des Altars besteht aus Sandstein, Alabaster und Holz; die Gemälde sind auf Zinkblech gemalt. Zum Altar gehören zwei seitliche Anbauten mit Hermenfiguren, die ein mit Wappen verziertes Gesims tragen. Darüber knien als lebensgroße Sandsteinfiguren Dietrich von Schleinitz, seine Ehefrau Katharina, geborene von Starschedel (1546–1595), und ihre elf Kinder.

1690 gelangte das Rittergut Hof an Georg Ludwig Graf von Zinzendorf und Pottendorf (1662–1700), dessen Familie aufgrund ihres lutherischen Glaubens ihre Heimat in Niederösterreich hatte verlassen müssen. Aus seiner zweiten Ehe mit Charlotte Justine Freifrau von Gersdorff entstammt Nikolaus Ludwig Graf von Zinzendorf und Pottendorf (1700–1760), der Gründer der Herrnhuter Brüdergemeine. Georg Ludwig Graf von Zinzendorf und seine erste Ehefrau Maria Elisabeth, geborene Freiin Teufel von Gundersdorf, gaben den Neubau der evangelischen Kirche in Auftrag. Das Kirchenschiff und der weithin sichtbare, mit einer barocken Haube bekrönte Turm wurden zwischen 1692 und

1699 durch den Dresdner Hofmaurermeister Johann Gregor Fuchs (1650–1715) errichtet, der auch die Baupläne erstellte. Er gliederte das Bauwerk durch Blendbögen sowie durch vorspringende Wandvorlagen und Gesimse. Das vergleichsweise schlicht gehaltene Kirchenschiff wird von dem aus dem Vorgängerbau übernommenen Altar der Familie von Schleinitz dominiert. Die Kirche in Hof wurde 1999 der Vereinigten Kirchgemeinde Naundorf angegliedert und gehört seit 2020 zur Evangelisch-Lutherischen Kirchgemeinde Oschatzer Land.

Das Rittergut Hof gelangte an Friedrich Christian Graf von Zinzendorf und Pottendorf (1697–1756), den älteren Stiefbruder des Gründers der Herrnhuter Brüdergemeine. Er ließ um 1750 neben dem Alten Schloss einen neuen Adelssitz errichten. Die barocke Schlossanlage besteht aus zwei Flügeln, zwischen denen ein hoher, schlanker Treppenturm angeordnet ist. Die Fassaden waren mit einer illusionistischen Bemalung versehen, die in den letzten Jahren in einer Probeachse rekonstruiert wurde. Die charakteristische Zwiebelhaube über dem Schlossturm wurde erst 1905 errichtet, nachdem der Treppenturm am 28. Mai 1904 infolge eines Blitzschlags ausgebrannt war.

Die Grafen von Zinzendorf und Pottendorf verloren das Rittergut 1774 durch Konkurs. Im 19. und 20. Jh. wechselten die Besitzerfamilien sehr oft. Über Adam Theodor Rüssing, seine Tochter Maria Elisabeth, verheiratete von Thielau, und die Enkelin Maria Elisabeth gelangte das Rittergut Hof 1872 an die Familie von der Decken. Der letzte Besitzer des Ritterguts war Georg von der Decken (1878–1950), der aufgrund einer hohen Schuldenlast das Gut 1932 aufgeben musste. Das Rittergut wurde aufgeteilt und aufgesiedelt, wobei die beiden Schlösser in den Besitz der Gemeinde kamen. Die Bodenreform hatte demzufolge auf Hof keine Auswirkungen. Das Alte Schloss wurde in der DDR als Wohnhaus genutzt, verfiel aber dann zusehends und wurde bis 2003 als Sitz der Gemeindeverwaltung Naundorf saniert. Das Neue Schloss beherbergt die Grundschule der Gemeinde Naundorf.

An das Schlossgelände schließt sich ein großzügiger Landschaftspark an. Der 3,5 ha große Landschaftspark entstand in einem Auwald der Jahna, die ihn im NW begrenzt und hat eine besondere gartengeschichtliche Entwicklung.

Die 16 Gartendarstellungen in der oben beschriebenen Kassettendecke im Alten Schloss, darunter acht phantasievolle detaillierte Entwürfe für Gartenanlagen, lassen auf das Interesse des Bauherrn an der in dieser Zeit aufkommenden Gartenkultur in Sachsen schließen. Es ist daher sehr wahrscheinlich, dass es am Alten Schloss auch einen Renaissancegarten gegeben hat.

Friedrich Christian Graf von Zinzendorf und Pottendorf legte nach 1750 zu seinem neu erbauten Barockschloss einen entsprechenden barocken Park an, ohne das Alte Schloss und dessen Umfeld zu verändern. Lediglich ließ er den nordöstlichen Arm des Wassergrabens, auch Wal genannt, teichartig erweitern und bis zum Barockschloss verlängern, heute verfüllt. Durch Spiegelungen der Schlösser und Bäume verdoppelte sich die gestalterische Wirkung des wunderbaren Ensembles. Eine Sichtachse führt von der Nordostfront des Barockschlosses 250 m weit über ein Rondell mit rundem Wasserbecken und Fontaine bis zu einem Platz vor der Parkmauer, auf dem die Gartenskulptur Andromeda mit Ketos auf einem Steinsockel gestanden hatte. Ein weiteres Rondell mit einer verlorengegangenen Gartenskulptur, Bacchus mit Bacchantin auf einem Sockel, der jetzt im Sommer mit einer Dattelpalme besetzt wird, liegt ebenfalls in der Sichtachse. Ein ganzes Skulpturenprogramm, zwischen 1730 bis 1780 z. T. in der Art des italienischen Bildhauers Lorenzo Mattielli (1687–1748) geschaffen, verteilte sich im Barockpark. Leider gingen fast alle verloren, nur Andromeda mit dem Meeresungeheuer Ketos wartet in der Gemeinde auf eine Spende zur Restauration.

Die Hauptachse ist des Weiteren beiderseits flankiert von vier Hänge-Eschen, vier geschnittenen Eiben und zwei großen Säulen-Eichen. Weitere Achsen führen rechtwinklig von der Hauptachse in den Park, sie setzen sich z. T. in leicht geschwungenen Wegen in dem sich anschließenden Landschaftspark fort. Hier befinden sich weitere dendrologische Besonderheiten. Ein Silber-Ahorn aus Nordamerika mit einem Umfang von 642 cm und etwa 33 m Höhe ist der stärkste Deutschlands und damit Champion Tree (Rekordbaum der Erfassung alter Bäume in Deutschland). Durch sein feinteiliges unterseits silbriges Laub, entfaltet er besonders bei leichter Windbewegung seine optische Wirkung. Auffallend sind auch herrliche große ausladende Platanen, eine prachtvolle Weymouth-Kiefer, eine Blut-Buche und ein Riesen-Lebensbaum (SCHMIDT u. SCHULZ 2017, EISELT u. SCHRÖDER 1977).

Die Jahnaaue macht den Landschaftspark durch ihre typische krautige Untervegetation besonders wertvoll, u. a. mit Goldschopf- und Wolligem Hahnenfuß, Doldigem Milchstern, Wild-Tulpe, Wiesen-Goldstern, Braunem Storchschnabel, Aronstab, Hohlem Lerchensporn, Hoher Schlüsselblume, Busch- und Gelbem Windröschen (GUTTE, HARDTKE u. SCHMIDT 2013). Im Park brütet der Pirol.

Kulturdenkmalschutz in Hof/Stauchitz und Zschaitz

Obertägig sichtbare Bodendenkmale bedürfen in der modernen Agrarlandschaft besonderer Schutzmaßnahmen. Anhand der Beispiele des Zschaitzer Burgbergs und der frühmittelalterlichen Burganlage von Hof/Stauchitz werden die Notwendigkeit und Möglichkeiten nachhaltiger Denkmalpflege veranschaulicht. ■ lid-online.de/83104

Hof/Stauchitz

Seit dem Jahr 2000 existiert ein rühriger Heimatverein „Hof e. V." mit vielen Aktivitäten, insbesondere für den Park (HARTMANN 2018).

A2 Jahna (Ort)

Jahna und Pulsitz sind zwei benachbarte Bauerndörfer am nördlichen Rand der Lommatzscher Pflege im Tal des Jahnabaches. Beide Dörfer waren aber verschiedenen Ämtern zugeordnet: Jahna gehörte zum Amt Mügeln im Hochstift Meißen, während Pulsitz dem Erbamt Meißen zugeordnet war. Damit unterstand Jahna bis zu ihrer Auflösung 1818 der Stiftsregierung in Wurzen. Am nördlichen Ortsrand von Jahna lag das Rittergut Goldhausen, früher auch Jahna genannt, welches nicht mit dem Rittergut Jahna in Niederjahna verwechselt werden darf. Es hatte nur wenige Untertanen und war dadurch eines der kleinsten Rittergüter der Lommatzscher Pflege. Jahna bei Ostrau war der namengebende Stammsitz der Adelsfamilie von Jahna *(de Gana),* die mit dem 1205 bezeugten Heidenreich von Jahna erstmals urkundlich erscheint. Die Herleitung des Ortsnamens von der 929 eroberten Burg Gana der Daleminzier ist umstritten. Mit Bezug auf dieses Ereignis wurde 1929 die Tausendjahrfeier Jahnas begangen.

Jahna und Pulsitz bestanden jeweils aus sieben großen Bauernhöfen. Die Einwohner dieser Orte wie auch der Nachbardörfer Binnewitz, Clanzschwitz, Ostrau (bis 1901), Schmorren, Raitzen (bis 1879), Rochzahn, Salbitz und Weichteritz waren der Pfarrei Jah-

Abb. 58   Ortskern von Jahna 2020

na eingepfarrt. Die Pfarrkirche St. Gotthard ist bereits im Jahr 1203 bezeugt. Die ältesten Teile des heute bestehenden Gotteshauses sind der wohl noch romanische Westturm, der sich erheblich geneigt hat, und die an der Nordseite des Chores gelegene Sakristei. Der spätgotische Chor wurde zusammen mit dem breiten Langhaus errichtet, wobei die Strebepfeiler auf eine geplante Einwölbung hinweisen. Eine Inschrift am Chor nennt den Pfarrer Johannes Arnolt, der den Neubau veranlasste. Die beigefügte Jahreszahl in arabischen Ziffern wird unterschiedlich gelesen (1419 oder 1512 oder 1519). 1676 wurde eine flache hölzerne Decke eingezogen, die der Dresdner Maler Johann Simon Lucas bemalte. In den größeren Feldern sieht man Apostel und Propheten, während die kleineren Rundfelder emblematische Darstellungen mit Bezug zum Kirchenjahr enthalten. Die Bilder sind dem 1625 veröffentlichten Emblembuch des Nürnberger Pfarrers Johann Mannich (1580–1637) entnommen. Auftraggeber der Bilderdecke war vermutlich Hermann von Wolfframsdorff (1630–1703), ein Günstling des Kurfürsten Johann Georgs II. von Sachsen (1613–1680), der 1667 das Amt Mügeln gekauft hatte. Das Innere der Kirche St. Gotthard verdeutlicht das Selbstbewusstsein und Repräsentationsbedürfnis der einheimischen Bauern. Emporen und Betstuben türmen sich in bis zu drei Geschossen übereinander. Diese hölzernen, dekorativ bemalten Einbauten, die sogar den Chor umgeben, folgen keiner einheitlichen Gestaltung. Es handelt sich um Stiftungen der Bauern, die jeweils ihre eigenen Betstuben und Kirchstühle haben wollten und die Kirche als ihre „gute Stube" ausgestalteten. Der schlichte barocke Altar stammt aus der zweiten Hälfte des 18. Jh. Die Orgel auf der Westempore wurde 1882 von Franz Emil Keller (1843–1925) aus dem benachbarten Ostrau geschaffen.

Das Gotteshaus gehört seit 1999 zur Evangelisch-Lutherischen Kirchgemeinde im Jahnatal. Diese öffnet St. Gotthard als Rad- und Wanderkirche für die Besucher der Landschaft im Jahnatal. ▶ Abb. 58

A3 NSG Alte Halde – Dolomitgebiet Ostrau

Der Ort Ostrau wurde bereits im Zusammenhang mit dem Landkauf durch das Kloster Altzella und 1190 in einer Schenkungsurkunde als *Ostrawa*, sorbisch ‚Ort der Aue', erstmals genannt. Durch Eingemeindungen und Gemeindereformen gehören heute 24 ehemalige Dörfer dazu, darunter Jahna, Schrebitz, Münchhof und Zschochau. Zur Gemeinde mit über 4.000 Einwohnern gehören fünf Kirchen (Schrebitz, Jahna, Kiebitz, Zschochau, Ostrau). Nach 1990 wurde ein Gewerbegebiet mit einem Kleinzentrum (Einkaufsmärkte, Arzt und Sparkasseneinrichtungen) aufgebaut. Zahlreich Heimatvereine und Sportverbände beleben das kulturelle Leben des Ortes.

Von besonderer Bedeutung für Ostrau ist der Kalkbergbau. Seit 1926 führt das Wappen von Ostrau den von Weizenähren eingerahmten Kalkofen als Hinweis auf einen wichtigen ehemaligen Industriezweig des Kalkabbaus. Der Rest des Kalkofens in Ostrau, Am Dresdner Berg, steht unter Denkmalschutz. Die reichen Kalkvorkommen bieten zahlreichen seltenen Pflanzenarten einen Lebensraum. Die Biotope wurden unter Naturschutz gestellt.

Der Kalkstein-(Dolomit-)Abbau in der Ostrauer Gegend ist geologisch an die Mügelner Senke (früher Mügelner Becken) gebunden. Diese Ost–West-streichende Muldenstruktur (als Teil des Nordwestsächsischen Synklinoriums) wurde in der Zeit vom Perm bis zur Trias mit unterschiedlichsten Ablagerungen aufgefüllt. Ostrau befindet sich am Südostrand dieses Beckens.

Über dem Grundgebirgssockel mit gefalteten Schiefern ergossen sich als Ausdruck der Vulkanlandschaft in Nordwestsachsen Porphyre des Rotliegenden. Im Zechstein liegt Sachsen am Rand des Norddeutschen Zechsteinmeeres (Flachmeer, wüstenähnliches Klima). Die Zechsteinablagerungen beginnen mit einem Konglomerat als Ausdruck der Zechsteintransgression (Übergreifen des Meeres auf das Land). Darauf folgen graue und rote Schluff- und Tongesteine (die sogenannten Unteren Letten). Im Zentrum des Beckens wird schließlich der bis 30 m mächtige Plattendolomit (in Ostrau durchschnittlich 10–20 m mächtig) sedimentiert. Ein weiterer Tonhorizont (die Oberen Letten) beendet die Zechsteinabfolge. Darauf lagert noch eine relativ mächtige quartäre Deckgebirgsschicht aus elster-, saale- und weichseleiszeitlichen Lockersedimenten, die aktuell im Ostrauer Kalkbruch gut aufgeschlossen ist.

Der feinkörnige hellgraue, gelblich- bis ockerfarbige Ostrauer Dolomit mit Härtegrad 3,5–4,0 und einer Dichte von 2,85–2,95 g/cm³ weist neben der typischen horizontalen Schichtung durch vertikale Klüftung eine stark wechselnde Bankung auf.

Als Dolomit wird sowohl das bestimmende Mineral CaMg (CO3) als auch das Gestein selbst bezeichnet, welches im Gegensatz zum normalen Kalkstein einen sehr hohen Magnesiumgehalt aufweist, wodurch es als Düngekalk bereits seit dem Mittelalter genutzt wird, urkundlich nachweisbar seit 1555.

Während früher Plattendolomit an vielen Orten in Sachsen abgebaut wurde, erfolgt derzeit nur noch durch die Ostrauer Kalkwerke GmbH eine Nutzung.

Die wechselvolle Geschichte des Kalkbergbaus in Ostrau nach dem Zweiten Weltkrieg begann 1949 mit der Gründung des VEB Kalkwerk „Fortschritt" Pulsitz und Ostrau, der Übernahme des Kalkwerkes Münchhof 1953 (Stilllegung 1963) und der Eingliederung des Kalkwerkes Rittmitz 1958 (Stilllegung 1980). Zahlreiche Umbauten und Erweiterungen (Brechanlagen, Heizhaus, Sozialgebäude, Lokschuppen, Tankstelle) er-

Exkursion durch das Jahnatal mit Ostrau und Hof

Die etwa 20 km lange Radexkursion auf dem Jahnatalweg führt von Simselwitz über Baderitz mit Stausee bis zum Zschaitzer Burgberg. Ein Abstecher führt zum Ostrauer Kalkabbaugebiet, weiter nach Hof (Schloss und Park) und Stauchitz bis zum Schloss Seerhausen und Park. ■ lid-online.de/83503

Jahnatal

Abb. 59 Purpur-Knabenkraut bei Ostrau

folgten ab 1981. Sehr wichtig war auch der Bau einer Anschlussbahn für den Produktetransport zum Düngemittelwerk nach Rostock (ab 1982). Am 1. Juni 1990 erfolgte die Umwandlung des VEB Ostrauer Kalkwerke zur Ostrauer Kalkwerke GmbH, die seit 1991 sehr erfolgreich von einem Privatinvestor geführt wird. Grundlegende Modernisierungen und die Erweiterung der Produktpalette erfolgten. Der Betrieb konnte 2019 damit bereits auf sein 70-jähriges Bestehen seit dem Zweiten Weltkrieg zurückblicken.

Produkte sind derzeit kohlensaurer Magnesiumkalk, Düngekalk, Kalksand, Kalksteinmehl (u. a. als Mineralstoffgemisch für die Asphaltindustrie), das System Ostrauer Wegdecke und in den letzten Jahren besonders erfolgreich Stallhygieneprodukte in Form von Kalkstrohmatratzen zur Senkung der Keimbelastung in den Ställen.

Der aktuell betriebene Kalktagebau östlich von Ostrau hat eine Tiefe von ca. 40 bis 45 m erreicht. Zum Abbau des hier 13 bis 18 m mächtigen Plattendolomits muss zuvor eine 30 m mächtige Deckgebirgsschicht beseitigt werden. Für eine Kalksteinjahresproduktion von etwa 300.000 Tonnen muss sich der Tagebau kontinuierlich um 1–1,5 ha/Jahr erweitern, derzeit in nördlicher Richtung (Sächsischer Landfrauenverband 2000).

Südlich des Dolomitbruchs, in Sichtweite zur heutigen Ostrauer Kalkwerke GmbH, befindet sich das NSG Alte Halde – Dolomitgebiet Ostrau (Schneider 2008). Das 1999 festgesetzte NSG hat eine Größe von ca. 26,5 ha und umfasst in zwei getrennt liegenden Teilgebieten einen naturnahen, bewaldeten, teilweise extensiv landwirtschaftlich genutzten Ausschnitt des Birmenitzbachtales und den ehemaligen Kalkbruch Münchhof. Das NSG liegt im FFH-Gebiet 207. Schutzziele sind neben der Erhaltung einer artenreichen Flora und Fauna auf basenreichen Standorten der Erhalt des Zechsteindolomits, der überregionale Relevanz besitzt. Von besonderer Bedeutung ist das Gebiet auch für die Winterquartiere der Mopsfledermaus, Fransenfledermaus und des Großen Mausohres. Sie überwintern in den Verbindungstunneln des ehemaligen Kalkbruchs Münchhof.

Die Alte Halde, der kleinere Teilbereich des NSG, liegt nördlich des Ostrauer Stadtteils Münchhof in 140–160 m ü. NHN. Der hiesige Abbaubetrieb war bereits im 19. Jh. eingestellt worden. Heute ist das Gebiet von einem Hainbuchen-Eichenwald bestockt. Neben den namengebenden Baumarten dominieren Charakterarten dieser Waldgesellschaft, so Wald-Zwenke, Benekens Wald-Trespe, Wald Knäuelgras, Gewöhnliche Akelei und Hain-Veilchen. Nicht mehr gefunden werden konnte die noch 1977 hier nachweisbare, seltene Steinbeere (Zühlke 1977).

Auf der Sohle der Alten Halde hat sich ein Kalkmagerrasen entwickelt. Dort kommen neben Wohlriechender Schlüsselblume, Kleinem Odermennig, Großer Braunelle, Braunem Storchschnabel, Kartäuser-Nelke und Fieder-Zwenke auch fünf Orchideenarten vor. Im Einzelnen sind das Fuchs' Knabenkraut, Bleiches Waldvögelein, Große Händelwurz, Helm- und Purpur-Knabenkraut. Außerdem befindet sich im Gebiet Alte Halde ein größerer Bestand der in Sachsen vom Aussterben bedrohten Kalkmoosart *Entodon concinnus*.

Der zweite, größere Teil des NSG befindet sich am alten Forsthaus Zschochau. Nördlich davon liegt der alte Kalkofen. Am Eingang des ehemaligen Kalkabbaugebietes am Eichberg (heute bereits wieder relativ stark verwachsen) ist die Abbaukante der sogenannten Dolomitwand gut erkennbar. Der Abbau erfolgte hier teilweise auch Untertage von Stollen aus. Im unteren Teil der Wand ist die Engständigkeit der Schichten durch Materialwechsel und Verwitterung sehr eindrucksvoll zu beobachten. Gleichzeitig gut sichtbar sind Verkarstungserscheinungen, die im Tertiär zur Auflösung der Schichten und zu bis zur Basis des Plattendolomits durchschlagenden Schlotten geführt hat. In diesem Teil des NSG wächst der größte heimische Lippenblütler, das Melissen-Immenblatt. Die Art ist vom Aussterben bedroht und besitzt in Sachsen nur noch drei weitere Vorkommen, so bei Oberau. Weitere bemerkenswerte Arten sind das Bleiche Waldvögelein, die Türkenbund-Lilie und die Grüne Nieswurz. An den Bruchkanten kommt die Flechtenart *Verrucaria transiliens* vor, die hier ihren einzigen Fundort in Sachsen hat.

Im angrenzenden Hainbuchen-Eichenwald wachsen u. a. das Nickende Perlgras, Wald-Flattergras, Sanikel und der seltene Verschiedenblättrige Schwingel. Im Ostteil befindet sich eine trockene Glatthafer-Wiese. Dort gibt es größere Bestände des Helm- und Purpur-Knabenkrautes. ▶ Abb. 59 Beide Orchideenarten sind in Sachsen extrem selten. Außerdem kommen hier der Kleine Odermennig, die Wohlriechende Schlüsselblume, Heide-Günsel, Steppen-Salbei, Sichelmöhre und die Bunte Kronwicke vor.

Die südliche Gebietsgrenze bildet das Birmenitzer Tal. Der Bach wird von einem Erlen-Eschen-Bachwald mit Traubenkirsche gesäumt. Im Frühjahr fällt die reiche Flora am Bach mit z. B. dem Hohlen Lerchensporn auf. Die in der Niederung im Mittelalter als Arzneipflanze gepflanzte Rote Pestwurz ist durch ihre großen Blätter leicht zu erkennen. Auf den Kohlkratzdieselwiesen kommt die Herbst-Zeitlose vor. Des Weiteren bildet die Feinblättrige Wicke an etwas trockeneren Stellen größere Bestände. Bemerkenswert sind die Vorkommen der Kreuzkröte, des Springfrosches und des Feuersalamanders im NSG. Von den gefährdeten Brutvogelarten sollen das Rebhuhn, der Mittelspecht und der Neuntöter genannt werden. Als seltenen Gast trifft man am Birmenitzer Bach den Eisvogel an. In den Kalkbrüchen konnten an gefährdeten Schneckenarten die Große Laubschnecke, die Weiße Heideschnecke und die Zylinderwindelschnecke nachgewiesen werden (SMUL 2008a; SCHNIEBS, REISE u. BÖSSNECK 2006).

A4 Zschaitz

Mit steilen Hängen überragt der Zschaitzer Burgberg das Jahnatal. Das lössbedeckte, auf drei Seiten natürlich geschützte Porphyritplateau scheint bereits in der Jungsteinzeit (um 4400 v. Chr.) besiedelt gewesen zu sein und wurde vermutlich während der Jungbronzezeit (um 1000 v. Chr.) erstmals befestigt (BROMME et al. 2010). Dafür kommt nur jene Engstelle in Frage, die viele Jahrhunderte später, im frühen Mittelalter, wahrscheinlich im ausgehenden 9. Jh. n. Chr., zum Schutz des westlichen Spornendes und damit einer Hauptburg durch eine gewaltige, 8 m breite, zweischalige Mauer abgeriegelt wurde. Waren deren Außen- und Innenfront wohl mit unvermörtelten Dolomitplatten verblendet, bestand das Innere aus einer Lehm-, Rohlöss- und Steinschüttung und einem Gerüst aus waagrechten Holzbalken, das die Konstruktion zusammenhielt. Verkohlte Hölzer und verbrannter Lehm zeigen, dass das Bauwerk mindestens einmal in Flammen aufgegangen sein muss. Der vorgelagerte Graben war ca. 8 m breit. Davor erstreckt sich ein ca. 5 ha großes Vorburggelände, das seinerseits an einer Engstelle durch einen geradlinigen Außenwall gegen die Hochfläche im O abgeschirmt war. Diese Befestigung ist im N vollständig eingeebnet, im S unter Bäumen und Sträuchern aber wohl deshalb so gut erhalten, weil sie die Grenze zwischen den Gemarkungen Zschaitz und Lüttewitz bildet. Erst seit Kurzem gibt sich innerhalb der Vorburg durch Luftbilder und geomagnetische Messungen zusätzlich ein Wall-Graben-System zu erkennen, das aus mindestens drei weiteren Gräben und zwei inzwischen weitgehend eingeebneten Wällen bestand. Tief gestaffelte Annäherungshindernisse sind typisch für die mehrfach ausgebauten frühmittelalterlichen Burgen in der Lommatzscher Pflege. Bebauungsspuren verteilen sich über das gesamte Plateau und reichen sogar über den äußeren Wall hinaus. Welchen Siedlungsphasen von der Jungsteinzeit bis ins Mittelalter jedoch einzelne Strukturen zuzuordnen sind, muss vorläufig offenbleiben. Immerhin ist es gelungen, am Fuß des Hauptwalls ein frühmittelalterliches Grubenhaus aufzudecken. Demnach scheint wenigstens die Hauptburg im 9./10. Jh. n. Chr. auch dichter bebaut gewesen zu sein. Die Anlage auf dem Zschaitzer Burgberg wird zu den 14 Burgen der slawischen Daleminzier gerechnet, die bereits im späten 9. Jh. vom sogenannten Bayerischen Geographen summarisch erwähnt wurden. Auf diese Burg bezieht sich auch der Ortsname des benachbarten Baderitz von altsorbisch *Podgrodici* = ‚Leute unter der Burg'. ▶ Abb. 60

Als Urpfarrei und Mittelpunkt eines Burgwards gehörte Zschaitz im 11. und frühen 12. Jh. zu den frühen Zentralorten im Gau Daleminze. Die ungefähre räumliche Ausdehnung des Zschaitzer Burgwardbezirks lässt sich am besten in den vormals über zwanzig nach Zschaitz gepfarrten Dörfern fassen, ohne zwangsläufig kongruent zu sein. Schon 1046 wurde das *castellum nomine Zavviza* schriftlich erwähnt, als es Kaiser Heinrich III. mit allen zugehörigen Dörfern und Besitzungen an das Bistum Meißen verschenkte. Nach einer zu 1071 verfälschten Urkunde erhielt der Slawe Bor in diesem Burgward Zschaitz ein Dorf (Döschütz) im Tausch gegen andere Güter. Mit der Übertragung von Döschütz, das damit faktisch aus dem Burgward herausgelöst wurde, deutet sich 1071 bereits beispielhaft die langsame Zersetzung der burgwardzeitlichen Herrschaftsstrukturen an, die nun durch Grundherrschaft und Lehnswesen überdeckt wurden. Im Zuge dieses Prozesses verlor Zschaitz im 12. Jh. seine althergebrachte herrschaftliche Zentralfunktion weitgehend, die später vor allem in den kirchlichen Verhältnissen nachlebte.

Wo sich der befestigte Burgwardsitz befunden hat, bleibt offen. Ihn auf dem Zschaitzer Burgberg zu suchen, lag für die Forschung lange auf der Hand. Doch ist dort unter den Grabungs- und Oberflächenfunden kaum Material des 11. Jh. vertreten, sodass die Burg des 11./12. Jh. wohl an anderer Stelle zu suchen ist, mutmaßlich im Bereich der Kirche am Terrassenrand links der Jahna. Damit hätte auch in Zschaitz der sächsisch-deutsche Burgwardsitz die ältere slawische Burg des 9./10. Jh. an einer neuen Stelle abgelöst.

1205 gehörten zwölf Hufen in Zschaitz zur Gründungsausstattung des Meißener Chorherrenstifts St. Afra. Im späten Mittelalter zählten Güter in Zschaitz zu den Besitzungen des Meißener Domkapitels. Das Meißener Bedeverzeichnis von 1334 führte Zschaitz unter der Supanie Baderitz auf, ein deutlicher Hinweis auf den Verlust zentralörtlicher Bedeutung. Im Registrum von 1378 erscheint Zschaitz aber nicht mehr dort, sondern unter den Gütern der Domherren. Das Erbbuch des Amtes Meißen aus der Mitte des 16. Jh. nennt 15 Hufen im Dorf und den Mül-

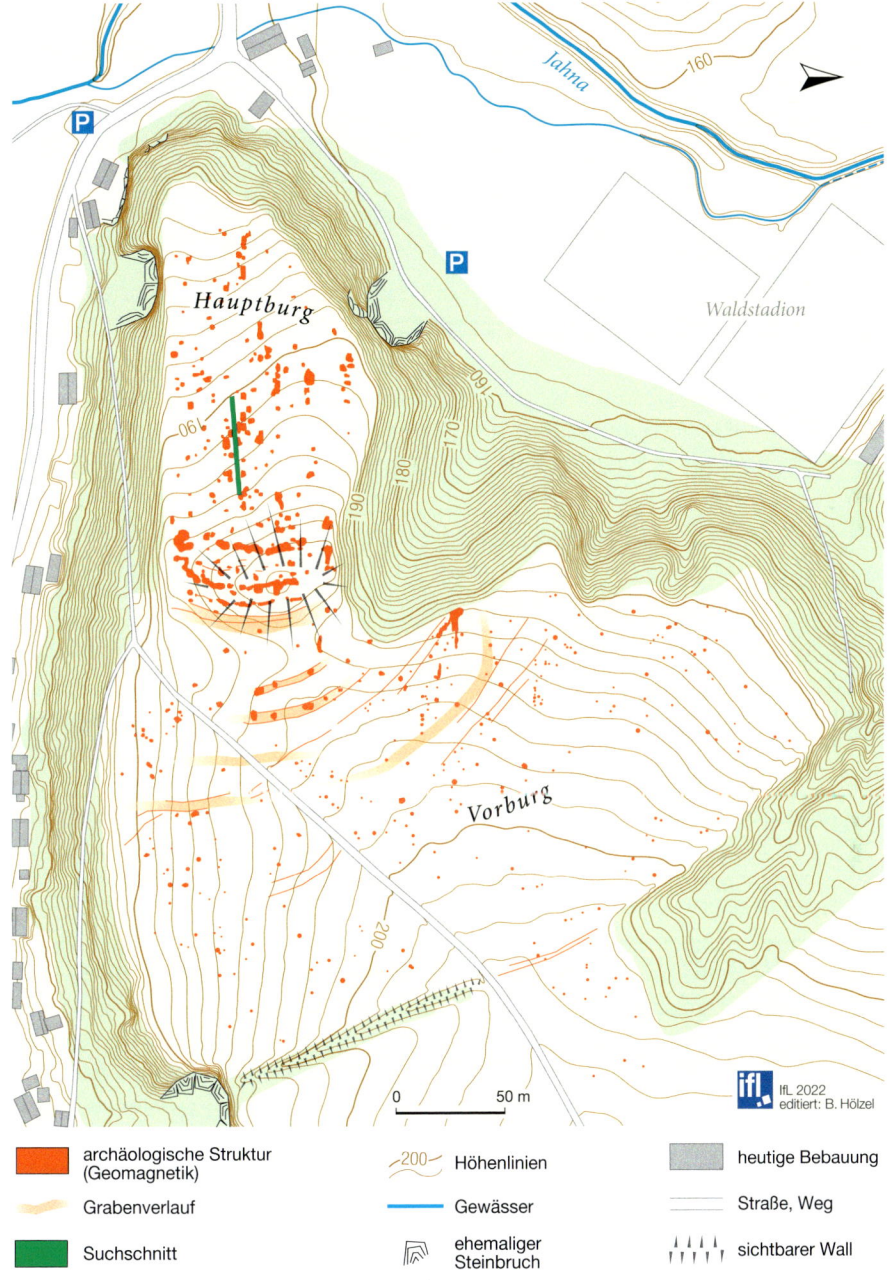

Abb. 60 Burgberg Zschaitz: Übersichtsplan der archäologischen Strukturen

ler, der mit einer weiteren Hufe angeschlagen ist. Von den damals ansässigen sieben Bauern und dem Müller waren jeweils vier dem (inzwischen evangelischen) Domkapitel zu Meißen und dem Pfarrer zu Zschaitz lehen- und zinsbar. Als Vorort eines Heerwagenbezirks stellte Zschaitz im Kriegsfall damals gemeinsam mit sieben umliegenden Dörfern einen Wagen mit vier Wagenpferden und neun Knechten (THIEME 2004).

Mittelalterliche Befestigungsanlagen

Die Lommatzscher Pflege zeichnet sich durch eine hohe Dichte von Burgwällen des 8. bis 11. Jh. aus. In jedem Wall verbirgt sich ein massiver, häufig mehrfach verstärkter Kern aus Steinen, Holz und Erdmaterial, der zumindest eine senkrechte, meist steinverblendete Außen-, teilweise auch Innenfront besaß. Bei Wällen handelt es sich also um Ruinen von Wehrmauern, denen außen ein Graben vorgelagert war.

Dort, wo seit Jahrhunderten intensive Landwirtschaft betrieben wird, sind die Wälle weitgehend eingeebnet und die Gräben verfüllt. Befestigungen geben sich dann allenfalls durch leichte Höhenunterschiede in digitalen Geländemodellen oder Bewuchsmerkmale auf Luftbildern zu erkennen. Alle Anlagen liegen verkehrsgünstig an Bachläufen auf natürlich geschützten Bergspornen, die z. T. schon in der Bronze- und Eisenzeit befestigt waren und lediglich an den Engstellen durch ein massives Bauwerk abgeriegelt werden mussten. Vielfach scheinen die frühmittelalterlichen Burgen auf den Ruinen älterer Vorgänger errichtet worden zu sein.

Über die Ursachen des Burgenbaus gehen die Meinungen auseinander (Westphalen 2022). Traditionell sieht die sächsische Forschung in den bis zu 6 ha großen Anlagen Stammes- und Fluchtburgen, in den kleineren dagegen Verwaltungs- bzw. sogenannte Burgwardmittelpunkte, die nach der „deutschen Eroberung", also nach 929 eingerichtet worden sein sollen. Für diese schematische Gliederung bieten aber derzeit weder Keramikchronologie noch Befestigungstypologie eine gesicherte Grundlage.

Unstrittig waren die Burgen lokale Zentren von Verwaltungseinheiten innerhalb übergeordneter territorialer Verbände, die in der um die Mitte des 9. Jh. niedergeschriebenen Ostfränkischen Völkertafel (Geographus Bavarus) für die Landschaften jenseits der Ostgrenze des Fränkischen Reichs aufgezählt und mit westslawischen Gruppen in Verbindung gebracht werden. Von den 14 für die *Talaminzi* genannten Burgen lägen derzeit acht zwischen Elbe und Jahna und sechs zwischen Jahna und Mulde, jeweils an wichtigen Bachläufen (Jahna, Triebisch, Ketzer- und Käbschützbach) und damit Verkehrsachsen. Jede Neuentdeckung, z. B. durch Luftbilder führt aber zu einer Neuaufteilung dieser Burgbezirke.

Für Bau und Ausbau mussten Arbeitskräfte mobilisiert, Materialien wie Holz, Erde und Steine herbeigeschafft und damit ein erheblicher Aufwand getrieben werden, der nicht nur fortifikatorischen Zwecken, sondern vor allem auch der Darstellung von Herrschaft diente. Die militärische Bedeutung spiegelt sich in tief gestaffelten, mehrfach verstärkten Befestigungen. Vom 9. bis ins 11. Jh. war die Mark Meißen Schauplatz blutiger Konflikte, die in blühenden Landschaft verbrannte Erde hinterließen. Dennoch ist es unmöglich, Zerstörungsspuren an den Befestigungen mit historisch überlieferten Ereignissen zu verbinden. Unter der regelmäßig wiederkehrenden Gewalt hatte besonders die ländliche Bevölkerung zu leiden.

Gleichzeitig waren die Burgen administrative und ökonomische Zentren, in denen Warentransporte, Truppenbewegungen oder Pilgerreisen auf einem Wegenetz zusammenliefen, dessen Rekonstruktion mit ebenso großen Unsicherheiten behaftet ist wie die bislang postulierte Gleichzeitigkeit und Ablösung einzelner Befestigungen oder die Zahl der Einwohner im Hinterland. Dies gilt schließlich auch für die frühe Kirchenorganisation nach der Bistumsgründung 968. Kein einziger Kirchenbau des 10./11. Jh. ist in der Lommatzscher Pflege bislang archäologisch nachgewiesen (SPEHR 1994).

Spätestens im frühen 12. Jh. hatten die Burgen ihre administrative, wirtschaftliche und militärische Funktion verloren und verfielen. Stattdessen entstanden im Laufe des 12. Jh. viele kleinere Turmhügel- und Wasserburgen oder Abschnittsbefestigungen in Spornlage wie der Dragonerberg bei Schieritz. ▶ Abb. 61

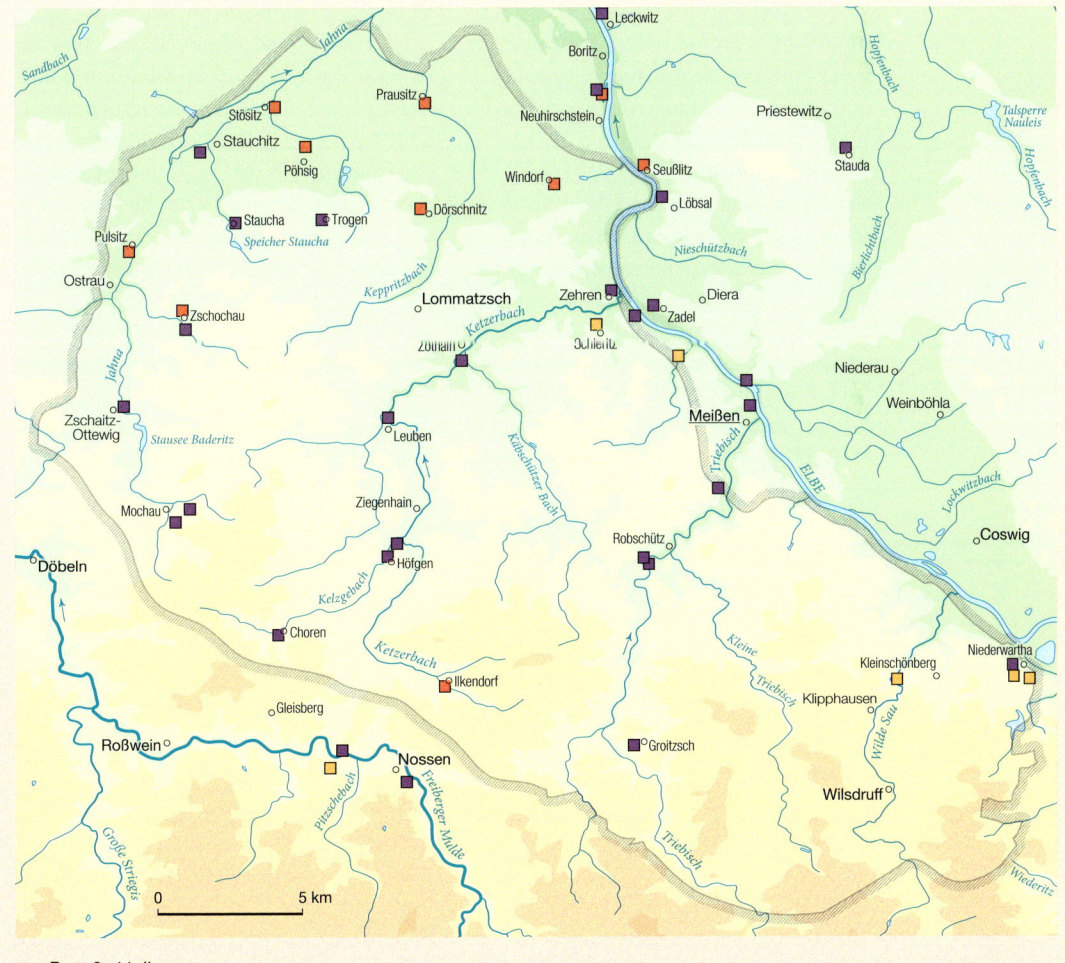

- Burg 8.-11.Jh
- Turmhügelburg 12.-13.Jh
- Burg in Spornlage mit Turmhügel
- Grenze des Bearbeitungsgebiets

Abb. 61   Mittelalterliche Befestigungsanlagen

1764 werden neben den sechs besessenen Mann (Bauern) bereits 27 Häusler (Besitzer kleiner Häuser ohne zugehöriges Bauernland) verzeichnet. Dem entspricht die wenig später fassbare Siedlungsstruktur: Das (Freiberger und Dresdner) Meilenblatt von 1821 zeigt für den Ort weilerartig um die Kirche gelegene Vier- und Dreiseit-Bauernhöfe sowie entlang der Straße nach Leisnig bzw. Baderitz und auch im Weiteren verstreut Einzelhäuser, die im S fast nahtlos bis zu den beiden großen Einzelgütern von Möbertitz reichen. 1834 werden 274 Einwohner gezählt. Zwischen 1845 und 1879 wirkte Carl Wilhelm Hingst (1814–1885) als Kirchschullehrer und Kantor in Zschaitz. Dem überaus produktiven Lokalhistoriker verdanken sich zahlreiche Publikationen zur Geschichte der Region (Hingst 1885).

Siedlungsstruktur und Einwohnerzahl blieben im weiteren Verlauf des 19. und im frühen 20. Jh. weitgehend konstant. Daran änderte auch die frühe Anbindung von Zschaitz an das sächsische Eisenbahnnetz (Strecke Riesa–Döbeln–Chemnitz) im Jahr 1847 nichts. Am Ende des 19. Jh. errichtete man am westlichen Dorfrand wenigstens das Empfangsgebäude der Haltestation, den Güterschuppen und das Bahnwärterhaus, die heute unter Denkmalschutz stehen. Erst die Eingemeindungen von Möbertitz (1937), von Lüttewitz und Baderitz (1950) sowie die nach 1945 ankommenden Flüchtlings- und Vertriebenenfamilien ließen die Bevölkerungszahl der Gemeinde seit den 1950er Jahren auf über 1.000 anwachsen. Die Zschaitzer LPG Typ III (einschließlich Maschinen und Vieh) bewirtschaftete bis 1967 400 ha und wurde dann mit der LPG Auterwitz zu einer Groß-LPG mit insgesamt 1.400 ha Bewirtschaftungsfläche vereint.

Nach der Friedlichen Revolution erfolgte 1994 der Zusammenschluss mit Dürrweitzschen und Ottewig zur Großgemeinde Zschaitz-Ottewig mit insgesamt zwölf Ortsteilen, deren Einwohnerzahl nach den sprunghaften Verlusten der Nachwendezeit seit den 2000er-Jahren langsamer, aber weiter kontinuierlich zurückgeht (von 1.598 im Jahr 2000 auf 1.298 im Jahr 2021).

Die Pfarrei Zschaitz, die 1999 in der Evangelisch-Lutherischen Kirchgemeinde Jahnatal aufging, gehört zu den ältesten Parochien in Sachsen. Wie in Schrebitz und Mochau versorgte die Zschaitzer Kirche einen ausgreifenden Burgward. Der Pfarrbezirk umfasste ursprünglich mehr als 20 Dörfer. Nach Einführung der Reformation wurden vier Ortschaften ausgegliedert; 1901 wurden nochmals vier Dörfer an die neugebildete Pfarrei Ostrau abgegeben.

Der älteste Teil der Kirche ist der wuchtige Westturm. Er wurde zu Beginn des 16. Jh. in Verbindung mit einem spätgotischen Kirchenschiff erbaut, wie die Jahreszahl 1515 am Strebepfeiler andeutet. Im Kirchturm nisten jährlich Turmfalken. 1749 wurde das Langhaus aufgrund von Bauschäden abgetragen und durch einen geräumigen Neubau ersetzt, den Maurermeister Johann Hoffmann aus Nossen und Zimmermeister Michael Kühne aus Zunschwitz erstellten. Am 17. Juni 1751 wurde die erneuerte Kirche eingeweiht. Man errichtete einen einheitlich flach gedeckten Kirchensaal, an dessen Ostseite der 1655 in der alten Kirche aufgerichtete sieben Meter hohe Altar des Meißener Bildschnitzers Valentin Otte (1596–1673) stehen blieb. Dieser mit Gemälden des Malers Johann Richter verzierte Altar wurde 1751 durch Herausnehmen der Mitteltafel und Einfügen des Kanzelkorbs der 1656 gestifteten Kanzel in einen Kanzelaltar umgebaut. Fünf herrschaftliche Betstuben, die den zur Kirchgemeinde gehörenden Rittergütern Döschütz, Lüttewitz, Noschkowitz, Zunschwitz sowie Ober- und Niederwutzschwitz zugeordnet waren, befanden sich an der Nordseite der Kirche, wurden aber 1973 abgebrochen. Die Orgel auf der Westempore schuf 1892 der Orgelbauer Franz Emil Keller (1843–1925) aus dem benachbarten Ostrau unter Verwendung älterer Bauteile.

Auf dem Kirchfriedhof künden viele sogenannte Stinzenpflanzen von der ehemaligen Grabkultur und von den Resten altem

Kulturpflanzenanbau. Stinzenpflanzen sind Kulturrelikte, die vom Menschen angepflanzt wurden und an diesem Pflanzort eingebürgert sind. So sind der Sibirische Blaustern, Krokus-Arten und die Christrose zu nennen. Die giftige Christrose wurde auch in der Volksmedizin eingesetzt, zum Beispiel zur Linderung bei Epilepsie. Bereits 1561 nennt der Schweizer Arzt und Botaniker Conrad Gessner sie als Gartenpflanze. Weiter kommen im Kirchhofgelände der Ruprechts-Storchschnabel, der Braune Storchschnabel und das Schöllkraut vor. Während letzteres auch heute noch mit seinem gelben Saft zum Entfernen von Warzen eingesetzt wird, spielte es im Mittelalter eine große Rolle als Heilpflanze in der Volksmedizin bei vielen Krankheiten.

Bis Anfang des 19. Jh. lag das Burgplateau unter Wald und Grünland. Auch heute noch bestimmt ein Eichen-Hainbuchenwald mit eingestreuten Ahornarten (Feld- und Spitz-Ahorn), Flatter-Ulme, Birke den Waldbestand, besonders im Westteil des Burgberges. Die Rotbuche wurde forstwirtschaftlich eingebracht. Der Wald wurde niederwaldartig bewirtschaftet. Diese damit verbundene Auflichtung förderte die in Sachsen seltenen Seggen Berg-Segge und Finger-Segge. Die Pfirsichblättrige Glockenblume und die Türkenbund-Lilie kommen in der Lommatzscher Pflege selten vor. Auf Quellbereiche und kleinen Schluchten beschränkt, findet sich der Berg-Ahorn und auf frischen Böden die Teppiche von Zitterseggen. Die ehemaligen Wälle und Waldränder sind mit Heckengesellschaften und mit Halbtrockenrasen bestanden. In den Heckengesellschaften kommt neben Liguster, Wildrosenarten (z. B. Wein-Rose) und Weißdorn sehr viel Schwarzer Holunder vor. Die alte Kulturart ist ein Zeiger von Überdüngung und Nitratreichtum. Bemerkenswert und artenreich sind die Steilhänge am Burgberg im S. Dort finden sich Paläophyten, die auf eine Nutzung der Anlage um das Jahr 1000 hinweisen können. An erster Stelle sind hier Efeu, Grüne Borstenhirse, Blutrote Fingerhirse, die

Abb. 62   Südwestansicht vom Burgberg Zschaitz

Edel-Schafgarbe, die Gemeine Schafgarbe und der Braune Storchschnabel zu nennen. Wenn man die Verbreitungskarte des Braunen Storchschnabels in Sachsen genauer ansieht, dann fällt die Konzentration der Vorkommen an ehemaligen Klöstern, Burgen und Rittergutsanlagen auf. In Zschaitz ist die Art auch im Kirchengelände zu finden. Da die Pflanze ihre Blüten von der Sonne abwendet, spielte sie in der Zeit der Mystik eine große Rolle. Die Edel-Schafgarbe ist eine wärmeliebende Art, die vorwiegend auf Löss und basischen Böden vorkommt und in Sachsen hier ihr einziges rezentes Vorkommen besitzt. Die Schafgarben (*garva* bei Hildegard von Bingen) wurden in Burggärten und Klöstern wegen ihres aromatischen Duftes eines ätherischen Öles und als Heilpflanze angebaut. Inhaltsstoffe sind Proazulen, Kampfer, Aspigenin und Gerbstoffe. Wichtige Anwendungen der Art waren in der Frauenheilkunde und durch die adstringierende Wirkung des enthaltenen Aspigenin der Einsatz zum Blutstillen (Nasenbluten, Wundblutungen durch Verletzungen). Des Weiteren sollen der Doldige Milchstern, ein alter Weinbaubegleiter, und das Duft-Veilchen genannt werden. Das Duft-Veilchen war schon im alten Griechenland und in Rom Kultpflanze Es wurde in Deutschland auf Burganlagen und in Klöstern gepflanzt. Der erste Nachweis der Art in Deutschland stammt aus dem Jahr 820. Zahlreiche Sagen um den Duft und das zeitige Erscheinen (Frühlingsbote) ranken sich um die Pflanze, die auch als Heilpflanze eingesetzt wird.

Am Burgberg wurde Porphyrit abgebaut. In den aufgelassenen Steinbrüchen in Südlage sind neben dem Frühlings-Spark große Bestände des Knolligen Rispengrases, des Tüpfelfarnes und der Schwalbenwurz vorhanden. Letztere Art ist von besonderem Interesse, da an ihr die seltene Ritterwanze festgestellt werden konnte. Der Tüpfelfarn, auch Engelsüß genannt, spielte vor der Einführung der Zuckerrübe eine wichtige Rolle zum Süßen der Speisen. Am und im Steinbruchgebiet sind Zauneidechse, Blindschleiche, Erdkröte und Springfrosch zu beobachten. Die Laichgebiete der Lurche befinden sich an der Aue der Jahna. Direkt am Fuß des Burgberges wurden die Breitflügelfledermaus und die Kleine Bartfledermaus nachgewiesen. Beide Arten sind geschützt und Rote-Liste-Arten Sachsens.

Eine Untersuchung der Schneckenfauna erbrachte Funde zahlreicher kalkliebender Arten, darunter die Weinbergschnecke, die Kugelige Glasschnecke, die Inkarnatschnecke und die Große Laubschnecke (AG MALAKOLOGIE 2021). Die Große Laubschnecke ist nach der Roten Liste Sachsens stark gefährdet und besitzt hier eines ihrer fünf Vorkommen in Sachsen.

Die Wälder und Gebüsche rund um den Burgberg beherbergen eine reiche Vogelwelt, etwa den Pirol, den Kuckuck, die Singdrossel, den Grünspecht, die Nachtigall, die Garten-, Dorn- und Mönchsgrasmücke und den Zilpzalp, um nur einige zu nennen. Noch vor zehn Jahren brütete auf den benachbarten Feldern der Kiebitz. ▶ Abb. 62

Pflanzliche Zeugen des späteren Ackerbaus auf dem Burgberg sind das Mäuseschwänzchen, die Sichelmöhre, die Kornblume, die Viersamige Wicke und die verschiedenen Mohnarten, wie Saat- und Klatsch-Mohn. Es sind sogenannte Archäophyten, die mit dem Ackerbau aus wärmeren Gebieten durch den Menschen an ihre neuen Standorte gebracht wurden. Zurückgedrängt auf die Wallreste und Halbtrockenrasen an den Steinbruchkanten sind der Dreiteilige Ehrenpreis, der Acker-Gauchheil und der Acker-Goldstern. Diese Ackerwildkräuter sind Zeugen einer alten bäuerlichen Kultur und Zeugen der früheren Bodenbearbeitung. Durch Tiefpflügen und Herbizideinsatz werden diese Arten auf Sonderstandorte verdrängt.

Die später einsetzende ackerbauliche Nutzung ist an dem bedeutenden Bodendenkmal Burgberg nicht spurlos vorübergegangen: Nicht nur vom Außenwall ist ein Teil eingeebnet, auch der Hauptwall wurde immer weiter in die Breite gezogen und hat seit den 1950er Jahren ca. 0,6 m an Höhe verloren. Jährlich gerieten bei der Feldbestellung Konstruktionsteile (verbrannte Hölzer, Lehm und Steine) an die Oberfläche. Bohrungen und Suchgrabungen lassen befürchten, dass im Hauptburgareal viele flachere Strukturen bereits erheblich in Mitleidenschaft gezogen wurden. Seit 2011 ist der Burgberg Zschaitz jedoch als Ökokontofläche dauerhaft geschützt (BENS et al. 2012).

A5 Gödelitz

Gödelitz ist ein Einzelgut östlich von Mochau, welches ursprünglich aus dem Rittergut, einem Vierseithof, bestand. Um den noch heute dominierenden Hof sind lediglich drei weitere Häuser entstanden. Das Rittergut umfasste eine durchschnittlich große Eigenwirtschaft (1925: 161 ha) und zahlreiche Untertanen in Badersen, Beicha, Kleinmockritz, Lossen, Meila, Mutzschwitz, Nelkanitz, Praterschütz, Prüfern und Schweimnitz. Seit dem 17. Jh. befanden sich die Güter Graupzig und Gödelitz in einer Hand. Joachim Dietrich Bose (1676–1742) auf Schleinitz und Petzschwitz aus dem Fränkischen

Ast der Adelsfamilie (von) Bose ersteigerte 1717 die beiden benachbarten Güter. Er ließ 1734 das heute noch bestehende Herrenhaus erbauen. Der schlichte zweigeschossige Bau oberhalb des Gutshofs wurde meist nur von Gutsverwaltern und Pächtern bewohnt, da die Besitzer meist in einem größeren Schloss lebten. Carl Gottlob Bose (gest. 1773), der keine Kinder hatte, vererbte seinen umfangreichen Besitz in der Lommatzscher Pflege 1773 seinem Neffen Friedrich von Zehmen auf Stauchitz. Die adlige Besitzfolge endete 1917, als Oscar Horst von Zehmen das Rittergut an seinen Pächter Max Schmidt (gest. 1924) verkaufte. Er und sein Sohn Helmut Schmidt wirtschafteten erfolgreich. Vor allem die Schafzucht machte Gödelitz weithin bekannt und sorgte für ein überdurchschnittlich gutes Einkommen. Zuchtböcke aus Gödelitz wurden bis nach Südafrika, Südamerika und Russland exportiert.

Die Familie Schmidt wurde 1945 enteignet. Johanna Schmidt übernahm zunächst Bodenreformland in Heynitz, flüchtete aber Anfang Februar 1946 nach Westdeutschland, um einer Verhaftung zu entgehen. Sie hatte das Verbot, Gödelitz je wieder zu betreten, nicht eingehalten. Helmut Schmidt, der 1948 aus französischer Kriegsgefangenschaft zurückkehrte, sah Gödelitz nie wieder. Der Gutshof diente der Unterbringung und therapeutischen Betreuung von Suchtkranken, während das Land von der LPG (P) „Ho Chi Minh" Döbeln-Ost bewirtschaftet wurde. Helmut Schmidts Sohn, der 1941 geborene Politikwissenschaftler Axel Schmidt-Gödelitz, konnte als Mitarbeiter der Ständigen Vertretung der Bundesrepublik in Ost-Berlin erstmals in den 1970er Jahren wieder Gödelitz besuchen. Er und sein Bruder nahmen in Erinnerung an das der Familie vermeintlich endgültig Verlorene den Nachnamen „Schmidt-Gödelitz" an. Als sich 1990 das Ende der DDR abzeichnete, bewarb sich Axel Schmidt-Gödelitz, inzwischen Mitarbeiter der SPD-nahen Friedrich-Ebert-Stiftung, bei der Treuhandanstalt um das leerstehende Gut. 1991 konnte er das acht Hektar große Gutsgelände von der Treuhand kaufen. Axel Schmidt-Gödelitz gründete einen landwirtschaftlichen Betrieb und pachtete Land. Im Laufe der Jahre gelang es ihm, alle Acker- und

Abb. 63   Gut Gödelitz 2020

Grünflächen und einen Teil des Waldes des früheren Ritterguts Gödelitz zurückzukaufen. Damit gehörte er zu der sehr kleinen Zahl von Wiedereinrichtern, die trotz der für die Familie schmerzlichen Enteignung in die Lommatzscher Pflege zurückkehrten. Axel Schmidt-Gödelitz wollte aber nicht nur die Familientradition fortsetzen, sondern auch in die Gesellschaft hineinwirken. Um die Kluft zwischen Ost und West abzubauen, gründete er zusammen mit Freunden 1998 das Ost-West-Forum Gut Gödelitz e. V. Dieser Verein veranstaltet Vorträge, Seminare und Biographiegespräche, bei denen Menschen aus beiden Teilen Deutschlands ins Gespräch kommen und sich gegenseitig ihre Geschichten erzählen. Das „Gödelitzer Modell" der Biographiegespräche war so erfolgreich, dass es mittlerweile in 20 Städten in der Bundesrepublik zwischen Türkischstämmigen und Deutschen eingesetzt wird, darüber hinaus zwischen Polen und Deutschen und in Korea zwischen Südkoreanern und Flüchtlingen aus Nordkorea. Zu den Veranstaltungen lädt das Ost-West-Forum wiederholt prominente Politiker ein. Gödelitz ist damit zu einem überregional bedeutsamen Bildungszentrum und Begegnungsort geworden. Der 1792 erbaute ehemalige Schafstall dient als Veranstaltungszentrum, während das Herrenhaus Wohnungen und Gästezimmer enthält, die zur Unterbringung der Gäste genutzt und auch vermietet werden (SCHMIDT-GÖDELITZ 2017). ▶ Abb. 63

A6 Mochau

Das Dorf Mochau im Tal der Jahna östlich von Döbeln entwickelte sich aus dem Burgward *Nimucowa,* der im Jahr 1090 in einer Schenkungsurkunde König Heinrichs IV. zugunsten des Hochstifts Meißen erwähnt wird. Der durch einen Steinbruchbetrieb fast restlos zerstörte Burgberg befand sich südöstlich der Dorflage am Rand einer spornartig vorspringenden Terrasse, die vermutlich durch einen Abschnittswall gesichert war. Die Burg wurde von einem markgräflichen Hauptmann verwaltet und war vermutlich der Herrensitz der Ministerialenfamilie von Mochau, die zwischen 1185 und 1203 bezeugt ist. Mochau gehörte zu den 800 Hufen, die Markgraf Otto der Reiche 1162 dem Kloster Altzella als Stiftungsgut übertrug. Nach Auflösung des Klosters infolge der Reformation wurde aus dem früheren Klosterbesitz das Amt Nossen gebildet, welches dem Erzgebirgischen Kreis des Kurfürstentums Sachsen zugeordnet war. Mochau war seitdem Amtsdorf. ▶ Abb. 64

Die Siedlungsform spricht dafür, dass das Dorf aus einem slawischen Runddorf entstanden ist, dessen Grundform sich noch heute abzeichnet. Während der deutschen Siedlungsverdichtung erfolgte vermutlich im 12. Jh. eine Dorferweiterung. Dabei bildete sich um den Runddorfteil herum ein Gassengruppendorf, bestehend aus zehn großen Bauernhöfen, die jeweils als Vierseithöfe angelegt sind. Mehrere dieser Vierseithöfe sind noch heute erkennbar.

Mochau hatte als Kirchdorf einen ausgedehnten Pfarrbezirk, der Auterwitz, Dürrweitzschen, Großsteinbach, Kleinmockritz, Naußlitz, Obersteinbach, Ossig, Präbschütz, Prüfern, Schallhausen, Schweimnitz (bis 1848) und Theeschütz umfasste. Die Kirche steht im nördlichen Teil des Dorfkerns zwischen zwei Vierseithöfen. Der älteste Teil ist der zu Beginn des 13. Jh. errichtete Westturm. Mitte des 19. Jh. beschloss die Kirchgemeinde, das Kirchenschiff durch einen größeren Neubau zu ersetzen. Maurermeister Grellmann aus Mügeln errichtete 1848/49 ein großes rechteckiges Kirchenschiff mit hohen Bogenfenstern und Walmdach. Im Kirchenschiff und auf den beiden Emporen, die sich um den Innenraum zogen, befanden sich 820 Sitzplätze. Weil das Dachtragwerk durch Hausschwamm geschädigt war und unter den Bedingungen der DDR-Mangelwirtschaft kein Bauholz zu beschaffen war, wurde das Gotteshaus 1971 aufgegeben und nur noch als Lagerraum genutzt. Da 1984 das einsturzgefährdete Dach abgetragen und die Inneneinrichtung beseitigt wurde, blieben nur die nackten Umfassungsmauern stehen. 2019 erhielt das Kirchenschiff wieder ein Dach. Die teilwiederaufgebaute Ruine wird als „Sommerkirche" genutzt.

Der Friedhof wurde bereits 1827 an den Dorfrand verlegt. 1877 erfolgte der Abbruch des Pfarrguts, dessen 21,8 ha die Kirchgemeinde seitdem verpachtet. Pfarrhaus und Küsterhaus wurden neu errichtet. Die Kirchschule verrichtete ihre Dienste bis zum Jahr 1902 und wurde dann durch einen Schulneubau in Beulichs Aue ersetzt. 1958 und 1972 erfolgten Erweiterungen durch Flachbauten und 1984 die Errichtung einer Turnhalle. Am nördlichen Rand des Schulgrundstücks entstand 1984 ein dreigeschossiger Wohnblock, der die Ortserweiterungen im N vom Dorfkern abteilt.

Der Ausbau des Dorfkerns begann 1875. Nachdem die Scheune und zwei Stallgebäude des größten Bauernhofes, dem 80 ha großen Gut Dittrich, abgebrannt waren, wurde nordwestlich des Dorfes ein neuer, großer Vierseithof errichtet. 1911 wurde die Kleinbahnstrecke von Gertitz bei Döbeln bis Mertitz bei Lommatzsch eröffnet, mit der Mochau an das Kleinbahnnetz zwischen Wilsdruff und Döbeln angeschlossen wurde. Das Dorf erhielt einen Bahnhof mit Personen- und hauptsächlich Güterverkehr und einen Handelsplatz für die Einwohner. Die

Abb. 64 Flurcroquis von Mochau 1875

letzte Fahrt von Gertitz bis Kleinmockritz fand am 31. Mai 1969 statt. Der Eisenbahnanschluss hatte aber keine Auswirkungen auf das Siedlungsgefüge. An der Kleinbahnstrecke stand lediglich die Brauerei Emil Tamme. Aus ihr ging 1927 die Obstweinkelterei Willi Otto hervor, die das Obst aus den Bauerngärten und von Obstbäumen an den Straßenrändern verarbeitete sowie Wein kelterte. Der Betrieb wurde 1970 verstaatlicht und 1991 geschlossen. Die Gebäude verfallen seitdem.

Bis zum Ersten Weltkrieg waren alle größeren Bauerhöfe in Mochau mit Wirtschaftsgebäuden umbaut und in der Baufläche vergrößert worden. Zwischen den beiden Weltkriegen war nur wenig Bautätigkeit zu verzeichnen.

Alle Bauerhöfe gingen in den 1950er Jahren infolge der Zwangskollektivierung an die LPG über, die Erweiterungsbauten durchführte. Das 78 ha große Gut Kretschmar, Erblehngericht mit Beigut, wurde 1945 enteignet und in Neubauerstellen aufgeteilt. Ab den 1950er Jahren erfolgten Ortserweiterungen nach S und nach N. 1958 bis 1962 entstand das Wohngebiet Siedlungsstraße am Ortsausgang nach Döbeln. Ab 1976 wurde das Baugebiet Gartenstraße im nördlichen Teil erschlossen. Es ist heute mit 26 Eigenheimen bebaut.

Nach dem Ende der DDR veränderte sich das Dorfbild nochmals. 1993 wurde ein Örtliches Entwicklungskonzept erstellt. Von 1993 bis 1996 war Mochau sächsisches Förderdorf. Die dann folgenden LEADER-Förderprogramme für die Entwicklung des ländlichen Raums und weitere öffentlichen Förderungen trugen wesentlich dazu bei, die Infrastruktur, das Dorfbild und das öffentliche Dorfleben zu verbessern. Die Straßen wurden zu 90 % grundhaft ausgebaut oder saniert. Das Strom-, Erdgas-, Wasser- und Abwassernetz im Trennsystem sind erneuert oder neu gebaut. Zudem ist eine gute Internet-Breitbandversorgung gesichert. Mochau verfügt über eine Kindertagesstätte und eine Grundschule mit Hort, ein Dorfgemeinschaftshaus, einen Sport- und einen Spielplatz. Die Versorgung mit Waren des täglichen Bedarfs erfolgt mobil oder in der nahen Stadt Döbeln, in die Mochau zum Jahr 2016 eingemeindet wurde.

Der gesellschaftliche Wandel hat sich auch auf die verbliebenen Bauernhöfe ausgewirkt. Landwirtschaftlich genutzt werden nur noch das Vorwerk Mochau, das sich außerhalb des Ortskerns in südlicher Richtung befindet (heute Familie Wachs), und der 80 ha große Hof Dietrich (heute Familie Schiegl). Zwei weitere ehemalige Bauernhöfe haben eine Wohn- und Gewerbenutzung. Das 1945 enteignete Erblehngut wurde 2002 abgerissen; auf der früheren Hoffläche entstanden Eigenheime. Das Beigut wird als Gemeindeverwaltung, Kindertagesstätte, Zahnarztpraxis und Wohnbereich genutzt. Ein Hof wurde abgerissen und durch Eigenheime ersetzt, ein Hof steht leer. Die weiteren kleineren Höfe und Gärtnergrundstücke sind modernisiert worden und dienen der Wohnnutzung.

Die Nachfrage nach Wohnraum führte dazu, dass nördlich der Eigenheimsiedlung Gartenstraße das Wohngebiet Mochau-Nord ausgewiesen und teilweise erschlossen wurde. Einige Grundstücke sind bereits bebaut.

A7 Choren

Choren ist vermutlich eine der ältesten urkundlich nachweisbaren Ortschaften in der Lommatzscher Pflege. Die zum Jahr 983 erwähnte Burg *Corin* im Gau Daleminzien im Besitz eines Grafen Richdag *(civitas in pago Daleminza in comitatu Richtagi comitis)* ist wahrscheinlich mit Choren bei Döbeln gleichzusetzen und nicht, wie lange angenommen, mit Kohren bei Frohburg.

Als Rest der Burg des 10. Jh. ist ein früh- und hochmittelalterlicher Burgwall im Parkgelände des Chorener Schlosses auszumachen. Dieses steht am Hangrand eines etwa 20 m hohen Bergsporns, zum Teil umflossen vom Laasenbach, der sich hier mit dem Kelzgebach vereinigt. Der Name ging von dieser Burg auf einen Herrensitz mit Gutssiedlung über. Choren war kein Bauerndorf, sondern bestand nur aus dem Rittergut sowie bis zu zwanzig Häusleranwesen. Die Einwohner unterstanden der Gerichtsbarkeit (Erb- und Obergericht) des Ritterguts Choren. Der Herrensitz gehörte seit dem 13. Jh. der Ministerialenfamilie Marschall von Bieberstein.

Carl Leonhard Marschall von Bieberstein, Generalpostdirektor im Königreich Polen, ließ 1755 das barocke Schloss erbauen. Die Baupläne erstellte Samuel Locke (1710–1793), der als General-Akzise-Baudirektor das Bauwesen im Kurfürstentum Sachsen überwachte, aber auch Gutachten anfertigte und Bauaufträge annahm. Er entwarf einen zweigeschossigen Bau mit hohem Mansardwalmdach, der einerseits dem eher einfachen und strengen Baustil Johann Christoph Knöffels (1686–1752) aus der ersten Hälfte des 18. Jh. folgt, andererseits aber durch die vorschwingende Mittelpartie eine heitere, beschwingte Note vermittelt. Die Gestaltungsidee folgt dem weitaus größeren Jagdschloss Hubertusburg in Wermsdorf. Der Mittelvorbau mit dem Haupteingang hat ein zusätzliches Geschoss, welches von einem reich geschmückten Dachaufsatz mit Uhr bekrönt wird. Über dem zeltförmig gefalteten Dach thront eine mächtige Sandsteinvase. Zum Hauseingang führt eine Rampe, der eine Freitreppe vorgelagert ist. Der frühere Gutshof ist axial auf das Schloss ausgerichtet. Im Hof sind die Reste eines Sandsteinbrunnens zu sehen, der wieder restauriert wird. Ein Kopf vor einer Muschel spuckt das Wasser in das Brunnenbecken. Dahinter liegen Reste einer Pferdeschwemme. Die Gartenseite des Schlosses ist einfacher gestaltet. An den Hauptbau schließen sich links und rechts kleinere Seitenflügel an, wodurch sich das Bild einer Dreiflügelanlage ergibt. Auf der gepflegten Wiese dazwischen stehen zwei Hänge-Weiden. An den Tormauern erfreut eine Mauerrautenflora mit Zimbelkraut den Besucher. ▶ Abb. 65

Abb. 65   Laasenteich, zum Denkmalschutzgebiet gehörend, mit Blick zum Herrenhaus Choren. Am Uferrand stattliche Stiel-Eichen, links der Park.

Choren steht beispielhaft für die „Verbürgerlichung" des Rittergutsbesitzes in Sachsen im 19. Jh. 1847 erwarb Wilhelm Oehmichen (1808–1884), Sohn eines Rittergutspächters, das Gut. Der Landwirt war Abgeordneter in der Zweiten Kammer des sächsischen Landtags sowie von 1867 bis 1877 Mitglied des Reichstags des Norddeutschen Bundes und des Deutschen Reiches. Das Rittergut blieb bis 1930 in den Händen seiner Nachkommen. Friedrich (Fritz) Oehmichen, der aus dem Erbe seiner Mutter Olga Oehmichen, geb. Steiger (1853–1918) das Rittergut Barnitz erhalten hatte, verkaufte das 235 ha große Rittergut 1930 an seinen Schwager Herbert Geisler. 1945 fiel das Gut unter die Bodenreform. Fritz Oehmichens Sohn Hans Joachim Oehmichen (1920–1995) heiratete 1961 Diana von Bourbon-Parma (1932–2020), eine französische Bourbonen-Prinzessin.

Nach 1945 war im Schloss eine Schule eingerichtet. 1997 wurde das baulich heruntergekommene Gebäude von einem Planungsbüro gekauft und saniert. Dabei erhielt der Bau seine barocke Farbigkeit zurück.

Abb. 66   Acker-Goldstern, eine besonders gefährdete Art in Sachsen.

Der ca. 5,5 ha große Park war um 1800 als geometrische Vierfelderanlage gestaltet. Er umfasst den Bergsporn mit seinem etwa 4.000 m² großen Plateau. Man erreicht ihn links des Schlosses durch ein teilweise erhaltenes Tor. Westlich des Weges befinden sich die Reste der aufgegebenen Gärtnerei. Rechts des Weges steht inmitten vieler verwilderter Krokusse und Schneeglöckchen eine bemerkenswerte Gruppe bis zu sieben Meter hoher junger Feld-Ulmen. Eine etwa 1820 gepflanzte Blut-Buche starb 2019 ab, durch den Riesenporling; sie war ein gewaltiges ND. Die sonst noch das Plateau beherrschenden weiteren Bäume wie Blut-Buche, Hänge-Buche und Rosskastanie wurden erst um 1900 gepflanzt. Die in den 1950er Jahren an der Nordwestseite errichtete Freilichtbühne hat als Hintergrundkulisse eine zwei Meter hohe Säulengruppe aus Basalt aus Stolpen im Landkreis Sächsische Schweiz-Osterzgebirge, von Eiben flankiert. Gleich daneben ein schöner Bestand des stark gefährdeten Acker-Goldsterns. ▶ Abb. 66

Die nach drei Seiten steil abfallenden, bewaldeten Hänge, früher als Tiergarten bezeichnet, sind durch zwei Wege erschlossen, die in das Tal hinab zum Uferweg entlang des Laasen- und Kelzgebaches aus dem Park hinausführen. Da sich auf den Berghängen nur zwei Berg-Ahorne und sieben Stiel-Eichen finden, die älter als einhundert Jahre sind, ist anzunehmen, dass ein Teil der Steilhänge früher beweidet wurde und Ausblicke in die Umgebung freigab. Viele Laubwaldpflanzen haben aber ihre ursprünglichen Standorte zurückerobert, so das Große Springkraut, die Echte Sternmiere und das Wald-Flattergras. Hier befindet sich auch eines der tiefst gelegenen Vorkommen des montanen Hasenlattichs. Am oberen Teil des Abstiegweges zu einem Brückchen über den Laasenbach finden wir im Vorfrühling einige schöne Gruppen des zarten Mittleren Lerchensporns. Im Bereich des Laasenbaches haben sich kleinflächige Feuchtwiesen erhalten, in denen die Wald-Simse, der Teich-Schachtelhalm, der Sumpf-Ziest und das Echte Mädesüß vorkommen. Unmittelbar am Bach findet man den in der Lommatzscher Pflege nicht häufigen Falt-Schwaden, den Ufer-Wolfstrapp und den Sumpf-Storchschnabel, der im Hochsommer durch seine roten Blütenstände auffällt. Ein zweiter Parkteil, der von der Dorfstraße südlich dem Laasental aufwärts als Stauteich mit Insel folgt, ist östlich von einer Reihe alter Stiel-Eichen bewachsen und gehört mit zum Gartendenkmal.

A8 Jahna und Jahnabachtal

Die Jahna geht aus zwei Quelläsen hervor, die sich in der Nähe von Präbschütz in ca. 245 m ü. NHN und etwas weiter südwestlich nahe Obersteinbach in ca. 265 m ü. NHN befinden. Auf ihrem Weg nach N nimmt sie kurz vor Ostrau die von W zufließende Kleine Jahna auf, die ihrerseits bei Zaschwitz in ca. 220 m ü. NHN entspringt. Das Jahnatal, das aufgrund von Geröllgemeinschaften ab Zschaitz einem altpleistozänen (saalekaltzeitlichen) Talbereich der Zschopau zugeschrieben wird, entwässert bis zur Einmündung in die Elbe unterhalb des Ortsteiles Poppitz auf 35 km Lauflänge ein Einzugsgebiet von 244 km² und überwindet dabei einen Höhenunterschied von ca. 160 m. Das gesamte Fließgewässernetz der Jahna beträgt etwa 195 km und ergibt eine mittlere Flussdichte von 0,8 km/km². In der geomorphologischen Struktur als Sohlental mit nur gelegentlichen Hangversteilungen (z. B. zwischen Zschaitz-Ottewig und Ostrau) bleiben daher über 40 % des Taltraktes unter 2° Hangneigung, aber zu je 25 % tritt auch Hanggefälle von 2–5 bzw. 5–10° auf. Vor allem ab Hof weitet sich das Tal auf 300–400 m. Der Talstruktur entsprechend steigert sich die Abflussmenge (Durchfluss in m³/s) am Pegel Ostrau von 0,2–0,3 m³/s auf 0,7–0,8 m³/s am Pegel Seerhausen, was zugleich einer Abflussspende von 3,5–5 l/s und km² entspricht. Der Abfluss unter Hochwasserbedingungen steigert sich von 25,5 m³/s (Ostrau) auf 32,1 m³/s (Seerhausen). Eine Besonderheit in der Talgestaltung und im Abflussgeschehen ist ab Ostrau das Vorhandensein eines Mühlgrabens. Er belegt für die Vergangenheit eine weitgehend konstante Wasserführung und so existierten noch vor 60 Jahren im agrarischen Hochleistungsgebiet an der Jahna über 30 Mahl- und Schrotmühlen, die aber bis 1975 alle ihren Betrieb einstellten. Das Jahnatal bleibt mit der skizzierten Oberflächengestalt ein gliederndes Element des Lössgefildes. Der Naturraum, den sie durchfließt, wird zu 90 % des Einzugsgebietes landwirtschaftlich genutzt, wobei dominierend auf über 80 % Ackerbau betrieben wird, während sich die 7 bis 8 % Grünland auf Bachtäler, Talhänge oder Ortslagen verteilen. Waldkulissen beschränken sich als Ausdruck der landwirtschaftlichen Nutzungsdominanz auf 2 %, die als Hangvegetation im Oberlauf auftreten sowie als Waldinseln (naturnahe Auwaldrelikte im NSG „Jahna-Auenwälder") mit Märzenbecherbeständen ▶ Abb. 68 im Unterlaufgebiet zwischen Seerhausen und Jahnishausen ▶ B1. Die geweiteten Talflächen trugen Glatthafer- und an feuchten Stellen Kohldistel-Wiesen. In den 1970er Jahren wurden sie meist dräniert. Nur an wenigen Stellen, so bei Bloßnitz, Jahna oder Baderitz, haben sich noch artenreiche Feuchtwiesen mit Schlangen-Wiesenknöterich, Wiesen-Platterbse, Sumpf-Storchschnabel und Mädesüß erhalten.

Als Hauptfluss nach Lauflänge und Einzugsgebietsgröße im lössbestimmten Hügel- und Flachland ist das besondere Merkmal der Jahna die Erosionsanfälligkeit der Böden. Das spiegelt sich besonders durch Stoffeinträge von den vielfach ohne Gewässerrandstreifen und andere Barrieren umgebenden Ackerflächen in das Gewässer wider. Etwa 60 km des gesamten Fließgewässernetzes sind ohne Gewässerrandstruktur (Bewuchs oder Ruderalstreifen). Auch die Anbauverhältnisse mit dem Schwerpunkt von Wintergetreide (45–50 %) und spät bodendeckenden Kulturen (Mais, Raps und Hackfrüchten, jeweils um 10 %) erhöhen das Abtragsrisiko für die wertvollen Böden. So wird der ökologische Zielwert für tolerierbaren Bodenabtrag von 0,5–1 t/ha, bei gegenwärtig hohen 2,5–3 t Bodenabtrag pro ha und Jahr für das Jahnagebiet nur langfristig erreicht werden. Wissenschaftliche Studien im Auftrag von Behörden und Universitäten belegen die hohe Belastung besonders durch sogenannte diffuse Stoffeinträge (SMUL 2000). Als solche bezeichnet man alle flächenhaften Einträge, die über den Boden bis ins Oberflächen- bzw. Grundwasser gelangen. Die stofflichen Einträge können dabei partikulär wie bei Phosphor erfolgen oder in gelöster Form wie bei Stickstoff. Die lössbestimmten oberen Teilgebiete des Einzugsgebietes, etwa von Mochau bis etwa Mehltheuer–Stauchitz nahe der Lössrandstufe weisen dabei eine bei den gegenwärtigen Bewirtschaftungsformen besonders hohe Disposition für Bodenabtrag auf.

Dabei gilt das obere Flussgebiet im Sinne chemischer Anforderungen der EU-WRRL als hoch belastet, weil über 80 % des partikuläre gebundenen Phosphors als Folge des Bodenabtrages in das Gewässer gelan-

Bodenerosion

Lössböden bilden in fast der Hälfte Sachsens Grundlage für eine ertragreiche Landwirtschaft, sind aber besonders anfällig für Bodenerosion. Der Erhalt der Böden kann bei intensiver Bewirtschaftung nur mit Hilfe eines wirksamen Boden- und Landschaftsschutzes gelingen.

Die fruchtbaren Lössböden neigen zur Anfälligkeit gegenüber Bodenerosion. Diese hängt mit der dominierenden Partikelgröße im Lössmaterial zusammen. Im feinkörnigen Lockersediment herrscht die Bodenart Schluff (0,06–0,002 mm) vor und steht von der Korngröße her zwischen dem gröberen Sand und dem noch feineren Ton. Diese Bodenpartikel reagieren beim Aufprall von Regentropfen, vor allem bei unbedeckter Bodenoberfläche, mit Aggregatzerfall, was zur Verschlämmung und damit zum Verschluss der Bodenporen führt. Parallel dazu hat Bodenverdichtung durch schwere Landtechnik diese Disposition zum Oberflächenabfluss vor allem in der zweiten Hälfte des 20. Jh. erhöht.

Das sich auf der Bodenoberfläche sammelnde Wasser fließt dann dem Gefälle entsprechend hangabwärts, sorgt anfänglich durch Ausspülung von Rillen und Furchen und im Extrem durch Bildung von Gräben und ganzen Grabensystemen für Bodenabtrag, was beim Anhalten solcher Ereignisse zur Vernichtung des fruchtbaren Ackerbodens führt und schon geführt hat. Im Abtragungs- und Umlagerungsgeschehen lassen sich in der historischen Betrachtung vier besonders aktive Phasen unterscheiden (KRAMER 1997).

In der neolithisch-frühbronzezeitlichen Erosionsphase (ca. 5500–4500 v. Chr.) erzeugten früheste Anfänge ackerbaulicher Aktivitäten kleinflächig und vor allem in Plateaudellen Bodenabtragungsprozesse und dadurch ausgelöst auch geringmächtige Bildung von Kolluvium.

Im Verlauf der hochmittelalterlichen Erschließungsphase (um 1100–1400 n. Chr.) wurde deutlich stärker in den Naturhaushalt eingegriffen. Die Notwendigkeit zur Ertragssteigerung für die anwachsende Bevölkerung führte zur Rodung von Wald, aber auch verbesserte Pflugtechnik oder die Einführung der Dreifelderwirtschaft (anfänglich mit einem Brachejahr und somit fehlender Bodenbedeckung) lösten starke Erosionserscheinungen mit tiefen Gräben, Flutbahnen und teilweiser Wiederverfüllung von Furchen und Einrissen durch Akkumulationsprozesse aus.

Eine dritte Phase mit zeitweilig erheblichem Anstieg von Erosionsprozessen kann für den Zeitraum vom Ende des 17. Jh. bis zur Mitte des 19. Jh. belegt werden. Ursachen waren sowohl klimatische Einflüsse („Kleine Eiszeit" mit Häufung von frühsommerlichen Starkregenereignissen) wie auch Umbrüche in der Landwirtschaft. Die Folgen waren Kappung von Bodenprofilen sowie die Herausbildung von Lössschluchten und Tilken. Beim Vergleich der Ende des 18. Jh. (1780–1806) entstandenen Meilenblätter mit den ca. 100 Jahre später erschienenen ersten Meßtischblättern zeigt sich, dass Bodenabtrag und weitere auffallende Veränderungen im Landschaftsbild (Verlust von Grünland- oder

Waldanteilen) im genannten Zeitraum besonders wirksam waren.

Die vierte Phase (Großschlagwirtschaft und technisierte Landwirtschaft) begann etwa um 1960. Zu den Hauptursachen ansteigenden Bodenabtrages zählen sowohl die stetig größer werdende Bewirtschaftungseinheiten, verbunden mit zunehmenden Überrollvorgängen durch Landtechnik, die nahezu vollständige Flurausräumung sowie, vor allem seit dreißig Jahren, eine spürbare Verarmung mehrgliedriger Fruchtfolgen. Noch bis 1945 betrug in der Lommatzscher Pflege die durchschnittliche Feldgröße um oder gar unter 5 ha, was sich schon bis 1965 auf 10–20 ha erhöhte und bis 1990 bereits auf 50–60 ha angewachsen war. In der Gegenwart schwankt die Feldgröße im Lösshügelland durchschnittlich zwischen 75 und 150 ha. Das Ansteigen der Bodenerosion ist somit dynamisch bedingt durch das willkürliche Zusammenführen der auch im Bodeninventar unterschiedlich ausgestatteten ehemals kleineren Nutzflächen, welche früher die Ausdehnung des Bodenabtrages an Parzellengrenzen deutlich reduzierte. Welches Ausmaß der Bodenabtrag annehmen kann, lässt sich an einer Projektstudie (GRUNEWALD u. NAUMANN 2012) für die Jahna verdeutlichen. ▶ Abb. 67

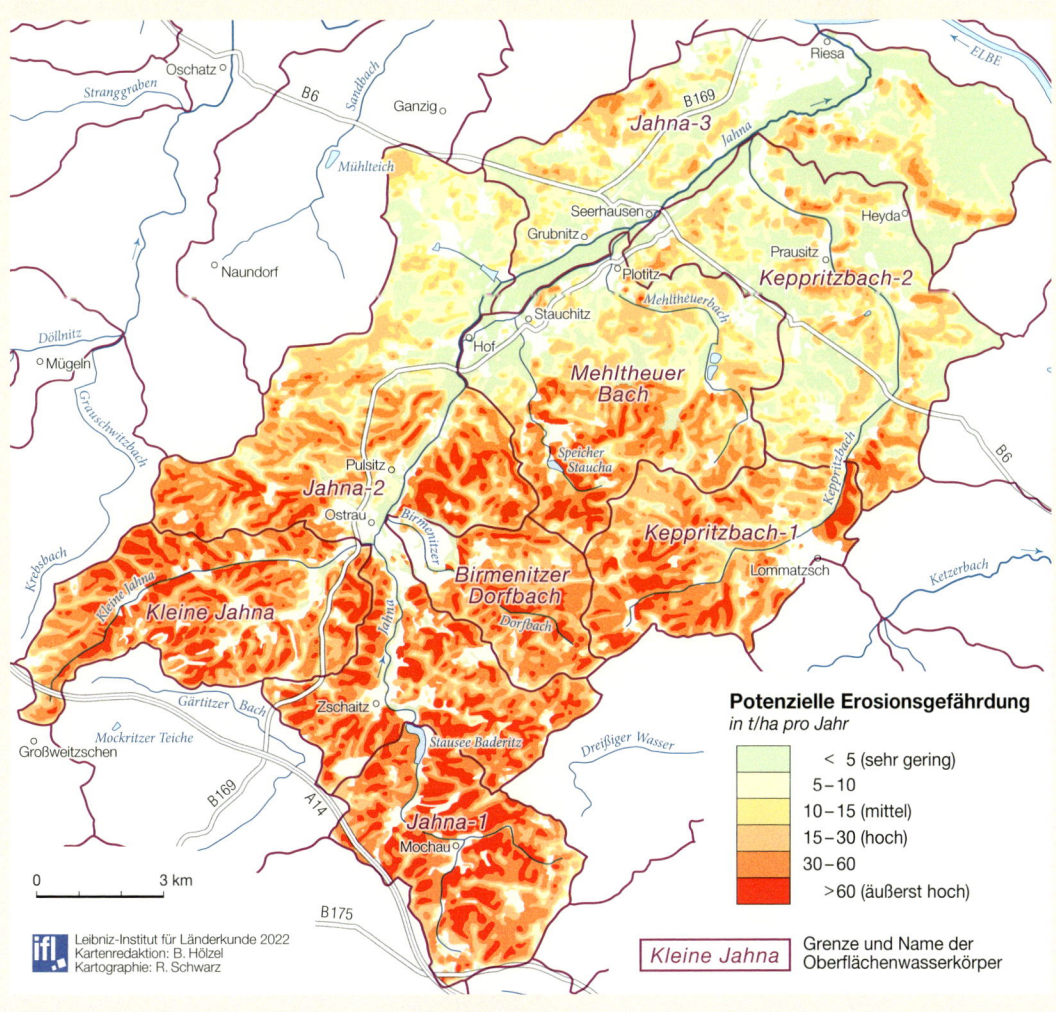

Abb. 67 Potentielle Erosionsgefährdung

Abb. 68   Märzenbecher bei Petzschwitz

gen, und auch diffuse Stickstoffemissionen in gelöster Form einen viel zu hohen Wert (rd. 310 t/a) aufweisen. Dieses Ergebnis ist sowohl Resultat landwirtschaftlicher Bewirtschaftungspraktiken bis 1990 und auch teilweise bis in die Gegenwart. Auch Rückstände in Nähe der Grenzwerte von teilweise seit Jahren verbotenen Pflanzenschutzmitteln in Boden und Gewässer sind noch zu verzeichnen. Dem kiesigen Sohlsubstrat der Jahna ist als Folge der Jahrhunderte anhaltenden Bodenerosion und des Eintrages in die Oberflächengewässer ein mindestens 2–3 m mächtiger Auenlehm aufgelagert, in welchem der braune Auenboden, die Vega, ausgebildet ist oder bei stärkerem Grundwassereinfluss der Vega-Gley.

Das Abwasser vieler Orte wurde vor 1990 meist ungeklärt in die Jahna geleitet. Der hohe Nährstoffreichtum, Begradigungen und die fehlende Lichtdurchlässigkeit hatten dazu geführt, dass die Jahna fast frei von Wasserpflanzen war. In den letzten zwanzig Jahren ist wieder eine zunehmende Bereicherung der Wasserflora zu verzeichnen. So kommen das Krause Laichkraut und der Teich-Sumpffaden, zum Beispiel bei Nickritz, in der Jahna wieder vor. Das Kamm-Laichkraut hat sich an fast allen Flußabschnitten von Baderitz über Ostrau und Hof bis Hahnefeld wiedereingestellt. Beide Laichkrautarten gelten als nährstoffverträglich.

Auch die Gewässerstrukturgüte, die Ansprache der Durchlassfähigkeit und natürlichen Abflussdynamik, ergibt für die Jahna kein befriedigendes Bild, weil nicht nur Begradigungseingriffe, sondern auch Uferverbau, Querverbauungen (sogenannte Sohlrampen) u. ä. das natürliche Gewässerprofil vielfach beseitigt haben, womit zugleich der Verlust gewässerschützender Saumstrukturen, einschließlich von Habitatfunktionen, verbunden ist. Bezogen auf die Anspruchekriterien der EU-WRRL pendelt die Jahna generell zwischen den Stufen „stark verändert", „sehr stark verändert" und „vollständig verändert". Entsprechend verarmt ist die Fischfauna. Aktuell sind nur neun Arten nachgewiesen, darunter hauptsächlich Schmerle und Flussbarsch. Vereinzelt kommt auch die Bachforelle vor und neuerdings wurde wieder das Bachneunauge festgestellt.

Stellenweise werden die Ufer der Jahna noch von Rohrglanzgras-Röhrichten eingenommen. Im Röhricht kommen vereinzelt der Gewöhnliche Froschlöffel und der Aufrechte Igelkoben vor. Seit ca. zwanzig Jahren dringt auch das Drüsige Springkraut ein. Es gibt nur einzelne kurze Laufabschnitte (immer außerhalb von Ortschaften) die mit nur „mäßig" vom Menschen verändertem natürlichen Zustand im Hinblick auf Gewässersohle, Uferstruktur oder im Gewässerumfeld bewertet werden können. An diesen Flußabschnitten hat sich ein schmaler Traubenkischen-Erlen-Eschenwald erhalten der von einer windenden Schleiergesellschaft begleitet ist. Dort sind als typische Arten der Hopfen, der Hecken-Windenknöterich und der Bittersüße Nachtschatten zu finden. In der Nähe von Ortschaften wurden Korb-Weide, Silber Weide und Bruch-Weide eingebracht. Wo größere Flächen zur Verfügung stehen hat sich ein Eichen-Ulmen Auenwald ausgebildet. An Baum- und Straucharten finden sich neben den namengebenden Arten, die Hainbuche, der Berg-Ahorn, die Eberesche und der Schwarze Holunder. Die Krautschicht wird von Echter Sternmiere, Roter Nachtnelke und Nelkenwurz geprägt, vereinzelt durch Bestände der Wald-Segge und des Wald-Flattergrases. Bedingt durch den Nährstoffreichtum dominiert im Sommer eine nitrophile Waldsaumgesellschaft mit der Knoblauchsrauke, dem Gundermann und dem Stinkenden Storchschnabel. Als Wärmezeiger findet sich der Knollige Kälberkropf. Beide Vegetationseinheiten besitzen eine reiche Frühjahrsflora. Neben dem Weißen und Gelben Windröschen, dem Moschuskraut und dem Wald-Veilchen fallen die roten Blüten des Hohlen Lerchensporns und des Mittleren Lerchensporns auf. Die Hohe Schlüsselblume ist selten geworden und meist nur noch in kleinen Wäldchen der Jahnaaue zu finden, so westlich vom Bahnhof Seerhausen. Eine Besonderheit des Jahnatals sind die reichen Vorkommen des geschützten Märzenbechers. Sie sind in der Auwaldflora der als NSG gesicherten Auwaldstandorte bei Jahnishausen und Seerhausen besonders gut entwickelt. ▸ B1, B2

Die Jahnaniederung beherbergt mehrere Weißstorchpaare. Neben den ansässigen Vögeln, die in Siedlungen brüten, erscheinen häufig Trupps von Nichtbrütern im Zuge der Feldbearbeitung sowie auf Wiesen und Weiden entlang des Talzuges. Kurze Abschnitte der Jahna mit wildbachähnlichem Charakter erfüllen gegenwärtig wieder die Ansprüche der Wasseramsel (Kneis, Lux u. Tomasini 2019). Das Vorkommen der Art dort liegt deutlich abseits der geschlossenen Verbreitung, die in Sachsen insbesondere die mittleren und höheren Gebirgslagen umfasst. Seit Mitte der 1970er Jahre begann der Biber die Jahna wieder zu besiedeln und bewohnt inzwischen fünf Reviere. Der Fischotter tritt seit Ende der 1990er Jahre wieder auf.

Gegen die häufig nach Schneeschmelze oder Starkregen auftretenden Hochwasserereignisse mit Schadenswirkungen wurden in der Zeit zwischen 1949 und 1954 zwischen Mochau und Ostrau sechs größtenteils „grüne" Rückhaltebecken errichtet. Von 1985 bis 1988 entstand aus dem Hochwasserrückhaltebecken Baderitz-Lüttewitz von 1949 der ausgebaute Stausee Baderitz, der für das bis dorthin 20 km^2 umfassende Einzugsgebiet einen Stauraum von rund 675.000 m^3 bietet. Auf den Feuchtwiesen der Gräben und des Zuflusses bieten Kohlkratzdistel und Blutweiderich der Insektenwelt Lebensraum. In den zurückliegenden Jahren wurden zudem sogenannte Flutmulden, z. B. in Stauchitz, Hof und Seerhausen zum Hochwasserschutz eingerichtet. Mit etwa 14 % des Einzugsgebietes ist die Zahl von Flächen mit Schutzstatus für Naturgüter durchaus hoch, allerdings überlagern sich teilweise Flächen für den Trinkwasserschutz und Belange der Biodiversität, sodass die reine Flächenangabe für Schutzgebiete kein zuverlässiges Qualitätskriterium darstellt. Aus der Gesamtsumme betreffen 3,8 % europäische Vogelschutzgebiete (SPA), 2,4 % FFH-Gebiete und 0,2 % NSG nach sächsischem Recht.

B Gebiet um Lommatzsch, Zehren und Stauchitz

B1 NSG Jahna-Auenwälder und Jahnishausen

Zwischen Seerhausen und Jahnishausen ist die Aue der Jahna fast einen Kilometer breit. Hier blieben mehrere kleine Waldstücke erhalten, die früher im Besitz der beiden Rittergüter waren und einst als Mittelwald genutzt wurden. Während das Unterholz alle zehn bis dreißig Jahre als Brennholz flächig geerntet wurde, ließ man starke Bäume stehen, vor allem Eichen, um sie für die Schweinemast oder als Bauholz zu nutzen. In den Jahren 1956/57 wurde die sogenannte Flutmulde als „Bypass" zur Jahna angelegt, ein eingetiefter Graben mit Trapezprofil, der das Wasser schneller abführt und den Waldboden austrocknet. Heute stehen sieben kleine Auenwaldreste und einige angrenzende Wiesenflächen auf etwa 34 ha Fläche unter Naturschutz.

Das im Jahnabachtal gelegene Dorf Jahnishausen hieß ursprünglich Watzschwitz. Zu Beginn des 16. Jh. wurde es nach dem Rittergutsbesitzer Jan von Schleinitz (gest. 1526) in *Janshausen* umbenannt, woraus sich die amtliche Bezeichnung „Jahnishausen" entwickelte. Das Rittergut war seit 1463 im Besitz des Adelsgeschlechts von Schleinitz, welches auch in Seerhausen und Ragewitz begütert war.

Jahnishausen war eine Gutssiedlung. Der Ort bestand ursprünglich nur aus dem Rittergut und einigen Häusleranwesen. Bauernhöfe gab es nicht. Der Gutshof in der Aue des Keppritzbaches hat keine regelmäßige Gestalt. Zugang gewährt ein Torhaus mit einer abgewinkelten Gebäudefront. Das sehr schlichte Schloss ist mit seiner Hauptfront nicht zum Gutshof gerichtet, sondern steht an der Nordostecke, sodass es an einer repräsentativen Wirkung fehlt. Der linke, westliche Schlossflügel wurde in der zweiten Hälfte des 17. Jh. wahrscheinlich für August von Kötteritz erbaut, der das Rittergut 1645 erworben hatte.

Im Erdgeschoss war eine kreuzgratgewölbte Halle eingerichtet. Im Obergeschoss sind unter einer später eingebauten Stuckdecke Reste einer farbig bemalten Holzbalkendecke zu erkennen. 1730 wurde das Schloss durch Brand zerstört und erst später durch Christoph Dietrich von Plötz auf Grubnitz, Ragewitz und Jahnishausen provisorisch wiederhergestellt. 1796 übernahm der sächsische Konferenzminister Georg Wilhelm von Hopfgarten (1740–1813) das Rittergut. Er ließ das Schloss im klassizistischen Stil umgestalten. Damals wurde vermutlich der Treppenturm auf der Gartenseite angebaut. Der östliche Schlossflügel ging aus einem Bau des 18. Jh. hervor. Das Dach brannte in der Silvesternacht 1969 ab.

Der bedeutendste Bewohner des Schlosses war Prinz Johann von Sachsen (1801–1873), der 1824 mit eigenen Mitteln das Rittergut Jahnishausen kaufte. Er liebte die Abgeschiedenheit des Ortes und die Möglichkeit, hier fern der höfischen Verpflichtungen seinen literarischen und wissenschaftlichen Interessen nachzugehen. Prinz Johann weilte mit seiner Familie meist im Frühling und Sommer in Jahnishausen und begann hier mit der Erforschung und Übersetzung der Schriften des italienischen Dichters Dante Alighieri (1265–1321). In der „Accademia Dantesca" diskutierte er mit befreundeten Gelehrten literarische und politische Fragen. Nach dem Unfalltod seines Bruders Friedrich August II. (1797–1854) trat Johann als König dessen Nachfolge an, was bedeutete, dass er Jahnishausen nicht mehr so oft besuchen konnte. Das Rittergut wurde verpachtet, blieb aber bis 1945 im Besitz des Königshauses. Der Besitz wurde 1918 nicht verstaatlicht, da es sich um ein Privateigentum des Königs gehandelt hatte. Letzter Rittergutsbesitzer war Prinz Ernst Heinrich von Sachsen

(1896–1971). An die Könige und Prinzen von Sachsen erinnert heute nur noch die katholische Kapelle im Erdgeschoss des Schlosses. Der tonnengewölbte Raum ist mit barocken Zierfeldern und einem Wolkenhimmel ausgemalt. Die Ausstattung hat sich allerdings nicht erhalten.

Das Rittergut wurde 1945 nicht aufgeteilt, sondern in ein VEG überführt. Das an die Parkseite des Schlosses angebaute Königszimmer wurde abgerissen. Das Schloss wurde bis 1969 als Kinderhort und Schulhaus genutzt. Nach dem Brand des rechten Schlossflügels setzte der Verfall ein. Nach der Auflösung des Volksguts 1991 stand das gesamte Anwesen über viele Jahre leer. 1994 führte die Deutsche Stiftung Denkmalschutz eine Notsicherung des Schlosses durch. 2001 ersteigerten sieben Frauen die verwahrloste Immobilie, um hier ein generationenübergreifendes Wohnprojekt zu verwirklichen. Eigentümer des Gutshofs und der umliegenden Gebäude ist Gut Jahnishausen e G. Die Bewohner bilden die Gemeinschaft Lebens(t)raum Jahnishausen. Mitglieder der Gesellschaft gründeten die Accademia Dantesca Jahnishausen e. V.

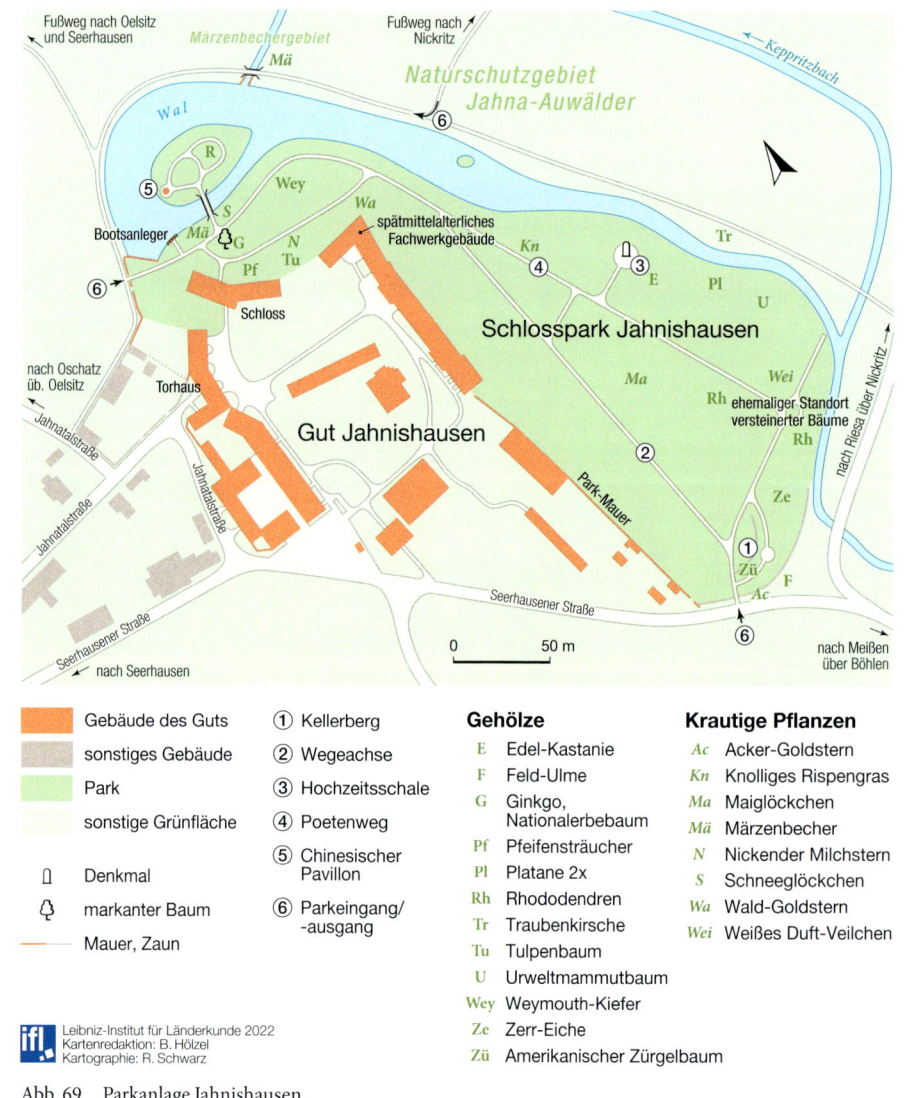

Abb. 69   Parkanlage Jahnishausen

Der Verein organisiert kulturelle Veranstaltungen und Führungen, saniert und wiederbelebt das gesamte ehemalige Rittergut.

Westlich des Gutshofes erhebt sich die ehemalige evangelische Schlosskirche. Jahnishausen gehörte zur Pfarrei Pausitz, doch wollte August von Kötteritz ein eigenes Gotteshaus haben. 1663 bis 1666 ließ er eine Schlosskirche errichten, die jedoch Mitte des 18. Jh. baufällig war und 1779 abgebrochen wurde. 1790 ließ Christoph Dietrich von Plötz die heute noch vorhandene spätbarocke Schlosskirche erbauen. An den mächtigen, nach NW gerichteten Turm schließt sich ein Kirchenschiff auf ovalem Grundriss an, das in einen gerundeten Altarraum übergeht. In der Kirche wurde letztmals in den 1970er Jahren evangelischer Gottesdienst gefeiert. Da die Kirchgemeinde Pausitz nicht mehr in der Lage war, das Bauwerk zu erhalten, plante man einen Abriss. Die Ausstattung wurde ausgelagert, die Orgel verkauft. Der Abriss des Mauerwerks unterblieb, weil dafür die Mittel fehlten. 1990 gründeten engagierte Anwohner den Verein Historische Schlosskirche Jahnishausen e. V. Zusammen mit der Stadt Riesa, die seit 1994 Eigentümerin der ehemaligen Schlosskirche ist, gelang es dem Verein, die baufällige Kirche zu restaurieren. Im Jahr 2016 konnte die Außen- und Innensanierung beendet werden. Die Schlosskirche wird als Konzertstätte genutzt, ebenso finden hier Trauungen, Taufen, Gottesdienste, Konzerte, Lesungen und Vorträge statt.

Nördlich und östlich des Gutshofs erstreckt sich der 3,5 ha große Schlosspark, der im SO bis zum Keppritzbach reicht. Von ihm zweigt ein breiter Wassergraben, Wal genannt, nach NW ab, der auf ca. 380 m Länge die Parkgrenze bis fast zum Schloss bildet, wo er sich teichartig verbreitert. Hier ist über eine Brücke eine Insel mit einem kleinen Chinesischen Pavillon erreichbar. Aus der barocken Anlagezeit des Parks sind noch zwei gerade Wege erhalten. Der nördliche Weg, der Poetenweg, verläuft 245 m parallel zum damals noch gerade verlaufenden Wal. Er ist zum Teil mit Winter-Linden bepflanzt.

In seinem nordwestlichen Teil zeigen einige Hainbuchen an, dass hier ein bogenförmig geschnittener Laubengang war. Der südöstliche Weg führt zum Kellerberg, einem ehemaligen Eiskeller, der zur Außensicht mit Naturstein ansprechend gemauert ist.

Die heute vorhandene Parkgestaltung geht im Wesentlichen auf Prinz Johann und seine Ehefrau Amalie Auguste (1801–1877) zurück. Im nunmehr landschaftlich gestalteten Park wurden nahe beieinander zwei Platanen an den jetzt geschwungenen Wal gepflanzt, durch die ein kleiner Weg vom Poetenweg, über eine Brücke an das Gegenufer des Wals geführt hat. Sie fehlt jetzt, sodass der Rundweg unterbrochen ist. Der 200 Jahre alte Ginkgo wurde immer geachtet und freiwachsend gefördert, sodass er sich gewaltig ausladend entwickeln konnte. Das ND wurde 2019 feierlich zum zweiten Nationalerbe-Baum Deutschlands gekürt. Anlässlich der Goldenen Hochzeit des Königspaares Johann und Amalie von Sachsen wurde 1872 eine Schale aus Rochlitzer Porphyrtuff nördlich des Poetenweges aufgestellt. Eine Edel-Kastanie oder Marone steht rechts davon. Die Rhododendrengruppe am Ende des Poetenwegs ersetzt eine Gruppe von versteinerten Baumstämmen aus Chemnitz, die nach Kriegsende verschwunden ist (GOLTAMMER 1974/1982). Außerhalb der Parkgrenze, nördlich des Wals, schließt sich ein Auwald an, der Bestandteil des NSG Jahna-Auenwälder ist. ▶ Abb. 69

Bei den Wäldern handelt es sich überwiegend um Traubenkirschen-Erlen-Eschenwald mit Übergängen zum Eichen-Ulmen-Auenwald oder zum Erlen-Bruchwald. Obwohl stellenweise Bastard-Schwarz-Pappeln gepflanzt wurden, kommen auch Schwarz-Pappeln vor. In der Strauchschicht dominiert Schwarzer Holunder als Nitratzeiger. Die Krautschicht der Wälder ist im Frühjahr sehr arten- und blütenreich. So finden sich der Wald-Goldstern, Aronstab und an trockeneren lichten Stellen der Wiesen-Goldstern und der seltene Kleine Goldstern. Unter den Frühblühern fallen im Wald große Bestände des

Märzenbechers auf. Dagegen ist auf den einst artenreichen Talwiesen die Hohe Schlüsselblume fast verschwunden, die Herbstzeitlose ist verschollen. Bemerkenswert ist die wärmeliebende Flügel-Braunwurz als eine Art der Röhrichte. Weiter kommen der Schwarzfrüchtige Zweizahn, der Gift-Hahnenfuß, die Krause Distel und der Wasserdarm vor. ▶ A8

Die Wälder sind für mehrere Fledermausarten bedeutsam. Unter den über vierzig Brutvogelarten sind Schwarz- und Kleinspecht, Waldbaumläufer und Gelbspötter, Eisvogel, Nachtigall und Pirol. Die Gewässer sind von Biber und Fischotter besiedelt. Auch die Grüne Keiljungfer kommt hier vor. In Gräben lebt der Neunstachelige Stichling. An den Ufern stehen traditionell Kopfweiden, teilweise vom Eremit bewohnt. Allein das Oberholz beherbergt 97 holzbewohnende Käferarten.

Für die Zukunft ist die Förderung der Naturverjüngung typischer Baumarten ebenso wichtig wie die Optimierung der Wiesenpflege. Perspektivisch muss die Gewässergüte verbessert werden, damit eine Renaturierung der Gewässerläufe Erfolg versprechen kann.

B2 Seerhausen

Das im Jahnabachtal gelegene Seerhausen besteht aus mehreren Teilen: Nördlich der B6 befindet sich ein in den 1990er Jahren angelegtes Gewerbegebiet, südlich der alte Ortskern, ein Platzdorf mit dem westlich anschließenden Gutshof. Der Schlosspark ist durch die Wirtschaftsgebäude des ehemaligen Ritterguts vom alten Dorfkern abgetrennt. Es schließt sich ein offenbar jüngeres Straßendorf an, das beidseitig mit Häusern bebaut ist. Die Dorfstraße führt zu einem weiter südlich gelegenen Siedlungskern, der sich entlang der ursprünglich hier kreuzenden Poststraße von Oschatz nach Großenhain entwickelt hat und im 20. Jh. durch zusätzliche Bebauung stark gewachsen ist.

Seerhausen ist aus einem Herrensitz hervorgegangen, der bereits 1170 bezeugt ist und befand sich seit dem 13. Jh. im Besitz der Familie von Schleinitz, einem bedeutenden meißnischen Adelsgeschlecht. Die Schlosskapelle vor der Toreinfahrt des früheren Gutshofs ließ Johann Georg von Schleinitz (1621–1688) 1677 bis 1679 erbauen. Sie besitzt eine wertvolle Innenausstattung mit hölzernem Tonnengewölbe, Herrschaftsempore, Gestühl und Kanzel. Die äußere Gestalt wurde im 19. Jh. im neoromanischen Stil verändert. Die Familie von Schleinitz ließ die ursprüngliche wasserumgebene Kemenate, die ihre wehrhafte Bedeutung an der alten Heer- und Stapelstraße zwischen Polen und Leipzig über Schlesien, Lausitz und Oschatz verloren hatte, zu einem vierflügeligen Wasserschloss mit engem Innenhof und umgebendem rechtwinkligem Kanal ausbauen. Der Zugang führte über eine Brücke durch einen mittig im Ostflügel angeordneten Turm.

Der 4,4 ha große Park, der bis 1726 Eigentum derer von Schleinitz blieb, ist derjenige Park in Sachsen, in dem sich wesentliche Elemente der Frühzeit sächsischer Gartenkunst, vor allem des 17. Jh., am besten erhalten haben. Damit ist diese Anlage gartendenkmalgeschichtlich eine der wertvollsten Sachsens. Der älteste Zustandsplan des Parkes, der 1696 von Hans August Nienborg vermessen und gezeichnet worden ist, zeigt eine Reihe von Gemeinsamkeiten mit dem gegenwärtigen Stand (HStA Dresden 12884, VIII, I, 39c). Hervorstechend ist die Verwendung von Wasser, das in rechtwinklig angeordneten Kanälen und Gräben zwischen Mühlgraben und Spiegelteich im N und dem Flüsschen Jahna im S, das leichte Gefälle nutzend, entlang dammartig erhöhter Wege geleitet wird (KOCH 1910/1999, 1926).

Zentraler Punkt ist heute das im Halbkreis vom Hauptkanal umgebene Lindenrondell mit Sitzplätzen und einer Skulptur, der Hebe, der Göttin der Jugend. Sie gibt den Weg in

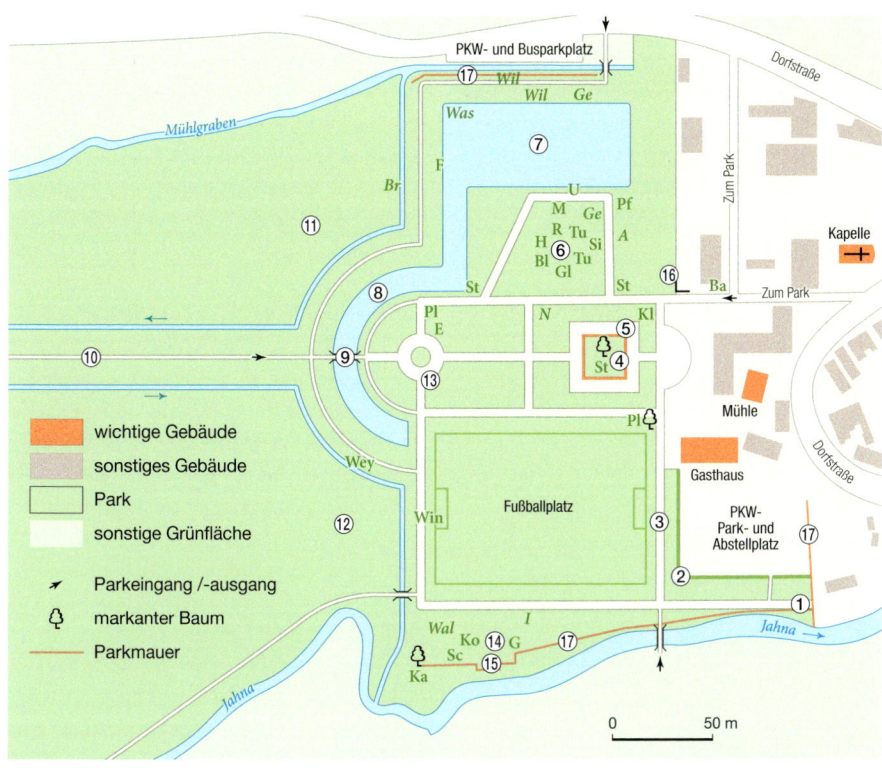

① ehemaliger Chronos-Standort
② Hainbuchenhecke
③ Rosskastanienallee
④ Schlosseiche
⑤ Schlossfundament und Denkmal
⑥ seltene Bäume
⑦ Spiegelteich
⑧ Kanal
⑨ Spiegelbrücke
⑩ Hauptachse nach Ragewitz
⑪ Auwald
⑫ Herren- oder Große Wiese
⑬ Rondell
⑭ Bacchus
⑮ „Aha"
⑯ Infotafel
⑰ Parkmauer

Gehölze
Ba Bastard-Schwarz-Pappel 2x
Bl Blauglockenbaum 2x
E Buntblättriger Eschen-Ahorn
F Feld-Ulme
G Ginkgo 4x
Gl Gleditschie
H Hänge-Blut-Buche
Ka Kaukasische Flügelnuss
Kl Kleeulme
Ko Kobushi-Magnolie
M Manna-Esche
Pf Pfeifenstrauch
Pl Platane 2x
R Riesenmammutbaum
Sc Schwarz-Kiefer
Si Silber-Ahorn
St Stiel-Eiche
Tu Tulpenbaum 2x
U Urweltmammutbaum
Wey Weymouth-Kiefer
Win Winter-Linde, die Größte des Parks

Krautige Pflanzen
A Aronstab
Br Brauner Storchschnabel
Ge Gelbes Windröschen
I Indische Scheinerdbeere
N Nickender Milchstern
Wal Wald-Segge
Was Wasser-Schwertlilie
Wil Wild-Tulpe

Leibniz-Institut für Länderkunde 2022
Kartenredaktion: B. Hölzel
Kartographie: R. Schwarz

Abb. 70 Parkanlage Seerhausen

die außerordentliche, 325 m lange Winter-Lindenallee frei, die durch die ehemaligen herrschaftlichen Wiesen in Richtung Ragewitz führt. In den beiderseits begleitenden Gräben wird das Wasser kunstvoll jeweils in entgegengesetzten Richtungen geführt. Auf der nördlichen der Wiesen hat sich ein wertvoller Erlen-Auwald entwickelt, heute als Bestandteil des Flora-Fauna-Habitats geschützt. In entgegengesetzter Richtung geht

Parkwanderung durch das Jahnabachtal

Eine Fuß- oder Radwanderung führt uns 12 km weit auf dem markierten Jahnatalweg durch das LSG und das FFH, ausgestattet mit Info-Tafeln und Rastplätzen. Sehenswert sind neben den verschiedenen Parkanlagen die Mönchsäule bei Ragewitz sowie die für Besichtigungen teilweise geöffneten Schlösser in Hof sowie in Jahnishausen.

▪ lid-online.de/83508

Parkwanderung

der Blick von der Brücke über das Linden-Rondell zum begrünten Trümmerberg des ehemaligen Schlosses mit einer 1976 gepflanzten Stiel-Eiche. Diese und eine freigelegte Grundmauerecke sowie ein Denkmal mit Erläuterungstext dokumentieren diesen gestalterisch und historisch wertvollen Standort. ▶ Abb. 70

Bemerkenswert ist im Westabschnitt der erhaltenen Südmauer deren Absenkung auf etwa einen Meter mit acht Durchbrüchen, die einen überraschenden Blick auf die Jahna und die dahinter einstmals offene Auenlandschaft frei gibt, ein sogenanntes „Aha". Hier befand sich früher der Kegelplatz, jetzt steht dort Bacchus, der römische Gott des Weins als Nachbildung. Am Ostende der längs zur Südmauer führenden Allee ist das Fundament noch erkennbar, auf dem die berühmteste Skulptur des Parks, ein Chronos, wahrscheinlich von Balthasar Permoser (1651–1732), stand. Diese ist jetzt in der Skulpturensammlung im Albertinum in Dresden zu betrachten (WELICH 2002).

Einige Gehölze im Park sind ca. 150 Jahre alt, z. B. die riesige Platane am ursprünglichen Schlossgraben, die heute mit 605 cm Stammumfang in 130 cm Höhe als ND ausgewiesen ist und die gewaltige elfstämmige Kaukasische Flügelnuss am ehemaligen Kegelplatz, die mit 35 m Kronendurchmesser auffällt. Noch älter sind einige Linden der Alleen und mehrere im Park verteilte große Stiel-Eichen. Auf der Fläche zwischen Spiegelteich und ehemaligem Schlossstandort wurden die Nachkriegsverluste an Bäumen ab 1960 erneuert und ergänzt: Urweltmammutbaum, Riesenmammutbaum, Manna-Esche, Silber-Ahorn, Lederhülsenbaum, Tulpenbaum und Blauglockenbaum.

Gartenhistoriker heben die Rolle des kursächsischen Geheimen Rates Christoph Dietrich Bose d. J. (1664–1741) auf Ober- und Unterfrankleben für die Gestaltung des Seerhausener Gartens hervor (GURLITT 1905). Bose, eine schillernde Persönlichkeit der sächsischen Geschichte und Ehemann der Erbin des Ritterguts Seerhausen, Johanna Charlotta (1675–1727), gab als deren gesetzlicher Vormund zwischen 1695 und 1711 verschiedene Gartenarbeiten in Auftrag. Besonders zwischen März 1695 und November 1696 belegen die Rechnungsbücher intensive Baumaßnahmen im Garten sowie den Aushub von Gräben. Als Gärtner wurde 1695 Johann Jacob Raab angestellt.

Auf welchem Zustand des Geländes Christoph Dietrich Bose aufbauen konnte, bedarf weiterer Forschung (GILBERS 1886). Teiche und Dämme sind bereits im Lehnvertrag 1464 nachweisbar (Hoffmann 1817, S. 345). In den Rechnungsbüchern der Jahre 1663 bis 1688 sind keine Arbeiten im Garten erwähnt. Für eine frühere Anlage des Gartens sprechen die bereits 1695 belegte kunstvolle Wasserführung und die Gartendarstellungen der Renaissance-Holzbalkendecke im benachbarten Alten Schloss in Hof. Die um 1620 für Dietrich von Schleinitz geschaffenen Bilder beruhen auf Stichen von Hans Vredemann de Vries (1527–1609), einem damals die mitteldeutsche Gartengestaltung stark beeinflussenden Holländer. Seinem Vorbild holländischer Gärten könnte Schleinitz demnach bereits in der ersten Hälfte des 17. Jh. in Seerhausen gefolgt sein.

Im ersten Vierteil des 18. Jh. besaß der Garten ein Treib- und Gewächshaus und wurde berühmt durch exotische Pflanzen, u. a. 1726 durch das außergewöhnliche Erblühen einer Agave – in den Quellen als Aloe bezeichnet, aber deutlich als *Agave americana* abgebildet (Woog 1727). Die im Park vorkommenden Wild-Tulpen sind noch Zeugnisse dieser Zeit.

Als Johanna Charlotta von Bose, geb. von Schleinitz verstarb, fiel Seerhausen an ihre Mutter Rahel Sophie von Meusebach geb. von Friesen, die das Rittergut 1729 an Thomas Fritsch (1700–1775) verkaufte. Der Sohn eines Leipziger Buchhändlers wurde 1730 in den Adelsstand und 1742 in den Freiherrenstand erhoben. Der Jurist gehörte der Landesregierung an, aus der er aber 1741 im Streit mit dem Premierminister Heinrich Graf von Brühl (1700–1763) ausschied. Freiherr von Fritsch war seit 1762 Präsident einer Kommission, die den wirtschaftlichen Wiederaufbau Sachsens nach dem Siebenjährigen Krieg, das sogenannte Rétablissement, plante und organisierte. Am Zustandekommen des Friedens von Hubertusburg war er maßgeblich beteiligt. Der bedeutende Staatsmann lebte seit 1729 vorwiegend in Seerhausen, er entwickelte und pflegte diesen barocken Park weiter.

Erst seine Nachkommen begannen mit der Umgestaltung des Parks im englischen Stil. Der südliche Kanal wurde verfüllt, Schlängelwege und aufwändige Stauden- und Gehölzpflanzungen im Sinne des Landschaftsparks eingebracht. Seerhausen erlebte geistig-kulturelle Höhepunkte, Gelehrte und Dichter trafen sich hier. Carl Friedrich Christian Wilhelm Freiherr von Fritsch (1769–1850) war Staatsminister im Großherzogtum Sachsen-Weimar. Sein Sohn, Carl Anton Emil Freiherr von Fritsch (1837–1927), lebte ab 1863 ständig in Seerhausen. Er ließ das Schloss 1871 bis 1874 durch den Architekten Rudolf Heinrich Burnitz im Stil der französischen Renaissance (Neorenaissance) umbauen. Die Flächen nördlich und südlich des Schlosses wurden in dieser Zeit mit Gehölzen bepflanzt.

Der schwerste Eingriff für den Park war 1949 die Sprengung des nur leicht beschädigten Schlosses. Die Familie von Schleinitz traf ein schweres Schicksal, worüber eine Familienchronik ausführlich berichtet (Fritsch 1993). Gut und Park wurden im Rahmen der Bodenreform enteignet und aufgeteilt. Die Gehölze nördlich und südlich des Schlosses wurden fast gänzlich abgeholzt. Während die nördliche Fläche seit 1960 wieder mit Bäumen ergänzt wurde, ist die südliche bis heute

Parkanlagen

Parkanlagen

Diese 325 m lange Allee aus jetzt bis zu 200 Jahre alten vitalen Linden führt seit 327 Jahren nach Ragewitz. Keine Parkanlage gleicht einer anderen, jeder Park hat seine eigene Geschichte und Bedeutung. Photographien weisen auf Eigenheiten einzelner Parks hin. Oft sind das besondere Bäume, aber auch die krautige Wildflora, die mit in der Roten Liste verzeichneten Arten den Wert der Parkanlagen hinsichtlich der Biodiversität ausmachen. ■ lid-online.de/83113

ein Fußballplatz. Die Spiegelbrücke über den Kanal wurde 1955 in einfacher Form erneuert. Zur Wiederaufwertung des Parks in der alten barocken Struktur legten engagierte Einwohner unter Leitung von Ulrich Hase (1931–2001) Hand an, fachkundig beraten von Reinhard Grau (1942–2009), der das 1978 neu geschaffene Sachgebiet für Gartendenkmalpflege in Sachsen leitete. Nach der 2005 erarbeiteten denkmalrechtlichen Dokumentation der Sanierung des Schlossparkes Seerhausen erfolgte die Pflanzung der Rosskastanienallee, die Vervollständigung der Lindenalleen und die Ergänzung und Erneuerung der Hauptwege, einschließlich des Lindenrondells (LfDS 2005).

Der Park ist Bestandteil des LSG „Jahnatal", die Waldteile sind Flora-Fauna-Habitat.

B3 Ragewitz

Ragewitz ist ein Bauerndorf, dessen Gehöfte sich nördlich und südlich der heutigen Grubnitzer Straße aufreihen. In der Ortsmitte befindet sich der Gutshof mit dem Schloss. Das 1945 aufgelöste Rittergut ist aus einem bereits 1266 urkundlich bezeugten Herrensitz im Jahnatal hervorgegangen. 1464 kam Ragewitz an die Familie von Schleinitz. Das Schloss Ragewitz wurde 1850/51 von Grund auf neu erbaut. Victor Freiherr von Ferber (1809–1867) und seine Ehefrau Rosalie, geb. Freiin von Pfister (1816–1868) ließen einen zweigeschossigen Bau mit flachem Walmdach und einer zurückhaltenden Fassadendekoration im Neorenaissancestil errichten. 1918 gingen die beiden Rittergüter Ragewitz und Grubnitz an die Familie von Carlowitz über, indem Anna von Carlowitz, geb. Freiin von Ferber (1838–1926) sie aus dem Nachlass ihres verstorbenen Bruders Victor Freiherrn von Ferber (1837–1915) kaufte. Letzte Rittergutsbesitzerin war die verwitwete Barbara von Carlowitz, geb. von Witzleben (1906–1993). Nach der Enteignung der Familie von Carlowitz wurde das Schloss zunächst als Wohnhaus genutzt. 1954 richtete man hier eine der ersten Zentralschulen des Kreises Riesa ein. Heute befindet sich hier die Grundschule „Jahnatal".

Georg (Jörg) von Schleinitz ließ nach 1464 in seinem Rittergut den wahrscheinlich allerersten nachweisbaren und noch vorhandenen Park in Sachsen anlegen. Er hatte 1461 an der Pilgerfahrt Herzog Wilhelms III. von Sachsen ins Heilige Land teilgenommen und war vermutlich von Gärten in Italien beeindruckt gewesen. Einziges Zeugnis aus der Gründungszeit ist eine Gedenksäule, die im Volksmund Mönchsäule genannt wird. Diese 1,10 m hohe Sandsteinsäule trägt einen 98 cm hohen Stein in Form einer Rundbogennische. Das Relief darin zeigt Christus und den knienden Ritter Georg von Schleinitz mit dem Schleinitzschen Wappen. Die Inschrift an der Rückseite lautet: *1520. Wer dises Gartens Lust oder der Frucht wirt gnissen der wolt avs christlicher Libe sich befleisen vor die Sele Got trevlich czv bitenn Hern Jorgen Rittern dieses Gartens Anfänger vnd Pflancer* (KOCH 1910/1999, S. 10). Die Gedenksäule wurde wahrscheinlich vom Meißner Bischof Johann VII. von Schleinitz, einem der Söhne Georgs, gestiftet.

Den sehr einfach als Landschaftspark gestalteten Park betritt man durch ein schmie-

Abb. 71 Die Hänge-Buche, rechts davor die „Mönchssäule", links das Herrenhaus Ragewitz

deeisernes Tor. Der Blick fällt auf die großzügige und 2005 restaurierte Freitreppe der Schule. Unter den Gehölzen fällt die größte und schönste Hänge-Buche Sachsens mit 491 cm Stammumfang auf. ▶ Abb. 71 Außerhalb des Tores befindet sich Auwald. Am Rande steht dort als bemerkenswertes Denkmal der Verfassungsstein. Der Sandsteinquader erinnert an die am 4. September 1831 verabschiedete erste Verfassung Sachsens (u. a. Abschaffung der Frondienste, allgemeine Schulpflicht).

Von Seerhausen aus führt eine 325 m lange Lindenallee, beiderseits von Wassergräben begleitet, schnurgerade in Richtung Ragewitz, trifft mit einem kleinen Knick auf den Gehölzrand des Mühlgrabens mit mehreren bis 10 m hohen Feld-Ulmen und endet am Mühlteich, der bereits zum Ragewitzer Park gehört.

B4 Prausitz

Der Unterlauf des Keppritzbaches, der bei Dörschnitz das mittelsächsische Lösshügelland verlässt, nach N durch die Altmoränenplatten der Jahna zufließt und bei Prausitz eine markante Steilstufe geschaffen hat, wird zwischen Kobeln und Nickritz von zahlreichen archäologischen Fundstellen gesäumt.

Die Hochfläche, die östlich von Prausitz die Talaue der Keppritz um fast 30 m überragt, war seit der mittleren Jungsteinzeit intensiv besiedelt (CONRAD et al. 2012; FRASE et al. 2014). Um die Mitte des 4. Jt. v. Chr. wurde hier ein einfaches Grabenwerk errichtet, das ein ca. 10 ha großes Oval umschließt und Unterbrechungen im N, O sowie im W aufweist. Im S geht der bis zu 6 m breite und 2,5 m tiefe Graben in den Steilhang über. Eine im Bereich des östlichen Durchlasses 2010 geöffnete Sondage lieferte nicht nur Hinweise auf einen Toreinbau, sondern auch Einblicke in die Grabenfüllung sowie erste Datierungsanhaltspunkte. Demnach hatte man den Graben mit schrägen Wänden und einer wannenförmigen Sohle durch die dünne örtliche Lössauflage bis weit in die hangenden pleistozänen Sande und Kiese eingetieft und das Material vermutlich für die Aufschüttung eines Walles verwendet. Die Füllung besteht unterhalb der Pflugschicht aus einem Kolluvium, im Hangenden hauptsächlich aus einem homogen, schluffigen Feinmaterial, das von horizontalen, welligen Bänder mit höheren Tongehalten sowie Eisen- bzw. Mangananreicherungen durchzogen wird. Abgesehen von einer anfänglichen Offenphase, in der sich an der Basis feingebänderte Sedimente ablagern konnten, muss mit einer schnellen Verfüllung des Grabens gerechnet werden.

Um die Armut an datierbaren Funden auszugleichen, wurde an einer Holzkohleprobe aus Sedimenten über der Sohle ein C14-Datum gemessen (3640–3370 v. Chr.), das mit der Datierungsspanne der Baalberger Kultur (3800–3400 v. Chr.) in Einklang steht. Demnach dürfte die Anlage um die Mitte des 4. Jt. v. Chr. entstanden und in eine Siedlungslandschaft eingebettet gewesen sein, die durch mehrere Grabenwerke und zahlreiche trapezförmige Grabanlagen strukturiert war. ▶ Abb. 74

So ist es keine Überraschung, dass auch im Umfeld des Erdwerks von Prausitz bislang drei Trapeze entdeckt werden konnten. Zwei liegen nördlich der Straße nach Heyda und geben sich aus der Luft gut zu erkennen. Das dritte kam bei Ausgrabungen zutage, die vor dem Neubau eines Stalles auf dem Erweiterungsgelände des Milchcenters Prausitz durchgeführt wurden. Inmitten eines frühbronzezeitlichen Siedlungsareals konnte ein ost-west-ausgerichtetes, etwa 3,3 × 10,8 m großes, im Umriss leicht trapezförmiges Gräbchen freigelegt werden, in dem wohl eine Palisade oder ein Flechtwerkzaun stand. Im Innenraum zeichneten sich vier Gruben in zwei Reihen versetzt zueinander ab, von denen wenigstens drei als

Eisenbahnbau und Wirtschaftsentwicklung

Das Gebiet der Lommatzscher Pflege wird von den Hauptbahnstrecken Leipzig–Riesa–Dresden im N (seit 1839) und der Eisenbahn Meißen–Döbeln–Leipzig im S (seit 1868) begrenzt. Im Jahr 1852 entstand die Hauptbahn Riesa–Döbeln–Chemnitz, die das Gebiet der Lommatzscher Pflege von N nach S durchquerte. Die verkehrsmäßige Erschließung wurde vor allem durch die 1880 eröffnete Nebenstrecke Riesa–Lommatzsch–Nossen vorangetrieben.

Eine weitere wichtige Erschließungsfunktion kam den Schmalspurbahnen zu. Bereits 1884 wurde die Strecke Mügeln–Döbeln eröffnet. Im Jahr 1909 erfolgte die Eröffnung der Strecken Wilsdruff–Meißen Triebischtal und Meißen Triebischtal–Lommatzsch und 1911 der Strecke Lommatzsch–Döbeln.

Die Schmalspurstrecken der Lommatzscher Pflege erhielten im Volksmund den Namen Rübenbahnen, was ihre Funktion treffend charakterisierte. Gebaut wurden sie vor allem für die Abfuhr landwirtschaftlicher Produkte. Höchstleistungen wurden jedes Jahr im Herbst bis Frühwinter während der „Rübenkampagne" erbracht. Das betraf die Schmalspur genauso wie die Regelspur Riesa–Nossen. Während auf der „Kleinbahn" die Rüben des Wilsdruffer Landes und der Lommatzscher Pflege nach Döbeln und Oschatz in die dortigen Zuckerfabriken gefahren wurden, lieferte die „Großbahn" die Rüben nach Brottewitz in die Zuckerfabrik. Rückfracht waren dann Rübenschnitzel und Kalkschlamm, beides Abfallprodukte, die bei der Zuckerherstellung entstanden.

Der Eisenbahnverkehr sorgte in nicht unwesentlichem Maße für den wirtschaftlichen Aufschwung der Lommatzscher Pflege.

Der Niedergang des Eisenbahnnetzes setzte bereits 1965 ein. Bis 1968 wurde die Schmalspurstrecke Mügeln–Döbeln etappenweise eingestellt, 1969 bis 1970 folgte die Strecke Döbeln–Lommatzsch in Etappen und 1966 bis 1972 ebenfalls in Etappen die Strecke Meißen–Lommatzsch.

Der Rübentransport war bis 1990 ein wichtiges Standbein für den Bahnverkehr, wobei man Anfang der 1970er Jahre die Rübenverladung auf den Bf Prausitz konzentrierte. Nunmehr holte die BHG Prausitz, später ab 1972 das ACZ Prausitz die Rüben vom Feld ab und fuhren sie zum Bf Prausitz. Dort gab es einen 3.000 m² großen Zuckerrübenlagerplatz am Gleis 4. Je Zuckerrübenkampagne betrug die Verlademenge etwa 60.000 t bis 80.000 t. Täglich verließ ein Ganzzug mit Zuckerrüben den Bf Prausitz. Mit dem Ende der DDR ging auch das Zeitalter des Rübentransportes auf der Schiene zur Neige. Zur Kampagne 1990 beförderte man weniger Rüben als in den vorangegangenen Jahren. Seit vielen Jahren wieder, und nunmehr letztmalig, wurden Rüben auch in Ziegenhain verladen. Einige mit Rüben beladene Ganzzüge wurden in der letzten Kampagne über Riesa sogar bis nach Regensburg gefahren. ▶ Abb. 72

Der Rückzug der Eisenbahn machte leider vor den Regelspurstrecken nicht halt. So

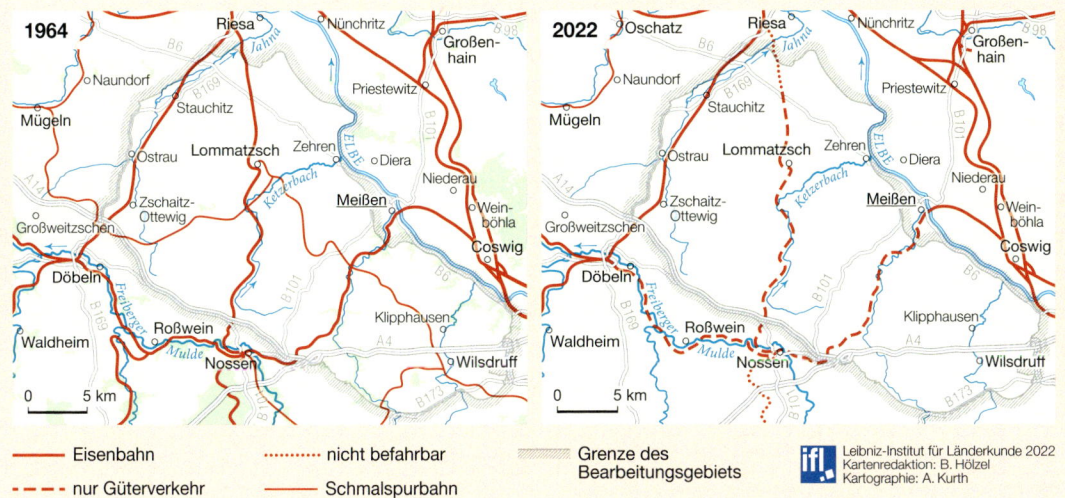

Abb. 72   Veränderungen im Eisenbahnnetz zwischen 1964 und 2022

wurde 1998 der Verkehr auf der Strecke Riesa–Nossen eingestellt. Im Jahr 2015 verlor auch die Strecke Meißen Triebischtal–Nossen–Döbeln als Folge der einseitig auf den Straßenverkehr orientierten Verkehrspolitik ihren Reiseverkehr.

Dass sich die Eisenbahn nicht völlig aus der Lommatzscher Pflege zurückzieht, ist aktiven Eisenbahnbefürwortern zu verdanken, die 2009 die Nossen-Riesaer Eisenbahncompagnie GmbH gründeten, die 2014 die Strecke Riesa–Nossen von der DB AG, ebenso wie ab 2016 den Infrastrukturbetrieb der Strecke Meißen Triebischtal–Döbeln Hbf übernahm. Dadurch sind der Fortbestand des Güterverkehrs sowie dessen Reaktivierung von Nossen nach Prausitz und der touristische Verkehr gesichert.

So soll Schritt für Schritt auf eine Renaissance der Bahn hingewirkt werden. Besonders wichtig ist in diesem Zusammenhang die Reaktivierung des Regionalexpressverkehrs Meißen–Nossen–Roßwein–Döbeln. Darüber hinaus haben sich der aktiven Pflege der Tradition des Eisenbahnwesens die IG Dampflok Nossen e. V. und der Förderverein Eisenbahn in der Lommatzscher Pflege e. V. verschrieben.

Das Schmalspurbahnmuseum Wilsdruff dokumentiert in ganz besonderer Weise die Eisenbahngeschichte der Region. Auf einer Fläche von 400 m² sind im Historischen Lokschuppen „Bf Wilsdruff" zahlreiche Sachzeugen, darunter mehrere restaurierte Wagen und die Lok 99 564 ausgestellt. ▶ Abb. 73
Im Anschluss an die Museumsbesichtigung kann der Besucher mit einer Draisine auf dem Bahnhofsgleis Eisenbahngeschichte im wahrsten Sinne des Wortes „selbst erfahren". Traditionspflege wird hier von der IG Verkehrsgeschichte e. V. großgeschrieben, denn schließlich war Wilsdruff einst der zweitgrößte Schmalspurbahnhof Deutschlands und zugleich Ausgangspunkt der Rübenbahnen nach Meißen, Lommatzsch und Döbeln, die der verkehrsmäßigen Erschließung der Lommatzscher Pflege dienten.

Abb. 73   Schmalspurbahnmuseum Wilsdruff 2022

B4

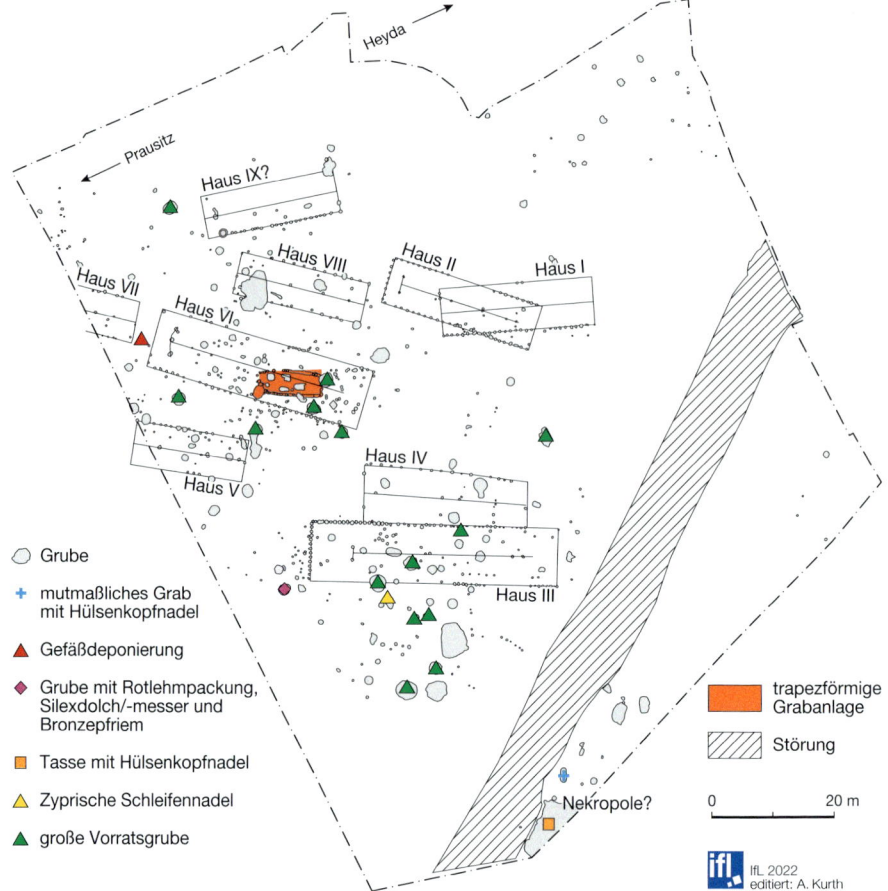

Abb. 74 Plan der frühbronzezeitlichen Siedlung von Prausitz. Die über 1.500 Jahre ältere trapezförmige Grabanlage ist rot hervorgehoben.

Gräber angesprochen werden dürfen. Waren die Knochen der Skelette auch durchweg vergangen, so hinterließ der Leichnam in der östlichsten Grabgrube zumindest einen „Leichenschatten", der auf eine Hockerbestattung hinweist. Hinter dem Nacken des Verstorbenen hatte man ein Kännchen abgestellt. Aus den beiden anderen rechteckigen Befunden stammen weitere Baalberger Henkelgefäße, u. a. eine typische Amphore, die häufig in Gräbern vorkommen. Über den Bestattungen und innerhalb der Einfassung dürfte ein Erdhügel aufgeschüttet gewesen sein.

Fast 2.000 Jahre später, während der frühen Bronzezeit (um 1800 v. Chr.), erstreckte sich über die Hochfläche ein Dorf, das aus mindestens neun lang gestreckten, annähernd west-ost-ausgerichteten Pfostenständerbauten bestand. Es lassen sich zwei Besiedlungsphasen unterscheiden, die an der Überschneidung von Gebäude I durch II sowie leicht abweichenden Orientierungen ablesbar sind. Demnach gehören die Häuser II, V–VII in eine ältere, I, III, IV und IX in eine jüngere Phase. Unabhängig davon zeichnen sich einige Gebäude (III, IX) durch enge Wandpfostenabstände von teilweise nur 0,25–0,45 m aus. Mit 9,6 × 40,6 m erreicht Gebäude III gewaltige Ausmaße, Haus VI ist nur wenig kleiner. Demgegenüber sind die Häuser II und VI jeweils ca. 25 m lang und zwischen 7,8 und 10 m breit. Etwas kleiner war Haus VIII mit nur etwa 19 m Länge und 6,7 m Breite. Größere Abstände der Wandpfosten scheinen vor allem an kleineren Gebäuden vorzukommen. Auf den Schmalseiten trugen über Eck gestellte Doppelpfosten teilweise eine Walmdachkonstruktion (II, III, VI). Hinter einer Pfostenreihe innerhalb von Haus III parallel zur südlichen Außenwand mögen sich „Boxen" für die Aufstallung von Tieren verbergen. Damit stünde die heutige Milchviehanlage in einer fast 4.000-jährigen Tradition.

Vereinen die Grundrisse alle Merkmale frühbronzezeitlicher Architektur, spricht das Fundmaterial für eine Datierung in den mittleren bis jüngeren Abschnitt der Frühbronzezeit (19./18. Jh. v. Chr.). Als besonders fundreich erwiesen sich zahlreiche Vorratsgruben, in denen in einer letzten Nutzungsphase Abfall- und Bauschutt entsorgt wurde. Große Rotlehmmengen rühren wahrscheinlich von einem heftigen Schadensfeuer her.

Der größte Teil der Siedlungskeramik setzt sich aus einfacher, grober Gebrauchsware unterschiedlicher Typen zusammen (bauchige und tonnenförmige Topfe, Zapfenbecher, amphorenartige Gefäße, Terrinen, konische Vorrats- und Steilhalsgefäße), die mit diversen Handhaben versehen waren. Die Oberflächen sind schlickgeraut, aber auch poliert. Die seltene Feinkeramik umfasst Aunjetitzer Tassen und Schüsseln sowie Terrinen mit poliertem Hals, gerautem Körper und Horizontalhenkeln. Als besondere Funde sind eine kleine Füßchenschale sowie eine Gefäßdeponierung herauszuheben: In einem sehr großen, offenbar sekundär gebrannten Vorratsgefäß mit hohem Hals und rauer Oberfläche war ein hoher Topf mit Kragenrand niedergelegt worden. Der großen Vielfalt und Zahl keramischer Funde steht nur eine kleine Auswahl von Metallobjekten gegenüber, von denen ein vierkantiger Pfriem und eine zyprische Schleifennadel aus Abfallgruben, zwei Hülsenkopfnadeln aber möglicherweise aus Gräbern stammen, die am südlichen Siedlungsrand einen kleinen Friedhof bildeten. Während walzenförmige Webgewichte, Mahlsteine und Feuersteingeräte hauswirtschaftliche Tätigkeiten repräsentieren, steht ein Rillenschlegel für metallurgische Aktivitäten. Der Abbau, die Verhüttung und Verarbeitung von Erzen war Angelegenheit von Spezialisten, deren Anwesenheit in der Siedlung damit sicherlich vorausgesetzt werden darf.

Waren im Raum Riesa bis dahin zwar mehrere Dutzend Grabfunde und zwei Horte, aber keine Siedlungsnachweise bekannt, schließt das frühbronzezeitliche Dorf von Prausitz eine empfindliche Lücke im Verbreitungsbild der Aunjetitzer Kultur. Gleichzeitig zeugt das Fundmaterial von intensiven Kontakten in den böhmischen Raum. Auf diesen Wegen mag auch jenes Zinn für die Legierung von Bronze nach N gelangt sein, das nach neuen Forschungsergebnissen in erzgebirgischen Seifen gewonnen worden sein könnte.

B5 Striegnitz

Das 1206 erstmals erwähnte Dorf ist eines der wenigen Kirchdörfer in der Lommatzscher Pflege. Die Pfarrei umfasste nur drei Dörfer (Barmenitz, Roitzsch, Striegnitz), was dafürspricht, dass sie erst im 13. Jh. oder noch später entstanden ist. Das heutige Gotteshaus geht auf einen Neubau der Jahre 1790 bis 1792 zurück. Das Kirchenschiff wird links und rechts durch zweigeschossige Emporen eingefasst. Der Kirchturm stammt von 1888.

Die Kirche in Mehltheuer war als Tochterkirche zugeordnet, wurde aber 1926 von Striegnitz getrennt und mit der Kirchgemeinde Pausitz verbunden. Das Kirchenpatronat lag beim Rittergut Seerhausen.

Striegnitz bestand 1764 aus acht Bauernhöfen. Die Hofstellen (Vierseithöfe) zeichnen sich noch heute in der Ortslage des Rundweilers ab. Der Bau von Einfamilienhäusern am Ortsrand nach 1960 ist auf die LPG (P)

„Helmut Just" Striegnitz zurückzuführen, die in Striegnitz und in den Nachbardörfern umfangreiche Baumaßnahmen zur Unterbringung ihrer Mitglieder durchführte. Der Verwaltungssitz der LPG befand sich im Nachbarort Barmenitz, der 1935 nach Striegnitz eingemeindet worden war.

Die LPG (P) „Helmut Just" Striegnitz galt als Vorzeigebetrieb der Landwirtschaft in der DDR und war die leistungsstärkste LPG in der DDR (GRÜBLER 2018). Benannt hatte man sie nach einem Volkspolizisten, der 1952 an der Sektorengrenze in Berlin unter ungeklärten Umständen ums Leben gekommen war. Gegründet am 20. Januar 1953, gehörte sie zu den ersten LPG in der Lommatzscher Pflege. Anfangs hatte die LPG nur 33 Mitglieder, die 260 ha Land bearbeiteten, doch kamen noch 1953 weitere Flächen vor allem von enteigneten „Großbauern" dazu. 1960 wurden die verbliebenen Einzelbauern zum Eintritt in eine neue oder bestehende LPG gezwungen, sodass in Striegnitz und im weiteren Umland im April/Mai 1960 13 weitere LPG gegründet wurden. Diese Betriebe schlossen sich im Dezember 1967 zur Kooperation Lommatzscher Pflege zusammen. Durch die Schaffung größerer Einheiten und eine Spezialisierung in der Tier- und Pflanzenproduktion wollte man eine Intensivierung der landwirtschaftlichen Produktion erreichen. Dazu wurde 1972 die KAP Striegnitz gebildet, die man zum 1. Januar 1973 in die LPG (P) „Helmut Just" Striegnitz und in die LPG (T) „Neue Heimat" Jessen, später LPG (T) Lommatzsch, aufspaltete. LPG-Vorsitzender war seit Gründung der Kooperation Lommatzscher Pflege bis zur Auflösung Gottfried Leder (1929–2020). ▶ Abb. 75

Die LPG (P) Striegnitz bewirtschaftete eine landwirtschaftliche Nutzfläche von 4.657 ha, die von 264 bäuerlichen oder gärtnerischen Betrieben stammten. Der Lössboden erreichte in der Bodenfruchtbarkeit Spitzenwerte mit Ackerzahlen bis zu 95 (von 100 möglichen). Im Durchschnitt des Betriebes wurde eine Ackerzahl von 77 ermittelt. Die hohen Erträge, die die LPG Striegnitz erzielte, resultierten einerseits aus diesen Bodenwerten und aus der Zusammenlegung kleiner Einzelflächen zu großen Schlägen, die mit Maschinen statt mit Handarbeit bearbeitet wurden, andererseits aber auch aus der Umstellung auf den Gemüse- und Hopfenanbau und den Einsatz umfangreicher Beregnungen. Hatte man 1953 noch fünfzig Pferde, so schied das Pferd in den 1960er Jahren als Zugtier endgültig aus. 1975 standen der LPG 22 Traktoren, zehn Mähdrescher, vier Mähhäcksler und drei Rodelader zur Verfügung. Die LPG Striegnitz baute Getreide (1975: 56,1 %) und Zuckerrüben (1975: 13,7 %) an, spezialisierte sich aber darüber hinaus auf den Gemüseanbau (1975: 12,5 %). Vor allem Weißkohl, Blumenkohl und Rosenkohl wurden produziert. 1955 hatte man mit dem Hopfenanbau begonnen. Die Hopfenfläche wuchs bis 1977 auf 43 ha. Für die Gemüseproduktion wurde 1972 am Striegnitzer Dorfbach ein Bewässerungsspeicher mit einem Fassungsvermögen von 300.000 m³ Wasser errichtet. Ein unterirdisches Druckrohrnetz verteilte das Wasser von dort auf die Felder, die mit Beregnungsanlagen ausgestattet waren. 1975 wurden rund 2.000 ha, etwa die Hälfte der Ackerfläche der LPG, beregnet. Intensivierung und Maschinisierung der Landwirtschaft bewirkten eine Ertragssteigerung. So stieg der Ertrag bei Getreide von 40,8 dt/ha im Jahr 1971 auf 56 dt/ha im Jahr 1975. Beim Rosenkohl wuchsen die Erträge von 43 dt/ha (1971) auf 70 dt/ha (1975). Ungeachtet des Maschineneinsatzes blieb die Zahl der Beschäftigten sehr hoch. 1985 hatte die LPG 614 Mitglieder, darunter 240 Rentner. Der Lehrbetrieb Altsattel bildete junge Facharbeiter in der Landwirtschaft aus.

Aufgrund der Ertrags- und Leistungssteigerungen erzielte der Betrieb hohe Einnahmen. Die LPG verfügte nach Abführung der Steuern über einen beträchtlichen Fonds, der vor allem für Sozialmaßnahmen zum Einsatz kam. Sie finanzierte Maßnahmen, die Staat und Kommune nicht hätten leisten können. Für die LPG-Mitglieder war sie „Heimat" in allen Lebensbereichen. Die LPG baute über vierzig Eigenheime in Striegnitz und Lommatzsch sowie ein Verwaltungs- und Sozialgebäude mit Kulturhaus in Barmenitz. Dort befanden sich auch Küche und Speisesaal. Pausenversorgung wurde zu geringen Preisen bereitgestellt. Das Agrarunternehmen finanzierte Kindergärten und Kinderkrippen, betrieb in Roitzsch ein eigenes Freibad, sorgte für Ferienplätze und Auslandsreisen und zahlten den Rentnern eine Zusatzrente. Die Stadt Lommatzsch und die umliegenden Gemeinden profitierten davon, dass die LPG den Winterdienst durchführte und sich 1974 beim Neubau einer Sporthalle in Lommatzsch beteiligte. Der Vorzeigebetrieb hatte wesentlichen Anteil an der Durchführung der 5. Kulturfestspiele der sozialistischen Landwirtschaft der DDR 1976 in Lommatzsch. Bis zur seiner Auflösung verwaltete der landwirtschaftliche Großbetrieb 480 Wohnungen, sodass hier – im Unterschied zu großen Teilen der DDR – kein Wohnungsproblem bestand.

Die DDR-Staatsführung war stolz auf die LPG (P) „Helmut Just" in Striegnitz und führte sie internationalen Gästen aus sozialistischen Staaten, aber auch aus der Bundesrepublik vor. Die ranghöchsten Gäste waren der ukrainische Parteichef Pjotr Schelest und Ali Nasir Muhammad, der Präsident Südjemens.

Die Wiedervereinigung hatte massive Auswirkungen auf die Landwirtschaft in und um Striegnitz, denn nach dem Landwirtschaftsanpassungsgesetz war die Genossenschaft aufzulösen oder in eine neue Rechtsform zu überführen. Die LPG-Vorstände empfahlen eine Auflösung und eine Rückgabe des Bodens an die Bogeneigentümer.

Abb. 75 Jemenitische Delegation bei der Besichtigung der LPG „Helmut Just" 1981; Gottfried Leder 1. v. R., Willy Stoph 2. v. R.

Die Auflösung erfolgte zum 30. März 1991. Alle bisherigen LPG-Mitglieder erhielten eine Abfindung, die sich danach bemaß, ob die Mitglieder Boden oder nur ihre Arbeitskraft eingebracht hatten. 21 ehemalige LPG-Mitglieder gründeten 1991 das Agrarunternehmen Lommatzscher Pflege eG. Es nutzt den früheren LPG-Betriebssitz in Barmenitz und bewirtschaftet 3.124 ha, davon 1.200 ha Eigentumsland. Darüber hinaus wirtschaften auf dem Gebiet der früheren LPG Striegnitz zwei Gesellschaften bürgerlichen Rechts, 15 ortsansässige Wiedereinrichter und zehn Landwirte aus den neuen Bundesländern, die die Flächen teils gepachtet, teils erworben haben. Aus den sozialen Einrichtungen und Nebenbetrieben gingen Einzelunternehmen hervor. Die Zahl der Beschäftigten in der Landwirtschaft ist aufgrund fortschreitender Technisierung – wie überall in der Lommatzscher Pflege – seit 1990 erheblich zurückgegangen.

B6 Mehltheuer

Um die Mitte des 5. Jt. v. Chr. vollzogen sich in den jungsteinzeitlichen Gemeinschaften Sachsens tiefe Umbrüche. Die bandkeramischen Langhäuser ▶ B16 wichen kleinen, flachgegründeten Rechteckbauten, die großen Dörfer weilerartigen Siedlungen, welche höchstens ein bis zwei Jahrzehnte bestanden und dann verlegt wurden. Diese flüchtige Bau- und Siedlungsweise hat im Boden oft nicht mehr als wenige Gruben hinterlassen und darf als Anzeichen für eine gestiegene Mobilität gewertet werden. Zyklischer

Brandfeldbau und extensive Weidewirtschaft waren ebenso raumgreifend wie volatil. Wo die Ortsbindung zurückging, wuchs das Bedürfnis nach zentralen Plätzen für soziale Interaktion und rituelles Handeln.

Die Siedlungslandschaft der mittleren Jungsteinzeit (4500–3000 v. Chr.) ist geprägt von monumentalen Grabenwerken und trapezförmigen Grabanlagen (FRASE et al. 2017). Das älteste Erdwerk wurde wohl bereits im ausgehenden 5. Jt. v. Chr. bei Nössige errichtet. ▸ C13

Sechs Vertreter dieser monumentalen Denkmälergruppe konzentrieren sich südlich von Riesa am Rande der Niederungen von Jahna, Keppritz sowie Mehltheuerbach am Übergang zum Umland außerhalb der Auen und verdanken ihre Entdeckung der Luftbildarchäologie, die im Freistaat Sachsen seit Anfang der 1990er Jahre systematisch betrieben werden kann. Zu den Neuentdeckungen zählt auch eine doppelte Grabenanlage mit innerer Palisade, die auf einem flachen Kiesrücken westlich von Mehltheuer eine Fläche von ca. 8 ha umschließt (FRASE et al. 2013). Wenigstens ein Teil der Gruben, die nicht nur auf Luftbildern und Orthofotos, sondern in trockenen Jahren sogar auf dem Boden im Bewuchs sichtbar sind, dürfte ebenfalls in die mittlere Jungsteinzeit (um 3700 v. Chr.) zu datieren sein. Ausgrabungen in einem Durchgangsbereich brachten 2013 Spuren eines trapezförmigen Einbaus ans Licht, der verblüffende Ähnlichkeiten zur Torarchitektur von Erdwerken der Michelsberger Kultur (4400–3500 v. Chr.) am Rhein (Urmitz) und in Nordhessen (Calden) aufweist.

Ebenso frappierend ist die große Zahl von trapezförmigen Grabmonumenten, die sich auf Luftbildern zu erkennen geben, um das Grabenwerk gruppieren und südlich des Mehltheuerbaches sogar in einer ost-west-

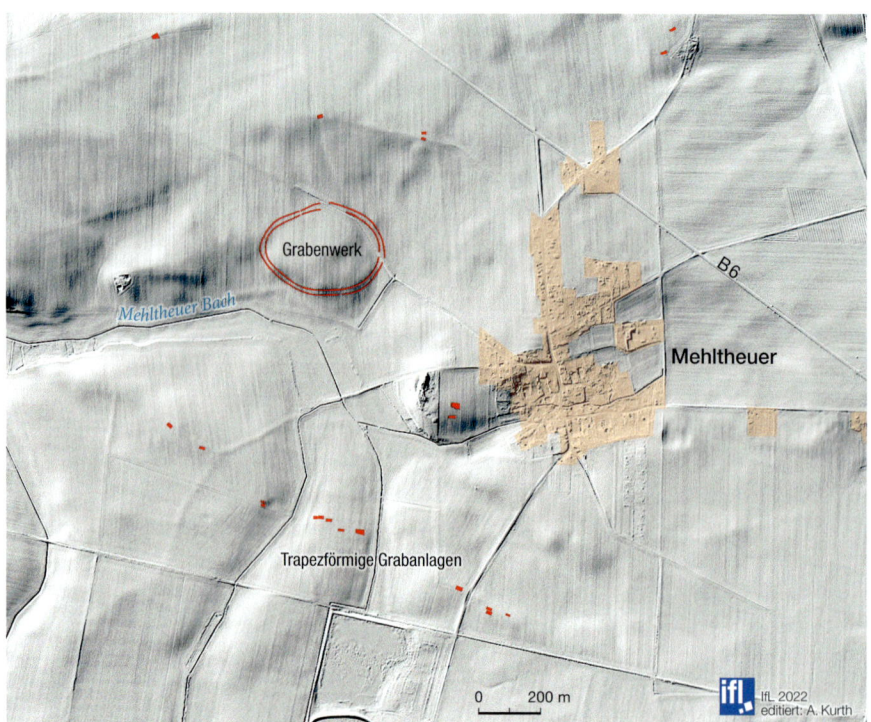

Abb. 76 Grabenwerk und trapezförmige Grabanlagen im digitalen Geländemodell. Auffällig ist die lineare Anordnung der Trapeze, die zwischen Mehltheuer und Roitzsch nördlich der ehemaligen Poststraße in Ost-West-Richtung verläuft.

orientierten Reihe angeordnet zu sein scheinen (HEYNOWSKI et al. 2020). Durch geomagnetische Messungen ist es 2018 nicht nur gelungen, weitere potenzielle Grabstrukturen in deren östlicher Verlängerung aufzuspüren, sondern auch den Verdacht zu entkräften, dass sich auf beiden Seiten, deutlich abseits dieser Sequenz, weitere Trapeze noch unerkannt verbergen.

Diese lineare Anordnung der Grabanlagen, die vermutlich zwischen 3800 und 3400 v. Chr. zu datieren sind, gibt große Rätsel auf. Es ist sehr auffällig, dass sich die Grabmonumente parallel zur historischen Poststraße aufreihen. Solange freilich das Wissen über die Landschaft des 4. Jt. v. Chr. begrenzt ist, wird sich über die rituelle Funktion oder monumentale Wirkung von Grabenwerken und Trapezen ebenso streiten lassen wie über potenzielle Grenzziehungen oder Wegführungen. Denn wie diese Monumente wahrgenommen wurden, hängt sehr davon ab, wie weit die Landschaft bereits geöffnet bzw. entwaldet war. Erst recht muss die Frage, ob bei der jungsteinzeitlichen „Gräberstraße" von Mehltheuer die Grenze dem Weg oder umgekehrt der Weg der Grenze vorausging, unbeantwortet bleiben. ▶ Abb. 76

B7 Göhrisch

Zwischen Meißen und Hirschstein hat sich die Elbe tief ins Grundgebirge eingegraben und fließt an steilen Talhängen und markanten Felsen vorbei dem Norddeutschen Flachland zu. Zwischen Wald und Weinbergen liegt an einer Elbschleife bei Niedermuschütz auf engem Raum, gewissermaßen in Sichtweite, ein einzigartiges Ensemble vorgeschichtlicher Burgen, die einst einen alten Flussübergang, später „Raue Furt" genannt, überwachten (COBLENZ 1957; STROBEL 2017). Denn wer diese Furt beherrschte, kontrollierte den Kreuzungspunkt von zwei wichtigen Fernwegen: Zum einen den Flusslauf selbst, der Böhmen mit der Norddeutschen Tiefebene verband, zum anderen eine Ost-West-Route, die von der Elster-Saale-Region und der Leipziger Tieflandsbucht nach Schlesien führte.

Es kann also kein Zufall sein, dass zwei Anlagen, die eine auf dem Göhrisch, die andere auf dem Löbsaler Burgberg während der jüngeren Frühbronzezeit um 1600 v. Chr. zumindest besiedelt, vielleicht auch schon befestigt waren. Am linken Ufer bildet der Göhrischfelsen eine markante Landmarke. Von der einstmals etwa 2,5 ha großen, von einem Ringwall umschlossenen Innenfläche ist mindestens ein Fünftel (ca. 0,5 ha) dem Abbau von Granodioritfelsgestein zum Opfer gefallen. Zwischen dem ausgehenden 19. Jh. und dem Ausbruch des Zweiten Weltkriegs verschlang ein Steinbruchbetrieb damit auch Teile der bronzezeitlichen Befestigung, ohne dass ein einziger Befund dokumentiert und ein einziger Quadratmeter ausgegraben worden ware (STROBEL u. WESTPHALEN 2018).

Da die Steilhänge des Göhrisch einen natürlichen Schutz boten, waren die Plateauränder bei weitem nicht so stark befestigt wie im N der flachere Übergang ins Hinterland. Dort bildet ein annähernd 12 m hoher, sichelförmiger Wall ein gewaltiges Sperrwerk, in dem Wehrhaftigkeit und Repräsentationsbedürfnis gleichermaßen zum Ausdruck kommen. Verkohlte Balken und verbrannter Lehm sind auf heftige Schadensfeuer zurückzuführen. Mit jeder Erneuerung und Verstärkung wuchs die Wehrmauer in die Breite und Höhe. Wahrscheinlich verbergen sich in dem Wall tatsächlich mehrere Ausbauphasen. Ein vorgelagerter Graben lieferte gleichzeitig Stein- und Erdmaterial für den Bau. ▶ Abb. 77

In allen Wällen dürfen Konstruktionen aus Holzkästen vermutet werden, die vor allem mit Bodenmaterial und Rohlöss gefüllt waren, von waagrechten Holzankern stabilisiert wurden und außen teilweise mit Trockenmauern verblendet waren. Für das Bauwerk mussten Hunderte von Kubikmetern Erdmaterial herangeschafft, tonnenweise Steine gebrochen und viele Festmeter Holz gefällt werden. Der Holzbedarf dürfte zu einer erheblichen Entwaldung im Umfeld der Befestigung geführt haben.

Auch wenn sich der Bau über Monate, vielleicht sogar Jahre hingezogen haben mag, war die Freistellung, Verpflegung und Unterbringung der Arbeitskräfte eine planerische, organisatorische und logistische Leistung, die einer Zentralgewalt, mithin einer Elite zuzuschreiben ist. In diesen Kreisen dürfen auch Kenntnisse bronzezeitlicher, mediterraner Festungsarchitektur vorausgesetzt werden. Denn geradezu mustergültig ist beim Göhrisch der antike Zugang ausgebildet: Er führte durch einen Taleinschnitt im N am Steilhang schräg hinauf zu einem Tor mit leicht versetzten Wangen, die eine kurze Gasse bildeten. Ein Angreifer, der in der linken Hand den Schild trug, kehrte beim Aufstieg den Verteidigern hoch oben auf der Wehrmauer seine rechte ungedeckte Seite zu und konnte in der Torgasse von zwei Seiten bekämpft werden. Durch die Schilderungen in Homers Illias hat es diese Torarchitektur als „skäisches Tor" auch zu literarischem Ruhm gebracht (SPEHR 2011, S. 133).

Zur Innenbebauung liegen nur wenige Informationen vor. Beim Ausheben der Fundamentgrube für einen Sendemast wurden mehrere Befunde angeschnitten, die offensichtlich bereits in den verwitterten Felsen eingetieft waren. Es ist davon auszugehen, dass das Plateau nur von einer dünnen Humusdecke überzogen ist und viele Strukturen in den Felszersatz oder bereits in den anstehen Felsen hineingegraben werden mussten. Auch die Trockenrasengesellschaften sprechen für eine dünne Bedeckung mit humosem Oberbodenmaterial.

Funde aus dem Innenraum ermöglichen zwar eine grobe Datierung in die späte und jüngste Bronzezeit, widersetzen sich aber einer differenzierten chronologischen Ansprache: Scherben von dickwandigen, schlickgerauten Vorratsgefäßen, doppelkonischen Gefäßen mit gekerbten Umbrüchen, Tassen und Terrinen sowie eine kleine Bronzelanzenspitze und eine Nadel mit Scheibenkopf und Knopfbuckel. Da die Befestigung schon früh die Aufmerksamkeit der Forschung auf sich gezogen und der Großenhainer Rentamtmann Karl Benjamin Preusker die Wälle beschrieben hat, geht die Entdeckung der ersten Funde bis in die erste Hälfte des 19. Jh. zurück. Dazu lieferte die bis in die 1960er Jahre ackerbaulich genutzte Innenfläche immer wieder Scherben.

Wann der Bergsporn während der späten Bronzezeit tatsächlich befestigt wurde, muss ebenso offenbleiben wie das Verhältnis zu einer kleinen Nekropole, die in 200 m Entfernung nordwestlich des Walles 1974 bei der Feldbestellung zutage kam (DIETZEL u. COBLENZ 1975). Wie Buckelkeramik belegt, sollten die drei Grabinventare noch am Ende der Mittel- oder am Anfang der Jungbronzezeit, spätestens um 1200 v. Chr. in den Boden gekommen sein. Sie bilden möglicherweise den Kern eines größeren Friedhofes. Es lässt sich zumindest nicht die Vermutung von der Hand weisen, dass hier die Burgbewohner ihre Toten bestattet haben. Eines aber dürfen wir mit Sicherheit ausschließen: Bis in die ältere vorrömische Eisenzeit dauerte die Besiedlung auf dem Göhrisch keinesfalls. Wahrscheinlich wurde die Burg sogar noch während der Lausitzer Kultur aufgegeben und verlassen.

Und ebenso ausschließen dürfen wir, dass die Erbauer wussten, dass bereits Jäger der ausgehenden Altsteinzeit um 14000 v. Chr. am Göhrisch ihre Spuren an zwei Stellen hinterlassen haben (DIETZEL u. GEUPEL 1989), zum einen am Fuß des sogenannten Kleinen Göhrisch, dort also, wo ein Weg hinunter zum Fluss führt, den vielleicht schon Rentierherden auf dem Weg zwischen ihren Winter- und Sommereinständen passierten und an dieser Engstelle zu einer „todsicheren" Jagdbeute wurden, zum anderen im Bereich der bronzezeitlichen Gräber, wo ebenfalls Feuersteingeräte der ausgehenden Altsteinzeit aufgelesen werden konnten.

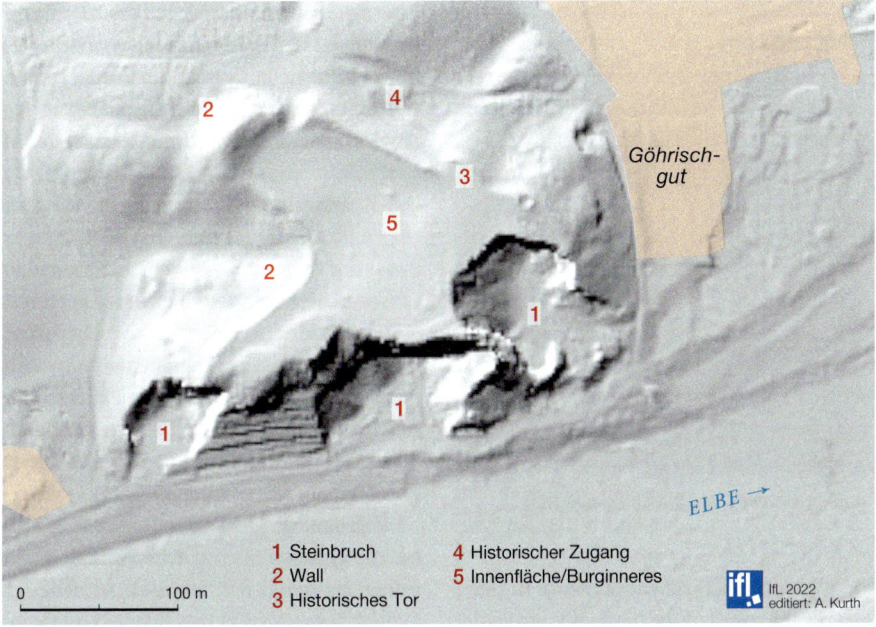

Abb. 77   Die bronzezeitliche Befestigung auf dem Göhrisch im digitalen Geländemodell.

Bereits auf der Niederterrasse und im Überschwemmungsgebiet der Elbe zeigen Oberflächenfunde und Luftbilder eine vorgeschichtliche Siedlung an, deren genaue Ausdehnung und Zeitstellung allerdings noch im Unklaren bleiben. Sollte sich ein jungbronzezeitliches Alter bestätigen, stellt sich erneut die Frage nach dem Verhältnis von befestigten Höhensiedlungen und den Dörfern und Weilern ihres Umfeldes.

Umso willkommener sind deshalb Teile eines Hausgrundrisses, die bei einer Geländeregulierung im Bereich der Gärtnerei „Stauden Ihm" einen Kilometer südwestlich des Göhrisch unter einer Schwemmschicht im Frühjahr 2003 aufgedeckt werden konnten. Neben Pfostengruben, u. a. mit Standspuren und Wandgräbchen kamen die Reste von zwei kegelstumpfförmigen Vorratsgruben zum Vorschein. In der einen hatte man eine vollständig erhaltene Handmühle aus Läufer und Unterlieger, in der anderen mehrere, wohl komplett erhaltene Vorratsgefäße deponiert. In beiden Fällen scheint es sich nicht um gewöhnlichen Siedlungsabfall zu handeln. Eine Überraschung stellen Fragmente von Gefäßen mit Innenteilung dar.

Die qualitätvolle Keramik zeigt gute Übereinstimmungen mit den drei Grabinventaren von 1974 und gehört nach einer ersten Durchsicht (Lausitzer Buckelkeramik, geriefte Keramik) in die ausgehende Mittel- und in die frühe Jungbronzezeit. Einmal mehr zeigt diese Entdeckung, dass es in einer Landschaft mit relativ geringer Aufschlußdichte wie dem Elbtal zwischen Meißen und Riesa geduldiger, stetiger archäologischer Geländearbeit bedarf, um die Geschichte der Burgen an der „Rauen Furt" und insbesondere ihres Umlandes aufzuhellen. Diese Befestigungen beherrschen nämlich nicht nur einen Verkehrsknotenpunkt, sondern waren auch in eine Altsiedellandschaft eingebettet, die zu den fruchtbarsten in Sachsen überhaupt zählt. Im mittelsächsischen Lösshügelland und in der Großenhainer Pflege müssen jene landwirtschaftlichen Überschüsse erwirtschaftet worden sein, die in überregionale Tauschsysteme eingespeist werden konnten. Ganz offensichtlich spielten Gehöfte und Weiler,

Abb. 78　Ehemaliger Biotitgranodiorit-Steinbruch am Göhrisch

die zyklisch verlagert worden zu sein scheinen, eine zentrale Rolle im Siedelsystem der Jungbronzezeit. Erst seit Kurzem wird dieses Muster bei Flächengrabungen in isolierten, von Silogruben umgebenen Schwellbalkenhäusern greifbar.

Am Göhrischberg, der durch eine markante Einsattelung in einen westlichen und einen östlichen Bereich geteilt wird, streichen Gesteine des sogenannte Molassestockwerkes (das ist das Übergangsstockwerk zwischen dem Grundgebirgsstockwerk und dem Deckgebirgsstockwerk) direkt an der Oberfläche aus. Das jüngere Deckgebirge ist weitgehend erodiert und auf der Hochfläche nur lückenhaft durch eine dünne Auflage von Sandlöss vertreten. In der Umgebung des Felsen zur Elbe hin treten weichselzeitliche fluviatile Kiese und Sande (Tiefere Niederterrasse) auf.

Das Molassestockwerk bilden hier die Gesteine des Meißener Massivs (Meißener Intrusivkomplex), die spätvariszisch innerhalb der Elbezone aufgedrungen sind.

Der bis etwa 152 m ü. NHN aufragende nach S zur Elbe schroff abfallende Göhrischfelsen wird vom Biotitgranodiorit des Meißener Massivs (früher Meißener Hauptgranit) aufgebaut. Geochronologisch ist das Gestein als variszisches Intrusivgestein dem paläozoischen Oberkarbon zuzuordnen. Sein Alter beträgt damit etwa 305 bis 295 Millionen Jahre. Der Granodiorit hat eine helle Farbe, ist sehr gleich- bis mittelkörnig, besitzt reichlich Quarz und Kalifeldspat. ▶ Abb. 78

Zeitlich noch etwas später sind die im westlichen Teil des geteilten Göhrischmassivs als teilweise säulig ausgebildete Felskämme sichtbaren zwei Aplitgänge einzuordnen. Sie gehören zum Zehrener Quarzporphyr (jüngster Teil der Meißener Porphyrbildungen). Das Gestein besitzt feinkörnige Grundmasse mit Einsprenglingen von Quarz und Orthoklas (Kalifeldspat), oft gut auskristallisiert. Dunkler Glimmer (Biotit) und Plagioklas (Kalknatronfeldspat) treten nur untergeordnet auf (Beeger et al. 1994).

Abgebaut wurde der Biotitgranodiorit bis ca. 1935 in zwei Steinbrüchen direkt an der steilen Südflanke des Göhrisch. In Nähe des Göhrischguts (östlichster Teil des Göhrisch) soll Abbau noch bis nach 1950 erfolgt sein. Die Felsreste im Steinbruch und die Oberkanten in Südostlage beherbergen eine Vielzahl wärmeliebender Pflanzenarten, wie das Nickende Leimkraut, die Schwalbenwurz und die Karthäuser-Nelke. Im Juni fallen die Bestände der Pechnelke mit ihren Leimringen gegen Ameisenfraß am Stängel und der weiß blühenden Graslilie besonders auf. Auf den steinigen vegetationsarmen Flächen der Felsvorsprünge sind die Vorkommen des Frühlingsfingerkrautes, des Frühlings-Sparks und des Hügel-Vergissmeinnichts beschränkt. Von überregionaler Bedeutung sind die Vorkommen des Natterkopf-Habichtskrautes und des Blauen Lattichs. Letzterer hat in Sachsen nur noch an der Bosel bei Meißen aktuelle Vorkommen. Das kontinental verbreitete Natterkopf-Habichtskraut erreicht am Göhrisch seine westliche Verbreitungsgrenze. An wärmeliebenden Insekten können regelmäßig der geschützte Segelfalter und der Trauer-Rosenkäfer beobachtet werden.

Der südliche Steilabfall des Göhrisch und rechtselbisch der Steilabfall der Golkwaldhochfläche wird im Zusammenhang mit einer tektonischen Störung als Fortsetzung der Lausitzer Überschiebung gesehen. Dabei wurde an dieser Störung der Nordteil gehoben, der Südflügel abgesenkt. Zwischen beiden Bereichen bildet die Raue Furt in der Elbe als Hochlage des Granodiorites das verbindende Element. Die Elbe hatte sich erst im Laufe der Elster-Kaltzeit ihren Laufweg durch den Festgesteinskomplex geschaffen. Für die Entwicklung der bereits dargestellten Siedlungen (Goldkuppe, Burgberg Löbsal und der Göhrisch) stellte dieser Elbübergang ein wichtiges verbindendes Element dar. Für die Schifffahrt dagegen bildete die „Raue Furt" ein Hindernis, sodass im Zuge der Elbregulierung von 1822 bis 1856 in diesem Bereich Ausbauaktivitäten zu einem sogenannten Parallelwerk durchgeführt wurden. Ziel war es, die enge Krümmung der Elbe (Elbkilometer 93) aufzuweiten und Hinternisse in der Flussmitte zu beseitigen (HARDTKE 1990). Die verbleibenden Elblachen enthalten eine Vielzahl von seltenen Pflanzen- und Tierarten, die durch die erhöhte Fließgeschwindigkeit im Fluss ihre Vorkommen verloren haben. Dazu gehören besonders die Laichkräuter *(Potamogeton pectinatus, P. panorminatus, P. crispus, Zannichellia palustris)* und die schlammbewohnenden Pflanzenarten wie das Schlammkraut und das Braune Zypergras. Von den Röhrichtarten soll die rosa blühende Schwanenblume genannt werden. Neben dem Flußuferläufer, einer Schnepfenart, hat sich in den letzten zwei Jahrzehnten auch wieder der Biber angesiedelt.

B8 Naundorf und Eckardsberg

Vom Steinbruch am Tummelsberg in Wölkisch erreicht man direkt auf einem Fahrweg oder von Obermuschütz auf der Ortsverbindungsstraße nach Naundorf (Ortsteil der Gemeinde Diera-Zehren) die Kiesgrube Naundorf, die aktuell von Nitsche Bauunternehmung GmbH in Obermuschütz bewirtschaftet wird. Die anstehenden Lockergesteinsablagerungen sind lückenhaft sichtbar und werden oft unterbrochen von sekundär abgelagertem Material. In unverritzter Lagerung sind nur noch im Nordteil der flachen Grube die oberen 3–4 m eines Sand-Kies-Profils gut sichtbar.

Es handelt sich dabei um hellbraune glazifluviatile Kiese und Sande des zweiten Vorstoßes der Elsterkaltzeit in wechselhafter Ausbildung. Linsen und Lagen von stärker geröllhaltigen Horizonten sind gut erkennbar. Die Schichtlagerung ist horizontal bis leicht geneigt. Schollen miozäner Tone, wie sie in östlicher Richtung zur Ortslage Eckardsberg beschrieben werden, sind in diesem Aufschluss nicht erkennbar. ▶ Abb. 79

Für gefährdete Tierarten können die Rohböden solcher Abgrabungen einen selten gewordenen Lebensraum bieten. In der Kiesgrube wurden drei Heuschreckenarten beobachtet, die schütter bewachsene Standorte bewohnen: die Blauflügelige Ödlandschrecke, der Braune Grashüpfer und der Rotleibige Grashüpfer. Nach entsprechenden Niederschlägen besiedeln Wechselkröten die flachen Pfützen. In den Abbruch-Wänden brüten unregelmäßig Uferschwalben. Die Staudenfluren und Gebüschgruppen auf dem trocken-warmen Standort sind u. a. Lebensraum des Neuntöters, der Dorngrasmücke und des Schwarzkehlchens.

Der bewaldete Eckardsberg selbst (182,4 m ü. NHN) befindet sich 350 m weiter östlich und bildet dort das Ende und den Hochpunkt einer von SW nach NO verlaufenden Hügelkette. Er wird von Sanden und Kiesen aufgebaut, die als Gerölle Quarz, Kieselschiefer und reichlich nordisches Material mit Feuersteinen, Grauwacken und aus älteren Elbschottern stammende Sandsteine und Basalte enthalten. Sandlagen auf dem Eckardsberg markieren eine Horizontalschichtung. Der durch die Geologie bedingt botanisch artenarme aber in der Landschaft auffällig bewaldeten Hügel ist mit einem Kiefern-Eichen-Birkenwald bewachsen. Nur vereinzelt treten

Abb. 79 Elsterkaltzeitliche Kiese und Sande am Eckardsberg

weitere Laubbäume auf. Im Jahre 2016 wurde die Pilzflora erfasst: Neben den typischen Arten an Eichen (Eichen-Zystidenrindenpilz, Eichen-Schildbecherling) und an Kiefern (Schnallentragende Traubenbasidie) konnten der seltene Schichtpilz *Fibriciellum silvae-ryae* und der Pyrenomyzet *Coniochaeta velutina* festgestellt werden. Der auf Eiche spezialisierte Schichtpilz *Fibriciellum silvae-ryae* ist mit bisher nur acht Nachweisen in Sachsen äußerst selten (Archiv der AGsM; Hardtke et al. 2021).

Während früher der Eckardsberg als ein Rest der saalekaltzeitlichen Endmoräne angesehen wurde, handelt es sich wahrscheinlicher um Sanderbildungen vor der Stauchlage Schwochau–Obermuschütz (Beeger u. Quellmalz 1994). Stellenweise sind die meist horizontalen, in den oberen Partien braunen Schichten von kleinen Störungen durchsetzt, die durch Sackungsvorgänge beim Abschmelzen entstehen. Auf der darüber abgelagerten 40–80 cm mächtigen Schicht von weichselkaltzeitlichem Löss entwickelten sich Braunerde bzw. Parabraunerde als Bodentypen (Kramer 1971). Auf den sandig-grusigen Böden haben sich Magerrasen mit der Grasnelke, der Rispigen Flockenblume und annuelle Arten wie der Frühlings-Spark angesiedelt. Die Rispige Flockenblume ist ein wärmeliebendes Offenlandrelikt. An Pilzen kommen die für Magerrasen typische Boviste, wie der Kleine und Bleigraue Bovist und der Nelkenschwindling vor. Nur an den Feldwegen und am Fuß des Eckardsberges sind anspruchsvollere Ackerwildkräuter wie Acker-Krummhals, Acker-Filzkraut und die Echte Kamille zu finden.

Einen kontrastierenden, lokal bereichernden Lebensraum bieten kleinflächige Feuchtgebiete am Wölkischen Wasser nördlich und nordöstlich von Naundorf. Dort wurden zwei Kleinspeicher angelegt, die der Bewässerung von Gemüsekulturen dienten. Bemerkenswert ist die Vogelwelt des Gebietes, wozu sommerliche Mausergemeinschaften von Enten und rastende Limikolen während der Zugzeiten gehören. Eisvogel, Flussseeschwalbe und Seeadler erscheinen ebenso wie beide Milanarten und der Weißstorch als Nahrungsgäste regelmäßig an den Gewässern. Zum Schutz der vorkommenden sechs Amphibienarten werden in der Wanderzeit mobile Zäune errichtet und betreut. Es dominieren Erdkröte, Grasfrosch und Teichmolch. Die Gewässer werden von Biber, Fischotter und dem Neubürger Waschbär bewohnt. In den Feuchtwiesen wurden elf Heuschreckenarten nachgewiesen, darunter die Sumpfschrecke.

Es ist in intensiv genutzten Agrarlandschaften nicht erstaunlich, dass so wenig obertägig ablesbare Bodendenkmäler wie Grabhügel noch erhalten sind. Die meisten sind durch die Feldbestellung längst eingeebnet. Wenn einmal Gräber entdeckt werden, fehlt die Hügelschüttung. Auch von den Bestattungen der Schnurkeramik (um 2600 v. Chr.) und frühen Bronzezeit (um 1600 v. Chr.), die 1906 auf dem Eckardsberg bei Naundorf „bei der Suche nach großen Steinen" zutage kamen und von Johannes Deichmüller dokumentiert werden konnten, wissen wir nicht, ob die massiven Steinpackungen überhügelt waren (Coblenz 1953). Zumindest für das Schnurkeramische Grab, eine Hockerbestattung, die mit zwei schnurverzierten Amphoren und zwei Bechern reich ausgestattet war, ist mit einem Hügel zu rechnen. Es wäre keine Überraschung, wenn fast eintausend Jahre später bei der Anlage der frühbronzezeitlichen Gräber auf ein sichtbares Monument Bezug genommen worden wäre. Die Qualität der Beigaben, die aus diesen Gräbern geborgen werden konnten, wird in der Lommatzscher Pflege bis heute durch keinen Neufund übertroffen. Freilich lässt die Qualität der Fundbergung und Dokumentation zu wünschen übrig.

Fanden sich drei Absatz- bzw. Randleistenbeile jeweils in den Gräbern zwei bis vier, sollen in dem fünften gar drei Dolchklingen, zwei schräg durchbohrte Kugelkopfnadeln und drei goldene Noppenringe gelegen haben. Selbst wenn dieses Inventar für ein einziges Grab viel zu groß sein mag und auf mehrere aufzuteilen wäre, zeigen allein die Goldringe den hohen Rang des oder der Verstorbenen an.

B9 Pahrenz

Am Ortsausgang von Pahrenz steht auf dem Windmühlenberg (141 m ü. NHN) eine Turmholländer Windmühle. Die erste Nennung einer Windmühle an diesem Ort stammt aus dem Jahr 1850. Windmühlen spielen in der Lommatzscher Pflege, einem der bedeutendsten Getreideanbaugebiete Sachsens, eine große Rolle. Nach einem Brand 1864 wurde im Jahr 1889 die heutige Turmwindmühle durch Gustav Jenichen erbaut. Die Windmühle ist seit vier Generationen in Familienbesitz und wurde immer auf dem neuesten technischen Stand gehalten. 1920 erfolgte der Einbau von Walzenstühlen, der Einbau eines Elektromotors bereits 1911. Eine Besonderheit des auf Drehkranz mit Kugellager ruhenden Mühlenkopfes war ein Flügelkreuz aus sogenannten Bilauschen Ventikanten. Die Flügelkonstruktion geht auf den Ingenieur Kurt Bilau zurück, der sie nach wissenschaftlichen Erkenntnissen zur optimalen Windausnutzung entwarf. Heute sind Windmühlenflügel dieser Bauart nur noch selten erhalten. Die Pahrenzer Windmühle wurde daher als bedeutendes technisches Denkmal schon 1982 in der DDR mit einer eigenen Briefmarke gewürdigt. Leider führte im Jahr 2007 ein Sturm zum Verlust der Flügel. Im Jahr 1922 wurde eine Schroterei angebaut, die mit der frei stehenden Windmühle durch 23 m lange Transmissionswelle unter der Erde verbunden ist. Die Mehlmüllerei wurde 1971 eingestellt und der Schwerpunkt auf Schrotprodukte gelegt. Das Aus der Mühlenproduktion erfolgte 1990. Seitdem dient die Mühle als Museum. Nicht nur am Mühlentag zu Pfingsten wird die Mühle von Schulklassen und Besuchern gut angenommen.

B10 Paltzschen

Selten fällt auf die frühmittelalterliche Geschichte Sachsens ein dünner Lichtstrahl schriftlicher Überlieferung. Noch seltener ist sich die Forschung bei der Lokalisierung eines Platzes dann so einig wie beim „Heiligen See" von Paltzschen, von dem Thietmar von Merseburg in seiner Chronik (I, 3.) berichtet, dass er aus einer *Glomaci* genannten Quelle gespeist werde und zwei Meilen von der Elbe entfernt sei (SPEHR 2011). Obwohl das einstmals etwa 4 ha große Gewässer auf Dörschnitzer Flur lag, hat sich der Name „Paltzschener See" eingebürgert. Keine Wasserfläche, nicht einmal ein schilfgesäumtes Sumpfloch verrät, wo sich in der Landschaft das slawische „Heiligtum" einst befand. Was Johann David Pielitz vom Fenster seines Pfarrhauses in Dörschnitz gesehen und 1744 beschrieben hat, war bereits Anfang des 19. Jh. nahezu vollständig trockengelegt und ist im Meilenblatt als kleiner Teich verzeichnet. Niemand störte sich damals

Mühlen

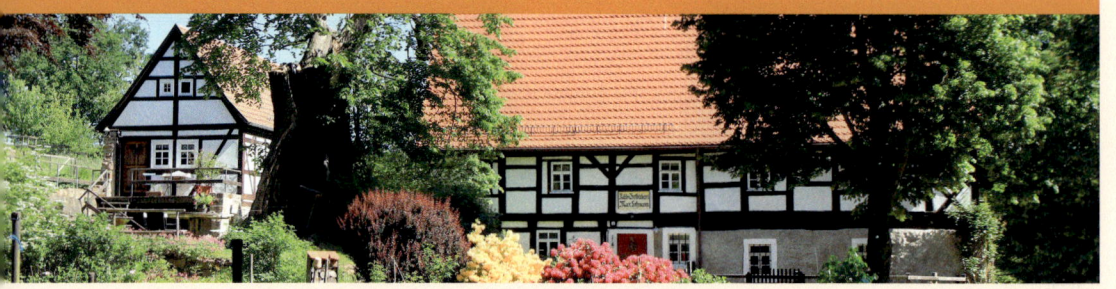

Die Grundlage für die dauerhafte Besiedlung eines Gebietes ist das Vorhandensein von Möglichkeiten zum Nahrungsmittelanbau, zur Trinkwassergewinnung und zum Bau von Wohnunterkünften.

Durch die vielen fast immer wasserführenden Bäche des Barbeitungsgebietes, Große und Kleine Triebisch, Wilde Sau, Ketzerbach, Jahna, Keppritzbach, und den fruchtbaren Boden der Mark Meißen war dies gegeben. Die Fließgewässer eigneten sich außerdem hervorragend zum Betrieb von Wassermühlen aller Art, um die landwirtschaftlichen Produkte wie Getreide, Ölsaaten und Holz zu verarbeiten. Neben der Verwendung als Mahl- und als Schneidmühlen dienten die Mühlen Ende des 19. Jh. vereinzelt auch zur Stromerzeugung. Noch heute wird in der Mühle in Schieritz Strom erzeugt. ▶B14

Die nebenstehende Karte zeigt die Ausbreitung der Wassermühlen an allen Bächen. ▶ Abb. 81 Insgesamt sind allein an der Jahna und im Einzugsbereich des Ketzerbaches fast hundert Wassermühlen nachweisbar. Bis auf wenige Ausnahmen waren Windmühlen hier nicht zu finden, auch wenn der erste urkundliche Nachweis einer Windmühle in Sachsen vom 2. April 1373 gerade in diesem Gebiet, vor den Toren der „Landeshauptstadt" Meißen, zu finden ist:

In einer Urkunde genehmigen Meinher und Berthold, Burggrafen von Meißen und Grafen von Hartenstein, einen Tausch zwischen Dietrich von Prausitz, Propst des Augustiner-Chorherrenstifts St. Afra in Meißen, und ihrem Kaplan Gerlach von Staucha. Dabei erhält der Propst einen Acker vor dem Lommatzscher Tor in Richtung der Windmühle links bei dem vormals ebenfalls von den Burggrafen dem Afrastift zugeeigneten Wassergraben (HStA Dresden 10001 ältere Urkunden 04044).

Erst als um die Mitte des 19. Jh. der Mühlenzwang aufgehoben wurde und gleichzeitig mehrere Dürresommer aufeinander folgten, kam es vermehrt zum Bau von Windmühlen, vornehmlich Bockwindmühlen, später auch

Abb. 80   Windmühle in Pahrenz

Turmwindmühlen. Insgesamt sind im Bearbeitungsgebiet ca. 35 Windmühlen vorhanden gewesen. Der Konkurrenz der Wassermühlen konnten sich von diesen jedoch nur wenige erwehren.

Heute sind eine Menge Wassermühlen an den größeren Gewässern erhalten geblieben, von denen auch noch einige in Betrieb sind. Die meisten wurden zu Wohnhäusern umgebaut und die noch vorhandenen sind zumeist „Museumsmühlen", sogenannte Hobby-Mühlen (MÜLLER u. OCHSLER 2016). ▸ Abb. 80 Von den Windmühlen ist nur noch eine einzige betriebsfähige zu finden, die Turmwindmühle Jenichen in Prausitz. Alle anderen wurden zu Beginn des 20. Jh. außer Betrieb genommen und die meisten abgebrochen. Auch die Verwendung von elektrischen Antrieben und der Bau von Großmühlen, geschuldet dem ständigen Wachstum der Bevölkerung, führten zum Verschwinden der altüberlieferten Technik.

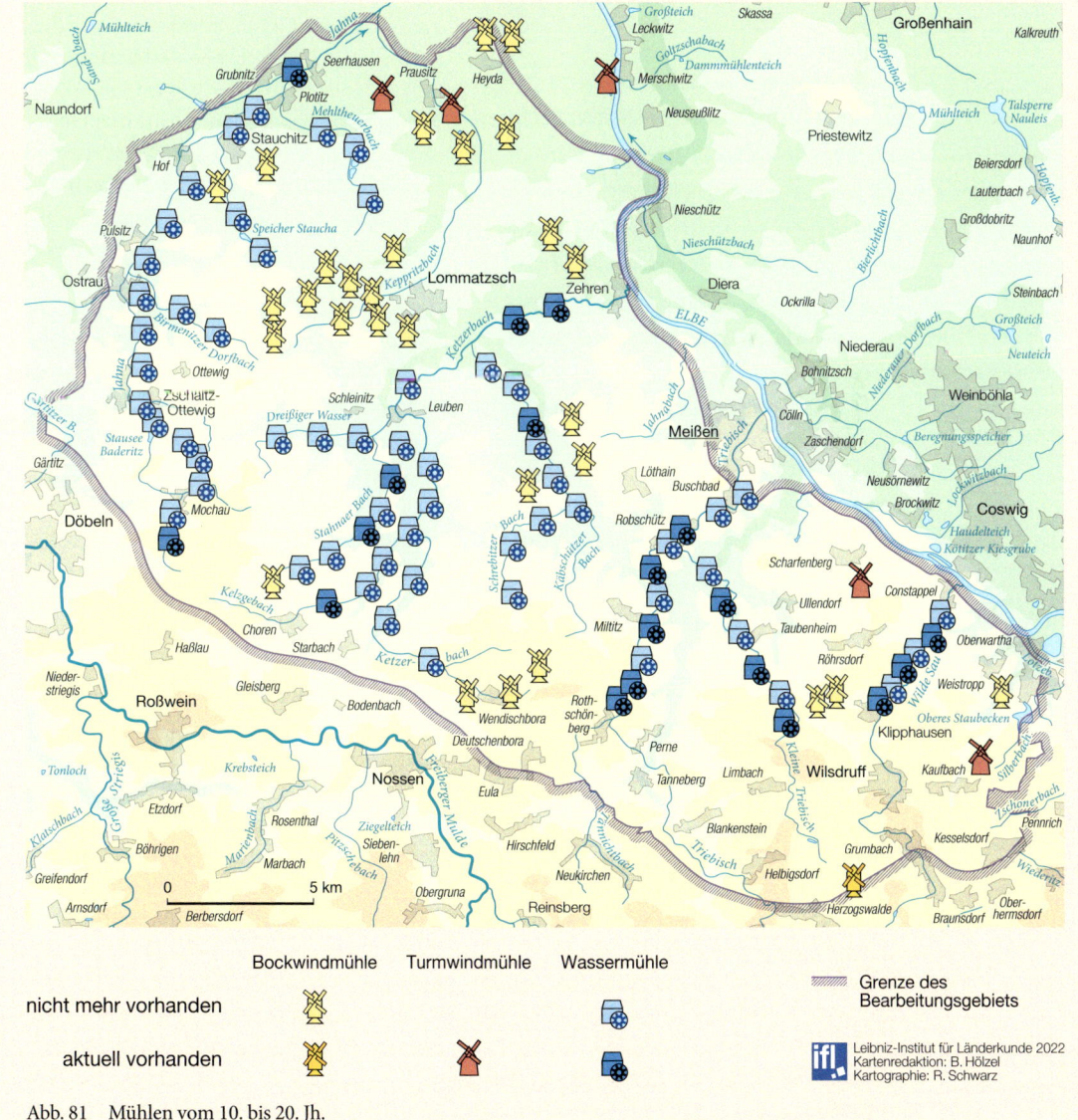

Abb. 81 Mühlen vom 10. bis 20. Jh.

Thietmar von Merseburg über die Heilige Quelle

Heute als solcher nicht mehr erkennbar war der ehemalige Paltzschener See in vorchristlicher Zeit für die Einheimischen von zentraler Bedeutung. Thietmar von Merseburg beschreibt ihn als Orakelsee, der drohende Krisen „durch Blut und Asche" verkündet habe. (Thietmar von Merseburg, Chronik, I, 3). Seine Bedeutung wird auch durch seinen zeitgenössischen Namen unterstrichen. Glomuzi meint sowohl den See als auch die umgebende Landschaft – die heutige Lommatzscher Pflege. ■ lid-online.de/83106

daran, dass Thietmars „Orakelsee", dessen blutrote Färbung den Einwohnern des Daleminzier-Landes heraufziehendes Unglück angekündigt haben soll, innerhalb weniger Jahrzehnte verschwand. Vom Paltzschener See, der über wasserstauenden tonigen Ablagerungen eines eiszeitlichen Schmelzwassersees entstanden war, zeugt heute nur noch eine unscheinbare, mit dunklen, anmoorigen Gleyen gefüllte Senke. ▶ Abb. 82

Schon die ersten bäuerlichen Siedler wurden von dem kleinen Binnengewässer im ausgehenden 6. Jt. v. Chr. angezogen. Ringsum den See sind zahlreiche Siedlungsstellen der Bandkeramik durch Oberflächenfunde nachgewiesen. Gruben der Kugelamphorenkultur (um 2900 v. Chr.) kamen 1973 südlich des Ufers zutage und lassen ebenso wie Scherben, Mahlsteine und Rotlehmbrocken auf eine Siedlung schließen. Unweit davon wurde 2010 in einer Sondage ein mindestens 4 m tiefer, runder Schacht mit fast senkrechten Wänden aufdeckt, der in der Frühbronzezeit um 1800 v. Chr. angelegt worden sein muss. Sollte nur etwa 200 m südlich des stehenden Gewässers ein Brunnen bis auf wasserführende Schichten abgetieft worden sein? Damit erscheint auch ein frühbronzezeitlicher Hortfund in einem neuen Licht, der wahrscheinlich 1845 bei der Erweiterung eines Entwässerungsgrabens östlich des Sees gefunden wurde und sich aus zwei massiven Fußringen und einem Armring zusammensetzt. Die typische „Moorpatina" spricht in der Tat für eine Niederlegung in einem Moor oder Gewässer und damit für bronzezeitliches Deponierungsbrauchtum an einem Ort, der wohl schon lange vor dem Frühmittelalter als „heilig" galt. Nach den Spuren slawischer „Opferhandlungen" wird man dagegen vergeblich suchen: Von einem Opferplatz ist bei Thietmar ja auch gar nicht die Rede; denn das Orakel schätzten die Bevölkerung des Gaues *Glomaci* „höher als christliche Kirchen".

Umso verlockender ist es dann, vom „Stammesheiligtum" der slawischen Daleminizier eine Verbindung zu einer 1,6 km östlich gelegenen Befestigung am nördlichen Ortsrand von Paltzschen herzustellen und diese den zentralen slawischen Burgen des 9./frühen 10. Jh. in der Lommatzscher Pflege einzureihen. Allein der sprechende Flurname „Tanzplatz" beschwört die von Thietmar geschilderte numinose Atmosphäre der Landschaft herauf.

Tatsächlich waren in einer Streuobstwiese bis 1976 noch Teile eines Ringwalls erhalten. Damals wurden auch diese letzten Reste von der LPG „Helmut Just" zur Gewinnung von Ackerland nahezu komplett eingeebnet (Spehr 2011). Heute ist der einst etwa 2,5 m hohe Wall bis auf eine mit bloßem Auge kaum wahrnehmbare Erhebung im Gelände nicht mehr zu erkennen. Das obertägige Denkmal ist auf die Schwundstufe einer Luftbildfundstelle geschrumpft. Nach den Aufnahmen zu urteilen, bestand

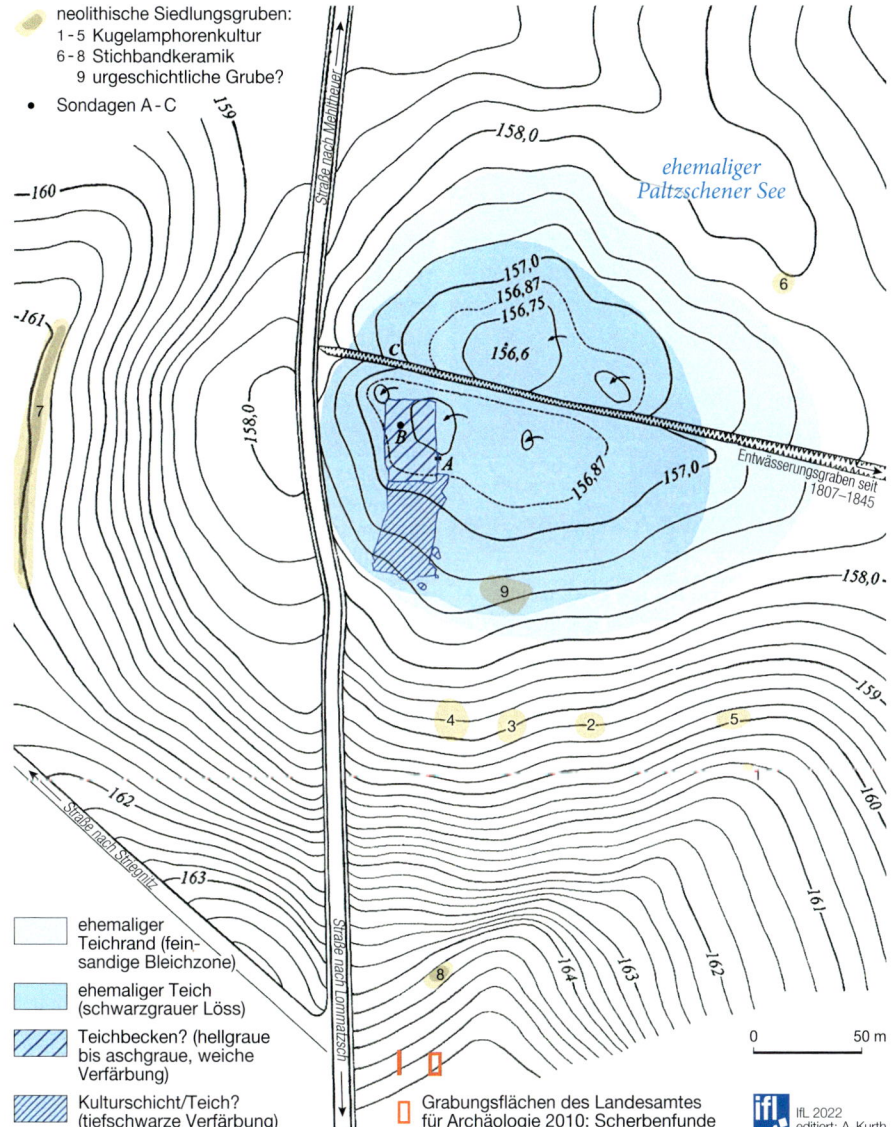

Abb. 82 Plan des ehemaligen Paltzschener Sees mit umliegenden jungsteinzeitlichen Fundstellen

die annähernd rechteckige Wehranlage aus einem Wall, der innen und außen von einem Graben begleitet wurde. Auf den Luftbildern zeichnen sich außerdem nicht nur die Reste der Befestigung, sondern auch grubenhausartige Strukturen im westlichen Vorfeld ab. Sie gehörten möglicherweise zu einer unbefestigten Vorburgsiedlung.

Größe und Umriss der Anlage lassen sich mit einer frühmittelalterlichen Burg des 9. oder frühen 10. Jh. kaum vereinbaren. Man wird stattdessen dem Vorschlag Reinhard Spehrs folgen und die Strukturen als Reste eines befestigten mittelalterlichen Wohn- und Wirtschaftshofes interpretieren dürfen, der etwa 300 Jahre jünger als die slawischen Befestigungen in der Lommatzscher Pflege ist (SPEHR 2011). Denn an Oberflächenfunden des 12./13. Jh. vom Burggelände mangelt es nicht. Es könnte sich um den Sitz einer Ministerialenfamilie handeln. Inhaber war vielleicht ein 1206 nachweisbarer *Lampertus de Pulzan*. Spätestens in der ersten Hälfte des 14. Jh. gehörte der Herrenhof als Allodium zum Amt Meißen, dem auch die Dorfgemeinschaft abgabenpflichtig war. Nach der Mitte des 14. Jh. scheinen die auf Burg Hirschstein ansässigen Herren von Polenz Einkünfte aus Paltzschen bezogen zu haben, bis der Besitz an Meißener Bürger und schließlich an Markgraf Wilhelm den Einäugigen überging (SPEHR 2011).

Beim Bau von Wasserleitungen und bei Begehungen konnten im Umfeld immer wieder Befunde beobachtet und ein umfangreiches Fundmaterial geborgen werden, das von der Linienbandkeramik über die Schnurkeramik und Bronzezeit bis in die römische Kaiserzeit reicht und die hohe Siedlungsdichte dokumentiert. Besonders intensiv muss die Besiedlung dann seit dem 9. Jh. n. Chr. gewesen sein. So stammen aus einer Grube südlich der Befestigung Bruchstücke von Drehmühlen aus Rochlitzer Quarzporphyr, eine typische Tonwanne zum Rösten von Getreide sowie zahlreiche Scherben, die in das 9./10. Jh. zu datieren sind. Besonders hervorzuheben ist außerdem eine spätmittelalterliche Axt (SPEHR 2011).

B11 Altlommatzsch

Wirkten in den Bestattungssitten der frühen Bronzezeit spätjungsteinzeitliche Traditionen (Grabhügel, Hockerbestattungen) fort, ging man in der zweiten Hälfte des 2. Jt. v. Chr. dazu über, die Toten zu verbrennen und den Leichenbrand in Urnen zusammen mit umfangreichen Geschirrsätzen beizusetzen. Der Brauch, über einem Grab einen Hügel aufzuschütten und damit weithin sichtbar auszuzeichnen, verschwand schließlich in den ersten Jahrhunderten des 1. Jt. v. Chr. zugunsten großer, dicht belegter Urnengräberfelder, die geradezu typisch sind für die Lausitzer Kultur, wie die Archäologen den mittleren und späten Abschnitt der Bronzezeit (1500–750 v. Chr.) nennen. Das Gräberfeld von Altlommatzsch vertritt mit 184 ausgegrabenen Urnenbestattungen beispielhaft diesen Typ von Friedhof und wurde zwischen 1000 und 700 v. Chr. belegt (HELLSTRÖM 2004). Zwischen 1956 und 1958 haben hier umfangreiche Ausgrabungen stattgefunden. ▶ Abb. 83

Die Gräber gruppierten sich möglicherweise um einen Grabhügel, der bereits während der frühen Bronzezeit angelegt worden sein könnte. Immerhin ist auch eine Bestattung der Aunjetitzer Kultur nachgewiesen. Offensichtlich galten ältere Grabmonument als Sitz der Ahnen, denen man später auch nach dem Tode nahe sein wollte.

Die jungbronzezeitlichen Inventare bestehen aus Urnen und Geschirrsätzen in wechselnder Zusammensetzung, die gelegentlich durch Bronzenadeln, ausnahmsweise auch andere Bronzegegenstände wie Pfeilspitzen, Drähte, Spiralröllchen oder Bleche ergänzt werden. Der Leichenbrand und einzelne, zumeist verschmolzene Tracht- und Schmuckteile aus Bronze wurden ausgelesen und in einem Tongefäß beigesetzt. Beigefäße, die um die Urne gruppiert waren, enthielten Trank und Speise für das Jenseits. Zerbrochene Gefäße mögen beim Totenritual für Opfer und Mahlzeiten („Leichenschmaus") verwendet und dann rituell zerschlagen worden sein. Wiederum dürfte sich die Siedlung nicht weit vom Friedhof entfernt befunden haben.

Der Hügel muss anscheinend wohl noch viele Jahrhunderte später sichtbar gewesen sein, denn auch ost-west-orientierte frühmittelalterliche Körperbestattungen nehmen Bezug auf eine fast freie, annähernd halbkreisförmige Zone in der westlichen Hälfte der Grabungsfläche (COBLENZ 1967; SPEHR 2011). Die 56 Gräber bilden kleine Gruppen, hinter denen sich durchaus verwandtschaftliche Beziehungen verbergen

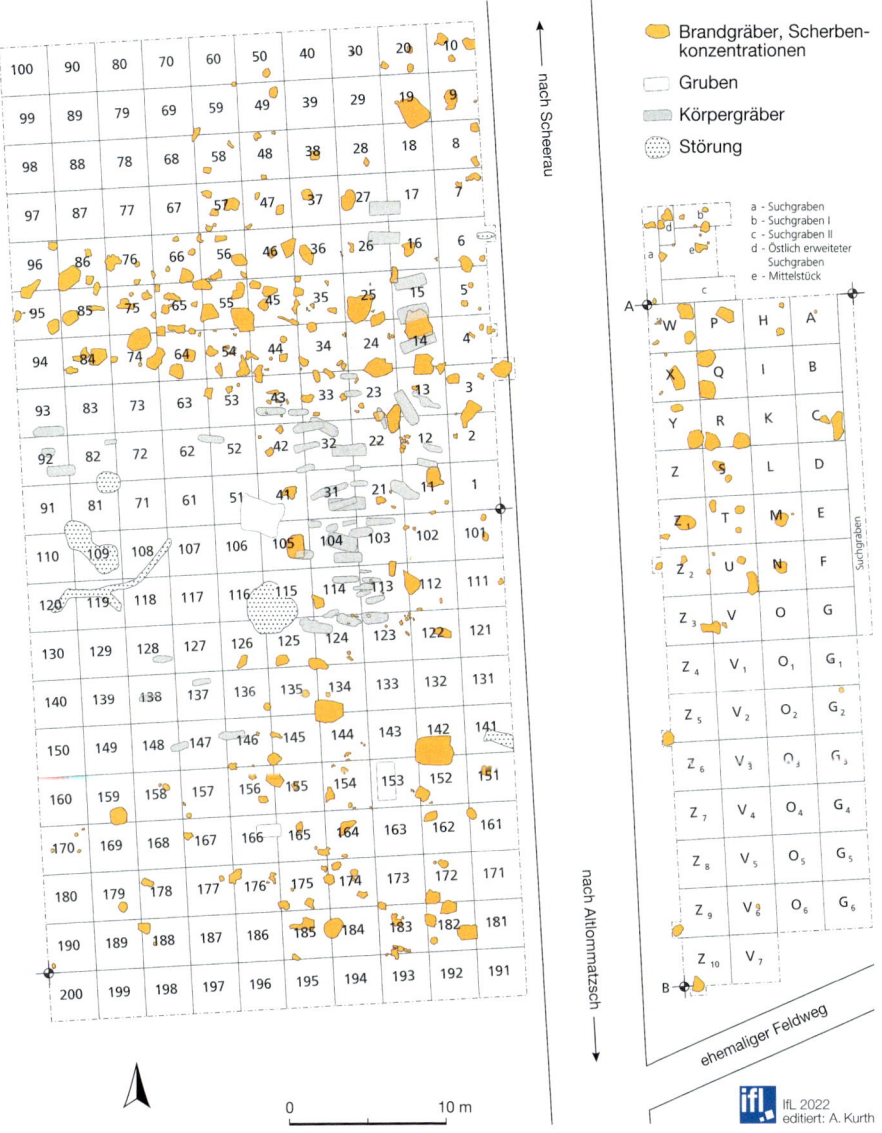

Abb. 83   Plan des Gräberfeldes von Altlommatzsch

könnten. Eine Trennung nach Alter oder Geschlechtern scheint sich hinter den Konzentrationen jedenfalls nicht abzuzeichnen. Die Toten wurden in gestreckter Rückenlage mit dem Kopf im W und Blick nach O auf Holzbrettern oder in Holzsärgen in Grabgruben beigesetzt, deren Tiefen zwischen 1,6 und 0,25 m schwanken. Besonders Kindergräber fallen durch geringe Grubentiefen auf.

Die Kindersterblichkeit muss mit 40 % recht hoch gewesen sein, ohne dass Totgeburten und Säuglinge in diese Berechnung eingeflossen wären, weil sie auf diesem Friedhof gar nicht beerdigt worden zu sein scheinen. Auch wer das Erwachsenenalter erreicht hatte, ist früh gestorben. Mature oder gar senile Individuen sind unterrepräsentiert, und Frauen hatten eine deutlich niedrigere Lebenserwartung als Männer. Krankhafte Veränderungen am Knochenbau weisen darauf hin, dass diese Population frühzeitigen und schweren körperlichen Belastungen ausgesetzt war (BACH u. BACH 1967). Die spärlichen Beigaben umfassen Perlen, Schläfenringe, Messer und Keramik. 30 % der Gräber enthielten überhaupt keine Beigaben. Der Friedhof dürfte ca. einhundert Jahre lang vom 10. bis ins 11. Jh. hinein von einer Bevölkerung belegt worden sein, deren Dorf im Bereich des heutigen Ortskerns von Altlommatzsch zu suchen sein wird, aus dem tatsächlich Hinweise auf eine Besiedlung dieser Zeit vorliegen.

Mit dem Hügel bzw. Gräberfeld direkt nichts zu tun hat ein Keramikkomplex, der beim Bau einer Wasserleitung am Fuße des Bahndamms 2002 zum Vorschein kam. Es handelt sich um typische Gefäße der älteren römischen Kaiserzeit (erste Hälfte des 1. Jh. n. Chr.) wie rollrädchenverzierte, schwarzpolierte Situlen oder kammstrichverzierte Töpfe. Da vergleichbare Scherben auch auf dem Hang zwischen Friedhof und Bahnlinie aufgelesen werden konnten, ist von einem „germanischen" Siedlungsareal auszugehen, das einmal mehr die Siedlungskontinuität in der fruchtbaren Lommatzscher Pflege unterstreicht.

B12 Lommatzsch

Die Gegend um Lommatzsch mit ihren fruchtbaren Lössböden ist seit der Jungsteinzeit besiedelt (MAAß 2017, S. 343). Seit dem 7. Jh. etablierte sich hier der slawische Stamm der Daleminzier, die sich nach dem Zeugnis Thietmars von Merseburg selbst „Lommatzscher" *(Glomaci)* nannten. Der Name ging auf eine den Slawen heilige Quelle, den später so genannten Paltzschener See nahe der heutigen Stadt zurück. Nach der deutschen Eroberung von 929 und der Gründung des Bistums Meißen 968 wurde wohl im 11. oder frühen 12. Jh. in Sichtweite des Sees auf einem 175 m hohen Hügel eine Kirche errichtet und dem Heiligen Wenzel geweiht. Diese Kirche diente als weithin ausstrahlendes Zeichen der neuen Religion und als Urpfarrei für die umliegenden Siedlungen.

Die zentralörtliche Bedeutung der Wenzelskirche gab den Ausschlag für die Entstehung der Stadt Lommatzsch im 13. Jh. (BLASCHKE 1997a). Im Laufe der Zeit bildeten sich Verkehrsbeziehungen von den umliegenden Dörfern zum geistlichen Mittelpunkt der Region. Später kreuzten sich hier vier überregionale Wege, die nach Döbeln, Meißen, zum Elbübergang Merschwitz und zum Paltzschener See führten. 1286 wurde Lommatzsch erstmals als Stadt oder Städtchen *(civitas seu oppidum)* erwähnt. Der Aufschwung von Handel und Handwerk sorgte im 14. Jh. für den Ausbau der Stadt (SPITZNER u. STROBEL 2012). Durch ein „wunderthätiges Marienbild" in der St. Wenzel Kirche stieg Lommatzsch im späten Mittelalter zum Wallfahrtsort auf, was Handel und Handwerk vor Ort weiter belebte. Im 15. Jh. führten schließlich alle wichtigen Zoll- und Handelsstraßen der Gegend durch die Stadt. Das Wachstum vollzog sich aber nicht ohne Brüche. 1429 plünderten die Hussiten den Ort und brannten ihn nieder; dieses Schicksal wiederholte sich 1449 im sächsischen Bruderkrieg. Auch in den folgenden Jahren kam es immer wieder zu Stadtbränden und Räubereien, begünstigt dadurch, dass Lommatzsch damals keine Stadtmauern besaß. Zum Schutz der Bevölkerung dienten deshalb wahrscheinlich die in Löss gehauenen Keller unter Grundstücken im Marktbereich. Am Ende des 15. Jh. zählte Lommatzsch noch weniger als 1.000 Einwohner.

Im 16. Jh. wuchs die Bevölkerung an. Die Stadt dehnte sich aus und veränderte ihr Gesicht. Zum Schutz vor Stadtbränden erließen die Stadtväter Vorschriften für eine einheitliche Bauweise aus Stein. Mit der noch heute das Stadtbild dominierenden dreitürmigen Kirche setzte Lommatzsch zu Beginn des Jahrhunderts ein wichtiges Hoffnungszeichen. 1504 begann der Umbau der damaligen kleineren und stark beschädigten Kirche unter Leitung des Baumeisters Peter Ulrich v. Pirna. Bereits zehn Jahre später erfolgte die Kirchweihe. In den Jahren 1550 bis 1555 entstand das große Rathaus am Rande des Marktplatzes. Der „schiefe Markt" von Lommatzsch, mit seinem deutlichen Geländeabfall und seiner einem unregelmäßigen Viereck gleichenden Form, ist bis heute erkennbar. Im 17. Jh. geriet die Stadt durch Krieg und Krankheit erneut in eine Krise. Die Pest grassierte zwischen 1611 und 1633 mehrfach in Lommatzsch und in benachbarten Dörfern. 1637 wurde die Stadt in Schutt und Asche gelegt, und 1642 plünderten und wüteten hier die durchziehenden Truppen der Schweden. Dennoch gelang der Wiederaufbau. Nach den Aufzeichnungen in der Chronik des ehemaligen Bürgermeisters Louis Zahn lebten 1697 in Lommatzsch „11 Handelsleute, 102 brauende Bürger, 6 Bäcker, 9 Fleischer, 5 Tuch und Zeuchmacher, 10 Leineweber […] und 100 andere Handwerker. Man braute jährlich gegen 1100 Faß Bier und hielt 26 Pferde und 174 Kühe." (MAAß 2017, S. 346)

Zwischen 1700 und 1900 stieg die Bevölkerungszahl wieder an. Gab es im Jahr 1800 bereits 1.261 Einwohner, zählte die Stadt am Ende des Jahrhunderts rund 3.200. Weiterhin bestimmten die Handwerker die Lommatzscher Gewerbelandschaft, wobei sich die Professionen zunehmend spezialisierten. In Lommatzsch gewann sogar die Strumpfwirkerei an Bedeutung, die gemeinhin eher dem Chemnitzer Umland zugeordnet wird. Die Lommatzscher Bauern bauten in Größenordnung die sogenannte Rauh- bzw. Weberkarde an. Diese Distelpflanze diente zur Glättung von Wollfäden in der frühen Textilindustrie. Anfang des 19. Jh. sollen laut den Aufzeichnungen von Louis Zahn „700 Duzend wollene Strümpfe und Handschuhe, gegen 1400 Schocke Web-Leinwand, 2400 Stück

> **Landeskunde Digital – Lommatzsch**
>
> *Heimat entdecken: Die Webseite „Landeskunde digital" ist das Ergebnis des gleichnamigen Forschungsprojekts und verknüpft Geschichten, Bilder, Karten, Zukunftsvisionen, Interviewausschnitte und Videos mit drei konkreten Orten in Lommatzsch und Umgebung. Über 360°-Panoramen können Geschichten der Stadt, ihrer Bewohner und der Natur abgerufen werden.*
>
> ■ landeskunde-digital.de/lommatzsch

Landeskunde Digital

Hüte" jährlich in Lommatzsch produziert worden sein. Auch das Gerber- und Töpferhandwerk waren verbreitet, es gab Ziegeleien und wohl auch eine kleine Tabakfabrik. Trotzdem schien Lommatzsch zu Beginn des 19. Jh. den Charakter einer Ackerbürgerstadt angenommen zu haben. Die Bewohner betrieben neben ihrem Handwerk auch Feldwirtschaft und Viehhaltung.

Mit dem Bau der Eisenbahnlinie Lommatzsch–Riesa 1875 erhofften sich die Stadtväter, am industriellen Aufschwung in Sachsen teilhaben zu können. Doch trotz älterer Ansätze läutete erst Carl Menzel 1897 mit dem Bau einer Glasfabrik die industrielle Entwicklung der Stadt wirklich ein. Anfänglich sollen im Glaswerk zweihundert Arbeitskräfte tätig gewesen sein. 1919 nahm die Firma Gotthardt & Kühne ihre Arbeit auf, die zunächst vor allem Futter-

Wohnung, Brauch und Fest – Zu den Wandlungen der ländlichen Volkskultur

Das Land prägt die Volkskultur – in der Region zwischen Wilsdruff und Lommatzsch lässt sich dieser Grundsatz besonders gut nachvollziehen. Die hohe Konzentration bäuerlicher Betriebe und die Blüte der Landwirtschaft im 19. Jh. bildeten die Grundlage für eine reiche materielle Kultur. Bräuche und Feste strukturierten das Alltagsleben im Jahreslauf. Mit der Landflucht und Modernisierung im 20. Jh. verloren einige Elemente der Volkskultur allerdings stark an Bedeutung.

Zu den überlieferten materiellen Formen zählen in erster Linie die Wohn- und Stallgebäude der Drei- und Vierseithöfe und das dazugehörige Inventar. Gebaut wurde in der Regel zweigeschossig in Bruchsteinmauerwerk, oft mit Fachwerkfassaden (Bartusch, Koeppe u. Wehner 2017). Die Agrarkonjunktur des 19. Jh. ermöglichte vielen Besitzern den Ausbau ihrer Höfe und die Auskleidung mit Fassadenschmuck, wobei aber die in Sachsen sonst verbreiteten Hausinschriften regional kaum zu finden sind. Bäuerlicher Hausrat, z. B. Töpferwaren, wurde zunächst von regionalen Herstellern bezogen. Mit dem Wachstum des Wohlstandes fanden Waren wie Zinngeschirr und Steingut (Steingutfabrik im nahegelegenen Nossen seit 1815) ebenso Verbreitung wie z. T. reich bemalte Schränke und Truhen (Frenzel, Karg u. Spamer 1932b). Die soziale Differenzierung der ländlichen Gesellschaft schlug sich in der Errichtung gesonderter Räumlichkeiten für das Gesinde (Kammern und Leutestuben) nieder (Bucher 2017).

Die Gestaltung der Jahresbräuche richtete sich nach der bäuerlichen Arbeits- und Lebensweise, hat sich in der modernen Gesellschaft aber weitgehend überregionalen Traditionen angeglichen. Dazu zählen die Feier des Osterfestes als Frühlings- und Fruchtbarkeitsfest (mit Grünschmuck an Häusern und Ostereierschmuck und -suche), die Errichtung eines Maibaumes, das Walpurgisfeuer und der Tanz in den Mai sowie die Pfingstfeier, die mit der Schmückung der Kirchen einhergeht. Weihnachten etablierte sich schon früh im 19. Jh. als Geschenkfest, wobei die Reichhaltigkeit der Gaben – etwa in der Gegend um Wilsdruff – durch spartanische Mahlzeiten zum Heiligen Abend und zu Neujahr (Kartoffeln und Linsen ohne Fleisch) konterkariert wurde (Frenzel, Karg u. Spamer 1932a).

Von besonderer Bedeutung waren die Bräuche zur Erntezeit, wie sie aus volkskundlichen Fragebögen des frühen 20. Jh. ermittelt wurden. Der Schnitter, der das erste Korn mähte, sagte laut „Walts Gott!" zu Beginn der Erntesaison. Bei Einbringung der letzten Fuhre war sämtliches Gesinde, teilweise auch Kinder, anwesend; die Wagen wurden dabei oft mit Erntekränzen geschmückt. Das Einbringen der Ernte wurde mit der Ausgabe von Schnaps und später dem Ernteschmaus begangen. Zum Erntedankfest schmückte man die Kirchen mit Blumen, Feldfrüchten und Brotlaiben und Kinder sagten Gedichte zu den Jahreszeiten auf. Im 19. Jh. wurde das

Erntedankfest in der Lommatzscher Pflege mit Veranstaltung einer Schießwiese und eines Balles begangen (Frenzel, Karg u. Spamer 1932a). ▶ Abb. 84

Märkte und Volksfeste wurden zu lokal unterschiedlichen Zeiten veranstaltet. Verbreitet waren in den größeren Ortschaften die Krammärkte, die meist zweimal im Jahr ausgerichtet wurden (z. B. in Lommatzsch am Sonntag vor Himmelfahrt und im November; in Wilsdruff am Sonntag Jubilate = fünfter Sonntag nach Ostern sowie im Oktober). Die herbstliche Kirmes stellte ein weiteres wichtiges Fest dar und hat sich bis heute erhalten. Gefeiert wurde sie in Wilsdruff am dritten Sonntag im September, in Mochau an dem dem Martinstag (11. November) nächstliegenden Sonntag, in Krögis am Sonntag vor dem Totensonntag und in Wendischbora am letzten Oktobersonntag. Schützenfeste wurden darüber hinaus in Lommatzsch (zu Pfingsten), Wilsdruff (Sonntag um Peter und Paul) und anderen Orten gefeiert (Frenzel, Karg u. Spamer 1932b).

Heute sind Orts- und Kirchenfeste weiterhin beliebte Anlässe zur Präsentation des lokalen Handwerks und für die Bestätigung einer ländlichen kulturellen Identität. Die Modernisierungsprozesse der jüngsten Zeit, eine erhöhte Mobilität sowie Massenkonsum und Medialisierung haben kulturelle Besonderheiten jedoch weitgehend eingeebnet. Initiativen, wie der „Förderverein für Heimat und Kultur in der Lommatzscher Pflege" bemühen sich seit dem ausgehenden 20. Jahrhundert verstärkt um eine Wiedererweckung des Heimatgedankens. Hierbei überschneiden sich touristische und wirtschaftliche Interessen mit der Suche nach regionalen kulturellen Ankerpunkten. Beispielhaft seien hier am zweiten Sonntag im September das Erntedankfest mit einem Festgottesdienst in St. Wenzel in Lommatzsch sowie der Lummscher Krautmarkt in der Stadt genannt.

Abb. 84   Erntedankfest Anfang September 2014 in der Kirche Röhrsdorf, mit typischer Dekoration. Im Orgelgehäuse fehlen noch die Pfeifen. Die neue Orgel wurde erst am 24. Dezember 2014 eingeweiht.

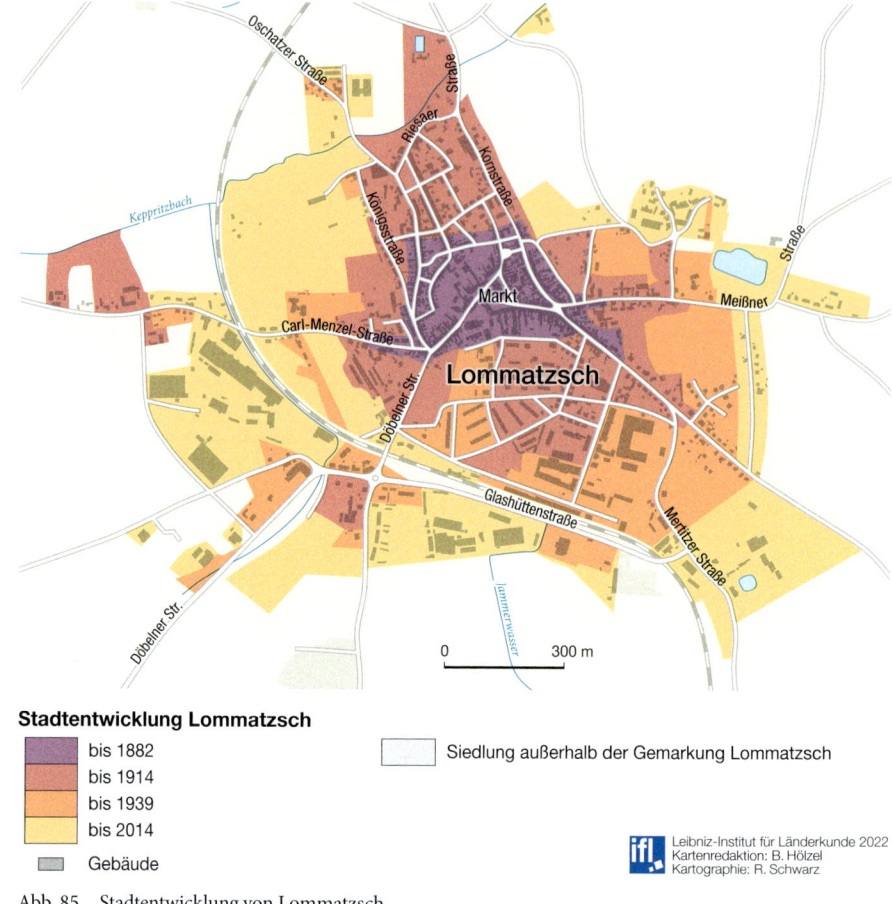

Abb. 85   Stadtentwicklung von Lommatzsch

dämpferanlagen herstellte. Ebenfalls 1919 gründeten 36 Groß- und Mittelbauern die Lommatzscher Gemüse und Obst-Verwertungs-GmbH. Diese bildete das Fundament der heutigen Elbtal Tiefkühlkost GmbH, einem Betriebsteil der Frosta AG. In den 1930er Jahren waren hier in der Saison teilweise bis zu dreihundert Frauen beschäftigt. 1926 machten sich die Glasbläser Bruno Lehmann und Paul Balzer mit der Herstellung von Spiegeln selbständig. Diese Firma entwickelte sich zu einem leistungsstarken Betrieb der Glasveredelung in Lommatzsch. Er überstand die Krisen der Glasindustrie Ende der 1920er Jahre, hatte in den 1940er Jahren achzig Mitarbeiter, war als VEB Glastechnik in der DDR ab 1984 Alleinhersteller von Automobil- und Straßenverkehrsspiegeln und wurde 1991 in die Firmengruppe der Scholl Glas GmbH integriert.

Mit dem steigenden Bedarf an Arbeitskräften in den Fabriken stieg Ende des 19./Anfang des 20. Jh. die Nachfrage nach Wohnraum. Die mehrstöckigen Mietshäuser auf der Schützenstraße, der Königstraße und der Riesa Straße und im unteren Bereich der Königstraße entstanden. Der heutige Sachsenplatz wurde als Parkanlage Ende des 19. Jh. angelegt und das Schützenhaus als Domizil des Schützenvereins gebaut. Auf der Döbelner Straße ließ Carl Menzel für seine Familie und seine Mitarbeiter um 1900 die sogenannten „Glashäuser" errichten. Mit dem Bau der Kleinbahnen nach Meißen und

Döbeln (1909/10) verbesserten sich auch die Transportbeziehungen in und aus der Lommatzscher Pflege vor allem für Getreide und Zuckerrüben. In Erinnerung ist diese Bahn bis heute auch als „Rübenbahn".

Der Erste und vor allem der Zweite Weltkrieg hinterließen auch in Lommatzsch Spuren. Nicht zuletzt musste nach 1945 dringend die Versorgung der Einwohner und der vielen Flüchtlinge sowie deren zumindest behelfsmäßige Unterbringung gesichert werden. Die sozialistische Umgestaltung der Landwirtschaft ab den 1950er Jahren brachte der Stadt neue Betriebe. 1969 wurde beispielsweise das Trockenwerk in Lommatzsch gegründet (heute befindet sich die Firma K & K Sondermaschinen und Förderanlagen auf dem Betriebsgelände) und 1972 das Agrochemische Zentrum (nach 1991 als TDG GmbH privatisiert und 2017 an die Firma Beiselen verkauft). Zudem gewann die kommunale Zusammenarbeit an Bedeutung. 1972 gründete sich der Gemeindeverband Lommatzsch, dem neben der Stadt Lommatzsch sieben Gemeinden mit 48 Ortsteilen angehörten. Ihm oblag u. a. die Unterhaltung der Straßen. Zur Stadt Lommatzsch selbst gehörten seit 1972 auch die Dörfer Jessen, Pitschütz, Altlommatzsch, Scheerau, Schwochau und Rauba. Die Einwohnerzahl stieg auf 4.946 im Jahr 1987. Das Stadtgebiet breitete sich in Richtung Eisenbahnlinie weiter aus. Ende der 1960er Jahre baute die Arbeiterwohnungsbaugenossenschaft an der heutigen Lindenstraße die so genannten Neubauten. Bis 1986 entstanden insgesamt 45 Eigenheime und 411 Wohnungen neu. Trotzdem konnte der hohe Bedarf an Wohnraum bis 1989 nicht gedeckt werden. 1974 wurde die „neue Schule" als Plattenbau „Typ Dresden" mit einer großen Dreifeldhalle für den damals äußerst erfolgreichen Handballsport im N der Stadt gebaut. ▶ Abb. 85

Die Erhaltung und Entwicklung der Infrastruktur hielt insgesamt aber mit dem Bevölkerungswachstum nicht Schritt. In den 1980er Jahren waren Trink- und Abwasserleitungen marode. Es fehlte eine Kläranlage, um auch die Abwässer aus der Gemüseproduktion zu reinigen. Die Häuser in der Innenstadt verfielen, Wohnungen mussten aus dem Bestand genommen werden. Das Eindringen von Wasser in den Untergrund führte insbesondere um die Kirche und den Marktbereich auch mehrfach zum Einsturz von Tiefkellern (BÖRTITZ u. GRUND 1972, POHLENZ 1972). Die darüber liegenden Häuser wie das damalige Stadtmuseum und das Geburtshaus des Komponisten Robert Volkmann am Kirchplatz mussten teilweise abgebrochen werden. Trotz der – bezogen auf die hohe Zahl an Arbeitsplätzen, das Wachstum der Bevölkerung und die sozialen wie kulturellen Möglichkeiten in der ländlichen Kleinstadt – günstigen Stadtentwicklung, verschlechterte sich die Stimmung in der Bevölkerung. Die Wohnungsfrage und Versorgungsprobleme bildeten bis zum Ende der DDR Schwerpunkte von Eingaben der Bürger an den Rat der Stadt.

Nach 1989/90 durchlebte die Stadt Lommatzsch in Verbindung mit der sie umgebenden Landwirtschaft einen rasanten und sehr schmerzhaften Wandlungsprozess. Zum einen gingen Arbeitsplätze in Größenordnungen verloren. Betriebe mussten schließen oder wurden durch westdeutsche Firmen übernommen. Infolge dessen kehrten viele Lommatzscher ihrer Stadt den Rücken. Trotz der Eingemeindungen im Jahr 1994 von fünf ehemaligen Gemeinden mit dreißig Ortsteilen in die Stadt Lommatzsch schrumpfte die Bevölkerung seit 1990 bis heute um rund 27 %. Zum anderen flossen jedoch erhebliche finanzielle Mittel in die Verbesserung der Infrastruktur. Marode Häuser wurden privatisiert und zum großen Teil mit Stadtsanierungsmitteln saniert. An der Apotheker-Herb-Straße entstand ein neues Wohngebiet mit Mietwohnungen, an der Bergstraße eine Einfamilienhaussiedlung.

Das erste Jahrzehnt des 21. Jh. war durch die schwierige finanzielle Lage der Kommune belastet. Die Verschuldung stieg auf 1.500 € pro Kopf im Jahr 2005. Investitionsstau und eine für die Bürger spürbare Sparpolitik der Stadt waren die Folgen. Inzwischen blickt Lommatzsch wieder positiv in die Zukunft. Es gelang, die Oberschule zu erhalten und alle Kindereinrichtungen sowie Schulen mit Turnhallen zu sanieren. Der Marktplatz und die umliegenden Häuser strahlen im frischen Glanz. Auch die seit Jahrzehnten die gesellschaftliche Entwicklung der Stadt prägenden Vereine sind aktiv und betreiben eine erfolgreiche Nachwuchsarbeit. Zwar sinken die Einwohnerzahlen noch immer, da es weniger Geburten als Sterbefälle gibt. Aber aktuell bleiben wieder mehr junge Menschen da und ziehen spürbar Familien mit Kindern in die Stadt. Ein Grund dafür ist die steigende Zahl an Arbeitsplätzen. Die Gewerbelandschaft prägen unverändert die zwei Großbetriebe Elbtal Tiefkühlkost und Scholl Glastechnik, hinzu kamen die Metallbaufirmen Kühne Fördertechnik und Lomma Sachsen GmbH sowie mehrere Transportunternehmen, ein großes Tiefkühllager und viele Handwerksbetriebe. Die Ziele der Stadtentwicklung konzentrieren sich aktuell darauf, Lommatzsch als Grundzentrum und Standort von Schulen, Gesundheitsdienstleistungen und Versorgung zu stärken. Dazu ist der Erhalt des historischen Stadtkerns wichtig.

Zusammenfassend fügen sich die Veränderungen der Gegenwart in den historischen Entwicklungslauf der Stadt ein. Wachstum und Schrumpfung folgten stets dem Angebot und der Nachfrage von Arbeitsplätzen im Handwerk, Handel, Gewerbe sowie der Landwirtschaft. Große strukturelle Veränderungen der Wirtschaft gab es anders als im Erzgebirge oder im Chemnitzer Raum nicht. Auch die Siedlungsstruktur dehnte sich nur wenig über ihren ursprünglichen Siedlungskern aus. Einzig die Dörfer Messa und Domselwitz sind im Stadtgebiet integriert worden. Lommatzsch behielt über die Jahrhunderte hinweg seine Funktion und seinen Charakter als wirtschaftlich-kulturelles Zentrum der Lommatzscher Pflege, eine der fruchtbarsten Agrarregionen Deutschlands.

Lommatzscher Lösskeller

Die Stadt Lommatzsch weist mit zahlreichen in die Sedimentschichten gegrabenen Kellern unter der Oberfläche im Stadtgebiet eine historisch über Jahrhunderte gewachsene Besonderheit auf.

Während Kelleranlagen seit der Antike sowohl zu religiösen als auch zu profanen Zwecken entstanden, dienten sie in der Stadt Lommatzsch vorwiegend letzterem. Die Bürger legten hier über Jahrhunderte hinweg (erste Nachweise um 1300) zum Teil ausgedehnte, auch mehrstöckige Kelleranlagen mit sehr einfachen Mitteln (meist von Hand, seltener bergmännisch) unter ihren Häusern im anstehenden Lockergestein Löss an. ▶ Abb. 86 Diese dienten der Lagerung und Konservierung von besonders leicht verderblichen Lebensmitteln, aber auch zur wichtigen Bierkonservierung beim häuslichen Brauen. In unruhigen Zeiten sowie bei Stadtbränden boten die Kelleranlagen zusätzlich Flucht- und Rückzugsorte. Eine größere Zahl der über einen langen Zeitraum entstandenen Kelleranlagen sind bis heute vorhanden und sichern die gleichmäßig kühle Lagerung von Lebensmitteln noch immer. Stärker ins Bewusstsein und in das öffentliche Interesse rückten die Kelleranlagen in der Vergangenheit oft nur im Zusammenhang mit auftretenden Schadensfällen (Kellereinbrüche, Oberflächensenkungen auf Straßen im Stadtgebiet, Senkungs- und Rissschäden an Hausfassaden und Fundamenten). Verantwortlich dafür sind die Beschaffenheit des Bodens sowie die Bauweise der Keller selbst.

Voraussetzung für den Kellerbau im Lommatzscher Stadtgebiet waren die hier in großer Mächtigkeit ausgebildeten Losssedimente. Der Löss als weichselkaltzeitliches äolisches (vom Wind abgelagertes) Eiszeitprodukt erreicht im Lommatzscher Stadtgebiet die hohe Mächtigkeit von 12 bis 15 m. Er steht direkt an der Oberfläche an, wird nur von den daraus entstandenen Böden überdeckt, die allerdings im Stadtgebiet durch die anthropogen bedingte Störung (Bebauung) nicht mehr vorhanden sind.

Die Lössmächtigkeit schwankt stark, abhängig vom Relief des tieferen Untergrundes. Diese Aufstandsfläche wird gebildet von glazifluviatilen Sanden und Kiesen älterer Vereisungszyklen, Schollen tertiärer/miozäner Sande, Kiesen und Schluffen sowie als Festgesteinsstockwerk den paläozoischen Schiefern des Nossen-Wilsdruffer Schiefergebirges und den magmatischen Gesteinen des Meißener Massivs in dessen südwestlicher Randlage.

Löss und Lösslehm (der 1–2 m umfassende entkalkte Teil) ist in der Lommatzscher Region in reinster Ausbildung als hellgelbliches bis lichtgelbes, ungeschichtetes, vorwiegend grobschluffiges bis feinsandiges Lockersediment (Korngrößenbereich 0,02–0,2 mm) vorhanden. Die Eigenschaften des Lösses sind für den Bau der Keller wichtig. Er besteht aus sehr feinen Quarzkörnchen und enthält außerdem noch Feldspäte, Muskowit, Magnetit, Hornblende, Tonpartikel und reichlich Kalk (zwischen 10 % und 20 %). Er hat eine mehlige Beschaffenheit, ist leicht zerreibbar und besitzt ein hohes Porenvolumen (poröse Krümelstruktur). Im trockenen Zustand hat er eine hohe Standfestigkeit, die allerdings bei Zutritt von Wasser schnell den Übergang in den plastischen Zustand ermöglicht, der Löss zerfällt dann im Wasser rasch zu Schlamm.

Hauskeller wurden in offener Bauweise in den Untergrund eingebracht. Sie gehören meist unmittelbar zum darauf errichteten Gebäude. In Lommatzsch sind jedoch größtenteils Bergkelleranlagen vorhanden, wo diese Verbindung zur Überbauung nur teilweise direkt gegeben ist. Deshalb bestehen diese aus einem eigentlichen Tief(berg)keller als nutzbarem Raum, dem Bergkellergang (der Zugang zu diesem) und sogenannten Kriechgängen, letztere sehr schmal und niedrig. Diese Anlagen blieben oft aufgrund der hohen Standfestigkeit des Lösses im trockenen Zustand ohne Ausbau, sind aber auch teilweise mit Ziegelgewölben und Bruchsteinen als Ausbauelementen gesichert. Lüftungslöcher sicherten eine optimal gleich-

Abb. 86 Lösskeller in Lommatzsch

bleibende Lagerungsfeuchte für die bevorrateten Produkte (Börtitz u. Grund 1972).

Die wichtige Eigenschaft der Plastizität des Lösses beim Zutritt von Wasser war immer wieder die Ursache für die bis in die jüngste Vergangenheit wiederholt aufgetretenen Schadensereignisse, entweder durch direkten oberirdischen Wasserzutritt (z. B. bei Überschwemmungen) beziehungsweise durch defekte Rohrleitungssysteme. Die Tiefkelleranlagen im Löss als offenes System wirken dann wie Drainagen und nehmen die Hauptmenge des zusitzenden Wassers auf, entweder direkt oder über stärker sandige Schichten im Löss, die oft nicht erkundbare Wegsamkeiten darstellen. Der Verbruch des Kellers sowie nachfolgend im Bereich des 2–5 m mächtigen Deckgebirges bis zur Tagesoberfläche erfolgende Einstürze mit Schäden an Häusern und auf Straßen und Plätzen waren die Folge. Dokumentiert wurden zahlreiche historische Schadensfälle (u. a. 1926, 1937, 1939, 1941, 1957, 1959, 1966, 1970 und 1996).

In der jüngeren Vergangenheit aufgetretene Schäden konnten besser erkundet und die Ursachen aufgeklärt werden.

Mit dem Schaubergkellerareal ist die Lommatzscher „Unterwelt" für Interessierte eindrucksvoll sicht- und begehbar.

Das trockenwarme Lokalklima im unteren Ketzerbachtal mit 8,9 °C Jahresmitteltemperatur und unter 600 mm Jahresniederschlag hat bei jahrzehntelanger Pflege zur Herausbildung sehr artenreicher Lebensräume geführt, die vor allem für Pflanzen- und Insektenarten zu den herausragenden Biotopen in Sachsen zählen und deshalb landesweit von Bedeutung sind. Die Gebiete sind Bestandteil des NSG Trockenhänge südöstlich Lommatzsch, das im Jahr 2011 eingerichtet wurde. Das Gebiet gehört geologisch zum Eruptivkomplex des Meißener Massivs, das in SO-NW-Erstreckung in der Elbezone in mehreren Intrusionsphasen (im Paläozoikum – Karbon bis Perm) aufgedrungen ist. Erkennbar ist danach ein schaliger Aufbau entsprechend der Altersfolge von basischen Gesteinen am Rande bis zu sauren Gesteinen im Zentrum.

Geomorphologisch treten die Gesteine des Meißener Massivs beidseitig im Verlaufe des Ketzerbaches bis nach Zehren auf.

Besonders ab dem 19. Jh. war die Bruchsteingewinnung im Ketzerbachtal für den Häuserbau (Ablösung des traditionellen Baumaterials Holz) gefragt. ▸ Abb. 87 Das bezeugen die zahlreichen, meist kleineren Steinbrüche im Verlaufe des Ketzerbaches bei Daubnitz, Wachtnitz, Prosedyn, Piskowitz und Schieritz. Hier wurde ein fein- bis mittelkörniger Biotitgranodiorit abgebaut.

Besonders wertvolle Hänge der Trockenrasen aus naturschutzfachlicher Sicht liegen im Ketzerbachtal zwischen dem Steinbruch bei Piskowitz und am Mühlhügel Prosedyn bis zum Steinbruch von Wachtnitz. Weiter ist der Tanzberg von Piskowitz von Bedeutung. Wertbestimmend sind die faunistisch-botanisch hervorragend ausgestatteten Trocken- und Halbtrockenrasen, Trockengebüsche und Eichentrockenwälder. Im 19. Jh. wurden im Ketzerbachtal solch bedeutende Arten wie der Schwarzkümmel, die Wiesen-Kuhschelle, die Violette Königskerze sowie die heute verschollenen Arten Mittleres Vermeinkraut, Dreizähniges Knabenkraut und Geflecktes Ferkelkraut nachgewiesen (Reichenbach 1842; Schlimpert 1891–1895). Darauf aufmerksam geworden, widmete sich auch der Dresdner Botaniker und Universitätsprofessor Oscar Drude diesem Gebiet (Drude 1902) und empfahl schließlich gemeinsam mit seinem Kollegen Arno Naumann dem Landesverein Sächsischer Heimatschutz den Erwerb der Flächen, um ihre optimal naturschutzfachliche Bewirtschaftung sicherzustellen. Gutsbesitzer A. Hensel erwarb im Jahr 1920 den Hang bei Piskowitz und wenig später den Mühlhügel Prosedyn. Zeitgenössische Photographien zeigen eindrucksvoll den ganzen Reichtum der sogenannten pontischen Flora der Hänge und deren hervorragenden Zustand. Das muss das Entwicklungsziel heute sein.

Landeskunde Digital

Landeskunde Digital – Ketzerbachtal

Heimat entdecken: Die Webseite „Landeskunde digital" ist das Ergebnis des gleichnamigen Forschungsprojekts und lädt dazu ein, das Ketzerbachtal virtuell in seinen verschiedenen Facetten zu erleben und zu erkunden. Interaktiv und multimedial werden Themen wie Landschaftswandel, Landwirtschaft und Naturschutz präsentiert. ■ landeskunde-digital.de/ketzerbachtal

Abb. 87 Bild eines Bauernhofes in Prositz von 1863. Mittig im Hof ist im hinteren Seitengebäude die Kummethalle zu erkennen.

Zu DDR-Zeiten konnten die Flächen nach der Enteignung des Landevereins als FND gesichert werden und wurden von engagierten Freizeitforschern aus Lommatzsch, Dresden und Meißen betreut. Nach 1990 wurden die Halbtrockenrasen in einer Studie für das Staatliche Umweltfachamt Radebeul botanisch und Anfang der 2000er Jahre auch entomofaunistisch erfasst und bewertet. In der Naturschutzarbeit von Sachsen 1992 sind die Ergebnisse und Vorschläge für Schutzgebietsausweisungen publiziert worden (HARDTKE 1992). Als nach 1990 die Möglichkeit bestand, die 1945 enteigneten Flächen wieder zu erwerben, kaufte der Landesverein seine Flächen in den Jahren 2014 und 2017 zurück und bewirtschaftet sie in enger Zusammenarbeit mit der unteren Naturschutzbehörde Meißen/Großenhain.

Der Prositz-Wachtnitzer-Hang erhebt sich 40 m über die Talsohle des Ketzerbaches. Er wird im Westteil von einem Trockeneichenwald und im mittleren Teil und am Mühlhügel durch xerotherme Halbtrockenrasen bestimmt. Eine geologische Besonderheit war im ehemaligen Steinbruch Prositz aufgeschlossen, die Kontaktzone zwischen dem Biotitgrandiorit des Meißener Massivs und dem quarzreichen Glimmer-Hornblende-Porphyrit.

Carl Friedrich Naumann beschrieb dies bereits 1845 in der Geognostischen Beschreibung des Königreiches Sachsen: „Bei Prositz findet sich am rechten Gehänge des Ketzerbachtales (Lommatzscher Wasser) ein wahrhaft klassischer Punkt für das Studium des Meissner Porphyrdistrictes. Ein prachtiger Gang von blauem Porphyr schiebt dort zwischen Granit und Thonstein fast senkrecht in die Höhe. Derselbe ist fast 250–300 Fuss mächtig und zeigt sein nördliches, an den Granit grenzendes Saalband so deutlich entblösst, dass man die Grenze beider Gesteine mit der Hand bedecken kann …"

Am Fuße des Mühlhügels und am gesamten Hang finden sich artenreiche Trockengebüsche in denen als Besonderheit die Hirschwurz vorkommt. Im Übergangsbereich zu den Ackerflächen auf der Hochfläche haben sich Brennnessel-Holundergebüsche gebildet, die den starken Nährstoffeintrag von den Feldern mildern. Die Sichelmöhre und die Knollige Platterbse sind Zeiger einer basenreichen ehemaligen reichen Ackerwildflora.

Die Halbtrockenrasen sind der Gesellschaft der Schwingelrasen und kleinflächig den Trespen-Halbtrockenrasen zuzuordnen. In den Halbtrockenrasen kommen die sub-kontinentalen Arten Erd-Segge, Wiesen-Kuhschelle, Großer Ehrenpreis und

Violette Königskerze vor. Im Mai bestimmt das Weiß der Blüten der Ästigen Graslilie den Mühlhügel. Am Wachwitzer Hang stehen die Bologneser Glockenblume und die submediterranen Arten Aufrechter Ziest und Karthäuser-Nelke. Leider verschollen ist der Schwarzkümmel. Nur noch an einer Stelle finden sich am Hang die auf Labkraut schmarotzende Nelken-Sommerwurz und das seltene Bartgras.

Im Eichentrockenwald kommen nur wenige Wärme und Licht liebende Arten vor, so die Schwalbenwurz, die Fieder-Zwenke, die Pechnelke und die Duftende Weißwurz. Das bis ca. 1970 hier vorkommende Weiße Fingerkraut ist verschwunden. Leider dringen immer mehr Robinien vor und leiten die Entwicklung zu einem Robinien-Trockenwald ein.

In der Teilfläche des NSG am Steinbruch Piskowitz sind ein Eichen-Trockenwald und kleinflächig subkontinentaler Halbtrockenrasen ausgebildet. Die Artzusammensetzung ähnelt den Beständen am Mühlhügel Prosit. So kommt neben der Wiesen-Kuhschelle in der Unterart *Pulsatilla pratensis* ssp. *nigracans* und der Violetten Königskerze auch die Graue Skabiose an ihrem einzigen Standort in Sachsen vor. Die Hänge werden durch regelmäßige Pflegemaßnahmen Gebüsch freigehalten.

Durch die reiche botanische Ausstattung und durch den Strukturreichtum sind die Hänge auch faunistisch bemerkenswert. Das Ketzerbachtal ist entomologisch von landesweiter Bedeutung. Genannt werden sollen die Vorkommen von Gestreifter Zartschrecke, der Gottesanbeterinnen-Wanze und der Ameisengrille. Letztere lebt in Ameisennestern und ist mit 4 mm Länge unsere kleinste Heuschreckenart. Sie ist in ganz Deutschland gefährdet. Die besondere Bedeutung der beiden Flächen wird auch durch die Vorkommen der Tagschmetterlinge Fetthennen-Bläuling und Sonnenröschen-Bläuling unterstrichen (Hardtke 2003). Der stark wärmeliebende Fetthennen-Bläuling ist an Fetthennenarten als Futterpflanze gebunden. Die Halbtrockenrasen in Prosit und Piskowitz bilden den Lebensraum vieler Blatt- und Rüsselkäferarten. Anfang der 2000er Jahre konnten 185 phytophage Käferarten nachgewiesen werden, darunter einige seltene xerothermophile und Rote-Liste-Arten, z. B. der Vierfleckige Langfuß-Erdflohkäfer, der sich an Echter Hundszunge und Braunem Mönchskraut entwickelt (Lorenz 2002, 2005). Eine Charakterart trockener Magerrasen ist der Eiförmige Grünrüssler. Vorwiegend an Schmetterlingsgewächsen kommen der Fünfpunkt- und der Weißklee- Blütenrüssler vor. Besonders interessant ist der Acker-Kokonrüssler, der monophag an der Knolligen Platterbse lebt. Der Weiden-Smaragdblattkäfer ist oft bei der Aufnahme von Pollen an den Trockengebüschen auf den Schlehen und Rosenarten zu finden. Hier ist auch der geschützte Marmorierte Goldkäfer zu beobachten.

Wertvolle Pflanzengesellschaften befinden sich auch auf dem Tanzberg zwischen Prosit und Piskowitz. Am östlichen Hang, der sich am Südzipfel des Steinbruches anschließt, sind Halbtrockenrasen mit der Ausstattung wie am Wachtnitzer Hang ausgeprägt. Genannt werden sollen noch der Wiesen-Salbei, der Frühlings-Ehrenpreis und die Gelbe Skabiose (Hardtke u. Kramer 1999). ▶ B19

Neben seiner botanischen Bedeutung ist der Tanzberg auch ein besonderes Geschichts-und Kulturdenkmal. So zählt der Friedhof der älteren römischen Kaiserzeit (1. Jh. n. Chr.) auf dem Tanzberg bei Piskowitz zu den bedeutendsten Nekropolen dieser Zeit im Mittelelbe-Saale-Gebiet (Coblenz 1955). Nachdem 1904 erste Gräber angepflügt worden waren, fanden zwischen 1905 und 1909 umfangreiche Untersuchungen durch das Archiv Urgeschichtlicher Funde aus Sachsen unter der Leitung von Johannes Deichmüller statt. Dabei konnten 49 Brandgräber der späten Bronzezeit und 110 Urnenbestattungen des 1. Jh. n. Chr. dokumentiert werden. Da später immer wieder bei der Feldbestellung Gräber zum Vorschein kamen, ist von einer noch größeren Zahl auszugehen. Die bronzezeitlichen Bestattungen sind durch einen Leichenbrandbehälter und mehrere Beigefässe charakterisiert. Manche wiesen eine Steineinfassung bzw. -überdeckung auf.

Die Toten der älteren römischen Kaiserzeit wurden ebenfalls auf einem Scheiterhaufen verbrannt. Den ausgelesenen Leichenbrand sowie die Trachtbestandteile bzw. Beigaben füllte man in eine Tonsitula, die in eine Grube gestellt wurde. Größere Beigaben, z. B. Waffen, wurden auch neben dem Leichenbrandbehälter niedergelegt, die Grabgrube dann mit Scheiterhaufenresten verfüllt. Die Urnen zeigen meist sorgfältig geglättete, dunkel polierte Oberflächen mit geometrischen Ornamenten, die mit einem Rollrädchen angebracht wurden. Fast ein Viertel der Toten waren Krieger, denen man ihre Waffen ins Grab gab. Unterschiedliche Ausstattungen (Schwert, Lanze, Schild oder Lanze und Schild) lassen auf soziale Abstufungen schließen. Trinkhörner und römisches Importgeschirr scheinen herausgehobenen Personen vorbehalten gewesen zu sein. Ungleich schwerer lassen sich Frauengräber identifizieren. Schlüssel und kleine Messer dürfen aber als typisch „weibliche" Beigaben gelten. Besonders hervorzuheben ist ein filigranbesetzter goldener Anhänger. Die Leichenbrandreste, die eine Geschlechtsbestimmung erlauben, sind leider in den Wirren des Zweiten Weltkriegs untergegangen. Trachtbestandteile, vor allem Fibeln, sind in Gräbern beider Geschlechter vertreten;

Eine bandkeramische Siedlung mit Grabenwerk bei Piskowitz

Am östlichen Fuße des Tanzberges erstreckt sich ein ausgedehntes bandkeramisches Siedlungsareal, das nicht nur die Lösskuppe, sondern auch ein Feld nördlich der Staatsstraße einschließt. Umfangreiche archäologische Untersuchungen unter anderem mit Hilfe von Bohrstocksondierungen lassen hier zudem eine Nekropole der Eisenzeit vermuten (ENDER et al. 2012). Da die Belegung des Friedhofes auf dem Tanzberg bereits in der jüngeren Bronzezeit einsetzt, ist es denkbar, dass hier kontinuierlich bis in die Kaiserzeit bestattet wurde. ■ lid-online.de/83107

Bandkeramische Siedlung

unterschiedliche Formen liefern wertvolle Hinweise auf den Bestattungszeitraum des Friedhofes. Demnach scheint die Belegung nicht vor dem ersten Viertel des 1. Jh. n. Chr. einzusetzen und vor der Wende zum 2. Jh. bereits wieder abzubrechen.

B14 Schieritz

Das westlich von Zehren auf einem Berg oberhalb des Ketzerbachtals errichtete Schloss und Rittergut Schieritz ist möglicherweise aus einem älteren Herrensitz hervorgegangen, der auf dem gegenüberliegenden Dragonerberg angelegt wurde und zunächst vielleicht mit dem Dorf Seilitz räumlich-herrschaftlich verbunden war. Er zeichnet sich durch eine strategische Spornlage aus, von der aus sich sowohl einer der Zugänge in die Lommatzscher Pflege als auch eine den Ketzerbach querende Furt kontrollieren ließen. Der planvolle, ca. 3 ha umfassende Grundriss mit zwei ovalen Geländeplanierungen, diese umfassenden Gräben und Wällen sowie einem zentralen Hügel kennzeichnen einen Burgentyp, der in mehreren Beispielen im späten 11. bzw. frühen 12. Jh. auf den Hängen des sächsischen Elblaufs belegt ist. ▶ D17

Wohl schon im 13. Jh. gab man diese Burg auf. Der Herrschaftssitz wurde auf den Schieritzer Schlossberg verlegt, der sich in Terrassen links über dem Ketzerbachtal aufbaut. 1350 besaß ein *Johannes de Gorenczk* Hof und Rittergut Schieritz mit einem Fischteich und Gehölz als meißnisches Lehen; 1490 wurde ein Hans Rechenberg als Herr auf Schieritz genannt. Unter dem Schloss entwickelte sich eine kleine Gutssiedlung, deren Bewohner nur geringe Flurstücke selbst bewirtschafteten (sogenannte Gärtner) oder nur kleine Häuslein ohne Fluranteile besaßen (sogenannte Häusler) und die wohl vor allem auf dem Rittergut Dienst leisteten.

1549 kaufte der kurfürstliche Rat Georg von Schleinitz (1512–1555) auf Seerhausen das Rittergut Schieritz, das – mit einer Unterbrechung im frühen 19. Jh. – bis 1841 in den Händen des bedeutenden meißnischen Adelsgeschlechts von Schleinitz blieb. Das schriftsässige Rittergut hatte einen ausgedehnten Herrschaftsbezirk, der Ickowitz, Kaisitz, Kleinkagen, Obermuschütz, Schieritz, das Kirchdorf Zehren, Zscheilitz sowie Anteile von Seilitz und Sieglitz umfasste. Dort besaß es weitgehende Rechte, vor allem auch das Obergericht (= Blutgericht), sodass aus dem Rittergutsbezirk, wenn überhaupt, nur wenige Leistungen an das Amt Meißen gegeben werden mussten. Schieritz selbst taucht 1547 unter den zum Amt Meißen verpflichteten Ortschaften nicht auf und wird erst 1696 als zum Erbamt Meißen gehörig genannt.

Das Renaissanceschloss setzt sich aus mehreren Teilen zusammen. Der unscheinbare, schmale Westflügel wurde 1556 von Georg von Schleinitz erbaut. Hans von Schleinitz (1540–1613) auf Schieritz und Jahna, der bereits um 1580 das Herrenhaus Niederjahna hatte erbauen lassen, fügte 1601 das abgewinkelte Hauptgebäude dazu. Es besteht aus zwei unterschiedlich langen Flügeln und einem in der Hofecke angeordneten, außerordentlich hohen Treppenturm. Die barocke Haube wurde nach Sturmschäden 1993 abgenommen und fehlt seitdem. Die Dachzone des Schlosses wird durch Zwerchhäuser mit reich gegliederten Neorenaissance-Giebeln belebt.

Schon im frühen 19. Jh. hatte Schieritz mit der Familie Claus für wenige Jahre bürgerliche Besitzer. 1841 gelangten Schloss und Rittergut erneut in bürgerliche Hand, als der in Russland reich gewordene Christian F. Kunert Schieritz kaufte. Zwischen 1862 und 1869 gehörte Schieritz dem Prinzen Georg von Sachsen (1832–1904), dem späteren sächsischen König. 1891 kaufte Emil Günther das Rittergut, das trotz der überschaubaren Größe (1925: 153 ha) zu den ertragreichsten der Lommatzscher Pflege zählte. Günther ließ Schloss und Gutshof umgestalten. Auf ihn geht das giebelgeschmückte Inspektorenhaus an der Südostecke zurück,

Ketzerbachtal

Von Lommatzsch durch das Ketzerbachtal und zurück

Die etwa 20 km lange Fahrradexkursion beginnt in Lommatzsch an der St. Wenzel Kirche und führt ins Ketzerbachtal mit Haltepunkten am Schutzacker Schwochau, dem Zimtberg Mertitz und im NSG den Trockenhängen bei Prositz und Piskowitz bis zum Tanzberg (Bandkeramik bis Kaiserzeit). Hier können von Mai bis Juni seltene subkontinentale Pflanzenarten gesehen werden. Über die Mühle in Schieritz geht die Fahrt bis zum Burgberg Zehren und dann über Schloss Schieritz, und die wüste Mark Albertitz nach Lommatzsch zurück. ■ lid-online.de/83501

das über älteren Mauerteilen errichtet wurde. Witwe und Tochter wurden 1945 enteignet. Das schon seit 1953 als landwirtschaftliche Schule genutzte Schloss war seit 1956 eine Außenstelle der LPG-Hochschule in Meißen und diente unter anderem als Studentenwohnheim. Seit Auflösung dieser Hochschule 1992 steht das Schloss leer. Es hat seitdem mehrfach den Besitzer gewechselt, ohne dass Erhaltungsmaßnahmen stattfanden, und befindet sich aufgrund des fortschreitenden Verfalls in einem kritischen Zustand.

Die weitgehend öffentliche Anlage zeichnet sich durch die vielgestaltigen meist begrünten Terrassen aus. Die meisten Wirtschaftsgebäude sind restauriert und bewohnt. Den Haupteingang bildet ein attraktives saniertes Eisentor von 1905. Der große, weitgehend mit altem Kopfstein gepflasterte Innenhof steigt nach NO leicht zu einer Wiesen- und Staudenfläche mit einzelnen Solitärbäumen und Gruppengehölzen an. Zentral liegt ein 50 m² großes rundes Wasserbecken mit Fontaine in einem 450 m² großen Rasenrondell mit vier ansehnlichen Eiben und einem Runzelblättrigen Schneeball (Rauch 1974, 1981).

Die Grundfläche eines 1945 abgebrannten Schlossteils bildet eine erhöhte Terrassenfläche an der Westseite des Hofes, die im Sommer als Aufstellfläche für wirkungsvolle und interessante Kalthauspflanzen, wie Lorbeer, Balearischer Buchsbaum und sehr viele Afrikanische Schmucklilien genutzt wird. Letztere schmücken mit ihren anhaltenden Blüten auch andere Terrassenmauern.

Am auffälligsten ist die weithin sichtbare 50 m lange Stützmauer, die die größte der Terrassen trägt und einen herrlichen Blick über das Ketzerbachtal zu den gegenüber liegenden unverbauten Waldhängen bietet. Eine doppelläufige Treppe führt direkt ins Schloss, eine weitere in den Schlosshof und eine lange gerade und ursprüngliche Treppe mit einer ausgestalteten Ruheplattform führt seitlich zum Ort hinab. Sie gab den Blick zwischen Büschen des Gewöhnlichen Flieders auf die weinbewachsene Stützmauer und das Schloss frei. Heute verhindern Verwilderungen von Robinien die Sichten.

Südlich und vor allem östlich der ehemaligen Wirtschaftsgebäude befinden sich mehrere unterschiedlich große, zu verschiedenen Zeiten durch Baumaßnahmen und Abbrucharbeiten entstandene Gartenterrassen, die durch mehr oder weniger schmale Wege und Treppen verbunden und außerordentlich reizvoll sind. In diesem Bereich finden sich vereinzelt zwei Paläophyten, der Doldige Milchstern und der Nickende Milchstern. Beide Pflanzen sind eng an den Weinbau gebunden und wurden auch als Zierpflanzen in Burggärten gezogen.

An den Hängen westlich vom Schloss sind Halbtrockenrasen und auf dem Plateau artenreiche Streuobstwiesen vorhanden. Diese aus Naturschutzsicht wertvollen Flächen sind durch zwei Wohngrundstücke unterbrochen. An den südexponierten Hängen finden sich subkontinentale Pflanzenarten, darunter die Violette- oder Steppen-Königskerze und der Aufrechte Ziest. Der Artenreichtum in den Streuobstwiesen zeigt sich im Vorkommen des Orientalischen Bocksbartes, des Wiesen-Salbeis und des Heide-Günsels. Östlich vom Schloss ziehen sich Eichentrockenwälder hin. Der kleinflächige Wald mit Trauben-Eiche und Europäischem Pfaffenhütchen ist durch Robinie und den Stickstoffzeiger Schwarzer Holunder gestört. Trotzdem finden sich hier die Pfirsichblättrige Glockenblume und das seltene Berg-Hartheu.

Unmittelbar am Ketzerbach befinden sich die Schlossmühle und eine ehemalige Brauerei. Die Mühle stellte um 1960 den Mahlbetrieb ein. Heute hat ein junges Ehepaar die Mühle erworben, baut sie denkmalgerecht auf und knüpft auch an die seit 1900 bestehende Tradition der Stromerzeugung mit einer Turbine und Batterie-Zwischenspeicherung wieder an. Der Generator wird durch ein oberschlächtiges Wasserrad betrieben. Das Wasser wird über einen 900 m langen Mühlgraben herangeführt. Der Erhalt des Grabens ist durch immer wieder auftretende

Hochwässer aufwendig. In ihm finden sich interessante Wasserpflanzen, darunter das Ährige Tausendblatt und das Kamm-Laichkraut. Am jährlichen Mühlentag können sich Besucher von der historischen Anlage selbst ein Bild machen.

B15 Zehren

Wo genau der Ketzerbach bei Zehren in vorgeschichtlicher Zeit und im Mittelalter in die Elbe mündete, wissen wir nicht. Überragt wird das Mündungsgebiet aber bis heute von einem markanten, nach SO aus dem Lösshügelland ragenden Bergsporn, der im W und O durch natürliche Steilhänge geschützt ist (Spehr 2011). Diese Schutzlage wussten offensichtlich schon bäuerliche Gruppen im ausgehenden 5. und frühen 4. Jt. v. Chr. zu schätzen, denn sowohl die Gaterslebener (4500–4200 v. Chr.) als auch die Baalberger Kultur (3900–3500 v. Chr.) haben auf dem Plateau ihre Spuren hinterlassen. Neben dem Altfund einer Fußschale (um 4300 v. Chr.), und einer Amphore, die aus einer Siedlungsgrube unter dem Wall stammt (um 3600 v. Chr.), erbrachten die Grabungen der 1950er Jahre zahlreiche weitere Scherben aus der mittleren Jungsteinzeit. Vielleicht darf auch eine Hockerbestattung in diese Zeit datiert werden.

Fleckenartige und ringförmige Bewuchsmerkmale, die auf Luftbildern sichtbar werden, sollten nicht als Spuren von Grabhügeln fehlinterpretiert werden. Vielmehr handelt es sich um typische Frostpolygone weichseleiszeitlicher Genese. Es ist freilich nicht erstaunlich, dass auf dem Plateau auch eine bronzezeitliche Besiedlung durch Scherben nachgewiesen ist. In diese vorgeschichtlichen Phasen allerdings einen oder gar mehrere der Abschnittsgräben zu datieren, ist derzeit kaum möglich.

Umso mehr wissen wir über die Burg des frühen Mittelalters, die 1003 erstmals in der Chronik des Merseburger Bischofs Thietmar erwähnt wird. Schon vor den ersten Befliegungen in den 1990er Jahren hatte man von der Ausdehnung und Struktur der Burg eine grobe Vorstellung: Da das Gelände spätestens seit dem 19. Jh. landwirtschaftlich genutzt wurde – unter anderem für den Weinanbau und als Ackerland –, kamen immer wieder Scherben zum Vorschein. Als man dann 1938 das Ostende des Walls für eine Zufahrt abtrug, wurde ein Profil aufgenommen, das bei systematischen archäologischen Untersuchungen zwischen 1956 und 1958 vervollständigt werden konnte. Während die Außenfront mit einer Granitbruchsteintrockenmauer verblendet war, bestand die Innenseite aus einer Bretter- bzw. Pfostenwand. ▶ Abb. 88 Zusammengehalten wurde das 4,5 m breite Bauwerk von waagerechten Eichenbalken. Die Holz-Erde-Füllung gewannen die Bauleute großenteils aus dem vorgelagerten, 3,5 m tiefen und 22 m breiten Graben. In einer zweiten Bauphase scheint die Außenfront durch eine Anschüttung zusätzlich stabilisiert worden zu sein. Faschinen verhinderten, dass die Erdmassen in den Graben abrutschten. Eine hölzerne Brustwehr muss brennend in den Graben gestürzt sein; auch die Innenseite ging in Flammen auf. Möglicherweise griff das Feuer von Herdstellen direkt an der Innenseite der Mauer auf die Holzwand über; ebenso könnten kriegerische Auseinandersetzung den Brand verursacht haben. ▶ Abb. 89

Auf dem Südende des Sporns konnten die Überreste von drei Häusern aufgedeckt werden. Das erste befand sich im westlichen Teil der Grabungsfläche. Es handelte sich um ein ebenerdiges Wohnhaus in Pfostenbauweise. Vom zweiten Gebäude waren im östlichen Bereich der Grabungsfläche noch Fundamentreste anzutreffen. Der mehrteilige Grundriss besaß eine Länge von mindestens 11,8 m, maximal etwa 13 m und eine Breite von mindestens 5 m, einschließlich eines Anbaus wohl sogar von bis zu 12 m.

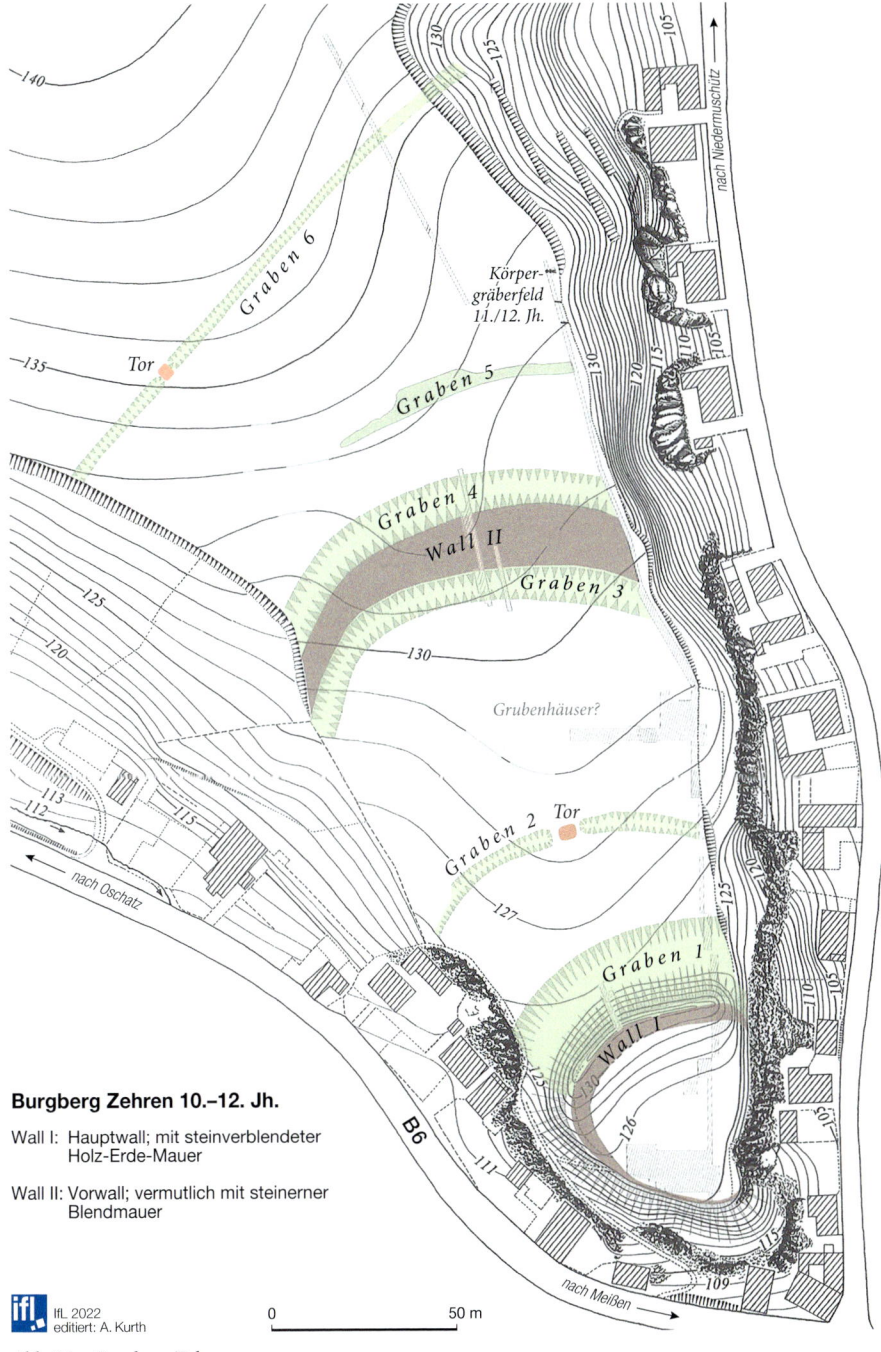

Burgberg Zehren 10.–12. Jh.

Wall I: Hauptwall; mit steinverblendeter Holz-Erde-Mauer

Wall II: Vorwall; vermutlich mit steinerner Blendmauer

Abb. 88 Burgberg Zehren

Das Gebäude war mit jeweils zwei Herdstellen sowie einer Drehmühle ausgestattet, der Boden des Hauses bestand aus Stampflehm. Westlich des Hauses befand sich ein ovaler, 3 × 2 m großer Lehmkuppelofen auf einem Steinfundament. Neben diesen beiden Häu-

Abb. 89   Rekonstruktion der zweischaligen Wehrmauer, die sich in dem Wall auf dem Burgberg Zehren verbirgt.

sern zeigten sich weitere Steinfundamente, wohl von hölzernen Ständerbauten.

In der Südwestecke der Grabungsfläche kam ein vollständig erhaltener Schädel zutage, der Schwertspuren aufweist, die wohl von einer Enthauptung herrühren.

Im Vorburgareal beschränkten sich die Ausgrabungen auf die Osthälfte des Plateaus. Hier waren sowohl ebenerdige Gebäude als auch Grubenhäuser festzustellen. In Suchschnitten, die weit über die Vorburg hinausgingen, wurden außerdem nicht nur weitere Gräben angeschnitten, sondern auch ein Friedhof entdeckt, der wohl zur Burgsiedlung gehörte. Drei beigabenlose Körpergräber und fünf ost-west-gerichtete Grabgruben, in denen die Skelette allerdings schon vergangen waren, dürfen wohl in das 11. oder 12. Jh. n. Chr. datiert werden.

Das Fundmaterial umfasst über viertausend Tierknochen, Scherben, Knochengeräte, Drehmühlsteine und verkohlte Getreidereste. Besonders auffällig ist der hohe Anteil von Wildtieren, die von der Burgbesatzung offenbar gezielt gejagt wurden. Zu den Eisenfunden zählten Messer, eine Bogensichel, ein Hakenschlüssel sowie Teile von Pferdegeschirr. Der einzige Eisenfund, der sich näher datieren lässt, ein tauschierter Stachelsporn mit rechteckigen Nietplatten, ist etwa um 1000 n. Chr. anzusetzen. Waffen fehlen merkwürdigerweise unter den Funden komplett.

Schon die Suchschnitte der 1950er Jahre gaben eine Vorstellung von der Ausdehnung und Struktur der Befestigung. Ein zweiter Graben, der nur etwa 30 m vor der Hauptbefestigung verlief, scheint damals nicht erkannt worden zu sein, gibt sich im Luftbild aber deutlich zu erkennen. Wo sich der Sporn flaschenhalsartig verengt, wird die Hochfläche von drei weiteren, bogenförmigen Gräben abgeriegelt. Zwischen den beiden inneren Gräben scheint ein Wall aufgeschüttet gewesen zu sein, der möglicherweise eine Trockenmauer trug. Der äußere, fünfte Graben konnte erst durch die Luftaufnahmen sicher identifiziert werden. Schließlich quert etwa 240 m vor dem Hauptwall, weit außerhalb der Hauptburg ein sechster Graben auf einer Länge von ca. 150 m exakt geradlinig das Plateau. Zumindest für die Gräben 3 und 4 sowie 6 ist eine frühmittelalterliche Zeitstellung wahrscheinlich. Um bis in die Hauptburg zu gelangen, musste jeder Angreifer also ein tief gestaffeltes Wall-Graben-System überwinden. Alle anderen Gräben entziehen sich vorläufig einer genauen Datierung. Das Keramikspektrum deckt einen Zeitraum zwischen der zweiten Hälfte des 10. und dem Beginn des 12. Jh. n. Chr. ab. Wahrscheinlich wurde die Burg zwischen 950 und 1000 gegründet und spätesten bis 1150 wieder aufgegeben. Welche Nachnutzung der Burgberg eventuell im 12. und 13. Jh. erlebte, erschließt sich aus den archäologischen Quellen nicht. Hätte innerhalb der umwehrten Fläche eine Steinkirche gestanden, müsste sich der Grundriss auf Luftbildern durch spezifische Bewuchsmerkmale verraten. Von einem Holzbau fehlt vorläufig jede Spur. Über das Alter der Michaeliskirche auf dem gegenüberliegenden Felssporn darf spekuliert werden. Eine bischöfliche Gründung des 11. Jh. geben derzeit weder die Schriftquellen noch die Baugeschichte her.

Die erste schriftliche Erwähnung von Zehren führt mitten hinein in die kriegerischen Verwerfungen nach dem Tod Kaiser

Ottos III. (†1002) im östlichen Reich und seinen Nachbarregionen. Dessen Nachfolger König Heinrich II. favorisierte als Verbündeten nicht mehr den polnischen, sondern den böhmischen Herzog. Daraufhin schloss sich Herzog Boleslaw Chrobry von Polen, mit dem auch zahlreiche sächsische Große sympathisierten, einem Aufstand Heinrichs von Schweinfurt gegen den neuen König an. Zum Jahr 1003 berichtet Bischof Thietmar von Merseburg von einem verheerenden Raubzug polnischer Heerscharen durch den Gau Lommatzsch. Der mit dem polnischen Herzog verschwägerte Markgraf Gunzelin hatte sich geweigert, die Burg Meißen den Polen zu übergeben. Geteilt in vier Haufen ließ Boleslaw deshalb seine Truppen einen ganzen Tag lang die Gegend plündern und niederbrennen, um die Truppen dann am Abend bei der Burg Zehren (*Cirin castellum*; Thietmar V, 36) wieder zu vereinen. Mindestens dreitausend Gefangene sollen die Polen damals verschleppt haben – ein unglaublicher Aderlass für die damals ohnehin noch zivilisatorisch abgeschlagene Region.

Der Burgberg Zehren gilt als hervorragendes Beispiel eines befestigten Burgwardmittelpunkts in Sachsen. Eine schriftliche Erwähnung Zehrens als Burgward ist zwar nicht überliefert, aber die archäologisch fassbare Belegungszeit von der zweiten Hälfte des 10. Jh. bis höchstens in die Mitte des 12. Jh. entspricht exakt der Burgwardzeit: Zur regionalen Vertiefung der lange Zeit losen sächsisch-deutschen Herrschaft richtete man die kleinräumigeren Burgwardbezirke seit dem letzten Drittel des 10. Jh. ein, einer Zeit, in der nach der Einrichtung des Bistums Meißen 968 auch eine stärkere kirchliche Durchdringung der 929 eroberten slawischen Gaue begann. Schon seit dem 11., vor allem aber im 12. Jh. lösten sich dann die alten burgwardzeitlichen Herrschaftsstrukturen in dem Maße auf, in dem die neuen, aus dem Altreich adaptierten Formen von Grundherrschaft und Lehnswesen auch östlich der Saale Fuß faßten. Beispielhaft steht der Burgward Zehren auch für ein mögliches Ablöseverhältnis zu einer älteren slawischen Befestigung, die im Spitzhäuserwall oberhalb der Hänge an der Straße nach Meißen knapp einen km entfernt lokalisiert und grob in das 8./9. Jh. datiert wird.

Der Wall und die nach S geneigten Hochflächen bzw. Steilhänge wurden von der AGsB in den 1990er Jahren botanisch erfaßt. Xerophile Saumgesellschaften und Pionierfluren auf grusigen Böden bestimmen die Flora. Leider sind gerade diese Flächen durch zunehmende Sukzession gefährdet. Insgesamt wurden über fünfzig interessante Pflanzenarten festgestellt. Das Gebiet ist aber den sächsischen Botanikern als besonders artenreich schon lange bekannt. So wurde der Zirmet, der pflanzengeographisch von herausragender Bedeutung ist, bereits 1937 festgestellt (Fiedler 1937). Auch heute kommt die Art noch vor und ist durch den gerillten rauen Stiel relative leicht kenntlich. Dieses submediterrane Doldengwächs besitzt nur hier und in Zadel noch Vorkommen in Sachsen. Weiter fallen die wärmeliebenden Rote-Liste-Arten Aufrechter Ziest und Großer Ehrenpreis auf. Als Paläophyten, also Zeiger alter Burganlagen, sind der Wermut, die Schwarznessel, die Blutrote Fingerhirse und das Rapünzchen zu nennen. Das Rapünzchen fehlte wohl in keinem Burggarten vor 1.000 Jahren. Als Zeiger des ehemaligen Weinbaues können der Doldige Milchstern und der Bocksdorn aufgefaßt werden. Der Bocksdorn ist ein Neophyt aus China und wird als Zier-und Heilpflanze angebaut. Besonders die Früchte werden gegessen.

B16 Pitschütz

Die Siedlungsareale der ersten Bauern und Viehzüchter in der Lommatzscher Pflege (Bandkeramik, 5500–4500 v. Chr.) erreichen oft eine Ausdehnung von bis zu 30 ha und

Landwirtschaft und Archäologie

Im ausgehenden 19. Jh. ging durch die Landwirtschaft der Lommatzscher Pflege ein Innovationsschub. Die Einführung neuer Pflüge ermöglichte eine tiefere Bodenbearbeitung und führte zur Entdeckung bislang unbekannter Fundstellen sowie einem sprunghaften Anstieg der Fundmeldungen.

Nicht jeder Bauer, dem der Pflug auf einmal Gefäße, Steinbeile oder Bronzegegenstände vor die Füße legte, konnte mit seinen Entdeckungen etwas anfangen. Viele Scherben dürften unerkannt auf einem Lesesteinhaufen „entsorgt" worden sein. Die Dunkelziffer „abgerechter" und weggeworfener Funde ist sicherlich groß. Was die Landwirte Max Andrä (1866–1946, Seebschütz), Otto Mehner (1862–1937, Leippen) und Oskar Wallrabe (1870–1956, Birmenitz) ▶ Abb. 90, 91 auf ihren Feldern fanden und dem Archiv Urgeschichtlicher Funde aus Sachsen meldeten, wurde vom Archivleiter Johannes Deichmüller (1854–1944) systematisch registriert und im Gelände teilweise eingemessen (Fröhner u. Strobel 2017).

Dem großen Erkenntniszuwachs, den der Mischwitzer Landwirtssohn Alfred Hennig (1886–1916) in seiner 1912 gedruckten Leipziger Dissertation „Boden und Siedelungen im Königreich Sachsen" zusammenfasste, stand auf der anderen Seite der Medaille die Zerstörung des Bodendenkmals gegenüber. Welche Gefahren von den „verbesserten, viel tiefer in den Boden eindringenden Hilfsmitteln der Landwirtschaft" für die Denkmäler ausgingen, wurde schon 1897 von Deichmüller in einer Denkschrift beschrieben. Sein Nachfolger Georg Bierbaum (1889–1953) musste 1924 tatenlos zusehen, wie ein bronzezeitliches Gräberfeld bei Trebanitz an der Jahna beim Tiefpflügen für den Zuckerrübenanbau nahezu komplett zerstört wurde (Strobel 2012). Funde, die im Pflughorizont aufgearbeitet werden, haben in der Regel ihren Befundzusammenhang verloren und sind der Verlagerung als Folge der Bodenerosion ausgesetzt.

Von Abtrag und technikbedingter Verlagerung gehen also seit jeher große Gefahren für archäologische Kulturdenkmäler aus. Besonders Gräber leiden unter einer zu tiefen Bodenbearbeitung. Das Kopffoto (siehe oben) zeigt ein weitgehend zerstörtes

Abb. 90 Max Andrä beschreibt eindrucksvoll, wie ihm der Pflug die Gräber des eisenzeitlichen Friedhofes von Seebschütz förmlich vor die Füße gelegt habe.

Brandgrab der späten Bronzezeit. Die Folgen des Klimawandels, vor allem vermehrte Starkregenereignisse und Austrocknung werden diese Gefährdung zusätzlich verstärken. In Zusammenarbeit mit Landwirtschaftsbetrieben und mit Förderung der Deutschen Bundesstiftung Umwelt konnten neue Schutzkonzepte erarbeitet werden (DBU 2011).

Dazu gehört auch, dass besonders wertvolle Äcker als Schutzäcker aus der herkömmlichen Bewirtschaftung herausgenommen werden. Ein anschauliches Beispiel hierfür ist der Schutzacker Schwochau. ▸ B18

Optimalen Schutz bietet eine Umwandlung in Dauergrünland; wo Schutzziele gebündelt werden, ist sogar dieser Idealzustand erreichbar (BENS et al. 2012). Außerdem käme Direkt- oder Streifensaat der Schutzwirkung von Dauergrünland schon sehr nahe. Da obertägige Denkmäler (Grabhügel, Wälle) im Wald am besten erhalten sind, spricht unter strengen Auflagen auch nichts gegen eine Aufforstung. In einer mehrfach flurbereinigten Agrarlandschaft gefährden Strukturarmut, Schlaggrößen und Erosionsanfälligkeit auch den Zustand archäologischer Denkmale. Deshalb können Agrarumweltmaßnahmen (Heckenpflanzungen, Stilllegungs-, Ackerbrache- und Schutzstreifen, Tiefenlinienbegrünungen oder Blühflächen) in Verbindung mit einer konservierenden Bodenbearbeitung auch zum Schutz von archäologischen Denkmälern beitragen.

Inzwischen bieten Precision bzw. Smart Farming-Anwendungen für eine denkmalgerechte Optimierung konservierender Bodenbearbeitung große Chancen: Wie der Landwirt mit Satellitenbildern, Drohnen und N-Sensoren Biomasseunterschiede aufspüren und vor allem die Düngergaben anpassen kann, so verraten sich archäologische Strukturen durch Bewuchsmerkmale. Bekannte Denkmalflächen können ohne weiteres in die Betriebs-GIS integriert werden. Die flächendifferenzierte, automatisierte und betriebswirtschaftlich verträgliche Reduzierung der Bearbeitungstiefe über archäologischen Denkmalen wartet nur noch auf eine Anwendung in größerer Breite (STROBEL et al. 2020b).

Ohne intensive Aufklärung und Kommunikation wird sich bei einem dialogorientierten Ansatz allerdings keine Maßnahme umsetzen lassen. Denn was Landwirte nicht kennen, können sie auch nicht schützen.

Abb. 91 Drei Generationen von Landwirten: Oskar Wallrabe (rechts, 1870–1956), sein Sohn Rudolf (links, 1904–1970) und sein Enkel Wolfgang (auf dem Arm seines Großvaters, 1931–2003) Anfang der 1930er Jahre. Während Oskar Wallrabe eine umfangreiche archäologische Sammlung zusammengetragen hat, war sein Sohn Rudolf, nachdem er seinen Hof im Zuge der Kollektivierung hatte aufgeben müssen, lange Jahre Mitarbeiter beim Landesmuseum für Vorgeschichte in Dresden.

B16

erstrecken sich über mehrere Lössrücken. Tatsächlich sind diese riesigen Ausmaße aber auch das Ergebnis einer fast tausendjährigen Siedlungsgeschichte und vielfach auf Siedlungsverlagerungen zurückzuführen. Wie groß linienbandkeramische Dörfer im Lösshügelland waren, zeigten jüngst Untersuchungen bei Pitschütz (Frehse et al. 2016). Vor dem Neubau einer Milchviehanlage konnten mindestens 37 Hausgrundrisse, die bis zu 30 m lang waren, aufgedeckt und im Planum dokumentiert werden. Da die Grenzen des Areals nicht erfasst wurden, ist von weiteren Häusern auszugehen. Nicht alle dieser Gebäude standen gleichzeitig. Überschneidungen, abweichende Orientierungen und Konstruktionsunterschiede lassen auf mehrere Bauphasen, eventuell sogar mehrere Ansiedlungen schließen. Neun Grundrisse weisen im NW einen gräbchenartigen, u-förmigen Wandabschluss auf; Doppelpfostenstellungen an den Längswänden treten sogar nur einmal auf. Große Flächen werden zudem von wandbegleitenden Gruben und Grubenkomplexen eingenommen, die vor allem der Lehmentnahme dienten. Da der Oberboden innerhalb des Baufeldes flächig abgetragen wurde, konnte ein vollständiger Siedlungsplan aufgenommen werden. Allerdings erfolgten archäologische Ausgrabungen nur dort, wo tatsächlich tiefer in den Boden eingegriffen werden musste. Auf der übrigen Fläche wurden Geotextilbahnen ausgebreitet und schichtweise Erd- bzw. Kiesmaterial aufgebracht. Durch diese konservatorische Überdeckung konnte die bandkeramische Siedlung unter dem Neubau einer Milchviehanlage erhalten werden. ▶ Abb. 92

Die Ausgrabungen im Bereich eines Güllekanals, eines Regenrückhaltebeckens sowie

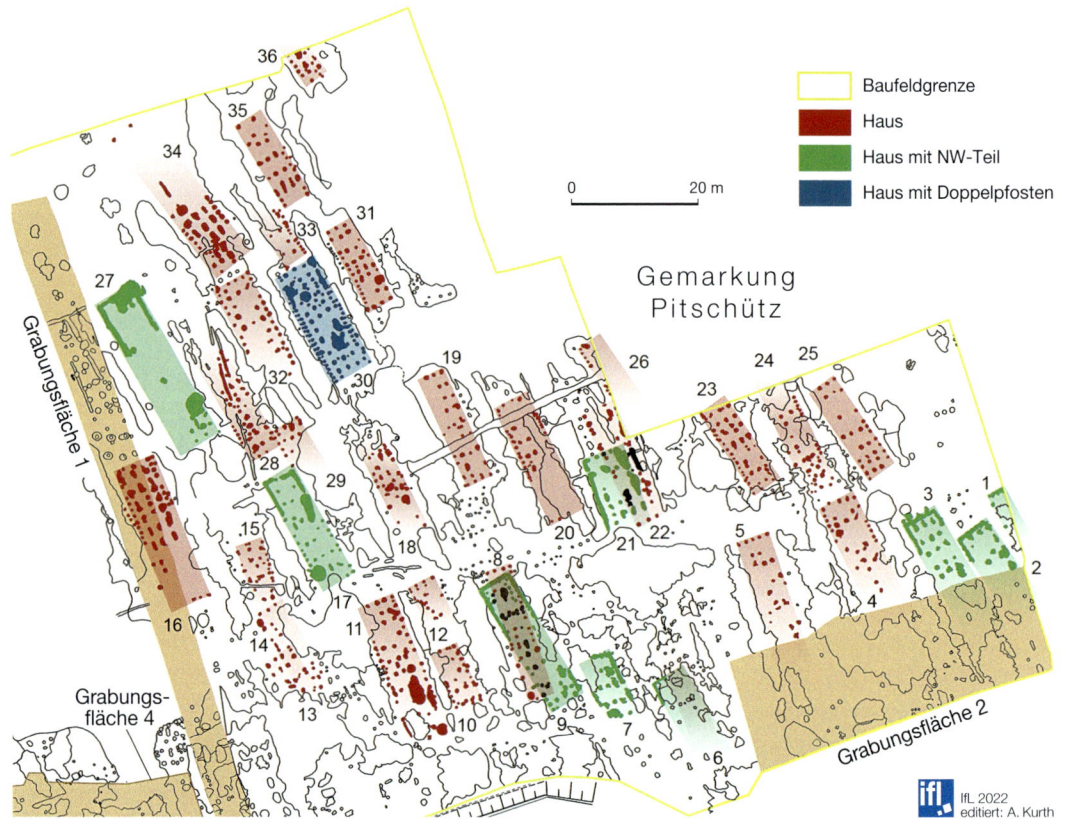

Abb. 92 Plan der linienbandkeramischen Siedlung von Pitschütz

einer Geländeregulierung galten vor allem umfangreichen, ineinandergreifenden, mehrphasigen Grubenkomplexen und Einzelgruben sowie Ausschnitten von Hausgrundrissen. Besonders bemerkenswert ist ein Ofen, der in die Wand einer Lehmentnahmegrube gegraben war. Obwohl nur ein Bruchteil der Befunde tatsächlich untersucht und dokumentiert wurde, sind Umfang und Qualität des Fundmaterials überraschend. Stellen vollständige Gefäße und typische linienverzierte Scherben sowie Silex- und Felsgesteingeräte nichts Ungewöhnliches dar, lässt die Deponierung mehrerer Handmühlen sowie das Bruchstück einer vermutlich weiblichen Idolplastik auf eine bedeutende Siedlung schließen.

B17 Birmenitz

Birmenitz wäre eine unter vielen bandkeramischen Fundstellen in der Lommatzscher Pflege, hätte der Neckanitzer Volksschullehrer Isidor Hottenroth (1869–1946, von 1891 bis 1894 Lehrer in Neckanitz, später in Mettelwitz) auf den Feldern des Landwirts Oskar Wallrabe im Jahr 1909 nicht eine Frauenstatuette gefunden, die den Ort über Fachkreise und die Region hinaus bekannt machte. Das Siedlungsareal erstreckt sich in typischer Lage über einen markanten spornartigen Lössrücken westlich der Ortslage, der im W und S vom Lützschnitzer Bach im N und O vom Birmenitzer Dorfbach eingefasst wird. Was bis in die 1890er Jahre zutage gekommen war, vermehrte bald darauf der Einsatz eines Tiefpflugs, den sich der innovationsfreudige Landwirt 1903 angeschafft hatte (FRÖHNER u. STROBEL 2017). Die amtliche Einmessung der damals auf dem Feld angepflügten Strukturen bezieht sich auf Wege und den „Thurm auf Walrab's Gute in Birmenitz". Von dem exakten Plan lässt sich jede Grube in das aktuelle Meßtischblatt übertragen. Mit der Lokalisierung ihrer Fundstücke weniger genaue nahmen es der Lehrer Hottenroth und der Landwirt Wallrabe, der 1906 begann, eine eigene Sammlung aufzubauen. Sie war bis zum Verkauf an das archäologische Landesmuseum Dresden im Jahr 1953 auf Hunderte von Objekten angewachsen. Auch der Lehrer brachte es zu einer ansehnlichen Privatsammlung.

Während die Masse dieser Funde irgendwo auf dem Lössrücken aufgelesen worden sein muss, ist immerhin von der sogenannten Venus von Birmenitz der ungefähre Auffindungsort bekannt. Umso bedauerlicher ist, dass von dem Figürchen nur noch eine Kopie erhalten ist. Das Original ist ein Kriegsverlust. Das Stück unterscheidet sich durch die flächig angebrachten Einstiche von anderen zeitgenössischen Idolplastiken, die stets nur in bedeutenderen und größeren bandkeramischen Dörfern vorkommen. Das trifft sicherlich auch auf Birmenitz zu, ohne dass die genaue Ausdehnung der Siedlung oder gar Anzahl der Häuser bekannt wären. Das übrige Lesefundspektrum zeigt einmal mehr, dass von der Siedlungsgunst des Lössrückens auch später immer wieder bäuerliche Gruppen angezogen wurden. Wahrscheinlich sind sogar alle wichtigen prähistorischen Zeitabschnitte von der Jungsteinzeit bis ins Mittelalter vertreten.

B18 Schwochau

Arten- und Denkmalschutz in einer intensiv genutzten Agrarlandschaft können nur gemeinsam mit den Bewirtschaftern umgesetzt werden. Ein Wildkrautacker bei Schwochau veranschaulicht diese „Synergieeffekte" eindrucksvoll: Seit 1975 wird das Ketzerbachtal von der AGsB intensiv betreut. Sie knüpft dabei an die Erfahrungen aus vergangenen

Abb. 93   Ackerflora Schwochau

Jahrzehnten an. Bereits 1936 hatte auf Bitten der AGsB der Landesverein Flächen zu Naturschutzzwecken im Ketzerbachtal erworben. ▶B19 Besonderes Augenmerk galt dabei den botanisch besonders wertvollen Trockenrasenhängen, von denen inzwischen große Teile als NSG ausgewiesen sind und vom Landesverein Sächsischer Heimatschutz nach 1990 wieder erworben und gepflegt werden können.

Bereits 1988 wurde auf südöstlich der Bahnlinie Nossen–Lommatzsch auf einem Lössrücken ein Schutzacker eingerichtet, auf dem seit den 1990er Jahren in Verbindung mit der Unteren Naturschutzbehörde des Landkreises Meißen floristische Untersuchungen durch die BUND-Kreisgruppe Meißen und die Fachgruppe Geobotanik Dresden des NABU/Landesverein stattfinden. Seit Einrichtung der Fläche Ende der 1980er Jahre wird auf den Einsatz von Herbiziden und mineralischen Düngemitteln verzichtet.

Bereits 2010 erfolgte die Sicherung des Gebietes; ein Jahr später wurde die 3,73 ha große Fläche vom Landesverein Sächsischer Heimatschutz e. V. erworben. Die Betreuung erfolgt weiterhin gemeinsam mit dem BUND und der FG Geobotanik. Ein qualifizierter Landwirt, der Landwirtschaftsbetrieb Gert Harz, gewährleistet eine Bewirtschaftung, die den hohen naturschutzfachlichen ackerwildkrautbedingten Ansprüchen gerecht wird. Neben der Einschaltung kurzer Brachestadien hat sich in den vergangenen Jahren der pfluglose Anbau von Winter- und Sommergerste, Winterweizen sowie Winterroggen bewährt. In guten Erntejahren verwertet der Flächenbewirtschafter das Erntegut nach der Aufbereitung (Reinigung) als Futter für den eigenen Tierbestand und als Vogelfutter.

Das Rot der Blüten von hunderten Korn-Raden und Mohnarten, das Blau des Feld-Rittersporns und der Kornblume und die mehr unscheinbaren weißen Blüten des Gezähnten Rapünzchens zeugen vom Erfolg des Projektes. Ferner kommen u. a. folgende seltene Ackerwildkräuter vor: Sommer-Adonisröschen, Kleinfrüchtiger Leindotter, Acker-Hohlzahn, Kleinfrüchtiges Labkraut, Buntes Vergissmeinnicht, Acker-Zahntrost, Gefurchter Feldsalat, Glanz-Ehrenpreis sowie Früher Ehrenpreis. Die meisten dieser Arten stehen auf der Roten Liste Sachsens. Die giftige Korn-Rade kommt fast nur noch unbeständig ruderal vor.

Der Schutzacker ist für den Blütenbesuch zahlreicher Schmetterlingsarten (mehr als zehn Tagfalterarten) von Bedeutung. Neben vielen kleineren Laufkäfern fällt der größere grün-golden gefärbte Goldschmied auf. Der Laufkäfer ist nach Bundes-Artenschutz-Verordnung besonders geschützt und musste in die Rote Liste Sachsens aufgenommen werden. Es ist eine typische Art der Äcker und Ackerraine, die leider durch die Großraumlandwirtschaft im starken Rückgang ist. An weiteren Insektenarten soll der Trauermantel genannt werden, dessen Raupe unterhalb des Ackers an den Pappeln des Bachlaufes lebt.

Bei Begehungen am Rande des Baus von Gasleitungen Ende der 1960er bzw. Anfang der 1970er Jahre ist es Wilfried Baumann gelungen, eine Siedlung der Jungbronze- bzw. frühen Eisenzeit auf dem Lössrücken nachzuweisen, der von dem Bahndamm so ungünstig durchschnitten wird, dass es schwerfällt, im Gelände noch Reste einer möglichen Abschnittsbefestigung nachzuweisen. Auf Orthofotos sind jedoch nicht nur Grubenstrukturen, sondern auch stark erodierte Oberhangbereiche auszumachen. Die extensive Bewirtschaftung als Schutzacker trägt damit auch zum Schutz des gefährdeten archäologischen Kulturdenkmals bei. Wenn seit einigen Jahren auf dem Rücken keine Scherben mehr aufgesammelt werden können, darf dies als positive Entwicklung gewertet werden.

Der Schutzacker wurde als eine Beispielfläche in die Initiative zur Förderung der Ackerwildkrautflora in Deutschland aufgenommen (MEYER u. LEUSCHNER 2015).
▶ Abb. 93

B19 NSG Trockenhänge südöstlich Lommatzsch

Mit der Unterschutzstellung des NSG Trockenhänge südöstlich Lommatzsch wird eine langjährige Planung umgesetzt, die den Schutz von 15 getrennten Trockenwarm-Biotopen (schwerpunktmäßig Halbtrockenrasen) mit insgesamt ca. 140 ha im strukturreichen Ketzerbach- und Käbschützbachtal bezweckt. Während die Flächen im Ketzerbachtal vereinzelt sind, konnte im Käbschützbachtal eine zusammenhängende Fläche von 65,7 ha unter Schutz gestellt werden. Das trockenwarme Lokalklima mit 8,9 °C Jahresmitteltemperatur und unter 600 mm Jahresniederschlag hat bei jahrzehntelanger Pflege zur Herausbildung sehr artenreicher Lebensräume geführt, die vor allem für Pflanzen- und Insektenarten zu den Hotspots in Sachsen zählen und deshalb landesweit bedeutsam sind. Einige dieser Flächen waren bisher als FND geschützt (HARDTKE et al. 1992; HARDTKE et al. 1993; HARDTKE u. KRAMER 1999). ▶ B1, B13, B20, C3

An den sehr heterogenen Talhängen treten stellenweise Meißener Biotitgranodiorit des Grundgebirges und oberkarbonische Vulkanite zu Tage. Ihre Verwitterungsdecken bilden flachgründige, aber nährkräftige Ranker-Braunerden. Auf den Plateaus lagern 3–4 m mächtige Lössdecken mit humusreichen Parabraunerden, die intensiv ackerbaulich genutzt werden.

Wertbestimmend sind die faunistisch-floristisch hervorragend ausgestatteten Trocken- und Halbtrockenrasen und Gebüsche oder Wälder trockenwarmer Standorte sowie die naturnahe Bachaue im Käbschützgrund. Das NSG beherbergt mehr als 570 Gefäßpflanzenarten, von denen 23 Arten vom Aussterben bedroht und ebenso viele stark gefährdet sind. Unter den Säugetierarten befinden sich Fischotter und Biber sowie neun Fledermausarten. Bemerkenswert unter 59 Brutvogelarten ist der Wendehals. Die im NSG recht häufige Zauneidechse ist Nahrungsgrundlage für die Schlingnatter.

Hervorragend ist die wirbellose Tierwelt. Stichprobenartige Untersuchung der Schnecken brachte u. a. Nachweise der Quendelschnecke und der Großen Laubschnecke. Unter 94 Webspinnenarten ist die stark gefährdete Tapezierspinne hervorzuheben. Die Heuschrecken sind mit 31 Arten ebenfalls artenreich vertreten, u. a. mit Langflügeliger Schwertschrecke, Roter Keulenschrecke, Maulwurfsgrille, Gestreifter Zartschrecke, Ameisengrille, Gemeiner Sichelschrecke,

Bedrohte Pflanzenarten im NSG (Rote Liste)

Eine Reihe von Pflanzenarten im NSG Trockenhänge südöstlich Lommatzsch gilt als vom Aussterben bedroht oder stark gefährdet (Rote Liste Gefährdungsgrad 1 und 2):

Rote Liste 1 (vom Aussterben bedroht): Feinblättrige Schafgarbe, Sommer-Adonisröschen, Hügel-Meister, Bartgras, Acker-Trespe, Kleinfrüchtiger und Saat-Leindotter, Bologneser Glockenblume, Stinkender Gänsefuß, Walliser Schaf-Schwingel, Echter Wiesenhafer, Finkensame, Nelken-Sommerwurz, Hirschwurz, Steppen-Lieschgras, Trugdoldiges Mausohrhabichtskraut, Schwarz-Pappel, Sand- und Graues Fingerkraut, Wiesen-Küchenschelle, Essig-Rose, Tauben-Skabiose, Deutscher Ziest, Purpur-Königskerze, Moose: Acaulon triquetrum, Phascum curvicollum

Rote Liste 2 (stark gefährdet): Feld-Steinquendel, Erd-Segge, Stängellose Kratzdistel, Kleine Wolfsmilch, Kleines Mädesüß, Acker-Goldstern, Blaugrünes Labkraut, Zerstreutblütiges Vergissmeinnicht, Raublättrige Rose, Ackerröte, Aufrechter Ziest, Hügel-Klee, Dillenius' und Großer Ehrenpreis

Abb. 94   Korn-Rade

Kleinem Heidegrashüpfer und Zweipunkt-Dornschrecke. Reich ist mit 86 Arten auch die Zikadenfauna, hier fallen *Dictyophara europaea, Eupteryx adspersa, Kelisia monoceros, Micantulina stigmatipennis* und *Tettigometra atra* auf. Die Untersuchung ausgewählter Käfergruppen erbrachte 26 Laufkäferarten, 226 phytophage Käferarten, darunter *Eutrichapion melancholicum, Longitarsus quadriguttatus, Meloe rugosus* und *Omaoplia nigromarginata*, und 105 Arten xylobionter Käfer, darunter *Anthaxia candens, Axinopalpis gracilis, Cerambyx scopolii, Gastrallus laevigatus, Mycetochara humeralis, Neatus picipes, Osmoderma eremita, Ropalopus femoratus, Sinodendron cylindricum* und *Symbiotes gibberosus*. Bemerkenswert sind auch 36 Tagfalterarten, v. a. Malven-Dickkopf und Fetthenne-Bläuling, aber auch sechs Arten Widderchen, darunter die seltene *Zygaena ephialtes*. Nachweise von 87 Wildbienenarten betreffen u. a. *Andrena batava, A. clarkella, A. proxima, Halictus quadricinctus, H. simplex, Hylaeus variegatus, Lasioglossum aeratum, L. laevigatum, L. lineare, L. minutulum, L. politum, L. xanthopus, Nomada conjungens* und *N. leucophthalma*. Bisher wurden 18 Ameisenarten nachgewiesen. Damit besitzt das NSG einen herausragenden Wert für Heuschrecken, Zikaden, Käfer, Schmetterlinge, Wildbienen und Spinnen.

Durch angepasste Nutzung soll die Erhaltung und Entwicklung des trockenwarmen Biotopmosaiks auch künftig gesichert werden. Dabei muss den Gefährdungen durch Bodenerosion, Nährstoff- und Biozideinträge, Strukturverlust, Nutzungsaufgabe und Fehlnutzung entgegengewirkt werden. Spezielle Artenschutzmaßnahmen sind erforderlich, um einige der seltensten Tier- und Pflanzenarten zu erhalten und zu vermehren.

B20 Zöthain (Käbschützbachtal)

Am Nordosthang der Katzenbergschwelle (305 m ü. NHN) entspringt in etwa 260 m Höhe nördlich von Wuhsen der Käbschützbach. Nach Aufnahme der linksseitigen Zuflüsse Höllbach und Schreib ändert sich die Fließrichtung nach NW und ab Leutewitz geht das Sohlental, begleitet von rechtsseitig steilen Talhängen in ein Kerbsohlental über. Am Ende dieser Fließstrecke, vor der Einmündung bei Zöthain in den Ketzerbach, fallen mehrere Ackerterrassen zur Unterstützung gegen Bodenabtrag für die auf den ertragreichen Lössböden selbst in Hanglage betriebene Landwirtschaft auf.

Der untere Teil des Käbschützbachtales bei Zöthain wird von der Käbschützbachaue, den Halbtrockenrasen und Eichentrockenwald zwischen dem Zschanscher Loch und dem Pinzchenberg bestimmt. Es gehört zum NSG Trockenhänge südöstlich Lommatzsch.

▶ B19

Die nördlichen Teile des Käbschützbachtales gehören geologisch zum Eruptivkomplex des Meißener Massivs, der in SO-NW-Erstreckung in der Elbezone in mehreren spätvariszischen Intrusionsphasen (Paläozoikum – Karbon bis Perm) aufgedrungen ist. Erkennbar ist danach ein schaliger Aufbau entsprechend der Altersfolge von basischen Gesteinen am Rande bis zu sauren Gesteinen im Zentrum, damit von Dioriten über Monzonite, Granite bis zu den Granodioriten. Geomorphologisch treten die Gesteine des Meißener Massivs ab etwa Leutewitz nach N am rechten Talhang des Käbschützer Baches auf und sind dann beidseitig im Verlaufe des Ketzerbaches bis nach Zehren zu verfolgen.

Bereits in früheren Zeiten, besonders ab dem 19. Jh., war die Bruchsteingewinnung im Käbschützbach- und Ketzerbachtal für den Häuserbau (Ablösung des traditionellen Baumaterials Holz) gefragt. Hier wurde ein fein- bis mittelkörniger Biotitgranodiorit abgebaut. Dieser bildet auch die Basis des Talspornes der Zöthainer Schanze. Im Tal des Käbschützer Baches ist er südlich am rechten unteren Talhang bis etwa in Höhe des sogenannten Zschanscher Loches zu verfolgen. Auch der Steinbruch am Südhang des Pinzchenberges gehört dazu. Auf den umgebenden Hochflächen sind teilweise flächenhaft Kiese und Sande der Elster-2- bis Saalevereisung vorhanden. Unmittelbar bei Zöthain am Nordabhang des Pinzchenberges wurden kiesig-sandige Tertiärreste in einer kleinen

Durch das Käbschützbachtal

Käbschützbachtal

Die etwa 25 km lange Fahrradexkursion beginnt in Meißen am Buschbad im Triebischtal und geht auf der B101 bis Löthain. Von hier führt die Fahrt über Stroischen bis Leutewitz mit Besuch des ehemaligen Ritterguts und zweier Porphyritbrüche. Über einen Abstecher zur ehemaligen Wasserburg Sornitz geht es durch das Käbschützbachtal bis zur Zöthainer Schanze. Die Hänge tragen eine wärmeliebende Flora mit zahlreichen Rote-Liste-Arten. Über das Ketzerbachtal bis Zehren geht es auf dem Elberadweg nach Meißen zurück.

■ lid-online.de/83504

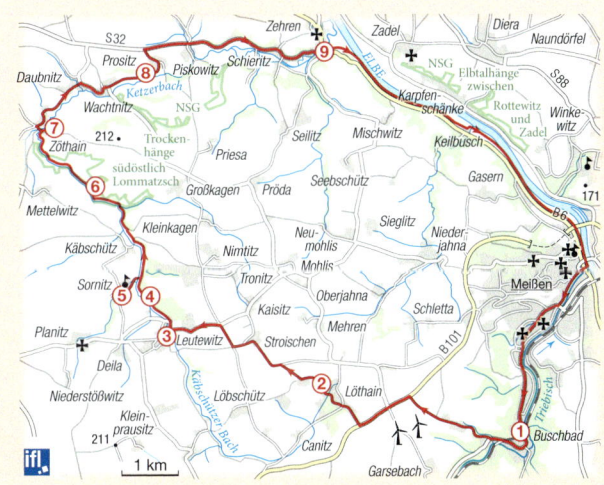

Grube abgebaut. Die Bedeckung erfolgte flächenhaft durch weichselkaltzeitlichen Löss und Lösslehm

In weiten Teilen ist das Tal wenig besiedelt. Ein Auwald konnte sich durch fehlende Bodenabtragung und Erosion kaum ausbilden. Der Bach wird vorwiegend von einem Traubenkirschen-Erlen-Eschenwald begleitet, an dem Hybridpappeln und Weidenarten gepflanzt wurden. An den Bäumen rankt der Hopfen. Vor Zöthain zeugt die alte Heilpflanze Rote Pestwurz oberhalb vom Ort von der mittelalterlichen Nutzung. Durch die Eutrophierung finden sich am Bach breite Brennnesselstreifen, die aber durchaus als Futter-

Nutzung regenerativer Energien

Durch die politische Entscheidung im Jahr 2000 mit der Verabschiedung des EEG hat die Nutzung regenerativer Energien einen großen Aufschwung genommen. Dies betrifft die Errichtung von Windkraftanlagen, die Einführung der Solartechnik und den Aufbau von Biogasanlagen. ▶ Abb. 95

In den Jahren 2011 (Atomausstieg) und 2020 (Kohleausstiegsbeschluss) ist überraschend und mit erkennbaren Defiziten eine grundlegende Neuausrichtung der Energiepolitik in Deutschland erfolgt. Das EEG wurde 2017 überarbeitet und verabschiedet. Bis zum Jahr 2030 sollen 35 % des Strombedarfs aus regenerativen Energien erzeugt werden. Ob die Versorgungssicherheit, Bezahlbarkeit und Nachhaltigkeit gesichert ist, muss sich noch zeigen (MANNSFELD, SLOBODDA u. WEHNER 2012).

Das ehrgeizige Ziel erfordert den Bau immer höherer (80–200 m) und leistungsfähigere Windräder, die das Landschaftsbild stark verändern werden. Trotz der Festlegung von 1.000 m Mindestabstand zu Wohnhäusern, können Geräusche, Schattenwurf und Lichtreflexe die Gesundheit der Anwohner beeinträchtigen. Auch Auswirkungen auf die Tier- und Pflanzenwelt bedürfen einer ständigen Kontrolle von Folgeerscheinungen. Erste Untersuchungen zeigen, dass es nicht unerhebliche Verluste bei Vögeln und Fledermäusen gibt. Die Bodenversiegelung hält sich im Gegensatz zu Solaranlagen auf Ackerland in Grenzen. Die landschaftsästhetischen Auswirkungen von Windkraftanlagen können zu nachhaltigen Verlusten in Bezug auf die Eigenart und Schönheit der Landschaft führen. Besonders im Bereich der Triebischtäler und des Ketzerbacheinzugsgebietes kann dies zur Verdrängung der landschaftsprägenden Strukturen wie Bergen, Höhenrücken und Waldkulissen führen. Dies ist bei der touristischen Erschließung der Gebiete zu beachten. Windkraftanlagen sollten nur in den bis jetzt ausgewiesenen Eignungs- und Vorranggebieten gebaut werden. Es ist deshalb zu begrüßen, wenn Anlagen an der Autobahn, wie bei Wilsdruff, oder in der Nähe von Gewerbegebieten gebaut werden. 2020 existieren zwölf Windkraftanlagen im Bereich der Lommatzscher Pflege und der Wilsdruffer Hochfläche:

Bei der Errichtung von Solaranlagen sind trotz Aufständerung der Module durch Verschattung und Trennwirkung Beeinträchtigungen der Flora und Fauna zu erwarten. Ein weiterer Ausbau auf den für die Landwirtschaft wertvollen Lössböden sollte unterbleiben.

Während die Solartechnik vorwiegend auf Privatdächern und Industrieanlagen zum Einsatz kommt, sind im Gebiet bereits neun Biogasanlagen in der Dorfflur eingerichtet worden. Der Bau von Biogasanlagen kann durch den dazu notwendigen Anbau von Monokulturen von Energiepflanzen, wie Mais, zu einer starken Minderung der Biodiversität führen. Besonders betroffen sind Bodenbrüter (Lerchen, Kiebitz), Insekten und Wildkräuter. Der verstärkte Maisanbau mit Düngung und Ausbringung von Pestiziden beeinflusst nicht nur die Fruchtfolge, sondern auch die Biodiversität auf den Äckern negativ (HARDTKE 2016). Die Besonderheiten der traditionellen Agrarlandschaft werden dadurch auf Kosten landschaftlicher Vielfalt nivelliert. So entfallen oft Verbundstrukturen wie Ackerraine und Hecken. Es sollte verstärkt darauf geachtet werden, dass neben den Energiepflanzen auch organische Reststoffe und Abfälle sowie Gülle zur Verwertung kommen.

Neue energiepolitische Programme, die für die kommende Zeit auf ein weiteres Anwachsen von Winkraft- oder Photovoltaikanlagen orientieren, werden auch im Bearbeitungsgebiet Abwägungsentscheidungen zu Belangen wie Landschaftsbild, Boden- oder Biodiversitätsverlusten o. ä. erfordern.

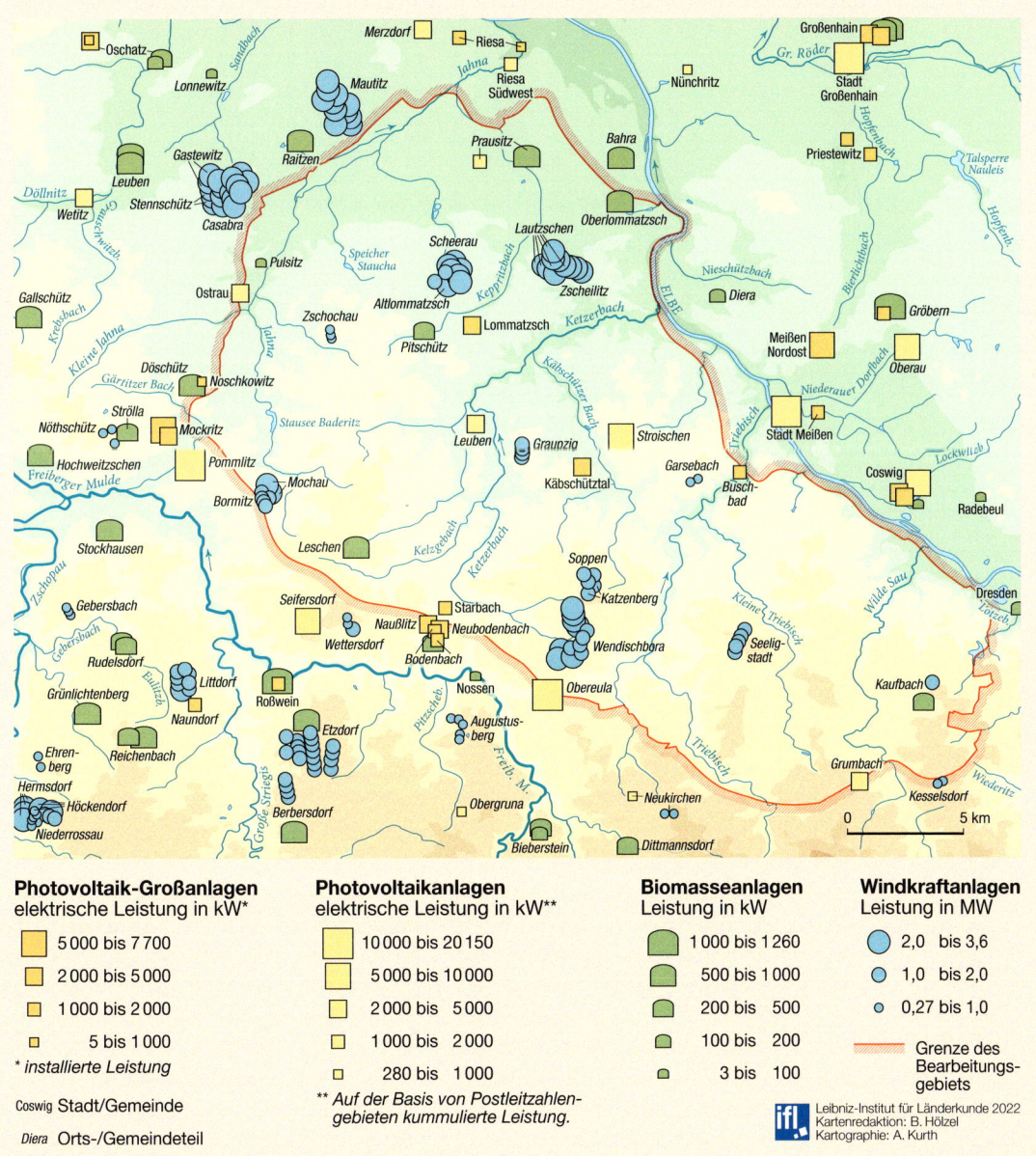

Abb. 95 Anlagen für die Nutzung regenerativer Energien

Abb. 96   Spanische Flagge

pflanzen für Tagfalterraupen von Bedeutung sind. Gestört wurde das Tal nur durch den Ausbau einer Schmalspurbahn. Die Strecke von Krögis über die Gabelstelle Mertitz bis Lommatzsch wurde 1909 zur Zuckerrübenabfuhr eröffnet. Sie brachte natürlich für die Bewohner einiger Dörfer wie Krögis, Mauna und Zöthain den Anschluss an Städte, wie Meißen und Lommatzsch. Die sogenannten „Mittelsächsischen Rübenbahnen" (alle eingestellt zwischen 1966 und 1972) waren Teil des Netzes von Haupt- und Nebenbahnen, die für den Antransport von Kohle und Düngemitteln, gleichzeitig aber auch für den Abtransport der durch die Landwirtschaft produzierten Güter (Korn, Rüben, Spargel, Erdbeeren, Kirschen) wichtig waren. Durch zurückgehenden Gütertransport und Erhöhung der individuellen Mobilität durch den Personenkraftwagen wurde die Bahnstrecke im Käbschütztal 1972 eingestellt. Auf den ehemaligen Schotterflächen haben sich eine Reihe wärmeliebender Ruderalarten und Gesellschaften der Schotterfluren erhalten. Hier finden sich die im Juni auffallend gelb blühenden Bestände des Ungarischen Habichtskrautes.

Wie im Ketzerbachtal bestimmen die hohe Durchschnittstemperatur und der Strukturreichtum des Tales die Pflanzen- und Tierwelt. Die Halbtrockenrasen im unteren Käbschützbachtal gehören zu den submediterranen Halbtrockenrasen vom Typ Trespenrasen mit der namengebenden Aufrechten Trespe. Vier Teilflächen am Ortseingang von Zöthain, am Steinbruch des Pinzchenberges und am Zschanscher Loch sind in ihrer Ausstattung von besonderem Wert. Die erste Fläche befindet sich zwischen dem Mettelwitzer Graben (westlich) und dem Käbschützbach (östlich) an einem nach N gerichteten Geländesporn (lössbedeckter Bitotigranodioritrücken), der eine Wehranlage (Ausdehnung 350 × 200 m) mit zwei Abschnittswällen trägt (Zöthainer Schanze).

Schon Karl Benjamin Preusker liefert eine treffende Beschreibung der Befestigung. Seine Nachricht, „am Aufwurfe", d. h. am Wall, seien „eiserne Schwerdt- und Messerbruchstücke" gefunden worden, wird von ihm selbst wieder relativiert, indem er für die Waffen auch eine Herkunft aus „neuerer Zeit, wo man den Wall ebenfalls benutzt haben mag", in Erwägung zieht.

Auf dem Plateau wurden seit dem 18. Jh. tatsächlich immer wieder Funde zutage gefördert. Besonders bemerkenswert sind eine Eisenaxt und liegende Hölzer, auf die man

1841 beim Wegebau im Wallkörper gestoßen sei. Von den Funden fehlt jede Spur. Hölzer und Steinbettungen lassen auf eine zweischalige Kastenkonstruktion mit Erdfüllung schließen. Über eine Untersuchung, die Johannes Deichmüller 1893 durchführen ließ, liegt leider keine Dokumentation vor. Umso zahlreicher sind die Oberflächenfunde von der Feldfläche im Inneren der Anlage, die typisch für die Jahrzehnte um 900 n. Chr. sind. Funde der Jungstein- und Bronzezeit zeigen, dass der Rücken bereits vor dem frühen Mittelalter immer wieder besiedelt gewesen sein dürfte. Da in der Dresdner Handschrift der Sachsengeschichte Widukinds nicht von *Gana,* sondern *Kietni* die Rede ist, auf das sich der Ortsname von Zöthain zurückführen lässt, ist die Zöthainer Schanze auch schon mit der Hauptburg der Daleminzier identifiziert worden. Aus dem Fundmaterial lassen sich vorläufig so weitreichende Schlüsse nicht ziehen. Schon im 19. Jh. wurden Teile des nördlichen Walls eingeebnet, um zusätzliche Ackerfläche zu gewinnen; der von Hecken überwachsene Südwall ist dagegen heute noch im Gelände gut sichtbar. Unter Grünland, seit Kurzem teilweise auch unter Dauergrünland, sind die Innenfläche und das nördliche Vorburgareal gut geschützt.

Dem heutigen Ort Zöthain fehlt auffälligerweise nicht nur ein echter Dorfkern, sondern auch eine Kirche. Wahrscheinlich gehörte das Dorf zum Kirchbezirk Leuben. Spätestens als dort im 10. Jh. n. Chr. unter ottonischer Herrschaft ein Burgward entstand, dürfte die Zöthainer Burg aufgelassen worden sein.

Am ostexponierten Hang der alten Schanze konnten neben typischen Arten der Glatthaferwiese und der benachbarten Ackerflächen die Habichtskräuter Trugdoldiges Habichtskraut und Doldiges Habichtskraut und die wärmeliebenden Arten Bunte Kronwicke, Feld-Beifuß und Aufrechtes Fingerkraut nachgewiesen werden.

Die wertvollsten Halbtockenrasen und Trockengebüsche befinden sich am südwestlichen Hang des Pinzchenberges, in der ostsüdöstlich gelegenen Streuobstwiese und am Steinbruch des Pinzchenberges. Sie gehören zum Lebensraumtyp Steppen-Trockenrasen, die von landesweiter Bedeutung sind, da ihr Vorkommen in Sachsen auf das wärmebegünstigte Ketzerbachtal und das Elbtal beschränkt ist. Auf den mageren Standorten wachsen der Frühlings-Spark, die geschützte Karthäusernelke und die Rote-Liste-Arten Steppen-Lieschgras, Platterbsen-Wicke, das Bunte Vergissmeinnicht und als botanische Besonderheit, nachgewiesen erstmals 1942, der Hügel-Meister (Thieleman 1942). Der Hügel-Meister ist durch Sukzession in ganz Sachsen sehr selten geworden und musste in der Roten Liste als vom Aussterben bedroht eingeschätzt werden.

In den Trockengebüschen am Steinbruch dominieren die Heckenrose, die Lederblättrige Rose, das Pfaffenhütchen, Weißdornarten, der Kreuzdorn und die Schlehe.

Am Zschanscher Loch ist noch ein gut ausgebildeter Halbtrockenrasen mit der Aufrechten Trespe erhalten. Auf dieser Fläche kommen mehrere basische Böden liebenden Arten vor, wie die Hundszunge, die Ungarische Schafgarbe, die Nickende Distel, der Wiesen Salbei, der Feld-Thymian und der Kriechende Hauhechel. An bemerkenswerten Ackerwildkräutern sind die Ackerröte, das Sommer-Adonisröschen und die Sichelmöhre vorhanden. Die Ackerröte und das Adonisröschen sind durch die intensive Landwirtschaft und den Wechsel vom Schwerpunkt Getreide zum Mais- und Rapsanbau stark zurückgegangen. Am Zschanscher Loch konnte man noch bis zum Jahr 1936 die Wiesen-Kuhschelle finden, die aber schon 1977 nicht mehr nachgewiesen werden konnte.

Als Beeinträchtigung der Naturschutzflächen sind Erosionsvorgänge an den Hängen zu benennen, wodurch Sedimente und Nährstoffe aus den benachbarten Ackerflächen eingetragen wurden.

An faunistischen Seltenheiten soll der Schmetterling Spanische Flagge genannt werden. Diese Art ist in Europa besonders geschützt und wie der Eremit eine FFH-Art. Die Standorte dieser Art sind nach europäischem Recht besonders zu schützen. ▶ Abb. 96 Der Eremit kommt auf der großen Streuobstwiese in den hohlen, alten Kirschbäumen vor. An den von Eichen dominierten Gehölzrändern leben seltene Bockkäferarten wie der Messerbock und der Punktbrustbock. Auf den Halbtrockenrasen konnten beispielsweise die in Sachsen sehr seltenen Käfer Schwarzbindiger Prunklaufkäfer und Dreibindiger Einhornkäfer gefunden werden. Von letzterem gibt es bisher aus Sachsen nur drei Fundmeldungen. Weitere interessante Käfer sind der Kronenwicken-Spitzmausrüssler an seiner bevorzugten Fraßpflanze, der Bunten Kronenwicke, vorkommend, der Marmorierte Goldkäfer, der Johanniskraut-Blattkäfer und der Stolperkäfer.

B21 Seilitz

Mit der Erfindung des weißen europäischen Porzellans durch Johann Friedrich Böttger begann auch im Meißener Revier sowohl die Suche nach Kaolin und Ton sowie danach der Abbau und zugleich die Gründung der Königlichen Porzellanmanufaktur in Meißen. Die intensive Suche nach geeignetem Rohmaterial in möglichst großer Nähe zur Verarbeitung in Meißen begann. Für die Entstehung von Kaolinen und Tonen im Meißener Revier bilden der Dobritzer Quarzporphyr sowie Pechsteine die Ausgangsgesteine.

1764 gilt als offizieller Beginn planmäßigen Abbaues von Kaolin in einem Kaolintagebau bei Seilitz. Seilitzer Kaolin wird damit bereits seit weit über zweihundert Jahren genutzt. Den traditionellen Tiefbau (seit 1825) realisiert heute noch das Weißerdewerk Seilitz, das ausschließlich für den Eigenbedarf der Staatlichen Porzellanmanufaktur Meißen GmbH produziert. Die Lagerstätte besteht hier aus hochrein kaolinisiertem Dobritzer Quarzporphyr in primärer Lagerung (autochthone Lagerstätte) und einer Mächtigkeit bis zu 25 m. Im kleinsten Kaolinbergwerk Europas, etwa 18 m unter der Erde (derzeitiger Abbau auf der 5. Sohle), werden von zwei bis drei Beschäftigten in Handarbeit mit Hacke, Schaufel und Bohrhammer jährlich etwa 150–300 t hochwertiger Rohkaolin für die Herstellung von Hartporzellan abgebaut (LADNORG et al. 1999).

Mengen- und flächenmäßig bedeutender für den Ton- und Kaolinabbau in der Region ist das Unternehmen SIBELCO Deutschland GmbH, das außer in Löthain auch in Seilitz den Kaolintagebau betreibt. Der Kaolin streicht hier nicht oberflächlich aus, sondern wird vom teilweise bis zu 10 m mächtigen quartären Löss- und Geschiebelehm abgedeckt.

Das ist auch im Hanganschnitt der seit 1982 betriebenen Grube deutlich zu erkennen, wo der Rohstoff von mehreren Strossen aus im selektivem Baggerschnitt gewonnen, im Mischbett homogenisiert und zu Schlämmkaolin aufbereitet wird.

Westlich der Straße befindet sich die zur Kaolingrube gehörige Kaolinaufbereitung (Neuwerk). Eine zweite Aufbereitung (Altwerk) liegt südöstlich der Straße nach Zehren (in der Nähe des Dragonerberges). Beide Anlagen sind technologisch miteinander verbunden. Hier wird der Kaolin geschlämmt, entwässert, getrocknet und „vernudelt", das heißt, zu halbtrockenen Stücken verarbeitet.

Da die Nutzung der Grube Seilitz in absehbarer Zeit endet, ist geplant, bei Schletta (wo bereits zwischen 1861 und Mitte des 20. Jh. eine Tiefbaunutzung erfolgte) eine weitere Kaolingewinnungsstätte (einschließlich Tagebauzufahrt, Rohkaolin-Zwischenlager und zeitweiliger Außenhalde) auf ca. 18 ha zu eröffnen, vierzig Jahre lang zu betreiben und jährlich etwa 100.000–150.000 t dort abzubauen (PALME u. HUHLE 2002a).

In Staucha wird der Sitz des zu 1150 genannten Burgwards an der Jahna vermutet (BILLIG 2011). Die hier zugehörige Wehranlage ist nicht um die Kirche, sondern unmittelbar westlich davon zu verorten. Der heute noch erkennbare Wall zwischen altem und neuem Friedhof bildete die östliche Abgrenzung einer ehemals ovalen Anlage von ca. 100 × 60 m. Ein Sporn und einige keramische Lesefunde datieren die Anlage ins spätere 10. und in das 11. Jh. Damit stünde der Stauchaer Burgward in einem lokalen Ablöseverhältnis zur älteren slawischen Wehranlage in Hof/Stauchitz. Der Burgwardcharakter von Staucha wird durch die Urpfarrei Staucha gestützt. In den nach Staucha sowie den ursprünglich zu Staucha gehörigen, später nach Jahna gepfarrten Dörfern ist ein räumlicher Verweis auf den vormaligen Burgwardbezirk anzunehmen. ▸ A4

Schon früh scheinen die Burggrafen von Meißen in der Gegend um Staucha herrschaftliche Rechte erlangt zu haben. 1150 wird das Dorf Salbitz im Burgward an der Jahna durch Markgraf Konrad, aber auf Bitten und aus dem Besitz des Burggrafen Meinher von Meißen an die Ägidienkapelle in der burggräflichen Meißener Burg übertragen. 1223 gründeten die Meißener Burggrafen in Staucha ein Nonnenkloster, das wohl beim Rittergut Oberstaucha zu suchen ist. 1259 begegnet ein Martin von Staucha (Martinus de Stuchowe), mutmaßlich ein Ministerialer der Burggrafen, dessen Herrensitz nicht identifiziert werden kann, der möglicherweise aber im späteren Rittergut Niederstaucha fortlebte. Die Stauchaer Benediktinerinnen erhielten zunächst drei Dörfer und die Stauchaer Kirche mit allen Filialen; 1264 gingen die Filialkirchen zurück an Burggraf Meinher III. von Meißen, der dafür die Pfarrkirche Leuben an das Kloster überwies. Im 14. Jh. schwand der Einfluss der Meißener Burggrafen. 1330/1334 war es schon Markgraf Friedrich II. von Meißen, der das Kloster von Staucha nach Döbeln verlegte; in Staucha blieb ein Klosterhof zur Verwaltung der umliegenden klösterlichen Güter bestehen. Die zentralörtliche Bedeutung von Staucha schwand im gleichen Zeitraum. Das Bedeverzeichnis von 1334 und das Registrum von 1378 führten Staucha bereits nicht mehr als Vorort, sondern unter der Supanie Pulsitz auf.

Als früher Burgwardort, später als Klostersitz und Standort zweier Rittergüter war die Siedlung Staucha kein Ort großer Bauerngüter. Stattdessen dominierten kleinere Häuser, deren Besitzer nur über wenige oder keine Fluranteile verfügten und deren Bewohner auf den Herrengütern Dienst taten. Schon zu 1334 werden geschosspflichtige Gärtner zu Staucha ausdrücklich erwähnt. Das Erbbuch des Amtes Meißen von 1547 nennt dann neun ansässige Gärtner, die für insgesamt 2,25 Hufen angeschlagen sind. 1764 wohnten in Staucha neben sechs Gärtnern nun schon siebzig Häusler, deren hohe Zahl die damalige Bedeutung des Stauchaer Rittergutes offenlegt. ▸ Abb. 97 Durch die Eingemeindung von sieben umliegenden Dörfern 1935 und durch die nach 1945 angesiedelten Flüchtlinge und Vertriebene wuchs die Einwohnerzahl der Gemeinde Staucha bis auf 1.633 Personen im Jahr 1946 an; danach fiel sie schon 1964 auf 1.401 zurück und sank schließlich bis 1990

Abb. 97 Rittergut Staucha, rechts vor dem Herrenhaus die Peter-Sodann-Bibliothek 2020

rapide auf 805 Einwohner ab. Seit 1999 ist Staucha Teil der Großgemeinde Stauchitz.

Auf einer Anhöhe inmitten des Dorfes stand die weithin sichtbare Johanneskirche Staucha. Die vermutlich um 1200 von den Burggrafen von Meißen gestiftete Pfarrkirche versorgte ein ausgedehntes Gebiet im N der Lommatzscher Pflege, bestehend aus den Dörfern Altsattel, Arntitz, Berntitz, Dennschütz, Dobernitz, Dösitz, Gleina, Grauswitz, Ibanitz, Marschütz, Panitz, Plotitz, Pöhsig, Prositz, Staucha, Steudten, Stösitz, Treben, Weitzschenhain, Wilschwitz und Wuhnitz. Das mittelalterliche Gotteshaus wurde 1861 bis 1863 durch einen größeren neogotischen Neubau ersetzt, den der Dresdner Architekt Friedrich Arnold (1823–1890) entwarf. Es handelt sich um die erste Dorfkirche im neogotischen Stil in Sachsen (Mai 1992). Friedrich Arnold setzte hier erstmals das Eisenacher Regulativ um, einen 1861 erlassenen Vorschriftenkatalog zum Bau evangelischer Kirchen. An den 55 m hohen, mir einer Spitzhaube versehenen Kirchturm schließt sich eine dreischiffige Basilika an, die durch Maßwerkfenster belichtet wird. In den durch hohe Arkaden abgetrennten Seitenschiffen sind Emporen angeordnet. Es folgt ein gewölbter Chor nach dem Vorbild gotischer Kirchen.

Der Friedhof enthält einige interessante erhaltene Grabmale. Zahlreiche Stinzenpflanzen zeugen von früherer Grabkultur, so der Grüne Nieswurz, Sibirischer Blaustern und Efeu. Am Pfarrhaus befindet sich eine Sonnenuhr aus dem Jahr 1838.

Östlich der Kirche befindet sich der Gutshof des 1945 aufgelösten Ritterguts Staucha. Mit Herrenhaus, Gesindehaus, Kuhstall, Scheune und Nebengebäuden ist er in seltener Geschlossenheit erhalten geblieben. Als Rittergut Oberstaucha entstand es nach der Reformation aus dem großen Wirtschaftshof der Benediktinerinnen. 1731 wurde es mit dem im niederen Dorfteil gelegenen Rittergut Niederstaucha vereinigt. Das Herrenhaus an der Südseite des rechteckigen Gutshofs ist ein typisches barockes Landschloss des 18. Jh. Julius Alexander von Hartitzsch (1701–1764) ließ dem zweigeschossigen Bau mit Mansardwalmdach zwischen 1753 und 1756 für sich und seine zweite Ehefrau Magdalena Elisabeth von Zehmen (1721–1785) errichten. Das Herrenhaus steht auf einer schmalen Gartenterrasse und überblickt den niedriger gelegenen Gutshof. Eine zweiläufige Freitreppe führt auf das Podest vor der Haustür. Diese befindet sich in der Mittelachse der symmetrisch gestalteten Fassade. Die barocke Architekturgliederung mit Wandstreifen (Lisenen) und Wandspiegeln unter den Fenstern ist aufgemalt. Der beeindruckende, durch toskanische Säulen in drei Schiffe untergliederte Kuhstall an der Ostseite des Gutshofs wurde 1822/23 errichtet; der anschließende Kopfbau mit Fachwerkobergeschoss, der als Verwalterhaus diente, stammt von 1733.

Das Rittergut (1925: mit Lehngut Wilschwitz 275 ha) gehörte seit 1882 der Familie Schröber, die 1945 enteignet wurde. Im Herrenhaus waren seitdem Wohnungen, eine Kindertagesstätte und die LPG-Küche mit Speiseraum eingerichtet, während Scheune und Stall von der LPG „Sonnenschein" Staucha genutzt wurden. Die Wiederbelebung des Gutshofs ist der 1994 gegründeten Gemeinde Stauchitz zu verdanken, die den Beschluss fasste, ihre Gemeindeverwaltung nach Staucha zu verlegen. Das Herrenhaus wurde zwischen 1996 und 2002 vorbildlich restauriert. 1999 begann der Umbau des Kuhstalls zur Markthalle für regionale Bauernmärkte. Als bekannt wurde, dass der 1936 in Meißen geborene Schauspieler Peter Sodann geeignete Räume zur Unterbringung seiner DDR-Bibliothek suchte, bot die Gemeinde Stauchitz die noch ungenutzten Bereiche des Stauchaer Gutshofs an. Die 2012 eröffnete Peter-Sodann-Bibliothek sammelt sämtliche Bücher, die zwischen 1945 und 1990 in der Sowjetischen Besatzungszone und DDR erschienen sind. Eintreffende Buchbestände werden sortiert und katalogisiert, doppelte Bücher in einem Antiquariat zum Verkauf angeboten. Um das Lebenswerk von Peter Sodann fortzuführen, wurde 2017 eine Genossenschaft gegründet.

Nicht mehr zu Stauchaer Gemarkung, sondern zum benachbarten Steudten gehörig, ist der 219 m hohe Huthübel – eine markante Geländmarke, von der aus man einen weiten Blick in das Umland hat. Auf der Kuppe steht einer von vier aus Sachsen bekannten Mehnhire. Der mannshohe Quarzporphyr des Unterrotliegenden, vermutlich aus der unmittelbaren Umgebung, kennzeichnete möglicherweise einen durch Beackerung fas vollständig abgetragenen Grabhügel (Spehr 2011).

B23 Seebschütz

Es ist nicht erstaunlich, dass der Seebschützer Landwirt Max Andrä den Äckern im direkten Umfeld seines Hofes besondere Aufmerksamkeit geschenkt hat. Hier schritt er hinter seinem neuen Pflug her und förderte vorgeschichtliche Funde an die Feldoberfläche (Fröhner u. Strobel 2017). Seine Entdeckungen reichen chronologisch von der frühen Jungsteinzeit bis ins Mittelalter. ▶ Abb. 98

Auf eine bandkeramische Siedlung stieß er südöstlich von Seebschütz auf einem Lössrücken, der nach O zu einem Nebenlauf des Jahnabaches abfällt. Was man damals für Feuerstellen und Wohngruben hielt, wird heute als Lehmentnahme-, Vorrats- und Pfostengruben angesprochen. Johannes Deichmüller maß im Frühjahr 1907 etwa einhundert dieser an der Oberfläche sichtbaren Strukturen ein, ohne eine Ausgrabung durchzuführen. Das von Andrä aufgelesene Fundmaterial geht in die Hunderte und umfasst das gesamte bandkeramische Spektrum: Linien- und stichverzierte Scherben sind ein Indiz für die lange, wahrscheinlicher aber mehrfache Besiedlung durch frühe Bauern zwischen 5200 und 4600 v. Chr. Zahlreiche Dechsel-, Axt- und Keulenfragmente unterstreichen ebenfalls die Intensität der Besiedlung.

Westlich des bandkeramischen Siedlungsareals, auf einem Lössrücken, der sich erst flach, dann immer steiler zum Grutschenbach absenkt, entdeckte Andrä auf der höchsten Stelle an der Straßenkreuzung Seebschütz-Sieglitz bzw. Seebschütz-Jesseritz Scherben der Schnurkeramik (um 2700 v. Chr.), die sich beim Nachgraben als typische schnurverzierte Amphoren erwiesen. Die markante topographische Position spricht ebenso für Grabfunde wie die hohe Qualität der Keramik und ein Steinbeil. Die Grabhügel müssen allerdings schon damals längst eingeebnet gewesen sein und waren auch für Andrä nicht mehr sichtbar.

Besonderes überregionales Aufsehen erregte die Entdeckung eines Gräberfeldes der jüngeren vorrömischen Eisenzeit (5.–3. Jh. v. Chr.), das sich westlich der schnurkeramischen Grabhügel erstreckt haben muss. Von den sicherlich sehr viel mehr Urnenbestattungen sind leider nur sechs präzise eingemessen worden, während alle anderen von Andrä geborgen wurden, ohne auf die Lage oder geschlossene Komplexe zu achten. Dennoch ist die Nekropole von Seebschütz ein Schlüsselfundplatz der älteren Latènezeit in Sachsen, der sich vor allem durch zahlreiche typische Fibeln und Gürtelhaken ebenso wie durch stempelverzierte, teilweise scheibengedrehte Schalen und Schüsseln auszeichnet.

Abb. 98   Zeitgenössische Ansicht des Hofes von Max Andrä

B24

Es handelt sich bis heute um den umfangreichsten Fundbestand dieser Zeit im mittelsächsischen Raum überhaupt. Der Riesaer Lehrer Alfred Mirtschin pilgerte zwischen 1927 und 1932 meist zu Fuß nach Seebschütz, um die Funde für sein Buch „Germanen in Sachsen" (MIRTSCHIN 1933) aufzunehmen.

Alle Fundstellen hat Max Andrä sorgfältig in Meßtischblattausschnitten kartiert. Im Laufe der Zeit kamen so viele Funde zusammen, dass die Sammlung des Seebschützer Landwirtes in der Presse zu Recht als kleines Privatmuseum gerühmt wurde. Eine besondere Attraktion aber waren kostbare Porzellangefäße, Fayencen und Majoliken, die Andrä weit über den Meißener Raum hinaus bekannt machten. Was der Bauer mit Kennerschaft und Liebe in seinem Bauernhaus gesammelt hatte, hätte auch der staatlichen Porzellansammlung eine Zierde sein können. Dass man gelegentlich mit Argwohn aus Dresden elbabwärts nach Seebschütz blickte, ist kein Geheimnis.

B24 Churschütz

Die Sand- und Kiesgrube (Inhaberin Inge Dietze) befindet sich unmittelbar südwestlich der Ortslage Churschütz (seit 1994 einer von 38 Ortsteilen der Stadt Lommatzsch) nördlich der Schleinitzhöhe.

Auf der mit ca. 255 m ü. NHN angegebenen Schleinitzhöhe wurde im Jahr 1868 für die Königlich-Sächsische Triangulierung eine Station II. Ordnung (Nr. 102) errichtet, eine der sogenannten „Nagelschen Säulen". Christian August Nagel, Direktor des Geodätischen Institutes an der Königlich Sächsischen Polytechnischen Schule Dresden (heute TU Dresden), leitete die in den Jahren 1862–1890 durchgeführten landesweiten Vermessungsarbeiten. Dazu wurden zwei Dreiecksnetze geschaffen. Das Netz für die Gradmessung im Königreich Sachsen bestand aus 36 Punkten I. Classe/Ordnung, das Netz II. Classe/Ordnung für die Königlich Sächsische Triangulierung aus 122 Punkten. ▶ Abb. 99

Von dem historischen Ort Schleinitzhöhe im sogenannten Dreiländereck, der 2008 u. a. mit Pflanzung einer Linde neu gestaltet wurde, hat man einen freien Blick, besonders nach N. Das war sicher auch ausschlaggebend für das Kaisermanöver von 1898, welches hier endete. Von der nach Schleinitz verlaufenden Straße erfolgt unmittelbar

Abb. 99   Triangulationssäule mit Informationstafel 2022

auch die Zufahrt zur Kiessandgrube. Südlich der Schleinitzhöhe befindet sich das NSG Großholz. Schleinitz und Petzschwitzer Holz ▶ D28, C1 Die Schleinitzhöhe gehört unmittelbar zum Mittelsächsischen Lößgebiet, einem Gebiet mit mächtigen quartären Ablagerungen, deren Abfolge in den zeitweilig aufgeschlossenen Abbauprofilen der Kiesgrube betrachtet werden kann.

Die Kiesgrube wurde offensichtlich gezielt in einer quartären Erosionsrinnenstruktur angelegt, an deren westlichem Ende sich der Aufschluss befindet. Die schmale (50–100 m breite) Rinne beginnt dort mit Quartärbasishöhen bei ca. 220 m ü. NHN (in Churschütz 207 m ü. NHN), verläuft etwa parallel zum Churschützer Bach, senkt sich nach O in seinem Verlauf über Wauden bis Schwochau auf etwa 160 m ü. NHN ab, hat damit eine O-W-Erstreckung über etwa 4 km (LfUG 1996). In diese eiszeitliche Ausräumungszone wurden wechselnd mächtige quartäre Lockersedimente sedimentiert. Während auf der Lößdecke viele Ackerwildkräuter, wie Echte Kamille, Hundspetersilie und Saat-Mohn zu finden sind, überwiegen an den aufgelassenen Schichten der Kiesgrube Arten der Ruderalfluren. Es dominieren die Trespen-Mäusegerste-Flur und die Kompaßlattich-Hohe-Rauken-Flur mit den namengebenden Arten. Weiter kommen großflächig Lösels Rauke, ein Neophyt, die Wilde Malve, die Krause Distel und die Taube Trespe vor.

Im Gebiet der Kiesgrube bei Churschütz ist von folgendem prinzipiellem Schichtenaufbau (vom Liegenden zum Hangenden) auszugehen:

- Im Bereich einer Nordost-Südwest im tieferen Untergrund verlaufenden Störungslinie grenzen paläozoische Schiefer (Ordovizium bis Devon) des Nossen-Wilsdruffer Schiefergebirges an Granodiorite des Meißener Massivs. Im Bereich der Grube nicht erschlossen, sind regionalmetamorph veränderte Phyllite der vermeintlich (KUPETZ 2000) ordovizischen Mühlbach-Nossener Gruppe zu erwarten.
- Eine känozoische Scholle des Tertiärs (Miozän) hat sich hier in den mulden- und rinnenartigen Strukturen westlich von Lommatzsch erhalten (Tone mit lokal eingelagertem Braunkohlenflöz, Kiessande). Im 19. Jh. wurde bei Arntitz/Wuhnitz ein bescheidener Braunkohlenbergbau betrieben (LANTZSCH 2018).
- Darauf lagert die Schichtenfolge quartäre Lockersedimente. Vorschüttbildungen der Elster-2-Kaltzeit sind durch glazifluviatile, teilweise fluviatile Kiese und Sande vertreten. Die Nachschüttbildungen dieses Zyklus sind von den Ablagerungen der jüngeren Saale-Kaltzeit nicht zu trennen. Die Grundmoräne dieser Vereisung blieb nur noch unmittelbar westlich von Lommatzsch erhalten.
- An der Oberfläche wird diese Schichtenfolge durch eine relativ mächtige (>2 m) hellbraune Löss- und Lösslehmdecke abgeschlossen. Teilweise ist auch ein dunkelbraunes Kolluvium erkennbar, also eine Abtragung der Lössauflage bis zum (braunen!) Tonanreicherungshorizont.

Wie viele sekundär entstandene Biotope bildet die Kiesgrube einen wichtigen Lebensraum für zahlreiche Tierarten. Insbesondere Laufkäfer der Kies-und Sandflächen finden sich hier. Als Beispiel soll der Dünen-Sandlaufkäfer genannt werden. Des Weiteren gehören neben Käfern, Schmetterlingen und Libellen (in Grundwassertümpeln) auch spezialisierte Vogelarten.

So nutzen in manchen Jahren Uferschwalben Horizonte, die besonders gleichkörnig (feinsandig bis schluffig-tonig) ausgebildet sind, zur Anlage von Bruthöhlen. Dem örtlichen Angebot folgend weichen die Vögel von einer zur nächsten Saison teils auf Sedimentbänder an anderer Stelle aus. Das Vorhandensein eines annähernd lotrechten Anrisses mit grabfähiger Struktur bestimmt auch das Brutvorkommen. Allgemein stellen Abgrabungen Sekundärlebensräume der Uferschwalbe dar. Ursprünglich besiedelte die Art naturnahe Flusslandschaften mit Uferabbrüchen, was in heutiger Zeit allenfalls noch lokal möglich ist.

C Gebiet um Leuben, Ketzerbach und Löthain

C1 NSG Großholz Schleinitz und Petzschwitzer Holz

Das Großholz Schleinitz liegt am Südosthang der Schleinitzhöhe (254,5 m ü. NHN). Es ist ein Restwald inmitten des hecken- und waldfreien Agrarlandes, der 1761, als er noch zum Rittergut Schleinitz gehörte, etwa 100 ha Fläche umfasste. Er wurde damals als Mittelwald ▶ B1 und für die Jagd genutzt. Nach und nach wurde der Wald zugunsten fruchtbaren Ackerlandes verkleinert, bis er um 1930 die heutige Form und Größe von 44 ha erhielt. Damit ist er aber immer noch der größte Laubwaldkomplex der Lommatzscher Pflege. Seit 1961 stehen knapp 15 ha davon als NSG unter Schutz. Es ist Bestandteil des FFH-Gebietes 170 „Großholz Schleinitz". Seit 1932 bis heute wird das Gebiet von der AGsB immer wieder begangen und die Flora, wenn auch nicht jährlich, kartiert.

Der überwiegend lindenreiche Eichen-Hainbuchen-Wald entspricht der natürlichen Bestockung. Die Baumschicht ist aus Stiel- und Trauben-Eiche, Hainbuche und Winter-Linde zusammengesetzt, ferner kommen Berg-Ahorn, Esche und Rotbuche vor, wobei die Buche sehr wüchsig ist. Die Strauchschicht setzt sich aus Eberesche, Faulbaum und, durch Nährstoffeintrag gefördert, Schwarzen Holunder zusammen. Im Oberteil des Schutzgebietes befinden sich ältere Erosionsrinnen, die aber kein Wasser mehr führen. Der Untergrund wird durch phyllitische Schiefer bestimmt, die von Kiessanden und Löss bedeckt sind. Die Lössböden sind meist kalkfrei, nur selten noch kalkführend. In der Bodenflora dominieren typische Arten der Eichen-Hainbuchenwälder, wie Vielblütige Weißwurz, Goldnessel, Hohler Lerchensporn, Wald-Primel, Lungenkraut, Wald-Veilchen und Echte Sternmiere. Größere Flächen nehmen Frischezeiger wie Zittergras-Segge und Wolliger Hahnenfuß ein. Basenreiche Böden werden durch das Sanikel und den geschützten Märzenbecher angezeigt. Beide Arten sind schon aus dem Jahr 1939 hier in der Kartei der AGsB bezeugt. Flora und Fauna des Naturschutzgebietes kennzeichnen dieses als ein wichtiges Refugium in der waldarmen Umgebung. Unter den Säugetieren sind Mopsfledermaus und Haselmaus hervorzuheben. Typische Brutvögel sind Schwarzspecht und Grünspecht, Bunt- und Kleinspecht, Wald- und Gartenbaumläufer. Seit einigen Jahren brüten wieder regelmäßig Rotmilan und Kolkrabe im Gebiet. Am Waldrand kann der Halsband-Fliegenschnäpper beobachtet werden. Untersuchungen zur Käferfauna mit dem Schwerpunkt auf xylobionten Arten ergaben 58 Laufkäferarten sowie 254 Holz- und Pilzkäferarten, darunter der Eichen-Widder-Bock und der seltene, nur 2 mm große Pilzkäfer *Symbiotes gibberosus*. Als Zweitfund für Sachsen konnte zudem *Dirrhagofarsus attenuates* nachgewiesen werden (LORENZ 2006, 2020b). Der Nachweis von 72 Rote-Liste-Arten und vier sogenannte Urwaldreliktarten unterstreicht die hohe Bedeutung des Großholzes für den Erhalt einer hohen Biodiversität. Eine Besonderheit ist das Vorkommen der nach FFH-Richtlinie Anhang 2 besonders geschützten Käferart Eremit.

Die Flora des Großholzes und des Petzschwitzer Holzes sind durch Nährstoffeinträge infolge Bodenerosion (Wasser, Wind) und Verdriftung von Agrochemikalien aus dem umgebenden Ackerland gefährdet. Statt gestufter Waldsäume wachsen breite Brennnesselsäume am Waldrand. Diese sind aber Futterpflanzen für die Tagfalterarten Tagpfauenauge, Distelfalter und Landkärtchen, die jährlich am Großholz zu beobachten sind. Schutzziel ist die Naturverjüngung aller heimischen Baumarten im gesamten Großholz. Die Erweiterung des NSG Großholz um das Petzschwitzer Holz erfolgte im Jahr 2021.

C2 Wauden

Als die Landwirte in der Lommatzscher Pflege im letzten Dritte des 19. Jh. begannen, in neue Landtechnik, insbesondere in moderne Pflüge zu investieren, schnellte die Zahl neuentdeckter Fundstellen sprunghaft in die Höhe. Schon dem ersten Leiter des im Jahr 1900 gegründeten Archivs urgeschichtlicher Funde aus Sachsen, Johannes Deichmüller (1854–1944), war aufgefallen, dass „die verbesserten Hilfsmittel" der Landwirtschaft „viel tiefer als die früheren in den Boden" eindrängen. Gleichzeitig war ihm bewusst, dass dadurch „immer mehr urgeschichtliche Denkmäler verschwinden" (DEICHMÜLLER 1897). Entdeckung und Zerstörung sind bis heute zwei Seiten einer Medaille.

Das erhöhte Fundaufkommen traf glücklicherweise auf eine inzwischen systematisierte und institutionalisierte Denkmalerfassung, die sich freilich erst einen Überblick über den Bestand verschaffen musste und deshalb wie der Landesverein Sächsischer Heimatschutz Fragebögen im damaligen Königreich versandte. Auf einem dieser Fragebögen ist auch das auf Waudener Flur entdeckte Metalldepot erfasst, das noch im Entdeckungsjahr (1884) den Mitgliedern der Naturforschenden Gesellschaft ISIS in Dresden vorgestellt wurde und in der Öffentlichkeit Furore machte. Das Interesse der Bevölkerung an den heimischen Altertümern war auch im ländlichen Raum innerhalb weniger Jahrzehnte erheblich gestiegen. Deichmüller schließlich hat Fundort, -umstände und -zusammensetzung auf Karteikarten sorgfältig festgehalten.

Im Frühjahr 1884 war ein Knecht des Gutsbesitzers Bernhard Wirth (Jessen) beim Tiefpflügen vor dem Rübenanbau in ca. 30 cm Tiefe auf ein Gefäß gestoßen, in dem die Bronzefunde offenbar deponiert waren. Erst das Klappern der Ringe, die an der Pflugschar hingen, soll die Aufmerksamkeit des Finders auf sich gezogen haben. Nur zufällig sei der Gutsbesitzer davon abzuhalten gewesen sein, einem Lommatzscher Kupferschmied die Stücke zum Einschmelzen zu verkaufen. Glücklicherweise gelangte der Hortfund in die Dresdner Sammlungen. Neben dem verzierten Klingenbruchstück eines Vollgriffdolches und zwei Randleistenbeilen umfasste das Depot außerdem 19 Ösenhalsringe, massive Fußringe, tordierte Armringe, eine vollständige Armspirale sowie fünf Bernsteinperlen (BRUNN 1959). Damit handelt es sich um den umfangreichsten Hortfund der frühen Bronzezeit (um 1700 v. Chr.) im Raum Lommatzsch überhaupt. Sollte es Zufall sein, dass seit dem ausgehenden 19. und frühen 20. Jh. keine weitere bronzezeitliche Deponierung mehr zutage gekommen ist?

C3 Mertitz

Der Zimtberg liegt östlich der Straße von Mertitz nach Lommatzsch oberhalb vom Bahnhofsgebäude Mertitz. Im Jahr 2003 kaufte der Landesvereins Sächsischer Heimatschutz die Wiesen und Hecken des Zimtberges zu Naturschutzzwecken und bewirtschaftet sie gemeinsam mit der Unteren Naturschutzbehörde Meißen.

Im Gebiet des Zimtberges trafen nach der Eröffnung der Eisenbahnstrecke Döbeln–Gernitz hier drei Bahnstrecken aufeinander. Seit 1911 erfolgte besonders zur Zuckerrübenernte von Mertitz aus das Beladen der Züge nach Döbeln in die dortige Zuckerfabrik. Die umliegenden Äcker und Wiesen wurden aber weiter extensiv genutzt.

Der geologische Untergrund des Zimtberges wird durch Meißener Biotitgranodiorit bestimmt, über dem flachgründig Braunerden und stellenweise eine mächtige Lössdecke liegen. Die Lössschicht bestimmt die hohe Güte der Böden.

Wertbestimmend am Zimtberg sind die Glatthaferwiese und im oberen Bereich die floristisch besonders interessanten Halbtrockenrasen, verbunden mit Hecken und einem kleinen angrenzenden Eichentrockenwald. Der Fuß des südöstlichen Zimtberges wird von einer ertragreichen Quittenhecke, Rest einer früheren Quittenstreuobstwiese, eingenommen. Auf der Glatthaferwiese kommen, neben der namengebenden Grasart der Flaumhafer, der Wiesen-Storchschnabel, die Rosen-Malve, die Wiesen-Glockenblume und dem Wiesen-Labkraut, auch der Orientalische Bocksbart, die Nickende Distel und die Tauben-Skabiose vor. Von besonderem Wert sind die Vorkommen der Violetten Königskerze, der Bologneser Glockenblume und des Felsen-Fingerkrautes. Alle drei Arten sind in Sachsen von Aussterben bedroht (RL Gefährdungsgrad 1) und wurden deshalb durch Artenschutzprogramme der UNB Meißen auch an diesem Standort gefördert. Die Bologneser Glockenblume kommt in Sachsen nur im Ketzerbachtal vor (HARDTKE 2005). ▶ Abb. 100

Die Wiese ist auch reich an interessanten Insektenarten. Beispielsweise wurde der vom Aussterben bedrohte Schwarzrandige Blatthornkäfer nachgewiesen, von dem es nur wenige aktuelle Fundmeldungen aus ganz Sachsen gibt, sowie der Eremit, der in Mertitz und den benachbarten Ortschaften in alten Obstbäumen mit Baumhöhlen vorkommt. Von den Blatthornkäfern sind der Glattschienen-Pinselkäfer und der Marmorierte Goldkäfer vorhanden. Als weiterer Vertreter der Blatthornkäfer, der am Zimtberg lebt, soll der Stolperkäfer genannt werden, der sich im morschen Laubholz entwickelt. An der Zypressenwolfsmilch im Halbtrockenrasen findet sich der kleine Rotköpfige Linienbock. Der von Aussterben bedrohte Bockkäfer ist wärmeliebend. Für Bockkäfer ungewöhnlich lebt die Larve nicht im Holz, sondern im Stängel der Zypressen-Wolfsmilch und nur an Stellen, mit sehr langer Biotoptradition, d. h. individuenreichen Zypressenwolfmilchbeständen, die es schon viele Jahrzehnte gibt. Des Weiteren wurde

Botanische und faunistische Ausstattung des Gebietes

Einige Arten von überregionaler Bedeutung sind in den NSG der Lommatzscher Pflege gesichert. Dazu gehören neben verschiedenen Ackerwildkräutern der Märzenbecher und der Eremit. Der Artenschutz besteht in der Erhaltung des optimalen Zustandes der Vorkommen durch geeigneten Biotopschutz.

■ lid-online.de/83103

Botanische Ausstattung

der Mattschwarze Ölkäfer in dem Halbtrockenrasen beobachtet. Bei Gefahr sondert er ein auch für den Menschen hochgiftiges gelbes Sekret ab. Die Larven der Käfer leben als Parasiten in den Nestern solitärer Erdbienen.

Bemerkenswert sind auch einige Schmetterlingsarten, so der Silbergrüner Bläuling, der Schwalbenschwanz und der Große Fuchs. Der Silbergrüne Bläuling ist eine xerothermophile Art der sonnigen Felshänge, Kalkmagerrasen und trockenen Glatthaferwiesen. Die Raupe frisst an Kronwicke und lebt wohl teilweise in Ameisennestern. Die Art hat in Sachsen im Ketzerbachtal ihre letzten Vorkommen. Durch die schwarzen bzw. grauen Vorderflügel mit roten Flecken auffallende Arten ist das Sechsfleck- Blutströpfchen, dessen Raupen an Schmetterlingsblütlern fressen. Zu diesem Artenreichtum am Zimtberg trägt der Strukturreichtum (Wiese, Hecke,

Abb. 100   Bologneser Glockenblume

Wäldchen) auf kleiner Fläche bei und die regelmäßige Mahd der Wiesen.

Schon in den 1970er Jahren von Meißener- und Dresdner Botanikern immer wieder aufgesucht und betreut, konnte das Gebiet 1992 von einer Arbeitsgruppe der AGsB bearbeitet werden (Hardtke 1992). Im Jahr 2011 ist der Zimtberg als Bestandteil des FFH-Gebietes „Täler südöstlich Lommatzsch" für das Europäische Schutzgebietsnetz Natura 2000 an die EU gemeldet worden. Die Bestrebungen, das Gebiet als NSG zu sichern, wurden 2011 mit der Einbeziehung in das NSG Trockenhänge südöstlich Lommatzsch erreicht. ▶ B19

Spezielle Artenschutzmaßnahmen sind erforderlich, um einige der seltenen Tier- und Pflanzenarten zu erhalten und zu vermehren. Das betrifft die Bologneser Glockenblume und das Felsen-Fingerkraut.

C4 Schleinitz

Das im Tal des Schleinitzbaches gelegene Dorf Schleinitz ist ein Gassendorf mit mehreren Bauernstellen, welches von dem in der Ortsmitte gelegenen Rittergutshof dominiert wird. Das Rittergut Schleinitz war das größte Rittergut in der Lommatzscher Pflege. Zu ihm gehörte eine weit ausgreifende Grundherrschaft, die 1608 – das Rittergut Petzschwitz mit eingerechnet – 18 Dörfer ganz oder teilweise umfasste. Die 236 besessenen Mann (Bauern) hatten insgesamt 1.883 Handfrontage zu leisten. Darüber hinaus wurden 957 Pferdefrontage gefordert, was für jeden Bauern durchschnittlich zwölf Ackertage pro Jahr bedeutete (Schattkowsky 2007).

Schleinitz ist der namengebende Stammsitz des bedeutenden meißnischen Adelsgeschlechtes von Schleinitz, das 1231 mit *Goteboldus de Zlinitz* in die urkundliche Überlieferung eintrat. Das Schloss Schleinitz hat sich aus einer mittelalterlichen Wasserburg entwickelt. Diese ist von einem tiefen, künstlich angelegten Graben umgeben, der ursprünglich mit Wasser gefüllt war. Von der Burg haben sich zwei in den Graben auskragende Rundtürme erhalten. An der Ostseite wurde 1518 eine spätgotische Schlosskapelle angefügt, die von einem kunstvollen Zellengewölbe überwölbt wird. Damals entstand auch der mit Blendbögen, durch einen vorkragenden Erker belebte Ziergiebel über dem südlichen Rundturm. Der Mitteltrakt des Schlosses, hervorgehoben durch ein steiles Walmdach, wurde im 17. Jh. über einem älteren spätgotischen Schlossflügel errichtet und zuletzt 1906/07 überformt. Der unregelmäßig geformte Gutshof ist dem Schloss an der Nordseite vorgelagert. Einerseits wird er vom Schlossgraben begrenzt, andererseits an drei Seiten von Scheunen, Stallungen, Speichern und Wohngebäuden. ▶ Abb. 101

Mit dem Herrensitz sind die Namen anderer sächsischer Adelsgeschlechter verbunden. Abraham von Schleinitz vererbte das Rittergut seinem Schwiegersohn Christoph von Loß (1574–1620), der kursächsischer Hofrat, Hofmarschall und Reichspfennigmeister war. 1664 gelangte Schleinitz über dessen Tochter an die Adelsfamilie Bose, die mit dem 1702 zugekauften Petzschwitz und mit den 1717 ersteigerten Rittergütern Graupzig und Gödelitz einen größeren Herrschaftsbezirk formte. Joachim Dietrich Bose (1676–1742) ließ vermutlich um 1740 gegenüber dem Schloss das Gerichtsgebäude erbauen. Damit hob er die Gerichtsbarkeit, die das Rittergut ausübte, durch einen eigenständigen Bautyp hervor, während sonst nur Gerichtsstuben innerhalb bestehender Bauten genutzt wurden. Die zweigeschossige Hoffront besitzt eine betonte Mittelpartie, die sich als hoher und steiler Giebel fortsetzt. Im Bogenfeld ist das Wappen der Familie von Bose angebracht. Es folgt ein achteckiger schiefergedeckter Dachreiter mit Uhr, Haube, offener Laterne und zwiebelförmigem Knauf. Joachim Dietrich von Bose trug eine wertvolle Büchersammlung zusammen. Diese war in einem Gartenhaus unweit des Schlosses untergebracht, das nicht erhalten ist. Da Carl Gottlob Bose (1711–1773) keine Nachkommen hatte, vererbte er die Güter seinem Neffen Friedrich von Zehmen. Damit rückte die Familie von Zehmen zum größten Grundbesitzer in der Lommatzscher Pflege auf. 1906 fiel das Rittergut an die Freiherren von Friesen aus Rötha bei Borna. Letzte Eigentümerin des Ritterguts war Marie Josephe Freifrau von Friesen, geb. von Carlowitz (1809–1971). Mit der Bodenreform wurde das zuletzt 259 ha große Rittergut enteignet und aufgeteilt. In das Schloss zogen Flüchtlinge und Vertriebene ein, später befanden sich hier die Gemeindeverwaltung und Wohnungen.

Im Sommer 1790 waren die Dörfer der Herrschaft Schleinitz ein Brennpunkt des kursächsischen Bauernaufstandes (SCHMIDT 1907). Schon lange schwelten damals auch in Schleinitz typische Streitigkeiten über die Hutungs- und Triftrechte für die herrschaftliche Schafzucht; das harte Auftreten des Gutsherrn von Zehmen, der u. a. auch das benachbarte Rittergut Petzschwitz besaß, und seines Gerichtshalters Kohl taten das Übrige.

Am Dreißiger Wasser

Die Rundwanderung zu Fuß führt von Beicha am Dreißiger Wasser entlang über Lossen bis zum Schloss Schleinitz. Nach Besichtigung der Schlossanlage mit Park geht es über das NSG Großholz Schleinitz und Petzschwitzer Holz mit der Triangulationssäule auf der Straße Churschütz–Meila und einem Feldweg nach Beicha zurück. ■ lid-online.de/83502

Gut ein Jahr nach Beginn der französischen Revolution und angesteckt von anderen bereits aufrührerischen Regionen in Sachsen eskalierte die Situation im August 1790. Zunächst hatten Petzschwitzer Untertanen der Dörfer Churschütz, Poititz und Krepta die herrschaftlichen Schafe von ihren Feldern vertrieben und die Frondienste verweigert. In der zweiten Augustwoche jagten dann auch die Bauern in Schleinitz, Schwochau, Pröda, Wahnitz, Leuben und Lossen die Schafe ihres Gutsherrn davon. Vor das gutsherrliche Gericht zitiert, erschienen die Bauern entweder nicht oder wiesen die herrschaftlichen Ansprüche ab. Guts- und Gerichtsherr waren gegen diesen Widerstand zunächst machtlos. Zügig griffen bäuerlicher Aufruhr und Verweigerung binnen weniger Tage auf die ganze Lommatzscher Pflege und darüber hinaus bis in die Wilsdruffer und Großenhainer Gegend aus. Nach Schleinitz und Petzschwitz hatte von Zehmen unterdessen ein kleines Militärkommando anrücken lassen,

Abb. 101 Schloss Schleinitz 2020

um die Anführer des Aufruhrs verhaften zu lassen. Daraufhin eskalierte die Situation am 22. August 1790: In Poititz wurde der überraschte Anführer des Kommandos, Unterleutnant Bach, von mehr als zweihundert Bauern gefangengenommen und nach Schleinitz gebracht. Dort holte die aufgebrachte Menge den Gerichtshalter Kohl aus seinem Haus und misshandelte ihn. Als am Abend die Zahl der Aufrührer auf über fünfhundert angewachsen war, stürmten und plünderten die Bauern das Schloss, bedrohten Friedrich von Zehmen mit Gewalt und zwangen ihn schließlich, schriftlich auf alle ihm zustehenden feudalen Dienste und Zinse zu verzichten. Daraufhin durfte Unterleutnant Bach mit seinen Soldaten abziehen. In der Nacht floh Friedrich von Zehmen zu Fuß, und am nächsten Morgen setzte sich auch der Gerichtshalter Kohl nach Nossen ab. Ende August ließ Kurfürst Friedrich August III. starke Truppenverbände in die aufständischen Gebiete einrücken, denen freilich größtmögliche Zurückhaltung gegenüber den Bauern eingeschärft worden war. Die Soldaten erstickten den Aufstand schnell und ohne größeren Widerstand. Die Anführer des Aufruhrs, landesweit etwa zweihundert Mann, unter ihnen der Bauer Starke aus Krepta, wurden verhaftet; über dreißig auf der Festung Königstein inhaftiert, die meisten dann aber schon bis Ende 1791 wieder entlassen.

Der gut erhaltene, ca. 5 m tiefe Graben der ehemaligen Wasserburg wurde spätestens von Freiherr Stephan von Friesen nach 1906 mit Wiese, Gehölzen, vor allem Nadelgehölzen und mit einem Rundweg als Ziergarten gestaltet. Davon blieb eine Weymouth-Kiefer erhalten. Seit 2008 ist eine bereits 8 m hohe besondere Kletterrose der weißblühenden Sorte ‚Bobbi James' an der schönen zweibogigen Steinbrücke und dem Burggemäuer zu bewundern. Sie ist in dieser Größe und mit 21 cm Stammumfang das Rekordgehölz dieser Sorte in Deutschland.

In der oberen Wiese kommt neben der Wiesen-Margerite, dem Orangeroten Habichtskraut und dem Goldschopf-Hahnenfuß auch der Mittlere Wegerich vor. Seine nach Vanille duftenden Blüten wurden früher in der Kuchenbäckerei benutzt. Das Orangerote Habichtskraut ist eine Pflanze aus dem Riesengebirge bzw. den Alpen. Es wurde in Sachsen im 19. Jh. in Gärten als Zierpflanze eingeführt und verwildert seitdem. An den Schloss- und Parkmauern ist eine reichhaltige Mauerflora ausgeprägt. Dabei fallen die zierlichen gelbvioletten Blüten des Zimbelkrautes und die grazilen Wedel der Mauerraute und des Braunstieligen Streifenfarns besonders auf. An den Mauerfüßen ist die Mäuse-Gerste-Flur vorhanden, in der auch noch Hirsearten, wie Blutrote Fingerhirse und Grüne Borstenhirse, zu finden sind. Weiter kommen hier die Kulturfolger Ruprechts-Storchschnabel, Schöllkraut und Taube Trespe vor.

Der Schleinitzbach ist nordöstlich des Schlosses zu einem Teich angestaut. In ihm kommen die Wasserpflanzen Ähriges Tausendblatt, Kleine Wasserlinse und Krauses Laichkraut vor. Im Röhricht finden wir Breitblättrigen Rohrkolben und die Wasser-Schwertlilie. Wenn die gelben Blüten geöffnet sind, kann dort der auf dieser Art spezialisierte kleine schwarze Käfer, der Schwertlilienrüssler beobachtet werden. Die Larven leben in deren Früchten. Der am Ufer stehende Straußenfarn ist bestimmt anthropogen eingebracht.

Den durch die Familie von Friesen nach 1906 landschaftlich gestalteten Park betritt man an seiner östlichen Seite. Von hier führt ein kleiner Rundweg durch ein Seitental mit Märzenbechern und einigen anderen Frühblühern, wie Moschusblümchen und Echte Goldnessel. Das Wald-Flattergras und der Gewöhnliche Wurmfarn weisen auf den ursprünglich hier vorkommenden Eichen-Hainbuchenwald hin.

In diesem Parkteil finden sich neben heimischen Laubbäumen eine Douglasie und einige Rhododendron-Sorten aus der Zeit der Parkgestaltung. Hangaufwärts befindet sich eine eingezäunte Gedenkstätte der Familie von Friesen in Form einer Grablege mit einer Rotbuche, umfriedet mit Lawsons Scheinzypressen. Der Park wurde infolge der Bodenreform durch die Errichtung von zwei Neubauernhöfen und einer Landwirtschaftlichen Maschinenstation leider um die Hälfte verkleinert.

Nach dem Ende der DDR sorgte der Förderverein Schloss Schleinitz e. V. für eine Wiederbelebung des Schlossareals. Durch Fördermittel und Arbeitsbeschaffungsmaßnahmen konnte in den 1990er Jahren das gesamte Ensemble saniert werden. Das Schloss wurde als Hotel, Restaurant und Ort festlicher Veranstaltungen genutzt. Die Schlosskapelle ist ein beliebter Ort für Hochzeiten. Im ehemaligen Getreidespeicher ist ein Museum des ländlichen Brauchtums mit einer reichen Sammlung zu Handwerk und Landwirtschaft in der Lommatzscher Pflege eingerichtet. Der angrenzende Handwerkerhof umfasst eine Schmiede und eine Holzwerkstatt. Das Gerichtsgebäude erhielt im Jahr 2000 seinen Turm zurück, der in den 1970er Jahren abgenommen worden war.

Derzeit ist das Schicksal des Schlossensembles ungeklärt. Die Stadt Nossen, die die Bauten von der 2014 eingemeindeten Gemeinde Leuben-Schleinitz übernahm, plant eine Veräußerung des Schlosses unter Aufgabe der öffentlichen Nutzung. Dagegen bestehen Pläne, dass Schloss in eine Stiftung zu überführen.

C5 Leuben

Mit dem Koboldsberg und dem Kirchberg weist Leuben zwei Befestigungen auf, die wahrscheinlich bereits im 10. Jh. errichtet wurden. Zum Jahr 1069 wird ein Burgward Leuben erwähnt *(in burguuardo Lvvine)*. Der befestigte Burgwardmittelpunkt ist an der Stelle der späteren Kirche und von deren Friedhof in der exponierten Spornlage über dem Ketzerbach anzunehmen und noch heute topographisch eindrucksvoll fassbar, auch wenn archäologische Funde weitgehend fehlen. Der vormals durch (wenigstens) einen Abschnittswall geschützte Bereich umfasste eine Fläche von ca. 60 × 120 m. Möglicherweise löste der Leubener Burgwardsitz im späten 10. und 11. Jh. eine nahe gelegene, noch heute prägnant im Gelände fassbare ältere slawische Wehranlage als regionalen herrschaftlichen Vorort ab, die sogenannte Zöthainer Schanze bei Mettelwitz. Für die Rekonstruktion des Burgwardbezirks geben die 1069 als zugehörig genannten Dörfer Dobschütz und Schänitz im S Anhaltspunkte. Im W grenzten der Burgward Zschaitz und im NW der Burgward Staucha an, ▶ B22 im O reichte der Bezirk wohl bis an den Käbschützbach.

Die Leubener Kirche zählt den großen Urpfarreien im Gau Daleminzien, deren Einrichtung für das 11. Jh. angenommen wird. Mit den noch 1539 eingepfarrten 17 Dörfern steht Leuben in einer Reihe mit den großen Parochien Staucha und Lommatzsch. Der ursprüngliche Leubener Sprengel dürfte aber weit größer gewesen sein. Erst 1190 wurde Dörschnitz von Leuben gelöst, dessen Pfarrbezirk damit im N über Lommatzsch hinausgereicht haben muss und möglicherweise neben Lommatzsch auch die späteren Sprengel Raußlitz, Planitz und Krögis umfasste.

Leuben stand zunächst unter dem Patronat der Burggrafen von Meißen, die die Pfarrei 1264 an das Kloster Staucha übertrugen. Die heutige Marienkirche ist ein eindrucksvoller spätgotischer Neubau des frühen 16. Jh., dessen Netzgewölbe auf das Vorbild Arnold von Westfalens verweist. Nach einem Brand wurde 1740 der barocke Kirchturm neu aufgesetzt. 1889/90 baute der Dresdner Baurat Christian Schramm den Innenraum um. Im S befindet sich der Anbau der ehemaligen Schleinitzer Kapelle. Heute sind die erhaltenen Epitaphe der Schleinitzer Gutsherrenfamilien in der Turmhalle zu sehen. ▶ Abb. 102

Im 13. Jh. nennen sich Herren nach Leuben, ohne dass dort ein Herrensitz fassbar wird. Das Registrum von 1378 führt allein die Gerichtsbarkeit in Leuben in den Händen der wettinischen Markgrafen auf. Seit dem 15. Jh. gehörte Leuben dann mit allen Botmäßigkeiten und Gerichten zum Rittergut Schleinitz; in der Mitte des 16. Jh. erhielt das Amt Döbeln als Nachfolger des Klosters Staucha/Döbeln lediglich 45 Groschen Erbzins. Bemerkenswert erscheint das Leubener Collegium Musicum, in dem sich im 17. und 18. Jh. Schleinitzer Untertanen zum Musizieren zusammenfanden.

Wie um den ehemaligen Burgwardmittelpunkt Staucha entwickelte sich auch in Leuben kein typisches Bauerndorf mit größeren Gehöften, sondern eine Gutssiedlung mit kleineren Häusern, zu der eine auch vergleichsweise kleine Flur gehört. 1748 verteilten sich fünf besessene Mann (Bauern) und sechs Gärtner auf drei Hufen, zu denen noch 26 Häusler ohne Flurbesitz kamen. Im 19. Jh. wuchs die Einwohnerzahl deutlich, auf 490 im Jahr 1834 und schließlich auf 714 im Jahr 1871. Weitere Zuwächse erfolgten dann erst durch die Eingemeindung von Eulitz, Graupzig und Raßlitz 1934 sowie von Wahnitz 1974. Danach folgte ein beständiger Rückgang der Einwohnerzahlen. Seit 1994 bildeten Schleinitz und Leuben eine Gemeinde, die zwischen 2000 und 2013 noch einmal ein Viertel der Einwohner verlor (Rückgang von 1.738 im Jahr 2000 auf 1.292 im Jahr 2013). Seit 2014 gehört der Ort zu Nossen.

Die ehemalige Schmalspurstrecke Döbeln–Lommatzsch erschloss seit 1880 auch Leuben. An den Bahnhof Leuben-Schleinitz erinnern heute nur noch das Beamtenhaus und der Straßenname „An der Kleinbahn" im Ortsteil Perba.

Leuben liegt direkt im Tal des Ketzerbaches. Mitten im Ortsteil ragt unvermittelt ein ca. 50 m hoher Felshügel auf (seine Plateaufläche misst etwa 130 × 40 m), der vom Ketzerbach östlich und vom Dreißiger Wasser westlich umflossen wird. Der Ketzerbach nimmt nach etwa 300 m Lauf noch das von Churschütz über Petzschwitz verlaufende Churschützer Wasser auf und mündet selbst nach mehreren Kilometern bei Zehren in die Elbe.

Der steil aufragende Gesteinsblock mitten im Ort wird von der gotischen Marienkirche bekrönt. In der Kirche nisten regelmäßig Schleiereule und Turmfalke. Sie dient auch als Sommerquartier der beiden Fledermausarten Braunes und Graues Langohr. Die nördlichste Wochenstube der Kleinen Hufeisennase in Sachsen wurde im Jahr 1990 durch eine unsachgemäße Holzschutzbehandlung vernichtet.

Auf dem Friedhof der Kirche finden sich interessante Stinzenpflanzen als Zeiger einer alten Friedhofskultur und Paläophyten, die auf die fast 900-jährige Besiedlungsgeschichte verweisen. Zu den Stinzenpflanzen gehören neben Krokus-Arten und Schneeglöckchen besonders Damaszener Schwarzkümmel, Garten-Löwenmaul, Weiße Fetthenne, Punktierter Gilbweiderich und Christrose. Sie zeugen von unterschiedlichem Geschmack und vergangener Begräbniskultur, immer aber als ehemalige Grabpflanzen vom Mitgefühl und Respekt gegenüber den Verstorbenen. Auf dem Friedhof Leuben ließ sich auch der Dresdner Professor und Vorstandsmitglied des Landesvereins Sächsischer Heimatschutz, Manfred Kramer, in Verbundenheit mit der Lommatzscher Pflege begraben. Zeitlebens hat er hier geforscht und publiziert.

Als Paläophyten könnten auf dem ehemaligen Burgwardsgelände der Rote Eibisch, auch Rosenpappel genannt, Mutterkraut, Seifenkraut und verschiedene Hirsearten eingeschätzt werden. Auf Teilen des großflächigen Kirchgeländes befinden sich Halbtrockenrasen mit dem Bleichen Schafschwingel, der Kartäusernelke und dem Aufrechten Fingerkraut.

Botanisch interessant ist der Aufstieg vom Dorf zur Kirche. An der Mauer ist eine Mauerrauten-Blasenfarn-Gesellschaft ausgebildet. Neben den namengebenden Farnen finden sich hier auch der Dornfarn, die Rundblättrige Glockenblume und die Fetthenne Tripmadam. Am Mauerfuß fallen im Sommer viele Äckerwildkräuter auf, wie die Acker-Glockenblume, der Saat-Mohn und die Hundspetersilie. Kleinflächig ist in Südlage ein Bocksdorn-Gebüsch mit Schwarznessel ausgebildet.

Das Fundament der Kirche liegt direkt auf dem Monzonit des Meißener Massivs auf. Hierbei handelt es sich um ein magmatisches Intrusivgestein, das im Paläozoikum (Oberkarbon) im Zuge der spätvariszischen Bewegungen aufgedrungen war. Altersbestimmungen ergaben ein Alter von 326 bis 330 Mio. Jahre.

Abb. 102   Blick auf die Kirche in Leuben

Der Monzonit (früher auch als Syenit und Syenodiorit bezeichnet) ist südlich Leuben im Ketzerbachtal noch bis nach Graupzig und Ziegenhain zu verfolgen und dort auch in mehreren kleinen Steinbrüchen abgebaut worden. In diesem Bereich erfolgt der Kontakt mit den altpaläozoischen Schiefergesteinen des Nossen-Wilsdruffer Schiefergebirges. Verfolgt man die Verbreitung des Monzonites nach N, ist er im Verlaufe des Ketzerbaches an dessen Talhängen bis etwa nach Wahnitz zu verfolgen. Dort wird er vom Biotitgranodiorit des Meißener Massivs abgelöst. Auf den Hochflächen ist der Monzonit nicht sichtbar, da er durch die quartären Lockergesteine flächenhaft bedeckt wird.

Am Felshügel von Leuben tritt der Monzonit als ein mittel- (bis grob-) körniges, meist dunkelrötliches bis grünliches Gestein auf, welches dem Meißener Massiv zugeordnet wird. Wesentliche Bestandteile sind verschiedene Feldspäte (Orthoklas und Oligoklas) und grüne Hornblende. Auch der dunkle Glimmer Biotit ist hier reichlich vorhanden. Als Beimengungen treten Quarz, Titanit, Apatit und Zirkon auf. Eine porphyrische Struktur kann auftreten, wenn die Feldspateinsprenglinge größere Elemente (2–5 cm) bilden. Oft ist auch durch die Anordnung von Glimmerblättchen und Feldspat in gleichsinniger Lagerung ein Parallel- oder Fluidalgefüge erkennbar. Der Felshügel selbst ist botanisch gesehen relativ artenarm. Neben Spitz-Ahorn, Schwarzem Holunder und der Stiel-Eiche fallen das Wald-Vergissmeinnicht, der Wurmfarn und der Pyrenäen-Storchschnabel auf.

Bemerkenswert im Ort sind der alte Gasthof und das Pfarrhaus. Hier und in der Ortsflur von Leuben dominieren in der Ruderalflora die Mäusegerste-Flur und die Natternkopf-Steinklee-Gesellschaft, die besonders für zahlreiche Insekten wichtig ist. Der Blaue Natternkopf ist giftig für das Vieh und war deshalb vom Bauern nicht gern gesehen. An vielen Stellen kommen in Leuben noch die Beifuß-Distelgesellschaft und die hochwüchsigen Raukenfluren mit dem Kompass-Lattich und der aus der russischen Steppe stammenden Lösels-Rauke vor. Selten geworden sind in der Dorfflur durch Wegfall der Gartenbetriebe und kleinen Bauernwirtschaften die Gänsefuß-Gesellschaften und die Wegmalvenflur.

C6 Niederjahna

Niederjahna nimmt die Aue und den westlichen Hang des Jahnabaches ein, der nahe Löthain entspringt und nach sieben Kilometern bei Keilbusch in die Elbe mündet. An der baulichen Entwicklung des Ortes lässt sich beispielhaft die Umwandlung einer Gutssiedlung, welche bis 1945 kaum über ihre mittelalterliche Größe herausgewachsen war, in einen Standort der industriellen Landwirtschaft sowie der ländlichen Wohnbebauung nachvollziehen.

1932 stießen Arbeiter am südlichen Ende eines tief eingeschnittenen kleinen Seitentals der Jahna beim Schachten auf einen Bronzehort, der aus zehn Ösenhalsringen, fünf Armringen sowie einer Armspirale bestand, wohl in einem Behälter aus organischem Material vergraben worden war und wie die Verwahrfunde von Paltzschen ▶ B10 oder Wauden ▶ C2 in die frühe Bronzezeit (um 1800 v. Chr.) zu datieren ist (MIRTSCHIN 1956). Die nächste bekannte frühbronzezeitliche Siedlung lag etwa 1,2 km nordöstlich auf der Lösshochfläche beim Rothen Gut.

Dem Ortsnamen nach (1309: *Canyn* = Siedlung des Kanja) muss Niederjahna eine slawische Siedlung gewesen sein, in der sich früh, vielleicht im 12. Jh., ein Herrensitz herausbildete (DONATH 2017). Dieser ist 1309 als Witwengut der Burggräfin Sophia von Meißen bezeugt. Der Herrensitz befand sich, wie archäologische Erkundungen ergaben, an der Stelle des heutigen Herrenhauses. Die Vermutung, die Insel im nahen Inselteich sei Standort der mittelalterlichen Burg gewesen, hat sich nicht bewahrheitet, da nachgewiesen werden konnte, dass die Insel erst nach 1801 als Teil eines romantischen Landschaftsparks geschaffen worden ist.

Die Burggrafen von Meißen verlehnten den Herrensitz spätestens seit 1406. Es bildete sich ein Rittergut heraus, das 1437 an die thüringische Adelsfamilie Mönch und 1579 an Hans von Schleinitz (1540–1613) auf Schieritz gelangte. Niederjahna war eine reine Gutssiedlung. Es gab keine Bauernhöfe, sondern nur Gärtner- und Häuslerstellen. Als Gärtner galten die Besitzer der Obermühle, der Niedermühle, der Erbschenke sowie fünf Dreschgärtner. Das Rittergut hatte eine ausgreifende Grundherrschaft. Diese umfasste die Häuslersiedlung Questenberg bei Meißen, Niederjahna, Nimtitz, den überwiegenden Teil von Stroischen, Sieglitz und Seebschütz, Anteile von Seilitz, Jesseritz, Mehren und Obermeisa sowie bis zum späten 16. Jh. auch Niederhermsdorf, Kohlsdorf und Wurgwitz bei Freital. Mit Ausnahme von Niederjahna und Stroischen, wo das Rittergut auch die obere Gerichtsbarkeit (Obergericht) innehatte, konnte es in den anderen Dörfern nur die niedere Gerichtsbarkeit (Erbgericht) ausüben. Die Eigenwirtschaft des Rittergutes war nur klein. 1925 umfasste sie nur 152 ha.

Der Gutshof am östlichen Dorfrand (Dorfstraße) ist in seiner jetzigen Abmessung erst in der Mitte des 19. Jh. entstanden. Das Herrenhaus steht in der Südwestecke des Hofes. Es wurde um 1580 durch Hans von Schleinitz über Teilen eines mittelalterlichen Wohnturms errichtet und um 1691 durch Hans Dietrich von Miltitz (1631–1697) umgebaut. Aus dem ausgehenden 17. Jh. stammen die frühbarocken be-

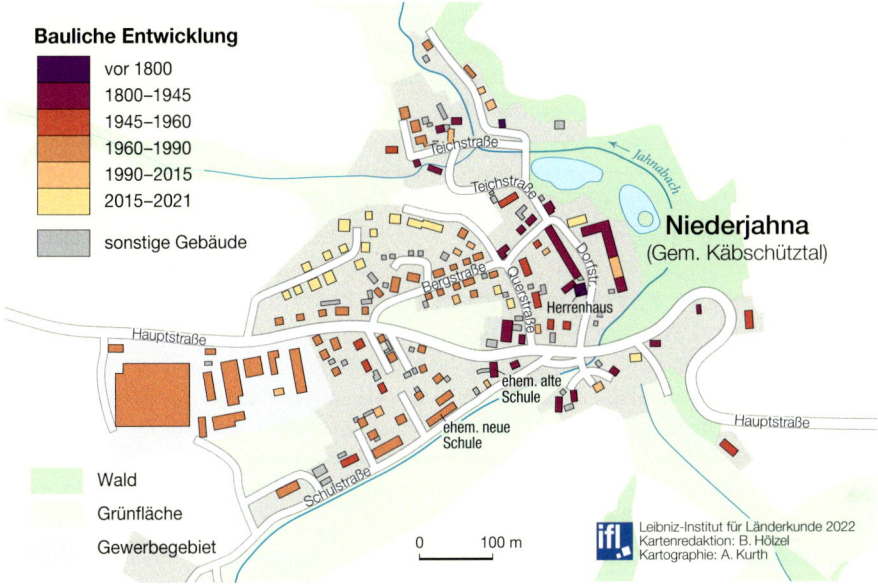

Abb. 103 Baualterskartierung von Niederjahna

malten Holzbalkendecken in drei Etagen. Die zwischen 2002 und 2016 unter jüngeren Decken wiederentdeckten Bilderdecken sind in ihrer Ikonographie außergewöhnlich. Die Kaiserdecke zeigt römische und deutsche Kaiser von Julius Cäsar bis Leopold I., während die Decke im Chinesischen Zimmer die ältesten bekannten Chinoiserien Sachsens enthält. Die französisch beschrifteten Embleme im Französischen Zimmer sind einer Buchvorlage (OFFELEN 1693) entnommen und lassen auf eine hohe intellektuelle Bildung des Auftraggebers schließen. Friedrich Wilhelm von Thumshirn stiftete 1729 ein Fideikommiss. Es bewirkte, dass das Rittergut Jahna in Niederjahna bis 1945 in der Hand der Nachfahren seiner Schwester blieb. Da wiederholt männliche Erben ausblieben und das Fideikommiss an Töchter überging, änderten sich die Namen der Besitzerfamilien. Unter der Familie von Ende wurden 1864/65 die Ställe, Scheunen und sonstigen Gutsgebäude neu errichtet. Zum Herrenhaus gehörte ein großer ummauerter Garten, der im 18. Jh. eine geometrische Gliederung nach französischem Muster aufwies, später aber in einen Obst- und Gemüsegarten umgewandelt wurde. Carl von Ende (1785–1849) legte um 1820 im Tal des Jahnabaches, östlich und nördlich des Gutshofs, einen englischen Landschaftspark an, wobei er zwei ältere Teiche, die wohl im 17. Jh. für die Fischzucht angelegt worden waren, einbezog. Dieser Park war mit romantischen Kleindenkmälern geschmückt.

Im Herbst 1945 wurde das Rittergut, zuletzt im Besitz von Günther Freiherr von Bischoffshausen (1890–1971), enteignet. Durch die Ansiedlung zahlreicher Flüchtlinge und Vertriebener vorwiegend aus Schlesien änderten sich die Einwohnerzahl und die soziale Zusammensetzung enorm. Die Flüchtigen richteten sich im Herrenhaus und in den Gutsgebäuden Wohnungen ein. Darüber hinaus wurden 13 Neubauernhäuser errichtet. Fünf davon wurden in den Garten des Ritterguts hineingesetzt, dessen steinerne Umfassungsmauer allerdings größtenteils erhalten blieb. Auch die Wirtschaftsgebäude des Ritterguts wurden in Segmente geteilt und an Neubauern übergeben.

Entscheidend für den weiteren Ausbau Niederjahnas war, dass hier die erste LPG Sachsens gegründet wurde. Am 10. August 1952 schlossen sich Neubauern aus Niederjahna, Oberjahna und Schletta zur LPG „Walter Ulbricht" Jahna zusammen. Diese Genossenschaft wuchs bis 1974 zu einem Großbetrieb, der rund 5.113 ha links der Elbe bewirtschaftete. In den 1950er Jahren galt die LPG Jahna als Vorzeigebetrieb der sozialistischen Landwirtschaft in der DDR. An ihrem Beispiel wurde für die weitere Kollektivierung geworben. Die LPG übernahm nicht den Gutshof des früheren Ritterguts, sondern erbaute ihren Verwaltungssitz an der Straße nach Oberjahna sowie am westlichen Dorfausgang einen großen Kuhstall sowie Werkstätten. Die Abteilung Jahna hatte 1985 158 Beschäftigte. Die Bewohner Niederjahnas profitierten von zahlreichen sozialen Maßnahmen. Im Herrenhaus wurden neben dem Gemeindeamt ein Konsum (bis 1990), Kinderkrippe und Kindergarten (bis 1972) eingerichtet. Eine LPG-eigene Wäscherei entlastete die Familien. Mit Unterstützung der LPG wurden um den bestehenden Ortskern herum mehrere Einfamilienhaussiedlungen angelegt. 1959 entstanden die Eigenheime an der Bergstraße, in den 1960er Jahren die Häuser im westlichen Teil der Hauptstraße. Ein weiteres Wohngebiet wuchs zwischen Hauptstraße und Schulstraße. Die Siedlungsfläche erweiterte sich dadurch deutlich. Die älteren, aus dem 18. und 19. Jh. stammenden Häuser wurden mit Ausnahme eines Wohnstallhauses (Hauptstraße 3, bezeichnet 1814) und der Alten Schmiede (Querstraße 1, bezeichnet 1836) stark überformt oder durch Neubauten ersetzt. Der Gutshof verlor durch die Hindurchlegung der Dorfstraße und durch die Zäune und Hecken der 1945 abgeteilten Grundstücke seinen Hofcharakter. Der Mühlenteich wurde 1974 zugeschüttet, sodass heute nur noch zwei der ehemals drei Teiche vorhanden sind.

Die LPG (P) „Walter Ulbricht" Jahna wurde am 9. Februar 1991 aufgelöst, die letzten Vermögenswerte bis 1997 liquidiert. Heute bestehen verschiedene Nachfolgebetriebe. Mit Ausnahme der großen, noch von der LPG erbauten Kuhställe am Westrand des Dorfes wird aber heute in Niederjahna selbst keine Landwirtschaft mehr betrieben. Das Dorf ist zu einer reinen Wohnsiedlung geworden. Durch die Lage im Grünen bei gleichzeitig guter Anbindung an die Infrastruktur Meißens hat er als Wohnstandort zunehmend an Attraktivität gewonnen. Mehrere Bauprojekte sorgten für einen Zuzug junger Familien. Eine Investorin aus Bayern errichtete in der Dorf- und Querstraße Reihenhäuser mit Eigentumswohnungen. Außerdem erschloss sie auf früherem Ackerland das Wohngebiet Niederjahna-Nord, das bis 2022 mit 15 Einfamilienhäusern bebaut wurde. ▶ Abb. 103

Das 2011 bis 2013 sanierte Herrenhaus Niederjahna ist Sitz des Zentrums für Kultur//Geschichte, einer überregional bedeutsamen Forschungseinrichtung. Hier entstehen die „Sächsischen Heimatblätter", die größte landeskundliche Zeitschrift Sachsens. Im Erdgeschoss richtete Matthias Donath (geb. 1975) 2017 die evangelisch-lutherische Kapelle St. Donatus ein, die für Gottesdienste und andere Veranstaltungen genutzt wird. Der Schlosspark erhielt von 2019 bis 2022 eine umfassende Neugestaltung. Als „Park der Generationen" enthält er Holzskulpturen einheimischer Künstler, die Bewohner Niederjahnas verschiedener Altersstufen und Berufe darstellen.

C7 Kaisitz

Das Bauerndorf Kaisitz 4 km westlich von Meißen ist eine der typischen Streusiedlungen in der Lommatzscher Pflege. Da die Ortsgeschichte gut erforscht ist, kann es als Beispiel für die Entwicklung der Kleindörfer dieses Landschaftsraums herangezogen werden (BEEGER u. WENSKE 2007; BEEGER 2019). Der am Rand des sorbischen Altsiedelgebiets gelegene Ort hat unzweifelhaft slawische Wurzeln. Der älteste überlieferte Ortsname lautet *Quaskewicz* (1245) und gibt zu erkennen, dass hier die *Kvaskovici,* die Leute des Kvas(e)k, siedelten. Der verkürzte Name Kasitz, später Kaisitz, bildete sich erst in der zweiten Hälfte des 16. Jh. aus. Die Grundherrschaft über Kaisitz übte erst das Rittergut Sornitz, später das Rittergut Schieritz aus. Die Überformung während des deutschen Landesausbaus, die sich weder archäologisch noch urkundlich genauer fassen lässt, führte dazu, dass sich in Kaisitz fünf Bauernhöfe herausbildeten, die sowohl um 1550 als auch 1764 bezeugt sind. Es handelte sich um vier sehr große Drei- und Vierhufengüter und ein kleines Halbhufengut, das in der Kartierung um 1800 nicht mehr eingetragen ist und demzufolge vor 1800 einem der größeren Höfe angegliedert worden sein muss. ▸ Abb. 104

Die vier Bauernhöfe waren Vierseithöfe, die dicht zusammengedrängt die Ortslage

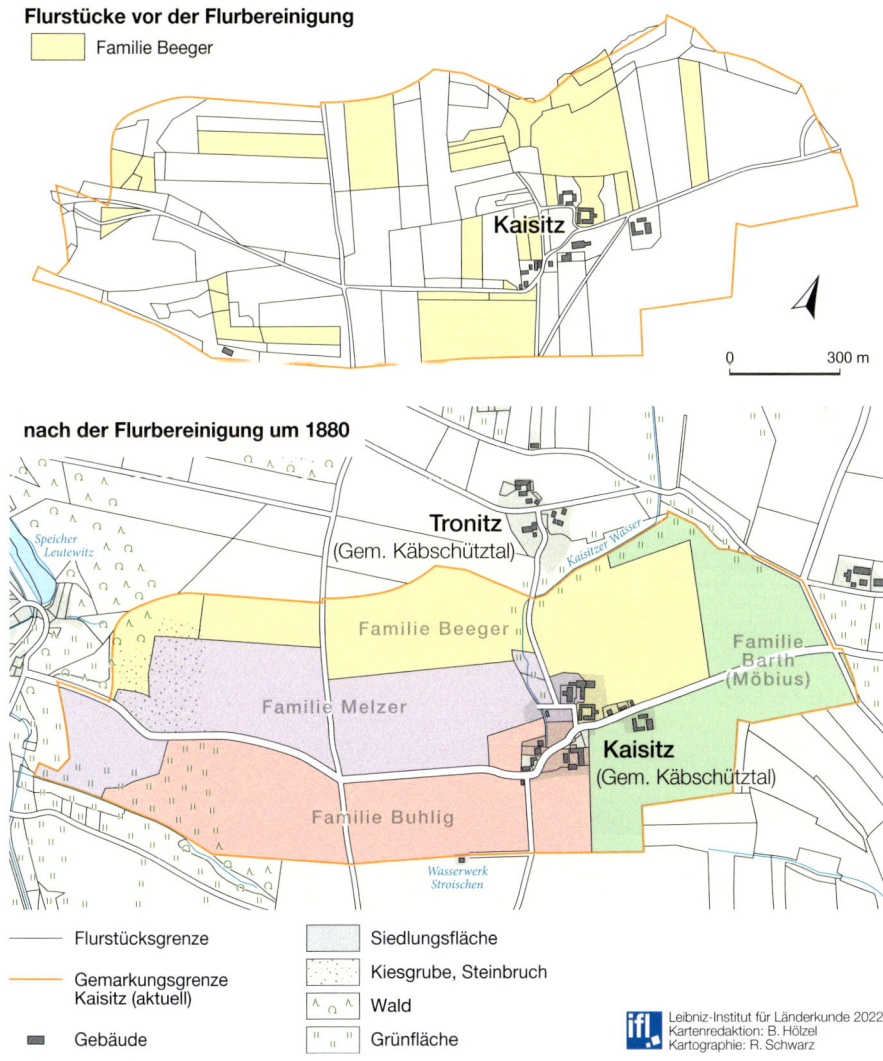

Abb. 104   Flurstücke in Kaisitz vor und nach der Flurbereinigung

bildeten. Folgt man der Kartierung um 1800, gab es außerhalb dieser Vierseithöfe keine weitere Bebauung. Zwischen 1800 und 1810 kam es zu einem verheerenden Brand, der den gesamten Hofbestand mit Ausnahme des Gasthauses mit Schmiede und zweier kleiner Einzelgebäude vernichtete. Die Höfe wurden in steinerner Bauweise neu errichtet, aber unter Einhaltung größerer Abstände. Zwei Höfe (Nr. 7 und 8) blieben in etwa am alten Standort, während zwei Höfe (Nr. 1, 3) an weiter entfernter Stelle aufgebaut wurden. Die vier Höfe ähneln sich in ihrer Anlage und Grundrissgestaltung. Mit einer Ausnahme steht das Wohnstallhaus an der Westseite des Hofes, während die Scheune an der gegenüberliegenden Ostseite angeordnet ist. Flankiert werden sie durch zwei kleinere, dem Hofbetrieb und der Stallhaltung dienende Wirtschaftsgebäude, die das Hofgeviert nach N und S begrenzen. Der Straßenverlauf blieb unverändert. Die Höfe teilten sich die 144 ha große Dorfflur, wobei aufgrund der Unterteilung in Winter-, Sommer- und Brachfeld jeder Besitzanteil aus mehreren schmalen, nicht zusammenhängenden Parzellen bestand. Um diese Zersplitterung aufzuheben, die aus der Dreifelderwirtschaft und dem Flurzwang resultierte, einigten sich die Hofbesitzer auf einen Flächentausch. Dieser wurde zwischen 1860 und 1880 vollzogen und führte dazu, dass jeder Bauernhof einen zusammenhängenden, mit dem Hof verbundenen Grundstücksstreifen erhielt. Die vier Höfe waren seitdem 55 ha (Familie Melzer), 40 ha (Familie Beeger), 34 ha (Familie Buhlig) und 29 ha (Familie Barth, später Gießmann, später Möbius) groß. Drei der vier Höfe blieben über mehrere Generationen in der gleichen Familie. Auf dem Beeger-Hof kam es am 25. Januar 1897 zu einem Großbrand, bei dem drei der vier Gebäudeteile abbrannten. Noch im gleichen Jahr wurden sie dank bäuerlicher Nachbarschaftshilfe wiederaufgebaut.

Das mit Flüchtlingen überfüllte Kaisitz wurde Anfang Mai von der Roten Armee besetzt. Es kam wie anderswo auch zu Plünderungen und Vergewaltigungen. Zwei „entehrte" Mädchen versuchten, sich das Leben zu nehmen, konnten aber gerettet werden. Der rechtlose Zustand hielt bis August 1945 an. Die Bodenreform im Herbst 1945 hatte auf Kaisitz keine Auswirkungen, dafür aber die Kampagne 1953 gegen die „Großbauern", die durch eine unzumutbare Erhöhung des Solls, also der Abgabepflicht, zum Aufgeben gezwungen werden sollten. Zwei Familien, Beeger und Melzer, flüchteten über West-Berlin nach Westdeutschland. Hof und Grundbesitz wurden der LPG „Karl Marx" Kagen als Rechtsträger übertragen und damit faktisch verstaatlicht, aber nicht enteignet. Die verbliebenen zwei Bauernfamilien wurden 1960 gezwungen, der LPG „Walter Ulbricht" Jahna beizutreten. Beeger- und Melzerhof dienten seitdem als LPG-Schwerpunkt der Schweinezucht, Die Hofgebäude verfielen, weil die LPG nicht mehr in sie investierte, sondern neue Ställe baute.

Nach dem Ende der DDR erfolgte in Zusammenhang mit der Auflösung der LPG die Rückgabe des Grund und Bodens an die Eigentümer bzw. ihre Erben. Familie Beeger erhielt ihren Hof im Dezember 1992 zurück. Keiner der Eigentümer entschloss sich jedoch dazu, wieder einen eigenen Landwirtschaftsbetrieb aufzubauen. Die Felder auf Kaisitzer Flur werden seitdem verpachtet, und zwar überwiegend an die Saatzucht von Kameke Lommatzsch GbR mit Betriebssitz im benachbarten Nimtitz. Helmut Beeger (1941–2021) setzte zum Erhalt des Hofes seiner Vorfahren auf eine Wohnnutzung. Er ließ das 1810 errichtete Wohnstallhaus 1995 abreißen und durch ein Mehrfamilienhaus in größerer Dimension ersetzen. Dort und in den sanierten Nebengebäuden werden Wohnungen vermietet, sodass sich ein Wohnstandort mit insgesamt 18 Wohnungen entwickelt hat. Auch die anderen Höfe wurden teilweise saniert. Zu den Einzelhäusern (Nr. 4, 5, 8b und 9), die sämtlich saniert sind und bewohnt werden, kamen 1997 bzw. 2000 noch zwei Einfamilienhäuser hinzu, ohne dass die Dorfgestalt dadurch wesentlich verändert wurde.

C8 Leutewitz

Das 1323 erstmals erwähnte Leutewitz ist ein Gutsweiler mit einem dominierenden Rittergut. Der Ort setzt sich aus mehreren Siedlungsteilen in der Talaue des Käbschützbaches zusammen. Das Rittergut Leutewitz hatte seit dem 18. Jh. eine herausragende Bedeutung für die Landwirtschaft in Sachsen. Diese Entwicklung war eng verbunden mit dem Wirken der tatkräftigen Bauernfamilie Steiger, die über Generationen wirtschaftliche Erfolge erzielte und damit einen gesellschaftlichen Aufstieg begründete. Johann Gottlieb Steiger (gest. 1790) aus Eulitz bei Lommatzsch kaufte 1764 das Rittergut Leutewitz. Sein Sohn Carl Christian Steiger (gest. 1819) etablierte ab 1805 eine erfolgreiche Merinoschafzucht, während Christian Adolph Leberecht Steiger (1790–1874) und Heinrich Adolf Steiger (1817–1897) den Betrieb durch Zupachtungen auf 341 ha vergrößerten und die 1825 begründete Pflanzenzucht ausbauten. Otto Steiger (1851–1935) machte sich als Züchter und Experte für Landwirtschaftsfragen einen Namen. Er war Abgeordneter in der Zweiten, dann in der Ersten Kammer des sächsischen Landtags und zudem von 1923 bis 1925 Vorsitzender des Landeskulturrats des Freistaats Sachsen, dem Vorläufer der Landwirtschaftskammer. Das Rittergut Leutewitz war eine der ältesten deutschen Pflanzenzüchtungseinrichtungen und der dominierende Pflanzenzuchtbetrieb in Sachsen. Die Bauern bezogen aus Leutewitz Rüben-, Weizen- und Hafersorten, darunter die „Original Leutewitzer Runkelrübe" und den „Original Leutewitzer Squareheadweizen" (Dickkopfweizen). 1935 ging der Hof an Adolph Steiger (1877–1945) über, der 1921 auch das Rittergut Deila erworben hatte und am Ende des Zweiten Weltkriegs bei einem Luftangriff auf Dessau ums Leben kam. Mitglieder der Familie Steiger aus Leutewitz waren Pächter in Löthain und Raitzen sowie Eigentümer der Rittergüter Kleinbautzen bei Bautzen, Döschütz bei Döbeln und Wardin in der Neumark. 1945 wurde das Rittergut enteignet und in ein VEG überführt, welches die Saatzuchttradition fortsetzte. Der Spezialbetrieb entwickelte sich zur Hauptzuchtstation für Ackerpflanzen in der DDR und baute südwestlich des alten Gutshofs neue Hallen und Betriebsanlagen. 1991 wurde das Volksgut von der Deutschen Saatveredelung AG übernommen. Saatzucht Leutewitz ist heute eine hauptsächlich auf Getreidezüchtung spezialisierte Saatzuchtstation.

Der Rittergutshof wurde 1998 an die Baufirma Raue verkauft, die sämtliche Gebäude sanierte. Dadurch ist der große Vierseithof in beeindruckender Geschlossenheit erhalten geblieben. Das Herrenhaus an der Nordseite des Gutshofs erhebt sich über einem hohen Kellergeschoss und lehnt sich an das ansteigende Gelände an. Das Mauerwerk geht noch auf das 17. Jh. zurück, die Fassade wurde im 18. Jh. barock überformt und 1895 noch einmal umgestaltet. Heute befinden sich im Herrenhaus ebenso wie in den ehemaligen Wohntrakten, Stallungen und Scheunen, die die Hoffläche umgeben, Mietwohnungen.

Der östliche, steile Talhang, den der Käbschützbach bei Leutewitz geformt hat, ist waldbedeckt. Neben Eichen-Trockenwald dominiert ein artenreicher Eichen-Hainbuchenwald. Die Strauchschicht ist flächendeckend ausgebildet. So kommen neben Ha-

Abb. 105   Glatthaferwiese unterhalb vom Bruch Leutewitz

Schafzucht

Die Schafzucht war im 18. und 19. Jh. eine der ertragsreichsten Zweige der Landwirtschaft. Beste Wolle konnte zu enormen Preisen verkauft werden. Die Hochzeit der sächsischen Schafzucht begann Mitte des 18. Jh., als Merinoschafe aus Spanien nach Sachsen kamen. Bis dahin hütete Spanien eifersüchtig das Geheimnis der feinen Wolle, die in alle Welt verkauft wurde. Mit dem Export der ersten Schafe war das Monopol gebrochen. So begannen sich auch die Landwirte der Lommatzscher Pflege mit dem Merinoschaf zu beschäftigen.

Nach dem für Sachsen verlustreichen Siebenjährigen Krieg (1756–1763) wandte sich der regierende Administrator Prinz Franz Xaver mit der Bitte an den spanischen König, ihm Merinoschafe zu verkaufen, die als hervorragende Wolltiere bekannt waren. Der König schenkte ihm 1765 eine Herde mit 92 Böcken und 128 Mutterschafen, die per Schiff nach Hamburg und von dort zu Fuß nach Stolpen in der Sächsischen Schweiz gebracht wurde. Eine Stammzucht verblieb in Stolpen und Hohnstein, die übrigen Tiere wurden auf 21 Rittergüter verteilt, darunter Klipphausen. 1778 kaufte Sachsen nochmals 100 Böcke und 176 Mutterschafe, die wiederum nach Stolpen gebracht wurden. ▶ Abb. 106

Durch intensive Zuchtarbeit auf weitere Wollfeinheit ging eine hochfeine Wolle hervor, die auch als Elektoral-Wolle (kurfürstliche Wolle) bezeichnet wurde. Sie war für feine Tuche, Schals und vergleichbare Produkte bestens geeignet. Hierfür wurden herausragende Preise erzielt. Die führenden sächsischen Schäfereien lieferten daraufhin Zuchtschafe in die ganze Welt. In Australien wird bis heute die Rasse „Saxon Merino" gezüchtet, wo sächsische Schäfereien eine der weltweit größten Schafhaltungen begründeten. Die Nachfrage nach guter Wolle führte zu einem Aufschwung der Schafhaltung und trug zur Erholung der Landwirtschaft im Bearbeitungsgebiet nach den Wirren der Napoleonischen Kriege bei.

Zu den herausragenden Persönlichkei-ten der sächsischen Schafzucht zählt Carl August Gadegast (1791–1865), der als Lehrling in Lohmen lebte. Auf dem Gut seiner Tante in Thal bei Oschatz baute er seine Herde auf, wobei er besonderen Wert auf die Wollqualität legte. Aus der erfolgreichen Herde wurden Zuchttiere in zahlreiche Länder zu außerordentlich guten Preisen verkauft, so auch nach Australien.

Neben Gadegast tat sich der auf Gut Leutewitz wirtschaftende Adolph Steiger auf dem Gebiet der Schafzucht hervor. Er strebte danach, die einseitige Ausrichtung auf die Wolle zu ergänzen: durch die Züchtung eines größeren Tieres, welches neben seiner guten Wolle auch eine Eignung zur Nutzung als Fleischlieferant aufweisen sollte. Steiger wurde auf seiner Suche nach einem geeigneten Tier in Wirchenblatt in Schlesien fündig. Zwei Böcke eigneten sich für die weitere Zuchtarbeit – Nr. 81 und 204. Von beiden Tieren erhielt er ausgezeichnete Nachkommen. 1862 erzielte er auf einer internationalen Tierschau

Abb. 106 Präsentation der ersten Merino-Schafe durch den spanischen Schäfer Moreno und den Legationssekretär Ludwig Talon vor Kurfürst Friedrich August III. und Kurfürstin Maria Antonia mit deren Kindern und den Administrator Prinz Franz Xaver und weiteren Angehörigen des sächsischen Hofes im Großen Garten in Dresden am 28. Juli 1765 auf einem Gemälde von Theobald von Oer 1868.

in London Höchstpreise für seine Zuchttiere, die er unter anderem nach Australien verkaufte.

Auch die Dresdner Zuchtausstellung 1865 unterstrich die neue Zuchtrichtung mit der Verleihung mehrerer erster Preise an Tiere aus der Steigerschen Zucht. Trotz dieser Erfolge hatte jedoch die Schafhaltung in Sachsen ihre größte Blütezeit bereits hinter sich. Die Einfuhr billiger Wolle, der Siegeszug der Baumwolle und die sinkende Nachfrage nach Schaffleisch führten dazu, dass die Schafbestände schrumpften. Auch die veränderte Bodennutzung erschwerte die Schafhaltung; weniger Weideland stand zur Verfügung und nicht selten waren die Besitzverhältnisse der vorhandenen Flächen stark zersplittert. So sank der Schafbestand in Sachsen von ehemals 700.000 Tieren zu Beginn des 19. Jh. auf nur noch rund 70.000 um 1900.

Nach 1945 erlebte die Schafhaltung auf Basis der geretteten Restbestände eine neue Blüte. Die Zuchttiere aus Leutewitz und Gödelitz waren das Ausgangsmaterial für die Züchtung des Merinolandschafes. Dieses Schaf vereint einen guten Wollertrag mit ansprechender Fleischleistung. Der Schafbestand stieg im damaligen Bezirk Dresden von 89.100 im Jahr 1968 auf 163.900 im Jahr 1988. Auch die Exportzahlen zeigten eine positive Tendenz – zwischen 1959 und 1989 exportierte man 12.652 Tiere, überwiegend in die UdSSR.

Nach 1990 verlor die im Osten betriebene Zucht auf Wollnutzung weiter an Bedeutung, nunmehr steht die Fleischnutzung im Vordergrund. Für die Erhaltung der Rasse der Merinofleischschafe stehen heute nur noch wenige Zuchten zur Verfügung.

Die heutige Schafzucht ist auf die Pflege der Kulturlandschaft und die Bereitstellung von hochwertigem Qualitätslammfleisch ausgerichtet. Die Schäfereien pflegen für den Naturschutz wichtiges Grünland, aber auch Deiche an Elbe und Mulde. Gerade an den Deichen ist das Schaf durch den Tritt und den Verbiss, was dichte und feste Grasnarben hervorbringt, ein wichtiger Partner des Gewässerschutzes.

selnusssträuchern und Pfaffenhütchen auch seltene Rosenarten vor, so die nach Apfel duftende Kleinblütige Rose. Sie ist die seltenste Rosenart in Sachsen. Am Haselstrauch kann man den durch seine rote Farbe auffallenden Haselblattroller entdecken Der Käfer rollt zur Eiablage die Haselblätter quer und fertigt so eine Tasche. In der schmalen Aue bis Sornitz bietet eine Glatthaferwiese mit Wiesen-Pippau und Wiesen- Storchschnabel zahlreichen Insektenarten einen Lebensraum. ▶ Abb. 105

Bereits um 1900 sind im Bereich zwischen dem sogenannten Hexenkessel im N (gegenüber Sornitz) und der Straße Leutewitz–Kaisitz im S am West- und Südabhang des Tronitzberges mehrere kleinere Steinbrüche vorhanden gewesen, die alle dem anstehenden festen, verwitterungsbeständigen Porphyrit galten. Dieser wurde als Baugestein, für Kleinpflastersteine, Mauer- und Großpflaster sowie Straßenunterbau genutzt. Der Betrieb in diesen Altbrüchen wurde weit vor 1990 eingestellt.

Heute haben sich auf der Sohle des Bruches und an den sonnenbeschienenen Hängen zahlreiche wärmeliebende Pflanzen angesiedelt, die teilweise an die reiche Flora des Ketzerbachtales erinnern. Dazu gehören zum Beispiel das Blaugrüne Labkraut, die Karthäusernelke, die Pechnelke und die Sand-Strohblume.

Auf der Sohle des Bruches kommen das Echte Tausendgüldenkraut und der seltene Sand-Thymian vor. An den Steinklippen und Abbruchkanten sind der Frühlings-Spark, Schwalbenwurz und das seltene Kleinblütige Hornkraut zu finden.

Die Zeugen des Gesteinsabbaus sind nicht gänzlich verschwunden. Unterhalb vom Stauweiher (Hochwasserschutz), neben dem ehemaligen Bahndamm, stehen noch umfangreiche bauliche Reste der Verarbeitungsanlagen (Brechergebäude, Verladeeinrichtungen) eines dieser Steinbrüche. Dieser war zum Abtransport des gewonnenen Materials über die ehemalige bis Zöthain bzw. zur Gabelstelle Mertitz verlaufenden Kleinbahnstrecke gut (und ökologisch sinnvoll) angebunden.

Der Stauweiher ist botanisch und faunistisch interessant. Das Röhricht wird durch Binsenarten, wie die Gewöhnliche Sumpfsimse und die Flatter-Binse, bestimmt. An Wasserpflanzen sind nur das Krause Laichkraut und das Raue Hornkraut vorhanden. Der Stausee bietet jedoch zahlreichen Libellenarten einen Lebensraum, so dem Plattbauch, dem Vierfleck und der Hufeneisen-Azurjungfer. Regelmäßig sind der Graureiher, Stockenten und am Käbschützbach die Gebirgsstelze zu beobachten.

In einer noch sichtbaren steilen Abbauwand (geschätzte Höhe über 50 m), unmittelbar von der Talsohle ausgehend, befindet sich am westlichen Hang des Tronitzberges ein Alt-Steinbruch. Hier steht der quarzführende Glimmer- und Hornblendeporphyrit an. Er war im paläozoischen Oberkarbon vor 315 bis 295 Mio. Jahren aufgedrungen und zeigt teilweise säulige Ausbildung als Ausdruck seiner Absonderung/Erstarrung in einer 80–90 m mächtigen Decke. Verbunden mit dem aus einer Erdmantelquelle stammenden Schmelze schieden sich Kristalle von Feldspat, Hornblende, Biotit und Quarz aus, sodass die typische Textur des vulkanischen Gesteins mit feinkörniger Grundmasse und gröberen Einsprenglingen entstanden ist. Die Kristalle zeigen teilweise eine Einregelung. Diese Richtungsorientierung erzeugte eine Streifung des Gesteins, was Rückschlüsse auf das Fließverhalten der Lava zulässt.

Eine Besonderheit bildet der Porphyritpechstein von Leutewitz (kleinräumig hinter dem jetzigen Stauweiher). Dieser war in der geologischen Erstkartierung festgestellt worden und ist nach seinem kleinräumigen Auftreten vermutlich als Gang zwischen Monzonit und Porphyrit ausgebildet. Es handelt sich um einen schwarzen kristallreichen Pechstein (ein vulkanisches schnell erstarrtes Glas). Der zweite Steinbruch befindet sich an der Straße nach Kaisitz südlich des Tronitzberges. Der Betrieb in dem gut aufgeschlossenen Bruch, der heute dem Baustoffbetrieb Sachsen GmbH gehört, ruht derzeit (LANTZSCH 2018).

Die kleine Gemeinde mit nur 33 Einwohnern (2011) wurde bereits 1319 als *Posebrede* ersterwähnt. Dieser Name bedeutet im Altsorbischen ‚Ort am Birkenhain' oder ‚Ort am Ufer'. Später sind die Namen *Podebross* (1454), *Padersenn* (1552) und *Badershain* (1671) überliefert. Bereits seit 1814 wird von *Baderschen* oder *Badersen* gesprochen. Ab 1875 verwaltete die Amtshauptmannschaft Meißen das Dorf. 1935 wird der Ort zu Pröda angeschlossen, damit verlor der Ort seine kommunale Selbständigkeit. Von 1993 bis 2014 gehörte Badersen zu Leuben-Schleinitz und ist seit 2014 nach Nossen im Landkreis Meißen eingemeindet.

Der Ort liegt an dem von SW zufließenden Markritzer Bach (Quellgebiet zwischen Lüttewitz und Markritz) auf ca. 200 m ü. NHN. Bei Lossen mündet der Bach in das Dreißiger Wasser, später in den Ketzerbach. Während der kleine Bach westlich von Wiesen in der Aue sowie Ackerflächen auf dem Hang bestimmt wird, ist der Westhang östlich mit einem lindenreichen Eichen-Hainbuchenwald bestanden. Neben den namengebenden Baumarten findet man an Charakterarten die Echte Sternmiere, die Vielblütige Weißwurz, die Gelbe Taubnessel und das Wald-Flattergras. Am Bachufer ist ein schmaler Streifen eines Erlen-Eschenwald mit dem Berg-Ahorn ausgebildet. Im Frühjahr finden sich hier neben dem Scharbockskraut der Aronstab und etwas später im Jahr den Wolligen Hahnenfuß. Früher waren diese Arten an vielen kleinen Bächen der Lommatzscher Pflege verbreitet. Regelmäßig ist der Pirol zu hören.

Südwestlich der Ortsmitte liegt der Blauberg, den man auf einem Fahrweg entlang des Markritzer Baches nach 400 m erreicht. Am Weg stehen als ND geschützte alte Stiel-Eichen. Der bewaldete Westhang, leider durch nicht-standortgerechte Fichten gestört, wird bis heute durch einen stillgelegten Hanganbruch (bis zur Talsohle reichend) eines ehemaligen Schiefersteinbruches bestimmt. Teilweise ist die ehemalige Steinbruchsohle schon mit einem Vorwald bestanden. Der Steinbruch ist auf dem Oberreit'schen Atlas von 1843 noch nicht nachweisbar. Auf Grundlage historischer Aufnahmen ist ein Betrieb ab dem Ende des 19. Jh. bis zur Mitte des 20. Jh. anzunehmen.

Der Steinbruch am Blauberg gehört zum Nossen-Wilsdruffer Schiefergebirge, dem sich in nur ca. 2 km nördlicher Entfernung (bei Leuben) die magmatischen Gesteine des Meißener Granodiorit-Monzonit-Massivs anschließen. Es sind hier nach der geologischen Spezialkartierung (GK 25 Bl. 4845)

Abb. 107 Gefalteter Kieselschiefer im ehemaligen Steinbruch am Blauberg bei Badersen

altpaläozoische (silurische) Kieselschiefer aufgeschlossen, ein dichtes sehr hartes, sprödes Gestein. Nach neuerer stratigraphischer Einordnung handelt es sich um den sogenannten Blauberg-Horizont, der der Tanneberg-Formation zuzurechnen ist – Alter: Silur/Devon (KUPETZ 2000). ▶ Abb. 107

Schwarzer oder dunkelblaugrauer Kieselschiefer (Lydit) spaltet in ca. 10 cm bis nur wenige Millimeter dicke Platten, die mit hellen tonigen Schiefern bzw. Hornsteinen wechsellagern (mit kohlenstoffärmerer, hornsteinartiger Ausbildung). Nur mikroskopisch sind die bestimmenden Quarzindividuen erkennbar.

Die enge Wechsellagerung, deutlich durch Ablösungsklüfte, bedingt auch die der Steinbruchwand vorgelagerte instabile Halde mit scharfkantig-stückig zerfallendem Material. Der Fossilinhalt der untermeerisch entstandenen Kieselschiefer wird besonders durch Radiolarien und Conodonten als Leithorizontbildner bestimmt, allerdings fehlen Graptolithen hier am Standort.

C10 Graupzig

Ziegelherstellung erfolgte seit Jahrhunderten in der Lommatzscher Pflege an einer Vielzahl von Standorten. Grundlage dafür sind die quartären und tertiären Lockersedimentschichten. Die Ziegelherstellung sicherte mit den regional verfügbaren Rohstoffen sowohl den Bau von Rittergütern, bildete aber vorrangig auch die Basis für die in den zahlreichen Orten errichteten Bauerngüter, die noch heute landschaftsbestimmend sind.

Graupzig, heute ein Ortsteil von Nossen, 5 km südlich von Lommatzsch gelegen, wird vom Ketzerbach durchflossen. Unterhalb des Ortes sind noch naturnahe Uferbereiche mit der Wald-Primel, der Sumpf-Dotterblume und weiteren Frühjahrsblühern ausgebildet. Das Ortszentrum wurde vom Rittergut gebildet, wovon heute nur noch der Schlossteich und einige Wirtschaftsgebäude vorhanden sind. Dieses Rittergut war mit den umliegenden Gütern wie Schleinitz, Gödelitz und Petzschwitz eng verbunden. Das Geschlecht derer von Schleinitz besaß daher auch Graupzig. Besitzer waren die Familien von Loß und von Bose. Ab 1773 bis Anfang 1920 war Graupzig im Besitz derer von Zehmen. Letzter Besitzer war bis zur 1948 erfolgten Enteignung Ottomar Heinsius von Mayenburg, der Erfinder der Chlorodont-Zahnpasta (Dresden, Schloss Eckberg). Schloss Graupzig wurde 1948 auf Weisung der sowjetischen Militäradministration in Deutschland abgerissen. Erwähnenswert ist das deshalb, weil die Lehm- und Tongewinnung zur Ziegelherstellung ihren Ursprung auf diesem Rittergutsgelände hatte. Um 1830 begann hier die Ziegelproduktion mit Errichtung eines sog. Erdofens. Die Jah-

Abb. 108   Produktbeispiele der Ziegelei Huber in Graupzig

resproduktion 1863 von etwa 200.000 Mauerziegeln nimmt sich gegenüber der Neuzeit (bis vor 1990) mit 1.600.000 Ziegeln bescheiden aus. 1886 wurde ein leistungsfähigerer sog. Zick-Zack-Ofen mit acht Kammern errichtet.

Vom Höhenrücken bei Graupzig, der die Grenze zum Stahnaer Bach bildet, sieht man schon von weitem mit Schornstein, flachen Hallen und umfangreichem Produktelager die markanten und typischen Gebäude des heutigen Ziegelwerkes Klaus Huber GmbH & Co. KG. Die jüngere Werksgeschichte wird besonders geprägt durch dieses Familienunternehmen. 1946 übernahm Xaver Huber das gesamte alte Werk. Er modernisierte die Anlagen für die Massenherstellung von Mauer-, Decken-, Waben-, Hochloch- und Langlochziegeln. Vor 1959 kam auch die Produktion von Dachziegeln (Biberschwänze) wieder hinzu. Nach der Aufnahme einer staatlichen Beteiligung 1959 erfolgte die vollständige Zwangsverstaatlichung des Betriebes und Angliederung an die Vereinigung mehrerer überregional tätiger Betriebe. Im Jahr 1990 konnte glücklicherweise die Reprivatisierung erfolgen. Durch Klaus Huber erfolgten weitere umfangreiche Modernisierungen im Unternehmen, deren Bedeutendste die Errichtung eines Gegenlauftunnelofens mit Butangasfeuerung ist. Der Brand in diesem deutschlandweit einzigen Ofen seiner Bauart ermöglicht eine besondere Farbvielfalt der Produkte („Herbstlaubfarben"). Die am Standort vorhandenen quartären Lehme und tertiären Tone ermöglichen eine große Produktvielfalt dieses Ziegelwerkes. Die Ziegelrohstoffe der Lagerstätte Graupzig werden selektiv gewonnen, separat zwischengelagert und danach zu den gewünschten Rohstoffmischungen zusammengestellt. Das ermöglicht auch den Einsatz in der Denkmalpflege. Für die Klinkerherstellung beispielsweise werden etwa 40 % Tertiärton mit 60 % quartären Lehmen gemischt. Mit Änderung der Mischungsverhältnisse lässt sich im Brennvorgang auch die Farbgebung der Produkte beeinflussen.

Anfang der 2000er Jahre wurden etwa 10.000 m³/a Lehm und Ton abgebaut. Der Tagebau mit einer Fläche von ca. 6,6 ha ist damit in westlicher und südlicher Richtung noch erweiterbar. Durch einen aktuell mengenmäßig reduzierten Rohstoffabbau (ca. 9.000 t/a) werden die untersuchten Bergwerksgrenzen erst nach 2040 erreicht. Derzeit werden Ziegelsteine, Klinker und Klinkerplatten sowie besonders historische Ziegelformate (Handstrichklosterziegel, Form- und Ornamentziegel) für Restaurierungszwecke hergestellt. ▶ Abb. 108 Das Unternehmen beschäftigt gegenwärtig etwa 30 Mitarbeiter. Es ist ein wichtiger Partner für Sanierungsvorhaben, die u. a. von der Deutschen Stiftung Denkmalschutz begleitet werden. Der Vertrieb dieser Sonderanfertigungen erfolgt beispielsweise über das Kölner Backsteinkontor innerhalb von Deutschland, in die Schweiz oder bis nach Dänemark, Schweden und Norwegen.

Die Lagerstätte für das Ziegelwerk befindet sich geologisch innerhalb des altpaläozoischen Nossen-Wilsdruffer Schiefergebirges (NWG). Sie kann nach mehreren Erkundungsphasen in den vergangenen 100 Jahren, dem Aufschluss in der Lehmgrube selbst sowie nach den tieferreichenden Bohrungen mit folgendem Normalprofil charakterisiert werden: ▶ Abb. 109 Unter geringmächtiger Mutterbodendecke stehen Löß (nur lokal vorhanden), Lößlehm und Gehängelehm an. Der verbreitete Lößlehm erhält sein Aussehen durch Brauneisenausfällungen (Wechsel von hellgelb zu gelbbraun).

Unter dem Gehängelehm folgen flächendeckend die Ablagerungen der kaltzeitlichen Grundmoräne. Unter dem Geschiebelehm (entkalkter Geschiebemergel) folgt Geschiebemergel. Dieser weist schwankenden Kalkgehalt auf und sieht schmutziggrau bis graubraun aus. Größere Gerölle treten hier nur selten auf. Dafür sind Quarzite, Granite und Porphyre eingelagert. Die tertiären Tone (mit wechselndem Feinsandanteil) enthalten teilweise kohlige Beimengungen und Xylits-

Gestein	Mächtigkeit	Geochronologische Einordnung
Lößlehm und Löß	ca. 4–8 m	Pleistozän (Weichselkaltzeit)
Geschiebelehm und -mergel	ca. 10 m	Pleistozän (Elsterkaltzeit)
Sande und Kiese	ca. 2–5 m	Pleistozän (Elsterkaltzeit)
Tone, teilw. Sandig-schluffig	ca. 17 m	Tertiär (Miozän)
Sande und Kiese, +– tonig	ca. 8 m	Tertiär (Miozän)
Zersetzte Tonschiefer und Diabastuffe		Paläozoikum (Silur/Ordovizium)

Abb. 109   Normalprofil der Lagerstätte des Ziegelwerks Klaus Huber GmbH & Co. KG in Graupzig

tücke (holzige Bestandteile der Braunkohle), sodass die blaugrauen Tone dann eine schwarzgraue Färbung bekommen. Sofern verwitterte Feldspäte im Ton auftreten, erscheinen diese weißgrau.

Die aufgelassenen, oft nassen Abbauflächen werden schnell von einer lückigen und artenarmen Trittgesellschaft besiedelt, darunter mit Kröten-Binse, Liegendem Mastkraut, Rotem Spärkling und Platthalm-Rispengras. Die mehr trockeneren und älteren Abbaustellen sind durch ruderale Pflanzengesellschaften lehmiger und saurer Böden bestimmt, wie der Glanzmeldenflur, oft dominant mit Land-Reitgrasflur und der Natternkopf-Steinkleegesellschaft mit dem Hohen Steinklee. An den oberen Hangbereichen und den Hangkanten zeigen Sal-Weide, Spitz-Ahorn, Brombeerarten und Hunds-Rose an, dass die Entwicklung eines Vorwaldes einsetzt.

Zwei Grundwasserleiter können in der Lagerstätte lückenhaft verbreitet auftreten. Den oberen GWL bilden quartäre Sande und Kiese, die Wasserführung ist gering. Ein unterer GWL umfasst die im Liegenden des tertiären Tons anstehenden Sande und Kiese. Das Wasser darin ist gespannt, was beim Abbau beachtet werden muss. Es wird daher über einen betriebseigenen Brunnen entspannt und als Brauchwasser genutzt.

Teile der aufgelassenen Lehmgrube sind mit Wasser gefüllt. Es haben sich kleinflächig Röhrichte mit dem Breitblättrigen Rohrkolben und mit der Salz-Teichsimse ausgebildet. Diese Art ist typisch in der Bergbaufolgelandschaft Sachsens. An Wasserpflanzen kommt neben der Kleinen Wasserlinse das Raue Hornblatt vor. Der Lehmgrubenteich ist ein Lebensraum für Lurche, wie dem Grasfrosch und der Erdkröte. Regelmäßig sind Stockenten anzutreffen.

C11 Löthain

Löthain besteht aus mehreren Siedlungsteilen, die sich beiderseits des Löthainer Baches gruppieren. Der frühere Dorfkern besteht aus dem Rittergut, dem weiter im SO gelegenen Vorwerk und die im nördlichen Teil der Steigerstraße befindlichen Bauernhöfe und Gärtnerstellen. Die Hofformen sind noch immer zu erkennen, auch wenn das Rittergut aufgelöst und in Neubauernstellen geteilt wurde. Das bereits 1438 bezeugte Rittergut Löthain war lange im Besitz der Familie von Heynitz und gelangte 1796 an den Marienberger Bergmeister Jobst Christoph von Römer (gest. 1838). Dessen Nachfahren, die zugleich Mitbesitzer des Ritterguts Neumark bei Reichenbach/Vogtland waren, behielten es bis zur Bodenreform 1945. Das heute leerstehende Herrenhaus des Ritterguts wird daher auch als „Römerhaus" bezeichnet. Der schlichte zweigeschossige Bau stammt größtenteils aus dem 18. Jh. und wurde um 1900 im neoklassizistischen Stil umgestaltet. Die Landwirtschaft war seit 1845 an die Familie Steiger aus Leutewitz verpachtet. Daran erinnert die Benennung „Steigerstraße" für die Hauptstraße des Dorfes. Das Wohnhaus der Familie Steiger gegenüber dem „Römerhaus" wurde 1946/47, bis auf zwei bauhistorisch interessante Sandsteingewölbekeller, abgerissen. In diesem Bereich des ehemaligen Ritterguts künden einige alte Gartenpflanzen und Paläophyten von der Nutzung in vergangenen Zeiten. Dazu zählen der Wilde Wein, die Ringelblume, die Blutrote Fingerhirse, der Hopfen und als Neophyten das Orangerote Habichtskraut und die Silberblättrige Goldnessel. In der Ortsflur im Brunnenbereich sind artenreiche Ruderalgesellschaften, zum Teil mit Ackerwildkräutern ausgebildet, die der Mäusegersteflur, der Malvenflur und verschiedenen Trittrasengesellschaften zu zuordnen sind. Bemerkenswerte Arten sind Portulak, Ackerfilzkraut, und die Neophyten Kleines Liebesgras und Pyrenäen-Storchschnabel.

Im 19. Jh. wurde der Abbau von Kaolin zum bestimmenden Wirtschaftsfaktor nach der Landwirtschaft. Anfangs erfolgte der Abbau (nachweisbar ab dem 18. Jh.) in offenen Gruben, woran noch heute die von tiefen Senken durchzogene Bruchlandschaft südlich der Canitzer Straße erinnern. Bis 1999 schloss sich der Tiefbau in Schächten an, erst in jüngerer Zeit erfolgt wieder ein Abbau im Tagebau (Canitz-Nord). Der 1909 eröffnete Bahnhof Löthain, heute Museum, der Schmalspurbahn Meißen–Lommatzsch diente dem Abtransport des Kaolins. Der Streckenabschnitt von Löthain nach Meißen wurde 1966 stillgelegt, der zuletzt nur noch für die Abfuhr der geförderten Porzellanerde genutzte Teil von Löthain nach Lommatzsch blieb bis 1972 in Betrieb.

Löthain wuchs nach 1945 und vor allem nochmals nach 1990 durch den Bau mehrerer Eigenheimsiedlungen. Die Eigenheime umgeben die Mehrener Straße, die Bahnhofstraße, die Canitzer Straße und den südlichen Teil der Steigerstraße bis zur Einmündung in die B101. Außerdem erschließt die Siedlerstraße ein Wohngebiet am nordöstlichen Dorfrand. Einige Neubauten haben auch größere Dimensionen. An der Steigerstraße hat sich ein Gewerbebetrieb angesiedelt, der zwei große Lagerhalle nutzt; nördlich davon befindet sich eine Kleinsiedlung aus Mehrfamilienhäusern. Im Ort gibt es aktive Heimatvereine und einen Motorsportklub (MC Jahnatal e. V.), der die Simson-Tradition aufrechterhält und jährliche Treffen und Rennen organisiert.

Am Ortsausgang an der Straße nach Canitz ist eine artenreiche Kohlkratzdistelwiese ausgebildet, auf der über zehn Tagfalterarten ermittelt wurden. In den wenigen naturnahen Obstgärten und Streuobstwiesenresten an den Bauerngütern sind noch Glatthaferwiesen mit Wiesen-Storchschnabel und Wiesen-Platterbse vorhanden. Am alten Bahnhof von Löthain wurde zum Gedenken an die frühere Obstproduktion im Ort im Jahr 2009 ein Apfelbaum der Sorte „Gravensteiner" gepflanzt. Ein im Ort gegründeter Verein versucht seit wenigen Jahren durch Obstbaumpflanzungen entlang von Wegen und Nebenstraßen der zunehmenden Beseitigung linearer Gehölzstrukturen entgegen zu wirken. So wurden etwa 2019 am Bahnhofsgelände weitere 18 Obstbäume alter Sorten gepflanzt.

Abb. 110 Tongrubenrestgewässer und Halde bei Löthain 2010, mittlerweile verfüllt

Bahnhof Löthain

Das Dorf Löthain bildete Anfang des 20. Jh. den Mittelpunkt des Ton- und Kaolinabbaugebietes von Löthain, Mehren, Kaschka, Mohlis und Schletta, der maßgeblich mit zum Bau der Schmalspurbahn führte, die am 1. Oktober 1909 eröffnet wurde. ▶ Abb. 111

Allein um Löthain gab es zeitweise 78 Schächte. Gefördert wurden u. a. Ofentone für die Kachelherstellung, Glashafentone für Glasschmelzöfen usw. Der Löthainer Ton ist weißbrennend und zeichnet sich besonders durch eine sehr hohe Trockenbiegefestigkeit aus. Sind sonst 36 kg/cm² üblich, liegen die Werte des Löthainer Tones bei 100 kg/cm², das ist weltweit einzigartig.

Die Meißener Porzellanmanufaktur erhielt ab 1909 Kaolin mit der Bahn aus Löthain. Dem Güterverkehrsaufkommen entsprechend war der Bahnhof Löthain mit drei parallelen Gleisen und vier Weichen großzügig dimensioniert. Gleis 1 war das Ladestraßen-, Gleis 2 das Kreuzungsgleis und Gleis 3 das Rampengleis. Bereits am 3. März 1911 forderte die Direktion Leipzig I die Errichtung eines neuen Gleises. Das Gleis 4 wurde mit dem neuen Fahrplan am 1. Mai 1911 in Betrieb genommen, da zusätzlich Zugkreuzungen stattfanden.

Eine Wartehalle, ein Freiabtritt und zwei Wagenkästen bildeten die Hochbauten. Die 1909 errichtete lange Seitenladerampe diente neben der Verladung von Ton und Kaolin im Herbst auch der Verladung von Zuckerrüben. Im Jahr 1925 hatte sich der Zustand der großen Laderampe soweit verschlechtert, dass sie gründlich saniert werden musste, aus Kostengründen entschied man sich für die Ausführung in Stampfbetonbauweise.

Am Bahnhof Löthain befand sich auch ein Beamtenwohnhaus für zwei Eisenbahnerfamilien.

Der Verkehr nach Meißen ruhte ab 22. Mai 1966, und am 28. Oktober 1972 fuhr der letzte Zug auf der Reststrecke Lommatzsch–Löthain. Danach wurden die Gleisanlagen abgebaut und das Stationsgebäude nutzte der Jugendklub. Im Jahr 2002 übernahm der Heimatverein Käbschütztal e. V. das Gebäude und restaurierte es im Zustand der Zeit um 1930. Inzwischen wurden mehrere Wagenkästen aufgestellt und restauriert. Außerdem entstand eine kleine sehenswerte Ausstellung zur Geschichte der Schmalspurstrecken der Lommatzscher Pflege, die zu besonderen Anlässen geöffnet ist.

Abb. 111   Das Schmalspurbahnmuseum Löthain 2012

Auf einem Grundstück im NO des Ortes konnte beispielhaft die erstaunliche Zahl von 1.060 Käferarten (Stand 2020) nachgewiesen werden, darunter 96 unterschiedlich stark gefährdete Arten nach der Roten Liste Deutschlands und 44 geschützte Arten nach der Bundesartenschutzverordnung (LORENZ 2021). Hervorgehoben werden sollen hier der sehr seltene Zweifarbige Dicktaster-Aaskäfer, der hier seinen einzigen aktuellen Nachweis in Sachsen hat, der Messerbock, der sich in Kronenästen alter Eichen entwickelt, der Zwerg-Schmalhals-Moderholzkäfer, der an mit Mulm gefüllte Baumhöhlen gebunden ist, sowie Reitters Langbauch-Erdflohkäfer, der Schilf zur Entwicklung benötigt. Als naturschutzfachlich besonders wertvoll für eine solche Artenvielfalt können die in unmittelbarer Nähe befindlichen Streuobstwiesen, naturnahe Kleingewässer sowie ein an Alt- und Totholz reiches Gehölz genannt werden.

Das Löthainer Becken (ein 4 km langes, schmal-isoliertes Becken von Löthain über Canitz bis nach Mohlis) stellt neben Seilitz einen weiteren wichtigen Standort im Kaolinrevier des Meißener Hochlands dar. Es gehört zu den sogenannten bodenfremden Lagerstätten. Das bedeutet, dass die aus Quarzporphyren und Pechstein entstandenen Verwitterungsprodukte Kaolin und Ton im Tertiär (Miozän) vom Ort der Entstehung weggeführt und als fluviatile und limnische Umlagerungsprodukte an anderem Ort (hier im Löthainer Becken) eingeschwemmt worden sind. Durch dazwischen befindliche Grundgebirgs- und Kaolinhochlagen entstanden mehrere Teilbecken für die umgelagerten (allochthonen) Sedimente (LADNORG et al. 1999). Der nördliche Bereich wurde durch den Tiefbau im August-Bebel-Schacht Mohlis (1988 stillgelegt) bebaut, im mittleren Teil existierte der Glückauf-Schacht Mehren und im südlichen Bereich der Steiger-Schacht, der Ernst-Thälmann-Schacht und die Lagerstätte Canitz. Aktueller Nutzer der Lagerstätte ist das Unternehmen SIBELCO Deutschland GmbH in Seilitz (PALME u. HUHLE 2003).

Die Lagerstätte wird von wechselnd mächtigem Löss und Lössderivaten der Weichsel-Kaltzeit an der heutigen Landoberfläche abgedeckt, darunter folgt Grundmoränenmaterial (Geschiebelehm) der Elster-Kaltzeit (mit teilweise wasserführenden Sanden, die oft Probleme bei der Bewirtschaftung brachten, da gespanntes Grundwasser zu Wassereinbrüche in den Schächten führte und Pumpmaßnahmen erforderlich machte). Erst darunter stehen die nutzbaren tertiären Tone (bis max. 20 m mächtig) an. Diese Tone (als Löthainer Steingutton vom Steigerschacht bekannt) sind durch hohen Feinkornanteil, niedrigen Schadstoffgehalt, helle Brennfarbe, gute plastische Gießeigenschaften (bedingt durch sehr feinkörnigen Kaolinit) ausgezeichnet. Aktuelle Gewinnungsstätte ist der Tontagebau Canitz-Nord. Auf dem Gelände des ehemaligen Steigerschachtes werden in der 1993 errichteten Homogenisierungsanlage zur Herstellung keramischer Mischungen Tone aus den verschiedenen Meißener Abbaubetrieben, gegebenenfalls unter Zusetzung von Tonen aus dem Westerwald, zu Standardtonen gemischt.

Der artenreiche alte aufgelassene und mit Wasser gefüllte Teil der Tongrube wurde leider mit Abraum verfüllt. ▶ Abb. 110 Zahlreichen Libellenarten dienten diese Gesellschaften als Lebensraum. Im Bereich der Gruben kommt die seltene Rote-Liste-Art Kleinblütiges Weidenröschen vor. Das Weidenröschen spielte bis ins 19. Jh. hinein eine wichtige Rolle in der Volksmedizin. In der eigentlichen, aktiv noch genutzten Grube konnten 2014 in einem Restgewässer Wechselkröten gehört und beobachtet werden. Dort kommen stenöke, ziemlich seltene Laufkäferarten mit Bindung an vegetationsarme, flache Gewässerufer vor, wie zum Beispiel der Grünstreifige Grundlaufkäfer, der Ziegelei-Haarahnläufer, der Kleine Lehmwand-Ahlenläufer und der Schlammufer-Ahlenläufer.

Die Abraum- und Schüttbereiche werden von einer artenreichen Pionierflora mit zahlreichen Ackerwildkräutern eingenommen.

C12 Ziegenhain und Höfgen

Den Zusammenfluss von Kelzge- und Ketzerbach überragt ein langgestreckter Bergsporn, der im W und O steil in die Talaue abfällt. Das etwa 1,2 ha große, heute bewaldete Plateau wird im N und S durch einen Abschnittswall abgeriegelt. Beschränkt sich die nördliche Wehrmauer auf eine schmale Stelle auf dem flachen Hang, ist der bogenförmige Wall auf der gegenüberliegenden Südseite 135 m lang und noch bis zu 3 m hoch. Ein außen vorgelagerter Graben bot zusätzlichen Schutz. Das Vorburggelände war von einem tief gestaffelten Wall-Graben-System durchzogen, von dem auf Luftbildern mindestens vier Gräben und im digitalen Geländemodell schemenhaft ein weitgehend eingeebneter Wall zu erkennen sind. Die äußerste Grenze im S bildet ein schmaler Graben, der auf einer Länge von fast 500 m die Hochfläche von W nach O quert. Damit weist auch der Ziegenhainer Burgberg alle typischen Merkmale frühmittelalterlicher slawischer Befestigungen in der Lommatzscher Pflege auf. Die Oberflächenfunde stehen einer Datierung in das 9. bzw. frühe 10. Jh. nicht entgegen. ▶ Abb. 112

Über die vielleicht etwas jüngere, auf einem Bergsporn in einer Schleife des Kelzgebaches bei Höfgen gelegene Befestigung ließe sich mehr sagen, wären nicht große Teile der Anlage einem Steinbruch im N und einer Kiesgrube im S zum Opfer gefallen (BAUMANN 1965). Nicht einmal die genaue Größe der Burg lässt sich daher angeben. Beobachtungen an den Grubenwänden belegen eine etwa 5 m breite, zweischalige Mauerkonstruktion, die offensichtlich außen mit Knotenschieferplatten verblendet und innen mit einem Gerüst aus eng verlegten, waagrechten Holzbalken versteift war. Die Außenfront scheint einmal erneuert worden zu sein und wurde von einer 1 m breiten Berme begleitet. Die Innenfront bestand aus senkrechten Hölzern. Auf der Ostseite am Übergang zur Hochfläche ist auch ein Graben anzunehmen. Die Keramikfunde, u. a. vollständige Gefäße, stammen vor allem aus der Innenfläche und sind in das 10. bis 12. Jh. n. Chr. datierbar. Dies könnte für ein Ablösungsverhältnis der größeren Burg des 9. bis frühen 10. Jh. durch eine Anlage des 10. bis 12. Jh. sprechen, die zwar deutlich kleiner, aber nicht weniger massiv befestigt als ihre ältere Vorläuferin war.

C13 Nössige und Porschnitz

Zwischen Nössige und Porschnitz liegt am Schrebitzer Bach ein Märzenbechervorkommen, das in den 1970er Jahren als ein FND vorgesehen war. Noch kurz vor dem ehemaligen Rittergut Porschnitz kommt der Märzenbecher im Auwald in kleinen Gruppen vor. Das Rittergut Porschnitz wurde bereits 1519 als Vorwerk genannt. Es hatte 1925 (Besitzer Arthur Findeisen) eine Betriebsgröße von 94 ha. Im Jahr 1963 brannte das ehemalige Herrenhaus ab und wurde danach abgetragen. Die Wirtschaftsgebäude stehen heute unter Denkmalschutz.

Der Schrebitzer Bach mündet in den Käbschützbach. Er wird von einem Erlen-Eschen-Bachwald begleitet. Etwa 500 m unterhalb vom Ort Nössige befindet sich der Rest eines Auwaldes, der aus Stiel-Eichen, Spitz- und Berg-Ahorn, Hybrid-Pappelarten und einigen Birken besteht. Das Gebiet ist durch keinen Weg erschlossen. Da das Wäldchen nicht mehr forstlich genutzt wird, ist ein hoher Anteil von Totholz vorhanden. An den liegenden Stämmen sind im Winterhalbjahr große Mengen vom Austernseitling zu finden. Im Unterholz dominieren Schwarzer Holunder

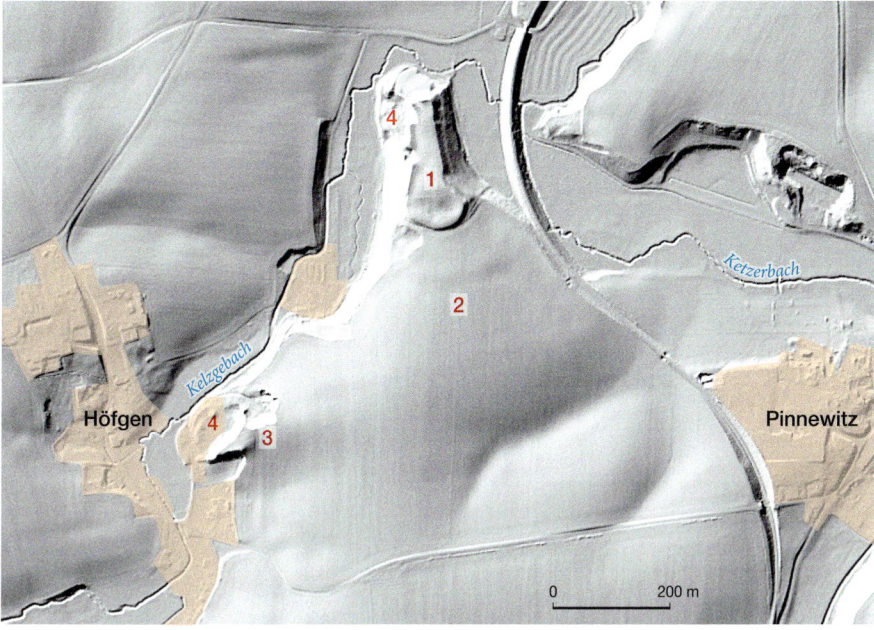

1 Ziegenhainer Burgberg, Hauptburg
2 Ziegenhainer Burgberg, Vorburg mit Wall
3 Höfgen, „Schanze"
4 Steinbrüche

IfL 2022
editiert: A. Kurth

Abb. 112   Der Ziegenhainer und Höfgener Burgberg im digitalen Geländemodell

und durch die Nitrateintrag von den angrenzenden Äckern an Kräutern der Giersch und die Brennnessel. An den Bäumen rankt der Efeu, der eventuell als Paläophyt aus der Rittergutszeit stammt. Regelmäßig horstet im abgelegenen Wäldchen der Mäusebussard. Beim Eintritt des Baches in den Wald ist eine kleine Wiese vorhanden, die wegen der reichen Märzenbechervorkommen bekannt war (GRUNDIG 1936). Leider wurde der Schrebitzer Bach vor 1990 melioriert und in einem künstlichen Bett an der Wiese vorbeigeleitet. Durch den damit verbundenen Feuchtigkeitsentzug sind die Bestände des Märzenbechers aktuell auf ca. 80 blühende Pflanzen geschrumpft. Im Frühjahr fällt das Wäldchen durch eine reiche Flora auf. Dazu gehören der Hohle Lerchensporn, der Aronstab, der Wald-Goldstern und die Echte Sternmiere.

Auf dem Lössplateau westlich von Nössige waren nach Aktenlage und Altfundbestand zwar allerlei vorgeschichtliche Siedlungsspuren zu erwarten, aber kein Grabenwerk des ausgehenden 5. Jt. v. Chr., dessen Entdeckung den Ausgrabungen im Vorfeld des Staatsstraßenneubaus zu verdanken ist. Um den untersuchten Ausschnitt zu vervollständigen, wurden zusätzlich geomagnetische Messungen auf den Feldflächen beidseits des Trasseneinschnitts durchgeführt (STROBEL et al. 2020a). ▶ Abb. 113

Demnach bestand das Erdwerk aus zwei von Palisaden begleiteten und mehrfach unterbrochenen Gräben, die ein Oval von ca. 2,4 ha umschließen. Die Grabentiefen- und -querschnitte sind so uneinheitlich, dass das Bauwerk wohl kaum in „einem Guss" errichtet worden sein kann. Vielmehr scheinen die Gräben in Etappen ausgehoben und ebenso abschnittsweise erneuert worden zu sein. Aus den Grabenfüllungen und elf datierbaren Gruben im Inneren stammt ein Fundmaterial, das nicht nur charakteristisch für das ausgehende 5. Jt. v. Chr. ist, sondern auch mit jungsteinzeitlichen Kulturen in West- und Südwestdeutschland in Verbin-

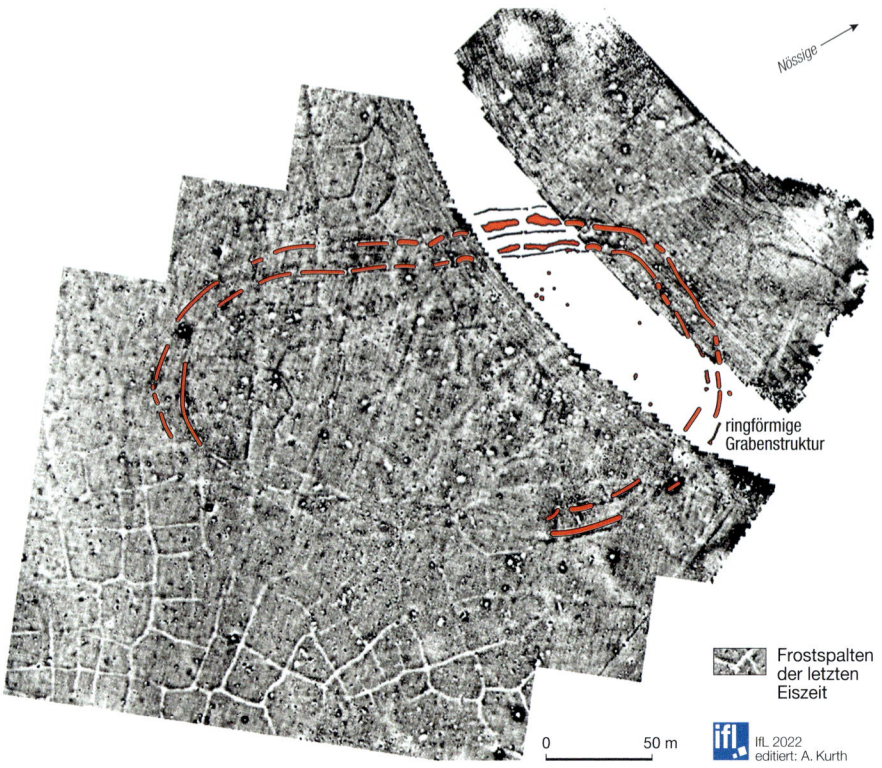

Abb. 113　Geomagnetische Erfassung der Grabenstruktur bei Nössige

dung gebracht werden kann. Während furchenstichverzierte Becher Kontakte in das Nördlinger Ries und Neckargebiet anzeigen, sind die Vorbilder für rundbodige Exemplare in der Michelsberger Kultur des Rheinlandes sowie Nordbadens bzw. Nordwürttembergs zu suchen. Auch Tonscheiben, sogenannte Backteller, gehören in diesen Kontext.

Bis vor Kurzem galt das westliche Mitteleuropa als Entstehungsgebiet der sogenannten Michelsberger Kultur (ca. 4400–3500 v. Chr.), die nach dem Michaelsberg bei Untergrombach am westlichen Rand des Kraichgaus benannt ist. Hier scheinen im letzten Viertel des 5. Jt. v. Chr. auch zum ersten Mal monumentale Erdwerke errichtet worden zu sein. Im Lichte der Ausgrabungen von Nössige und neuer Funde aus dem westsächsischen sowie böhmischen Raum sollte zumindest diese allzu einseitige Ursprungsgeschichte neu überdacht werden. Mitteldeutschland und Böhmen scheinen jedenfalls im frühen Mittelneolithikum mit den jungsteinzeitlichen Kulturgruppen in West- und Südwestdeutschland weitaus früher und enger verzahnt gewesen zu sein, als ein statischer und lückenhafter Forschungsstand bis vor Kurzem ahnen ließ.

C14 Meißen und Dobritz

Teil des Meißener Massivs davon ist das ca. 5 × 10 km große Meißener Vulkanitgebiet mit dem Dobritzer Quarzporphyr (nach neuerer Nomenklatur Dobritz-Rhyolith) als einem der wichtigsten Vertreter. Sein Intrusionsalter wird mit etwa 330 Mio. Jahren angegeben (an der Wende vom Unter- zum Oberkarbon). Der Rhyolith ist linkselbisch südwestlich des Stadtgebiets von Meißen bis in das Meißener Hochland verbreitet. Eng mit diesem sind der Pechstein sowie dessen Verwitterungsprodukte (Kaolin als Grundlage der keramischen Industrie) verbunden. Rhyolith und Pechstein werden nach S im Triebischtal vom Biotitgranit (Meißener Hauptgranit) umgeben.

Im westlichen Talhangbereich der Triebisch bis südlich Garsebach und am Osthang auch im Raum Semmelsberg ist der Rhyolith durch eine Vielzahl inzwischen aufgelassener Steinbrüche (z. B. in den Tälchen unterhalb der Korbitzer Schanzen und unterhalb des Götterfelsens hinauf nach Dobritz, an der Talstraße gegenüber der Fichtenmühle) bekannt.

Bis in die jüngere Vergangenheit betrieben (inzwischen zeitweilig eingestellt) wurde der Steinbruch südwestlich der ehemaligen Clausmühle im Triebischtal. In diesem großen Bruch erreicht der Rhyolith eine bisher erschlossene durchschnittliche Mächtigkeit von 65 m. Neben einer darüber befindlichen grusigen Zersatzzone (1–2 m), ist die hangende quartäre Decke aus Lösslehm (1–3 m) ebenfalls nur geringmächtig ausgebildet.

Der Dobritzer Quarzporphyr ist massig, teilweise aber auch plattig beschaffen und hat fleischrotes, rötlichgraues bis bläulichgraues Aussehen. Seine feinkörnige Grundmasse besteht vorwiegend aus Feldspat, worin sich Einsprenglinge von Quarz und vereinzelt auch Biotit befinden. Eine Paralleltextur (feine Streifung, Fließtextur) entsteht durch den Wechsel hellerer und dunkler Lagen. Man spricht daher auch vom Fluidalporphyr von Dobritz. Die Klüftigkeit des Gesteins (von diesen ausgehend ist eine Bleichung erkennbar) wechselt stark, ebenso seine Plattigkeit. Diese Teilbarkeit bestimmt die Gewinnung größerer Werkstücke.

Der Abbau erfolgte von mehreren Gewinnungsebenen aus bei einer maximalen Wandhöhe von 20–25 m durch Bohren und Sprengen, die Aufbereitung mittels teilmobiler Brecher- und Klassieranlage. Produziert wurden Bau- und Zuschlagstoffe verschiedener Körnungen (Mineralstoffgemische zum Einsatz in Frostschutzschichten) sowie der Feldspatrohstoff in einer Körnung 0–6 mm. Letzterer konnte durch seinen hohen Feldspatanteil unter dem Begriff „Feldspat Meißen" auch an die feinkeramische und Glasindustrie geliefert werden. Dort dient er als Sinterhilfsmittel. Für diesen Einsatz ist unter den gestiegenen Qualitätsanforderungen jedoch eine selektive Gewinnung im geordneten Strossenabbau erforderlich.

C15 Mehren

Auf der Fahrt durch das Meißener Hochland durchquert man viele kleine Orte, die mit zum Teil noch sichtbaren Bergbauanlagen zum Ton- und Kaolinabbau (kleine Schächte, Werksgebäude, Gruben) die lange Tradition der Nutzung dieser Rohstoffe ausdrücken.

Einer dieser bemerkenswerten Orte, das heutige Bergbaumuseum Mehren, liegt am nördlichen Ortsrand von Mehren in Richtung Pröda–Seilitz auf dem Gelände der Tagesanlagen eines stillgelegten Tiefbaues. Hier befand sich der „Glückauf"-Schacht der Firma Kaolin- und Tonwerke Seilitz-Löthain, der 1924 abgeteuft worden war. Tiefbaue zur Gewinnung von Ton und Kaolin im Kaolindistrikt westlich von Meißen gab es allerdings bereits ab 1825. Der 19 m tiefe Schacht war der letzte von neun Schächten, deren Abbaubetrieb (Stollenvortrieb mit Hilfe von Pressluftspaten) um 1989 eingestellt wurde.

Der Abbauort wurde 1990 als technisches Denkmal ausgewiesen und anschließend 1995 im ehemaligen Funktionsgebäude Museumsräume eröffnet. Diese zeigen Ausstellungsstücke wie Gezähe des Bergmanns, Grubenlampen, rissliche Darstellungen, Fotos und Exponate der Grubenwehr, die die über 200-jährige Abbaugeschichte dokumentieren. Im Freigelände befinden sich ein Schaustollen (der befahren werden kann), die Seilbahnbeladungsstation sowie die übertägige Schachtanlage.

Im nur ca. 2 km entfernten Niederjahna, einem der unmittelbaren Nachbarorte Mehrens, lebte von 1823 bis 1844 der Porzellanmaler Carl Gottlieb Thieme (1823–1888). Im Jahr 1872 gründete er seine eigene „Sächsische Porzellan-Fabrik von Carl Thieme zu Potschappel-Dresden". Möglicherweise bezog er die Rohstoffe für sein Zierporzellan ebenfalls aus der Region um Meißen.

C16 Rüsseina

Fährt man von Nossen kommend Richtung Lommatzsch, passiert man das kleine Dörfchen Rüsseina (heute ca. 200 Einwohner). Der Bau einer weit sichtbaren riesigen Dorfkirche (1.200 Plätze) wurde notwendig, als in der Zeit der Christianisierung vom Domkapitel zu Meißen aus in der Lommatzscher Pflege mittels Zentralkirchen viele umliegende vormals slawische Kleindörfer zu sogenannten Kirchfahrten zusammengefasst wurden. Noch heute gehören 19 Dörfer zur Kirchfahrt Rüsseina. ▶ Abb. 114

Die Umbrüche der Nachkriegszeit ab 1945 hatten erhebliche Folgen für die Kirchgemeinde. Das Verbot des Religionsunterrichtes in den Schulen und der selbständigen Vereine bereits in der noch jungen DDR zwang die Kirche auch in Rüsseina zu neuen Formen der Kirchgemeindearbeit (z. B. „Erfindung" der Christenlehre für Schulkinder oder der Jungen Gemeinde). Gerade dies führte dazu, dass die Kirchgemeinde trotz Mitgliederverlusten dennoch ein lebensstiftender und kultureller Faktor im Dorf blieb und einen wichtigen Raum freien Denkens darstellte. Die Kollektivierung ab Ende der 1950er Jahre löste die altbäuerliche Struktur weitgehend auf. Trotz erheblicher Akzeptanzprobleme zu Beginn ließ die in Rüsseina geschaffene und später durch Zusammenschlüsse vergrößerte LPG ein neues soziales Netzwerk zwischen den Nachbardörfern wachsen, was mit der bereits bestehenden überregionalen Vernetzung der Kirchgemeinde durchaus auch positiv korrespondierte. Die DDR-Zeit blieb dennoch für die Kirchgemeinde eine schwere Herausforderung: staatliche Zensur, gezielte Aktionen gegen die Konfirmation und die Jahrzehnte dauernde Verhinderung von dringenden Baumaßnahmen an der Rüsseinaer Kirche blieben bis zur Wende 1989/90 eine bittere Realität.

In den Jahren nach der Wende kann man Rüsseina in gewisser Weise als „Wilden Osten" bezeichnen. Die LPG löste sich auf. Felder und Inventar wurden an ehemalige Eigentümer oder größere Unternehmen überführt. Dörfliche Kommunikationszentren lösten sich auf (Grundschule, Bürgermeisteramt, Kindergarten, Poststelle, diverse Läden, Gaststätte, Feuerwehr, Kleingewerke). Wegzüge nach Westdeutschland hatten unbewohnte Häuser zur Folge. So ist Rüsseina binnen eines Jahrzehntes von einem lebendigen Einkaufs- und Gewerbeort zu einem Wohndorf geworden. Aufgrund bewusster Zuzüge junger Familien sowie der Gründung von Bürgerinitiativen seit etwa 2010 deutet sich aber eine Neugestaltung dörflichen Lebens sehr positiv an. Die Kirchgemeinde prägt dabei das Leben in und um Rüsseina weiterhin erheblich mit. Durch Arbeitsbeschaffungsmaßnahmen und andere Fördermöglichkeiten konnten alle Gebäude grundlegend renoviert und auch damit die Kirche gerettet werden. Der Umbruch nach der Wende 1998/90 war immens und betraf fast alle Bereiche, darunter das Friedhofswesen, das Kirchensteuersystem und die Landverwertung. Heute ist die Kirchgemeinde Rüsseina verbunden mit den Gemeinden Raußlitz, Wendischbora und Leuben-Ziegenhain-Planitz und seit 2021 Teil des Kirchspieles „Nosse-

Abb. 114　Kirche Rüsseina 2022

ner Land". Durch eine Vielzahl von gottesdienstlichen und kirchenmusikalischen Angeboten, die Einbindung vieler ehrenamtlich Mitwirkender aller Generationen und das Vorhandensein einer gut ausgestatteten großen Kirche ist Rüsseina durchaus zu einem geistlich-kulturellen Zentrum für einen guten Teil der Lommatzscher Pflege geworden.

C17 Krögis

Krögis, der Verwaltungssitz der Gemeinde Käbschütztal, besteht aus mehreren Teilen, die sich in Anlage und Alter unterscheiden. Der Kern ist ein ehemals slawischer Rundweiler mit der Krögiser Dorfkirche in der Mitte. Daran schließt sich eine Häuserzeile nach S entlang der Miltitzer Straße an, die als jüngere Siedlung angelegt wurde. Sie führt zum ehemals eigenständigen, 1924 nach Krögis eingemeindeten Dorf Görtitz, welches den steilen westlichen Talhang des Löbschbaches besetzt und inzwischen mit Krögis verschmolzen ist. Alle weiteren Ortsausbauten stammen aus dem 20. Jh. Im NO erstreckt sich entlang des Schönnewitzer Weges eine Siedlung aus Einfamilienhäusern. Südwestlich des Dorfkerns stehen zwischen Meißner Straße und Ringstraße mehrere Mehrfamilienhäuser (Wohnblöcke) der 1970er und 1980er Jahre. Den östlichen Abschluss der Ortslage bildet ein Gewerbegebiet. Die B101 führte ursprünglich entlang der Meißner Straße durch den Ort, doch wurde 2014 eine Umgehungsstraße eröffnet, die in einem Bogen um Krögis herumführt.

Die weithin sichtbare Dorfkirche war die Pfarrkirche für Barnitz, Görna, Görtitz, Krögis, Luga, Mauna, Meschwitz, Schönnewitz und Soppen, seit 1899 auch für Canitz, Löbschütz und Pauschwitz und seit 1901 für

Bauernkultur

In der Lommatzscher Pflege sicherte der hervorragende Boden den Bauern stets einen guten Ertrag. Die Besitzer der großen Höfe, die sogenannten Sammetbauern, mussten nicht rund um die Uhr für ihren Lebensunterhalt arbeiten, sondern hatten sowohl Zeit, eigene Interessen zu verfolgen, als auch das Geld, sich schön gestaltete Höfe und Gärten zu leisten. So konnte sich eine eigene Bauernkultur entwickeln.

Die großen Bauernhöfe sind in der Regel Vierseithöfe. Während noch bis ins 18. Jh. die Fachwerkbauweise und Strohdeckung üblich waren, wurden viele Höfe im 19. Jh. zu stattlichen Ensembles ausgebaut. Manche Wohnbauten, etwa das Bauerngut Eulitz in Pulsitz, sind in ihrer architektonischen Gestalt kaum von Herrenhäusern des Landadels zu unterscheiden (DONATH 2009).

Zu einigen Hofanlagen gehören geometrisch gegliederte Bauerngärten, in denen man Nutz- und Zierpflanzen heranzog, die aber auch zur Zierde des Hofes gestaltet. Sie sind unzweifelhaft von französischen Barockgärten beeinflusst, die man im Kleinen nachahmt. Diese Gärten – wie etwa der des Hofes Lempe in Höfgen oder des Leubener Pfarrgartens – bestehen aus kleinen, symmetrisch angelegten Quartieren, die von Buchsbaumhecken eingefasst werden.

Viele der wohlhabenden Bauernfamilien legten auf den Friedhöfen stattliche Familiengrüfte und Erbbegräbnisse an. Davon zeugen noch heute die steinernen Gruftgebäude in Hohenwussen, Jahna oder auf dem Friedhof St. Wolfgang in Meißen.

Beeinflusst durch die Reformation, bildete sich in der Lommatzscher Pflege eine ausgeprägte ländliche Musikkultur heraus. Auch in kleinen Dörfern wurde musiziert. In Leuben wurde um 1620 eine Musikvereinigung gegründet, die Bauern und Handwerker aus der Herrschaft Schleinitz umfasste (SCHATTKOWSKY 2007). Die musikkundigen Landbewohner machten Kirchenmusik, spielten auf Hochzeiten und Begräbnissen und wurden zu Festen der Schleinitzer Herrschaft herangezogen.

In Krögis wurde 1703 eine „Music-Societät" gegründet. Pfarrer, Schulmeister und Dorfbewohner aus der näheren Umgebung trafen sich, um gemeinsam zu musizieren. Die Satzung dieses Vereins forderte die Mitglieder auf „mit berühmten Musico Bekanntschafft zu machen" und zur Übung des musikalischen Gehörs an Orte dahin zu gehen, „allwo die Music floriret". Auch verstanden sich die Musiker als Erziehungsgemeinschaft zur „Verfeinerung der Sitten".

ganz Nössige. Die 1733/34 erbaute Krögiser Kirche ist eine typische barocke Landkirche mit einem rechteckigen, von Emporen umgebenen Kirchenraum. Der schiefergedeckte Dachreiter an der Westseite wurde 1835 anstelle eines älteren Westturms errichtet.

An den Kirchhof schließt sich nach W ein Schulstandort an. ▶ Abb. 115 Dort sind vier Schulgebäude unterschiedlicher Zeiten erhalten. Dass die Schule früher mit der Kirche verbunden war, zeigt das älteste Schulhaus, das kleine Häuschen Kirchgasse 7, welches 1835 erbaut wurde und sich an das ehemalige Kantorat Kirchgasse 5 anlehnt. Beide Gebäude grenzen unmittelbar an den Kirchhof. Das Kantorat wurde vermutlich im frühen 19. Jh. erbaut. Hier wohnte der Kantor der Kirchgemeinde, der zugleich der Lehrer der Kirchschule war.

1877 wurde das Kantorat zum Schulhaus umgebaut. Als dieses zu klein war, errichtete man gegenüber 1912 ein neues, größeres Schulhaus (Kirchgasse 4a und b). Die Gestaltung folgte dem Reformstil, der vor dem Ersten Weltkrieg verbreitet war. Erker, Giebel, Vor- und Rücksprünge und ein Türmchen sorgen für eine malerische Untergliederung des zweigeschossigen Gebäudes. Die Inschrift „Lasst uns unseren Kindern leben" zitiert den Pädagogen Friedrich Fröbel (1782–1852), während ein Relief spielende Kinder zeigt. 1969 bis 1972 wurde neben diesem Schulhaus ein moderner Erweiterungsbau (Kirchgasse 4c) errichtet, der auch einen Speisesaal mit Schulküche enthält. Die POS Krögis war seit 1972 die Zentralschule für alle Ortsteile der Gemeinde und enthielt die Klassenstufen 1 bis 10. 1992 ging aus ihr die Grundschule Krögis hervor, die die Klassenstufen 1 bis 4 umfasst. Aufgrund des geringeren Platzbedarfs konnte das Schulhaus von 1912 an die Gemeindeverwaltung der 1994 neu gebildeten Gemeinde Käbschütztal abgegeben werden. 2004/06 erfolgten eine komplette Sanierung der Schulerweiterung und eine Umgestaltung des Schulgeländes. Infolge der Erweiterung des Betreuungsangebots wurde die Grundschule in Ganztagsschule Käbschütztal umbenannt. Seit der Schließung der Schule in Niederjahna ist es die einzige Schule im 36 Dörfer umfassenden Gemeindegebiet von Käbschütztal.

Abb. 115 Ortszentrum von Krögis mit der Kirche und den Schulgebäuden des 19. und 20. Jh., 2020

D Gebiet um Klipphausen, Miltitz, Wendischbora und Garsebach

D1 Garsebacher Pechsteinklippen und Götterfelsen

Zwischen Robschütz (Garsebach) und dem südwestlichen Stadtgebiet von Meißen (Korbitz) hat sich die Triebisch tief (> 70 m) in das Meißener Hochland eingeschnitten, mitten durch das Vulkanitgebiet des Meißener Massivs mit Quarz-Porphyr (Rhyolith), Tuff und Pechstein. ▶ C14 Letzterer bildet einen 3,4 km langen Gangzug und damit das größte Pechsteinvorkommen Mitteleuropas. Der Name Pechstein wurde erstmals 1749 vom sächsischen Naturforscher und Plutonisten Christian Friedrich Schulze für ein glasiges Gestein vulkanischer Herkunft mit Pechglanz verwendet, war also zu Zeiten des Mineralogen und Neptunisten Abraham Gottlob Werner (1749–1817) bereits gut bekannt.

Pechstein ist ein magmatisches Gestein, das mit einem Wassergehalt zwischen 4 und 10 % zu den vulkanischen Gläsern zählt. Pechstein drang an der Wende Oberkarbon–Rotliegendes (vor etwa 290 Mio. Jahren) aus einem gemeinsamen Magmenherd, zeitlich aber unterschiedlich mit dem Dobritzer Rhyolith, durch Eruptionsspalten vulkanisch und damit rasch erstarrend nach oben. Hauptbestandteile sind Feldspat, Quarz und Wasser, das als Kristallwasser in die abkühlenden Gläser eingebaut ist. Als Nebengemengteile treten Hornblende und Pyroxene auf. Farblich wechselt der Pechstein von überwiegend schwarz zu dunkelgrün und bläulich. Rote Varietäten werden durch Eisenoxide bestimmt. Seine Textur ist glasig-amorph, die Struktur feinkörnig, oft mit Fließbänderung. Der Bruch ist muschelig. Vergleichbar mit dem Feuerstein nutzte man das Gestein bereits in der Steinzeit wegen seiner scharfen Bruchkanten vielseitig zur Herstellung von Werkzeugen und Waffen. Der Pechstein ist dem Obsidian sehr ähnlich, jedoch durch den Wassergehalt unterschieden. Der Pechstein zerfällt oft entlang kleiner Schrumpfungsrisse beim Abkühlen zu kugelig-schaligen Ablösungsstrukturen. Wasserzutritt entlang der Risse führt zur Entglasung und Bildung mikroskopisch kleiner Kristalle, sogenannte perlitische Strukturen entstehen (FELSCHE 2012).

Von der Fichtenmühle im Triebischtal erreicht man über den Nauweg nach Obergarsebach die Klippen der Garsebacher Schweiz, ein unter Geotop-Schutz stehendes Gebiet. Die Felsen bestehen aus grünem und graubraunem Pechstein. Der Wald wird durch Trauben-Eichen und durch forstlich überprägte Teile mit Buchen bestimmt.

Im unteren Hangbereich ist ein artenreicher Eichen-Hainbuchenwald ausgeprägt. In ihm findet sich die wärmebegünstigte Lagen bevorzugende seltene Berg-Segge.

In einem auflässigen Steinbruch gegenüber der Fichtenmühle wurde grüner Pechstein zur Flaschenglasherstellung abgebaut. (SCHANZE 2017). Heute nicht mehr bekannt ist, dass seit 1867 in der Friedrich-Siemens-Glashütte Dresden auch das vulkanische Glas aus Meißen zur Flaschenproduktion genutzt wurde, zuletzt nach dem Zweiten Weltkrieg noch im VEB Glaswerk Freital (BEEGER et al. 1994).

Eine Pechsteinklippe am linken Triebischhang zwischen Dobritz und Buschbad, 60 m über der Talsohle gelegen, ist als Götterfelsen bekannt. Auf dem Felsen steht seit 1843 ein eisernes Kreuz, dessen lateinische Inschrift auf die Gründung der Landesschule St. Afra Bezug nimmt. Im Jahr 1945 leider abgebrochen, ist es nun wieder neu errichtet. Von hier bietet sich ein Blick nach SW über das Triebischtal hinweg auf den Gegenhang bis zu den Polenzer Linden (Fernsehumsetzer). Die Felshänge in SO-Lage beherbergen interessante wärmeliebende Pflanzen, so die Felsen-Zwergmispel, die Ästige Graslilie, das

Nickende Leimkraut, mehrere Fetthennenarten (Tripmadam, Große Fetthenne, Scharfer Mauerpfeffer) und die Pechnelke, Im Eichentrockenwald ist die Schwalbenwurz zu finden. Kleinflächige Halbtrockenrasen mit Kleinem Habichtskraut, Frühlings-Spark, Wein-Lauch und Knolligem Hahnenfuß bieten auch zahlreichen Schmetterlingsarten wie dem Segelfalter einen Lebensraum. Weitere faunistisch bemerkenswerte Insektenarten sind die Weißfleckige Zartschrecke und der Braunrötliche Spitzdeckenbock.

In weiteren Steinbrüchen im Triebischtal ist der Pechstein gut sichtbar aufgeschlossen, in Semmelsberg grüner und rotbrauner Pechstein, an den Korbitzer Schanzen mit rötlicher Farbe (nachträgliche Abscheidung von Eisenoxiden).

D2 Batzdorf

Das kleine verwinkelte Schloss Batzdorf ist eines der drei Schlösser auf linkselbischer Seite unweit von Meißen. Es geht wahrscheinlich auf eine frühe Gründung des 13. Jh. zurück, lag jedoch stets im Schatten des älteren Schloss Scharfenberg und des Schlosses Siebeneichen, dem späteren Hauptsitz des Miltitzer Geschlechtes. Die Ersterwähnung 1272 durch die urkundliche Nennung eines *Heinricus de Batensdorph* deutet darauf hin, dass in Batzdorf seit dieser Zeit ein Herrensitz war. ▶ Abb. 116

Das Geschlecht der Miltitzer wird im Jahr 1437 zum ersten Mal in Zusammenhang mit Batzdorf genannt. Ernst von Miltitz gab dem Schloss die bis heute sichtbare Gestalt. Der kursächsische Hofmarschall, Kammer- und Bergrat und Oberhauptmann des meißnischen Kreises am Hofe Herzog Georg des Bärtigen ließ 1544 das Herrenhaus erweitern und den Saalbau mit großem Kellergewölbe und Rittersaal errichten, welcher um 1580 mit einem reichen Wappenfries ausgemalt wurde. Eine barocke Schlosskapelle schließt das Ensemble zur Talseite hin ab. Um 1889 wurden Herrenhaus und Treppenturm historisierend aufgestockt.

Die letzten Besitzer von Friesen und von Miltitz sowie deren Pächter wurden im August 1945 aus dem Schloss vertrieben und das Schloss geplündert. Später wurde es zur Unterbringung von Flüchtlingen und Vertriebenen genutzt. Der Boden wurde im Rahmen der „Bodenreform" parzelliert und einige Wirtschaftsgebäude abgerissen. Nur knapp entging das Batzdorfer Totenhaus – das Lusthaus des Schlosses auf den Elbtalhängen – dem gleichen Schicksal. Ein Neubauer wollte damit eine Senke vor seiner Wiese verfüllen. In den 1960er und 1970er Jahren wurden im Schloss ein Kinderferienlager und ein Dorfklub untergebracht, sowie die Fassade für einen Dorfkonsum aufgebrochen. Mitte der 1980er Jahre war die Bausubstanz so desolat, dass ein Teilabbruch geplant war. In dieser Situation wurde 1983 das ruinöse Kleinod von einem Restaurator entdeckt. Dank Fürsprache des Instituts für Denkmalpflege bei der Gemeinde Scharfenberg konnte er 1985 eine zeitweilige Nutzung der Räume für seine Familie erwirken. Damit fand eine Künstlerin Platz zum Arbeiten und die gesuchte Individualität. Mit Freunden und Enthusiasten wurden erste Notsicherungen durchgeführt und Wohnraum geschaffen.

Nach 1989 engagierte sich dieser Freundeskreis in der Scharfenberger Bürgerinitiative, die auf Bewahrung und Entwicklung der Kulturlandschaft setzte. Da Verkaufsabsichten spruchreif wurden, gründete sich 1990 der gemeinnützige Verein zur Erhaltung und kulturellen Wiederbelebung von Schloss Batzdorf, um es zu erwerben. Die Skepsis gegenüber dieser Initiative war groß, doch mit Hilfe des Freundeskreises, günstiger Kredite der GLS-Bank, Fördermittel, Stiftungsgelder und beachtlicher Eigenleistungen gelangen die Finanzierung des Schlosskaufes sowie die Instandsetzung der Bauhülle und öffentlicher Bereiche. Wohn- und Arbeitsstätten wurden privat finanziert. Zu den Aktiven zählen Architekten, Baufachleute und Restauratoren, die einen Großteil der planerischen und denkmalpflegerischen Arbeiten übernahmen und heute viel in der Gemeinde bewirken.

Seit 1993 werden jährlich die Batzdorfer Barockfestspiele mit Konzerten und Inszenierungen veranstaltet. Die Batzdorfer Hofkapelle, hat sich mit der Pflege von Barockmusik über Sachsen hinaus einen Namen erworben. Im Jahr 1998 folgten die Pfingstspiele als Plattform für moderne bzw. zeitgenössische Kunst. Der erfolgreiche Adventsmarkt musste aufgegeben werden, weil die angespannte Parkplatzsituation ungelöst blieb. Im Schlossladen werden Graphiken, Musikaufnahmen sowie Publikationen rund ums Schloss angeboten und Ausstellungen veranstaltet.

Im Jahr 1997 wurde das Engagement vom Deutsche Nationalkomitee für Denkmalschutz mit der „Silbernen Halbkugel" gewürdigt.

Das Schloss, einschließlich Lusthaus, ist in den überregionalen Fremdenverkehr ebenso eingebunden wie das Heimatmuseum, das den erloschenen Silberbergbau thematisiert, das Schloss Scharfenberg und die Patronatskirche in Naustadt. Dank der Initiative „Sachsens Schönste Dörfer" wird der Focus auf diesen Ort mit seinen Wiesen und Wäldern gelenkt. Der Campingplatz, Rad- und Wanderwege sowie Pensionsmöglichkeiten sind Voraussetzung für einen attraktiven Individualtourismus.

Zwischen Schlossbereich und dem Totenhäuschen liegen wertvolle Streuobstwiesen und kleinflächig Halbtrockenrasen. Die Halbtrockenrasen werden durch wärmeliebende Pflanzenarten, wie die Pechnelke und die Zypressen-Wolfsmilch gekennzeichnet. Weiter fallen die weißen doldigen Blütenstände des Sachsensterns, oder auch Doldiger Milchstern genannt, und eine subkontinental verbreitete, graugrüne an eine kleine Distel erinnernde Art auf, das Feld-Mannstreu. Im Streuobstwiesenbestand kommen

Abb. 116   Herrenhaus Batzdorf

die europäisch geschützte Käferart Eremit, der Maikäfer und der Feldbock vor.

Der lockere Obstbaumbestand lässt eine artenreiche Glatthaferwiese zu, die auch als Schmetterlingswiese von Bedeutung ist. Insgesamt konnten über zehn Tagfalterarten festgestellt werden. Darunter können jährlich zwei auffallende gelbe oder orangegelbe Arten, die Goldene Acht und der Postillion, beobachtet werden. Der Postillion ist ein Wanderfalter, der aus dem Mittelmeergebiet in die klimatisch bevorzugten Gebiete Sachsens einwandert.

Die Wiese wird vom Glatthafer, den Charakterarten Wiesen-Pippau, Weißes und Gelbes Labkraut und Wiesen-Storchschnabel bestimmt. Am Storchschnabel kommt regelmäßig ein kleiner schwarzer Rüsselkäfer vor, der Geranien-Rüssler. Seine Larven fressen die Früchte des Wiesen-Storchschnabels. Besonders die Säume der wärmebegünstigen Eichentrockenwälder und die sich bis ins Elbtal erstreckenden Eichen-Hainbuchenwälder, unterbrochen von Schluchtwäldern in Quellmulden, bilden den Lebensraum für viele weitere interessante Pflanzen und Tierarten. Die Hangwälder wurden im Jahr 2006 als europäisches Vogelschutzgebiet 27 „Linkselbische Bachtäler" gesichert und liegen im FFH-Gebiet 168 „Linkselbische Täler zwischen Dresden und Meißen". ▶ D3 Am Waldrand fallen im Juni die großen glockenförmigen Blüten der Pfirsichblättrigen Glockenblume auf und in der Saumgesellschaft der Aromatische Kälberkropf. Im Schluchtwald finden sich, wie bei Scharfenberg, an diesem tiefen Standort noch montane Arten. Genannt werden sollen der Hasenlattich und der Johanniswedel. Die Nachtfalterfauna wurde durch einige Lichtfänge der sächsischen Entomologen erforscht (HARDTKE, VOIGT u. NUSS 2005). Insgesamt konnten 45 Arten der Nachtschmetterlingfauna festgestellt werden, darunter mehre Rote-Liste-Arten. Bemerkenswerte Arten sind das wärmeliebende Dottergelbe Flechtenbärchen, der Graue Erlen Rindenspanner und die Spinnerarten Erlenzahnspinner und Dunkelgrauer Zahnspinner. Letzterer ist eine typische eichenbewohnende Art.

Als ND gesichert ist die Winter-Linde im Schlosshof Batzdorf, die mit einem Stammdurchmesser von 5 m beeindruckt.

Der Erhalt der Streuobstwiesen und des Schlosses mit seiner kulturellen Wiederbelebung hat nichts an Aktualität verloren.

D3 Scharfenberg

Das Scharfenberger Gebiet wird durch das Intrusivgestein des Meißener Massivs mit dem Biotitgranodiorit im W und den Gneisen des Weistropper Blockes im O bestimmt. Die Böden an den Hangkanten und auf den Äckern sind im Löss ausgebildet, der den Verwitterungsschutt überlagert. In den Hangkerben und kleinen Bachtälern ist als Substrat Sandlehm vorhanden, an den Hängen vorwiegend Parabraunerden. Die Oberfläche wird von einzelnen Felsen durchragt.

Die Waldgesellschaften im oberen und mittleren Teil der Hänge gehören zu dem Hainsimsen-Buchenwald und im unteren Teil zu einem Eichen-Hainbuchenwald. In der Baumschicht finden sich neben den namengebenden Arten auch stattliche Bäume der Edel-Kastanie, die früher für die Rebpfahlgewinnung im Weinbau angepflanzt wurden. Die Krautschicht ist reich an interessanten Laubwaldpflanzen wie Echte Sternmiere, Wald-Ziest, Aronstab, Dunklem Lungenkraut, Gelbem Windröschen und Hohlem Lerchensporn. Als Seltenheit kommt zahlreich der mehr osteuropäisch verbreitete Knollige Beinwell vor. Im Eschen-Ahorn-Schlucht-Wald der Kerbtäler wagen sich einige mehr montan verbreitete Arten bis ins Elbhügelland herab. Dazu gehören der purpurfarbene Hasenlattich, der Wald-Geißbart und Hallers Schaumkresse. Die Saumgesellschaft am Waldrand wird vom Aromatischen Kälberkropf eingenommen. Diese Art erreicht bei Freiberg ihre westliche Verbreitungsgrenze.

In den Laubwäldern wurden über zwanzig Brutvögel registriert, darunter der Kernbeißer und der Waldlaubsänger. Bemerkenswert sind die Vorkommen des Feuersalamanders. Mehrere xylobionte Käfer wie der seltene Eichen-Widderbock, der Eichen-Zangenbock und der Vierfleckige Kahnkäfer sind bemerkenswert. Interessant ist auch das Vorkommen des Waldmistkäfers, der für seine Brut verzweigte Gänge von bis zu einem halben Meter Tiefe gräbt. Es sind vor allem die naturnahen, strukturreichen und laubbaumreichen Hang- und Schluchtwälder, die den Wert des NSG bestimmen.

Die Burg Scharfenberg liegt auf einem Geländevorsprung etwa 70 m über dem Elbtal. Sie war um 1200 im Besitz der Meißener Bischöfe. Im Jahr 1390 verfügte Balthasar von Maltitz über die Burg und 1391/92 die Wettiner. Seit 1403 ist das Geschlecht deren von Miltitz als Besitzer belegt (HOFFMANN 2006), denen auch die Schlösser von Batzdorf und Siebeneichen verlehnt waren (Miltitzer Ländchen). Scharfenberg wurde durch Brände (1783) und kriegerische Ereignisse im Dreißigjährigen und Siebenjährigen Krieg mehrfach stark beschädigt und aber immer wieder auf- und umgebaut. In das Schloss gelangt man heute über eine Brückenanlage, die früher wohl eine Zugbrücke war. Die Tortürmchen mit dem Relief des sagenbehafteten Fahnenträgers entstanden erst in jüngerer Zeit. Die erstmals im Jahr 1227 erwähnte hochmittelalterliche Burg umfasste weitgehend den Bereich der heutigen Kernburg (STUCHLY 2008). Im N und im W hat sich die romanische Ringmauer erhalten. Den in der ersten Hälfte des 16. Jh. abgetragenen runden Bergfried mit einer Mauerstärke von etwa 3,80 m und einem Gesamtdurchmesser von 11,05 m entdeckte Dieter Stuchly bei archäologischen Untersuchungen im westlichen Bereich der Kernburg. Höchst bemerkenswert ist zudem das im sächsischen Burgenbau singuläre romanische Hofportal, das am Westflügel innen sekundär verbaut worden ist. ▶ Abb. 117

Im 18. und 19. Jh. versammelten Dietrich von Miltitz (1769–1853) und Carl Borromäus von Miltitz (1781–1845) einen Künstlerkreis der Romantik um sich. Dazu gehörten Maler und Dichter wie Novalis, Friedrich de la Motte-Fouqué, Ernst Ferdinand Oehme und Johan Christian Clausen Dahl. In der Gemäldegalerie Dresden und im Kupferstichkabinett haben sich viele Bilder und Zeichnungen von Scharfenberg und den Gästen der Burg erhalten. Der letzte von Miltitz verkaufte die Anlage im Jahr 1940 an einen Bürgerlichen aus Berlin. Da die Burg ohne Ländereien war, wurde sie 1945 nicht enteignet, aber der Gemeinde zur Nutzung übergeben. Auch in der DDR-Zeit nutzten Künstler die Burg und bewahrten sie vor dem Verfall. Ein Flügel diente zu DDR-Zeiten als Depot der Zivilverteidigung. Die Burg verfiel jedoch zusehends, bis Anfang der 1980er Jahre der Archäologe Dieter Stuchly einzog und Sicherungsarbeiten vornahm. Seit 1997 befindet sich die Anlage in Privatbesitz von Leo Lippold. Der kunst- und naturliebende Besitzer saniert Schloss und Park und hat die Burg für Übernachtungen und Feiern geöffnet. Seit über zwanzig Jahren organisiert der Kulturkreis Schloss Scharfenberg e. V. zahlreiche kulturelle Veranstaltungen und führt jährlich einen „Baumpflanztag" in der Gemeinde durch.

Die Burg und der Burggarten sind fast immer zugänglich. Man erreicht das Schloss vom Ort über einen langen Fahrweg mit ca. zweihundert Jahre alten, einreihig gepflanzten Sommer- und Winter-Linden. Kurz nach dem Passieren des ersten Tores führen links durch eine Maueröffnung wenige Stufen zu einer kleinen Wiese mit einem steinernen Brunnen. Eine kleine Tür sperrt den Zugang zur Baustelle des Zwingers ab. Durch eine Gittertür gelangt man auf einem steilen Stufenabstieg zum Burggarten. Der mauerumgebene Burggarten war spätestens seit Ende des 19. Jh. auch mit Zierpflanzen besetzt, wovon zwei schwachwachsende Nadelgehölze aus dieser Zeit zeugen – eine veredelte Fadentragende Sawara-Scheinzypresse und der Virginische Wacholder ‚Globosa'. An der Burgmauer befindet sich eine noch funktionierende alte Sandsteinzisterne. Auf der betretbaren Rasenfläche gibt es ein Staudenoval mit einer Putte sowie einige Zierstauden. Locker verteilt stehen Obstgehölze wie Aprikose und Kirsch-Pflaume und verschiedene Bäume wie Trompetenbaum und Hänge-Birke. Die Burgenromantik des Gartens bietet besonders bei Hochzeitsfeiern

Abb. 117 Burg Scharfenberg 2020

beliebte Fotomotive. Über den Schlosshof erreicht man einen mit Gehölzen begrünten Aussichtsplatz mit Blick in die schöne Elblandschaft. Das Gebäude auf der Spornspitze der Burg brannte 1783 ab. Links geht der Blick in den Landschaftspark, der an der Außenmauer des Burggartens beginnend, entlang des außerhalb bergab führenden Wanderweges bis fast zur B6 geht. Alle im Nahbereich liegenden Wälder gehören zum oben schon genannten NSG Seußlitzer und Gauernitzer Gründe. Um die Burg führt ein sehr schöner Kanonenweg an der Ringmauer entlang. Vor dem rechten Abzweig zum Rundweg sieht man links am Schloss in einer Nische die übermannsgroße Sandsteinskulptur eines Chronos.

Die Entwicklung Scharfenbergs ist eng mit dem Silberbergbau verbunden und basiert auf den erzführenden Gängen im Biotitgranodiorit als variszisches Intrusivgestein des Meißener Massivs (SIEGERT 1906). Mineralogisch sind die Gänge mit der „edlen Braunspatformation" des Freiberger Gangerzreviers vergleichbar. Silberhaltige Minerale sind hier vor allem der Bleiglanz (Galenit) mit Silbergehalten von 0,015–0,36 %. Des Weiteren sind Zinkblende (Sphalerit) und Fahlerz, gelegentlich Silberglanz (Argentit) und gediegen Silber von Bedeutung. Pyrit und Kupferkies (Chalkopyrit), Rotgültigerz (Pyrargyrit) und Roteisenocker (Hämatit) sind dem untergeordnet. Als Gangminerale (Gangart) treten Quarz und Manganspat, aber auch Braunspat und Kalzit sowie blauer und brauner Cölestin (Strontiumsulfat) auf.

Scharfenberg ist der zweitälteste urkundlich belegte Silberbergbau in der Mark Meißen. Die Entdeckung ist mit der Sage verbunden, dass das Pferd Heinrich des Erlauchten die silberhaltigen Erze durch Scharren mit dem Huf bloßgelegt haben soll. Ohne direkte Erwähnung von Scharfenberg besagen die Diplome Kaiser Friedrichs II. von 1222 und 1232 (HOFFMANN 2006, 2022), dass der Meißener Bischof und nicht der Markgraf von Meißen die Rechte über den Silberbergbau in den bischöflich-meißnischen Territorien innehatte. Im Jahr 1294 wurden die Scharfenberger Silbergruben erstmals urkundlich erwähnt, als Markgraf Friedrich der Freidige (der Gebissene) dem Meißener Bischof Bernhard den Silberzehnten bestätigte. ▶ Abb. 118

Der Ortsteil Gruben fand im Lehnbuch Friedrich des Strengen von 1349/50 erstmals schriftliche Erwähnung. Hier konnte auf der Grundlage der Kartierung der Erzgänge und archäologisch untersuchter Tagebrüche (HOFFMANN u. LORENZ 2014) in Verbindung mit kartographischen Darstellungen des frühen 17. Jh. die mittelalterliche Bergbausiedlung lokalisiert werden, um die der Markgraf von Meißen mit dem Meißener Bischof in Streit geraten waren, sodass der Kaiser schlichtend eingreifen musste. Diese wahrscheinlich befestigte Siedlung stellte sich in der frühen Neuzeit als Gebiet zahlreicher, dicht nebeneinanderliegender Pingen – also eingestürzter Tageschächte – dar (HOFFMANN 2018). Derartige Pingenfelder sind typisch für aufgelassenen Gangerzbergbau der ersten Silberbergbauperiode. Das liegt daran, dass in dieser Zeit (im 13./14. Jh.) die Schächte dicht nebeneinanderlagen und die Bergleute mit ihren Familien unmittelbar neben den Gruben wohnten.

Im Zuge der allgemeinen Regression des Silberbergbaus fielen offenbar auch die Scharfenberger Bergwerke in der zweiten Hälfte des 14. Jh. wüst. In der zweiten, in Sachsen um 1470 einsetzenden Silberbergbauperiode erbrachten die Scharfenberger Bergwerke erst kurz vor der Mitte des 16. Jh. wieder eine namhafte Ausbeute. Höhepunkte der Förderung waren Ende des 16. und Anfang des 17. Jh. zu verzeichnen, ein weiteres Aufblühen gab es noch einmal Mitte des 18. Jh. (1730–1769 sowie 1867–1890), bevor es 1899 zur endgültigen Einstellung kam (RENCKEWITZ 1745; MÜLLER 1854). 1900 erfolgten letzte Abbruch- und Verwahrungsarbeiten. 1949/50 und 1954/56 wurden von der SDAG Wismut nochmals einige Schächte, Stollen und Strecken auf Uranerze untersucht.

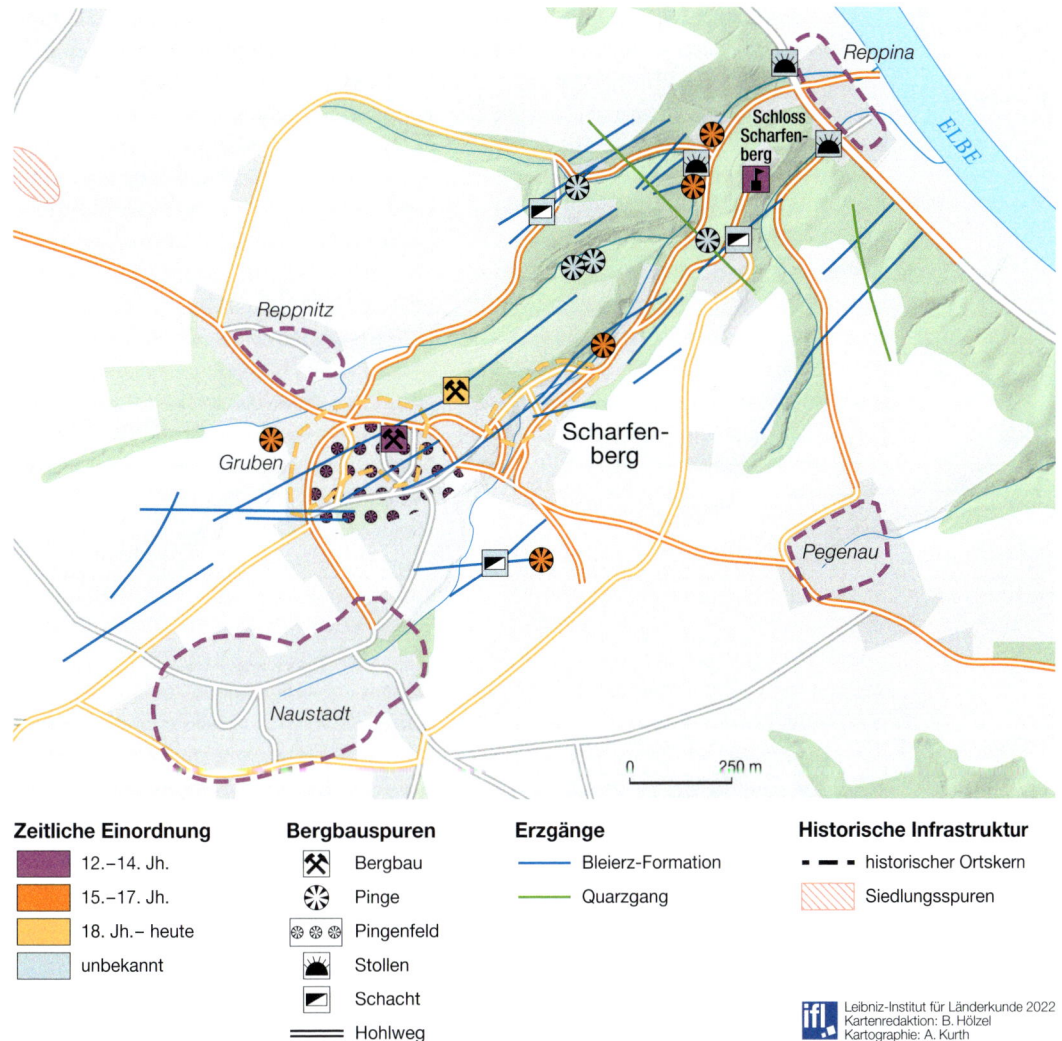

Abb. 118 Die Ortsteile Scharfenbergs mit den Erzgängen und einer schematischen Darstellung der Silberbergwerke

Die Silberausbeute seit dem 13. Jh. bis zur 1. Hälfte des 16. Jh. ist unbekannt. Mit dem Beginn der bergamtlichen Aufzeichnungen (seit 1563 haben sich bergamtliche Ausbeuteverzeichnisse erhalten) sind entsprechende Werte überliefert. Demnach wurden zwischen 1563 und 1805 36,5 t Silber gewonnen, zwischen 1868 und 1898 noch einmal über 18,745 t Silber sowie 1.906,995 t Blei (Schanze 2013).

Eine eigene Schmelzhütte war Mitte des 16. Jh. aber noch nicht vorhanden, sodass die Erze nach Dresden, Freiberg und Höckendorf geliefert werden mussten. Dazu wurde auch die alte Silberstraße durch das Triebischtal nach Freiberg genutzt (Schumann 1939).

Im 16. Jh. hatte Scharfenberg einen Berggeschworenen (Kaden 2013), sodass evtl. zu dieser Zeit ein eigenes Bergamt bestanden hat. Hinweis auf einen Geschworenen gibt der auf dem Friedhof in Naustadt erhaltene Grabstein des 1626 verstorbenen Martin Richter.

Durch die Bergsicherung Freital GmbH erfolgten im Zeitraum 2013 bis 2018 umfangreiche Erkundungs- und Sanierungsarbeiten. Im Zentrum standen dabei der „Neue Tiefe König David Erbstolln" (auch „Hilfstolln" genannt) und der Hoffnungsschacht der Grube „Güte Gottes".

Der seit fast 25 Jahren bestehende Verein Historischer Scharfenberger Silberbergbau e. V. widmet sich der Aufarbeitung und Bewahrung der Bergbaugeschichte sowie der Traditions- und Brauchtumspflege. Beispielsweise werden Zeugnisse des Bergbaus zugänglich gemacht und bergbauhistorische Führungen (König-David-Hilfsstolln) angeboten.

Das Heimatmuseum im Alten Bethaus unweit der Schachtanlage der „Güte Gottes" bewahrt interessante Dokumente zum 800-jährigen Scharfenberger Bergbau auf. Der jetzige Eigentümer der Grundstücke Schachtberg 12 und 12a (ehemals Bergwerk 211 und 1b) war beim Grundstückskauf damit überrascht worden, dass sich das Wohnhaus direkt im ehemaligen Treibehaus des zur Grube „Güte Gottes" gehörenden Hoffnungsschachtes befindet. Dieser wird nun zu einem besonderen Erlebnisbereich gestaltet. Schon jetzt kann man im künftigen Wohnbereich der Familie durch eine Glasplatte in den 293 m tiefen Förderschacht blicken.

D4 Naustadt

Das älteste Kunstwerk der Kirche ist die Darstellung des Gekreuzigten um 1440. In der Bistumsmatrikel wird sie 1495 erwähnt, 1513 der erste namentlich bekannte Pfarrer. Dessen Nachfolger kam 1516 auf dem Weg nach Meißen bei einem Sturz vom Pferd ums Leben – das sagenumwobene Bockwener Steinkreuz erinnert daran. Aus den Lohmener Wäldern schenkte 1581 Kurfürst August einhundert Tannenstämme zum Umbau des Langhauses der Kirche. Die Einwölbung des Chores und der Anbau der nördlichen „Batzdorfer Loge" erfolgte 1591/92. Kanzel und Taufstein, restauriert 2019, stammen aus der Werkstatt des Bildhauers Hans Köhler d. Ä. aus Meißen 1596. Die Kirche war die Grablege der Familie von Miltitz. Sie ist bis heute durch die 2021 restaurierten Epitaphe der Patronatsfamilie und der Ortspfarrer aus der Zeit von 1581–1837 geprägt. Hans Köhler d. J. hat einige dieser kunstvoll gestalteten Sandsteindenkmale geschaffen. Einen Teil der ursprünglich im Fußboden liegenden Grabplatten versetzte man 1902 an die Außenwand des Chores. Der Epitaphaltar für Ernst Wilhelm von Miltitz und dessen Ehefrau Magdalena geb. von Pflug 1607 mit der Abendmahlsdarstellung wurde von Hans Köhler d. J. geschaffen.

Ein hölzerner Dachreiter wurde neu 1671 errichtet. Dieser Turm ist 1713–1717 nach dem Entwurf von Johann Fehre durch einen massiven Turm im W der Kirche ersetzt worden. Den Neubau leitete dessen Sohn, der Ratsmaurermeister und Bauleiter an der Frauenkirche in Dresden, Johann Gottfried Fehre. Der Dresdner Festungszimmerermeister George Dünnbier führte die Zimmererarbeiten aus. Im Turmgewölbe befand sich die herrschaftliche Gruft, noch heute sind die vergitterten Gruftfenster im Turm sichtbar. Das barocke Großepitaph wurde 1738 in süddeutscher Manier von Johann Joachim Kaendler, dem königlichen Porzellanmodelleurmeister aus Meißen 1738, für den Geheimen Rat und Oberhofmeister Alexander von Miltitz auf Scharfenberg geschaffen. Das überregional bedeutende Kunstwerk wurde 2006 restauriert. ▶ Abb. 119

Das Innere der Kirche wurde 1771 maßgeblich verändert, die einst den Dachreiter tragende, zentral stehende Mittelsäule wurde entfernt (WAGNER 2013). Reste dieser mächtigen Sandsteinsäule (vermutlich aus dem Elbsandsteingebiet) mit der Jahreszahl 1585 stehen auf dem Kirchhof. Infolge der Übersterblichkeit bei der Typhusepidemie wurde der Kirchhof 1814 erweitert. Dietrich von Miltitz ließ 1817 das Innere der Kirche erneuern, dabei wurden alle polychrom gefassten Epitaphe, Wände und Gewölbe mit weißer Farbe überstrichen. Den Altar verkleinerte man, um die Kirche heller erscheinen zu lassen. Einige Altarteile sind in den Vorbau der südlichen Tür eingefügt worden, andere verlorengegangen (RECHENBERG 2018). Ein Großbrand vernichtete 1846 vier Bauerngüter und beschädigte den Kirchturm so schwer, dass auch die Glocken abstürzten. Der Wiederaufbau des Kirchturms in der heutigen Form mit einer Höhe von 48 m erfolgte 1847. Die Kirchturmuhr von der Firma Glode aus Meißen, 1848 gefertigt und 2002 mit einem elektrischen Aufzug ausgestattet, leistet bis heute zuverlässig ihre Dienste.

Die Neugestaltung des Äußeren der Kirche erfolgte 1894; das Innere der Kirche wurde nach Plänen von Woldemar Kandler neugestaltet. 1933 erweiterte die Firma Schuster aus Zittau die pneumatische Orgel auf 24 Register. Das Innere der Kirche ist 1980/81 farblich neu gefasst worden, man orientierte sich an der Farbfassung des 16. Jh. Schiff und Chor erhielten 1983–1986 neuen Putz. Nach 1990 konnte der Renovierungsstau beendet werden. Der mächtige Turm erhielt neuen Putz und ein neues Schieferdach. Die farbigen Bleiglasfenster wurden 1995 restauriert. In den Jahren 2000–2002 folgten die Neudeckung des Kirchendachs mit der umfassenden Sanierung des Tragwerks und die Sicherung der Gewölbedecken sowie die Anlage einer Drainage. 2003–2007 konnte eine elektrische Bankheizung eingebaut werden und es erfolgte die Trockenlegung des Fußbodens im Kirchenschiff. Der Einbau neuer Bankpodeste im Kirchenraum schloss die Maßnahmen zur Senkung der Luftfeuchte ab. Der Innenraum wurde erneut malermäßig instandgesetzt. Erst danach konnte 2011 die Generalreparatur der Orgel erfolgen. Die im Krieg beschlagnahmten Glocken wurden 1958 durch Eisenhartgussglocken, die heute auf dem Kirchhof stehen, ersetzt. Zum 700. Jubiläum der Ersterwähnung Naustadts erfolgte der Guss der beiden großen Bronzeglocken 2012 in Karlsruhe in der Glockengießerei Bachert. Die mittlere Glocke ziert eine Ortsansicht von Naustadt (RECHENBERG 2013). In der südlichen Loge entstand 2021 ein kleiner Gemeinderaum.

Auf dem Kirchhof um die Kirche herum befinden sich eine Reihe von historischen Denkmalen, die Familiengruft derer von Oehmichen, ehemals Rittergut Pegenau und das Denkmal für die Gefallenen des Ersten Weltkriegs. Mittels dreier Bronzetafeln wurde 2001 dieses in ein Friedensmahnmal mit dem Symbol „Schwerter zu Pflugscharen" umgewidmet.

Abb. 119   Kaendler-Epitaph von 1738

Bergbau

Die wirtschaftlich-industrielle Entwicklung Sachsens wurde über Jahrhunderte maßgeblich auch durch Bergbau geprägt. Im Betrachtungsgebiet war das seit dem Mittelalter besonders der Erzbergbau, der sehr lokal und nur mit wechselndem Erfolg betrieben worden ist. Daneben entwickelte sich deutlich später der Kaolinbergbau im Zusammenhang mit der Erfindung des Meißener Porzellans. Im landwirtschaftlich geprägten Betrachtungsgebiet des kalkarmen Sachsens war der Kalkbergbau (Tief- und Tagebaubetrieb) sehr wichtig.

Die Erzlagerstätten bei Scharfenberg und bei Munzig im Triebischtal sind als nordöstliche Ausläufer des mit über eintausend Erzgängen bekannten Freiberger Revieres zu betrachten. Im Zuge tektonischer Bewegungen der variszischen Orogenese drangen vor 350 bis 250 Mio. Jahren glutflüssige magmatische (granitische) Schmelzen auf, in deren Dachbereich sich in Klüften und Spalten gasförmige und wässrige mettallhaltige Lösungen abschieden. Die daraus entstandenen Erzgänge waren in der Regel nur wenige Zentimeter bis Dezimeter breit. Der Silbererzbergbau von Scharfenberg bildet einen über 2 km langen und bis 600 m breiten Zug (bekannt sind über fünfzig Gänge mit bis zu 2 m Dicke, abgebaut wurden besonders 16 Reicherzgänge). Dieser älteste urkundlich belegte Silberbergbau in der Mark Meißen wurde seit 1222 bis 1898 in mehreren Abbauperioden (in über fünfzig Gruben mit ca. 220 Schächten bis in eine Tiefe von ca. 300 m) betrieben. Die silberhaltigen Minerale aus den größten Gruben „Güte Gottes", „König-David-Erbstolln", „Himmlisch Heer" und „Bescheert Glück" in den Ortsteilen Gruben und Bergwerk waren vor allem der Bleiglanz (Galenit) mit Silbergehalten von 0,015–0,36 %. Ende des 19. Jh. kam es zum Erliegen des Bergbaus, bedingt durch stark gefallene Weltmarktpreise.

Bei Munzig-Weitzschen im Bereich des Nossen-Wilsdruffer Schiefergebirges liegt ein weiteres Erzbergbaurevier. Bei Niedermunzig („Freundlicher Bergmann" Erbstolln) sowie am Weitzschengrund/Mockritzbach („Wildemann Erbstolln") wurde ab 1492, sowie im 18. und 19. Jh. auf einem mit kiesig-blendigen Erzen durchsetzten Kalksteinlager im andalusitführenden Glimmerschiefer Erzbergbau betrieben. Erze waren silberhaltiger Bleiglanz, Pyrit, Arsenkies, Kupferkies und Zinkblende. 1838 endete hier der Bergbau. Auf den ehemaligen Abbau im Diebsgrund von Niedermunzig weisen nur noch Dammreste des alten Bergwerksteiches sowie eine Halde hin. Von einem 48 m tiefen Schacht gingen Strecken mit Abbauörtern aus. Bergbau kam auch hier bereits nach 1800 zum Erliegen.

Im Hochland westlich der Stadt Meißen erfolgt seit über zweihundert Jahren eine landschaftsprägende Ton- und Kaolingewinnung. Tagebaue und Tiefbaue befinden sich an den Orten Löthain, Mehren, Schletta, Mohlis, Pröda und Seilitz. Das Kaolinrevier gehört regionalgeologisch zum Meißener Massiv und zu dessen linkselbischem Vulkanitkomplex (Quarzporphyr, Porphyrit, Pechstein). Die Gesteine dieses Meißener Intrusivkomplexes drangen spätvariszisch (jüngstes Oberkarbon – Westfal/Stefan) in mehreren Phasen auf. Für die Entstehung von Kaolinen und Tonen waren tropische und subtropische Wechselklimabedingungen (in Oberkreide und Tertiär) verantwortlich. Durch Zersetzung der Feldspäte und tiefgründiger Verwitterung der Festgesteine Dobritzer Quarzporphyr und Pechstein kam es zur Kaolinbildung.

Entdeckt wurde der Seilitzer Kaolin als wichtigstem Rohstoff der Porzellanherstellung 1764 durch den Porzellanmaler Hahnefeld. Bis dahin wurde das Material für die Staatliche Porzellanmanufaktur Meißen noch aus der Weißerdenzeche St. Andreas in Aue bezogen, erst später vor Ort durch die Bauern in oberflächlichen Gruben, ab 1825 dann im Tiefbau abgebaut. Bis heute betreibt die „Manu" in Seilitz ein „Minibergwerk" mit zwei bis drei Bergleuten, aus dem jährlich 150–300 t hochwertigem Rohkaolins gefördert werden. ▶ Abb. 120

Tone bildeten bereits im 19.–20. Jh. eine wichtige Grundlage für die Keramische Industrie der Region (Meißener Ofenfabriken). Ton- und Kaolinabbau wird hier gegenwärtig durch die SIBELCO Deutschland GmbH mit Tagebauen in Seilitz und Löthain betrieben. ▶ B21, C11

Kalk- und Dolomitbergbau ist an sehr unterschiedliche geologische Strukturen gebunden. Im Nossen-Wildruffer Synklinorium sind Kalksteinlinsen und -lager mit regionalmetamorph oder kontaktmetamorph umgewandelten Gesteinskomplexen verknüpft. Vorkommen und Abbaue konzentrieren sich vor allem im Triebischtal. Im unteren Triebischtal ist das Kalklager von Miltitz zu nennen, weiter südlich folgen die Kalklager von Burkhardswalde und Groitzsch/Perne sowie bei Rothschönberg, Blankenstein, Schmiedewalde und Helbigsdorf.

Der Kalkstein-(Dolomit-)Abbau in der Ostrauer Gegend am Nordwestrand der Lommatzscher Pflege ist den wesentlich jüngeren Gesteinen der Mügelner Perm-Trias-Senke zuzuordnen. Im Zechstein entstand das postvariszische Deckgebirge unter ariden Klimabedingungen mit mehreren Salinarzyklen, Kupferschiefer, Kalken (Dolomit), Gips und Anhydrit, Tonen (Letten) und Sanden. Plattendolomit mit seinem sehr hohen Gehalt an Magnesiumoxid wurde als Düngekalk bereits seit dem Mittelalter genutzt. Dessen umfänglicher Abbau erfolgte im Gebiet um Mügeln und Ostrau, wobei Ostrau derzeit noch das einzige genutzte Vorkommen darstellt.

Zahlreiche Reste tertiärer Schichten (Untermiozän) sind in mulden- und rinnenartigen Strukturen erhalten geblieben. In der Gegend um Neckanitz, Wuhnitz und Arntitz tritt neben Sanden und Tonen auch xylitische Braunkohle (mit Holzresten) auf, die bei Arntitz ab 1853 in einem 27 m tiefen Schacht abgebaut worden ist. Der Schacht wurde bereits 1885 wieder verfüllt.

Abb. 120   Bergleute des Erdenwerks Seilitz um 1989

D5 Constappel mit Saubach- und Prinzbachtal

Constappel gehört zur dünnen linkselbischen Kette altsorbisch benannter Siedlungen zwischen Meißen und Dresden. Der Ort markiert hier im Übergangsraum der Gaue Daleminzien und Nisan die Grenze zum erst in der zweiten Hälfte des 12. Jh. weiter südlich Richtung Wilsdruff agrarisch erschlossenen Gebiet. Das erstmals in den zwei Meißener Bedeverzeichnissen von 1334 und 1336 schriftlich gewordene Constappel erscheint dort bereits sprachlich deutsch verballhornt als *Kuntopel*. Constappel gehörte zur Grundherrschaft des schriftsässigen Rittergutes Gauernitz, das wiederum mit dem gesamten Ort nach Constappel pfarrte.

Die bemerkenswerte Dorfkirche geht auf einen romanischen Vorgängerbau des 12./13. Jh. zurück; das überlieferte Nikolaipatrozinium ist für eine dörfliche Pfarrkirche in Sachsen ungewöhnlich. Im späten Mittelalter wurde die Kirche zum Zentrum einer durch päpstliche Urkunden 1358 und 1515 bestätigten regionalen Wallfahrt, deren Erfolg wohl um 1500 zum weiteren Ausbau, möglicherweise zur Anlage des Querhauses führte. 1652 ließ die Rittergutsbesitzerin Sophie Pflug die Kirche grundhaft erneuern. Ihre heutige Form geht auf den neoromanischen Umbau des späten 19. Jh. zurück. Nach Plänen des Dresdner Architekten Bernhard Schreiber ließ Prinz Karl Ernst von Schönburg (1836–1915), damals Besitzer des Schlosses Gauernitz, 1884/85 den Turm im W und die vieleckige Absis im O anbauen. Die innere Ausgestaltung übernahmen 1889 zwei Professoren der Dresdner bzw. Leipziger Kunstakademien: Wilhelm Walther, Maler des Dresdner Fürstenzugs, besorgte die farbige Ausmalung, und Anton Dietrich, der maßgeblich am Bildprogramm der Meißener Albrechtsburg mitgewirkt hatte, schuf die Bildvorlagen für die drei Chorfenster. An der Kirchaußenwand lohnt ein Blick auf die Grabplatten der Familie von Ziegler, ehemalige Besitzer von Schloss Gauernitz

Auf dem Friedhof von Constappel wurde der Ingenieur und Unternehmer Emil Nacke (1843–1933) begraben, der 1900 mit der „Coswiga" das erste sächsische Automobil produziert hatte. Er besaß acht Patente zu Bremssystemen und Reibkupplungen, die teilweise bis in neuere Zeit genutzt wurden.

Das Gebiet um Constappel gehört zum LSG Linksseitige Elbtäler. Oberhalb vom Ort fließt der Prinzbach in die Wilde Sau. Das Saubachtal war die Grenze zwischen den Gauen Daleminzien und Nisan. Der Abschnitt des Saubachtales von der Neudeckmühle bis Constappel wird durch die Gesteine des Meißener Massivs bestimmt. Im Gebiet der linkselbischen Täler anstehend und flächenhaft verbreitet ist der Hornblendemonzonit, früher als Syenit oder Syenodiorit bezeichnet. Das Gestein hat rötliche bis rotbraune Farbe, ist meist mittel- bis grobkörnig und zeigt häufig dunkle feinkörnige Einschlüsse. Diese Schlieren weisen sehr unterschiedlichen Mineralbestand und ein Größenspektrum (mehrere Zentimeter bis mehrere Meter) auf. Nachgewiesen wurden diese in Aufschlüssen z. B. im Prinzbachtal nördlich der Schiebockmühle und im Steinbruch Kleinschönberg auf der Hochfläche. Oberflächlich verwittert der Monzonit meist grusig (bis 1–2 m tief). Der im Paläozoikum (Unter- bis Oberkarbon) aufgedrungene Monzonit ist etwa 325 Mio. Jahre alt. Seine südliche Verbreitungsgrenze liegt nördlich von Wilsdruff.

Im beschriebenen felsigen Saubachtal zwischen Neudeckmühle und Prinzbachtal sind keine Steinbrüche vorhanden. ▶ D15 Im Prinzbachtal dagegen gab es mehrere Steinbrüche: am Gohlberg kurz vor der Vereinigung mit der Wilden Sau und in Höhe der Schiebockmühle (Prinz-Mühle) beidseitig des Baches. Die Schiebockmühle ist heute leider nur noch als Ruine vorhanden. Der im Bereich des Saubachtales sowie flächenhaft westlich und östlich davon verbreitet anstehende Hornblendemonzonit wird durch die Hartsteinwerke Kleinschönberg GmbH in Wilsdruff in einem großen Kesselbruch auf der Hochfläche südlich Kleinschönberg und dem Saubachtal (Wustliche) abgebaut.

Die Wälder im mittleren und unteren Teil des Saubachtales werden von artenreichen Eichen-Hainbuchenbeständen gebildet. Hier sind auf frischen nährstoffreichen Böden das Berg-Hartheu, und das Wald-Labkraut und auf basisch reagierenden Böden, z. B. am Hang des Mündungsbereiches des Prinzbaches, das Leberblümchen. Interessant sind die Saumgesellschaften. Sie werden von der nitrophilen Knoblauchsrauken-Taumelkälberkropf-Gesellschaft und nur der im O Deutschlands vorkommenden Gesellschaft des Aromatischen Kälberkropfes eingenommen (RANFT 1990). Obwohl zu DDR-Zeiten bis in den Wald hinein beweidet wurde, haben sich Restbestände des geschützten Seidelbastes an den Waldrändern erhalten. In den Wäldern konnten zudem über 125 Pilzarten nachgewiesen werden (ARCHIV DER AGsM; HARDTKE et al. 2021).

Im Tal fließt dominant die Wilde Sau von der Neudeckmühle kommend bis Constappel mit einer Fließgeschwindigkeit von ca. 1,5 m/s. Der kleine Fluss hat sich sein Bett durch das beiderseits oberflächennah anstehende Festgestein einschneiden. Das gewundene Saubachtal mit seiner eng begrenzten Aue, im oberen Teil beiderseits durch steile Felshänge charakterisiert, ist dann nördlich bis zur Einmündung des Prinzbaches von SO in einer weiteren Auenlandschaft zwischen Wiesen zu verfolgen. Längs der Wilden Sau bestimmt ein den Bach begleitender Erlen-Eschenwald das Landschaftsbild. Vereinzelt sind Weiden und Pappelarten eingebracht worden. Typische Uferpflanzen sind der Wald-Goldstern, der Gundermann, das Scharbockskraut, die Süße Wolfsmilch, der gelb blühende Knoten-Beinwell und, nur bei der Pappel vorkommend, der Vollschmarotzer Gewöhnliche Schuppenwurz. Als ehemalige wichtige Kulturpflanze des Mittelalters und meist in der Nähe von Ortschaften vorkommend ist die Rote Pestwurz mit ihren großen, an Rhabarber erinnernden, Blättern zu finden. Faunistisch sind die Wasseramsel und die Gebirgsstelze interessante Brutvögel an der Wilden Sau. Unter Ufersteinen konnte der seltene Uferkurzflügler nachgewiesen werden. Dieser Käfer jagt gern Schnecken.

Die Hochflächen westlich und östlich der Wilden Sau werden flächenhaft vom weichselkaltzeitlichen Löss und Lösslehm bedeckt. Darunter lagert die Grundmoräne des Elster-2-Stadium – brauner Geschiebelehm bzw. Geschiebemergel (LfUG 1994). In den eng begrenzten Tälern sind fluviatile Kiese dieser Kaltzeit vorhanden, die den Verlauf der Wilden Weißeritz im heutigen Tal der Wilden Sau markieren. Die Wiesen im unteren Teil des Saubach- und Prinzbachtales werden durch diese Auenböden bestimmt und von beweideten Glatthaferwiesen mit den typischen Charakterarten, wie Wiesen-Storchschnabel und Wiesen-Pippau eingenommen. ▶ Abb. 121 Im Prinzbachtal treten im mittleren Teil linksseitig Quellstellen auf. In diesen feuchten Bereichen kommen der Gewöhnliche Teufelsabbiß und als einziges Vorkommen im Elbhügelland noch der Sumpfdreizack vor. Auf den trockenen, höher gelegenen Stellen sind artenreiche Halbtrockenrasen mit Flaum-Hafer und Feld-Thymian ausgeprägt. Die dominierenden Trockenrasengesellschaften auf den Lössböden sind Thymian-Schafschwingel-

Abb. 121　Prinzbachtal mit Furt

Touristische Nutzung

Mühlen

Bei Wanderungen entlang der Flüsse und Bäche des Bearbeitungsgebietes lassen sich heute noch zahlreiche Wassermühlen, vereinzelt auch Windmühlen, besichtigen. Einige sind als Museumsmühlen für Besucher geöffnet. Die meisten vorhandenen Mühlen sind im Sächsischen Mühlenverein organisiert, dessen Homepage als Anlaufpunkt für Mühlenbegeisterte dienen kann. ■ lid-online.de/83112

rasen und Pechnelken-Hahnenfuß-Gesellschaft. Hier finden sich neben dem Knolligen Hahnenfuß, Berg-Platterbse und Zypressen-Wolfsmilch die kleinen Frühjahrsblüher Acker-Goldstern, Wiesen-Goldstern und der Dreiteilige Ehrenpreis. Der Acker-Goldstern hat fast 90 % seiner ursprünglichen Standorte auf Äckern durch das Tiefpflügen seit ca. 1900 eingebüßt und beschränkt sich heute auf die Ortsflur und nur extensiv genutzte Halbtrockenrasen. Aus dem Gebirge bis ins Hügelland dringt das Gebirgs-Hellerkraut vor. Diese waldfreien Flächen werden seit Jahrzehnten als Streuobstwiesen genutzt. Eine Aufnahme der Pilzflora der Streuobstwiesen brachte 47 Pilzarten, darunter 18 Rote-Liste-Arten. Bemerkenswert sind auch die nach dem BNatSchG geschützten Saftlingsarten, wie der Papageifarbene und der Gelbrandige Saftling.

Die Streuobstwiesen im Prinzbachtal und am Hang der Wilden Sau bei Hartha sind auch für die Käferfauna von besonderer Bedeutung. In den Mulmhöhlen der alten Obstbäume kommen zahlreich der Marmorierte Goldkäfer und die FFH-Art Eremit vor. Insgesamt konnten bisher 492 Käferarten nachgewiesen werden, darunter der giftige Mattschwarze Ölkäfer. Dieser Käfer lebt parasitisch mit Sandbienen zusammen und ist oft erst im Herbst auf Magerrasen zu beobachten. Außerdem leben in den Wäldern des Saubachtals sehr seltene Käferarten, beispielsweise der Große Laubholz-Zangenbock und der Kurzschröter, von denen es in ganz Sachsen nur sehr wenige Vorkommen gibt.

D6 Miltitz

Das Gassengruppendorf Miltitz liegt westlich des Triebischtals auf dem sogenannten Dorfberg und zieht sich in Hanglage vom Tal bis hinauf ins Hochland. In der Ortsmitte befindet sich eine Baugruppe aus Kirche, Friedhof, Rittergutshof und Herrenhaus. Miltitz ist der namengebende Stammsitz des meißnischen Adelsgeschlechts von Miltitz, welches zuerst 1186 mit Dietrich von Miltitz *(Theodericus de Miltiz)* bezeugt ist. Die Adelsfamilie verlor Miltitz im 17. Jh., konnte aber dafür umfangreichen Grundbesitz links der Elbe erwerben, das sogenannte Miltitzer Ländchen. Von 1705 bis zur Enteignung 1945 gehörte das Rittergut Miltitz (1925: 155 ha) einem Zweig der Familie von Heynitz.

An den großen, rechteckigen Gutshof schließt sich nach NO das stark überformte Herrenhaus an. Es bestand ursprünglich aus drei Flügeln, von denen aber nur zwei erhalten sind. Diese Flügel sind um 1660 in sehr schlichter Gestaltung für Nikolaus Ernst von Luckowin (1634–1710) errichtet worden. Dabei integrierte man ältere Bereiche, darunter ein Zellengewölbe aus dem frühen 16. Jh. Das Eingangstor, der Turm und andere Bauteile wurden nach 1945 infolge der Bodenreform abgebrochen. Dadurch ging der herrschaftliche Eindruck verloren.

Die Dorfkirche Militz ist ein typisches Beispiel für eine barocke Landkirche in Sachsen. Das rechteckige Kirchenschiff wurde 1738 bis 1741 einheitlich erbaut. Der Raum ist von Emporen in zwei Geschossen umgeben und wird von einem markanten Einbau dominiert, der aus Altar, Kanzel und Orgel besteht. Der wuchtige Turm musste 1840 neu errichtet werden.

Der Edelkastanienhain nördlich des Gutshofs ist eines der nördlichsten Vorkommen dieser Art in Deutschland. Der Sage nach soll Bischof Benno von Meißen im 11. Jh. den dichten Kastanienwald gepflanzt haben. Die aus Italien stammenden Esskastanien wurden vermutlich aber erst im 16. Jh. eingeführt, möglicherweise durch den päpstlichen Nuntius Karl von Miltitz (1490–1526), der für die römische Kurie auf diplomatischen Missionen in Europa unterwegs war. Die stärkste Edel-Kastanie mit 375 cm Umfang und etwa 28 m Höhe hat einen Kronendurchmesser von 20 m und ist etwa dreihundert Jahre alt. Der Standort auf leicht nach N abfallendem Gelände in 225 m ü. NHN auf günstigem Untergrund ist für die Edel-Kastanie vorteilhaft, auch Spätfrostereignisse konnten sie nicht vernichten. Erheblich sind aber Schäden durch Stürme bei den ausladend wachsenden Baumkronen. Es wird nachgepflanzt. Die Anlage ist von einem kaum noch erkennbaren 200 m langen Weg durchzogen, dessen Mittelteil auf ca. 80 m noch einen alleeartigen Baumbestand erkennen lässt.

Im nordöstlichen Teil hinter dem Gutshof stehen weitere Großbäume: Gewöhnliche Esche, Platane, Winter- und Sommer-Linde, Robinie, Hainbuche, und etwas entfernt mit 452 cm Umfang der drittstärkste Berg-Ahorn Sachsens.

Dieser Edelkastanienhain mit seinen 52 hundert- bis dreihundertjährigen Bäumen ist als Gartendenkmal und als FND ausgewiesen. Vor der Kastanienblüte im Juni

Durch das untere Triebischtal

Die 12 bis 15 km lange Ganztagswanderung führt zu Fuß von Meißen im Triebischtal über die Korbitzer Schanze und die Hohe Eifer bis zu den Pechsteinbrüchen an der Fichtenmühle und den Pechsteinklippen bei Garsebach. Von hier geht die Wanderung nach Miltitz mit Besichtigung des ehemaligen Rittergutgeländes und des Flächennaturdenkmals Edelkastanienhain. Zurück ins Triebischtal kann man nach dem Besuch des Kalkbergwerkes zu Fuß oder per Bus nach Meißen.

■ lid-online.de/83505

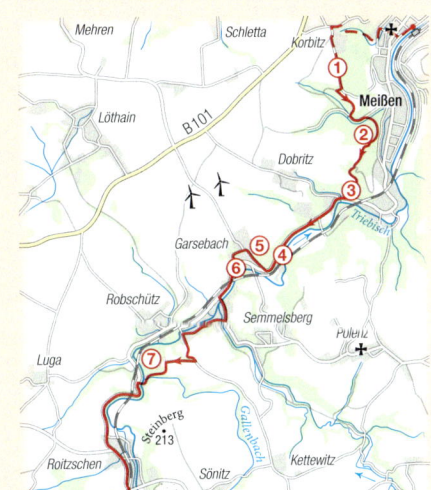

Unteres Triebischtal

sind einige Frühblüher zu bewundern, so der seltene Gefingerte Lerchensporn, der Mittlere Lerchensporn, das Wald-Veilchen, etwas später die immergrüne Wald-Segge und im Juni das Große Hexenkraut. Eine Besonderheit sind die großen roten Blüten der Kaiserkrone. An Paläophyten finden sich der Ruprecht-Storchschnabel, Efeu und der Schwarze Holunder. Aus den Laubwaldhängen der Triebisch strahlen typische Arten, wie die Echte Sternmiere und die Vielblütige Weißwurz ein. Auf den beweideten Glatthaferwiesen der Triebisch kommen noch die mehr montan verbreiteten Arten Gebirgs-

Hellerkraut und Hallers Schaumkresse vor. Am Mühlgraben der Furkertmühle und an kleinen Quellstellen leuchtet im Frühjahr das Gelb der Blüten der Sumpf-Dotterblume und das Weiß des Bitteren Schaumkrautes. Letzteres wird von den Dorfbewohnern als Brunnenkresse gegessen. Die Staubblätter sind purpurviolettfarben im Gegensatz zu den gelben der Brunnenkresse. Im Geschmack unterscheiden sie sich kaum.

Östlich von Miltitz liegt am Nordwesthang der Triebisch und südlich des Bahnhofes Miltitz-Roitzschen das alte Kalkbergbaugebiet. Es befindet sich am Rand des Nossen-Wilsdruffer Schiefergebirges und wird vom Eruptivkomplex des Meißener Massivs durch eine tektonische Störung begrenzt. Der Kontaktbereich ist am rechten Ufer der Triebisch bei Sönitz bzw. nur etwa 400 m nördlich bei Roitzschen zu suchen.

Das ist deshalb von großer Bedeutung, weil die paläozoischen Schiefer des Nossen-Wilsdruffer Schiefergebirges (tektonisch eingeengt, gefaltet und steil gestellt zwischen den Gneisen des Erzgebirges im S und dem Meißener Pluton im N) in diesem Bereich teilweise kontaktmetamorph umgewandelt wurden (RICHTER et al. 2006). Das trifft auch auf den devonischen Kalkstein zu, der zu Marmor kontaktmetamorph „umkristallisiert" wurde. Durch Hitze und erhöhten Druck, der mit dem Aufdringen der glutflüssigen Schmelzen des Meißener Plutons in der nachfolgenden Karbonzeit verbunden war, entstand ohne Stoffzufuhr von außen ein grobkörnig kristalliner Marmor (mit makroskopisch erkennbaren Kristallen) aus über 90 % nur Kalzit ($CaCO_3$), der Miltitzer Marmor war damit ein begehrtes Produkt (BEEGER et al. 1965).

Die Kalkgewinnung begann vermutlich schon vor 1400, urkundlich nachgewiesen ist sie 1571. Somit wurde hier bis 1967 über vierhundert Jahre Kalk gefördert. Es gab drei Abbaustellen. Anfangs wurden die Ausstrichstellen des Kalklagers im Tagebau (Blauer Bruch) genutzt (nicht mehr sichtbar), ab Beginn des 19. Jh. erfolgte jedoch überwiegend Tiefbau im Alten und Neuen Kalkbergwerk.

Letzteres liegt im Miltitz-Roitzschener Wiesengrund. Im Laufe der Zeit dehnte sich der Abbau bis in eine Tiefe von über 60 m und auf vier Abbausohlen aus. Es entstanden auf diese Weise im Kammerpfeilerbau größere Hohlräume (bis 8 × 8 Meter) und bedeutende Weitungen (10–12 m hoch), getragen von Sicherheitspfeilern. Im Alten Kalkbergwerk waren die Vorräte bereits Anfang des 20. Jh. erschöpft. Der 1865 aufgefahrene Adolf-von-Heynitz-Stolln, der angrenzend an die Kalklinse Silbererz erschließen sollte, wurde nach geringer Ausbeute 20 Jahre später bereits wieder aufgegeben. Nach einem Tagesbruch im Mai 1916 entstand unterhalb des Blauen Bruches eine 7 m tiefe Pinge. Probleme mit der Wasserhaltung führten zum „Absaufen" dieses Bergwerksteiles und dessen Aufgabe 1924. Gleichzeitig begann der Betrieb im Westfeld (Neues Kalkbergwerk von Karl Jurisch). Nach entsprechender Erkundung zur Fortsetzung des Lagers in nordwestliche Richtung erfolgte ein Neuaufschluss im Waldstück Promenade auf der Hochfläche 450 m vom Miltitzer Rittergut entfernt. Der Materialtransport erfolgte anfangs über eine Drahtseilbahn ins Tal, nach Herstellung eines Schrägschachtes auch mittels Kipplorenbetrieb unter Tage. Der Betrieb wurde dort bis 1967 geführt (SCHANZE 2013).

Geologisch wird die Miltitzer Kalksteinlagerstätte von zwei in etwa 100 m voneinander entfernten, am Talhang ausstreichenden Lagern (Kalklinsen) gebildet, die eine Längserstreckung von 900 m haben und ein Einfallen von 20° nach NO zeigen. Die Kalklagermächtigkeit schwankt zwischen ein und zwölf Metern. Der Abbau erfolgte an drei Stellen, im Blauen Bruch, dem „Oberen Lager", ein „Graukalklager" (gräulichblau, z. T. weiß gestreift) und im „Unteren Lager" (weißer bis lichtgrauer Kalkstein), das sogenannte „Weißkalklager" (SCHANZE 2013).

Die zwei devonischen Kalkstein- und Dolomitlager werden getrennt durch Hornblendeschiefer (hauptsächlich aus Plagioklas, Biotit und Hornblende bestehend), die wahrscheinlich aus Diabastuffen hervorgegangen sind. Diese feinkörnig bis dichten, grünlich-schwarzen Hornblendeschiefer sind dünnplattig und meist ebenschiefrig. Sie können ebenfalls von Lagen kristallinen Kalksteins durchzogen sein, die eine gebänderte Struktur erzeugen. Letztere können in Hohlräumen gewachsene Minerale von rotbraunem Granat, grünem Epidot, bräunlichem Vesuvian und dunkelgrüner Hornblende aufweisen In Richtung Miltitz selbst sind dann ordovizische (ältere) phyllitische Tonschiefer und Quarzitschiefer, auch Andalusitglimmerschiefer, zu erwarten.

Der Kalkstein erfuhr breite Verwendung in Landwirtschaft, Handwerk und Industrie, der graue Kalk des oberen Lagers als Branntkalk (Düngekalk, zum Mauern), der hochwertige Weißkalk nach dem Zweiten Weltkrieg metallurgisch im Stahl- und Walzwerk Riesa.

Im Alten Kalkbergwerk sollte durch die Organisation Todt zwischen 1944 und 1945 als Verlagerungsobjekt eine Benzinfabrik (Deckname Molch III und IV) eingerichtet werden. Unter unmenschlichen Bedingungen mussten hier KZ-Häftlinge arbeiten, von denen 17 dabei den Tod fanden (BOECK 2016). Seit 2000 ist im stillgelegten Kalkbergwerk ein sehr sehenswertes Besucherbergwerk eingerichtet.

D7 Heynitz

Heynitz ist ein Straßenangerdorf, das vermutlich im 12. Jh. gegründet wurde und von Anfang an mit einem Herrensitz verbunden war. Der Stammsitz der meißnischen Adelsfamilie von Heynitz, die hier durchgehend bis 1945 lebte, befindet sich am südöstlichen Dorfrand in einer Niederung. An der Südseite des großen, viereckigen Gutshofs steht das aus einer Wasserburg des 12. oder 13. Jh. hervorgegangene Schloss. Es besteht aus mehreren Bauteilen, die einen engen Innenhof umgaben. Der älteste Teil ist der viergeschossige Wohnturm an der Südwestseite des Schlosses aus dem 14. Jh. Der Nordflügel stammt aus dem frühen 15. Jh., die restlichen Teile wurden zwischen 1501 und 1519 im spätgotischen Baustil ergänzt. Damals erhielt das Schloss auch seine charakteristischen Ziergiebel mit Wabenmuster. Im zweiten Obergeschoss kragt ein spätgotisches Chörlein aus, das die Hauskapelle aufnahm. Die beiden Erker an der Nordfassade sind Ergänzungen des 16. Jh. Der letzte Umbau erfolgte 1847 bis 1849. Damals ließ Oberlandbaumeister Carl Moritz Haenel (1809–1880) in den engen Innenhof ein Treppenhaus mit Oberlicht einbauen. Schloss Heynitz ist eines der ältesten kontinuierlich genutzten Wohngebäude in Sachsen. ▶ Abb. 122

Der letzte Eigentümer der Rittergüter Heynitz und Wunschwitz (1925: 347 ha) war Benno von Heynitz (1887–1979). Er führte 1930 bis 1932 auf seinem Hof die biologisch-dynamische Wirtschaftsweise ein, die auf den landwirtschaftlichen Ideen des Anthroposophen Rudolf Steiner (1861–1925) beruht (BURGEFF 2017). Benno von Heynitz war damit einer der Pioniere der ökologischen Landwirtschaft in Sachsen. Nach der Enteignung des Grundbesitzers 1945 wurde die biologisch-dynamische Landwirtschaft aufgegeben, aber im Ort teilweise auf Kirchenland fortgeführt. Krafft von Heynitz

Abb. 122   Blick zum Herrenhaus Heynitz

Entwicklung Landwirtschaft

Landwirtschaft in der Lommatzscher Pflege vor 1990

Die Lommatzscher Pflege gehört zu den ältesten kontinuierlich besiedelten Regionen Deutschlands. Ausschlaggebend dafür ist sicher die gute Qualität des Bodens, ein Garant für stabile und ausreichende Ernten und damit für das Überleben der in dieser Region lebenden Menschen. Der alte Spruch: „In der Lommatzscher Pflege kann man immer ernten, es sei denn, man hat vergessen zu säen" hat seine Aussagekraft bis heute nicht verloren. Die bewegte Geschichte der agrarwirtschaftlichen Nutzung der Region wurde geprägt von staatlichen Entwicklungen und Vorgaben, aber auch der Eigeninitiative engagierter Landwirte wie Benno von Heynitz. ■ lid-online.de/83109

(1923–2015) setzte das Vermächtnis seines Vaters fort und baute ab 1992 im benachbarten Mahlitzsch zusammen mit einer Gruppe junger Landwirte einen Ökohof mit biologisch-dynamischer Wirtschaftsweise auf.

Das Schloss diente in der DDR als Wohnhaus, Schule und Gemeindeverwaltung. 2004 verkaufte es die Stadt Nossen an eine Eigentümergemeinschaft, bestehend aus dem Förderverein Schloss Heynitz, dem auch Mitglieder der Familie von Heynitz angehören, sowie dem Ehepaar Elisabeth und Eike von Watzdorf, die vor Ort wohnen. Im Schloss sind Wohnungen und eine NABU-Naturschutzstation eingerichtet, darüber hinaus wird der Saal für Konzerte und andere Veranstaltungen genutzt.

In Ortsmitte bei der Feuerwehr am alten Gasthof Heynitz, steht eine mehrstämmige Sommer-Linde mit 6 m Stammumfang. Der Baum wird schon im Dreißigjährigen Krieg erwähnt. Er ist als ND geschützt und gehört mit ca. 650 Jahren zu den ältesten Linden des Gebietes. Dort, in der Ortsflur und auf dem ehemaligen Gutshof des Schlosses hat sich eine bemerkenswerte Ruderalflora erhalten. Hier finden sich neben zahlreichen Ackerwildkräutern, wie dem Acker-Krummhals, auch Neophyten (z. B. Rauhaariger Amarant, Lösels Rauke) und Paläophyten. Zu nennen sind des Weiteren die Schwarznessel, die Wilde Malve, die Kapuzinerkresse, die Blutrote Fingerhirse, das Eisenkraut und die Garten-Ringelblume.

Die Heynitzer Dorfkirche nördlich des Gutshofes ist ein spätmittelalterlicher Bau, der 1720 im barocken Stil umgestaltet wurde. Altar, Kanzel und Taufengel waren Geschenke der Familie von Heynitz. Die Turmhaube stammt von 1879.

Die ehemalige Wasserburg entstand in einer Bodensenke im Quellgebiet des Heynitzbaches, wovon die noch unregelmäßig quellenden Feuchtstellen und das große, runde Wasserbecken zeugen. Von hier rinnt der kleine Heynitzbach durch die sich anschließende größere Wiese zu einem Stauteich mit Insel. In der artenreichen Wiese kommen die Wiesen-Margerite, der Goldschopf-Hahnenfuß und im zeitigen Frühjahr das Wiesen-Schaumkraut vor. In der Lommatzscher Pflege kommt diese einst häufige Wiesenpflanze fast nur noch in der Ortsflur vor.

Ein empfehlenswerter Rundgang führt durch den 1,3 ha großen Landschaftspark vom Schloss aus auf den südlich verlaufenden Hangweg und bietet vielfältige Sichten. Er wird von verschiedenen schönen Rhododendren-Sorten und von mehreren, für die Jahrhundertwende typischen, jetzt in den Baumschulen nicht mehr erhältlichen weißblühenden Gamander-Spiersträuchern aus Südosteuropa gesäumt. Kurz vor dem Stauteich findet sich rechts das Ergebnis einer netten Spielerei: die Stämme einer

Hainbuche und eines Berg-Ahorn wachsen unauflösbar umeinander gewunden seit vielleicht 50 Jahren heran. Am Wiesenrand sind beachtenswert eine mächtige Platane und ein ehemals großer Purpur-Berg-Ahorn, der mit 252 cm Umfang der Stärkste dieser Sorte in Sachsen ist (EISELT u. SCHRÖDER 1977). Leider hat er eine große Stammwunde und die Krone ist abgesetzt worden. Beide Bäume bildeten den Blickfang vom Schloss aus. In Zukunft wird der 1990 gepflanzte Riesenmammutbaum den Blick auf sich ziehen.

Die Insel im Stauteich, über eine nette kleine Brücke begehbar, bietet besonders in der Morgensonne einen herrlichen Blick zum Schloss. Von hier gelangt man am Wiesenrand zurück zum Schloss, das man immer im Blick hat.

Vom Stauteich führt ein Wanderweg aus dem Park hinaus zum nächsten Stauteich und nach Munzig.

D8 Taubenheim

Zum Jahr 1186 schlichtete Markgraf Otto von Meißen einen Streit zwischen dem Grundherrn Adalbert von Taubenheim *(Adelbertus de Duvenheim)* und seinen Bauern in Taubenheim, Sora, Ullendorf und dem später wüst gefallenen Ort Hasela. Die ausdrücklich „Franken" genannten Siedler hatten fortan von jeder halben Neubruchhufe eine Viertel Mark Silber zu zahlen und waren dadurch von (im Altsiedelland üblichen) Gerichtszwängen, Steuern und Abgaben befreit. Die historisch bedeutsame und wissenschaftlich vielbeachtete Taubenheimer Urkunde gehört zu den ganz wenigen zeitgenössischen Quellen der großen hochmittelalterlichen Kolonisation, die seit der Mitte des 12. Jh. innerhalb weniger Jahrzehnte die Siedlungslandschaft Sachsens erweitern und neu gestalten sollte.

Taubenheim steht prägnant für die neuen ethnischen, rechtlichen, kirchlichen, agrar- und siedlungsstrukturellen Verhältnisse dieser Zeit: Der Ort selbst markiert die Grenze zwischen den älteren (sorbisch) besiedelten Gebieten und den seit der Mitte des 12. Jh. von herbeigerufenen bäuerlichen Kolonisten aus dem Altreich agrarisch neu erschlossenen Regionen. Nordwestlich tragen die kleinen, weilerartigen Siedlungen Sönitz, Kettewitz und Piskowitz noch sorbische Ortsnamen. Mit Taubenheim und den benachbarten Dörfern Seeligstadt und Burkhardswalde trat die Landeserschließung nun über das Triebischtal mit seinen Nebentälern hinaus auf die höher gelegenen Flächen, um dann weiter südöstlich Richtung Wilsdruff und Tharandter Wald vorzustoßen. In Taubenheim siedelten fränkische Bauern, die dem neuen Dorf einen deutschen Namen gaben: Ort, wo Tauben wohnen. Die große Siedlung wurde als Waldhufendorf angelegt, bei dem sich die langen, streifenförmigen Fluren der Bauern unmittelbar an die etwas entfernt voneinander liegenden Höfe anschlossen. Im Dorf befand sich ein Rittersitz und es erhielt früh eine eigene Kirche (schon zu 1186 ist deren Pfarrer genannt), in die Dörfer der Umgebung eingepfarrt wurden. Die unmittelbare Verbindung von Dorf und Kirche sollte sich im weiteren Kolonisationsgebiet verfestigen und steht in ihrer lokalen Pfarrorganisation gegen die großen regionalen Urpfareien der sorbischen Altsiedelgebiete. Auch rechtlich lösten sich die Taubenheimer Siedler von den dortigen Verhältnissen: Das jährliche große Landgericht für die Dörfer des Gaues Daleminzien mussten sie nicht mehr besuchen, sondern durften ihre Streitfälle (nach ihrem Recht) unter sich schlichten. Nur wenn das nicht gelang, mussten sie ihren ritterlichen Grundherrn zu Hilfe bitten. Die neuen „kolonialen" Rechts- und Siedlungsstrukturen Taubenheims finden sich nuanciert in allen hochmittelalterlich erschlossenen Siedlungsgefilden Sachsens bis hoch in die Gipfellagen des Erzgebirges.

Abb. 123   Die terrassierte Parkanlage mit Schloss, Gartenpavillon und Kirche in Taubenheim

Die Taubenheimer Grundherrschaft entwickelte sich im späten Mittelalter zu einem schriftsässigen Rittergut mit weitgehenden Herrschaftsrechten; der Ausbau zum Schloss erfolgte um 1600 wohl noch unter denen von Miltitz, die das Rittergut bis 1612 innehatten.

Die Vierflügelanlage besteht aus vier unterschiedlich gestalteten Schlossflügeln des 16. und 17. Jh. Der Schlossturm, der in seiner Gestaltung dem Kirchturm entsprach, wurde 1947 zerstört. Das Rittergut Taubenheim (1925: 231 ha) befand sich in der Hand der Familien von Miltitz, von Ende und von Breitenbuch und gelangte 1821 an bürgerliche Besitzer. Das Schloss wurde um 1910 für die Industriellenfamilie Kaempfe, die das Rittergut bis zur Enteignung 1945 besaß, im neugotischen Stil umgestaltet. Nach der Auflösung des Ritterguts diente das Schloss als Schullandheim, Kurheim und seit 1974 als Pflegeheim. Diese Einrichtung wurde 2001 in einen Neubau auf dem ehemaligen Rittergutshof unterhalb des Schlosses verlegt. Seitdem steht das Schloss leer. ▶ Abb. 123

Die Taubenheimer Kirche besteht aus einem spätgotischen Chor mit Zellengewölbe, datiert auf 1515, und einem rechteckigen Kirchenschiff, dessen hohes Dach von einem schiefergedeckten Dachreiter bekrönt wird. Das Gotteshaus enthält eine künstlerisch bemerkenswerte Ausstattung des 17. Jh. Taufstein, Altar und Kanzel sind im Renaissancestil aus Sandstein gefertigt. Die bemalte Kassettendecke über dem Kirchenschiff zeigt Gestalten aus dem Alten und Neuen Testament.

Das Schloss wird von einem 2 ha großen Park umgeben, der nach SW zur Kleinen Triebisch steil abfällt und an einem trockengelegten Mühlgraben flächig endet. Daneben liegt ein großes Wasserbecken (nach 1910). Hier und an dem als Landschaftspark gestalteten Steilhang sowie dem darüber liegenden Plateau findet sich ein interessanter Gehölzbestand. Neben einer Blut- und einer Hänge-Buche stehen locker verteilt Nadelgehölze, wie Douglasie, Kanadische Hemlocktanne, Schwarz-, Zirbel- und Weymouth-Kiefer, Colorado-Tanne, Eibe, sowie Sträucher, wie Stechhülse, Rhododendron und Alpen-Johannisbeere. Auch die krautige Untervegetation ist bemerkenswert: am Südwesthang Silber-Fingerkraut und Weinberg-Lauch und unter den Bäumen Doldiger Milchstern, Sibirischer Blaustern, Schneeglöckchen, Duft- und Wald-Veilchen, Brauner Storchschnabel, Nachtviole, Wurmfarn, Wald-Flattergras, Pfirsichblättrige und Nesselblättrige Glockenblume, Ausdauerndes Silberblatt, Moschus-Erdbeere u. a. Sowohl das Wald-Flattergras als auch die Pfirsichblättrige Glockenblume und der Gewöhnliche Wurmfarn zeigen an, dass bei der Parkgestaltung die ursprüngliche Flora des Laubwaldes der Kleinen Triebisch einbezogen wurde. Im Burgbereich sind auch noch zahlreiche alte Arznei- und Nutzpflanzen zu finden. Dazu gehören die Hirsearten Blutrote Fingerhirse und Grüne Borstenhirse, das Mutterkraut und die Wilde Karde.

Der Steilhang ist mit Böschungen, Mauern und einer Aussichtsbastion terrassiert. Die Stützmauern mit ihren Treppen sind die ältesten Teile des Parks. In der oberen Terrasse wurde Anfang des 19. Jh. im klassizistischen Stil eine kleine Orangerie in den Hang eingefügt und darauf ein Gartenpavillon gesetzt, der gute Sicht bietet. Daneben befindet sich ein Gewächshausrest mit Pultdach und alter Kanalheizung.

Ein steil ansteigender Fußweg am Südende dieses Steilhanges führt auf das östlich des Schlosses gelegene Plateau. Dort befinden sich die nochmals etwas erhöht stehende Kirche, ein Torhaus und ein Brunnen. Sowohl an den Kirchmauern als auch an den Mauern der Park-und Burganlage ist eine Mauerrauten-Gesellschaft ausgebildet, in der neben der namengebenden Farnart auch die typische Mauer-Zierpflanze der Gelbe Lerchensporn vorkommt. Auf einem kleinen Plateau im NW des Schlosses befindet sich eine barockartige Anlage mit einer kurzen Lindenallee, die an einer doppelläufigen Treppe endet. Von hier gelangt man zu einem kleinen Aussichtsplateau mit Robinie, unter der sich ein Lagerraum (evtl. früherer Eiskeller) mit der Jahreszahl 1832 befindet.

Alle Baulichkeiten sind gefährdet, über die Hälfte des Parks ist aus Sicherheitsgründen gesperrt. Nur das Torhaus vom Anfang des 18. Jh. auf der Ostseite wird instandgesetzt und die Heimatgruppe bemüht sich um die Instandsetzung des Brunnens im Eingangsbereich und führt Veranstaltungen durch.

Die Wiesen der Kleinen Triebisch bei Taubenheim werden im feuchten Bereich durch Kohldistelwiesen bestimmt, ansonsten durch Glatthaferwiesen mit Wiesen-Storch-schnabel. Am Ufer zeigen Bachbunge, Ufer-Wolfstrapp und verschiedene Seggen-Arten und im Wasser das Brunnenmoos von der Güte der Wasserqualität. In den Schleiergesellschaften des bachbegleitenden Baumbestandes finden sich der Hopfen und die Große Zaunwinde. ▶ D12

Einen Anschluss an die Wilsdruffer Kleinbahn erhielt das weiter landwirtschaftlich geprägte Dorf erst 1909.

1990 gründete ein süddeutscher Unternehmer in Taubenheim die Möbelwelt Zick, aus der sich innerhalb weniger Jahre eine bedeutende Unternehmensgruppe mit zahlreichen Filialen im Osten der Bundesrepublik, mehr als 1.000 Mitarbeitern und ca. 300 Mio. DM Jahresumsatz entwickelte. Das hohe Steuereinkommen der Gemeinde machte sich u. a. in spürbaren Infrastrukturinvestitionen bemerkbar. 1998 musste das schnell gewachsene Unternehmen Insolvenz anmelden. Das 1997 neu errichtete Möbelverkaufshaus am Ort gelangte an die Kette Mega-Möbel und steht seit deren Insolvenz 2003 leer.

Seit 2004 gehörte Taubenheim zur Gemeinde Triebischtal, seit 2012 zur Gemeinde Klipphausen.

D9 Röhrsdorf

Die Kirche steht in der Mitte des Dorfes auf einem Felssporn. Die älteste Urkunde des Pfarrarchivs von 1498 bezeugt, dass die dem Apostel Bartholomäus geweihte Kirche um einen Altarplatz erweitert werden sollte (Archiv Kirchgemeinde Röhrsdorf R 1218). Ihre Größe war um 1735 nicht mehr angemessen. Die Kirche befand sich in einem schlechten Bauzustand. Der kurfürstliche Kammerherr Johann August von Ponickau als Patronatsherr überzeugte die Kirchenältesten von Röhrsdorf und Klipphausen durch die Zusage, die Hälfte der Baukosten zu übernehmen, zum Neubau einer größeren barocken Saalkirche.

Nach Abriss der alten Kirche erfolgte zwischen Mai 1737 und Juli 1739 der Neubau. Die Ausführung der Bauarbeiten leitete der Landbauschreiber Johann Christian Simon. Eine Besonderheit ist der 48 m hohe Kirchturm, der nach einem ursprünglich für die Stadtkirche von Pretzsch gefertigten Entwurf von Johann Daniel Pöppelmann errichtet und 1738 vollendet wurde. ▶ Abb. 124

Die Gestaltung des Innenraumes lag in den Händen des kurfürstlichen Hofbildhauermeisters Johann Benjamin Thomae. An der Ostseite steht der durch eine prächtige Gloriole bekrönte Kanzelaltar mit freistehendem Altartisch. Die farbige Fassung erweckt den Eindruck, der Altar sei aus Marmor. Neben der Kanzel mit dem Schalldeckel befindet sich die 2014 rekonstruierte Kanzeluhr. Diese ist heute noch im Gebrauch.

D9

Abb. 124   Kirche Röhrsdorf

Der freischwebende, lebensgroße Taufengel, ebenfalls von Thomae, gilt als der künstlerisch bedeutsamste Taufengel Mitteldeutschlands. Hinter dem Altar befindet sich die geräumige Sakristei mit Pfarrerbildnissen. Symmetrisch seitlich des Altars sind zwei Logen angeordnet. Die größere, südliche Patronatsloge wird heute in Erinnerung an die 1945 vertriebenen letzten Prinzessinnen Reuß jüngere Linie auf Klipphausen „Prinzessinnenstübchen" genannt. Zwei farbig gefasste Emporen und die großen Fenster bestimmen den lichtdurchfluteten Kirchenraum. Die neue mechanische Orgel auf der Orgelempore mit zwanzig Registern hat 2014 die Firma Voigt Mitteldeutscher Orgelbau errichtet.

Nördlich der Kirche befindet sich der Eingang zur Gruft, in der die übermauerten Särge des Kirchenstifters und von Maximilian Robert von Fletcher ruhen. Der spätgotische Taufstein und mehrere historische Grabdenkmäler werden hier aufbewahrt. Grabplatten der Röhrsdorfer Pfarrer, Vorfahren Richard Wagners, können besichtigt werden. Zwei geschnitzte, hölzerne Grabmale (1790/1813 Pfarrer Rudolphi) stehen im dritten Turmgeschoss.

Die Kirchenbibliothek (begründet 1750) bewahrt theologische Literatur und eine beträchtliche Sammlung von Leichenpredigten auf. Sie ist seit 2003 wissenschaftlich erfasst und in die nationalen Verzeichnisse für Schriftgut aufgenommen worden.

In den Zeiten des Mangels traten an die Stelle der im Krieg abgegebenen Bronzeglocken 1958 Eisenhartgussglocken aus Apolda. Bedingt durch Materialermüdung dieser „Notlösung" wurden sie 2006 außer Dienst gestellt und durch drei Bronzeglocken in der Tonlage gis-moll aus Lauchhammer ersetzt. Die neuen Glocken hängen an geraden Holzjochen im historischen Eichenstuhl von 1845 (elektrischer Antrieb mit Funkfernbedienung) (THÜMMEL 2015, THÜMMEL, KREß u. SCHUMANN 2017). Das mechanische

Uhrwerk aus Meißen von 1909 mit drei Zifferblättern ist in Funktion (elektrischer Aufzug seit 2001).

Zum 250. Kirchenjubiläum 1989 wurde das Kirchenschiff innen und außen renoviert. 1995 folgte die Außensanierung des Kirchturms. Zwischen 2001 und 2022 wurde die gesamte Kirche saniert und die künstlerisch wertvolle Ausstattung restauriert. Staatliche Fördermittel, landeskirchliche Zuweisungen und großzügige Zuschüsse von Stiftungen vor allem aber auch Spenden ermöglichten nach 1990 viel. Dabei haben immer ehrenamtliche Helfer wie schon vor 1989 große Unterstützung geleistet. Die Kirche wird von dem historischen Kirchhof mit drei Toranlagen und der Lutherlinde (1946) umgeben. Der „Lindenberg" mit dem Sühnekreuz (vor 1500) erstreckt sich nördlich der Kirche bis zum Regenbach.

D10 Wendischbora und Deutschenbora

Die Dörfer Deutschen- und Wendischbora liegen nördlich des Autobahndreiecks Nossen und sind etwa 2 km voneinander entfernt. Wendischbora könnte das ältere der beiden Dörfer sein. Die Dorfform – ein platzartiges Reihendorf – spricht dafür, dass hier eine ältere slawische Siedlung während der deutschen Kolonisation umgeformt erweitert wurde. Dabei wurde die slawische Bevölkerung anfangs offenbar nicht assimiliert. Der Ortsname ist seit dem 14. Jh. belegt: (1334: *Bor slavicum*, 1378: *Windischbor*). Deutschenbora wiederum dürfte im letzten Drittel des 12. Jh. als Waldhufendorf angelegt worden sein. Der Name ist ebenfalls seit dem 14. Jh. bezeugt (1336: *Bor teutunicum*, 1378: *Deutschbor*) und weist darauf hin, dass hier deutsche Kolonisten lebten. Wendischbora war einer der wenigen Orte im Freistaat Sachsen, die aufgrund der nationalsozialistischen Ideologie einen neuen Namen erhielten. 1937 wurde Wendischbora in Altenbora umbenannt, 1949 erhielt das Dorf seinen alten Namen zurück.

Beide Orte dienten schon früh als Herrensitze. 1197 wird ein *Boris de Zbor* genannt. Die Adelsfamilie von Bora behielt Wendischbora bis 1337 und Deutschenbora bis 1436. Der Familie entstammte Katharina von Bora (1499–1552), die Ehefrau Martin Luthers (1483–1546). 1485 erwarb Hans von Mergenthal d. J., Sohn des sächsischen Landrentmeisters Hans von Mergenthal (gest. 1488), das Rittergut Deutschenbora. Das Geschlecht starb 1748 mit Philipp August von Mergenthal aus. Dieser gründete das nach ihm benannte Dorf Mergenthal nördlich von Deutschenbora. Der große Gutshof des Ritterguts Deutschenbora nimmt die Ortsmitte ein. Das Herrenhaus steht mitten im Hofgelände. Das zweigeschossige Gebäude aus der zweiten Hälfte des 16. Jh. besaß ein hohes, steiles Satteldach, welches im Jahr 2000 unter ungeklärten Umständen abbrannte. Das Rittergut (1925: 196 ha) hatte seit 1806 ausschließlich bürgerliche Besitzer und wurde 1945 aufgelöst. Das Herrenhaus diente bis 1998 als Schule und ist heute eine verfallende Ruine.

Das Rittergut Wendischbora war in der Hand wechselnder Adelsfamilien. 1833 brannten der Gutshof, das Schloss und die benachbarte Kirche ab. Henriette Ernestine von Feilitzsch, geborene von Schönberg (1767–1851) ließ die Kirche an den Ortsrand verlegen und ersetzte das zerstörte Herrenhaus durch einen Schlossneubau. Der Dresdner Architekt Woldemar Hermann (1807–1878) errichtete ein Herrenhaus im klassizistischen Rundbogenstil, das wie eine italienische Villa wirkt. Das Bauwerk erhebt sich in Hanglange über dem Niederhof und steht daher auf einem hohen Sockel, dem eine Gartenterrasse vorgelagert ist. Zwischen Nieder- und Oberhof vermittelt ein Torhaus, welches 1856 von dem in den Freiherrenstand erhobenen Kaufmann Christian Heinrich von Wöhrmann (1810–1870) erbaut

Rittergüter

Die Rittergüter waren bis 1945 die größten Landwirtschaftsbetriebe in der Lommatzscher Pflege. Bis zur Aufhebung der mittelalterlichen Agrarverfassung in der Mitte des 19. Jh. bildeten sie zudem lokale Herrschafts- und Verwaltungsinstanzen. Darüber hinaus waren die Rittergüter soziale wie kulturelle Zentren. Mit der Bodenreform 1945 wurde ein prägender Kulturfaktor vernichtet. ▶ Abb. 125

Der Begriff des Rittergusts setzte sich im 16. Jh. durch und ersetzte die ältere Bezeichnung „Vorwerk". Er verweist auf die durch den Inhaber eines Ritterguts gegenüber dem Landesherrn zu erfüllende Dienstpflicht. Im Kriegsfall war eine bestimmte Anzahl von bewaffneten Reitern mit Pferden und Ausrüstung zu stellen. Das mussten die Rittergutsbesitzer aber faktisch nie tun, denn die Pflicht zum Kriegsdienst wurde durch eine Geldzahlung abgegolten, die Ritterpferdsgelder. Der Besitzer eines Ritterguts musste kein Ritter sein. Der Erwerb von Rittergütern war nicht an eine adlige Abstammung gebunden, doch versuchte der Adel, die Rittergüter in eigenen Händen zu behalten. Erst ab dem 18. Jh. lassen sich in der Lommatzscher Pflege nichtadlige Landwirte als Rittergutsbesitzer nachweisen.

Im Bearbeitungsgebiet lagen rund 40 Rittergüter unterschiedlicher Größe (Niekammer 1925; Schmidt 1932; Donath 2015a, 2018). Diese sind nicht gleichmäßig über das Gebiet verteilt. Die Rittergüter in der Lommatzscher Pflege hatten in der Regel mehrere Dörfer und Dorfanteile umfassende Grundherrschaften. Dabei ist eine außerordentlich starke herrschaftliche Segmentierung zu beobachten. Die Herrschaftsrechte wechselten mitunter von Dorf zu Dorf. Manche Orte waren zwischen mehreren Ämtern und Rittergütern geteilt. In der Lommatzscher Pflege gehörten etwa zwei Drittel der Dörfer der Grundherrschaft eines Ritterguts an. Die Bewohner eines Herrschaftsbezirks hatten dem Grundherrn einen Grundzins zu zahlen, der in Geld und/oder Naturalien zu entrichten war und dessen Höhe von der Größe und Ertragskraft des Hofes oder Hauses abhing. Darüber hinaus waren Frondienste zu leisten. In der Lommatzscher Pflege waren das mehrere Tage im Jahr. Dabei blieb ausreichend Zeit, um die eigenen Felder zu bebauen. Schließlich waren die Bewohner einer Grundherrschaft der Gerichtsbarkeit des Gutsbesitzers unterworfen. Er übte sie in der Regel nicht selbst aus, sondern beauftragte dazu studierte Juristen. Diese hielten in der Gerichtsstube des Herrenhauses – oder, wie in Schleinitz, in einem eigenen Gerichtsgebäude – Gerichtstage ab.

Einnahmen der Rittergüter waren die Grundzinsen, deren Anteil ab dem 18. Jh. zurückging, die Verpachtung bestimmter Rechte oder Grundstücke sowie die Erträge der Eigenwirtschaft. Zu jedem Rittergut gehörte Land, das durch die Frondienste bewirtschaftet wurde. Geld wurde durch den Verkauf von Getreide, Butter und Käse, vor allem aber durch die Vermarktung von Wolle erzielt. Nur die Rittergüter durften Schafe halten und verfügten oft über große Schäfereien. Auch Brennerei und Brauerei brachten

Gewinne, denn in der Grundherrschaft durfte nur das Bier der Rittergutsbrauerei ausgeschenkt werden. Die Gerichtsbarkeit brachte kaum Einnahmen, da der Gerichtsverwalter zu besolden war.

Die Rittergüter hatten meist zahlreiche Beschäftigte, denn die Löhne waren niedrig. Die Mägde, die die Untertanen gemäß dem geltenden Gesindezwangsdienst zu stellen hatten, erhielten Unterkunft und Verpflegung und darüber hinaus nur ein bis zwei Taler im Jahr.

Die Aufhebung der Herrschaftsrechte wurde zwischen 1833 und 1854 vollzogen. Sämtliche Privilegien entfielen, die Bauern erhielten ihr Land zu freiem Eigentum. Dies hatte erhebliche Auswirkungen auf den Wirtschaftsbetrieb, weil die Rittergüter nun auf Lohnkräfte zur Bewirtschaftung des Landes angewiesen waren. Die Eigentümer und die Beschäftigten der Rittergüter bildeten soziale Gemeinschaften, die zwar von einer Hierarchie, aber auch von gegenseitigem Geben und Nehmen geprägt war.

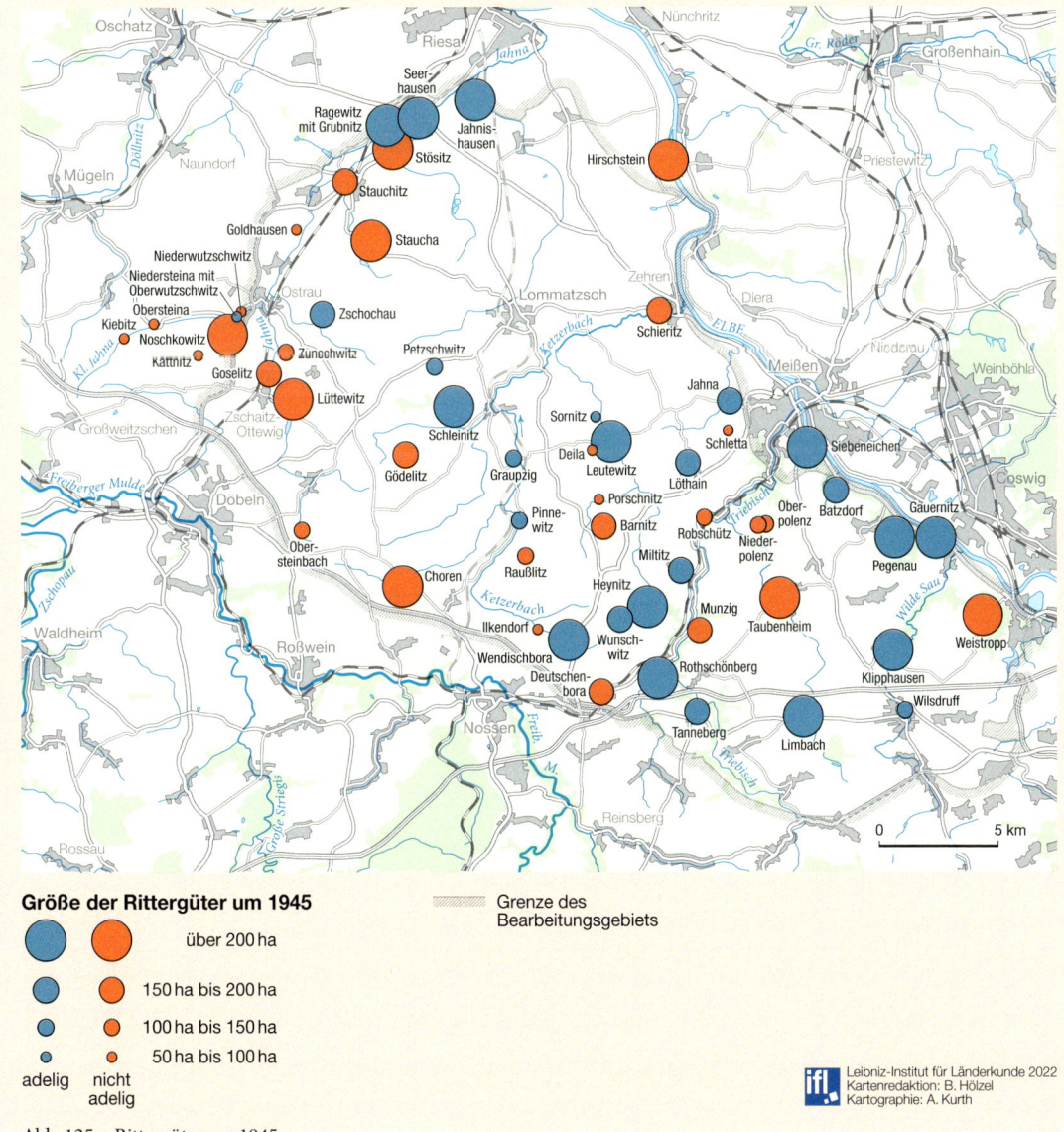

Abb. 125 Rittergüter um 1945

Abb. 126   Blick zum Herrenhaus Wendischbora, dahinter der Landschaftspark

wurde. Letzter Besitzer des 1945 enteigneten Ritterguts (1925: 227 ha) war Friedrich Leo von Schwerdtner (1880–1952).

Wendisch- und Deutschenbora sind jeweils Kirchdörfer. Die Kirche in Deutschenbora östlich des Gutshofs hat eine barocke Gestalt und ist innen durch den Kanzelaltar und umlaufende Emporen geprägt. Das Kirchschiff wurde 1708 erbaut und 1739 nach O verlängert, während der stattliche Turm bereit 1698 entstanden war. Die Kirche in Wendischbora wurde 1834 am Rand des Dorfes einheitlich neu erbaut. Der schlichte Bau mit Dachreiter und einem rechteckigen Innenraum, der in zwei Geschossen von Emporen umgeben ist, steht in der Tradition barocker Landkirche in Sachsen.

In der Aue von Wendischbora befindet sich noch ein gut ausgebildeter Erlen-Eschenwald, in dem sich im Frühjahr neben dem Busch-Windröschen große Bestände des Wald-Goldsterns erhalten haben.

Der Park von Wendischbora wurde wahrscheinlich nach dem Neubau des Herrenhauses angelegt. Die ca. 4 m hohe Stützmauer von ca. 1856 aus Naturstein und der Gartenterrasse zusammen mit dem 5 m hohen Natursteinsockel des Herrenhauses lassen dieses aus der Ferne von S her, gewaltig hoch und bestimmend aussehen. Umgekehrt sind auch die Sichten in die Landschaft begeisternd. Im N schließt der Landschaftspark an mit Wiesen und Kulissen aus Altbäumen. Es kommen Buchen, Berg-Ahorn, Stiel-Eichen und Hainbuche vor. Hier brütet der Pirol.

Nach dem Zweiten Weltkrieg wurden Herrenhaus und Park 60 Jahre lang als Kindergarten genutzt und 2001 privatisiert. 2013 kaufte die Familie Ramp das denkmalgeschützte Herrenhaus und den 3,3 ha großen, nichtöffentlichen Park und begann mit Wiederherstellungsarbeiten. Das Herrenhaus ist wieder sehr ansehnlich, im Park wurde viel gegen Verwilderung getan und die Wege zur Straße nach Ilkendorf und zum Oberdorf in Ordnung gebracht. An letzterer wurden randlich Weinsorten gepflanzt. Die anderen Parkwege durch den Landschaftspark sind kaum erkennbar, auch die große Wiese ist noch nicht überall mähbar. Viele der Großbäume sind durch die Trockenheit abgestorben, z. T. gestürzt. Trotzdem sind Herrenhaus und Park wieder sehenswert, auf angemeldete Führungen in Gruppen wird eingegangen. ▶ Abb. 126

D11 Rothschönberg

Rothschönberg ist der namengebende Stammsitz der meißnischen Adelsfamilie von Schönberg (DONATH 2015b). Diese war vermutlich in der zweiten Hälfte des 12. Jh. an der Kolonisation des Landes zwischen Nossen und Wilsdruff beteiligt und gründete oberhalb der Einmündung des Tännichtbaches in die Triebisch eine Spornburg als Herrschaftssitz. Der älteste bekannte Namensträger ist Reinhard von Schönberg, der Stifter der 1218 geweihten Michaeliskapelle der Zisterzienser-Klosterkirche Altzella. Das 1259 erwähnte *Sconenberc* ist vermutlich mit Rothschönberg identisch, doch beginnt die gesicherte Stammfolge des Geschlechts erst im frühen 14. Jh. Eine Benennung und

Herkunft der Familie aus Kleinschönberg ist erwogen worden, aber weniger wahrscheinlich. Der Herrensitz Schönberg trägt seit dem 16. Jh. den erweiterten Namen Rothschönberg. Die Vorsilbe diente zur Unterscheidung von dem damals neugegründeten Grünschönberg bei Rechenberg im Osterzgebirge. Rot und Grün sind die Wappenfarben der Familie von Schönberg.

Die Schönbergs blieben rund achthundert Jahre im Besitz ihres Stammortes, bis die Bodenreform im Herbst 1945 dieser für Sachsen außergewöhnlichen Herrschaftskontinuität ein Ende setzte. Der in Rothschönberg ansässige Schönberger Hauptzweig starb 1651 aus. Ihm gehörten der Kardinal Nikolaus von Schönberg (1472–1537) und sein Bruder Antonius von Schönberg (um 1480–1554) an, welcher sich frühzeitig zu Martin Luther bekannte und an der Einführung der Reformation im albertinischen Herzogtum Sachsen mitwirkte. 1615 fiel Rothschönberg an den Reinsberger Hauptzweig. Die jüngere Rothschönberger Linie, die die Rittergüter Rothschönberg, Limbach und Wilsdruff in Besitz hatte, konvertierte 1871 zur katholischen Konfession und nahm 1905 den Familiennamen „von Schönberg-Roth-Schönberg" an. Letzter Schlossherr und Gutsbesitzer war Joseph von Schönberg-Roth-Schönberg (1873–1957).

Die Gutssiedlung Rothschönberg wird vom Schloss dominiert, einer unregelmäßigen Vierflügelanlage oberhalb des Tales des Tännichtbaches, zu dem steile Hänge hinunterführen. Der älteste Teil ist der abgewinkelte Schlossflügel an der Südostecke, der sich ins 15. Jh. datieren lässt. An der Hofseite vermittelt ein achteckiger Treppenturm zwischen den beiden Gebäudeteilen. In der gegenüberliegenden Hofecke steht die spätgotische Schlosskapelle, die wohl ebenfalls im 15. Jh. erbaut wurde. Seit 1870 diente sie dem römisch-katholischen Gottesdienst. Die übrigen Schlossflügel, die den Hof umgeben, wurden im 17. und 18. Jh. ergänzt. Nach der Enteignung der Familie von Schönberg wurden im Schloss das Gemeindeamt, ein Dorfkonsum, eine Arztstation und viele Wohnungen eingerichtet. Interieur, Ahnengalerie und Bibliothek gingen verloren. Seit den 1990er Jahren steht das Schloss größtenteils leer. Eigentümerin ist die Gemeinde Klipphausen.

Der 1999 gegründete Heimatverein Rothschönberg e. V. ringt um Erhalt und Nutzung von Schloss und Park. In mehreren hergerichteten Räumen unterhält der Heimatverein eine Dauerausstellung zu Geschichte von Schloss und Ort, zum dörflichen Leben, zu Fauna und Flora und der Geologie des Triebischtals sowie eine Wechselausstellung. Eine Lösung für die Zukunft des Schlosses und des Parkes ist dringend notwendig (Rehn 2009).

Der Schlosspark umfasst das Plateau nördlich des Schlosses, sowie den nach O abfallenden Hang. Hanns Burkhard von Schönberg (1592–1651) ließ hier bereits im 17. Jh. einen Garten anlegen. Von der später geschaffenen barocken Anlage ist noch die großräumige Plateaubearbeitung mit einer auf der Westseite erhöht liegenden, ca. 170 m langen beachtenswerten Winter-Lindenallee erhalten. Sie führt zu einem 1789 erbauten barocken Pavillon, von dem sich eine gute Aussicht über das Tal des Tännichtbaches bietet. Der verfallende Pavillon wurde 1986 abgetragen und im Schlosspark Proschwitz neu aufgebaut. Der jetzt vorhandene Pavillon ist 1998 mit Fördermitteln am alten Standort als Kopie errichtet worden. Das 1,5 m tiefer liegende Plateau ist eine leicht abschüssige Wiese mit einem kleinen Spielplatz am Ende. An ihrem östlichen Rand beginnt der Landschaftspark. Hier sind einige Großbäume zu bewundern wie die Flatter-Ulme, die Platane, die Blut-Buche und die Europäische Lärche. Die Parkteile auf den waldartig mit vorwiegend heimischen Bäumen bestandenen Steilhängen sind durch zwei ins Tal führende Wege gestaltet. Hier finden sich noch Berg-Ulmen und eine prachtvolle Kanadische Hemlocktanne in Schlossnähe. Die Vegetation enthält Reste des ursprünglich vorhandenen Eichen-Hainbuchenwaldes mit einigen schö-

Abb. 127   Hauptstollnmundloch (Stollntor) des Rothschönberger Stollns

nen Frühjahrsblühern, wie Wald-Goldstern, Hohler Lerchensporn, Hohe Schlüsselblume, Moschusblümchen, Busch-Windröschen, Berg-Rispengras, Wald-Segge und Aronstab. Des Weiteren finden sich einige Neophyten, die bestimmt gepflanzt wurden. Dazu gehören Duft-Veilchen, Schneeglöckchen und der Sibirische Blaustern. Der Teich am Talhang verlandet. Am westlichen Zugang zur Lindenallee steht auf der Schlossseite die in Parks selten verwendete Felsengebirgs-Dreh-Kiefer vom pazifischen Nordamerika (Schmidt u. Schulz 2017).

Am Eingang zum Schlosshof im S weisen ein kleines Rasenparterre und eine Mauer auf einen ehemaligen Zwinger hin.

Zur vermutlich im 13. Jh. gegründeten Pfarrei Rothschönberg gehörten nur die Einwohner von Rothschönberg und des Vorwerks Perne. 1829 wurde das Kirchlein durch Xaver Maria Cäsar von Schönberg (1768–1853) neu errichtet. Dabei übernahm man den 1622 von der Familie von Schönberg gestifteten Epitaphaltar. Der seitlich stehende Turm wurde 1883 erneuert und erhöht.

Der Weinberg östlich von Rothschönberg bildet den Hangbereich des Triebischtales in Richtung des auf der Hochfläche liegenden Ortsteiles Groitzsch. Nur sein unterster Teil ist bewaldet. Verlässt man von Rothschönberg kommend die Straße nach Groitzsch noch im Tal, erreicht man auf einem Fahrweg entlang der Triebisch nach etwa 400 m einen kleinen verwachsenen Steinbruch, in dem früher Kalkstein abgebaut wurde (Beeger et al. 1965).

Im ehemaligen Steinbruch wurde im untersten Teil des nur noch teilweise sichtbaren Wandprofils ein unreiner, schwärzlich-grauer, weiß gestreifter Kalkstein gewonnen (heute nicht mehr sichtbar), der silurisches Alter hat (etwa 405 Mio. Jahre). Dieser ist Bestandteil der Groitzscher Mulde. Zwischen den phyllitischen Gesteinen und unterkarbonen Sedimenten ist hier eine oberdevonische Diabastuffscholle zwischen zwei N-S-verlaufenden tektonischen Störungen eingequetscht. An der nordwestlichen Bruchwand sind schwarze bis grüne Schiefer sichtbar, im Hangenden Diabastuffe. Darüber folgt eine Alaun- und Kieselschieferschicht. Der dunkelgraue bis schwarze Kieselschiefer (dichter Quarz und eine Varietät desselben, der Chalzedon) enthält feinstkohlige Bestandteile, die die dunkle Farbe bestimmten. Die Alaunschiefer beinhalten neben kohliger Substanz noch Pyrit sowie Eisen- und Aluminiumsulfate. Darüber lagern wiederum schiefrige Diabastuffe, die von einer 0,75 m mächtigen Kalksteinlinse (graublau bis weiß gestreift) abgelöst werden. Zwischengeschaltet tritt noch grobkörnig-flaseriger Diabas auf. In diesem erfolgte aus dem ursprünglichen Mineralbestand (Augit, Feldspat und Titaneisen) eine Umbildung in Chlorit, grüne Hornblende und Epidot. Die sichtbaren Schichten im Bruch fallen 40–60° nach NNO ein. Es wird angenommen, dass die beiden Kalksteinlager Teil einer nach SW überkippten Sattelstruktur sind, in deren Zentrum die obersilurischen Kieselschiefer eingepresst wurden.

Unmittelbar an der Triebisch gelegen, liegt das Hauptstollnmundloch (Stollntor) des Rothschönberger Stolln mit einem klassizistischen Sandsteinportal für diesen Entwässerungsstolln. Dieses liegt etwa 200 m südlich der Straße Rothschönberg nach Perne. Der Bau des Rothschönberger Stollns wurde am 4. Mai 1844 an dieser Stelle begonnen, die Bauarbeiten am Stollntor dauerten bis 1864. ▶ Abb. 127

Die ausgedehnten Erzbergbaureviere um Freiberg und Brand erforderten einen ausreichend tiefen Wasserlösestolln zur Abführung der Grubenwässer für den immer tiefer vordringenden Bergbau. Dafür wurde der Rothschönberger Stolln (Teil des UNESCO-Welterbes Montanregion Erzgebirge) mit Beteiligung des Oberberghauptmanns August Freiherr von Herder projektiert und zwischen 1844 und 1877 aufgefahren (Gesamtlänge einschließlich der Nebenanlagen 50,9 km). Wesentlicher Teil ist die 13,9 km lange Strecke zwischen Halsbrücke und Rothschönberg. Im Verlauf des Stolln wurden acht Lichtlochschächte für die Zufuhr von Baumaterial und das Ausbringen des Gesteinsschutts (im Gegenvortrieb jeweils in beiden Richtungen) angelegt. Der Stolln hat ein Gefälle von 3,3 cm auf 100 m. Seine Gesamtbaukosten von 7,1 Mio. Mark wurden vom Königreich Sachsen getragen (WAGENBRETH et al. 1985).

Bemerkenswert ist auch das Röschenmundloch (Abzugsrösche), das man triebischabwärts von der Straße nach Perne nach etwa 500 m auf einem beschilderten Wanderweg erreicht. Das Grubenwasser fließt in Fortsetzung des Stolln weitere 864 m nach N und tritt hier aus (Röschenmundloch). Notwendig wurde das für die Unterquerung der Triebisch und nach Suche einer hochwasser- und rückstausicheren Einleitstelle in den Vorfluter Triebisch. Die Abzugsrösche ist teilweise mit Sandsteingewölbe ausgebaut, an der Austrittsstelle des Grubenwassers wird die abgegebene Wassermenge (durchschnittlich 400–500 l/s, schwankend) am Pegelhaus gemessen.

Ca. 1,5 km südsüdwestlich von Rothschönberg im Wald liegt das I. Lichtloch des Stolln. Hier ist die tektonische Grenze zwischen dem Erzgebirge (Gneis) und dem Nossen-Wilsdruffer Schiefergebirge (Tonschiefer und Phyllite) vorhanden. Beim Auffahren der Strecken vom I. Lichtloch aus wurde eine Schwimmsandzone angefahren, die zu Verbrüchen im Stolln und erheblichen Ausbauschwierigkeiten führte (BEEGER et al. 1994, PETERMANN 2005, RICHTER et al. 2006).

D12 Kleine Triebisch und Polenz

Am Ostrand des Blankensteiner Löss-Plateaus entspringt östlich von Helbigsdorf aus einem kleinen Geländeeinschnitt die Kleine Triebisch. Sie entwässert ein Einzugsgebiet von ca. 35 km² und hat mit ihrer Lauflänge von 18 km bei ihrer Einmündung in die Triebisch bei Semmelsberg etwa 165 Höhenmeter überwunden. Der Gewässerlauf zieht am Waldrevier der Struth ▶ E3 vorbei, verläuft nach Birkenhain mit deutlichem Richtungswechsel nach NO, um dann unterhalb von Lotzen wieder einer generellen Fließrichtung in einem 40–80 m breiten Sohlental mit Wiesenaue nach NW zu folgen. Nach Kobitzsch verstärkt sich mit stärkerer Eintiefung die NW-Richtung und erreicht in rund 143 m ü. NHN bei Semmelsberg die Triebisch. Während im oberen Laufabschnitt unterhalb von Lampersdorf noch eindrucksvolle Mäander ausgebildet sind, zeigt das Talprofil später bis Taubenheim deutliche Begradigungseingriffe. Südlich von Taubenheim sind vor allem rechtsseitig steilhängige Passagen ausgebildet, was sich bis zum Unterlauf fortsetzt. Das Fehlen von industriellen Abwassereinleitungen zeigt sich auch in der Einordnung als bestehendes Forellen-/Salmoniden-Gewässer, zumal es diesen Charakter auch in zurückliegenden Jahrzehnten behalten hat. Es war im Landkreis Meißen bis 1990 das einzige Gewässer dieser Art. Typische Fische sind die Bachforelle, die Schmerle, der Gründling, die Elritze und die ausgesetzte Regenbogenforelle. Die Artenzahl der Fischgemeinschaft ist mit acht Arten (Befischung 2000) geringer als in der Triebisch mit 21 Arten. Dieser Fischreichtum korrespondiert auch mit der Bewertung der Strukturgüte. Im Oberlauf ist die Gewässerstruktur nur mäßig verändert, im Unterlauf ab Kobitzsch dagegen stark. Von 1909 bis 1966 verlief durch das Tal die Schmalspurbahnlinie zwischen Wilsdruff und Meißen-Triebischtal. Die ehemalige Haltestelle Polenz mit dem Bahnhofsgebäude steht unter Denkmalschutz. Zwischen Nieder- und Helmmühle steht noch der Rest einer Eisenbahnbrücke.

Längs des Flusses bildet ein Erlen-Eschenwald mit Silberweide und Korbweide schmale Galeriewälder. In den Schleiergesellschaften mit der Großen Zaunwinde und den nitrophilen Saumgesellschaften mit dem Giersch und der Brennnessel nimmt leider immer stärker der Neophyt Japanischer Staudenknöterich zu. Wechselblättriges Milzkraut und Süße Wolfsmilch zeigen nährstoffreiche Böden an. Die Uferflora entspricht sonst der der Triebisch. ▶ D22 In kleinen Teichen, so bei Ullendorf, an einem Zufluss zur Kleinen Triebisch, und bei der Preiskermühle hat sich eine Wasserpflanzengesellschaft mit der Kleinen Wasserlinse und Wasserstern und am Ufer ein Röhricht mit dem Breitblättrigen Rohrkolben und der Wasser-Schwertlilie ausgebildet. In der Nähe der Mühlen und in Ortslagen fallen die großen Rhabarber ähnlichen Blätter der Roten Pestwurz auf. Die alte Arzneipflanze ist vorwiegend in der Nähe von Dörfern zu finden. Die Talwiesen gehören meist zur feuchten Ausbildung der Glatthaferwiese. Neben dem Glatthafer und vielen weiteren Gräsern finden sich Wiesen-Kerbel, Kohlkratzdistel und an quelligen Stellen Sumpf-Dotterblume und Bitteres Schaumkraut. Im zeitigen Frühjahr weisen die Blütenstände von Gebirgs-Hellerkraut auf den Vorgebirgscharakter des oberen Tales hin. Die Hauptverbreitung dieser Art liegt über 500 m ü. NHN. Besonders bei der Helmmühle fallen noch artenreiche Glatthafer- und Feuchtwiesen auf.

Wenig ausgeprägt sind Magerrasen mit Kleinem Ampfer, Feld-Hainsimse und Bergwiesen Frauenmantel. Auf den Wiesen konnten mehr als zehn Tagfalterarten nachgewiesen werden, so das Landkärtchen, der Hauhechelbläuling und der geschützte Kaisermantel. Letzterer ist im Hochsommer auf Sumpfdistelblüten zu beobachten. Die Waldgesellschaften entsprechen denen des Triebischtales, sind aber nicht so artenreich. Wenige reine Fichtenbestände an den Nordhängen sollen zu Mischwäldern umgebaut werden. Die Waldrandgesellschaften werden meist von Echter Sternmiere gesäumt und in Südlagen von der Schlehe. Charakterarten unter den Brutvögeln des Gebietes sind Eisvogel, Wasseramsel und Gebirgsstelze, allesamt eng an das Fließgewässer gebunden. In feuchten Hochstaudenfluren entlang der Kleinen Triebisch siedeln in manchen Jahren Schlagschwirle, optisch unscheinbare Singvögel mit einem unverwechselbaren wetzenden Gesang. Dieser ist vor allem zwischen Mitte Mai und Mitte Juni zu hören. Unter den Amphibien sind die verbreiteten Arten Grasfrosch, Erdkröte und Teichmolch Bewohner der Bachaue. Ausgehend von Quartieren in der Ortslage jagen die Fledermausarten Braunes und Graues Langohr, Kleine Hufeisennase und Mopsfledermaus in den bewaldeten Abschnitten, z. B. bei Taubenheim, nach Insekten.

Über die Kleine Triebisch führen einige alte Brücken, die unter Denkmalschutz stehen. Dazu gehören die Doppelbogenbrücke

Abb. 128   Bogenbrücke bei der Ruine Obermühle

an der Kirstenmühle bei Lampersdorf und die Bogenbrücke an der Ruine der Obermühle bei Kobitzsch. ▶ Abb. 128 Zahlreiche ehemalige Mühlen nutzten die Wasserkraft der Kleinen Triebisch. Die Helmmühle, erstmalig 1589 genannt und zu Polenz gehörend, ist heute eine Pension. In der Preiskermühle wird eine Restaurierungswerkstatt betrieben.

Über der Kleinen Triebisch an der Straße Semmelsberg–Abzweig Riemsdorf liegt der 1334 als *Polenctg* genannte Ort Polenz. In einer Urkunde des Bischofs von Meißen wird bereits 1180 ein *Christianus von Po-* *lenzke* genannt. Nach wechselvoller Besitzgeschichte teilte 1588 Magnus von Bärenstein das Dorf unter seinen Söhnen auf. Es entstehen die Rittergüter Ober-und Niederpolenz. Das ehemalige barocke Herrenhaus vom Rittergut Oberpolenz mit seinem beeindruckenden Mansardwalmdach steht unter Denkmalschutz. Es ist heute in Privatbesitz. Bereits 1402 wird die Polenzer Kapelle urkundlich erwähnt. Die Kapelle musste von den Besitzern beider Rittergüter erhalten werden. Polenz gehört seit 1999 zur Großgemeinde Klipphausen.

D13 Mahlitzsch

Mahlitzsch, seit 2003 nach Nossen eingemeindet, gehört mit 120 (2019) Einwohnern zu den typischen kleinen Dörfern, die das Siedlungsbild der Lommatzscher Pflege prägen. 1230 erstmals erwähnt nahm der Ort eine mit anderen Dörfern der Umgebung vergleichbare Entwicklung. Sowohl auf den Meilenblättern als auch auf Vorkriegskartenwerken erscheint das Dorf als ein Bauernweiler mit bis zu zehn Gehöften, zumeist landschaftstypische Vierseithöfe. Erst mit der Neuordnung der Besitzverhältnisse nach 1952 zerbrach die gewachsene bäuerliche Struktur und die ca. 210 ha umfassende Dorfflur ging in der LPG Krögis auf. Nach der Wende gelang es 1993 einer kleinen Gruppe von Landwirten einen Teil der 1945 enteigneten Flächen des Rittergutes Heynitz von der Treuhand zurückzupachten. Maßgeblich befördert hat das Unternehmen Krafft von Heynitz (1923–2015), der als jüngster Sohn des letzten Besitzers Benno von Heynitz 1945 Enteignung und Flucht in den Westen erlebt hatte. Die Eltern Krafft von Heynitz' hatten bereits 1930 ihre bis dahin konventionell betriebene Landwirtschaft auf Schloss Heynitz auf biologisch-dynamische Bewirtschaftung umgestellt. Dies war der Beginn dieser durch die Ideen Rudolf Steiners geprägten Wirtschaftsweise, die in den Folgejahren von mehreren Betrieben auch in der Lommatzscher Pflege übernommen wurde und zur Gründung des „Sächsischen Rings für biologisch-dynamische Wirtschaftsweise" führte. Nach 1941 war es nicht mehr möglich, diese Art der Bewirtschaftung aufrechtzuerhalten. Heute gehört die „Hof Mahlitzsch GbR Heynitz BSS" zu den wenigen landwirtschaftlichen Betrieben in Sachsen, die sich wieder der biologisch-dynamischen Wirtschaftsweise verpflichtet fühlen (GREISER u. HEILMANN 2015). Etwa 35 Fachkräfte, Auszubildende, Praktikanten und Freiwillige betreiben auf

Abb. 129 Mahlitzsch: Im Vordergrund moderne Stallanlagen, im Hintergrund der Vierseitenhof am westlichen Ortsrand, daneben Gewächshäuser (Blickrichtung Norden)

280 ha Ackerbau, Gemüsebau und Milchwirtschaft. Die Zertifizierung nach Demeter-Richtlinien verlangt nicht nur einen hohen Personaleinsatz, sondern auch den Verzicht des Einsatzes von Agrochemikalien. Stattdessen wird eine zehngliedrige Fruchtfolge, der konsequente Anbau von Zwischenfrüchten und die Anwendung von bestimmten, aus Wasser, verschiedenen Gesteinsmehlen, tierischen und pflanzlichen Ausgangsstoffen hergestellten Präparaten betrieben. Zum Betrieb gehört eine Bäckerei, deren Produkte aus dem Mehl des auf ca. 120 ha angebauten Getreides hergestellt werden. Auf rund 100 ha Dauergrünland weiden um die 80 Milchkühe mit einem Altersdurschnitt von sieben Jahren und einer Gesamtmilchleistung von ca. 6.500 kg. Die in Mahlitzsch erzeugten Produkte werden im hofeigenen Laden bzw. einem Lieferservice direkt oder in Geschäften in einem Radius von rund 50 km vermarktet. ▶ Abb. 129

D14 Sora

In der Soraer Kirche wurde 1769 eine Urkunde von 1186 mit der Ersterwähnung Taubenheims, Soras und umliegender Ortschaften abschriftlich aufgefunden. ▶ D8 Die 1428 erstmals erwähnte Kirche mit eigenem Pfarrer ist nachweislich 1429/30 durch die Hussiten zerstört und in Brand gesteckt worden. Die entsprechende Brandschicht fand sich 2017 bei den archäologischen Grabungen im Kirchenschiff. Es konnte nachgewiesen werden, dass der Grundriss des romanischen Vorgängerbaus der Breite der heutigen Kirche entspricht. Fundamente des Chores mit Triumphbogen und Apsis wurden frei gelegt, ebenso die Fundamente der weit in den Kirchenraum hineinragenden, ehemaligen hölzernen Patronatsloge. Unmittelbar vor dem Altar wurden vier historische Grablegen sichtbar. Die Vorgänger-Kirche entsprach in ihrer Größe etwa der Nikolaikirche von Wilsdruff. Eine Plünderung erlitt die Kirche 1634 im Dreißigjährigen Krieg. Die Sonnenuhr an der Südwest-Ecke des Kirchenschiffs wurde 1686 installiert.

Nach größeren Umbauten 1730 an Turm und Dach erfolgte 1769/70 ein teilweiser Neubau der Kirche mit Erhöhung und Verlängerung des Schiffs und dem Neubau eines massiven Turmes. Der Grundstein mit Inschrift zu dieser Maßnahme ist an der Süd-ost-Ecke der Kirche zu finden. Die nördliche Sakristei wurde aufgestockt, ein geräumiger Logenraum mit Stuckdecke entstand. Später erweiterte man diesen Anbau mit einem von außen zugänglichen Treppenaufgang. Die Erhöhung des weithin sichtbaren Turmes auf 48 m erfolgte 1792/93. Er erhielt damals seine heutige spätbarocke Form und gilt als einer der schönsten Kirchtürme des Meißener Landes. 1874 entkernte man die Kirche vollständig, wobei die Ausstattung samt Orgel verlorenging. Es erfolgte die Neugestaltung im Stil der Zeit. Die original erhaltene Orgel von 1874 aus der Werkstatt von Friedrich Nikolaus Jahn aus Dresden wurde 2006 restauriert.

Einen Gasanschluss erhielt die Kirche schon 1923. Die 1996 elektrifizierte Kirchturmuhr von 1894 versieht bis heute zuverlässig ihren Dienst. Am 6. Mai 1945 wurde die Kirche von sowjetischen Kampfverbänden beschossen und stark beschädigt. Bei der Sanierung 1947/48 entfernte man die zweite Empore und sämtlichen architektonischen Zierrat. Im Osten wurden vier Fenster mit Mauern verschlossen und der Altarraum mit einem großen Triumphbogen neu gestaltet. Den Taufstein schuf 1950 der Bildhauer Werner Hempel, Dresden. Am Schiff außen konnte 1989 ockerfarbener Putz aufgebracht werden. 1994 besuchte Bundeskanzler Helmut Kohl spontan die Kirche, er landete mit einem Hubschrauber auf einer Wiese in der Nähe.

An die umfassende Sanierung des Turmes im Jahr 2000 schloss sich bis 2016 die

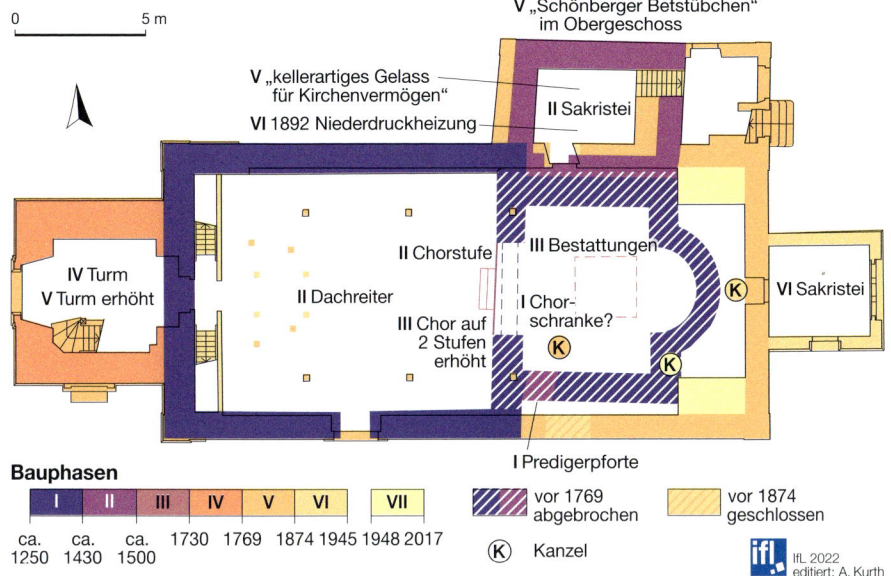

Abb. 130 Grundriss der Soraer Kirche mit Baualterskartierung

komplette Außensanierung an, inklusive der statischen Ertüchtigung des kriegsgeschädigten Dachstuhls und der Neueindeckung des Daches. 2006 erfolgten Restaurierung des Geläuts und der Einbau eines neuen Eichenglockenstuhls. Der bisherige Stahlglockenstuhl hatte so viele Beschussschäden, dass er nicht mehr repariert werden konnte. Die 1945 durchschossene, große Stahlglocke (gegossen 1919 in Bochum) steht seit 2006 als Mahnmal vor der Kirche. Sie wurde durch eine kleine Bronzeglocke, die in Lauchhammer gegossen wurde, ersetzt.

Der Einbau eines multifunktional nutzbaren Raumes, einer behindertenfreundlichen Toilette und die komplette Sanierung des Innenraumes mit neuer Altargestaltung erfolgte 2017 bis 2022. Die Baumaßnahme erhielt von der Wüstenrot Stiftung im Rahmen des Wettbewerbs „Die Kirche in unserem Dorf" eine Auszeichnung. Über 6.000 h Eigenleistungen sind in dieses Bauprojekt eingeflossen. Der historische Kirchhof mit Lindenallee, Portal und zahlreichen Sandsteingrabmalen aus dem 18. und 19. Jh. umgeben die Kirche. ▶ Abb. 130

D15 Saubachtal bei der Neudeckmühle

Das Saubachtal (Tal der Wilden Sau) ist eines der linkselbischen Täler, welches nördlich von Wilsdruff durch ein felsig enges Tal den Übergang von den Hochflächen südwestlich Dresden und Meißen in die Elbaue vermittelt. Ihr Einzugsgebiet ist etwa 26 km² groß. Sie entspringt am Nordosthang des Landbergs im Tharandter Wald. In Pohrsdorf ist die höchste Quellmulde des aus mehreren kleinen Zuflüssen gebildeten Gewässers offenliegend gut beschildert. Die Wilde Sau verläuft von dort (früher wurde dieser Teil noch als „Borsdorfbach" bezeichnet) über Grumbach nach der Stadt Wilsdruff. In Wilsdruff tritt dann von O der Kaufbach ein, der seinen Ursprung in der Nähe des Steinhübels bei Unkersdorf hat. Bis dahin ist die Eintalung im Mitteldeutschen Hügelland noch recht bescheiden. Die Fließgeschwindigkeit der Wilden Sau oberhalb von Klipphausen beträgt 1,0 m/s. Das Gefälle vergrößert sich erst unmittelbar nördlich von Klipphausen.

Der Abschnitt zwischen Klipphausen und der Neudeckmühle mit dem deutlich stärkeren Bachgefälle ist für mehrere Mühlen genutzt worden. Gut erhalten und als beliebte Gaststätte genutzt ist die Neudeckmühle. Im Jahr 1570 erstmalig erwähnt, wurde sie am 1876 von Karl Wilhelm Poitz gekauft. Sie ist seitdem in Familienbesitz. Das jetzige Gebäude wurde 1794 errichtet. Die Mühle hatte ein oberschlächtiges Wasserrad. Neben dem Mühlbetrieb wurde auch eine Bäckerei betrieben. Der Mühlenbetrieb wurde 1966 eingestellt.

Der Wanderweg von Kleinschönberg führt durch das Mühlengelände und über eine Brücke direkt ins Saubachtal weiter. Unter der Brücke des Mühlenzugangs brütet regelmäßig die Wasseramsel.

Im felsigen Saubachtal zwischen Neudeckmühle und Prinzbachtal sind keine Steinbrüche vorhanden, wenn man von lokalen kleinen Entnahmen aus den Hangbereichen (meist grober Blockschutt) für unmittelbar vor Ort notwendige Haus- und Mauerbauvorhaben, z. B. an der Neudeckmühle, absieht. In den Felshängen wurde 2014 der Uhu beobachtet.

Oberhalb der Neudeckmühle liegt rechtsseitig eine wenig bekannte Turmhügelburg, die 1350 als Schönenberg bezeichnet wird und bestimmt einen Bezug zum Ort Kleinschönberg besitzt. Gut sichtbar sind noch die Wallgräben der Anlage.

Der Abschnitt des Saubachtales von der Neudeckmühle bis Constappel wird durch die Gesteine des Meißener Massivs bestimmt. Flächenhaft verbreitet ist der Hornblendemonzonit, früher als Syenit oder Syenodiorit bezeichnet. Die Blöcke dieses Gesteins bilden auch den Untergrund des Waldes im oberen Bereich.

Im Oberlauf des Saubaches werden die Schatthänge von einem submontanen Hainsimsen-Eichen-Buchenwald mit Übergang zu einem Waldschwingel-Buchenwald eingenommen. In diesem Bereich haben sich auch größere Flächen eines steinreichen Blockwaldes erhalten. Als Mischbaumarten findet man Berg- und Spitz-Ahorn. Die Farne Frauenfarn, Wurmfarn und Breitblättriger Farn haben einen hohen Deckungsgrad. Als anspruchsvolle Arten finden sich Wald-Flattergras und Goldnessel. Montane Gräser, wie das Wald-Reitgras und der Wald-Schwingel, erreichen diese typischen Schattengräser der eigentlich submontanen Lagen im Saubachtal ihre tiefsten Standorte. Viele dieser Arten lieben frische, kühle und humose Lehmböden und sind immergrün. An quelligen kleinen Zuflüssen fällt im Frühjahr das Wechselblättrige Milzkraut auf. Gleichfalls immergrün ist der Farn Engelsüß, der an schattigen Felsstandorten unmittelbar über dem Wasser des Saubaches vorkommt. An alten Buchenstämmen fallen die großen Fruchtkörper des Zunderschwammes auf. Dieser Pilz ist wieder in Ausbreitung. An und in ihm konnte der Kerbhalsige Baumschwamm-Schwarzkäfer gefunden werden

D16 Klipphausen

Klipphausen gehört zu den Gemeinden, die nach 1989/90 durch ihre verkehrsgünstige Lage und die Nähe zu Dresden einen außergewöhnlichen Aufschwung und dynamisches Wachstum erlebten. Dabei hat sich die entstehende Großgemeinde Klipphausen seit 1990 von einer rein landwirtschaftlich geprägten Agrarregion zu einem starken Wirtschaftsstandort im Landkreis Meißen und im Umfeld der Landeshauptstadt Dresden entwickelt.

Der ursprüngliche Name des Dorfes war Röhrsdorf bzw. Kleinröhrsdorf (1286: *Otto de Rudinghesdorf*). Mit diesem deutschen

Ortsnamen erscheint das Straßenangerdorf mit seiner Streifenflur als typische Gründung der hochmittelalterlichen Landeserschließung des späteren 12. Jh. Die aufgrund des Ortsnamens zu vermutende frühe grundherrliche Zusammengehörigkeit mit dem benachbarten (Groß-)Röhrsdorf bestätigt sich in der Kirchenverfassung, denn Klipphausen war seit alters nach Röhrsdorf eingepfarrt. 1507 erwarb Christoph Ziegler aus der in der Gegend bereits begüterten Dresdner Ratsherrenfamilie das inzwischen im Ort etablierte Vorwerk mit der Grundherrschaft über das Dorf. Nach einer Güterteilung des Zieglerschen Besitzes 1525 wurde Klipphausen zum Sitz eines Familienzweiges. Das Vorwerk stieg zum Rittergut auf, und 1528 ließ Hieronymus Ziegler im Ort ein Schloss errichten; der neue Herrensitz wurde in Klipphausen umbenannt (1554: *Kliphausen, so hiebevorn Rürsdorff genant gewest*). Mit 13 besessenen Mann und 19 wohl im Rittergut Dienst tuenden Inwohnern (Bewohner ohne eigenes Haus) gehörte Klipphausen 1551 zu den höchstens mittelgroßen Dörfern der Gegend.

Nachdem die in wirtschaftliche Schwierigkeiten geratene Familie Ziegler Klipphausen noch im 16. Jh. wieder verkaufen musste, wechselten die Besitzer von Dorf und Grundherrschaft zunächst häufiger, bis Klipphausen 1794 von der Familie Reuß-Köstritz erworben wurde, die das Schloss bis zur Enteignung 1945 besaß.

Über das ganze 19. Jh. hinweg blieb der Ort landwirtschaftlich geprägt. Daran änderte im 20. Jh. auch die Anbindung mit eigenem Haltepunkt an die Kleinbahnlinie zwischen Wilsdruff und Meißen (Triebischtal) nichts, die 1909 erfolgte; die Strecke wurde bereits 1966 wieder eingestellt. Das spiegelte sich auch in der stagnierenden Bevölkerungsentwicklung wider. Zwischen der Mitte des 19. und des 20. Jh. changierte die Einwohnerzahl Klipphausens um 400 (1834: 381; 1890: 440; 1939: 50). Nach dem Ende des Zweiten Weltkriegs stieg die Einwohnerzahl 1946 kurzzeitig auf 470 an. Gemeinsam mit Sachsdorf, das 1946 333 Einwohner zählte und 1950 eingemeindet wurde, erreichte die Gemeinde Klipphausen 1950 mit 831 Einwohnern einen kurzzeitigen Höhepunkt, bevor die Einwohnerzahl schon 1964 auf 724 zurückging. Danach setzte bis 1990 ein beständiger Abwärtstrend ein, der durch die Eingemeindung von Sora (1974) nur kaschiert werden konnte und mit den Wendejahren 1989/1990 an Dynamik gewann. Sora hatte 1964 noch 461 Einwohner gezählt. Als gemeinsame Gemeinde Klipphausen kam man 1990 nur noch auf 996 Ein-

Rundwanderung Klipphausen

Die 12 bis 15 km lange Fußwanderung beginnt in Klipphausen im Schlosshof/Park und führt durch das Saubachtal bis Constappel. Auf einem Wanderweg geht es von Klipphausen an der Lehmannmühle vorbei bis zur historischen Neudeckmühle mit Einkehrmöglichkeit. Ein Abstecher führt zum Burgwall der mittelalterlichen Schönbergburg. Durch weitgehend unberührte Hangwälder und Auwiesen der Wilden Sau wandert man bis Constappel. Hier lohnt sich der Besuch der alten Wallfahrtskirche. Über Hartha geht es auf schmalen Straßen und Feldwegen nach Klipphausen zurück.

lid-online.de/83507

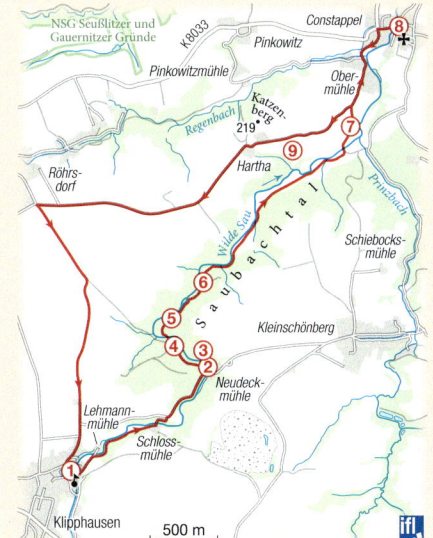

Klipphausen

Streuobstwiesen

Ein wichtiger Bestandteil in der Kulturlandschaft sind die Streuobstwiesen. Darunter versteht man extensiv genutzte Obstbaumbestände mit hochstämmigen Obstbäumen. Die Bäume stehen weit auseinander, sodass jeder Baum genug Platz und Licht zum Wachsen hat. Ein weiteres Merkmal einer guten Streuobstwiese ist der weitgehende Verzicht auf Pestizide und künstlichen Dünger.

Die Wiesen sind oft kleinflächig in Ortslagen oder in Hangbereichen angelegt, die sich für eine Ackernutzung nicht eignen. Der Unterwuchs ist je nach Lage durch Magerrasen, Halbtrockenrasen oder Frischwiesen gekennzeichnet. Die Wiesen werden meist zweimal im Jahr gemäht oder extensiv mit Schafen beweidet. So stellt sich eine Fülle von unterschiedlichsten Pflanzen ein. Auf Streuobstwiesen werden bevorzugt alte Obstsorten kultiviert, die an das lokale Klima angepasst sowie robust gegen Krankheiten und Parasiten sind und oft weniger Ertrag als moderne Sorten, aber qualitativ bessere und schmackhaftere Früchte liefern.

Alle Streuobstwiesen stehen nach § 21 des Sächsischen Naturschutzgesetzes unter Schutz und sind zu erhalten. Früher waren die Streuobstwiesen durch Feldraine und Obstpflanzungen entlang der kleineren Landstraßen eng miteinander verbunden. Sie bildeten einen für den Artenschutz wichtigen Biotopverbund. Leider sind gerade diese Verbundelemente durch die moderne Großraumlandwirtschaft oft verloren gegangen. Artenreiche Streuobstwiesen findet man noch an den Hängen des Ketzerbachtales und seiner Nebenbäche und am Rande der Wilsdruffer Hochfläche in den Tälern, die zur Elbe hin entwässern. ▶ B19, B20, D2, D15 Neben den dort aufgeführten Insekten finden sich zum Beispiel auf den Streuobstwiesen des Sau- und des Prinzbachtales artenreiche Halbtrockenrasen mit Feld-Thymian und der geschützten Stein-Nelke. Bemerkenswert sind auch die Pilzarten der Magerrasen, wie die geschützten Saftlingsarten Zinnoberroter Saftling oder Schleimfuß Saftling und die Rote-Liste-Arten Wiesenkoralle, Weißes Spitzkeulchen und Schwarzblauer Rötling.

Streuobstwiesen sind heute ein Schwerpunkt zur Erhaltung einer Artenvielfalt. Dies wird besonders sichtbar, wenn man die Insektenvielfalt betrachtet. Zusammen mit dem im Mulm alter Obstbäume lebenden Eremit kommen zwei weitere Blatthornkäferarten vor, der Marmorierte Goldkäfer und der vor allem in den Streuobstwiesen des Saubachtales lebende sehr seltene Fieber's Goldkäfer. In morschen Stümpfen lebt der Kurzschröter, der kleinste und seltenste Verwandte des Hirschkäfers. Von den gesetzlich geschützten Bockkäfern, die sich im Holz der Obstbäume entwickeln, sollen der Kirsch-Widderbock und der Mattschwarze Scheibenbock genannt werden. Speziell an Kirschbäumen lebt auch der Kirsch-Prachtkäfer, der zu den farbenprächtigsten heimischen Käfern gehört. ▶ Abb. 131 Von den an krautigen Pflanzen fressenden Käferarten seien an dieser Stelle der Hornklee-Graurüssler, der Bärenschoten-Spitzmäuschenrüssler und der Zypressenwolfsmilch-Flohkäfer sowie der hauptsächlich an Labkraut fressende Hallesche Blattkäfer genannt. Zu den bemerkenswerten Laufkäferarten, die auf den Streuobstwiesen gefunden werden, gehört beispielsweise der Bombardierkäfer, der seine Fressfeinde – z. B. Ameisen – abschreckt, indem er aus dem Hinterleib eine Substanz absetzt, die an der Luft explodiert, wie eine Art Verpuffung. Die genannten Arten zeigen die Bedeutung der Streuobstwiesen für eine hohe Biodiversität.

In jüngerer Zeit erfolgte eine Rückbesinnung auf regionale Obstprodukte und damit auch auf den Erhalt alter Obstsorten. So ist die Lommatzscher Pflege bekannt für den Anbau von Apfel, Kirschen- und Birnensorten. Typische Apfelsorten im 19. und 20. Jh. waren Renetten, Gravensteiner, Kaiser Wilhelm Apfel, Goldparmäne, Schöner von Boskoop und Klarapfel. Bei den Birnen sind im Anbau Clapps Liebling und Williams Christ nachgewiesen (Schäfer 2017). Dies entspricht auch dem Sortenbestand in benachbarten Gebieten (Hardtke 2015). Eine Besonderheit in der Lommatzscher Gegend war und ist wieder der Kirschenanbau. Im Jahr 1884 gab es allein in den Rittergütern des Gebietes ca. 6.000 Kirschbäume. Die bevorzugten Sorten waren Lommatzscher Späte Harte, Lommatzscher Glasierte und Franzens Wilde, die in Constappel gezüchtet wurde (Braun-Lüllemann u. Lochschmidt 2014; Lantzsch 2017). Sortenreine Bäume sind bis heute in der Lommatzscher Pflege und in Unkersdorf vorhanden. Bedeutende Obstbaustandorte in der Lommatzscher Pflege bis 1990 waren und sind teilweise wieder z. B. Gödelitz (Gut Schmidt), Krögis, Paltzschen und Schleinitz. An diese Traditionen knüpfen verschiedene Vereine und Obstbauern nach 2000 wieder an.

Verglichen mit dem aktuellen Angebot an Äpfeln in den Lebensmitteldiscountern bringen die vielfältigen alten Obstsorten eine Vielzahl in Farben und Geschmacksrichtungen in die Küche. Die Streuobstwiesen in der Dorfflur spielten eine wichtige Rolle bei der gesunden Ernährung der Dorfbevölkerung. So trank noch um 1840 eine vierköpfige Familie im Jahr im Schnitt 1.500 l Apfelsaft. Dörrobst spielte eine große Rolle. So wurden allein dafür Sorten gezüchtet, wie die Gelbe Wachtelbirne. Aber auch das Brennen edler Obstbranntweine findet heute wieder Zuspruch.

Die größte deutsche Genbank für Obstbäume liegt mit 985 Apfelsorten, 164 Birnensorten und 240 Süßkirschensorten heute in Dresden-Pillnitz. Damit können Streuobstwiesen mit alten Sorten ergänzt werden. Eine vollständige Erhebung zu Streuobstwiesen gibt es in der Lommatzscher Pflege und in Sachsen nicht. In Sachsen wird ihre Zahl auf 13.300 mit einer Fläche von 5.800 ha geschätzt.

Über die Förderung als „Natürliches Erbe" wird versucht, dem Abwärtstrend entgegenzusteuern und so die vielfältige Kulturlandschaft zu erhalten (SMUL 2012). So wurden seit 2014 laut sächsischem Umwelt und Landwirtschafts-Ministerium 684.000 € für die Neuanlage von Streuobstwiesen gezahlt und knapp 9.600 Obstbäume gepflanzt; in fast gleicher Höhe wurden Sanierung und Erhalt solcher Wiesen unterstützt.

Abb. 131   Kirsch-Prachtkäfer

Abb. 132 Gewerbegebiet Klipphausen 2020

wohner, gegenüber den 1964 summiert noch 1.185 Personen der Einzelgemeinden.

Danach setzte innerhalb weniger Jahre ein außergewöhnlich dynamisches Wachstum ein, das auf zwei Säulen ruhte: der Erschließung eines großen Gewerbegebietes jenseits der Staatsstraße 177, und der Neueinrichtung eines großen Wohngebietes unmittelbar südlich des Ortskerns. Die frühe Ausweisung von vergleichsweise günstigem Bauland in idyllischer ländlicher Umgebung und die verkehrsgünstige Nähe zu Dresden, das über die Autobahn in wenigen Minuten erreichbar ist, zogen viele junge Familien an, sodass sich die Einwohnerzahl von Klipphausen zügig mehr als verdoppelte.

In enger und vertrauensvoller Zusammenarbeit von Wirtschaft und Kommunalpolitik begann dann bereits im Jahr 1992 die gezielte Ansiedlung von Unternehmen. Moderate Grundstückspreise in den Gewerbegebieten, niedrige Steuern und konkrete Hilfen bei den Bauanträgen haben dazu beigetragen, dass sich zahlreiche neue Unternehmen bereits Anfang der 1990er Jahre hier etablierten. Der erste Bauabschnitt des Gewerbegebietes Klipphausen konnte dabei mithilfe der Wirtschafts- und Finanzkraft privater Unternehmen entwickelt und erschlossen werden, ohne öffentliche Fördermittel in Anspruch zu nehmen. Die außerordentlich günstige Verkehrslage unmittelbar an der Abfahrt der BAB 4 sorgte für schnellen Zuzug. Innerhalb von drei Jahren konnten über 93 % der gewerblich neu ausgewiesenen Flächen vermarktet werden. Der inzwischen 75 ha große Gewerbepark Klipphausen profitiert bis heute von der günstigen Mischung der hier ansässigen Unternehmen aus Dienstleistung, Handel, Logistik und Produktion. ▶ Abb. 132

Mit dem spürbaren Wachstum der Wirtschaft stieg auch das Gewerbesteueraufkommen, was der Gemeinde mehr Handlungsspielraum zu kommunalen Investitionen eröffnete. Klipphausen investierte in die am Boden liegende Infrastruktur: Intakte Straßennetze, eine gesicherte Trinkwasserver- und Abwasserentsorgung waren wiederum Katalysatoren für die Entstehung von Wohngebieten, Kindereinrichtungen, Schulen und Freizeitangeboten. So gelang es, produzierende Mittelstandsunternehmen mit einem hohen Bedarf an qualifizierten Arbeitskräften in den Gewerbegebieten anzusiedeln und gleichzeitig Möglichkeiten zum Wohnen in unmittelbarer Nähe zu schaffen.

Der Aufschwung und der Erfolg der Kerngemeinde Klipphausen führten zur schrittweisen und erheblichen Ausweitung des Gemeindegebietes. Bereits 1994 konnten Röhrsdorf und Weistropp eingemeindet werden, 1999 Gauernitz und Scharfenberg, und 2012 folgte schließlich die Großgemeinde Triebischtal. Durch den Zusammenschluss mit den Nachbargemeinden erstreckt sich die Gemeinde Klipphausen heute mit 43 Ortsteilen auf einer Fläche von mehr als 111 km² bis an die Grenze der Stadt Meißen.

Bereits zum Jahr 2000 zählte die Gemeinde insgesamt 6.075 Einwohner. Bis heute ist die Einwohnerzahl weiter auf über 10.300 angewachsen. Damit zählt Klipphausen zu den größeren Gemeinden im Landkreis Meißen und ist hinsichtlich der Einwohnerzahlen etwa mit Nossen und Weinböhla gleichgezogen. Im Spiegel dieser Entwicklung gilt Klipphausen als ein Paradebeispiel für den Strukturwandel im Speckgürtel der Landeshauptstadt Dresden nach 1990.

D17 Niederwartha

Der Burgberg von Niederwartha überragt die Elbe um ca. 100 m. Setzt man voraus, dass die Umgebung der Burg wahrscheinlich schon im 10., auf jeden Fall aber im 11. Jh. unbewaldet war, konnte man von hier aus einen größeren Abschnitt des Elbtals überwachen. Unmittelbar oberhalb des steil eingetieften Tännichtgrundes befindet sich die Hauptburg mit Hügel und Abschnittswall, nach W schließt sich das einen schmalen Sporn einnehmende und durch weitere Abschnittsgräben und Wälle gesicherte Vorburggelände an. Über die Bebauung der Innenfläche ist wegen fehlender Untersuchungen und Störungen – namentlich der Errichtung einer Flakstellung während des Zweiten Weltkriegs und Nutzung als Wochenendgrundstück mit Pool zur DDR-Zeit) – nichts bekannt.

Zum Hinterland des Burgberges von Niederwartha gehören zwei weitere Befestigungen, der „Böhmerwall" und der „Heilige Hain". Die drei Anlagen unterscheiden sich in ihrer Bauweise signifikant von den älteren Burgwällen und den hochmittelalterlichen Turmhügelburgen, da sie nach außen zwar wie jene durch Wälle, Abschnittsbefestigungen und Gräben gesichert waren, im Innern aber jeweils einen mehr oder weniger zentral gelegenen Hügel aufwiesen, der als Basis für jeweils einen hölzernen Turm aufgeschüttet worden sein dürfte. ▶ B14 In welchen zeitlichen und funktionalen Beziehungen die drei auf engstem Raum benachbart liegenden Befestigungen zueinanderstanden, ist bislang ungeklärt. Lesefunde erwecken den Eindruck, dass der Böhmerwall noch nach Aufgabe des Burgberges in Nutzung war. Vom Heiligen Hain fehlen bislang mit Ausnahme einer spätslawischen Scherbe datierbare Funde. Für eine vermutete vierte frühmittelalterliche Befestigungsanlage im Bereich der „Oberen Warte" (Oberwartha) gibt es bislang keine wirklichen Anhaltspunkte (Hofmann 2016; Kinne u. Westphalen 2016). Erst eine tiefergehende archäologische Untersuchung könnte die weiterhin offenen Fragen zum Gesamtkomplex der verschiedenen Wehranlagen aufklären. ▶ Abb. 133

Dem vielschichtigen archäologischen Befund entspricht eine außerordentlich dichte, freilich nicht weniger komplizierte schriftliche Überlieferung im 11. und 12. Jh. (Billig 1989; Thieme u. Kobuch 2005; Billig 2020). Der heutige Ortsname (Nieder-)Wartha taucht erst zu 1205 auf, als ein Heinrich von Wartha für den Meißener Bischof zeugt. Die vom mittelhochdeutschen „Warte" (= Platz, von dem aus ausgespäht, ausgeschaut werden kann) herrührende Ortsbezeichnung muss damals jung sein; eine ältere slawische Benennung für die Burgstellen erscheint zwangsläufig. Vor diesem Hintergrund erfolgte die Zuordnung der früh überlieferten Ortsnamen Woz/Gvosdez an die Niederwarthaer Befestigungen; sie gehen auf das altsorbische *gvozd* für Wald/Bergwald zurück und bedeuten etwa ‚Wallburg im Bergwald'. Damit ist die Zuweisung eines Burgwardmittelpunkts an den Niederwarthaer Burgberg verbunden, der zugehörige Burgward wird zwischen 1045 und 1140 viermal in zum Teil gefälschten bzw. verfälschten Urkunden erwähnt. Zum Burgward Woz/Gvosdez gehörig zählten demnach sicher die Dörfer Cossebaude, Leuteritz, Roitzsch, Mobschatz, Oberhermsdorf sowie die Wüstungen Zschon und Polst. Der Burgward Niederwartha bildete den nordwestlichen Abschluss des Gaues Nisan. Ein eigener früher Kirchenbezirk lässt sich ihm nicht zuordnen; stattdessen pfarrten die zu den Burgwarden Niederwartha, Briesnitz und zum Burgward an der Weißeritz gehörenden Siedlungen alle zur Briesnitzer Urkirche. Seit dem 11. Jh. versuchte das Bistum Meißen recht erfolgreich, in den Burgwarden Briesnitz und Niederwartha eigene Herrschaft jenseits der alten Burgwardstrukturen aufzubauen und erwarb dazu mehrere Dörfer. Im 12. Jh. initiierten die Meißener Bischöfe vom Burgward Niederwartha aus einen bemerkenswert frühen Siedlungsausgriff nach S, in dessen Verlauf vor 1140 Oberhermsdorf erreicht und gegründet worden sein muss. Vor dem Hintergrund dieser Entwicklung dürfte der befestigte Burgwardmittelpunkt Niederwartha zeitig an zentralörtlicher Bedeutung verloren haben; während sich die bischöfliche Herrschaft früh in Briesnitz einrichtete. Die wiederholten urkundlichen Erwähnungen beziehen sich so durchweg auf den Niederwarthaer Burgwardbezirk und dienen allein der räumlichen Verortung übertragener Dörfer.

Vor diesem Hintergrund sind die chronikalischen Einlassungen des Prager Kanonikers Cosmas zu verstehen. In seiner zwischen 1119 und 1125 verfassten *Chronica Boemorum* berichtet er zu 1087 von einem Feldzug des böhmischen Königs Wratislaw in die Markgrafschaft Meißen; dort habe Wratislaw die Burg *Gvozdec* nahe Meißen wiedererrichten lassen. Gemeint ist wohl die Instandsetzung des offensichtlich vernachlässigten Burgwardsitzes auf dem Burgberg Niederwartha. Als Wratislaw ein Jahr später erneut mit einem Heer einrückte, ließ er die gerade erst befestigte Burg an einen sichereren Ort verlegen. Vieles spricht dafür, für diese zweite Burg die Wehranlage Böhmerwall in Anspruch zu nehmen. Allerdings sind die Angaben des aus räumlichem und zeitlichem Abstand schreibenden Cosmas in ihrer Genauigkeit auch nicht zu überschätzen. Hintergrund des Geschehens ist die Opposition sächsischer Großer gegen Kaiser Heinrich IV., zu der zeitweise auch Markgraf Ekbert II. von Meißen gehörte. Mit dem Mandat des Kaisers versuchte sich der böhmische König Wratislaw damals, allerdings vergeblich, gegen den aufrührerischen Markgrafen in den Besitz der Markgrafschaft Meißen zu bringen. In ähnlicher Konstellation tauchte der Sohn des böhmischen Königs, Fürst Wladislaw, 1123 noch einmal auf. Als Verbündeter nun Kaiser Heinrichs V. lagerte er mit seinen Truppen jenseits der Burg *Guozdec* gegenüber einem sächsischen Heer, das der oppositionelle Herzog Lothar anführte. Ohne sich einer Schlacht zu stellen, zogen die Böhmen damals aber wieder ab. Die große Bedeutung von *Gvosdez*/Niederwartha als zeitweise böhmische Basis gegen Meißen wird jedenfalls offensichtlich.

Ob die Burg im Heiligen Hain als Herrensitz des nach 1205 mehrfach schriftlich in Erscheinung tretenden Heinrich von Wartha zu interpretieren ist und damit als herrschaftliches Zentrum von dessen umliegender Grundherrschaft, bleibt vorerst offen. Die älteren Anlagen Burgberg und Böhmerwall dürften zu diesem Zeitpunkt jedenfalls längst funktionslos aufgegeben worden sein.

Der Burgberg ist auch ein bedeutendes Naturdenkmal und Biotop. Er wird von einem Eichentrockenwald bzw. auf der Nordseite von einem artenreichen Eichen-Hainbuchen-Wald eingenommen, während das Plateau der Vorburg teilweise mit einer zunehmend verbuschenden trockenen Glatthaferwiese bedeckt ist. Am SO-Hang findet sich ein großes Vorkommen des Schlangenlauches und auf dem waldfreien Plateau der Feldmannstreu. Zu den Besonderheiten der Flora gehört das in Sachsen seltene Alpenvermeinkraut. Leider ist am Fuß des östlichen Walls durch Ablagerungen von Gartenabfällen eine ruderalisierter Vorwald mit Sal-Weide und Schwarzem Holunder entstanden.

Wärmeliebende Insekten wie die seltenen Bockkäfer Schwarzer Bergbock und Hornissenbock und über siebzig Nachtfalterarten konnten auf dem Burgberg nachgewiesen werden. Neben typischen Arten der Eichenwälder, wie der Sichelflügler und der Eulenfalter Rotkopf-Wintereule ist besonders die Schmalflügelige Bandeule hervorzuheben. Die Art, nahe verwandt mit der häufigeren Hausmutter, ist in Sachsen sehr selten (Rote Liste R: „extrem selten"). Bemerkenswert sind auch die Pilzeule und die Dunkelgrüne Flechteneule.

Der Landesverein Sächsischer Heimatschutz kaufte 2014 den Burgberg und beseitigt seitdem mit Anwohnern den neueren

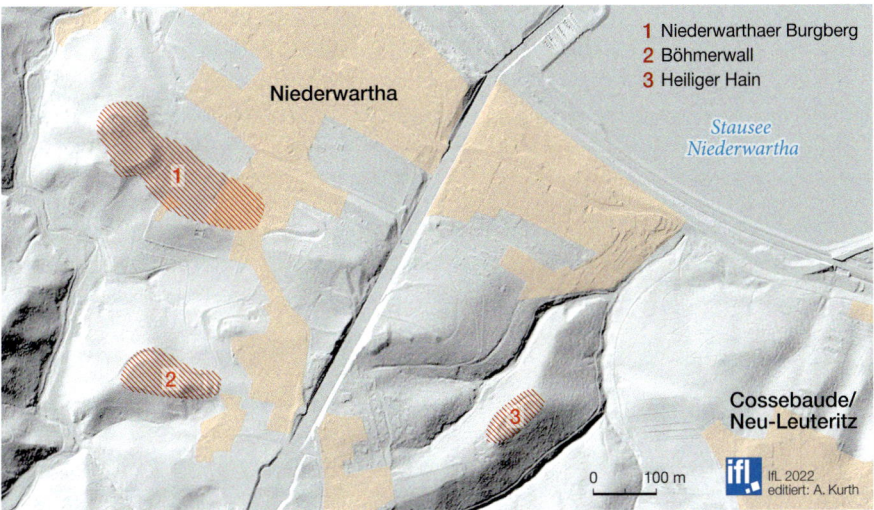

Abb. 133   Der Niederwarthaer Burgberg sowie der Böhmerwall und der Heilige Hain im digitalen Geländemodell

Kulturmüll. Leider ist der Zufahrtsweg der bedeutenden Anlage durch Verkauf an Gartenbesitzer nicht mehr öffentlich zugänglich. Der Burgberg kann aber über einen beschwerlichen Pfad vom Tännichtgrund aus erreicht werden.

D18 Oberwartha

Oberhalb des Elbtales breitet sich in lockerer Anordnung auf der welligen Hochfläche, umrahmt vom tiefeingeschnittenen Tännichtgrund im W und dem Lotzebach im NO, die Gemeinde Oberwartha aus. Vom südlichen Ortsende dacht sich das Gemeindegebiet von ca. 250 m Höhenlage auf rund 135 m ü. NHN ab, die im nördlich liegenden Niederwartha in Elbnähe erreicht werden. Die Ortschaft wurde erstmals urkundlich 1266 erwähnt. Der Name wird mit seiner Funktion als Befestigungsanlage („Warte") in Verbindung gebracht (FKHK 2016). Gesellschaftlicher Mittelpunkt der Siedlung war seit dem 13. Jh. das Brauschenkengut. Dieses Gut erwarb 1885 Julius-Friedrich Arndt, der die Brauschenke (vormals Jägerei) ebenso wie die Brauerei zurückbaute, über den vorreformatorischen Bruchsteingewölbekellern der Schenke eine künstliche Ruine errichtete und das Gut in Erinnerung an den vormaligen Hochstiftsbesitz in Klostergut umbenannte. Ein historischer Transportweg, die Bierallee, führte über Felder durch den Tännichtgrund nach Weistropp. Sowohl Weinbau an den Südlagen der zahlreichen Täler als auch Bierbrauerei gehörten zu den besonderen Wirtschaftsaktivitäten. Das ehemalige Bauerndorf wandelte sich mit Beginn des 20. Jh. zunehmend zu einem Wohndorf mit Villensiedlung in der Vorortlage zu Dresden. Es bleibt daher erklärlich, dass die Ortschaft 1997 in die Großstadt eingemeindet wurde. Die Ortslage ist Teil des LSG „Linkselbische Täler zwischen Dresden und Meißen". Die oft steilen Hänge zum Elbtal tragen Traubeneichen-Buchenwald sowie edellaubholzreichen Stieleichen-Hainbuchenwald und örtlich ist auch Schluchtwald ausgebildet.

Ein zum Klostergut gehöriger Park ist seit Jahren verwildert. Im Teich kommt neben Wasserlinsen auch das Krause Laichkraut

Abb. 134   Pumpspeicherkraftwerk Oberwartha 2020

vor. Selten sieht man den Eisvogel auf Nahrungssuche. Außer den Resten des Baumbestandes sind einige ehemalige Gartenpflanzen von Bedeutung. Neben dem Efeu rankt der Wilde Wein. Des Weiteren kommen das Garten Silberblatt, die Deutsche Schwertlilie, an Mauern der Gelbe Lerchensporn und der Wurmfarm vor. Größere Teile des ehemaligen Parkgeländes und der Hofbereich werden von Ruderalgesellschaften (*Artemisietalia vulgaris, Dauco-Melilotion, Sisymbrion officinalis*) eingenommen. In diesem Bereich kommen auch Aufrechtes Fingerkraut, Langblättrige Melde, der Neophyt Pyrenäen-Storchschnabel und die Schwarznessel vor. Zum Gehöftbereich existiert noch ein weiterer Parkgarten östlich auf dem Hebchen. Hier steht die wahrscheinlich 1.000-jährige Eibe (ND, Verzeichnis Dresden von 2015) mit der Ludwig-Richter-Bank. Der Blick ins Lotzebachtal reicht bis hinüber zur Lößnitzhöhe.

Auf der Suche nach zusätzlichen Energiequellen für die wachsende Groß-und Industriestadt Dresden entschloss man sich 1927 zum Bau eines Elektrizitätswerkes nach dem Prinzip des Pumpspeicherverfahrens. In der Hauptarbeitsphase zählte man 2.700 Bauleute, davon 2.400 „Notstandsarbeiter". Mit überschüssiger Elektroenergie, z. B. nachts, wird Wasser in ein hochliegendes Becken gepumpt, um bei Spitzenbelastung oder Havarie – 20-kV-Kabelverbindung bis zum Kraftwerk Dresden Mitte – in vier Minuten einspeisen zu können. Generatoren wandeln die mechanische Arbeit des herabstürzenden Wassers (hier Fallhöhe 143 m) in Elektroenergie umzuwandeln. Nach Abschluss der Bauarbeiten konnte im Frühjahr 1930 eine Nennleistung von 120 MW erreicht werden, genug um bei mittlerem Bedarf (ca. 3.000 kWh) 200 Haushalte ein Jahr lang zu versorgen. Das PSKW stellt seither mit seinen oberen Wassertürmen (36 m), der Rohrleitungstrasse im gerodeten Waldhang sowie dem zu Niederwartha gehörenden Unterbecken (übrigens mit öffentlicher Badegelegenheit) eine das Landschaftsbild prägende Industrieanlage dar.

Das obere Speicherbecken ist durch Erweiterung des Silbertales entstanden, breitet sich auf 30 ha aus und ist über 1.760 m lange Rohrleitungen mit dem unteren Becken verbunden. Der Stausee ist besonders im Verlandungsbereich im S mit Röhricht bestanden. Im Röhricht kommen neben dem Schilf und dem Großen Rohrkolben auch typische Arten, wie die Sumpf-Schwertlilie, die Sumpfried-Arten (*Carex acutes, C. rostrata, C. vesicaria*) und der Blutweiderich vor. Auf dem trockenfallenden Schlammbereich finden sich die Rote-Liste-Arten Schlammkraut und Braunes Zypergras. Das Gewässer dient trotz des wilden Badebetriebes vielen Wasservögeln als Brutplatz, so der Stockente und dem Blässhuhn.

Mit seinen zunächst vier Pumpspeichersätzen war das PSKW zum Bauzeitraum weltweit das leistungsfähigste Kraftwerk dieser Art. Nach 1945 wurde das PSKW stillgelegt, zumal die elektrischen und wassertechnischen Ausrüstungen im Zuge von Reparationsleistungen in die Sowjetunion verbracht worden waren. Teile der Anlagen wurden von deutschen Kriegsgefangenen im Dorf Estonka bei Sotchi in einem Wasserkraftwerk installiert (Siebert 2001). 1957 wurde das PSKW wieder ertüchtigt und ab 1960 konnte der Betrieb nun mit sechs Maschinensätzen sowie Zusatzeinrichtungen wiederaufgenommen werden. Das wurde möglich, nachdem 1956 vier der demontierten Maschinensätze aus der Sowjetunion (Sewastopol) zurückkamen, weil sie dort, wie zwei weitere Anlagenteile aus dem früheren Sachsenwerk Niedersedlitz, keine Verwendung finden konnten. 1990 wurden dann die Bemühungen gekrönt, das gesamte Ensemble (Bauten und Technik) unter Denkmalschutz zu stellen. Der nächste Einschnitt für das PSKW war das Jahrhunderthochwasser vom August 2002, das erhebliche Zerstörungen an allen Maschinensätzen verursachte (EGRO 1929). Im Jahr 2012 übernahm das Energieunternehmen Vattenfall Wasserkraft GmbH das PSKW. Doch schon 2015 kündigte der neue Eigentümer an, sich aufgrund des hohen Investitionsbedarfs einerseits und den Zusatzkosten durch das EEG andererseits (PSKW-Anlagen wurden netzgeldpflichtig) zeitnah trennen zu müssen. Demzufolge ging im Jahr 2016 das PSKW vom Netz, lediglich eine Betriebsbereitschaft für Notfallsituationen wurde garantiert. ▶ Abb. 134

Vor dem Hintergrund der Nachhaltigkeitsdebatte im Zusammenhang mit Fragen des Klimawandels gibt es in der Region zahlreiche Bemühungen zu einer Rücknahme der Stilllegung. Nicht nur ein Stück sächsischer Energiegeschichte ging verloren, der Klimaschutzgedanke verlöre eine Speichermöglichkeit für aus kostenloser Primärenergien erzeugter Kapazität. Die Stadt Dresden verhandelt darüber hinaus mit dem Eigentümer, um Lösungen zum Erhalt des unteren Wasserbeckens und damit des beliebten Stauseebades zu finden.

D19 Weistropp

Weistropp liegt oberhalb der Dresdner Elbtalwanne und ist nach N und O von steil abfallenden, überwiegend bewaldeten Hängen umgeben. Im S erstrecken sich Felder bis zum Galgenberg. Die letzte Hinrichtung fand dort 1768 statt. Das Dorf war ein Bauerndorf mit 13 Bauernstellen, die sich um mehrere Gassen anordneten. Im Jahr 1233 erstmals als *Wiztrop* genannt. Am nördlichen Dorfrand stehen die Kirche und das Rittergut. Die Pfarrei hatte nur einen kleinen Pfarrbezirk, bestehend aus Hühndorf, Kleinschönberg, Niederwartha, Weistropp und Wildberg. 1287/88 wurde ein Teil Weistropps dem Kloster Geringswalde übertragen. Die Kirche wurde mehrfach auf- und umgebaut, insbesondere unter denen dem Patronat der Familien von Eckersberg und von Günderode. Bemerkenswert sind der Taufstein (1602) und die Kanzel (1607) mit dem Stifterehepaar Günderode und acht Wappen. Im Jahr 1725 baute George Bähr (1666–1738) den Innenraum um. Im Jahr 2004 konnten die Stahlglocken wieder durch Bronzeglocken ersetzt werden. Im Dorfteil, der nicht dem Kloster unterstand, übte das aus einem 1413 bezeugten Sattelhof hervorgegangene Rittergut die Grundherrschaft aus. 1543 erwarb Bernhard von Rothschütz den Klosteranteil, sodass das Rittergut seitdem alleine die Gerichtsbarkeit und Grundherrschaft ausübte. Das Schloss ist eine asymmetrische, nach W geöffnete Dreiflügelanlage, die zu unterschiedlichen Zeiten entstanden ist und im 19. Jh. überformt wurde. Heinrich von Eckersberg errichtet 1601 den Ostflügel, während Albrecht von Günderode 1661/62 den Süd- und Nordflügel anfügen ließ. Adolph Freiherr von Seyffertitz veranlasste 1723 einen größeren Umbau. Schloss Weistropp war der Wohnsitz der 1745 in den Grafenstand erhobenen Familie von Tottleben. 1838 kaufte Herzog Karl II. von Bourbon-Parma (1799–1773), ein spanischer Bourbone, das Rittergut Weistropp, vermutlich deshalb, weil seine einzige Schwester Maria Luisa (1802–1857) den Prinzen Maximilian von Sachsen (1759–1838) geheiratet hatte und der entthronte Herzog einen Wohnsitz in ihrer Nähe suchte. 1847 erhielt Karl II. das Herzogtum Parma zurück, musste aber infolge der Revolution 1848/49 zugunsten seines Sohnes abdanken. Seit 1849 lebte er als

Abb. 135   Ansicht des Herrenhauses Weistropp auf einem Gemälde von Robert Krause aus dem Jahre 1832

Privatmann in Weistropp, verkaufte das Gut aber 1873 an Adolph Keil (1822–1890), um sich nach Nizza zurückzuziehen. Der Leipziger Architekt Bruno Grimm nahm einen grundlegenden Umbau der drei Schlossflügel vor und gestaltete schlichte klassizistische Fassaden. Die Hoffassaden des Nord- und Ostflügel wurden mit Dreiecksgiebeln herrschaftlich aufgewertet. Der letzte Besitzer des Rittergutes (1925: 194 ha) war der Landwirt Gregor William Bellmann, welcher 1945 enteignet wurde. In den Jahren der DDR wurde das Schloss als Wohnhaus, Schule und Jugendclub genutzt, dann stand es lange leer. 2015/16 wurde es zu einer Eigentums-Wohnanlage um- und ausgebaut. ▶ Abb. 135

Die Geschichte des heute kaum mehr erkennbaren Schlossparks beginnt wahrscheinlich nach 1769 mit dem Grafen von Tottleben, der „den Garten durch Parkanlagen in das Thal hinab verschönte" (Poenicke 1856, S. 51). Das „Thal" ist das steil abfallende Quellgebiet der Kleditzsch. Das Sächsische Meilenblatt von 1890 zeigt ein dichtes Netz von geschlängelten Wegen zwischen zwei Tälern mit Brücken und kleinen Teichen. Der Nordseite des Schlosses ist eine offene Veranda vorgelagert, von der eine Freitreppe in das ehedem gestaltete Parterre der oberen Großterrasse führt, die durch eine ca. 5 m hohe Stützmauer oder z. T. durch eine Böschung von der darunterliegenden zweiten Terrasse getrennt ist. Der gegenwärtige Zustand der unteren dieser gartengestalterisch wertvollen Großterrassen, zuletzt eine Sportwiese, ist beklagenswert (Eppert 2007).

Der Park steht als Gartendenkmal unter Schutz. Von den eingebrachten Ziergehölzen sind am Kleditzschbach noch Pfeifensträucher gut vorhanden. Stabil stehen große Trauben-Eichen am oberen Parkrand und noch einige Altbäume der um 1700 gepflanzten Edel-Kastanien oben am Parkeingang. Letztere wurden ebenso wie große Rotbuchen durch Stürme stark geschädigt.

Die gesamten Laubmischwald-Steilhangflächen sind als FND ausgewiesen. Sie haben durch einen hohen Totholzanteil einen urwaldartigen Charakter, und sind von drei Wanderwegen erschlossen.

Bemerkenswert ist die reiche Flora im Eichen-Hainbuchenwald. Neben den schon in Elbseitentälern der Suchpunkte vorgestellten Arten, sollen hier das Einblütige Perlgras und die Pfirsichblättrige Glockenblume genannt werden. Im Unterlauf des Kleditzschbaches war eines der fünf Vorkommen des Südlichen Mariengrases in Sachsen. Die Art wurde letztmalig 1906 beobachtet (Hardtke, Klenke u. Müller 2013) und ist heute in Sachsen ausgestorben.

In der Ortsflur sind interessante wärmeliebende Ruderalfluren erhalten. An Hausmauern und Zäunen, z. B. am Pfarrhaus und am Weingut Wellhöfer, wächst saumartig die Trespen-Mäusegerste-Flur. Neben der Mäusegerste dominieren die Taube Trespe und etwas seltener die Dach-Trespe. Auf Ödland und Baustellen, zum Beispiel im Bereich des ehemaligen Rittergutes, findet man die hochwüchsigen Arten der Kompass-Lattich-Flur und Lösels-Raukenflur. Seltener geworden ist die Wegmalvenflur mit der Kleinen Brennnessel. Auf ruderalisierten Magerrasen entlang der Straßenhänge nach Niederwartha kommen noch Feld-Thymian, Knolliger Hahnenfuß und der geschützte Körnige Steinbrech vor.

D20 Niedermunzig

Das Erzbergbaurevier Munzig-Weitzschen zwischen Mockritzbach (Aspenbach) und Diebsgrund im Triebischtal gehört regionalgeologisch zum Nossen-Wilsdruffer Schiefergebirge. Damit ist dieser zweite Standort der Silbergewinnung innerhalb des Betrachtungsgebietes anders als in Scharfenberg, zugehörig zum Meißener Massiv, einzuordnen. ▶ D3

Die wichtigsten, hier abgebauten Erze waren silberhaltiger Bleiglanz, Zinkblende, Kupfer-, Arsen und Schwefelkies und außerdem gelegentlich Kalkstein. Das Vorkommen der kiesig-blendigen Erze ist als Ausläufer des Freiberger Erzreviers zu sehen. Dabei ist die Lagerstätte weniger als ein streng abgrenzbarer Erzstock, sondern vielmehr als ein erzimprägniertes Kalkstein-, Hornblende- und Knotenschieferlager zu betrachten, das zwischen zwei Störungszonen als Scholle in die umgebenden Andalusitglimmerschiefer eingeklemmt wurde. Die Gesteine sind in das paläozoische Devon (Alter etwa 400 Mio. Jahre) einzuordnen. Die Hornblendeschiefer sind kontaktmetamorph aus Diabastuffen hervorgegangen. Andalusit tritt vorwiegend in metamorphen Gesteinen auf, welches hier 1 bis 2 cm lange, dunkle säulenförmige Kristalle innerhalb eines dickschiefrig-flaserigen Muskowitschiefers bildet. Nach neuerer lithostratigraphischer Einordnung gehört der beschriebene Komplex zur Tanneberg-Formation (Kupetz 2000).

Bestimmend für das kleine Bergbaurevier waren der „Wildemann Erbstolln" bei Weitzschen (Abbauzentrum oberhalb der ehemaligen Miltitzer Zentralschule, heute Kindergarten, Restehalde noch sichtbar ▶ Abb. 129) und der „Freundliche Bergmann Erbstolln" im Diebsgrund von Niedermunzig. Schwach sichtbar sind noch Reste von Bergwerksteich, Damm und Halde. (Richter et al. 2006).

Im „Wildemann Erbstolln" wurde die Erzgänge vom Mockritzbachtal aus aufgefahren. In mehreren Betriebsperioden ab Anfang des 16. Jh. arbeiteten die jeweils tätigen Grubengewerkschaften sehr unterschiedlich erfolgreich. Beispielsweise 1613/14 soll die Silberausbeute 43 Münzmark (eine Münz-

Abb. 136 Restehalde des „Wildemann Erbstolln"

zweites Vorhaben, der tiefe „Hilfe-Gottes-Stolln" (1838–1856) wurde bis auf 429 m vorangetrieben, das Unternehmen dann aber 1866 eingestellt. Nachfolgend gab es keinen Bergbau mehr, in jüngeren Jahren dagegen (ab etwa 1954) mussten mehrfach Verwahr-, Sicherungs- und Verfüllarbeiten ausgeführt werden. Dabei wurden zufällig auch zwei Lehren aus Eichenholz zum Stollnausbau gefunden. Zeuge des ehemaligen Bergbaus ist noch die Alte Halde des „Wildemann Erbstolln" mit markanter Kiefer. ▶ Abb. 136

Im mittleren Teil des Diebsgrundes sind die Reste des Bergbaus im „Freundliche Bergmann Erbstolln" noch schwach sichtbar (Bergwerksteich, Damm, Halde). Von einem 48 m tiefen Schacht gingen Strecken mit Abbauörtern aus. Der Bergbau kam hier um 1802 zum Erliegen. Die Erzausbeute zwischen 1790 und 1800 soll 1.388 Zentner mit Silbergehalt von 337 Münzmark betragen haben. Bei Munzig haben in den verschiedenen aktiven Bergwerksperioden bereits im 16. und 17. Jh. auch Schmelzhütten und Pochwerke existiert (SCHANZE 2013).

mark = 233,81323 g) und ein Zentner (ein Bergzentner = ca. 51,4 kg) Garkupfer betragen haben. 1718 ist die Gewinnung von 6,75 Dukaten Gold genannt. In einer dritten Betriebsperiode wurde ab 1831 begonnen, die Verbindung zur bereits verlassenen Grube „Freundlicher Bergmann" im benachbarten Diebsgrund zu schaffen. Das Unternehmen wurde 1838 abgebrochen. Ein

D21 Sönitz

Aus dem Triebischtal südlich von Roitzschen zweigt auf dem rechten Talgehänge die Straße in Richtung Taubenheim ab. Noch vor Erreichen des Ortsteiles Sönitz werden Sand- und Kiesgruben beiderseits der Straße sichtbar. Nördlich dieser Straße sind die älteren Abbaue größtenteils mit Büschen und Bäumen zugewachsen, hingegen befindet sich auf der südlichen Seite die aktuell betriebene Sand- und Kiesgrube Sönitz. ▶ Abb. 137

Der Aufschluss befindet sich nahe einer Randstörung, die die tektonische Grenze zwischen den altpaläozoischen Schiefern (Gesteine des Grundgebirgsstockwerkes) des Nossen-Wilsdruffer Schiefergebirges (das Kalkwerk Miltitz am rechten Triebischhang liegt bereits darin) ▶ D6 und den Intrusivgesteinen des Meißener Massivs bildet. Im Bereich der Grube wird der tiefere Untergrund durch die Meißener Monzonite (Gesteine des Molassestockwerkes) aufgebaut.

Gegenstand des Abbaues sind eiszeitliche (pleistozäne) sandig-kiesige Ablagerungen, die von Gletscherbächen oder Schmelzwässern transportiert, letztlich durch Verwitterung aufbereitetes und durch bewegende Medien transportiertes Gesteinsmaterial hauptsächlich in Korngrößen von 2–60 mm darstellen. Die in der Kiesgrube Sönitz aufgeschlossenen Sande und Kiese wurden als Schmelzwasserbildungen im Vorfeld des nordischen Inlandeises abgelagert. (RICHTER et al. 2006).

Die weitesten Vorstöße des nordischen Inlandeises nach S erfolgten in der Elsterkaltzeit. Die Sande und Kiese um Sönitz werden nach den Kartierungsergebnissen als glazifluviatile, z. T. fluviatile Vorschüttbildungen des zwei-

Abb. 137   Kiessandgrube Sönitz 2020

ten Vorstoßes des elsterzeitlichen Inlandeises eingeordnet, die rezent von einer weichselkaltzeitlichen Lössdecke überlagert sind. Zwischen Sand und Kies (20–max. 30 m mächtig) sowie Lösslehm (bis mehre Meter mächtig) kann örtlich noch ein elsterzeitlicher Geschiebelehmrest erhalten sein. Damit zeigt der gewinnbare Rohstoff insgesamt wechselhaften Aufbau (Schichtung, bindige Einlagerungen), ist als Frostschutz- und Dammschüttmaterial und bedingt auch als Betonzuschlag geeignet. Sein Geröllinhalt wird hauptsächlich durch Abtragungsmaterial aus der näheren Umgebung, in geringerem Maße aber auch durch nordisches Material (z. B. Feuerstein) bestimmt (PALME u. HUHLE 2002c).

D22 Triebisch

Im südlichen Tharandter Wald in der Nähe von „Auermanns Kreuz", einem Sühnekreuz vom Ende des 15. Jh., entspringt in rund 450 m ü. NHN aus einer unscheinbaren Quellmulde die Triebisch und speist zusammen mit einem von links kommenden Zufluss („Faule Pfütze") die Teichgruppe des Jagdschlosses Grillenburg. Dieser Talfächer wird von dem rechtsseitig zufließenden Kroatenwasser vervollständigt. Ab der Mitte des 13. Jh. ist für das Flusstal der ursprünglich slawische Name *Trebescha* (‚Bach im Rodungsland') in der Fassung Triebisch gebräuchlich. Das Gesamteinzugsgebiet bis zur Mündung in die Elbe umfasst 177 km². Der Flusslauf ist 37 km lang, wird nach EU-WRRL als grobmaterialreiches, silikatisches Gewässer im Mittelgebirgsvorland typisiert und überwindet etwa 340 m Höhenunterschied. Es lassen sich verschiedene Flussabschnitte unterscheiden, für die auch Pegelmessstationen zur Verfügung stehen.

Kurz vor dem Ende der Waldpassage in Höhe Ascherhübel biegt die Triebisch aus vorher eher nördlicher Richtung in eine nordwestliche Fließrichtung um, tieft nach dem Verlassen des Waldgebietes das bis dahin gebildete Sohlentälchen ab Grund (heute Ortsteil von Mohorn) zunehmend ein. Bis zu 60 m aufragende Hänge säumen etwa bis Herzogswalde das Kerbsohlental mit einer 50–150 m breiten Wiesenaue. Am

Abb. 138   Triebisch bei Blankenstein

Pegel Herzogswalde umfasst das Einzugsgebiet dann etwa 47 km^2, und als Kennwert für den Wasserhaushalt ist ein mittlerer Abfluss von 0,376 m^3/s oder eine Abflussspende von 8,1 l/s/km^2 zu verzeichnen. Bis zum Pegel Munzig erweitert sich das Einzugsgebiet auf 115 km^2 und zum Abfluss kommen durchschnittlich 1,3–1,4 m^3/s. Der HHQ lag an dieser Pegelmessstelle im August 2002 bei 65 m^3/s. Dieser Flussabschnitt von Herzogswalde bis Munzig ist siedlungsarm und hat bis Tanneberg vielfach noch einen naturnahen Charakter. Die nordwestliche Fließrichtung ab Herzogswalde schlägt in Höhe Rothschönberg in eine eher nordöstliche um, die dann bis zur Elbeinmündung im Prinzip, mit Ausnahme einer starken Flussschlinge unterhalb des Buschbades Garsebach, beibehalten wird. Eine Berechnung des LfULG für das Flussgebiet von der Quelle bis zur Einmündung des Tännichtbaches bei Rothschönberg im Hinblick auf die Flächennutzung ergibt eine Verteilung von 47 % Wald (im Verhältnis 4:1 von Nadel- zu Laubwald), 38 % wurden noch landwirtschaftlich genutzt dazu kommen 9 % Grünland, während Siedlungsareale im Talgebiet nur 7 % einnehmen. Der folgende Gewässerabschnitt von Munzig bis zum Pegel Garsebach, mit rechtsseitiger Einmündung der Kleinen Triebisch am Semmelsberg ▶ D12 ergibt nicht nur eine Erweiterung des Einzugsgebietes auf 165 km^2 sondern auch eine Steigerung des mittleren Abflusswertes auf 1,53 m^3/s oder einer Abflussspende von 9,5 l/s/km^2, während die Hochwassermarke von 200 m^3/s, gemessen am 13. August 2002, tatsächlich einen Ausnahmewert darstellt.

Dieser dritte Gewässerabschnitt zeichnet sich durch einen starken Wechsel von Engtalstrecken mit Talhängen über 15° Hangneigung und einzelnen Talweitungen mit Flachhängen, wie zwischen Miltitz und Robschütz aus. Zugleich bietet er aber auch die Möglichkeit besondere geologische Strukturen zu verfolgen, wie an der sogenannten „Garsebacher Schweiz" das Pechsteinvorkommen mit Götterfelsen und Hoher Eifer als touristische Zielpunkte. ▶ D1

Im Unterschied zu der Flächennutzungsverteilung vom Quellgebiet bis zum Tännichtbach verändert sich diese im anschließenden Talverlauf bis zur Mündung in die Elbe bei 106 m ü. NHN doch erheblich Jetzt bestimmt Ackerbau mit 53 % die Flächennutzung, der Wald nimmt nur noch 20 % ein, Grünland unterscheidet sich mit 10 % kaum vom oberen Talabschnitt, aber der Siedlungsanteil ist auf 16 % angestiegen. Bilanzierend heißt das: Der Waldanteil ist halbiert während sich die Siedlungsfläche verdoppelt hat. Mit dieser Verschiebung der Landnutzungsmerkmale sind, wie auch das LfULG hervorhebt, erhebliche Auswirkungen auf die Wasserqualität verbunden, vor allem durch Einträge aus Industrie von Schadstoffen wie aromatische Kohlenstoffstoffverbindungen oder Arsen sowie durch Haushaltchemie. Besonders aber Einträge durch den bei Rothschönberg in die Triebisch einmündenden „Stolln" mit seinen bergbaulichen Abwässern aus dem Raum Freiberg haben die Wasserqualität stark gemindert. Speziell die Bergbauabwässer haben Sulfide aus dem durchflossenen Gestein gelöst und Eisenhydroxide freigesetzt, die dem Gewässer gelegentlich einen rötlichen Farbton verleihen können und außerdem die Schwebstofflast erhöhen. So sind der ökologische wie auch der chemische Zustand der Triebisch etwa von Rothschönberg an unbefriedigend, was die Fischfauna weitgehend dezimiert hat.

Der nach EU-WRRL ebenfalls zu bewertende Zustand der Nahrungsgrundlagen für sonstige tierische und pflanzliche Lebewesen, außerhalb der Fische, ergibt für die Makrophyten und für die am Gewässergrund vorkommenden Lebewesen (Makrozoobenthos und Phytobenthos) ebenfalls nur das Bewertungsergebnis „unbefriedigend". Zugleich sind aber auch mit den immer wieder auftretenden Starkregenereignissen, die zu Hochwasserwellen führen, auch Stoffeinträge (Phosphor!) von Landwirtschaftsflächen, aus ehemaligen Deponien u. ä. verbunden. An Wasserpflanzen sind nur in Mühlgräben Wasserstern, Kleine Wasserlinse und bei Blankenstein der Flutende Hahnenfuß zu finden. Die relativ hohe Fließgeschwindigkeit verhindert die Ausbildung einer Laichkrautgesellschaft. Darüber hinaus haben Ausbau- und Umgestaltungsmaßnahmen am Fluss im besiedelten Gebiet etwa ab Garsebach die Gewässerstruktur stark nachteilig verändert. Schwankt im Oberlauf bis Mohorn die Gewässerstrukturgüte noch zwischen gering bis mäßig verändert, verschärft sich der schlechtere Zustand etwa bis Miltitz mit den überwiegenden Schadensstufen von „deutlich" über „stark" bis sehr stark verändert, während vom Meißener Stadtrand bis zur Einmündung in die Elbe nur noch das Prädikat „vollständig verändert" vergeben werden kann. Zu den Folgen dieser strukturellen wie ökologischen Defizite müssen auch erhebliche Verluste gerechnet werden. Zur Verbesserung der Gewässersituation und aller sonstigen Naturbedingungen gibt es zahlreiche Vorhaben zur Strukturverbesserung, zur Gewässerreinhaltung und einer umweltgerechten Landbewirtschaftung.

Dazu soll auch ein neues Konzept für das LSG „Triebischtäler" beitragen, das aus der Zusammenfassung und Vergrößerung bestehender kleinerer Schutzareale 2020 vom Landratsamt beschlossen wurde. Besonders dient es auch der Erhaltung und Pflege noch vorhandener wertvoller Waldbestände und ihrer Bodenflora. Beispielsweise wurden zur Strukturverbesserung bis Mai 2008 in der Ortslage Blankenstein unterhalb Niedermühle auf 245 m Betongittersteine und zwischen Herzogswalde und Helbigsdorf unterhalb der Semmelmühle auf 700 m Betongittersteine und ein 1,1 m hoher Solabsturz entfernt.

Eine Reihe Fließgewässer bewohnender Libellenpopulationen konnte sich etwas erholen wie die auffälligen Arten Blauflügel-Prachtlibelle, Grüne Flussjungfer und Zweigestreifte Quelljungfer. Am Oberen Krilleteich bei Blankenstein wurden zwölf Libellenarten nachgewiesen, darunter die Gefleckte Heidelibelle und die Glänzende Binsenjungfer. Bei aktuellen Befischungen der Triebisch wurden insgesamt 21 Arten ermittelt. Charakteristische Fischarten sind Bachforelle, Elritze und Schmerle. Der Fischotter wird seit 2003 wieder regelmäßiger registriert. Den Oberlauf des Flusses sowie angrenzende Wiesen und Weiden nutzt der Schwarzstorch für die Nahrungssuche. In den Hangwäldern links und rechts der Triebisch sind sechs Spechtarten zuhause. Der Buntspecht ist der häufigste und bekannteste von ihnen. In der Triebischaue kommen die Amphibienarten Erdkröte, Grasfrosch, Teich- und Bergmolch sowie Nördlicher Kammmolch und die Reptilienarten Blindschleiche und Ringelnatter vor. Das Triebischtal ist für die Fledermausarten Kleine Hufeisennase und Großes Mausohr ein bedeutsames Gebiet, welches Quartiere und Nahrungshabitate bietet.

Das Ufer der Triebisch wird zum großen Teil von einem Erlen-Eschen-Wald gesäumt. Dort dominieren neben der Erle Weiden und Pappelarten. In der Nähe der Ortschaften und an begradigten Flussabschnitten wurden vielfach Hybrid-Pappelarten und Silber-,

Abb. 139   Triebischauwiesen bei Munzig im Juni 2022

Korb- und Bruchweiden eingebracht. In der Krautvegetation bestimmen nitrophile Staudensäume und Schleiergesellschaften mit der Brennnessel-Giersch-Gesellschaft und der Gesellschaft der Knoblauchsrauke- und des Aromatischen Kälberkropfes die Ufer. Dort fallen im zeitigen Frühjahr fallen die gelben Blüten des Scharbockskrautes und die weißen Blüten der Wald-Anemone auf. Eine kleine Lilie, der Wald-Goldstern, ist an seinen kapuzenförmigen Blättern zu erkennen. Der Riesenschwingel, die Hainmiere und die Traubenkirsche in der Strauchschicht bestimmen das Bild im Sommer. Auf basisch verwitternden Böden, wie bei Rothschönberg oder zwischen der Krillemühle und Niedermühle bei Blankenstein, findet man flächenhaft im Frühjahr und Frühsommer den Aronstab, den Bärlauch und die Goldnessel. In den Schleiergesellschaften der Uferflora findet man Zaun-Winde, seltener den Hopfen. ▶ Abb. 138

Die Wiesen im mittleren Teil der Triebisch und im unteren Teil des Flusslaufes, z. B. bei Miltitz oder Blankenstein, werden von typischen Glatthaferwiesen und an feuchteren Stellen von der Kohlkratzdistelwiese bestimmt. Die Glatthaferwiese wurde durch den Menschen mit zweischüriger Mahd und leichter Düngung zur Heugewinnung und als Weide genutzt. ▶ Abb. 139 Bei Überdüngung werden Knaulgras und Wiesen-Fuchsschwanz gefördert. Charakterarten der Glatthaferwiese sind Wiesen-Storchschnabel, Wiesen-Margerite, Wiesen-Glockenblume und Kleearten. Nur noch selten findet man, z. B. bei Herzogswalde, die giftige Herbstzeitlose.

Die durch Melioration nur noch kleinflächig ausgebildeten Feuchtwiesen sind durch die Sumpfdotterblumen-Wiese und durch die Kohlkratzdistel-Wiese vertreten. In den Quellstellen der Sumpfdotterblumen-Standorte findet sich oft das Bittere Schaumkraut. In der Kohlkratzdistelwiese kommen weitere hochwüchsige Pflanzen vor, so die Sumpfkratzdistel und der Blutweiderich. Das Wiesen-Schaumkraut, früher eine sehr häufige Art, ist im starken Rückgang. Es ist die Futterpflanze des Aurorafalters.

Selten sind magere Trockenrasen ausgebildet, so an den Oberhängen im unteren Flusslauf. ▶ D1

An Waldgesellschaften dominiert an den Südhängen der Eichen-Hainbuchenwald und auf den Böden mit Rohhumusauflagen der artenarme Eichen-Birken-Kiefernwald. Die Bewirtschaftung erfolgte in früheren Jahrzehnten niederwaldartig. In den artenreichen Eichen-Hainbuchenwäldern sind neben den namengebenden Arten Vogelkirsche, Eberesche und Spitz-Ahorn beigemischt. Eine Besonderheit des Triebischtales ist das gemeinsame Vorkommen von Winter- und Sommer-Linde. ▶ E2 Interessant sind die Vorkommen des seltenen Christophskrautes bei Helbigsdorf, Blankenstein und Tanneberg. In den Eichen-Birken-Kiefern-Wäldern sind auf den mehr sauren Böden Heidekraut, Blaubeere und der Adlerfarn zu finden. Auf den steilen Felsklippen an sonnigen Stellen treten der Färber-Ginster, die Pechnelke und das Nickende Leimkraut in Erscheinung.

An den Nordhängen brachte der Forst Fichten ein, wobei die Wuchsleistung mäßig ist. Im letzten Jahrzehnt begann deshalb ein Umbau zu artenreicheren Mischwäldern.

In Nebentälern und Einkerbungen ist der Eschen-Ahorn-Schlucht-Wald ausgeprägt, in dem neben dem Berg-Ahorn auch die Berg-Ulme und die Sommer-Linde vorkommen. An diese Standorte gebunden sind einige montane Arten, wie der Johanniswedel und der Rauhaarige Kälberkropf, die in den Triebischtälern das Hügelland erreichen.

D23 Steinbruch Rothschönberg Röhrleite

Auf dem Gelände des Steinbruches Rothschönberg erfolgt sowohl Steingewinnung als auch Deponiebetrieb mit sukzessiver Verfüllung. Der Steinbruch wird offiziell als Deponie Rothschönberg geführt. Deponiebetreiber ist das Unternehmen EIFFAGE Infra-Rohstoffe GmbH in Wilsdruff. Für den Vertrieb der hergestellten Produkte zeichnet die VMB Vertriebsgesellschaft Mineralische Baustoffe GmbH in Bischofswerda.

Der Steinbruch liegt 1,4 km südwestlich von Rothschönberg unmittelbar südlich der BAB 4 oberhalb des Tännichtbaches an der sogenannten Röhrleite. Die Zufahrt erfolgt über die Orte Rothschönberg von N oder Tanneberg von S. Der Steinbruch umfasst eine Fläche ca. 8,3 ha.

Auflässige kleinere Steinbrüche, die allerdings andere Gesteine zum Gegenstand hatten (Chlorit- und Serizitgneis), befinden sich unmittelbar an der Straße zwischen Deutschenbora und Tanneberg.

Der Standort liegt sehr weit südlich innerhalb des Nossen-Wilsdruffer Schiefergebirges, welches durch die Mittelsächsische Störung tektonisch von der südwestlich vorhandenen Fichtelgebirgisch-Erzgebirgischen Antiklinalzone (Erzgbirgsgneis) getrennt ist.

Im Steinbruch werden phyllitische Tonschiefer abgebaut, die zur phyllitischen Einheit im Nossen-Wilsdruffer Schiefergebirge gehören, die als ältere Gruppe tektonisch von einer jüngeren altpaläozoischen Einheit abzugrenzen ist.

Die phyllitische Einheit wird heute auch als „Mühlbach-Nossen-Gruppe" bezeichnet. Die Gesteinsfolge des Kambroordovizium wird über 2.000 m mächtig, ihr Alter liegt bei > 500 Mio. Jahren.

Phyllite und phyllitische Tonschiefer sind regionalmetamorph veränderte Gesteine, feinschuppig mit deutlichem Seidenglanz auf den Schieferungsflächen. Hauptbestandteile sind Serizit (ein heller Glimmer) und Quarz. Als Nebengemengteile treten Biotit (ein dunkler Glimmer), Feldspäte, Chlorit Graphit, Granat und Epidot auf.

Die im Steinbruch aufgeschlossen phyllitischen Tonschiefer sind durch tektonische Störungen und Aufwölbung der Gesteinspakete in steilstehender Lagerung zu sehen. Ihre Schieferung ist sehr markant ausgeprägt. Auf den Schieferungsflächen (oft muschelartig gewölbt), die bei Bewegungen oft auch Rutschflächen bilden können, ist der typische Seidenglanz im Verbund mit braunen Belägen auf diesen Flächen zu beobachten.

Im Steinbruchbetrieb werden die feinkristallinen, dünnschiefrig und blättrigen Tonschiefer (Farbe dunkelgrau, grauschwarz und grünlich), deren Gewinnung bereits in einer früheren Betriebsperiode erfolgte, durch Bohren und Sprengen aus dem Gesteinsverband gelöst. Die Abbauleistung soll etwa 70.000 t Rohgestein/Jahr betragen (SCHANZE 2013). Mittels Radlader werden die Transport- und Verladeprozesse vor Ort realisiert. Für die Weiterverarbeitung steht eine semimobile Aufbereitungsanlage zur Verfügung, die gleichzeitig auch für das Bauschuttrecycling genutzt werden kann. Die phyllitischen Tonschiefer wurden und werden als Schiefermehl bei der Gummiherstellung (Füllstoff), als Trägerstoff für stäubende Schädlingsbekämpfungsmittel und als Schiefersplitt zur Dachpappenbeschichtung verwendet (SCHANZE 2013) Parallel zum Gesteinsabbau und jeweils vor der Abbaufront werden sukzessive für den einzulagernden Bauschutt die benötigten Aufstandsflächen einschließlich Basisabdichtung geschaffen. Nach Beendigung des Phyllitabbaues erfolgt die Verfüllung des Tagebaurestloches.

E Gebiet um Wilsdruff, Grumbach, Limbach und Blankenstein

E1 Limbach

Das Straßenangerdorf Limbach vier Kilometer westlich von Wilsdruff wurde vermutlich im ausgehenden 12. Jh. während der deutschen Kolonisation im Wilsdruffer Hochland gegründet, erfuhr aber erst 1334 als *Lympach* (Lindenbach) eine erste Erwähnung. Über das dörfliche Leben der ersten Jahrhunderte Limbachs finden sich kaum schriftliche Überlieferungen. Limbach war ein Bauerndorf mit über lange Zeiträume hinweg konstanter Bevölkerungszahl (Baudisch u. Blaschke 2006). Die Grundherrschaft übte das Rittergut Limbach aus, das sich seit der Mitte des 15. Jh. in den Händen der Familie von Schönberg befand. Mit einer Unterbrechung zu Beginn des 16. Jh. verblieb das Rittergut Limbach bis 1945 im Besitz dieser weit verzweigten und durch den Besitz zahlreicher Rittergüter einflussreichen Adelsfamilie. Die jüngere Rothschönberger Linie, die die Rittergüter Wilsdruff, Limbach und Rothschönberg in Besitz hatte, führte seit 1905 den Namen „von Schönberg-Roth-Schönberg". Das in einer Talsenke gelegene und ehemals mit einem Wassergraben umgebene Herrenhaus wurde Ende des 16. Jh. durch Hans Heinrich von Schönberg (1573–1636) erbaut. 1818 wurde die neu angelegte Landstraße von Dresden nach Nossen am Südrand des Dorfes vorbeigeführt.

Der Gutsbetrieb war verpachtet. Einer der erfolgreichsten Pächter war Georg Andrä (1851–1923), der von 1877 bis 1896 das Rittergut bewirtschaftete und 1887 auch die Pacht des Rittergutes Wilsdruff übernahm. Die von ihm eingeführten neuen Bewirtschaftungsmethoden lassen erkennen, dass er die Zeichen der Zeit erkannt hatte. Der „Andrästein" in Wilsdruff erinnert an den vielseitig vernetzten Landwirtschaftspolitiker, der von 1899 bis 1909 und nochmals 1917/18 der Zweiten Kammer des sächsischen Landtags angehörte. Nach dem Ersten Weltkrieg führte der Pächter Georg Obendorfer neue Formen der maschinellen Bodenbearbeitung ein. Bei seiner Suche nach geeignetem Personal als Ersatz für polnische Saisonkräfte stieß er auf die rechtsradikale Siedlungsbewegung der Artamanen. Diese propagierten einen freiwilligen Arbeitsdienst auf dem Land und verfolgten als Teil der völkischen Jugendbewegung jener Zeit das Ziel der „Erneuerung aus den Urkräften des Volkstums aus Blut, Boden, Sonne und Wahrheit". Verbunden mit deutlicher Juden- und Fremdenfeindlichkeit, wurden sie zu geistigen Wegbereitern des Nationalsozialismus. Obendorfer ermöglichte dem Bund Artam im April 1924 einen ersten Arbeitseinsatz im Rittergut Limbach. Weitere Gruppen folgten. Auf dem Höhepunkt der Bewegung im Jahr 1929 waren 2.000 Freiwillige auf dreihundert Gütern beschäftigt. Die völkischen „Hilfsarbeiter" lösten die wirtschaftlichen Probleme Georg Obendorfers in Limbach allerdings nicht. Im April 1933 gab er die Bewirtschaftung auf. Im August 1945 wurde das Rittergut (1925: 325 ha) von der sowjetischen Besatzungsmacht beschlagnahmt; der Gutsbesitzer Joseph von Schönberg-Roth-Schönberg (1873–1957) flüchtete im Oktober 1945 nach Bayern. Flüchtlinge zogen in die bewohnbaren Räumlichkeiten des Guts ein. Die Struktur des Bauerndorfes änderte sich durch die Zwangskollektivierung und die Bildung mechanisierter landwirtschaftlicher Großbetriebe in der zweiten Hälfte des 20. Jh.

Ende der 1990er Jahre wohnte niemand mehr auf dem Gutshof des Rittergutes Limbach. Drei große Wirtschaftsgebäude und das seit den 1980er Jahren leerstehende Herrenhaus waren dem Verfall preisgegeben. Die Stadt Wilsdruff hatte als Eigentümerin des

Areals bereits erhebliche Mittel in die Verbesserung der Infrastruktur des seit 1974 zu Wilsdruff gehörenden Ortsteils fließen lassen. Auch ein kleines Ortsgemeinschaftshaus war neu ausgebaut worden. Für den riesigen Gutshof fand sich keine Verwendung. Ein Verkauf wurde dadurch erschwert, dass die Felder, die die wirtschaftliche Grundlage des Guts gebildet hatten, nicht mehr zur Verfügung standen. In unmittelbarer Umgebung des Hofes waren ursprünglich zum Rittergut gehörige Gebäude veräußert worden.

Eine in ihrer Art für Deutschland wohl einmalige Stiftung zur Förderung christlicher Werte und demokratischer Fähigkeiten übernahm seit 2001 die Aufgabe, den Gutshof wiederzubeleben. Unternehmer aus Wilsdruff, dem Raum Stuttgart und der Schweiz, der Evangelisch-Lutherische Kirchenbezirk Meißen in Zusammenarbeit mit der Christusträger-Bruderschaft e. V. aus Triefenstein am Main sowie die Stadt Wilsdruff schlossen sich zusammen und sorgten für das nötige Stiftungskapital. Im Rahmen vielfältiger sozialer und kultureller Projekte baute die Stiftung nach und nach das Rittergut Limbach aus. Heute stehen im sanierten Gutshof vielfältige Räumlichkeiten für Seminare und Fortbildungen öffentlicher Träger oder privater Firmen, für Familienfeiern, Übernachtungen und große kulturelle Veranstaltungen zur Verfügung.

E2 Blankenstein

Blankenstein liegt südlich der BAB 4 und östlich der Großen Triebisch oberhalb von Tanneberg. Der Ort ist ein Waldhufendorf (vor 1200 entstanden), wird aber erstmalig 1233 urkundlich *(Sifridus de Blankenstein)* genannt. Mehrere noch gut erhaltene Drei- und Vierseithöfe stehen unter Denkmalschutz. An der Dorfstraße 11 erinnert an einem rekonstruierten Fachwerkhaus ein Spruch aus dem Jahr 1709 an den Bau des Hauses. Von Limbach kommend fällt am Ortseingang eine als ND geschützte Stiel-Eiche auf, die im Jahr 1898 zu Ehren von Bismarck gepflanzt wurde. Im Jahr 1974 wurde Blankenstein nach Helbigsdorf eingemeindet. Seit 1996 gehört die Gemeinde zu Wilsdruff.

Seit 1551 gehörte Blankenstein zur Grundherrschaft des Ritterguts Rothschönberg. Im Jahr 1435 kam der Ort an die Herren von Schönberg, die es bis zur Verfassungsgebung 1837 in Besitz hatten. Eine Wehranlage westlich des Ortes auf einem Sporn über der Triebisch verfiel spätestens im 16. Jh. Der Wall, als Rest der Burganlage, steht seit 1981 unter Denkmalschutz. Hier befinden sich auch Reste einer Parkanlage aus der Zeit um 1820. Von einem Aussichtspunkt am Rand des Kirchgeländes hat man einen schönen Blick in das Triebischtal.

Das Kirchgebäude mit steilem Satteldach besitzt einen Turm mit Haube. Die Kirche soll beim Neubau 1737/38 mit Steinen der Schlossanlage umgebaut worden sein. Bemerkenswert die bemalte Kassettendecke, die nach dem Umbau der Kirche 1738 entstanden sein dürfte und der Taufstein aus Sandstein vom Jahr 1743. Im Kirchturm, befindet sich eine Wochenstube der Langohrfledermaus, die vom NABU betreut wird. Sehenswert ist auch die Luthereiche vom Jahr 1817 vor der Kirche. Im Kirchgelände finden sich als Zeugen alter Friedhofskultur an Stinzenpflanzen die Akelei und Efeu. Der Schlossberg ist von einem artenreichen Eichen-Hainbuchenwald bestanden. In ihm treten neben der Hainbuche und der Stiel-Eiche auch Berg-Ulme, Roter Hartriegel und die Vogelkirsche auf. Auf den Haselsträuchern schmarotzt die Schuppenwurz. Typische Arten der Krautschicht sind die Pfirsischblättrige Glockenblume, die Frühlings-Platterbse das Wald-Bingelkraut und das Nickende Perlgras. Im Frühjahr leuchtet das Blau der Leberblümchen und das Rot des Hohlen Lerchensporns. Sie zeigen als basenliebende Pflanzen den kalkreichen Untergrund an. Botanische Kostbarkeiten sind die unscheinbare Finger-Segge, das Berg-Hartheu und das Raue Hartheu.

Zu Blankenstein gehören zwei Mühlen an der Großen Triebisch. Die Niedermühle und die sogenannte Krillemühle, die frühere Obermühle, die heute als Pension genutzt wird. An der Triebisch bei der Niedermühle fallen die großen Bestände des Bärlauchs und der Goldnessel auf. Weitere typische Begleiter der Uferflora sind die Süße Wolfsmilch, der Wald-Goldstern und der Gefleckte Aronstab. Die Talwiesen gehören zu den Glatthaferwiesen. ▶ D22

Die an das Nossen-Wilsdruffer Schiefergebirge und deren Schiefer geknüpften Kalkvorkommen (engräumige Lager und Kalklinsen) im mittleren Triebischtal (bei Munzig, Perne, Groitzsch, Kottewitz, Tanneberg, Schmiedewalde) setzen sich auch nach S im oberen Triebischtal (bei Blankenstein, zwischen Steinbach und Helbigsdorf nördl. der Dietrichmühle, am Heyneberg, südlich der Leutholdmühle) fort. An der Triebischbrücke bildet der Blasenfarn große Bestände. Regelmäßiger Brutvogel an der Triebisch ist die Gebirgsstelze.

Das Kalkvorkommen am Schlossberg von Blankenstein liegt an dem Bergsporn, der sich westlich von Blankenstein hinab in das Triebischtal erstreckt. Im bewaldeten felsigen Steilhang sind eine Pinge (Einbruchstrichter) und mehrere Steinbruchreste sichtbar. Das Abbaugebiet ist bis an die Straße zwischen Niedermühle und Obermühle verfolgbar. Tagebau und Pinge am Schlosshang weisen darauf hin, dass beim Kalkabbau im 18. Jh. große unterirdische Hohlräume von 20 bis 30 m Länge entstanden waren, die zusammenbrachen und einen Einbruchtrichter hinterließen. Es wird angenommen, dass der in diesem Bereich abgebaute Kalkstein durch eine künstlich angelegte Schlucht und über eine Rutsche ins Triebischtal zur Verarbeitung im Kalkofen gefördert wurde. Ein erst kürzlich sehr gut rekonstruierter Kalkofen befindet sich an der Straße aus dem

Abb. 140 Rekonstruierter Kalkofen Blankenstein von 1798

Tal in der Nähe der Obermühle hinauf nach Blankenstein.

Geologisch wird der Bereich am Schlossberg von Blankenstein von einer bis 170 m mächtigen paläozoischen Chloritgneis-Kalkstein-Folge aufgebaut.

Flächenhaft verbreitet ist Chloritgneis, in den mehrere Kalksteinlinsen, teils als Marmor eingelagert sind, die sowohl im Hangenden als auch im Liegenden durch phyllitische Tonschiefer mit Quarziteinschaltungen begleitet werden. Sie gehören nach neuerer lithostratigraphischer Einordnung zur Tanneberg-Formation (KUPETZ 2000). Dabei stellt das obere Kalklager (olivgrau bis dunkelgrau aussehend, an der Basis scharf abgegrenzt vom Chloritgneis) mit einer Längenausdehnung von ca. 300 m als sogenannter Schlossberg-Horizont den bedeutendsten Kalksteinhorizont in der phyllitischen Einheit des Nossen-Wilsdruffer Schiefergebirges dar. Über dem Kalkhorizont sind dunkle phyllitische Tonschiefer mit Quarziteinschaltungen vorhandenen. Diese Schichtenfolge ist im Steinbruchgelände entlang des aus dem Tal zur Höhe verlaufenden Treppenweges aufgeschlossen.

Der Chloritgneis (Hauptbestandteile Kalifeldspat, Plagioklas, Quarz, Biotit, Chlorit und Serizit) entstand aus einem Rhyolith während der variszischen Gebirgsbildung

Ländliche Bauten vor 1800

In der Lommatzscher Pflege ist nur wenig vom Baubestand aus der Zeit vor 1800 erhalten geblieben. Die Umbauten vor allem des 19. Jh. wurden, unter zumeist vollständiger Aufgabe des Bestandes, hier gründlicher ausgeführt als anderswo. Schon in den angrenzenden Gebieten bestimmen ältere Fachwerke stärker das Bild der Dörfer.

Dementsprechend selten sind in der Lommatzscher Pflege Bauwerke aus der Zeit vor 1800 zu finden. Herausragend ist eine Scheune in Soppen mit Kreuzstrebengefüge, die in die Zeit um 1700 datiert werden kann. Sie gehört zu den ältesten Bauwerken und zeigt, dass auch hier das aus der Gefildezone Mittelsachsens für das 18. Jh. bekannte Hofbild üblich gewesen ist: Ein Fachwerkbau in Erdgeschoß und Oberstock bestimmte damals das bäuerliche Wohnstallhaus, in dem eine Holzstube als Ort des Wohnens schon im 18. Jh. wohl nicht mehr als vollständig eigenständig abgebundenes Gefüge zu vermuten ist. Holzstuben wurden durch die Fachwerkstube abgelöst. Von besonderem Wert erscheint deshalb das Fachwerkgefüge des Oberstockwerkes des Pfarrhauses zu Wendischbora aus der Zeit um 1700. Der zwischen den Bundständern über die Ständer geblattete Kopfriegel und die gekreuzten K-Streben, rechts der Hausmitte gespiegelt als Wilder Mann, zeigen die Einbindung der Lommatzscher Pflege in die Fachwerkhauslandschaft der sächsischen Gefildezone. Erhaltene Nebengebäude und kleinere Höfe in wirtschaftlich schwierigeren Lagen in Tälern und Senken bestätigen dieses vermutete Bild der Zeit vor 1800. ▶ Abb. 141, 145

In Neckanitz unweit von Lommatzsch ist ein Wohnstallhaus erhalten geblieben, welches mit zierreichem Fachwerk im Oberstock nicht spart. Das Erdgeschoß ist nach 1800 in Bruchstein als Ersatz wohl eines Erdgeschoßfachwerkes erneuert worden. Am zugewandten Giebel lassen Blattsassen im Rähm auf Deckenbalkenhöhe auf ein Umgebinde schließen, welches wiederum eine Stube in einem Holzgefüge umstanden haben wird. Anhand der Zierformen des Oberstockfachwerkes kann das Haus in die Zeit um 1700 datiert werden. Als Zeugnis der Holzstube hat sich nach dem Verlust der Holzwände durch den Umbau in Bruchstein die profilierte Stubendecke erhalten können. Das zweiriegelige Fachwerk des Oberstocks zeigt am zugewandten Giebel geschwungene Andreaskreuze mit jeweils einseitigem Einzug.

Abb. 141   Wendischbora, Pfarrhaus, 2011

Profilierte Stiele zieren in reicher Anordnung das Fachwerk des zugewandten Giebeldreieckes. Das Haus zeigt als heute singulärer Befund, dass um 1700 auch in der Lommatzscher Pflege der Holzbau in reichen Formen und zeitgemäßer Gefügetechnik ausgeprägt war. ▶ Abb. 143

Um Wilsdruff scheint der wirtschaftliche Druck zur Umgestaltung und Vergrößerung der Höfe im 19. Jh. nicht ganz so ausgeprägt gewesen zu sein, zumal die hier schon engeren Täler und der am Erzgebirgsfuß zunehmende Waldbestand natürliche Hindernisse setzten. Gleichwohl erhöht sich der heute sichtbar erhaltene Hausbestand aus dem 18. Jh. Herausragend ist das Dorf Blankenstein mit zierreichen Fachwerken, in Sachsen seltenen Spruchbändern in der Schwelle des Oberstockfachwerkes und Fachwerkstuben, die schon im 18. Jh. die Holzstuben ersetzten.
▶ Abb. 144

Ein besonderes Bauwerk hat sich im direkten Umfeld des Schlosses Rothschönberg erhalten. Das Bauwerk mit einem Fachwerkoberstock auf einem Bruchsteinerdgeschoß, dessen abgewandte Traufwand mit Flügelbau auch im Oberstock aus Bruchstein gesetzt ist, wurde nach 1702 wohl gleich als Obst- und Samendarre errichtet. Im Feuerhaus wie im Darrenhaus sind die feuer- und lüftungstechnischen Anlagen noch in großen Teilen erhalten. ▶ Abb. 142

Abb. 142 Rothschönberg, Darrenhaus (1702), 2021

Abb. 143 Neckanitz, großes Wohnstallhaus (um 1700), 2012

Abb. 144 Blankenstein, Wohnstallhaus (1709 mit Fachwerkstube, Flur- und Stallzone aus der ersten Hälfte des 19. Jh.), 2009

Abb. 145 Soppen, Scheune mit Kreuzstrebengefüge (um 1700), 2011

(Alter etwa 365 bis 368 Mio. Jahre) unter hohem Druck und Temperatur.

Das untere Kalklager wurde in einem Steinbruch im Triebischtal (ca. 100 m südöstlich der ehem. Niedermühle) abgebaut. Im Liegenden dieses Lagers befinden sich wieder die Phyllite und Quarzitschiefer. Dieses bruchtektonisch stark zergliederte Kalklager (in der Nähe befindet sich die Blankensteiner Überschiebung) wurde bis in die Mitte des 19. Jh. in mehreren Steinbrüchen und sechs untertägigen Aufschlüssen abgebaut. Einer davon ist ein Stolln (jetzt verschlossen), der zu den Hohlräumen des Schönbergschen Lagers führte. Die Schönbergs (Rittergutsbesitzer aus Rothschönberg) betrieben auch hier Kalkabbau. Über einen 35 m tiefen Schacht und einen Querschlag wurde das Schönbergsche Lager erschlossen. ▶ Abb. 140

E3 Struth

Die Struth ist ein Waldstück südlich von Birkenhain und Limbach in 277–310 m ü. NHN. Früher auch Rittergutsholz genannt, gehörte es zum Rittergut Limbach und wurde zur Holzgewinnung durch dieses genutzt. Der Wald der Struth ist von Feldern umgeben. Das Gebiet wird im N von der ehemaligen Schmalspur-Bahnlinie Freital–Wilsdruff–Nossen begrenzt, die heute als Fahrradweg ausgebaut ist. Die Bahngebäude des ehemaligen Haltepunktes Birkenhain-Limbach (Eröffnung 1899) sind heute noch am Fahrrad-und Wanderweg bei Birkenhain erhalten. Die Linden-Allee längs des Bahndamms ist als ND geschützt.

Öfters wurde das Gebiet auch durch kriegerische Ereignisse beeinflusst. So kam es im Siebenjährigen Krieg 1762 zu Vorgefechten der Österreichischen Truppen mit den Preußen an der Struth. Auch 1945 kam es noch im Mai zum Durchzug versprengter SS-Einheiten. Am Nordwestrand der Struth befinden sich Gedenksteine für die Gefallenen zweier Weltkriege.

Die Struth wird von der Kleinen Triebisch durchflossen, die am Südrand des Gebietes seit Anfang der 1980er Jahre des vorigen Jahrhunderts zu einem Teich angestaut ist. Am Ufer der Kleinen Triebisch steht ein Hainmieren-Schwarzerlen-Bachwald. Hier bestimmen, neben der Wald-Anemone und dem Scharbockskraut im Frühjahr, die Hain-Stermiere, Riesen Schwingel und die Berglandpflanze Rauhaariger Kälberkropf die Uferflora. Vereinzelnd tritt das Bittere Schaumkraut auf. Im Unterlauf vor der Limbacher Flur wird die Kleine Triebisch von einem Erlen-Eschenwald begleitet. Die Uferflora wird artenreicher. So sind hier die Süße Wolfsmilch und die Sternmiere zu finden. Selten geworden ist die Hohe Schlüsselblume.

Die Potenzielle Natürliche Vegetation der Struth ist größtenteils ein Kiefern-Birken-Stieleichenwald. Diese Waldgesellschaft bestimmt noch die Nord-und Südteile der Struth. Hier finden sich in der Krautschicht das Zweiblättrige Schattenblümchen, die Schmalblättrige Hainsimse und die folgenden charakteristischen Arten, wie Adlerfarn, Pfeifengras und Wolliges Honiggras.

Abb. 146   Laubwald mit Zittergras-Segge

Größere Teile des Waldes sind in Fichtenforste umgewandelt worden. Nur vereinzelt finden sich noch Buchen und eine gut ausgebildete Strauchschicht mit Eberesche, Haselnussstrauch, Eingriffliger Weißdorn und seltener dem Hirschholunder. Dieser zeigt wie der Rauhaarige Kälberkropf den Übergang zum Erzgebirgsvorland an. Naturnahe Waldreste sind nur noch punktuell vorhanden. Sie fallen durch die Vorkommen des Maiglöckchens und der Vielblütigen Weißwurz auf. Der Fichtenwald wird zurzeit in einen Mischwald umgebaut. Im Jahr 2021 wurden über 4.000 neue Bäume gepflanzt.

Im Wilsdruffer-Nossener Gebiet dominieren die vorwiegend kalkfreien Lössböden. Sie sind zeitweise vernässt und als Pseudogley ausgebildet. Dies zeigt sich an verschiedenen Stellen der Struth, so im O und im Limbacher Teil. Die Flächen mit feuchten, leicht vernässten Böden fallen durch die Massenbestände der Zittergras-Segge auf, die oft einen Deckungsgrad von 80 % zeigen. Die schmalen, langen, hellgrünen Blätter hängen über und bilden einen Teppich. Die Zittergras-Segge ist ein Nässe-und Verdichtungszeiger. Ihre dichten Bestände verhindern einen artenreichen Strauchwuchs. Früher wurde sie als „Seegras" zum Polstern eingesetzt. ▶ Abb. 146 An den vereinzelt vorkommenden Faulbaum-Sträuchern fallen die orangefarbenen Gruppen des Kronenrostes auf.

Die Vogelwelt der Struth ist reichhaltig und wird durch Anbringen von Vogelkästen gefördert. Regelmäßig sind der Pirol, der Buntspecht, die Ringeltaube und der Kuckuck zu hören.

E4 Wilsdruff

Der Wilsdruffer Raum auf der südlichen Hochfläche der Elbe zwischen Meißen und Dresden wurde von der slawischen Besiedlung der Gaue Daleminzien und Nisan (Dresden) noch nicht erreicht. Die Erstbesiedlung der Wilsdruffer Flur erfolgte im Zuge der hochmittelalterlichen Landeserschließung nach 1150/70, als deutsche Kolonisten hier ein Waldhufendorf anlegten. Zum Jahr 1259 wurde der Ort als *Wilandestorf* (= Dorf des Wieland) erstmals schriftlich erwähnt. Mit der Frühgeschichte des Ortes, um oder vor 1200, ist der Bau der Jakobikirche verbunden, die als eine der ältesten und besterhaltenen romanischen Kirchen Sachsens gilt. Nach beherzter Rettung des bedrohten Baudenkmals durch die Initiative von engagierten Wilsdruffer Bürgern in den 1980er Jahren dient sie heute als Autobahnkirche.

Schon früh scheint das verkehrsgünstig gelegene Wilsdruff ein zentraler Handelsort für die nähere Umgebung gewesen zu sein, an dem sich auch Kaufleute ansiedelten. Zu Beginn des 13. Jh. wurde dann mitten im Dorf mit der planmäßigen Anlage einer städtischen Siedlung begonnen. An der Kreuzung zweier bedeutender Verkehrsverbindungen, von Dresden nach Altzella sowie von Meißen nach Dohna und Freiberg, entstand der große rechteckige Marktplatz. Zur Stadtanlage gehörte auch die oberhalb des Marktes erbaute Stadtkirche St. Nicolai, die 1897 durch einen neogotischen Neubau ersetzt wurde. Ein in das neue Gebäude integriertes spätromanisches Portal des ältesten Vorgängerbaus erscheint als bedeutender Sachzeuge der Stadtwerdung Wilsdruffs. Diese Transformation des Dorfes zur Stadt konnte noch im 13. Jh. abgeschlossen werden; schon 1281 wurde Wilsdruff *oppidum* (Städtchen) und 1294 *civitas* (Stadt) genannt. Die zentralörtliche Bedeutung Wilsdruffs spiegelt sich in der mittelalterlichen Kirchenverfassung. Wohl im frühen 13. Jh. richtete das Bistum Meißen hier einen Erzpriestersitz *(sedes)* ein, zu dem 1495 immerhin 23 umliegende Kirchspiele (Parochien) gehörten (BLÜMEL 2010, DONATH 2008).

Trotz allem konnte der Ort mit der Dynamik der städtischen Entwicklung in Meißen,

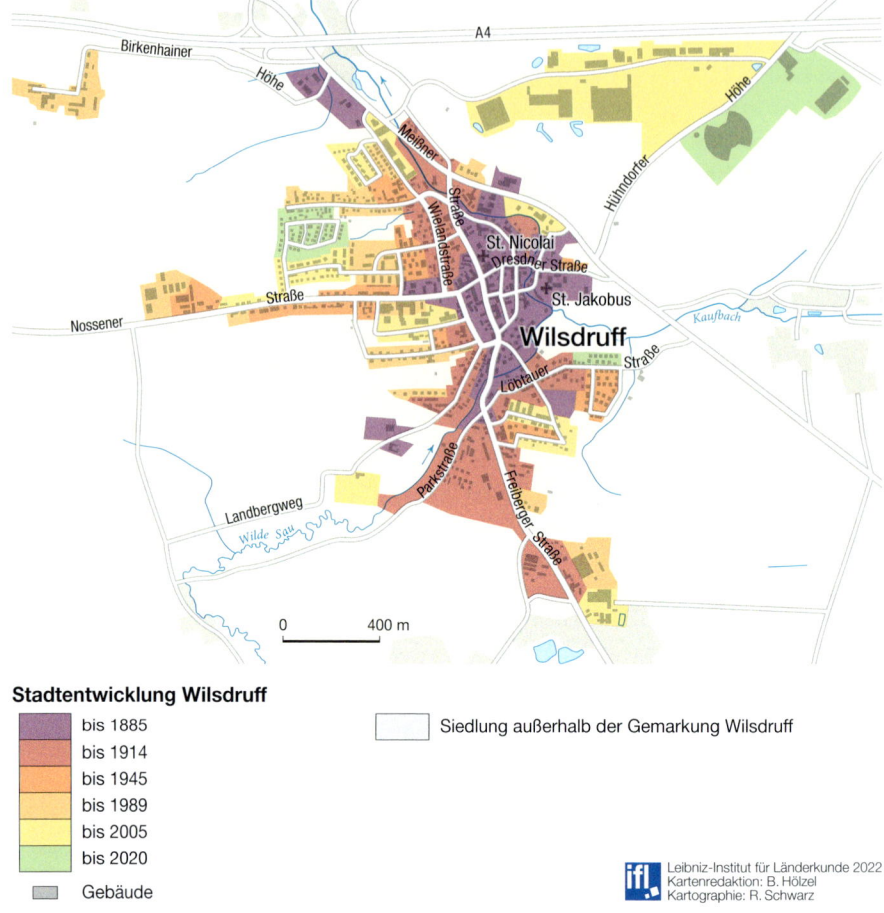

Abb. 147 Stadtentwicklung von Wilsdruff

Freiberg oder Dresden in den folgenden Jahrhunderten nicht mithalten. Wilsdruff blieb eine Landstadt unter grundherrlicher Hoheit. Im frühen 15. Jh. gelangte die Stadt in den Besitz der Familie von Schönberg. Die Einwohnerzahl lag noch im 16. Jh. bei kaum mehr als fünfhundert. Wilsdruff ist mehrfach niedergebrannt, so 1447 während des sächsischen Bruderkrieges und drei Jahre später durch böhmische Söldner sowie 1584, 1686 und 1744. Nach dem letzten Brand entstand 1756 das neue Rathaus im Stil des Rokoko. Die Landwirtschaft gehörte viele Jahrhunderte zu den tragenden Säulen der städtischen Wirtschaft. Noch 1922 nannten die Dresdner Nachrichten Wilsdruff „Die Stadt im Acker" (PLATZ 1922). Daneben spielte das Bierbrauen eine bedeutende Rolle. Die ansässigen Handwerker arbeiteten in vielfältigen Professionen für die Stadt und deren Umland. Im Jahr 1669 zählte man 21 Schuhmacher, 16 Schneider, 15 Böttcher und zwölf Landwirte. Die „Erdbeschreibung von Kursachsen" hielt 1806 für die nun 1.216 Einwohner zählende Stadt fest: Sie nährt „sich von Handwerkern (160 Mstr.), Brauerei, Feldbau, Viehzucht, 3 Jahrmärkten und einem (1801 damit verbundenen) Vieh- und Roßmarkt." (ENGELHARDT 1806, S. 102) ▶ Abb. 148

Nach 1800 nahm die Zahl der Tischlermeister von zunächst sechs auf etwa 30 zur Jahrhundertmitte stetig zu. Nach dem Bericht eines Altmeisters bildete zu dieser Zeit bereits „der Dresdner Jahrmarkt das eigentliche Absatzgebiet der Wilsdruffer Tischlereierzeugnisse" (BERGER 1905). Die wirtschaftliche Entwicklung wurde jedoch im 19. Jh. durch eine völlig unzureichende Verkehrsanbindung gehemmt, da die Stadt zunächst nicht an das expandierende Bahnnetz angeschlossen wurde. Das führte in den 1860er Jahren, in denen andere Städte Sachsens rasant wuchsen, sogar zu einem kurzzeitigen Rückgang der Einwohnerzahl (1861: 2.562; 1868: 2.435). Erst der Kleinbahnanschluss nach Potschappel brachte 1886 den lang ersehnten Umschwung. Nun entstanden in rascher Folge sechs größere und einige kleine Möbelfabriken. Die ersten beiden erwuchsen etappenweise aus bereits bestehenden Werkstätten. Andere entstanden als komplette Neubauten über das gesamte Stadtgebiet verteilt, da die Bauleitplanung „ein besonderes Fabrikviertel" noch nicht vorsah. Ein städtisches Elektrizitätswerk arbeitete seit 1900, der Anschluss an das Gaswerk Sörnewitz erfolgte 1926. Die größten Fabriken erreichten zeitweise Belegschaften im hohen zweistelligen Bereich; 1913 und 1920 wurden insgesamt jeweils um die vierhundert Fabriktischler gezählt. Zu dem Erfolg trug 1906 auch Tischlermeister Theodor Porsch mit der Patentierung eines „Küchentisches mit herausziehbarem Aufwaschtisch" bei, der als platzsparende Einrichtungsidee besonders beim „kleinen Mann" große Popularität genoss. Auch aufgrund zahlreicher weiterer Fachbetriebe galt Wilsdruff nun als „Möbelstadt", wo 10 % aller sächsischen Küchen und Schlafzimmer hergestellt wurden. Daneben bot das Nährmittelwerk Carl Fleischer mit zeitweise mehr als einhundert Beschäftigten erstmals einer größeren Anzahl Frauen die Möglichkeit zur Erwerbsarbeit.

Diese wirtschaftliche Entwicklung führte zu einem nachhaltigen Aufschwung in der Stadt. Ohne nennenswerte Unterbrechungen arbeitete zumeist ein Baubetrieb, bei Hochkonjunktur auch zwei, mit teilweise hundertköpfiger Belegschaft. Aufgrund privater Initiative entstand das „Bahnhofsviertel", die Stadt selbst erwarb und erschloss

Abb. 148   Marktplatz von Wilsdruff 2022

den „Hofegarten" im Wilsdruffer Norden Gleich nach dem Ersten Weltkrieg entwickelte sich mit dem „Ministerviertel" eine erste gemeinnützige Wohnsiedlung, die zugleich den Grundstein für ein schrittweise bis heute neu gewachsenes Stadtgebiet legte. Von 1932 an entstand über Notstandsarbeiten für Arbeitslose die langgestreckte „Stadtrandsiedlung". Die Einwohnerzahl Wilsdruffs pegelte sich nach 1900 bei etwa 4.000 ein. Gleichzeitig bewirkten der aus etwa dreißig Gemeinden bestehende Amtsgerichtsbezirk, der gemeinsame Bezug des Wilsdruffer Tageblattes, die Einrichtung weiterer Bahnlinien nach Nossen und Meißen, wie auch die Funktion Wilsdruffs als Einkaufsstadt und Vereinsmittelpunkt die Bildung einer gemeinsamen Identität in der Region, die nun immer öfter „Wilsdruffer Land" genannt wurde (LETTAU 2014).

Friedliche Revolution

Der „heiße Herbst" 1989 erreicht im Oktober die Kleinstädte Wilsdruff und Lommatzsch. Motiviert durch die Montagsdemonstrationen in Leipzig und Dresden sowie die Kundgebungen in Meißen initiierten Matthias Schlönvogt (geb. 1963, Tischler in Wilsdruff und damals Mitarbeiter der kirchlichen Jugendarbeit) sowie Brigitte und Michael Schleinitz (beide geb. 1956 und damals Pfarrer der evangelischen Kirchgemeinde Lommatzsch-Neckanitz) jeweils in ihren Städten öffentliche Bürgerforen. Im Interview erinnern sie sich an diese „äußerst kreative Zeit". ■ lid-online.de/83105

Für neue Entwicklungsimpulse sorgte langfristig der Anschluss an das deutsche Autobahnnetz im Jahr 1936. Zu dieser Zeit begann die metallverarbeitende Industrie die Möbelfabriken als wirtschaftlichen Leitsektor in der Stadt zu verdrängen. Bereits 1940 wurde für das Fahrzeugwerk Mittag die bis dahin größte Fabrikanlage in Wilsdruff errichtet. Seit 1948 firmierte sie als erster VEB in der Stadt mit zeitweise mehr als zweihundert Beschäftigten. Die Aufnahme sudetendeutscher Flüchtlinge bildete 1947 den Ausgangspunkt für die Gründung des VEB Spiegelwerk Wilsdruff im Schlossgebäude mit einer etwa gleichstarken Belegschaft. Aus mehreren Kleinbetrieben entstand etappenweise der VEB Rationalisierung, der in den 1980er Jahren mit mehr als zweihundert Beschäftigten größter Arbeitgeber im Ort war. Die beiden letztgenannten Betriebe wurden jeweils zu Beginn der 1980er und 1990er Jahre entsprechend der damaligen Bauleitplanung in neu errichtete Fabrikanlagen an die südliche Stadtgrenze überführt und firmieren heute als Kinon Wilsdruff GmbH sowie WIMA – Wilsdruffer Maschinen- und Anlagenbau GmbH (75 Mitarbeiter). Die vier noch bestehenden Möbelfabriken wurden 1972 nach der Enteignung ihrer Inhaber mit einer Belegschaftsstärke von 150 Personen zum VEB Küchenmöbel Wilsdruff zusammengefasst.

Nach dem Zweiten Weltkrieg sind in Wilsdruff 850 Flüchtlinge von zumeist katholischem Glauben aufgenommen worden, mit denen die Stadt um 1950 erstmals mehr als 5.000 Einwohner zählte. Die nun deutlich angewachsene katholische Gemeinde konnte 1956 am Kirchplatz eine auf den Namen des Hl. Papstes Pius X. geweihte Kirche in Besitz nehmen.

Als Folge der Bodenreform kam es ab 1945 zu den wohl folgenschwersten strukturellen Veränderungen auf landwirtschaftlichem Gebiet. Zunächst wurde das Joseph von Schönberg-Roth-Schönberg gehörende und lediglich 117 ha umfassende Rittergut einschließlich der Gebäude und des Schlosses enteignet. Letztere sowie einige Grundstücke erhielt die Stadt, die später auf dem Standort der Rittergutsgebäude zwei Mehrfamilienhäuser errichtete und das geräumige Kirschberggelände als Gartenland verpachtete. Auf den sieben eingerichteten Neubauernstellen wurden mangels Bewerbern schließlich nur vier Höfe errichtet. Noch einschneidendere Folgen hatte die Kollektivierung der Landwirtschaft, die 1953 in die Gründung der LPG „Rotes Banner" mündete und die mit über 100 ha eine ähnliche Größe besaß wie das frühere Rittergut. Sieben Jahre später titelte der Heimatspiegel, dass Wilsdruff als erste Stadt im Kreis Freital die Vollgenossenschaftlichkeit erreicht habe (JANDER 1960). Seitdem dominiert die landwirtschaftliche Großraumwirtschaft. Viele Gutsgebäude, die sich bis in den Stadtkern hineinzogen, verschwanden mit der Zeit.

Hinter dem Ministerviertel konnten durch eine Arbeiterwohngenossenschaft schrittweise weitere Mehrfamilienhäuser errichtet werden, an anderen Standorten entstanden auch Einfamilien- und Doppelhäuser. Dennoch verschärfte sich das Wohnraumproblem, da die ohnehin reichlich überalterte Bausubstanz (im Jahr 1970 waren 61,4 % aller Wohnungen noch vor 1900 errichtet) zusehends verfiel. Einem Generalbebauungsplan zufolge sollte die Bevölkerung planmäßig bis 1990 um bis zu 1.000 Einwohner abgesenkt werden, und man sah den Abriss fast kompletter Straßenzüge in der südlichen Altstadt vor (STADTVERWALTUNG WILSDRUFF 1978, S. 8–9). Letzteres wurde zwar nicht umgesetzt, führte aber faktisch zu einem jahrelangen Investitionsstopp. Die städtische Wasserleitung stammte noch aus den ersten Jahren des Jahrhunderts, ein schon damals gefordertes Abwasserklärsystem wurde nie geschaffen. Wilsdruff befand sich in einer tiefen Krise. Dies belegt nicht zuletzt ein nie dagewesener Bevölkerungsschwund bereits in der späten DDR. Zählte die Stadt 1969 noch 4.400 Einwohner, so waren es 1989 tatsächlich nur noch 3.400. In den 1990er Jahren sank die Einwohnerzahl weiter ab, auf unter 3.000, so wenig wie einhundert Jahre zuvor.

Der Prozess des wirtschaftlichen Umbruchs und der Transformation nach 1989 gestaltete sich eher schleichend und vielschichtig. Der VEB Küchenmöbel stellte bereits im Sommer 1990 seine Arbeit ein. In dessen Kernbereich konnte ein Jahr später die Küchenstudio GmbH Wilsdruff gegründet werden, die mit eigener Produktion und 22 Beschäftigten zehn Jahre bestand. Auf die einzelnen Grundstücksteile des VEB wurden acht Restitutionsanträge gestellt. Nach erfolgter Rückführung konnte etwa 25 Jahre lang ein weiteres Küchenstudio betrieben sowie ein großes Fabrikgebäude einer gemischten Nutzung zugeführt werden. Das Fahrzeugwerk wurde 1991 durch die Treuhand an eine süddeutsche Industrieholding verkauft und stellte erfolgreich als FAWI Fahrzeugwerk Wilsdruff GmbH Verkaufsanhänger her. Nachdem ein großer Auftrag der Deutschen Post nicht gewonnen werden konnte, folgte 1996 die überraschende Insolvenz. Im selben Jahr schloss zudem die Deutsche Bahn das Betriebswerk Wilsdruff und verließ so nach 110 Jahren endgültig die Stadt.

Viele Wilsdruffer verloren auch in den großen Industriezentren der Nachbarstädte ihre Arbeit. Trotzdem bemühte sich Wilsdruff zu dieser Zeit, anders als andere Gemeinden, noch nicht um eines der ersten Gewerbegebiete an der BAB 4. Der 1992 gewählte 24-jährige Bürgermeister Arndt Steinbach brachte zunächst die städtebauliche Sanierungsmaßnahme „Stadtkern" auf den

---

Stadtbild im Wandel – Wilsdruff Ende der 1980er Jahre und heute

Die seit etwa 1300 im ursprünglichen Dorf errichtete Stadtanlage Wilsdruff erlebte eine wechselvolle Geschichte. Dem letzten großen Brand 1744 folgte der Wiederaufbau und kontinuierliche Zuwachs im 19. Jh. Bereits auf Fotos von etwa 1900 ist jedoch ein Verfall der älteren Bausubstanz unübersehbar. Dieser Trend konnte erst nach der Wende 1989/90 nachhaltig gestoppt und umgekehrt werden.

Die Fotoschau spiegelt die unterschiedliche Entwicklung der Hausgrundstücke seit dieser Zeit eindrucksvoll wider.

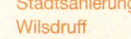

Stadtsanierung Wilsdruff

■ lid-online.de/83110

Sendemast der Funkstelle Wilsdruff

Im Jahr 1952 begann auf einem 22 ha großen Gelände zwischen Wilsdruff und Birkenhain der Aufbau eines Mittelwellensenders und eines Funkamtes. Die geologischen Bedingungen ermöglichten eine optimal wirkende Sendeantenne mit großer Reichweite bei einer Sendeleistung von 250 kW. Der zugehörige Sendemast wurde schon bald als eine besondere Landmarke wahrgenommen.

Die Projektierung des etwa 12 Mio. DM teuren Objektes erfolgte durch das Projektierungsbüro Dresden der Deutschen Post, als Chefarchitekt wirkte Kurt Novotny (1908–1984). Hauptauftragnehmer waren die volkseigenen Betriebe Bau-Union Dresden, Funk- und Fernmeldeanlagenbau Berlin, Funkwerk Köpenick und Stahlbau Leipzig. Transportleistungen erfolgten zum Teil über die Schmalspurbahn.

Die Gebäude wurden in neoklassizistischem Baustil errichtet: Sendegebäude, Maschinenhaus, Verwaltungsgebäude, Kultur- und Speisesaal mit Küche, Unterkunftsgebäude, drei Wohnhäuser, mehrere Nebengebäude und Torhaus. Eine Sonderstellung besaß das Antennenhaus infolge seiner besonderen Funktionalität mit Zuführung Sendesignal, Blitzableitung, Druckkörperisolator und Einstiegsluke in den Rohrmast ▶ Abb. 150

Das Gelände wurde landschaftlich als parkähnliche Anlage gestaltet. Für das gesamte Objekt mussten spezielle Sicherheitsbedingungen erfüllt werden. Dazu zählten insbesondere die mechanische Standfestigkeit des Sendemastes, Blitzschutz, Flugwarnbeleuchtung, Auswirkungen elektromagnetischer Strahlung und Schutz vor unbefugtem Betreten von Gebäuden und umgebendem Gelände.

Das gesamte Objekt war autark: Neben unterschiedlichsten Werkstätten existierten eine eigene Wasseraufbereitung sowie Stromversorgung mittels zweier Generatoren von je 600 kVA maximaler Leistung. Als Antriebsmaschinen dienten Schiffsdieselmotoren. Der Dieselvorrat ermöglichte einen

Abb. 149 Sendemast der Funkstelle Wilsdruff mit Angaben zur mechanischen Dimensionierung

Betrieb von mehr als zehn Tagen bei voller Sendeleistung. Weitere Einzelheiten, insbesondere zu funktechnischen Parametern der Sendeeinrichtungen, sind der Literatur zu entnehmen (Böhme 2014).

Eine besondere bautechnische Herausforderung war der 153 m hohe Sendemast, ein innen bis zur Mastspitze begehbarer Rohrmast, ruhend auf einem Keramik-Druckkörper-Isolator. Die nebenstehende Graphik vermittelt einen Eindruck von der mechanischen Gestaltung und Dimensionierung des Mastes. ▶ Abb. 149

Die offizielle Einweihung des Objektes mit Inbetriebnahme der Anlage und Gründung des Funkamtes Dresden erfolgte am 8. Mai 1954. Die Namen und Inhalte der abgestrahlten Programme unterlagen vielfältigen Veränderungen. Besonders bedeutsam war die Abstrahlung des Programmes Radio DDR 1 auf den Frequenzen 1043 kHz bzw. 1044 kHz bis zum 28. Juni 1990. Es folgten ab 29. Juni 1990 Radio aktuell, ab 1. Juli 1992 DT64. Am 30. Juni 1993 wurde der 250 kW-Sender Wilsdruff endgültig außer Betrieb genommen. Neue, transistorisierte Sender strahlten bis zur Abschaltung der Mittelwellenfrequenzen am 30. April 2013 die Programme MEGARADIO, Stimme Russlands und MDRinfo über den Rohrmast ab.

1990 hatten für die Funkstelle Wilsdruff tiefgreifende betriebsorganisatorische Veränderungen begonnen. 1995 wurden die Gebäude des Funkamtes Dresden und der Sendekomplex unter Denkmalschutz gestellt. Die praktischen Konsequenzen daraus in ihrer komplizierten Überlagerung von privaten und gemeinschaftlichen Interessen – einschließlich juristischer Entscheidungsvorgänge – bieten Gelegenheit für anspruchsvolle Lernprozesse. 2003 eröffnete das Heimatmuseum Wilsdruff anlässlich des 50. Jahrestages der Inbetriebnahme des Objektes eine zugehörige ständige Ausstellung. 2013 begann intensive Vereinstätigkeit zur Wahrung des industriekulturellen Erbes der Sendeanlage Wilsdruff (Juhrig 2013).

Durch eine gezielte Sprengung am 1. August 2021 verlor der Sendemast seine Rolle als Landmarke. Die Herausforderung, auch in Zukunft seine Bedeutung als Teil eines technischen Denkmals zu vermitteln, wird bleiben.

Abb. 150   Antennenhaus der Funkstelle Wilsdruff

Abb. 151 Gymnasium Wilsdruff

Weg. Nun konnten die Wilsdruffer endlich, unterstützt durch Fördermittel von Bund, Land und Stadt, ihre Häuser sanieren. Innerhalb eines Jahrzehnts veränderte sich das städtische Erscheinungsbild komplett. Straßen, Plätze und ganze Häuserzeilen wurden neu gestaltet, Einkaufsläden und Gewerbebetriebe erneuert oder eröffnet. Zwei stadtprägende Marktgebäude mit großen Sälen wichen modernen Wohn- und Geschäftshäusern, das heruntergekommene Schloss und ein Vierseithof wurden denkmalgerecht für Wohnzwecke saniert, außerdem entstanden zwei Pflegewohnanlagen. Mit erheblichen Mitteln konnte auch die öffentliche Daseinsfürsorge modernisiert werden. Zugleich wurden kontinuierlich größere Flächen für den Wohnungsbau erschlossen. Das zügig sanierte Städtchen konnte so dem langanhaltenden Abwärtstrend entgegenwirken und profitierte auch aufgrund der wachsenden Sogwirkung Dresdens von Zuzügen aus allen Himmelsrichtungen.

1995 wurde im sich entwickelnden Speckgürtel um die Landeshauptstadt das Gewerbe- und Industriegebiet „Hühndorfer Höhe" auf der Wilsdruffer Flur erschlossen. In direkter Nachbarschaft zum Hochtechnologiestandort Dresden gelegen, mit Anschluss an die BAB 4, nur zwanzig Minuten vom Flughafen Dresden und eine bzw. zwei Stunden von den Flughäfen Leipzig und Prag entfernt, hat es sich zu einem dynamisch wachsenden Standort mit nun über 50 ha Gewerbeflächen entwickelt. Zeitnah konnten renommierte Unternehmen wie die Firmen LWN Lufttechnik GmbH, Stahlbau & Bauschlosserei Walther GmbH, Beiselen GmbH, ALDI GmbH & Co. KG oder Asphaltmischwerke Wilsdruff GmbH angesiedelt werden. Ihnen folgte das Speditions- und Logistikunternehmen L. Wackler Wwe. Nachf. GmbH (210 Beschäftigte), die adstec Dresden GmbH (70 Beschäftigte), die Firma Purem Wilsdruff GmbH (Purem by Eberspächer) (400 Beschäftigte) und zuletzt die B. Braun Melsungen AG. Bereits 1999 verlegte der Mischkonzern Preiss-Daimler-Group seinen Firmensitz nach Wilsdruff. Letztere wie auch die Firma Purem by Eberspächer stehen unter den Top 100 der größten Unternehmen Mitteldeutschlands. Außerdem existieren mit der Teichmann Bau GmbH und HIW GmbH (90 Mitarbeiter) wieder zwei Bauunternehmen (Stadtverwaltung Wilsdruff 2019).

Nach dieser flächenmäßigen Expansion gelang es besonders seit den 2010er Jahren, auch verfallenen innerstädtischen Industriebrachen neues Leben einzuhauchen. Der Kleinbahnhof, seit Stilllegung des Streckennetzes 1972 weitgehend ungenutzt, konnte anlässlich der 750-Jahrfeier 2009 zu einem Stadt- und Vereinshaus umgestaltet werden, ein Dreiseitenhof wurde nach grundlegender Sanierung das Wilsdruffer Ärztehaus. Durch private Initiative konnten mehrere größere Objekte wie ehemalige Möbelfabriken oder Lagerhäuser zu modernen Wohnstandorten umgebaut werden. Auf dem Areal des Fahrzeugwerkes entstand in kurzer Zeit eine weitere Eigenheimsiedlung mit mehr als vierzig Wohngebäuden. Die Einwohnerzahl stieg so seit 25 Jahren kontinuierlich um nahezu 1.000 an und lag zu Jahresbeginn 2022 bei 3.880. Eine adäquate innerstädtische Belebung ist bislang aber ausgeblieben; das Geschäftsleben in der Innenstadt rund um den

Markt wird durch andauernde Umstrukturierungsprozesse weiterhin herausgefordert.

Bereits in den Jahren 1973/74 vergrößerte sich das Gemeindegebiet durch die Eingemeindung von Kaufbach und Limbach/Birkenhain. 1996 folgten Blankenstein und Helbigsdorf, 1998 und 2000 kam es zum Zusammenschluss zuerst mit dem einwohnerstarken Grumbach, dann mit Grund, Herzogswalde und Mohorn. Dem folgte ein Jahr später noch die Eingemeindung von Kesselsdorf mit Braunsdorf, Oberhermsdorf und Kleinopitz. Damit gewann Wilsdruff weitere Gewerbestandorte hinzu, so in Grumbach, Kleinopitz und Mohorn, vor allem aber in Kesselsdorf. Die Stadt zählt mit ihren Ortsteilen nun 14.680 Einwohner und damit fast 5.000 mehr als im Jahr 1990. ▶ Abb. 147

Kein zweites Thema belegt die städtische Entwicklung Wilsdruffs seit Beginn der Industrialisierung so anschaulich wie die Schul- und Bildungslandschaft. Im Jahr 1862 konnte anstelle der herkömmlichen Knaben- und Mädchenschulen eine erste zweigeschossige Zentralschule in Betrieb genommen werden. Nach weiterem Anwachsen der Schülerzahl errichtete die Stadt 1910 im Rücken der Altstadt die weithin sichtbare Bürgerschule, die siebzig Jahre später und nur unweit entfernt, um die 2. POS vom „Typ Dresden" ergänzt wurde. Seit 2002 gelang es, hier einen abgerundeten Bildungscampus aufzubauen, wie er bis dahin undenkbar schien. Zunächst entstand anstelle der 2. POS ein moderner Neubau für die Grundschule, während im jugendstilgeprägten Gebäude von 1910 die Oberschule untergebracht wurde. Für das Abitur blieb aber weiterhin nur der Weg in benachbarte Städte. Der anhaltende Bevölkerungszuwachs wie auch die finanzielle Lage Wilsdruffs ermöglichten 2020 die Eröffnung eines 27 Millionen Euro teuren Neubaus für ein dreizügiges städtisches Gymnasium. ▶ Abb. 151 Eine Kinderkrippe, zwei Kitas sowie drei Turnhallen vervollständigen diesen Komplex, der im Wilsdruffer Parkstadion seine Abrundung findet. Mit diesem neuen Bildungscampus positioniert sich Wilsdruff einmal mehr und zukunftsweisend als attraktiver Wohn- und Lebensort im Dresdner Umfeld und mit vergleichsweise guten Entwicklungschancen.

E5 Helbigsdorf

Helbigsdorf wurde 1378 erstmals urkundlich erwähnt. Es ist ein typisches Waldhufendorf, was heute noch in der Flureinteilung zu sehen ist. Die Bezeichnung „Brandstatt", für eine im Zentrum gelegene Weide, deutet auf eine fränkische Besiedlung im 11. oder 12. Jh. hin. Die Grundherrschaft war geteilt. Anteile hatten das Rittergut Rothschönberg und das Rittergut Weistropp. Bis 1547 gehörte Helbigsdorf zum *Castrum* Meißen, danach zum Erbamt Meißen. Seit 1952 lag Helbigsdorf auf dem Gebiet des Kreises Freital. Im Jahr 1974 wurde der Ort nach Blankenstein und 1996 nach Wilsdruff eingemeindet.

Helbigsdorf besitzt eine kleine Kapelle aus dem 17. Jh., umgebaut im Jahr 1826. Ein stattlicher spätgotischer Flügelaltar wurde wahrscheinlich aus einem, im Zuge der Reformation aufgelassenem Kloster hierhergebracht. Im 20. Jh. zum Schutz nach Dresden überführt, verbrannte er dort in der Bombennacht 1945. Heute ziert die Kapelle ein klassizistischer Kanzelaltar.

Die 1899 eröffnete Schmalspurbahn Freital–Nossen mit Haltepunkt in Helbigsdorf wurde 1972 stillgelegt. Oberhalb des ehemaligen Bahnhofes befindet sich der sogenannte Vogelherd. Hier wurden, mithilfe von Lockvögeln oder Lärchenspiegeln, Singvögel zum Verzehr im königlichen Hof gefangen.

Der Ort hat heute ca. 300 Einwohner. Im Jahr 2012 wurde im Lößnerhof Helbigsdorf eine Kontaktstelle für ländliches Bauen und Wohnen eingerichtet. Seit 2017 wird die Kontaktstelle unter Schirmherrschaft der AG Dorfentwicklung des Landesvereins Säch-

Durch das mittlere Triebischtal

Die 15 km lange Rundwanderung zu Fuß beginnt an der Kirche Blankenstein mit Besichtigung der ehemaligen Burganlage und des Kalkbruches mit seiner interessanten Flora. Über drei Mühlen geht die Wanderung bis Helbigsdorf dann weiter über Ludwigsbusch, den Rüdiger Linden und einen alten Steinbruch auf dem Feld bis nach Herzogswalde. Nach Besichtigung des Jagdschlosses und der Kirche Herzogswalde kann man im Triebischtal oder auf Feldwegen in halber Höhe nach Blankenstein zurückwandern. ■ lid-online.de/83506

Mittleres Triebischtal

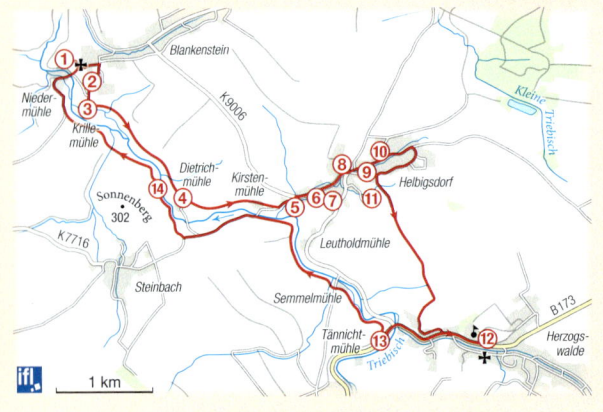

sischer Heimatschutz geführt. Mit dem nunmehr offiziellen Begriff der „Bauberatungsstelle Helbigsdorf" wird eine historische Aktivität des Landesvereins aufgegriffen und wiederbelebt. Die Beratungsstelle ist Anlaufpunkt für Bauherren, Planer und alle Interessierte ländlicher Baukultur. Üblicherweise kommen die Interessenten zur Beratungsstelle. Schnell ist klar: Hier gibt es keinen Konferenzraum, kein nüchternes Büro. Hier trifft man sich vor der Fachwerkwand, auf dem Dachboden oder in der Scheune. Viele Fragen können so anschaulich erörtert werden, zum Beispiel zu Fördermöglichkeiten, Denkmalpflege und Sanierungskonzepten. Des Weiteren erfolgt bei Bedarf die Vermittlung von Handwerkern, Planern und Baustoffen für denkmalgerechte Sanierungen. Neben drei Familien, die hier wohnen, ist die Zimmerei „Manche mögen's Holz" hier angesiedelt. Diese ist in der Denkmalpflege tätig. Ein Sachverständigenbüro für Holzschutz, welches ebenfalls im Lößnerhof seine Räumlichkeiten hat, erstellt Gutachten und betreibt Bauforschung. Seit 2013 findet jährlich der „Offenen Hof" statt, organisiert durch die Bauberatungsstelle, jedoch durchgeführt in verschiedenen Objekten. Zu jeder Veranstaltung wird Fachwissen vermittelt und es werden verschiedene Handwerkstechniken vorgeführt.

Ein beliebtes Ausflugslokal in Helbigsdorf ist die Dietrichmühle mit Reit- und Bauernhofhotel, eine der vielen Mühlen im Triebischtal, welche für das Mühlrad im Dorfwappen verantwortlich sind. Noch zu Anfang des 19. Jh. trieben hier wohlorganisierte Räuber unter dem Namen Die schöne Bande ihr Unwesen.

Am Osthang des Sonnenberges (westlich der Triebisch) in der Nähe der Dietrichmühle befindet sich das ehemalige Kayser'sche (Kluges) Kalkwerk zu Steinbach, wo zwischen 1874 und 1911 ein 6–8 m mächtiges Kalklager innerhalb des Tonschiefers vorwiegend im Stollen- und Streckenbetrieb abgebaut worden ist. Reste des Bruches und eines Schneller-Kalkofens sind noch vorhanden.

Zu Helbigsdorf gehört der Ludwigsbusch, ein 0,8 ha großes artenreiches Feldgehölz mit einem kleinen Teich. Letzterer wurde 2020 rekonstruiert. Bei dem Gehölz handelt es sich um einen Mischwald mit ausgebildeter Strauchschicht bei 60 % Deckung (LfULG 2020). Der Ludwigsbusch ist seit 1978 als FND geschützt. Im FND kommen als bemerkenswerte Pflanzen das Große Springkraut und die Süße Wolfsmilch vor. Einzelne alte, starke Eichen und Hainbuchen erhöhen den Wert des Wäldchens. Ein benachbarter kleiner Bach ist mit vielen großen Eschen, Erlen und Bruchweiden (Kopfweiden) bestanden. Hervorzuheben ist das Vorkommen der Hohen Primel, die im Wilsdruffer Gebiet viele Standorte verloren hat.

E6 Kesselsdorf

Das 1223 erstmals erwähnte Kesselsdorf ist ein für die Wilsdruffer Region typisches hochkoloniales Waldhufendorf mit Herrensitz und Pfarrkirche, dessen Entstehung in die zweite Hälfte des 12. Jh. zu setzen ist. Die Grundherrschaft über Kesselsdorf erwarb im späten Mittelalter das Meißener Domkapitel (1547 standen dem Kapitel 24 besessene Mann in Kesselsdorf zu; zwei weitere gehörten zum Rat der Stadt Dresden). Nach der Reformation gingen die grundherrlichen Rechte und Einkommen des Domkapitels an das Prokuraturamt Meißen über. Mit Obergericht (= Blutgericht) und Steuern gehörte Kesselsdorf dagegen von alters her zum Amt Dresden. Über diese älteren Zustände ebenso wie über landschaftliche und kirchliche Zusammenhänge ging die moderne Entwicklung hinweg: Im 18. Jh. wurde Kesselsdorf dem Prokuraturamt Meißen zugeordnet, nach 1815 gelangte der Ort zunächst an das aufgewertete Amt Grillenburg, nach der Verwaltungsreform von 1855 an das neue Gerichtsamt Wilsdruff und mit der Neuorganisation der Amtshauptmannschaften 1873 an die Amtshauptmannschaft Meißen. 1950 kam Kesselsdorf an den Landkreis Dresden, mit der Gebietsreform von 1952 an den Kreis Freital und nach dessen Fusion mit dem Landkreis Dippoldiswalde 1994 an den neuen Weißeritzkreis. Seit einem weiteren, 2008 erfolgten Kreis-Zusammenschluss gehört das 2001 nach Wilsdruff eingemeindete Kesselsdorf zum Landkreis Sächsische Schweiz-Osterzgebirge mit seiner Kreisstadt Pirna.

Die St. Katharinenkirche war die Pfarrkirche für Braunsdorf, Kaufbach, Kesselsdorf, Kleinopitz, Kohlsdorf, Nieder- und Oberhermsdorf und Wurgwitz sowie seit 1907 auch für Zöllmen. Das Kirchenschiff wurde 1562 errichtet und von 1723 bis 1725 unter dem Dresdner Ratszimmermeister George Bähr (1666–1738) barock umgebaut. Dieser fügte an das Kirchenschiff einen barocken Chor, aus dessen zeltartig gestaltetem Dach der Kirchturm hervorwächst.

Die mit fast 20.000 Toten für beide Seiten äußerst verlustreiche Schlacht von Kesselsdorf führte am 15. Dezember 1745 zur Niederlage Sachsens und Österreichs im Zweiten Schlesischen Krieg. Danach mussten Kurfürst Friedrich August II. (1696–1763) und Kaiserin Maria Theresia (1717–1780) in den Frieden von Dresden einwilligen. Darin wurde der Übergang Schlesiens an Preußen bestätigt, während Sachsen eine Million Taler Kriegskontribution an Preußen zu zahlen hatte. Nach anfänglich hohen Verlusten hatten die von Fürst Leopold von Anhalt-Dessau befehligten preußischen Truppen die von Kesselsdorf aus feuernde sächsische Artillerie neutralisieren können und damit die Schlacht vorentschieden. Der Ort wurde während der Schlacht durch Brände in Mitleidenschaft gezogen und geplündert. Ein Schadensbericht von 1746 bezifferte die Verluste auf 21.840 Taler (Querengässer 2020).

Heute steht Kesselsdorf beispielhaft für den „Speckgürtel" um die Landeshauptstadt Dresden: Nach 1990 wurde im durch die Nähe zu Dresden und zur BAB 4 wirtschaftsräumlich begünstigten Kesselsdorf eines der ersten Gewerbegebiete im Osten der Bundesrepublik ausgewiesen. In der Folge siedelten sich zahlreiche Unternehmen mit Niederlassungen, einige mit Hauptsitz in Kesselsdorf an. Die Erschließung des bereinigt ca. 82 ha großen Gebietes nördlich der Ortslage brachte der Gemeinde erhebliche Schulden (ca. 40 Mio. DM), aber auch deutliche steuerliche Mehreinnahmen. Viele Einwohner profitierten direkt von den in der Folge deutlich gestiegenen Bodenpreisen. Südlich davon, im Gebiet der engeren Ortslage von Kesselsdorf entstanden zeitgleich ausgedehnte Eigenheimsiedlungen und moderne Mietwohnungen, die den dörflichen Charakter des Ortes veränderten und mit einem neuen „Rathaus" eine neue „Ortsmitte"

Abb. 152 Gewerbegebiet Kesselsdorf 2020

entstehen ließen. Zwischen 1950 (1.068 Einwohner) und 1990 (631 Einwohner) hatte Kesselsdorf über ein Drittel seiner Einwohner verloren. Nun stieg die Einwohnerzahl vor allem in den ersten Jahren nach 1990 rasant, bis 2005 (und ohne Berücksichtigung der zwischenzeitlichen Eingemeindung von Braunsdorf 1994–2001) auf 3.400 Einwohner und damit auf über das Fünffache an; unter ihnen viele Pendler nach Dresden. Die zeitlich gedrängte Zuwanderung einer im Wesentlichen der gleichen Alterskohorte angehörenden Bevölkerung nach 1990 birgt demographische Probleme; schon zwischen 2005 und 2015 wuchs der Anteil der über 65-Jährigen in Kesselsdorf von ca. 9 % auf über 16 % an; eine Entwicklung, die sich fortsetzen dürfte. 2011 konnte das vom Durchgangsverkehr erheblich belastete Kesselsdorf durch eine nördliche Ortsumgehung der B173 entlastet werden. Dies und der ortsnahe Anschluss an die neue BAB 17 haben die gewerbliche und wohnliche Attraktivität von Kesselsdorf indessen weiter erhöht. Unter der Regie der Stadt Wilsdruff kam es vor allem seit 2017 zu neuen Gewerbeansiedlungen. ▶ Abb. 152 Offen bleibt, inwieweit Kesselsdorf künftig von den gegenläufigen Wohn-Trends „Stadtflucht" und „Urbanisierung" betroffen sein wird. Auffällig ist, dass seit dem Jahr 2005 die Einwohnerzahl Kesselsdorfs stagniert, während die der Kernstadt Wilsdruff weiter steigt.

E7 Unkersdorf

Im S des Wilsdruffer Landes liegend ist Unkersdorf heute ein Ortsteil der Ortschaft Gompitz, die 1999 nach Dresden eingemeindet wurde. Der Ortsname ist deutschen Ursprungs. Urkundlich wurde Unkersdorf erstmalig 1350 erwähnt. Schon 1825 spricht SCHUMANN von einem wohlhabenden Kirchdorf. Große stattliche Drei- und Vierseithöfe zeugen von erfolgreich betriebener Landwirtschaft. Die Dorfkirche mit dem sie umgebenden Friedhof mit Plänermauern bilden den Mittelpunkt des Dorfes. Die Saalkirche weist noch Reste romanischen Mauerwerks auf. Der prachtvolle Kanzelaltar mit seinen Rokokoformen stammt von 1766 von einem unbekannten Künstler.

Als Wohngebäude dient jetzt das 1719 erbaute Pfarrhaus. Mehrmals bot dieses Fachwerkhaus König Friedrich II. von Preußen und seinem Bruder dem Prinzen Heinrich im Siebenjährigen Krieg Quartier. Die Pfarre war vom 14. bis 18. November 1760 das Hauptquartier Friedrichs des Großen.

Im Jahr 2000 konnte im Oberdorf eine Nagelsche Säule 2. Ordnung von 1869 wieder aufgestellt werden. Sie stand einst auf dem Steinhübel (315 m ü. NHN) in Ortsnähe. Aus dem Depot des Landesvermessungsamtes konnte sie wieder zurückgeholt werden.

Am letzten Gut an der Straße nach Kaufbach sind drei Inschriften zu finden. Die Bekannteste lautet:

Mancher thut für
mich sorgen und thut
mir weder leihen noch borgen.
Ich wolde das er sein
Sorgen lisse und ihn der
Hund das Maul vollschisse.
DEN IVNIVS ANO 1670

Für den Dorfkern Unkersdorf wurde 2003 durch die Landeshauptstadt Dresden eine Erhaltungssatzung mit dem Ziel der Erhaltung des Ortsbildes und der Sicherung wertvoller Blickbeziehungen beschlossen. In ihr wird betont, dass das Ensemble des historischen Dorfkerns in seiner Einheit von Bebauungsstruktur und Grünstruktur das Landschaftsbild prägt. ▶ Abb. 153

Vom nahe gelegenen Wetterbusch lohnt sich der Blick auf Unkersdorf und die Dresdner Elbtalweitung besonders.

In Unkersdorf wurde 1839 Leberecht Hartwig geboren. Er wirkte als Baumeister, kämpferischer Politiker (u. a. Reichstagsabgeordneter) und Wohltäter.

Der einzige Landwirtschaftsbetrieb des Dorfes bewirtschaftet als Wiedereinrichter etwa 427 ha ertragreicher Lössstandorte.

Das moderne Funken-Erosions-Zentrum Unkersdorf wurde für einen mittelständischen Betrieb baukörperlich behutsam 2000/2001 in die bestehende Substanz eines Vierseithofes eingefügt.

Abb. 153   Blick auf Unkersdorf im Frühjahr 2012

ANHANG

Abkürzungsverzeichnis

a	Jahr
AGsB	Arbeitsgemeinschaft sächsischer Botaniker
AGsM	Arbeitsgemeinschaft sächsischer Mykologen
B	Bundesstraße
BAB	Bundesautobahn
Bhf	Bahnhof
BKG	Bundesamt für Kartographie und Geodäsie
BNatSchG	Bundesnaturschutzgesetz
BSB	Bayerische Staatsbibliothek München
BUND	Bund für Umwelt und Naturschutz Deutschland e. V.
bzw.	beziehungsweise
ca.	circa
cm	Zentimeter
d. Ä.	der Ältere
d. h.	das heißt
d. J.	der Jüngere
DBU	Deutsche Bundesstiftung Umwelt
DDR	Deutsche Demokratische Republik
Diss	Dissertation
DLM	Digitales Landschaftsmodell
DLR	Deutsches Zentrum für Luft und Raumfahrt
dm	Dezimeter
DM	Deutsche Mark
dt	Dezitonne
EEG	Erneuerbare Energie-Gesetz
Egro	Energie-Versorgung Groß Dresden A.-G.
ENB	Entomologische Nachrichten und Berichte
EOC	Earth Oberservation Center
EWG	Europäische Wirtschaftsgemeinschaft
EU	Europäische Union
EU-WRRL	Europäische Wasserrahmenrichtlinie
FFH	Flora-Fauna-Habitat
FG	Fachgruppe
FKHK	Freundeskreis Heimatkunde Oberwartha
FND	Flächennaturdenkmal
GeoSN	Staatsbetrieb Geobasisinformation und Vermessung Sachsen
GIS	Geoinformationssystem
GNU	Gesellschaft für Natur und Umwelt
GWL	Grundwasserleiter
h	Stunde
ha	Hektar
HHQ	Höchster Hochwasserdurchfluss
HIW	Hoch- und Ingenieurbau Wilsdruff
HStA	Hauptstaatsarchiv
HTW	Hochschule für Technik und Wirtschaft

IAMO	Institut für Agrarentwicklung in Mittel- und Osteuropa	MMK	mittelmaßstäbige landwirtschaftliche Standortkartierung
IfL	Leibniz-Institut für Länderkunde	Mio.	Million(en)
INSEK	Integriertes Städtebauliches Entwicklungskonzept	MW	Megawatt
		N	Nord
IÖR	Leibniz-Institut für ökologische Raumentwicklung	n. Chr.	nach Christus
		NABU	Naturschutzbund Deutschland e. V.
Jh.	Jahrhundert		
Jt.	Jahrtausend	NASA	National Aeronautics and Space Administration
KAP	Kooperative Abteilung Pflanzenproduktion		
		ND	Naturdenkmal
Kgl.-Sächs	Königlich-Sächsisch	NF	Neue Folge
kHz	Kilohertz	NHN	Normalhöhennull
km	Kilometer	NNO	Nordnordost
km²	Quadratkilometer	NSG	Naturschutzgebiet
kVA	Kilovoltampere	NSI	Naturschutzinstitut
kV	Kilovolt	NWG	Nossen-Wilsdruffer Synklinorium
kW	Kilowatt	O	Ost
KZ	Konzentrationslager	POS	Polytechnische Oberschule
l	Liter	PSKW	Pumpspeicherkraftwerk
L	Landesstraße	ReKIS	Regionales Klimainformationssystem
LEADER	Liaison Entre Actions de Développement de l'Économie Rurale		
		RGB	RGB-Farbraum (Rot, Grün, Blau)
		S	Süd
lfA	Landesamt für Archäologie Sachsen	SED	Sozialistische Einheitspartei Deutschlands
LfDS	Landesamt für Denkmalpflege Sachsen	SLUB	Sächsische Landes- und Universitätsbibliothek
LfUG	Landesamt für Umwelt und Geologie Sachsen	smac	Staatliches Museum für Archäologie Chemnitz
LfULG	Landesamt für Umwelt, Landwirtschaft und Geologie Sachsen	SMUL	Sächsisches Staatsministerium für Umwelt und Landwirtschaft
LPG	Landwirtschaftliche Produktionsgenossenschaft	SNSD	Senckenberg Naturhistorische Sammlung Dresden
LPG (P)	Landwirtschaftliche Produktionsgenossenschaft (Pflanzenproduktion)	SPA	Special Protection Area (Europäisches Vogelschutzgebiet)
		SS	Schutzstaffel
LPG (T)	Landwirtschaftliche Produktionsgenossenschaft (Tierproduktion)	STEG	Stadtentwicklung GmbH
		StLA	Statistisches Landesamt
		StUFA	Staatliches Umweltfachamt Radebeul
LSG	Landschaftsschutzgebiet		
LwAnpG	Landwirtschaftsanpassungsgesetz	t	Tonne
		Tmax	Maximaltemperatur
m	Meter	TU	Technische Universität
m²	Quadratmeter	ü.	über
MGH	Monumenta Germaniae Historica	u. a.	unter anderem
		UdSSR	Union der Sozialistischen Sowjetrepubliken
mm	Millimeter		

UNB	Untere Naturschutzbehörde	W	West
USGS	United States Geological Survey	z. B.	zum Beispiel
usw.	und so weiter	ZMP	Zentrale Markt- und Preisinformationen GmbH
v. Chr.	vor Christus		
VEB	Volkseigener Betrieb	z. T.	zum Teil
VEG	Volkseigenes Gut		

Autorenverzeichnis

Kay Arnswald, Helbigsdorf (E5; Online-Exkursion: Durch das mittlere Triebischtal)

Natascha Benedikt, Bamberg (Personen- und Ortsregister)

Dr. Uwe Bergfeld, Eilenburg (Landwirtschaft in der Lommatzscher Pflege nach 1990; Themen: Digitale Landwirtschaft; Schafzucht; Online-Vertiefung: Landwirtschaft in der Lommatzscher Pflege vor 1990)

Prof. Dr. Erik Borg u. Dr. Bernd Fichtelmann, Neustrelitz (Das Gebiet zwischen Lommatzsch und Wilsdruff aus der Satellitenperspektive)

Jürgen Dittrich, Freital (Geologischer Überblick; A3; B7; B8; B12; B13; B20; B21; B24; C5; C8; C9; C10; C11; C14; C15; D1; D3; D5; D6; D11; D15; D20; D21; E2; E7; Thema: Bergbau; Online-Exkursionen: Durch das Käbschützbachtal; Durch das untere Triebischtal; Durch das mittlere Triebischtal)

Dr. Matthias Donath, Niederjahna (Entwicklung der Landwirtschaft in der Lommatzscher Pflege im 19. und 20. Jh.; A1; A2; A4; A5; A6; A7; B1; B2; B3; B5; B14; B22; C4; C6; C7; C8; C11; C17; D6; D7; D8; D10; D11; D19; E6; Themen: Bauernkultur; Rittergüter)

Manfried Eisbein, Scharfenberg (D2)

Hans Fischer, Dresden-Cossebaude (D18)

Dr. Sönke Friedreich, Dresden (Thema: Wohnung, Brauch und Fest – Zu den Wandlungen der ländlichen Volkskultur)

Andreas Gnüchtel, Dresden (A3; E3)

Dr. Joachim Hahn, Rüsseina (C16)

Prof. Dr. Hans-Jürgen Hardtke, Possendorf (Einleitung, Flora und Vegetation; Die Tierwelt der Lommatzscher Pflege und der Wilsdruffer Hochfläche; Natur- und Landschaftsschutz; A3; A4; A7; A8; B1; B7; B8; B9; B13; B14; B15; B18; B19; B20; B22; B24; C1; C3; C4; C5; C8; C9; C10; C11; C13; D1; D2; D3; D5; D6; D7; D8; D10; D11; D12; D15; D17; D18; D19; D22; E2; E3; E5; Themen: Landwirtschaft und Archäologie; Mühlen; Streuobstwiesen; Nutzung regenerativer Energien, Online-Vertiefungen: Verbreitungskarten ausgewählter Pflanzenarten; Botanische und faunistische Ausstattung des Gebietes; Konkordanz der Pflanzen- und Tiernamen; Online-Exkursionen: Von Lommatzsch durch das Ketzerbachtal und zurück; Am Dreißiger Wasser; Durch das Käbschützbachtal; Durch das untere Triebischtal; Durch das mittlere Triebischtal; Rundwanderung Klipphausen)

Dr. Yves Hoffmann, Dresden (D3)

Sarah Jacob, Leipzig (Einleitung)

Anja Jähnigen, Klipphausen (D16)

Friedemann Klenke, Naundorf (Natur- und Landschaftsschutz; A3; B1; B19; C1; Online-Vertiefung: Botanische und faunistische Ausstattung des Gebietes; Online-Exkursion: Am Dreißiger Wasser)

Mario Lettau, Wilsdruff (E4; Online-Vertiefung: Stadtbild im Wandel – Wilsdruff Ende der 1980er Jahre und heute)

Dr. Jörg Lorenz, Löthain (B20; C3; C11; D5; Thema: Streuobstwiesen; Online-Vertiefung: Botanische und faunistische Ausstattung des Gebietes; Konkordanz der Pflanzen- und Tiernamen)

Dr. Anita Maaß, Lommatzsch (B12; Online-Vertiefung: Friedliche Revolution)

Prof. Dr. Karl Mannsfeld, Dresden (Einleitung, Naturraumübersicht; Klima; Bodengeographie; Hydrologie/Gewässer; Das Gebiet zwischen Lommatzsch und Wilsdruff aus der Satellitenperspektive; A8, B20, D12, D18, D21, D22, Themen: Abfolge der Lösssedimente, Bodenerosion; Mühlen; Nutzung regenerativer Energien; Online-Vertiefungen: Bodenerosion am Beispiel Baderitz)

Wolfgang Müller, Dresden (Thema: Mühlen; Online-Vertiefung: Mühlen)

Thomas Noky, Dresden (Ländliche Baukultur in der Lommatzscher Pflege; Thema: Ländliche Bauten vor 1800)

Wolfgang Ochsler, Dresden (Thema: Mühlen; Online-Vertiefung: Mühlen)

Prof. Dr. Haik Thomas Porada (Einleitung, Personen-, Orts- und Sachregister)

Pfarrer Christoph Rechenberg, Röhrsdorf (D4; D9; D14)

Prof. Dr. Uwe Schirmer, Naunhof-Albrechtshain (Historische Entwicklung vom 10. Jh. bis 1918)

Rudolf Schröder, Dresden (A1; A7; B1; B2; B3; B14; C4; D3; D6; D7; D8; D10; D11; D19; Online-Vertiefung: Parkanlagen; Konkordanz der Pflanzen- und Tiernamen; Online-Exkursion: Parkwanderung durch das Jahnabachtal)

Dompropst Superintendent i. R. Andreas Stempel, Meißen (E1)

Michaela Stock, Oelsa (Demographische Entwicklung seit 1989/90; Online-Vertiefung: Alterskohorten Kinder und Jugendliche)

Dr. Michael Strobel, Dresden (Einleitung, Ur- und Frühgeschichte; A1; A4; B4; B6; B7; B8; B10; B11; B13; B15; B16; B17; B18; B20; B23; C2; C5; C6; C12; C13; D17; Themen: Landwirtschaft und Archäologie; Mittelalterliche Befestigungsanlagen; Online-Vertiefungen: Eine bandkeramische Siedlung mit Grabenwerk bei Piskowitz; Kulturdenkmalschutz in Hof-Stauchitz und Zschaitz; Online-Exkursionen: Von Lommatzsch durch das Ketzerbachtal und zurück; Durch das Jahnatal mit Ostrau und Hof; Durch das Käbschützbachtal)

Dr. André Thieme, Dresden (Einleitung, A4; B14; B15; B22; C4; C5; D5; D8; D16; D17; E6; Thema: Orts- und Flurformen; Online-Exkursion: Von Lommatzsch durch das Ketzerbachtal und zurück)

Hendrik Trapp, Riemsdorf (Die Tierwelt der Lommatzscher Pflege und der Wilsdruffer Hochfläche; A8; B24; D12; D22; Online-Vertiefung: Konkordanz der Pflanzen- und Tiernamen)

Gunter Weber, Mochau (A6)

Dr. Thomas Westphalen, Dresden (Einleitung, Ur- und Frühgeschichte; A1; A4; B4; B6; B7; B8; B10; B11; B13; B15; B16; B17; B18; B20; B23; C2; C5; C6; C12; C13; D13; D17; Themen: Landwirtschaft und Archäologie; Mittelalterliche Befestigungsanlagen; Online-Vertiefungen: Eine bandkeramische Siedlung mit Grabenwerk bei Piskowitz; Kulturdenkmalschutz in Hof-Stauchitz und Zschaitz; Thietmar von Merseburg über die Heilige Quelle; Online-Exkursionen: Von Lommatzsch durch das Ketzerbachtal und zurück; Durch das Jahnatal mit Ostrau und Hof)

Harald Worms, Dresden-Unkersdorf (E7; Online-Exkursion: Rundwanderung Klipphausen)

Peter Wunderwald, Nossen (Themen: Eisenbahnbau und Wirtschaftsentwicklung; Bahnhof Löthain)

Prof. Dr. Wolfgang Wünschmann, Dresden (Thema: Sendemast der Funkstelle Wilsdruff)

Dr. Ulrich Zöphel, Radebeul (Die Tierwelt der Lommatzscher Pflege und der Wilsdruffer Hochfläche; A8, B8, C5, D12, D22, E2; Online-Vertiefung: Konkordanz der Pflanzen- und Tiernamen)

Dr. Christian Zschieschang, Lutherstadt Wittenberg (Orts- und Flurnamen)

Material und Hinweise verdanken die Autoren und Herausgeber:

Hans-Joachim Böhme, Berlin

Alf Furkert, Landeskonservator, Dresden

Dr. Reiner Göldner, Dresden
Dr. André Günther, Großschirma
Dr. Knut Hauswald, Batzdorf
Prof. Dr. Karlheinz Hengst, Chemnitz
PD Dr. Ronald Heynowski, Dresden
Familie Jenichen, Pahrenz
Jürgen Juhrig, Wilsdruff
Bernd-Jürgen Kurze, Dresden
Dana Mikschofsky, Dresden
Lisanne Petry, Dresden
Dr. Dorothea Roloff, Dresden
Matthias Schlönvogt, Wilsdruff
Dr. Katrin Schniebs, Dresden
Oliver Spitzner, Dresden
Gunter Weber, Mochau
Birgit Zöphel, Radebeul

In Erinnerung an Prof. Dr. Heinz Pannach
(* 2. Januar 1920, † 8. Mai 2001)

Redaktionelle Bearbeitung: Niklas Bäuml B.A., Bamberg; Natascha Benedikt B.A., Bamberg; Prof. Dr. Hans-Jürgen Hardtke, Dresden; Sarah Jacob M.A., Leipzig; Prof. Dr. Karl Mannsfeld, Dresden; Lisa Merkel M.A., Leipzig; Prof. Dr. Haik Thomas Porada, Leipzig; Patrick Reitinger M.A., Leipzig; Dr. Michael Strobel, Dresden; Dr. André Thieme, Dresden; Dr. Thomas Westphalen, Dresden

Abschluss des Manuskripts:
21. Oktober 2022

Abbildungsverzeichnis und Bildquellennachweis

Titelskizze: Zwischen Lommatzsch und Wilsdruff (Kartenredaktion: Birgit Hölzel; Kartographie: Romana Schwarz)

Übersichtskarte (gefaltet in Rückentasche; Quelle: BKG, DLM 250; Kartenredaktion: Birgit Hölzel; Kartographie: Romana Schwarz)

Landeskundliche Übersichtskarte (gefaltet in Rückentasche; Quelle: BKG, DLM 250; Kartenredaktion: Birgit Hölzel; Kartographie: Romana Schwarz)

Faltblatt in Rückentasche Zusammenstellung von Landsat-Basis:

Abb. A Landsat 8 Satellitenszene (Path: 193, Raw: 24 des Worldwide Reference System zur Katalogisierung von Landsat-Daten) vom 23.04.2020 in RGB-Darstellung (R: Rot, G: Grün, B: Blau) der Kanäle 4, 3, und 2 (Echtfarbdarstellung). (Entwurf: Erik Borg u. Bernd Fichtelmann, DLR; Quelle: NASA Landsat-Programm, 2018, Landsat 8 Szene USGS, Sioux Falls, 23/04/2020); editiert: Birgit Hölzel)

Abb. B Landsat 8 Satellitenszene vom 23.04.2020 in RGB-Darstellung der Kanäle 5, 6, und 4 (Falschfarbdarstellung). (Entwurf: Erik Borg u. Bernd Fichtelmann, DLR; Quelle: NASA Landsat-Programm, 2018, Landsat 8 Szene USGS, Sioux Falls, 23/04/2020; editiert: Birgit Hölzel)

Abb. C Dreidimensionale Darstellung des Gebietes um Lommatzsch und Wilsdruff entsprechend Abb. A (oben) und Abb. B (unten) mit Blick aus Richtung Nordwest unter Verwendung eines digitalen Geländemodells des DLR. Die topographischen Höhen sind gegenüber den Distanzen in der Ebene mit fünffacher Überhöhung dargestellt. (Entwurf: Bernd Fichtelmann und Erik Borg, DLR. Mit freundlicher Genehmigung des United State Geological Survey – USGS und des Deutschen Zentrums für Luft- und Raumfahrt – DLR, Earth Observation Centrum – EOC; editiert: Birgit Hölzel)

Einstiegsbild in den Landeskundlichen Überblick: Das „Wellblechrelief" der Landschaft in der Lommatzscher Pflege ist vor der Kirche von Leuben besonders gut erkennbar (Foto: Michael Strobel, LfA)

Einstiegsbild in die Einzeldarstellungen: Ackerflächen mit Gehölzstreifen sowie Kleinsiedlungen prägen das Landschaftsbild der Lommatzscher Pflege bei Mehren (Foto: Matthias Donath)

Einstiegsbild in die Verzeichnisse: Kalkwerk Ostrau (Foto: Ronald Heynowski, LfA)

Abbildungen im Landeskundlichen Überblick und in den Einzeldarstellungen

Abb. 1 Die Stadt Lommatzsch von Südwesten 2020 (Foto: Ronald Heynowski, LfA)

Abb. 2 Die Stadt Wilsdruff von Süden 2020 (Foto: Ronald Heynowski, LfA)

Abb. 3 Mikrochoren – Naturraumeinheiten mittlerer Größe als Mosaik zugrundeliegender Naturfaktoren (Entwurf: Karl Mannsfeld; Quelle: Haase u. Mannsfeld 2002; Kartenredaktion: Birgit Hölzel; Kartographie: Anja Kurth)

Abb. 4 Geologische Übersicht ohne quartäre Bildungen (Entwurf: Jürgen Dittrich; Quelle: LfUG 1994, 1996, 2001; Kartenredaktion: Birgit Hölzel; Kartographie: Romana Schwarz)

Abb. 5 Geologisches Profil durch das Triebischtal (Entwurf: Richter u. Fröhlich 2006; Quelle: Informationstafel des Geopfads Triebischtal am Kalkwerk Miltitz; Kartenredaktion: Birgit Hölzel; Kartographie: Romana Schwarz)

Abb. 6 Klimadiagramme für Stationen im westlichen und östlichen Gebiet – Oschatz und Garsebach (Quelle: LfULG/ReKIS; Redaktion: Birgit Hölzel; Grafik: Anja Kurth)

Abb. 7 Veränderungen von Klimaelementen (1961–2019) für Jahreswerte (Entwurf: Johannes Franke; Quelle: LfULG/ReKIS)

Abb. 8 Veränderungen von Klimaelementen (1961–2019) für die Vegetationszeit April bis Juni (Entwurf: Johannes Franke; Quelle: LfULG/ReKIS)

Abb. 9 Veränderungen von Klimaelementen (1961–2019) für die Vegetationszeit Juli bis September (Entwurf: Johannes Franke; Quelle: LfULG/ReKIS)

Abb. 10 Klimawandel am Beispiel Niederschlag für die beiden Vegetationsperioden im Vergleich für Normalperiode und aktuelle Periode (Entwurf: Johannes Franke; Quelle: LfULG/ReKIS; Kartenredaktion: Birgit Hölzel; Kartographie: Anja Kurth)

Abb. 11 Übersichtskarte zum Vorkommen der wichtigsten Bodenformen im Bearbeitungsgebiet (Entwurf: Karl Mannsfeld; Quelle: MMK 1998; Kartenredaktion: Birgit Hölzel; Kartographie: Anja Kurth)

Abb. 12 Typischer mittelsächsischer Lössboden/humusreiche Parabraunerde (Foto: Falk Hieke)

Abb. 13 Kiesgrube Naundorf, nördliche Grubenwand mit groben Geröllschichten (vorwiegend Quarz), von schluffigen Sanden unterlagert (Foto: Jürgen Dittrich)

Abb. 14 Profil der Grube Gleina (Entwurf: Karl Mannsfeld; Quelle: verändert nach Haase, Lieberoth u. Ruske 1970; Redaktion: Birgit Hölzel; Grafik: Birgit Hölzel)

Abb. 15 Erosion durch Wasser im Einzugsgebiet der Jahna 2005 (Foto: Karsten Grunewald)

Abb. 16 Gewässernetz und Einzugsgebiete (Entwurf: Karl Mannsfeld; Quelle: LfULG 2021a, 2021b; Kartenredaktion: Birgit Hölzel; Kartographie: Romana Schwarz)

Abb. 17 Fließgewässerstrukturgüte (Entwurf: Birgit Hölzel; Quelle: LfULG 2021c; Kartenredaktion: Birgit Hölzel; Kartographie: Romana Schwarz)

Abb. 18 Potenzielle natürliche Vegetation (Entwurf: Hans-Jürgen Hardtke; Quelle: Schmidt et al. 2002; Kartenredaktion: Birgit Hölzel; Kartographie: Anja Kurth)

Abb. 19 Besonders geschützte Biotope im Lommatzscher Umland (Entwurf: Hans-Jürgen Hardtke, Lisanne Petry; Quelle: LfULG; Kartenredaktion: Birgit Hölzel; Kartographie: Anja Kurth)

Abb. 20 Verbreitung von Hallers Schaumkresse (Entwurf: Hans-Jürgen Hardtke; Quelle: Hardtke, Klenke u. Müller

2013; Kartenredaktion: Birgit Hölzel; Kartographie: Anja Kurth)

Abb. 21 Verbreitung vom Feld-Rittersporn (Entwurf: Hans-Jürgen Hardtke; Quelle: Hardtke, Klenke u. Müller 2013; Kartenredaktion: Birgit Hölzel; Kartographie: Anja Kurth)

Abb. 22 Überblick zum Bestand ausgewählter Artengruppen in Sachsen und im Gebiet um Lommatzsch und Wilsdruff (Entwurf: Ulrich Zöphel; Quelle: Brockhaus u. Fischer 2005, Füllner et al., Hauer et al. 2009, Reinhardt et al. 2007, Steffens et al. 2013, Teufert et al. 2022, Zöphel u. Steffens 2002)

Abb. 23 Kleine Hufeisennase im ehemaligen Kalkwerk Blankenstein beim Winterschlaf (Foto: Reimund u. Elke Francke)

Abb. 24 Veränderungen in der Anzahl der Tagfalter im Gebiet um Lommatzsch und Wilsdruff – insgesamt 85 Arten (Entwurf: Ulrich Zöphel; Quelle: Kurze 2020)

Abb. 25 FFH-Gebiete für das Schutzgebietsnetz Natura 2000 in der Lommatzscher Pflege (Entwurf: Hans-Jürgen Hardtke; Quelle: SMUL 2008b, LfULG)

Abb. 26 Natur- und Landschaftsschutzgebiete (Entwurf: Hans-Jürgen Hardtke; Quelle: SMUL 2008a, LfULG; Kartenredaktion: Birgit Hölzel; Kartographie: Romana Schwarz)

Abb. 27 Vogelschutzgebiete und Flora-Fauna-Habitate (Entwurf: Hans-Jürgen Hardtke; Quelle: SMUL 2008b, LfULG; Kartenredaktion: Birgit Hölzel; Kartographie: Romana Schwarz)

Abb. 28 Fundstellen der Jungsteinzeit (Entwurf: Reiner Göldner; Quelle: Staatsbetrieb GeoSN/LfA; Kartenredaktion: Birgit Hölzel; Kartographie: Romana Schwarz)

Abb. 29 Rekonstruktionszeichnung eines linienbandkeramischen Hauses (Rekonstruktion: LfA)

Abb. 30 Fundstellen der Bronzezeit und der vorrömischen Eisenzeit (Entwurf: Reiner Göldner; Quelle: Staatsbetrieb GeoSN/LfA; Kartenredaktion: Birgit Hölzel; Kartographie: Romana Schwarz)

Abb. 31 Fundstellen der Römischen Kaiserzeit und Völkerwanderungszeit (Entwurf: Reiner Göldner; Quelle: Staatsbetrieb GeoSN/LfA; Kartenredaktion: Birgit Hölzel; Kartographie: Romana Schwarz)

Abb. 32 Fundstellen des frühen Mittelalters (Entwurf: Reiner Göldner; Quelle: Staatsbetrieb GeoSN/LfA; Kartenredaktion: Birgit Hölzel; Kartographie: Romana Schwarz)

Abb. 33 Der Burgberg Zehren im Winter 2010 (Foto: Michael Strobel, LfA)

Abb. 34 Kirchenorganisation um 1500 (Entwurf: André Thieme, Karlheinz Blaschke, Manfred Kobuch; Quelle: Blaschke u. Kobuch 2008; Kartenredaktion: Birgit Hölzel; Kartographie: Anja Kurth)

Abb. 35 Herrschaftliche Güter (Entwurf: André Thieme, Reiner Groß, Manfred Wilde; Quelle: Gross 2004; Kartenredaktion: Birgit Hölzel; Kartographie: Anja Kurth)

Abb. 36 Grundherrschaften 1764 (Entwurf: Matthias Donath; Quelle: eigener Entwurf; Kartenredaktion: Birgit Hölzel; Kartographie: Romana Schwarz)

Abb. 37 Fachwerkbau in Weitzschenhain 2021 (Foto: Thomas Noky)

Abb. 38 Blick über Getreidefelder zum Schloss Schleinitz (Foto: Matthias Donath)

Abb. 39 Unter dem Bildnis Stalins beschließt eine Bauernversammlung am 24. Juni 1952 im Gasthof Niederjahna die Gründung der ersten LPG in Sachsen (Foto: Archiv Matthias Donath)

Abb. 40 Mähdrescher des Typs „Fortschritt E 512" bei Lommatzsch, 1970er Jahre (Quelle: Archiv Matthias Donath)

Abb. 41 Entwicklung der Flächenanteile landwirtschaftlicher Betriebe unterschiedlicher Rechtsformen in Sachsen 1992–2020 (Entwurf: Uwe Bergfeld; Quelle: LfULG; Redaktion: Birgit Hölzel; Grafik: Anja Kurth)

Abb. 42 Entwicklung der Anzahl landwirtschaftlicher Betriebe nach Rechts- und Erwerbsform in Sachsen von 1991–2020

(Entwurf: Uwe Bergfeld; Quelle: LfULG; Redaktion: Birgit Hölzel; Grafik: Anja Kurth)

Abb. 43 Beim Treffen der bundesweiten Experimentierfelder zur Digitalisierung in der Landwirtschaft am 23. und 24. September 2020 auf Schloss Proschwitz bei Meißen wird der Drohneneinsatz im Weinbau am Elbhang gegenüber der Albrechtsburg demonstriert (Foto: Uwe Bergfeld)

Abb. 44 Der Einsatz digitaler Technik unterstützt bei der Umsetzung einer modernen und ressourcenschonenden Landwirtschaft (Foto: Michael Strobel, LfA)

Abb. 45 Ertragsentwicklung ausgewählter Feldfrüchte 1989–2001 in den östlichen Ländern der Bundesrepublik Deutschland (Entwurf: Uwe Bergfeld; Quelle: Statistisches Jahrbuch 1991 und 2002, ZMP-Bilanz Getreide 1991 und 2002; Redaktion: Birgit Hölzel; Grafik: Anja Kurth)

Abb. 46 Vergleich des mittleren Tierbesatzes zwischen dem Landkreis Meißen, Sachsen und Deutschland (Entwurf: Uwe Bergfeld; Quelle: Statistisches Landesamt des Freistaates Sachsen und Statistisches Bundesamt)

Abb. 47 Ortskern von Lommatzsch 2021 (Foto: Ronald Heynowski, LfA)

Abb. 48 Ortskern von Wilsdruff 2021 (Foto Ronald Heynowski, LfA)

Abb. 49 Jährliche Bevölkerungsveränderung 1986–2019 (Entwurf: Michaela Stock; Quelle: Statistisches Landesamt des Freistaates Sachsen; Redaktion: Birgit Hölzel; Grafik: Anja Kurth)

Abb. 50 Bevölkerungsentwicklung 1982–2019 (Entwurf: Michaela Stock; Quelle: Statistisches Landesamt des Freistaates Sachsen; Redaktion: Birgit Hölzel; Grafik: Anja Kurth)

Abb. 51 Altersstruktur 1984–2019 (Entwurf: Michaela Stock; Quelle: Statistisches Landesamt des Freistaates Sachsen; Redaktion: Birgit Hölzel; Grafik: Anja Kurth)

Abb. 52 Kummethalle in Mögen 2011 (Foto: Thomas Noky)

Abb. 53 Bild eines Bauernhofes in Jessen 1928 (Quelle: Gemeinde Stauchitz o. J.)

Abb. 54 Leerstehender Hof in Soppen 2011 (Foto: Thomas Noky)

Abb. 55 Ortsnamen (Entwurf: André Thieme, Hans Walther, Christian Zschieschang; Quelle: Walther 1998; Kartenredaktion: Birgit Hölzel; Kartographie: Anja Kurth)

Abb. 56 Orts- und Flurformen (Entwurf: André Thieme, Karlheinz Blaschke; Quelle: Blaschke 1997b, 1997/98; Kartenredaktion: Birgit Hölzel; Kartographie: Anja Kurth)

Abb. 57 Die Befestigungsanlage von Hof/Stauchitz im geomagnetischen Messbild (Quelle: LfA, nach Misiewicz 2004, Abb. 2; Kartenredaktion: Birgit Hölzel; editiert: Anja Kurth)

Abb. 58 Ortskern von Jahna 2020 (Foto: Ronald Heynowski, LfA)

Abb. 59 Purpur-Knabenkraut bei Ostrau (Foto: Hans-Jürgen Hardtke)

Abb. 60 Burgberg Zschaitz: Übersichtsplan der archäologischen Strukturen (Quelle: LfA, nach Bromme et al. 2010, Frontispiz; Kartenredaktion: Birgit Hölzel; editiert: Birgit Hölzel)

Abb. 61 Mittelalterliche Befestigungsanlagen (Entwurf: Michael Strobel, Thomas Westphalen; Quelle: LfA; Kartenredaktion: Birgit Hölzel; Kartographie: Romana Schwarz)

Abb. 62 Südwestansicht vom Burgberg Zschaitz (Foto: Hans-Jürgen Hardtke)

Abb. 63 Gut Gödelitz 2020 (Foto: Ronald Heynowski, LfA)

Abb. 64 Flurcroquis von Mochau 1875 (Quelle: Sammlung Gunter Weber, Mochau)

Abb. 65 Laasenteich, zum Denkmalschutzgebiet gehörend, mit Blick zum Herrenhaus Choren. Am Uferrand stattliche Stiel-Eichen, links der Park (Foto: Dorothea Roloff)

Abb. 66 Acker-Goldstern, eine besonders gefährdete Art in Sachsen (Foto: Rudolf Schröder)

Abb. 67 Potentielle Erosionsgefährdung (Entwurf: Karsten Grunewald u. Sandra Naumann; Quelle: LfULG, nach Grunewald u. Naumann 2012; Kartenredaktion: Birgit Hölzel; Kartographie: Romana Schwarz)

Abb. 68 Märzenbecher bei Petzschwitz (Foto: Thomas Westphalen)

Abb. 69 Parkanlage Jahnishausen (Entwurf: Rudolf Schröder; Quelle: 13374 Büro des Bezirksarchitekten Dresden; Kartenredaktion: Birgit Hölzel; Kartographie: Romana Schwarz)

Abb. 70 Parkanlage Seerhausen (Entwurf: Rudolf Schröder; Quelle: 13374 Büro des Bezirksarchitekten Dresden; Kartenredaktion: Birgit Hölzel; Kartographie: Romana Schwarz)

Abb. 71 Die Hänge-Buche, rechts davor die „Mönchsäule", links das Herrenhaus Ragewitz (Foto: Dorothea Roloff)

Abb. 72 Veränderungen im Eisenbahnnetz zwischen 1964 und 2022 (Entwurf: Peter Wunderwald, Quelle: Ministerium für Verkehrswesen der DDR 1967, Eisenbahnatlas Deutschland 2021; Kartenredaktion: Birgit Hölzel; Kartographie: Anja Kurth)

Abb. 73 Schmalspurbahnmuseum Wilsdruff 2022 (Foto: Peter Wunderwald)

Abb. 74 Plan der frühbronzezeitlichen Siedlung von Prausitz. Die über 1.500 Jahre ältere trapezförmige Grabanlage ist rot hervorgehoben. (Quelle: LfA, nach Conrad et al. 2012, Abb. 2; Kartenredaktion: Birgit Hölzel; editiert: Anja Kurth)

Abb. 75 Jemenitische Delegation bei der Besichtigung der LPG „Helmut Just" 1981; Gottfried Leder 1. v. R., Willy Stoph 2. v. R (Foto: Bundesarchiv, Bild 183-Z1107-028, LPG Striegnitz, Besuch einer jemenitischen Delegation.jpg)

Abb. 76 Grabenwerk und trapezförmige Grabanlagen im digitalen Geländemodell. Auffällig ist die lineare Anordnung der Trapeze, die zwischen Mehltheuer und Roitzsch nördlich der ehemaligen Poststraße in Ost-West-Richtung verläuft. (Quelle: LfA, nach Heynowski et al. 2020; Kartenredaktion: Birgit Hölzel; editiert: Anja Kurth)

Abb. 77 Die bronzezeitliche Befestigung auf dem Göhrisch im digitalen Geländemodell. (Entwurf: Michael Strobel; Quelle: Staatsbetrieb GeoSN/LfA; Kartenredaktion: Birgit Hölzel; editiert: Anja Kurth)

Abb. 78 Ehemaliger Biotitgranodiorit-Steinbruch am Göhrisch (Foto: Jürgen Dittrich)

Abb. 79 Elsterkaltzeitliche Kiese und Sande am Eckardsberg (Foto: Jürgen Dittrich)

Abb. 80 Windmühle in Pahrenz (Foto: Wolfgang Ochsler)

Abb. 81 Mühlen vom 10. bis 20. Jh. (Entwurf: Wolfgang Ochsler, André Thieme; Quelle: Müller u. Ochsler 2016, Von Mühlen zwischen Triebisch und Elbe, www.deutsche-muehlen.de, www.muehlenverein-sachsen.de, www.muehlen-im-triebischtal.de, www.muehle-miltitz.de, www.dresdenelbland.de/de/p/muehlen-und-baeche, www.meissner-land.city-map.de, www.helmmühle.stripestyle.de, www.klipphausen.de, www.falkjenichen.de; Kartenredaktion: Birgit Hölzel; Kartographie: Romana Schwarz)

Abb. 82 Plan des ehemaligen Paltzschener Sees mit umliegenden jungsteinzeitlichen Fundstellen (Quelle: LfA, nach Spehr 2011, Abb. 59; Kartenredaktion: Birgit Hölzel; editiert: Anja Kurth)

Abb. 83 Plan des Gräberfeldes von Altlommatzsch (Quelle: LfA, nach Hellström 2004, Frontispiz; Kartenredaktion: Birgit Hölzel; editiert: Anja Kurth)

Abb. 84 Erntedankfest Anfang September 2014 in der Kirche Röhrsdorf, mit typischer Dekoration. Im Orgelgehäuse fehlen noch die Pfeifen. Die neue Orgel wurde erst am 24. Dezember 2014 eingeweiht (Foto: Christoph Rechenberg)

Abb. 85 Stadtentwicklung von Lommatzsch (Entwurf: Anita Maaß; Quelle: die STEG Stadtentwicklung GmbH; Kartenredaktion: Birgit Hölzel; Kartographie: Romana Schwarz)

Abb. 86 Lösskeller in Lommatzsch (Foto: Jürgen Dittrich)

Abb. 87 Bild eines Bauernhofes in Prositz von 1863. Mittig im Hof ist im hinteren

Seitengebäude die Kummethalle zu erkennen. (Quelle: Gemeinde Stauchitz o. J.)

Abb. 88 Burgberg Zehren (Quelle: LfA, nach Spehr 2011, Abb. 125, Vermessungsplan 1:500 von Werner Mönch 1938; Kartenredaktion: Birgit Hölzel; editiert: Anja Kurth)

Abb. 89 Rekonstruktion der zweischaligen Wehrmauer, die sich in dem Wall auf dem Burgberg Zehren verbirgt. (Rekonstruktion, Quelle: LfA)

Abb. 90 Max Andrä beschreibt eindrucksvoll, wie ihm der Pflug die Gräber des eisenzeitlichen Friedhofes von Seebschütz förmlich vor die Füße gelegt habe. (Gemälde, Quelle: LfA)

Abb. 91 Drei Generationen von Landwirten: Oskar Wallrabe (rechts, 1870–1956), sein Sohn Rudolf (links, 1904–1970) und sein Enkel Wolfgang (auf dem Arm seines Großvaters, 1931–2003) Anfang der 1930er Jahre (Quelle: Fröhner u. Strobel 2017, Abb. 11/Familienarchiv Wallrabe)

Abb. 92 Plan der linienbandkeramischen Siedlung von Pitschütz (Quelle: LfA, nach Frehse et al. 2016, Abb. 1; Kartenredaktion: Birgit Hölzel; editiert: Anja Kurth)

Abb. 93 Ackerflora Schwochau (Foto: Hans-Jürgen Hardtke)

Abb. 94 Korn-Rade (Foto: Hans-Jürgen Hardtke)

Abb. 95 Anlagen für die Nutzung regenerativer Energien (Entwurf: Hans-Jürgen Hardtke, Lisanne Petry; Quelle: LfULG 2021d, Energieportal Sachsen; Kartenredaktion: Birgit Hölzel; Kartographie: Anja Kurth)

Abb. 96 Spanische Flagge (Foto: Familie Schicht)

Abb. 97 Rittergut Staucha, rechts vor dem Herrenhaus die Peter-Sodann-Bibliothek 2020 (Foto: Ronald Heynowski, LfA)

Abb. 98 Zeitgenössische Ansicht des Hofes von Max Andrä (Foto: LfA)

Abb. 99 Triangulationssäule mit Informationstafel 2022 (Foto: Hans-Jürgen Hardtke)

Abb. 100 Bologneser Glockenblume (Foto: Hans-Jürgen Hardtke)

Abb. 101 Schloss Schleinitz 2020 (Foto: Ronald Heynowski, LfA)

Abb. 102 Blick auf die Kirche in Leuben (Foto: Jürgen Dittrich)

Abb. 103 Baualtersaltierung von Niederjahna (Entwurf: Matthias Donath; Quelle: eigener Entwurf; Kartenredaktion: Birgit Hölzel; Kartographie: Anja Kurth)

Abb. 104 Flurstücke in Kaisitz vor und nach der Flurbereinigung (Entwurf: Matthias Donath; Quelle: Beeger u. Wenske 2015; Kartenredaktion: Birgit Hölzel; Kartographie: Romana Schwarz)

Abb. 105 Glatthaferwiese unterhalb vom Bruch Leutewitz (Foto: Hans-Jürgen Hardtke)

Abb. 106 Präsentation der ersten Merino-Schafe durch den spanischen Schäfer Moreno und den Legationssekretär Ludwig Talon vor Kurfürst Friedrich August III. und Kurfürstin Maria Antonia mit deren Kindern und den Administrator Prinz Franz Xaver und weiteren Angehörigen des sächsischen Hofes im Großen Garten in Dresden am 28. Juli 1765 auf einem Gemälde von Theobald von Oer 1868. (Foto: Crocker Art Museum Sacramento, E.B. Crocker Collection, 1872.31)

Abb. 107 Gefalteter Kieselschiefer im ehemaligen Steinbruch am Blauberg bei Badersen (Foto: Jürgen Dittrich)

Abb. 108 Produktbeispiele der Ziegelei Huber in Graupzig (Foto: Jürgen Dittrich)

Abb. 109 Normalprofil der Lagerstätte des Ziegelwerks Klaus Huber GmbH & Co. KG Graupzig (Entwurf: Jürgen Dittrich, Quelle: nach Palme u. Huhle 2002b)

Abb. 110 Tongrubenrestgewässer und Halde bei Löthain 2010, mittlerweile verfüllt (Foto: Hans-Jürgen Hardtke)

Abb. 111 Das Schmalspurbahnmuseum Löthain 2012 (Foto: Peter Wunderwald)

Abb. 112 Der Ziegenhainer und Höfgener Burgberg im digitalen Geländemodell (Entwurf: Michael Strobel; Quelle: Staatsbetrieb GeoSN/LfA; Kartenredaktion: Birgit Hölzel; editiert: Anja Kurth)

Abb. 113 Geomagnetische Erfassung der Grabenstruktur bei Nössige (Quelle: LfA, nach STROBEL et al. 2020a, Abb. 6; Kartenredaktion: Birgit Hölzel; editiert: Anja Kurth)

Abb. 114 Kirche Rüsseina 2022 (Foto: Hans-Jürgen Hardtke)

Abb. 115 Ortszentrum von Krögis mit der Kirche und den Schulgebäuden des 19. und 20. Jh., 2020 (Foto: Ronald Heynowski, LfA)

Abb. 116 Herrenhaus Batzdorf (Foto: Eckhard Pelenus)

Abb. 117 Burg Scharfenberg 2020 (Foto: Ronald Heynowski, LfA)

Abb. 118 Die Ortsteile Scharfenbergs mit den Erzgängen und einer schematischen Darstellung der Silberbergwerke (Quelle: LfA; Kartenredaktion: Birgit Hölzel; Kartographie: Anja Kurth)

Abb. 119 Kaendler-Epitaph von 1738 (Foto: Maximilian Rechenberg)

Abb. 120 Bergleute des Erdenwerks Seilitz um 1989 (Foto: Gerhard Weber)

Abb. 121 Prinzbachtal mit Furt (Foto: Hans-Jürgen Hardtke)

Abb. 122 Blick zum Herrenhaus Heynitz (Foto: Hans-Jürgen Hardtke)

Abb. 123 Die terrassierte Parkanlage mit Schloss, Gartenpavillon und Kirche in Taubenheim (Foto: Rudolf Schröder)

Abb. 124 Kirche Röhrsdorf (Foto: Christoph Rechenberg)

Abb. 125 Rittergüter um 1945 (Entwurf: Matthias Donath; Quelle: NIEKAMMER 1925; Kartenredaktion: Birgit Hölzel; Kartographie: Anja Kurth)

Abb. 126 Blick zum Herrenhaus Wendischbora, dahinter der Landschaftspark (Foto: Dorothea Roloff)

Abb. 127 Hauptstollnmundloch (Stollntor) des Rothschönberger Stollns (Foto: Hans-Jürgen Hardtke)

Abb. 128 Bogenbrücke bei der Ruine Obermühle (Foto: Hans-Jürgen Hardtke)

Abb. 129 Mahlitzsch: Im Vordergrund moderne Stallanlagen, im Hintergrund der Vierseitenhof am westlichen Ortsrand, daneben Gewächshäuser (Blickrichtung Norden, Foto: Ronald Heynowski, LfA)

Abb. 130 Grundriss der Soraer Kirche mit Baualterskartierung (Entwurf: Oliver Spitzner u. Thomas Westphalen; Quelle: LfA; Kartenredaktion: Birgit Hölzel; editiert: Anja Kurth)

Abb. 131 Kirsch-Prachtkäfer (Foto: Tom Kwast)

Abb. 132 Gewerbegebiet Klipphausen 2020 (Foto: Ronald Heynowski, LfA)

Abb. 133 Der Niederwarthaer Burgberg sowie der Böhmerwall und der Heilige Hain im digitalen Geländemodell (Entwurf: Michael Strobel, Thomas Westphalen; Quelle: Staatsbetrieb GeoSN/LfA; Kartenredaktion: Birgit Hölzel; editiert: Anja Kurth)

Abb. 134 Pumpspeicherkraftwerk Oberwartha 2020 (Foto: Ronald Heynowski, LfA)

Abb. 135 Ansicht des Herrenhauses Weistropp auf einem Gemälde von Robert Krause aus dem Jahre 1832 (Quelle: Familienbesitz; Foto: Prof. Dr. Hartmut Ring)

Abb. 136 Restehalde des „Wildemann Erbstolln" (Foto: Jürgen Dittrich)

Abb. 137 Kiessandgrube Sönitz 2020 (Foto: Ronald Heynowski, LfA)

Abb. 138 Triebisch bei Blankenstein (Foto: Hans-Jürgen Hardtke)

Abb. 139 Triebischauwiesen bei Munzig im Juni 2022 (Foto: Hans-Jürgen Hardtke)

Abb. 140 Rekonstruierter Kalkofen Blankenstein von 1798 (Foto: Jürgen Dittrich)

Abb. 141 Wendischbora, Pfarrhaus, 2011 (Foto: Thomas Noky)

Abb. 142 Rothschönberg, Darrenhaus (1702), 2021 (Foto: Thomas Noky)

Abb. 143 Neckanitz, großes Wohnstallhaus (um 1700), 2012 (Foto: Thomas Noky)

Abb. 144 Blankenstein, Wohnstallhaus (1709 mit Fachwerkstube, Flur- und Stallzone aus der ersten Hälfte des 19. Jh.), 2009 (Foto: Thomas Noky)

Abb. 145 Soppen, Scheune mit Kreuzstrebengefüge (um 1700), 2011 (Foto: Thomas Noky)

Abb. 146 Laubwald mit Zittergras-Segge (Foto: Hans-Jürgen Hardtke)
Abb. 147 Stadtentwicklung von Wilsdruff (Entwurf: Mario Lettau; Quelle: eigener Entwurf; Kartenredaktion: Birgit Hölzel; Kartographie: Romana Schwarz)
Abb. 148 Marktplatz von Wilsdruff 2022 (Foto: Mario Lettau)
Abb. 149 Sendemast der Funkstelle Wilsdruff mit Angaben zur mechanischen Dimensionierung (Entwurf: Hans-Joachim Böhme, Wolfgang Wünschmann; Foto: Hans-Joachim Böhme)
Abb. 150 Antennenhaus der Funkstelle Wilsdruff (Foto: Jürgen Juhrig)
Abb. 151 Gymnasium Wilsdruff (Foto: HIW GmbH)
Abb. 152 Gewerbegebiet Kesselsdorf 2020 (Foto: Ronald Heynowski, LfA)
Abb. 153 Blick auf Unkersdorf im Frühjahr 2012 (Foto: Harald Worms)

Startbilder der Themen

Abfolge der Lösssedimente: Lössschicht und Tonlinse im Bereich der Ziegelei Graupzig (Foto: Hans-Jürgen Hardtke)
Digitale Landwirtschaft: Landschaftseindruck aus der Lommatzscher Pflege (Foto: Uwe Bergfeld)
Orts- und Flurformen: Lommatzsch von Südosten 1908 (Quelle: IfL, Archiv für Geographie, Sammlung Ernst Wandersleb, Signatur: Eu069Wa-0011)
Mittelalterliche Befestigungsanlagen: Im Wall der frühmittelalterlichen Burganlage von Hof/Stauchitz verbirgt sich eine Konstruktion aus Holzkästen, die mit unterschiedlichem Erdmaterial gefüllt sind. Da die Pflugschicht nur etwa 20 cm beträgt, ist das Bauwerk stark gefährdet. (Foto: LfA)
Bodenerosion: Bodenerosion auf einem Akker bei Mochau (Foto: Karsten Grunewald)
Eisenbahnbau und Wirtschaftsentwicklung: Zug aus Nossen im Bahnhof Lommatzsch um 1890 (Quelle: Sammlung Peter Wunderwald)
Mühlen: Lehmannmühle in Klipphausen (Foto: Wolfgang Müller)
Wohnung, Brauch und Fest – Zu den Wandlungen der ländlichen Volkskultur: Bauernhof in Seerhausen bei Riesa in der zweiten Hälfte des 19. Jh. (Foto: SKD/Museum für Sächsische Volkskunst, Reproduktion: Beate Höntsch)
Landwirtschaft und Archäologie: Weitgehend zerstörtes Brandgrab der späten Bronzezeit bei Naustadt (Foto: LfA)
Nutzung regenerativer Energien: Weizenfeld in der Lommatzscher Pflege mit Windrädern (Foto: Hans-Jürgen Hardtke)
Schafzucht: Schafherde bei der Deichpflege an der Elbe im Lehr- und Versuchsgut Kollitsch (Foto: Uwe Bergfeld)
Bahnhof Löthain: Der Zug nach Lommatzsch steht am 4. Juni 1972 abfahrbereit im Bahnhof Löthain (Quelle: Sammlung Peter Wunderwald)
Bauernkultur: Vierseithof in Höfgen (Foto: Ronald Heynowski, LfA)
Bergbau: Große Bergparade anlässlich der 800 Jahre des Silberbergbaus zur Grube „Güte Gottes" am Hoffnungsschacht in Scharfenberg am 22. Mai 2022 (Foto: Jürgen Dittrich)
Rittergüter: Rittergut Limbach (Foto: Ronald Heynowski, LfA)
Streuobstwiesen: Obstblüte in der Lommatzscher Pflege (Foto: Hans-Jürgen Hardtke)
Ländliche Bauten vor 1800: Bild eines Bauernhofes in Mettelwitz, Maler Anton Hahn & Sohn, 1914 (Quelle: Gemeinde Stauchitz o. J.)
Sendemast der Funkstelle Wilsdruff: Teilansicht der Sendetechnik des 250-kW-Mittelwellen-Senders Wilsdruff (Foto: Hans-Joachim Böhme)

Abbildungen in den Kästen

Thematische Vertiefungen

Bodenerosion am Beispiel Baderitz: Schwemmfächer der Jahna im Baderitzer Stausee 2007 (Foto: Ronald Heynowski, LfA)

Verbreitungskarten ausgewählter Arten: Aufrechter Ziest (Foto: Hans-Jürgen Hardtke)

Alterskohorten Kinder und Jugendliche: Oberschule in Lommatzsch (Foto: Uta Hähnel)

Kulturdenkmalschutz in Hof-Stauchitz und Zschaitz: Von der frühmittelalterlichen Burganlage von Hof/Stauchitz sind im reifenden Getreide nicht nur die Gräben, sondern sogar Details der Holzkastenkonstruktion der Wehrmauer zu erkennen. (Foto: Ronald Heynowski, LfA)

Parkanlagen: Allee im Park von Seerhausen 2021 (Foto: Rudolf Schröder)

Thietmar von Merseburg über die Heilige Quelle: Auszug aus dem *Chronicon Thietmari Merseburgensis*. Die Reproduktion aus der Originalhandschrift stammt aus dem Faksimileband von 1905; das Dresdner Original wurde 1945 schwer beschädigt. (Quelle: SLUB Dresden, Hist. Germ.univ.119-1, urn:nbn:de:bsz:14-db-id4300610992)

Landeskunde Digital – Lommatzsch: Altstadt von Lommatzsch 2019 (Foto: Ronald Heynowski, LfA)

Landeskunde Digital – Ketzerbachtal: Feld-Rittersporn (Foto: Hans-Jürgen Hardtke)

Eine bandkeramische Siedlung mit Grabenwerk bei Piskowitz: Fundstelle Tanzberg, Grab 84, bei Prositz und Piskowitz (Foto: Ursula Wohmann, LfA)

Botanische und faunistische Ausstattung des Gebietes: Sommer-Adonisröschen bei Prositz (Foto: Hans-Jürgen Hardtke)

Mühlen: Neudeckmühle an der Wilden Sau zwischen Klipphausen und Kleinschönberg (Foto: Hans-Jürgen Hardtke)

Landwirtschaft in der Lommatzscher Pflege vor 1990: Getreideernte mit Raupenschlepper und Mähbinder auf den Feldern der LPG „Florian Geyer" in Heynitz in der Lommatzscher Pflege im Juli 1954 (Quelle: Braun/Bundesarchiv, Zentralbild Braun Bae/Ho. 2 Motive 17.7.1954)

Friedliche Revolution: Erste Kundgebung am 12. Oktober 1989 ab 18:00 Uhr auf dem Marktplatz in Lommatzsch. Bis zur Öffnung der Berliner Mauer am 9. November 1989 fanden diese Kundgebungen danach an jedem Donnerstag statt. (Foto: Gerhard Schlechte)

Stadtbild im Wandel – Wilsdruff Ende der 1980er Jahre und heute: Ansichtskarte mit Wilsdruffer Gebäuden in unterschiedlichem Erhaltungszustand von 1988 (Quelle: Sammlung Mario Lettau; Foto: Werner Engelmann)

Exkursionen

Exkursionsskizze: Exkursion durch das Jahnatal mit Ostrau und Hof (Entwurf: Michael Strobel; Quelle: eigener Entwurf; Kartenredaktion: Birgit Hölzel; Kartographie: Romana Schwarz)

Exkursionsskizze: Parkwanderung durch das Jahnabachtal (Entwurf: Rudolf Schröder; Quelle: eigener Entwurf; Kartenredaktion: Birgit Hölzel; Kartographie: Romana Schwarz)

Exkursionsskizze: Von Lommatzsch durch das Ketzerbachtal und zurück (Entwurf: Hans-Jürgen Hardtke u. Michael Strobel; Quelle: eigener Entwurf; Kartenredaktion: Birgit Hölzel; Kartographie: Romana Schwarz)

Exkursionsskizze: Durch das Käbschützbachtal (Entwurf: Hans-Jürgen Hardtke; Quelle: eigener Entwurf; Kartenredaktion: Birgit Hölzel; Kartographie: Romana Schwarz)

Exkursionsskizze: Am Dreißiger Wasser (Entwurf: Hans-Jürgen Hardtke; Quelle: eigener Entwurf; Kartenredaktion: Birgit Hölzel; Kartographie: Romana Schwarz)

Exkursionsskizze: Durch das untere Triebischtal (Entwurf: Hans-Jürgen Hardtke; Quelle: eigener Entwurf; Kartenredaktion: Birgit Hölzel; Kartographie: Romana Schwarz)

Exkursionsskizze: Rundwanderung Klipphausen (Entwurf: Hans-Jürgen Hardtke; Quelle: eigener Entwurf; Kartenredaktion: Birgit Hölzel; Kartographie: Romana Schwarz)

Exkursionsskizze: Durch das mittlere Triebischtal (Entwurf: Hans-Jürgen Hardtke; Quelle: eigener Entwurf; Kartenredaktion: Birgit Hölzel; Kartographie: Romana Schwarz)

Startbilder der Suchfelder

Landsat 8 Satellitenszene (Path: 193, Raw: 24 des Worldwide Reference System zur Katalogisierung von Landsat-Daten) vom 23.04.2020 in RGB-Darstellung (R: Rot, G: Grün, B: Blau) der Kanäle 4, 3, und 2 (Echtfarbdarstellung, Entwurf: Erik Borg u. Bernd Fichtelmann, DLR; Quelle: NASA Landsat-Programm, 2018, Landsat 8 Szene USGS, Sioux Falls, 23/04/2020; editiert: Birgit Hölzel)

Quellen und Literatur

AG MALAKOLOGIE (2021): Hinweise der Senckenberg Gesellschaft für Naturforschung an das LfULG, unveröffentlicht. – Frankfurt am Main, Dresden.

AGRICON GMBH (Hg., 2022): Precision Farming mit Agricon. Online: https://www.agricon.de, letzter Zugriff: 04.04.2022.

ALEXOWSKY, Wolfgang; HOFFMANN, Ulrich; HORNA, Frank; KURZE, M.; SCHNEIDER, J.W. u. K.-A. TRÖGER (2005): Geologische Karte des Freistaates Sachsen 1:25.000 und Erläuterungen zu Blatt 4947 Wilsdruff. 3. Aufl. – Freiberg.

ARCHIV DER AGSB (digital) und Geobotanik mit den Standorten: Hans-Jürgen Hardtke (privat), TU Dresden (Institut für Botanik) und HTW Dresden.

ARCHIV DER AGSM: Hans-Jürgen Hardtke (privat).

ARCHIV DER ST.-BARTHOLOMÄUS-KIRCHGEMEINDE RÖHRSDORF, Archiv-Nr.: R 1218 (älteste Urkunde 1498).

BACH, Herbert u. Adelheid BACH (1967): Das slawische Skelettgräberfeld von Altlommatzsch, Kreis Meißen: II. Anthropologische Bearbeitung; Beitrag zur Anthropologie der Slawen, in: Arbeits- und Forschungsberichte zur sächsischen Bodendenkmalpflege 16/17, S. 419–471.

BARTUSCH, Dieter; KOEPPE, Rudi u. Wilfried WEHNER (2017): Zur Bewahrung der Dörfer in der Lommatzscher Pflege, in: Sächsische Heimatblätter 63/4, S. 392–402.

BAUDISCH, Susanne u. Karlheinz Blaschke (2006): Digitales historisches Ortsverzeichnis von Sachsen. Online-Version. – Dresden.

BAUMANN, Willfried (1965): Der frühgeschichtliche Wall von Höfgen, Kr. Meißen, in: Ausgrabungen und Funde 10, S. 88–91.

BAUERKÄMPER, Arnd (Hg., 1996): „Junkerland in Bauernhand"? Durchführung, Auswirkungen und Stellenwert der Bodenreform in der Sowjetischen Besatzungszone. – Stuttgart.

BECHTER, Barbarba; FASTENRATH, Wiebke; NITZSCHE, Mathis u. Hartmut RITSCHEL (1996): Georg Dehio – Handbuch der Deutschen Kunstdenkmäler, Sachsen, Neubearbeitung I: Regierungsbezirk Dresden. – München.

Beeger, Dieter u. Werner Quellmalz (1965): Geologischer Führer durch die Umgebung von Dresden. – Dresden, Leipzig.

Beeger, Dieter u. Werner Quellmalz (1994): Dresden und Umgebung (= Sammlung geologischer Führer 87). – Berlin, Stuttgart.

Beeger, Helmut u. Joachim Wenske (2015): Kaisitz. Aus Geschichte und Gegenwart eines Dörfchens bei Meißen. – Radebeul.

Beeger, Helmut (2019): Ein Hof bei Meißen. – Radebeul.

Beleites, Johannes (2018): „Gebt uns unsere Dörfer wieder". Das Ende eines Koordinatensystems und seine Folgen, in: Heimat Thüringen 25/4, S. 42 f. Online unter: https://www.heimatbund-thueringen.de/publikationen/zeitschrift-heimat-thueringen/, letzter Zugriff: 17.06.2021.

Bens, Steffi; Kinne, Andreas; Olkusznik, Agnieszka; Schulze, Harald; Strobel, Michael; Ullrich, Burkhard; Vogt, Richard; Voss, Jörg; Weissenberg, Petra u. Thomas Westphalen (2012): Zukunft für ein bedeutendes archäologisches Kulturdenkmal – der Burgberg Zschaitz, in: Smolnik, Regina (Hg.): Ausgrabungen in Sachsen 3. Arbeits- u. Forschungsberichte der Sächsischen Bodendenkmalpflege, Beiheft 24, S. 92–100.

Berger, Martin (1905): Die Wilsdruffer Möbel-Industrie, in Wochenblatt für Wilsdruff, Beilage zur Nr. 42 vom Sonnabend, dem 22. April 1905, S. 1 (Beitrag ohne Autorennennung, aber vermutlich der Schriftleiter für Örtliches).

Billig, Gerhard (1989): Die Burgwardorganisation im obersächsisch-meißnischen Raum. Archäologisch-archivalisch vergleichende Untersuchungen (= Veröffentlichungen des Landesmuseums für Vorgeschichte Dresden 20). – Berlin.

Billig, Gerhard (2011): Fraglicher Burgward Staucha, in: Burgenforschung aus Sachsen 24, S. 34–51.

Billig, Gerhard (2020): Burgen in der gegliederten Kulturlandschaft Sachsens. – Dresden.

Blaschke, Karlheinz (1978): Ereignisse des Bauernkrieges 1525 in Sachsen. Der sächsische Bauernaufstand 1790, Karten mit erläuterndem Text (= Abhandlungen der Sächsischen Akademie der Wissenschaften zu Leipzig. Philologisch-historische Klasse 67/4). – Berlin.

Blaschke, Karlheinz (1990): Geschichte Sachsens im Mittelalter. – Berlin. 2. Aufl. 1991.

Blaschke, Karlheinz (1997a): Lommatzsch und Lausick. Zwei Kirchenstädte in Sachsen, in: Johanek, Peter (Hg.): Stadtgrundriss und Stadtentwicklung. Forschungen zur Entstehung mitteleuropäischer Städte (= Städteforschung, A/44). – Köln, Weimar, Wien, S. 342–351.

Blaschke, Karlheinz (1997b): Atlas zur Geschichte und Landeskunde von Sachsen, B II 2: Ortsformen. – Leipzig, Dresden.

Blaschke, Karlheinz (1997/98): Atlas zur Geschichte und Landeskunde von Sachsen, B II 3: Flurformen. – Leipzig, Dresden.

Blaschke, Karlheinz u. Manfred Kobuch (2008): Atlas zur Geschichte und Landeskunde von Sachsen, E II 1: Kirchenorganisation um 1500. – Leipzig, Dresden.

Blümel, Michael (2010): Geschichte der Stadt Wilsdruff 1: Von den Anfängen bis zu den Reformen den 19. Jahrhunderts. – Wilsdruff.

Boeck, Helmut-Juri (2016a): Dokumentationen zum Sächsischen Bergbau: unbekannter-bergbau.de. Reihe 1: Kalkstein und Dolomit, Gewinnung und Verarbeitung in Sachsen, Band 1: Zum Kalkbergbau im Nossen-Wilsdruffer Schiefergebirge, Teil 1: Von Miltitz bis Schmiedewalde. – Biensdorf.

Boeck, Helmut-Juri (2016b): Dokumentationen zum Sächsischen Bergbau: unbekannter-bergbau.de. Reihe 1: Kalkstein und Dolomit, Gewinnung und Verarbeitung in Sachsen, Band 1: Zum Kalkbergbau im Nossen-Wilsdruffer Schiefergebirge, Teil 2: Von Blankenstein bis Grumbach/Braunsdorf. – Biensdorf.

BOECK, Helmut-Juri (2017): Dokumentationen zum Sächsischen Bergbau: unbekannter-bergbau.de. Reihe 1: Kalkstein und Dolomit, Gewinnung und Verarbeitung in Sachsen, Band 7: Zum Dolomitbergbau in der Mügelner Senke, Teil 1: Der Ostteil um Ostrau. – Biensdorf

BÖHME, Hans-Joachim (2014): Mittelwelle, 1043/1044 Kilohertz – 60 Jahre Großsender Wilsdruff, in: Das Archiv – Magazin für Kommunikationsgeschichte 13/3, S. 82–86.

BÖRTITZ, Siegfried und Herbert GRUND (1972): Die mittelalterlichen Keller im Stadtgebiet von Lommatzsch, in: Sächsische Heimatblätter 18/3, S. 105–110.

BORSDORF, W. u. M. RANFT (1961): Leitpflanzen als Hilfsmittel bei der Wuchsbezirksgliederung, dargestellt am Beispiel der Dresdner Umgebung, in: Berichte der Arbeitsgemeinschaft sächsischer Botaniker, NF 3, S. 33–48.

BOSE, Carl Emil von (1904): Die Familie von Bose. Beiträge zu einer Familiengeschichte. – Dresden.

BRAUN-LÜLLEMANN, Annette u. Thomas LOCHSCHMIDT (2014): Sortenerfassung der alten Kirschbestände im Stadtgebiet Dresden. Ergebnisbericht. – Dresden.

BRENNER, Hans; HEIDRICH, Wolfgang; MÜLLER, Klaus-Dieter u. Dietmar WENDLER (Hgg., 2018): NS-Terror und Verfolgung in Sachsen. Von den Frühen Konzentrationslagern bis zu den Todesmärschen. – Dresden.

BROCKHAUS, T. u. U. FISCHER (2005): Die Libellenfauna Sachsens. – Rangsdorf.

BROMME, Volker; ENDE, Frank; HARDTKE, Hans-Jürgen; KINNE, Andreas; SLOBODDA, Siegfried; STROBEL, Michael; ULLRICH, Burkart; VOGT, Richard; WESTPHALEN, Thomas u. Christian WINKLER (2010): Der Burgberg Zschaitz in der Lommatzscher Pflege (= Archeonaut 9). – Dresden.

BRUNN, Wilhelm Albert von (1959): Die Hortfunde der frühen Bronzezeit aus Sachsen-Anhalt, Sachsen und Thüringen. – Berlin.

BUCHER, C. T. (1806): Florae Dresdensis Nomenclator. – Dresden.

BUCHER, Gottfried (2017): Hauptetappen der Landwirtschaft in der Lommatzscher Pflege, in: Sächsische Heimatblätter 63/4, S. 319–326.

BUCHWALD, Georg (Hg., 1900): Neue Sächsische Kirchengalerie. Die Ephorie Leisnig. – Leipzig.

BUCHWALD, Georg (Hg., 1902): Neue Sächsische Kirchengalerie. Ephorie Meißen. – Leipzig.

BUDER, W. (2010): Biotoptypen Rote Liste Sachsens. – Dresden.

BUNDESSORTENAMT (Hg., 2022): Prüfstelle Nossen. Online: https://www.bundessortenamt.de/bsa/das-bsa/adressen-anfahrt/pruefstelle-nossen, letzter Zugriff: 04.04.2022.

BURGEFF, Nikola (2017): Die Einführung der biologisch-dynamischen Landwirtschaft in der Lommatzscher Pflege. Sächsische Heimatblätter 63/4, S. 381–384.

CHIROPLAN (2020): Gezielte Erfassung von Fledermausvorkommen in Streuobstwiesen – Ermittlung des Lebensraumpotentials und von Schutzvorschlägen sowie Beiträge für die FFH-Berichtspflicht. Abschlussbericht im Auftrag des LfULG. – Dresden.

COBLENZ, Werner (1953): Einige alte und neue Funde aus Sachsen, in: Arbeits- und Forschungsberichte zur sächsischen Bodendenkmalpflege 3, S. 83–141.

COBLENZ, Werner (1955): Das Gräberfeld von Prositz (= Veröffentlichungen des Landesmuseums für Vorgeschichte 3). – Dresden.

COBLENZ, Werner (1957): Die Burgen an der Rauhen Furt und ihre Vermessung, in: Arbeits- und Forschungsberichte zur sächsischen Bodendenkmalpflege 6, S. 367–416.

COBLENZ, Werner (1967): Das slawische Skelettgräberfeld von Altlommatzsch, Kreis Meißen: I. Archäologischer Befund, in: Arbeits- und Forschungsberichte zur sächsischen Bodendenkmalpflege 16/17, S. 369–418.

Conrad, Sven; Gutsche, Matthias; Seifert, Gunar u. Michael Strobel (2012): Eine trapezförmige Grabanlage des Mittelneolithikums und eine Siedlung mit Großbauten der Aunjetitzer Kultur von Prausitz (Gde. Hirschstein, Lkr. Meißen), in: Smolnik, Regina (Hg.): Ausgrabungen in Sachsen 3. Arbeits- u. Forschungsberichte der Sächsischen Bodendenkmalpflege, Beiheft 24. – Dresden, S. 35–42.

DBU (2011): Archäologie und Landwirtschaft. Wege zu einem partnerschaftlichen Verhältnis in Hochertragslandschaften. Erfahrungen aus einem Modellprojekt in der Lommatzscher Pflege (Freistaat Sachsen). – Osnabrück.

Deichmüller, Johannes (1897): Ueber Massregeln zur Erhaltung und Erforschung der urgeschichtlichen Alterthümer im Königreich Sachsen (= Abhandlungen der Naturwissenschaftlichen Gesellschaft ISIS 11). – Dresden, S. 49–55.

Dietzel, Adelhelm u. Werner Coblenz (1975): Bronzezeitliche Gräber im Vorgelände des Burgwalls auf dem Göhrisch, Kr. Meißen, in: Ausgrabungen und Funde 20. – Berlin, S. 67–76.

Dietzel, Adelhelm u. Volkmar Geupel (1989): Jungpaläolitische Funde aus Niederlommatzsch Kr. Meißen, in: Ausgrabungen und Funde 34. – Berlin, S. 5–12.

Döge, A. (2009): Zur floristischen Verarmung von intensiv genutzten Agrarlandschaften am Beispiel der Lommatzscher Pflege im Landkreis Meißen, in: Berichte der AGsB, NF 20, S. 47–60.

Donath, Matthias (2008): Pforte des Himmels. 800 Jahre Kirchgemeinde St. Nicolai in Wilsdruff. – Wilsdruff.

Donath, Matthias (2009): Sächsisches Elbland (= Kulturlandschaften Sachsens 1). – Leipzig.

Donath, Matthias (Hg., 2011): Die Erfindung des Junkers. Die Bodenreform 1945 in Sachsen. – Meißen.

Donath, Matthias u. Jörg Blobelt (2011): Evangelische Kirchen im Kirchenbezirk Leisnig-Oschatz. – Leisnig.

Donath, Matthias (2015a): Schlösser um Meißen, Oschatz und Döbeln (= Schlösser in Sachsen). – Dresden.

Donath, Matthias (2015b): Rotgrüne Löwen. Die Familie von Schönberg in Sachsen (= Adel in Sachsen 4). 2. Aufl. – Meißen.

Donath, Matthias (2017): Das Rittergut Jahna in Niederjahna, in: Sächsische Heimatblätter 64/4, S. 353–376.

Donath, Matthias (2018): Rittergüter, Schlösser und Herrenhäuser in der Lommatzscher Pflege, in: Lantzsch, Christian (Hg.): Geschichte und Geschichten über Land, Leute und Begebenheiten aus 500 Jahren Lommatzscher Pflege (= Die Lommatzscher Pflege – gestern und heute 2). 2. Aufl. – Nossen, S. 174–204.

Drude, Oscar (1902): Der Hercynische Florenbezirk. – Leipzig.

Egro (1929): Pumpspeicherwerk Niederwartha der Energieversorgung Groß-Dresden A.-G. Hauptdaten. – Dresden.

Eichler, Ernst (1975): Zur altsorbischen Ethnonymie: Daleminze und Glomazi, in: Lětopis A 22, S. 67–72.

Eichler, Ernst (1985–2009): Slawische Ortsnamen zwischen Saale und Neiße, vier Bände. – Bautzen.

Eichler, Ernst u. Hans Walther (1966): Die Ortsnamen im Gau Daleminze. Studien zur Toponymie der Kreise Döbeln, Großenhain, Meißen, Oschatz und Riesa 1: Namenbuch (= Deutsch-slawische Forschungen zur Namenkunde und Siedlungsgeschichte 20). – Berlin.

Eichler, Ernst u. Hans Walther (1967): Die Ortsnamen im Gau Daleminze. Studien zur Toponymie der Kreise Döbeln, Großenhain, Meißen, Oschatz und Riesa 2: Namen- und Siedlungskunde (= Deutsch-Slawische Forschungen zur Namenkunde und Siedlungsgeschichte 21). – Berlin.

Eichler, Ernst u. Hans Walther (1988): Städtenamenbuch der DDR. 2. Aufl. – Leipzig.

Eichler, Ernst u. Hans Walther (Hgg., 2001): Historisches Ortsnamenbuch von Sachsen, drei Bände (= Quellen und Forschungen zur sächsischen Geschichte 21). – Berlin. Online unter: https://nbn-resolving.org/urn:nbn:de:bsz:14-qucosa2-158280, letzter Zugriff: 17.06.2021.

EISELT, M. G. u. R. SCHRÖDER (1977): Laubgehölze. – Leipzig, Radebeul.

EISENBAHNATLAS DEUTSCHLAND (2021): Eisenbahnstrecken Deutschlands im Grundmaßstab 1:300.000. 11. Aufl. – Freiburg im Breisgau.

ENGELHARDT, Karl August (1806): D. J. Merkels Erdbeschreibung von Kursachsen und den jetzt dazu gehörenden Ländern 5. 3. Aufl. – Dresden-Friedrichstadt, Leipzig.

EPPERT, Anja (2007): Denkmalsbegründung zum Schlosspark Weistropp, im Auftrag des Landesamtes für Denkmalpflege. Unveröff. Gutachten. – Dresden.

ENDER, Wolfgang; KINNE, Andreas; STROBEL, Michael u. Richard VOGT (2012): Das Gräberfeld auf dem Tanzberg von Prositz/Piskowitz (Lkr. Meißen). Eine archäologisch-bodenkundliche Nachlese, in: SMOLNIK, Regina (Hg.): Ausgrabungen in Sachsen 3. Arbeits- u. Forschungsberichte der Sächsischen Bodendenkmalpflege, Beiheft 24. – Dresden, S. 75–82.

FELSCHE, M. (2012): Feldgeologischer Bericht. Die Vulkanite von Garsebach–Dobritz im Meißner Vulkanitkomplex. – Nossen.

FISCHER, Markward Herbert; KADEN, M.; LANGE, Jan-Michael u. Nadine JANETSCHKE (2012): Auf der Elbe von Bad Schandau nach Diesbar-Seußlitz (= Miniaturen zur Geologie Sachsens – GeoRouten 1). – Dresden.

FKHK (2016): 750 Jahre Oberwartha 1266–2016. Jubiläumsschrift zur ersturkundlichen Ortsnennung. – Oberwartha.

FRASE, Jörg; HEYNOWSKI, Ronald; JÖRKE, Matthias; SEIFERT, Gunar; STROBEL, Michael; VEIT, Ulrich u. Richard VOGT (2013): Mehltheuer – ein trichterbecherzeitliches Grabenwerk mit Toreinbauten, in: Archaeo 10. – Dresden, S. 16–19.

FRASE, Jörg; JÖRKE, Matthias; SEIFERT, Gunar; STROBEL, Michael; VEIT, Ulrich u. Richard VOGT (2014): Archäologische Untersuchungen am neolithischen Grabenwerk von Prausitz (Gde. Hirschstein, Lkr. Meißen), in: Smolnik, Regina (Hg.): Ausgrabungen in Sachsen 4. Arbeits- u. Forschungsberichte der Sächsischen Bodendenkmalpflege, Beiheft 27. – Dresden, S. 60–63.

FRASE, Jörg; HEYNOWSKI, Ronald; SEIFERT, Gunar; STROBEL, Michael; VEIT, Ulrich u. Richard VOGT (2017): Grabenwerke und trapezförmige Grabanlagen im Raum Riesa – eine Siedlungslandschaft des 4. Jahrtausends v. Chr. an der östlichen Peripherie der Baalberger Kultur, in: MELLER, Harald u. S. FRIEDERICH (Hgg.): Salzmünde – Regel oder Ausnahme? Internationale Tagung 18.–20. Oktober 2012 in Halle (Saale). – Halle an der Saale, S. 221–232.

FREHSE, Daniela; GUTSCHE, Matthias; LEHMANN, Karsten; SEIFERT, Gunar; STROBEL, Michael u. Rebecca WEGENER (2016): Unter einer neuen Milchviehanlage erhalten – die linienbandkeramische Siedlung von Pitschütz (Gde. Lommatzsch, Lkr. Meißen), in: Smolnik, Regina (Hg.): Ausgrabungen in Sachsen 5. Arbeits- u. Forschungsberichte der Sächsischen Bodendenkmalpflege, Beiheft 27. – Dresden, S. 205–211.

FRENZEL, Walter; KARG, Fritz u. Adolf SPAMER (1933a): Grundriß der sächsischen Volkskunde 1. – Leipzig.

FRENZEL, Walter; KARG, Fritz u. Adolf SPAMER (1933b): Grundriß der sächsischen Volkskunde 2. – Leipzig.

FRITSCH, Thomas Freiherr von (1993): Seerhausen: Familienschicksal in einem sächsischen Adelsschloss, in: Mitteilungen des Landesvereins Sächsischer Heimatschutz, H. 2, S. 46–50.

FRÖHNER, Hans-Martin u. Michael STROBEL (2017): Zwei Landwirte als Archäologen: Max Andrä (1866–1946) und Oskar Wallrabe (1870–1956), in: Archaeo 13, S. 38–47.

Füllner, Gert; Pfeifer, Matthias; Völker, Fabian u. Axel Zarske (2016): Atlas der Fische Sachsens. Rundmäuler, Fische, Krebse, hg. vom LfULG u. SNSD. – Dresden.

Gelbrecht, J. (2006): Die Sandlaufkäfer und Laufkäfer von Sachsen (= Beiträge zur Insektenfauna Sachsens 4/I, Beiheft 10 der ENB). – Dresden.

Gemeinde Stauchitz u. Landratsamt Meissen, Kreisentwicklungsamt (Hgg., o. J.): Katalog der Wanderausstellung „Bauernhofbilder aus Sachsens Kornkammer". – Stauchitz, Meißen.

Geographus Bavarus (9./10. Jh.): Astronomische und mathematische Sammelhandschrift – BSB Clm 560, [S.l.] Südwestdeutschland, 9.–11. Jh. [BSB-Hss Clm 560]. Online unter: http://mdz-nbn-resolving.de/urn:nbn:de:bvb:12-bsb00018763-3, letzter Zugruff: 03.10.2022.

Goltammer, D. (1974, 1982): Parke im Bezirk Dresden, hg. vom Büro des Bezirksarchitekten Dresden: Kreis Riesa. – Dresden.

Greiser, Anne u. Jasper Heilmann (Red., 2015): Biologisch-dynamische Höfe in Berlin-Brandenburg & Sachsen, hg. von der AG für biologisch-dynamischen Landbau e. V. und Sächsischer Ring für biologisch-dynamische Wirtschaftsweise zur Förderung menschengemässer Landkultur e. V. Online unter: http://www.demeter.de/sites/default/files/public/pdf/demeter-hoefe-berlin-brandenburg-sachsen-osten.pdf, S. 68, letzter Zugriff: 04.04.2022.

Gross, Reiner (1968): Die bürgerliche Agrarreform in Sachsen in der ersten Hälfte des 19. Jahrhunderts. Untersuchungen zum Problem des Übergangs vom Feudalismus zum Kapitalismus in der Landwirtschaft (= Schriftenreihe des Staatsarchivs Dresden 8). – Weimar.

Gross, Reiner unter Mitarbeit von Manfred Wilde (2004): Atlas zur Geschichte und Landeskunde von Sachsen, B II 1: Herrschaftliche Güter. – Leipzig, Dresden.

Grosse, Martin (1932): Das Jahnatal, in: Mitteilungen des Landesvereins Sächsischer Heimatschutz XXI/1–3, S. 82–92.

Grübler, Wolfgang (2018): Unter Zuarbeit von Gottfried Bucher und Gottfried Leder: Die LPG (P) „Helmut Just" Striegnitz – eine Erfolgsgeschichte, in: Lantzsch, Christian (Hg.): Geschichte und Geschichten über Land, Leute und Begebenheiten aus 500 Jahren Lommatzscher Pflege (= Die Lommatzscher Pflege – gestern und heute 1). 2. Aufl. – Nossen, S. 136–150.

Grund, Herbert (1936–1962): Tagebücher, unveröffentlicht, im Archiv der FG Geobotanik des Elbhügellandes im NABU. – Dresden.

Grund, Herbert (1962–1975): Kartierungsunterlagen auf Basis von Meßtischblatterfassung, unveröffentlicht, im Archiv der FG Geobotanik des Elbhügellandes im NABU. – Dresden.

Grunewald, Karsten u. Sandra Naumann (2012): Bewertung von Ökosystemdienstleistungen im Hinblick auf die Erreichung von Umweltzielen der Wasserrahmenrichtlinie am Beispiel des Flusseinzugsgebietes der Jahna in Sachsen, in: Natur und Landschaft 87, H. 1., S. 17–23.

Gurlitt, Cornelius (1905): Beschreibung der ältesten Bau- und Kunstdenkmäler im Königreich Sachsen. – Dresden.

Gurlitt, Cornelius (1923): Amtshauptmannschaft Meißen-Land (= Beschreibende Darstellung der ältesten Bau- und Kunstdenkmäler in Sachsen 41). – Dresden.

Gutte, Peter; Hardtke, Hans-Jürgen u. Peter A. Schmidt (2013): Die Flora Sachsens und angrenzender Gebiete. Ein pflanzenkundlicher Exkursionsführer. – Wiebelsheim.

Haase, Günter (1978): Leitlinien zur bodengeographischen Gliederung Sachsens, in: Beiträge zur Geographie 29. – Berlin, S. 7–79.

Haase, Günter; Lieberoth, Immo u. Ralf Ruske (1970): Sedimente und Paläoböden im Lössgebiet, in: Richter, Hans; Haase, Günter; Lieberoth, Immo u. Ralf Ruske (Hgg.): Periglazial-Löß-Paläolithikum im Jungpleistozän der DDR (= Petermanns Geographische Mitteilungen, Sonderheft 271). – Gotha, S. 92–212.

Haase, Günter u. Karl Mannsfeld (2002): Naturraumeinheiten, Landschaftsfunktionen und Leitbilder am Beispiel von Sachsen (= Forschungen zur deutschen Landeskunde 250). – Flensburg.

Haase, Günter u. Karl Mannsfeld (2008): Mittelsächsisches Lösshügelland, in: Mannsfeld, Karl u. Ralf-Uwe Syrbe (Hgg.): Naturräume in Sachsen (= Forschungen zur deutschen Landeskunde 257). – Leipzig, S. 135–141.

Haenel, Johann Samuel Oswald (Hg., 1886): Sächsische Herrensitze und Schlösser, dargestellt in Ansichten, Grundrissen, Situationsplänen und einem erläuternden Text. – Dresden.

Härtel, Fritz (1931): Erläuterungen zur Geologischen Karte von Sachsen. Blatt Lommatzsch (47) – 4845. 2. Aufl. –Leipzig.

Hardtke, Hans-Jürgen (1990): Die Entstehung und landeskulturelle und ökologische Bedeutung der Elblachen im Raum Dresden, in: Sächsische Heimatblätter 36/1, S. 31–33.

Hardtke, Hans-Jürgen (1992): Erfassung von Halbtrockenrasen- und Gebüschformationen im Elbhügelland, in: Naturschutzarbeit in Sachsen 34, S. 43–50.

Hardtke, Hans-Jürgen (2003): Bläulinge *(Lycaenidae)* und Dickköpfe *(Hesperiidae)*, in: Beiträge zur Insektenfauna Sachsens 1 (= Mitteilungen sächsischer Entomologen – Entomofauna Saxonica, Supplementreihe). – Mittweida, S. 100–110.

Hardtke, Hans-Jürgen (2005): Bologneser Glockenblume *(Campanula bononiensis L.)* in Sachsen, in: Sächsische Floristische Mitteilungen 9, S. 162–164.

Hardtke, Hans-Jürgen (2015): „Kaiser Wilhelm Apfel", „Gravensteiner", Schöner von Herrnhut" – bewahrenswerte alte Obstsorten. Kalenderblatt 17 im Kalender „Sächsische Heimat", hg. vom Landesverein Sächsischer Heimatschutz. – Dresden.

Hardtke, Hans-Jürgen (2016): Artenvielfalt und Landwirtschaft im 21. Jahrhundert, in: Bewahrung der Biologischen Vielfalt – Beispiele aus Sachsen, hg. vom Landesverein Sächsischer Heimatschutz. – Dresden.

Hardtke, Hans-Jürgen u. Andreas Ihl (Hgg., 2000): Atlas der Farn- und Samenpflanzen Sachsens, hg. vom LfUG. – Dresden.

Hardtke, Hans-Jürgen u. Manfred Kramer (1999): Ein floristischer Glanzpunkt in Sachsen – das Ketzerbachtal zwischen Wachtnitz und Zehren, in: Mitteilungen des Landesvereins Sächsischer Heimatschutz, H. 2, S. 3–13.

Hardtke, Hans-Jürgen; Kramer, Manfred; Klenke, Friedemann u. D. Schulz (1993): Zustandserfassung des geplanten NSG Ketzerbachtal. Bericht im Archiv der AGsB im Landesverein Sächsischer Heimatschutz. – Dresden.

Hardtke, Hans-Jürgen; Voigt, H. u. M. Nuss (2005): Nachtfalter am Batzdorfer Hang. Unveröff. Manuskript im Archiv des Landesvereins Sächsischer Heimatschutz. – Dresden.

Hardtke, Hans-Jürgen; Klenke, Friedemann u. Frank Müller (2013): Flora des Elbhügellandes und benachbarter Gebiete. – Dresden.

Hardtke, Hans-Jürgen; Dämmrich, Frank; Klenke, Friedemann u. Thomas Rödel (2021): Pilze in Sachsen, hg. vom LfULG, zwei Bände. – Dresden.

Hartig, Frederik (2008): Entdeckungen. Evangelische Kirchen im Meißner Land, hg. vom Ev.-Luth. Kirchenbezirk Meissen. – Meißen.

Hartmann, Dieter (2018): Hof im schönen Jahnatal. 2. Aufl. – Hof.

Hauer, Silke; Ansorge, Hermann u. Ulrich Zöphel (2009): Atlas der Säugetiere Sachsens, hg. vom LfULG. – Dresden.

Helbig, Herbert u. Lorenz Weinrich (Hgg., 1975): Urkunden und erzählende Quellen zur deutschen Ostsiedlung im Mittelalter, Teil 1. – Darmstadt.

HELLSTRÖM, Kirsten (2004): Das mehrperiodige Gräberfeld von Altlommatzsch bei Meißen – Bronze- und frühe Eisenzeit (= Veröffentlichungen des Landesamtes für Archäologie mit Landesmuseum für Vorgeschichte 45). – Dresden.

HERZ, Karl (1964): Die Ackerflächen Mittelsachsens im 18. und 19. Jahrhundert. – Dresden.

HEYNOWSKI, Ronald; MISCHKA, Carsten; MÜHLENBRUCH, Tobias u. Michael STROBEL (2020): Weg – Grenze – Zufall? Luftbildprospektion und geomagnetische Untersuchungen von trapezförmigen mittelneolithischen Grabanlagen bei Roitzsch (RZH-50), in: SMOLNIK, Regina (Hg.): Ausgrabungen in Sachsen 7. Arbeits- u. Forschungsberichte der Sächsischen Bodendenkmalpflege, Beiheft 34. – Dresden, S. 81–91.

HINGST, C. W. (1885): Geschichtliches über die Kirchfahrt Zschaitz. – Döbeln.

HOFFMANN, Carl Samuel (1817): Historische Beschreibung der Stadt, des Amtes und der Diöces Oschatz in ältern und neuern Zeiten. – Oschatz.

HOFFMANN, Yves (2006): Scharfenberg und der Scharfenberger Silberbergbau im Mittelalter, in: Mitteilungen des Freiberger Altertumsvereins 98, S. 15–37.

HOFFMANN, Yves (2018): Der Scharfenberger Ortsteil Gruben – eine befestigte mittelalterliche Bergbausiedlung des 13./14. Jahrhunderts?, in: Scharfenberger Heimatblätter 7, S. 34–45.

HOFFMANN, Yves (2022): 1222 – erste schriftliche Erwähnung des Scharfenberger Silberbergbaus, in: Scharfenberger Heimatblätter 8, S. 62–81.

HOFFMANN, Yves u. Eva LORENZ (2014): Neue Befunde zum Scharfenberger Silberbergbau des 13. Jahrhunderts, in: Archaeo-Montan 2014. Ergebnisse und Perspektiven. Výsledky a výhledy. = Arbeits- und Forschungsberichte zur sächsischen Bodendenkmalpflege, Beiheft 29, S. 293–306.

HOFGUT Pulsitz (2022): Hofgut Pulsitz – biologisch dynamische Landwirtschaft in Sachsen. Online: http://www.hofgut-pulsitz.de, letzter Zugriff: 04.04.2022.

HOFMANN, Bernd (2016): Wo lag die Burg Gvozdec? Eine Neubewertung der mittelalterlichen Befestigungen von Nieder- und Oberwartha aus historischer, linguistischer, fortifikalischer und verkehrslogistischer Sicht. Online: https://www.grin.com/document/341335, letzter Zugriff: 15.06.2022).

HStA DRESDEN, 10057, 10084/2574, 12884, 20547.

HStA DRESDEN, 12884 Karten und Risse, Schrank VIII, Fach I, Nr. 39c.

HStA DRESDEN, 10001, ältere Urkunden 04044.

JANDER, Hans (1960): In Wilsdruff zog der sozialistische Frühling ein, in: Heimatspiegel der Stadt Wilsdruff und Umgebung, hg von der Nationalen Front des demokratischen Deutschland, Ortsausschuss Wilsdruff, Mai 1960, S. 2–3 (mit der Graphik auf der Titelseite: Wilsdruff Kreis Freital – 1. vollgenossenschaftliche Stadt im Kreis Freital).

JASTER, Karl u. Günther FILLER (2003): Umgestaltung der Landwirtschaft in Ostdeutschland (= Working Paper, hg. von der Humboldt-Universität zu Berlin, Wirtschafts- und Sozialwissenschaften an der Landwirtschaftlich-Gärtnerischen Fakultät 68). – Berlin.

JUHRIG, Jürgen (2013 ff.): Technikverein Wilsdruff e. V. Online: https://www.technikverein-sender-wilsdruff.de, letzter Zugriff: 17.06.2021.

KADEN, Herbert (2013): Eine „Rechtsweisung" des Freiberger Bergamtsverwalters Hans Röhling nach Scharfenberg im Jahr 1549, in: Mitteilungen des Freiberger Altertumsvereins 107, S. 69–87.

KELLER, Katrin (2001): Kleinstädte in Kursachsen. Wandlungen einer Städtelandschaft zwischen Dreißigjährigem Krieg und Industrialisierung (= Städteforschung, A/55). – Köln, Wien, Weimar.

KIESEWETTER, Hubert (1988): Industrialisierung und Landwirtschaft. Sachsens Stellung im regionalen Industrialisierungsprozess Deutschlands im 19. Jahrhundert (= Mitteldeutsche Forschungen 94). – Köln, Wien.

KINNE, Andreas u. Thomas WESTPHALEN (2016): Oberwartha – Neues zu den slawischen Anfängen von Dresden, in: SMOLNIK, Regina (Hg.): Ausgrabungen in Sachsen 5. Arbeits- u. Forschungsberichte zur Sächsischen Bodendenkmalpflege, Beiheft 31. – Dresden, S. 439–443.

KLAUSNITZER, Bernhard (2018): Rote Liste und Artenliste Sachsens – Bockkäfer, hg. vom LfULG. – Dresden.

KNEIS, Peter (2004): Baum-Naturdenkmale in der Region Oberes Elbtal/Osterzgebirge, in: Naturschutz regional, hg. vom StUFA RADEBEUL. – Radebeul.

KNEIS, Peter; LUX, Holger u. Jens TOMASINI (2019): Wandel der Brutvogelfauna in der nordsächsischen Elbtalregion um Riesa in 25 Jahren im Raster von Quadratkilometern, in: Mitteilungen des Vereins Sächsischer Ornithologen 12, Sonderheft 1. – Hohenstein-Ernstthal.

KOCH, Hugo (1910): Sächsische Gartenkunst. – Berlin, Reprint Beucha 1999.

KOCH, Hugo (1926): Ein alter Schlossgarten, in: Gartenschönheit - eine Zeitschrift mit Bildern für Garten und Blumenfreund, für Liebhaber und Fachmann, Juli 1926, S. 183.

KRAMER, Manfred: (1971): Hanggestaltung und Physiotopgefüge im Mittelsächsischen Lößgebiet. Diss. TU Dresden – Dresden.

KRAMER, Manfred (1997): Landschaftliche Funktionkennzeichnung – Ergebnisse physisch-geographischer Prozessforschun im mittelsächsischen Lösshügelland. In: Dresdner Geographische Beiträge 1, S. 39–56.

KÜHNE, Artur u. Alfred RANFT (1931): Geschichten und Geschichte in und um Wilsdruff. – Wilsdruff, Nachdruck 1994 Wilsdruffer Tageblatt.

KUPETZ, M. (2000): Stratigraphie und Deckentektonik im variszischen Paläozoikum des Nossen-Wilsdruffer-Schiefergebirges, in: Zeitschrift für geologische Wissenschaften 28, 1/2, S. 247–272.

KURZE, B.-J. (2020): Nachweise von Tagfaltern, Zygaenen und der Spanischen Flagge im Zeitraum 2016–2020 im Gebiet Meißen/Radebeul. Unveröff. Manuskript. – Dresden.

LADNORG, Uwe et al. (1999): Kaolin- und Tonwerke Seilitz-Löthain GmbH, in: STÖRR, Manfred (Hg.): Keramik-Region Meißen (= Schriftenreihe für Angewandte Geowissenschaften 2). – Berlin, S. 71–88.

LANTZSCH, Christian (2017): Die Lommatzscher Pflege – gestern und heute. Geschichte und Geschichten über Land, Leute und Begebenheiten aus 500 Jahren Lommatzscher Pflege, zwei Bände. – Nossen, 2. Aufl. 2018.

LEONHARDT, O. (1926): Floristisches aus dem Triebischtal, in: Mitteilungen des Landesvereins Sächsischer Heimatschutz 15, S. 167–175.

LETTAU, Mario (2014): Geschichte der Stadt Wilsdruff 2: Von der Mitte des 19. Jahrhunderts bis Anfang der 1950er Jahre. – Wilsdruff.

LfDS (2005): Denkmalrechtliche Dokumentation der Sanierung des Schlossparkes Seerhausen, unveröffentlicht.

LfUG (Hg., 1994): Geologische Karte der eiszeitlich bedeckten Gebiete von Sachsen 1:50.000. Blatt 2668 Dresden. – Freiberg.

LfUG (Hg., 1996): Geologische Karte der eiszeitlich bedeckten Gebiete von Sachsen 1:50.000. Blatt 2667 Meißen. – Freiberg.

LfUG (Hg., 2001): Übersichtskarte wichtiger Geotope des Freistaates Sachsen 1:400.000. – Freiberg.

LfULG (Hg., 2020): Waldbiotopkartierung, unveröffentlicht. – Freiberg.

LfULG (Hg., 2021a): Einzugsgebiete. Online: https://www.wasser.sachsen.de/geodaten-download-12834.html, letzter Zugriff: 18.01.2021

LfULG (Hg., 2021b): Fließgewässer. Online: https://www.wasser.sachsen.de/geodatendownload-12834.html, letzter Zugriff: 18.01.2021

LfULG (Hg., 2021c): Gewässerstrukturgüte. Online: https://www.wasser.sachsen.de/geodatendownload-12834.html, letzter Zugriff: 02.08.2021

LfULG (Hg., 2021d): Windkraftanlagen. Online: https://www.luft.sachsen.de/geodatendownload-bereich-luft-15795.html?data=tierhaltung, letzter Zugriff: 23.11.2021

LfULG (Hg., 2022): Landesamt für Umwelt, Landwirtschaft und Geologie. Online: https://www.lfulg.sachsen.de, letzter Zugriff: 04.04.2022.

Lieberoth, Immo (1963): Stand und Probleme der Lößforschung in Europa, in: Geographische Berichte 8, H. 2, S. 97–129.

Lorenz, Jörg (2002, 2004): Briefliche Mitteilungen an Hans-Jürgen Hardtke, in: Archiv der AGsB. – Dresden.

Lorenz, Jörg (2002): Monitoring und Pflegemanagement im FFH-Gebiet „Ketzerbachtal und Käbschützbachtal". Teil: Phytophage Käfer. – Unveröff. Bericht im Auftrag des StUFA Radebeul, S. 26–34.

Lorenz, Jörg (2005): Neu- und Wiederfunde von Käferarten (Coleoptera) für die Fauna Sachsens sowie weitere faunistisch bemerkenswerte Käfernachweise 2002–2004, in: Entomologische Nachrichten und Berichte 49, Heft 3/4, S. 195–202.

Lorenz, Jörg (2006): Bedeutung, Gefährdung und Schutz von Alt- und Totholzlebensräumen dargestellt am Beispiel der Holz- und Pilzkäferfauna ausgewählter Schutzgebiete Sachsens. Zusammenfassende Darstellung von Ergebnissen meist mehrjähriger Untersuchungen (= NSI-Projektberichte 2006/1). – Dresden.

Lorenz, Jörg (2010): „Urwaldrelikt"-Käferarten in Sachsen (Coleoptera part.), in: Sächsische Entomologische Zeitschrift 5, S. 69–98.

Lorenz, Jörg (2012/2013): Historische Nachweise, gegenwärtige und Prognose der zukünftigen Bestandssituation des Eremiten (Osmoderma eremita (Scopoli, 1763)) in Sachsen (Coleoptera: Scarabaeidae), in: Sächsische Entomologische Zeitschrift 7, S. 3–29.

Lorenz, Jörg (2020a): Bericht zur Schutzwürdigkeit der xylobionten Käferfauna im Waldgebiet Großholz. Unveröff. Bericht im Auftrag des Landratsamtes Meißen, UNB. – Löthain.

Lorenz, Jörg (2020b): Die xylobionte Käferfauna im Waldgebiet Großholz südöstlich von Lommatzsch. Online: www.lorenzjoerg.de, letzter Zugriff: 25.01.2021.

Lorenz, Jörg (2021): Was kräucht und fleucht um Haus und Hof, in: 9 Jahre Biodiversitätsforschung imGarten, Teil 9. Online: www.lorenzjoerg.de, 16. Beitrag im Blog, Juni 2022, letzter Zugriff: 29.09.2022.

Maass, Anita (2017): Lommatzsch – eine Skizze der Stadtentwicklung, in: Sächsische Heimatblätter 63/4, S. 341–352.

Mai, Hartmut (1992): Kirchen in Sachsen. Vom Klassizismus bis zum Jugendstil. – Leipzig.

Mannsfeld, Karl; Slobodda, Siegfried u. Winfried Wehner (2012): Erneuerbare Energien. Grenzen der Energiewende für den Landschaftsschutz. Positionen des Landesvereins Sächsischer Heimatschutz. – Dresden.

Meyer, Stefan u. Christoph Leuschner (Hgg., 2015): 100 Äcker für die Vielfalt. Initiative zur Förderung der Ackerwildkrautflora in Deutschland. – Göttingen.

Ministerium für Verkehrswesen der DDR (1967): Eisenbahn-Verkehrskarte der DDR 1:500.000. – Berlin

Mirtschin, Alfred (1933): Germanen in Sachsen: im Besonderen im nordsächsischen Elbgebiet während der letzten vorchristlichen Jahrhunderte. Eine heimatgeschichtliche Studie. – Riesa.

Mirtschin, Alfred (1956): Ein verschollener Verwahrfund der ältesten Bronzezeit von Niederjahna bei Meißen, in: Arbeits- und Forschungsberichte zur sächsischen Bodendenkmalpflege 5, S. 147–152.

Misiewicz, Krzysztof (2004): Magnetische Messungen in der Fundstätte Gana (Hof/Stauchitz), in: Arbeits- und Forschungsberichte zur sächsischen Bodendenkmalpflege 46, S. 264–269.

Müller, H. (1854): Über den Scharfenberger Bergbau und dessen Wiederaufnahme, in: Jahrbuch für den Berg- und Hüttenmann – Freiberg, S. 235–268.

Müller, Wolfgang u. Wolfgang Ochsler (2016): Mühlenromantik in Sachsen. Entdecken – Erkunden – Erleben. – Leipzig.

Naumann, Arno (1920): Das Ketzerbachtal, ein neuer Naturschutzbezirk Sachsens, in: Mitteilungen des Landesvereins sächsischer Heimatschutz 9, 4/6, S. 127–145.

Naumann, Carl Friedrich (1845): Erläuterungen zu der geognostischen Charte des Königreiches Sachsen und der angränzenden Länderabtheilungen. – Dresden, Leipzig.

Naumann, Horst (1972): Die bäuerliche deutsche Mikrotoponymie der meißnischen Sprachlandschaft (= Deutsch-Slawische Forschungen zur Namenkunde und Siedlungsgeschichte 30). – Berlin.

Niekammer, Paul (1925): Landwirtschaftliches Adreßbuch der Güter und Wirtschaften im Freistaat Sachsen. 3. Aufl. (= Niekammer's landwirtschaftliche Güter-Adreßbücher IX). – Leipzig, Stettin.

Ökolandbau-Museum Schloss Heynitz (Hg., 2022): Ökolandbau-Museum. Online: https://www.oekolandbaumuseum.de, letzter Zugriff: 04.04.2022.

Oexle, Judith u. Michael Strobel (2004): Auf den Spuren der „urbs, quae dicitur Gana", der Hauptburg der Daleminzier. Erste archäologische Untersuchungen in der slawischen Befestigung von Hof/Stauchitz, in: Arbeits- und Forschungsberichte zur sächsischen Bodendenkmalpflege 46, S. 253–263.

Offelen, Heinrich (1693): Emblematische Gemüths-Vergnügung bey Betrachtung der curieusten und ergözlichsten Sinnbildern mit ihren zuständigen Deutsch- Lateinisch-Francös. u. Italianische beyschrifften. – Augsburg.

Pälchen, Werner u. Harald Walter (2008): Geologie von Sachsen. Geologischer Bau und Entwicklungsgeschichte. – Stuttgart.

Palme, Gudrun u. Kurt Huhle (2002a): Rohstoffgeologische Stellungnahme Kaolinlagerstätte Seilitz, im Auftrag des StUFA am 25.02.2002. – Radebeul.

Palme, Gudrun u. Kurt Huhle (2002b): Rohstoffgeologische Stellungnahme Lehm- und Tonlagerstätte südwestlich Graupzig (Vorranggebiet Nr. 21), im Auftrag des StUFA am 26.02.2002. – Radebeul.

Palme, Gudrun u. Kurt Huhle (2002c): Rohstoffgeologische Stellungnahme Kiessandlagerstätte Sönitz, im Auftrag des StUFA am 12.08.2002. – Radebeul.

Palme, Gudrun u. Kurt Huhle (2003): Rohstoffgeologische Stellungnahme Tonlagerstätte Löthain. im Auftrag des StUFA am 01.04.2003. – Radebeul.

Pannach, Heinz (1960): Das Amt Meißen vom Anfang des 14. bis zur Mitte des 16. Jahrhunderts (= Forschungen zur Mittelalterlichen Geschichte 5). – Berlin.

Petermann, Lysann (2005): Der Rothschönberger Stolln. Bergbauhistorie der Klosterregion Altzella. – Reinsberg.

Platz, Gerhard (1922): Die Stadt im Acker, in: Dresdner Nachrichten, Sonntagsnummer vom 23. April 1922, S. 11.

Poenicke, Gustav Adolf (1856): Album der Rittergüter und Schlösser im Königreich Sachsen, II. Section Meissner Kreis. – Leipzig.

Pohlenz, R. (1972): Neue Erkenntnisse über die Ursachen von Geländeeinbrüchen im Stadtgebiet von Lommatzsch, in: Sächsische Heimatblätter 18/3, S. 111–116.

Querengässer, Alexander (2020): Kesselsdorf 1745. Eine Entscheidungsschlacht in der Frühen Neuzeit. – Berlin.

Quietzsch, Harald u. Heinz Jacob (1982): Die geschützten Bodendenkmale im Bezirk Dresden, hg. vom Landesmuseum für Vorgeschichte Dresden. – Dresden.

Ranft, Manfred (1981): Die Pflanzenwelt des Wilsdruffer Landes. Zur Veränderung der Ackerunkrautflora, in: GNU Dresden Mitteilungen 3, S. 11–23.

Ranft, Manfred (1990): Zur Flora und Vegetation des Landschaftsschutzgebietes „Linksseitige Täler zwischen Dresden und Meißen" 2. Beitrag, in: Sächsische Floristische Mitteilungen 1, S. 44–49.

Ranft, Manfred; Stephan, P. u. W. Wagner (1965): Flora des Kreises Freital, in: Berichte der AGsB, NF VII, S. 115–196.

Rauch, R. (1974, 1981): Parke im Bezirk Dresden, hg. vom Büro des Bezirksarchitekten Dresden: Kreis Meißen. – Dresden.

Rechenberg, Christoph (2007): Historische Entdeckung!, in: Linkselbischer Bote vom 1. November 2007, S. 27.

Rechenberg, Christoph (2013): Grußworte. Pfarrer, in: Scharfenberger Heimatblätter 6, S. 16–19.

Rechenberg, Christoph (2018): Zur Geschichte. Aus der Geschichte der Naustädter Kirche, in: Scharfenberger Heimatblätter 7, S. 16–21.

Rehn, Gert (2009): Rothschönberg im Triebischtal – 10 Jahre Heimatverein. – Rothschönberg.

Reichenbach, Heinrich Gottlieb Ludwig (1842): Flora Saxonica. – Dresden, Leipzig.

Reinhardt, R.; Sbieschne, H.; Settele, J.; Fischer, U. u. G. Fiedler (2007): Tagfalter von Sachsen, in: Klausnitzer, B. u. R. Reinhardt (Hgg.): Beiträge zur Insektenfauna Sachsens 6 (= Entomologische Nachrichten und Berichte, Beiheft 11). – Dresden.

Renckewitz, Balthasar (1745): Entwurf oder Bergmännische Nachrichten von dem Bergwercke zu Scharffenberg, und dessen Gebäuden, so wohl von den alten, als wo ietzo gebauet … – Leipzig.

Richter, Eckhardt u. Constanze Fröhlich (2006): Geopfad Triebischtal. Geologisch-bergbauhistorischer Lehrpfad, hg. von der Gemeinde Triebischtal. – Miltitz.

Rosseck, Irmgard, geb. Röder (1992): Das Brauchtum des Jahreskreises im Lommatzscher Land. Ein Beitrag zur sächsischen Volkstumsgeographie. – Bergisch-Gladbach.

Rothe, A. u. A. Lissitsa (2005): Der ostdeutsche Agrarsektor im Transformationsprozess – Ausgangssituation, Entwicklung und Problembereiche (= Discussion Paper 81), hg. vom IAMO. – Halle an der Saale.

Rummer, Matthias; Schubert, Christof; Strobel, Michael u. Thomas Westphalen (2014): Ist „Gana" noch zu retten? Neue Untersuchungen zum Zustand der frühmittelalterlichen Burganlage von Hof/Stauchitz (Kreis Nordsachsen/Meißen), in: Mitteilungen des Landesvereins Sächsischer Heimatschutz, H. 3, S. 23–28.

Sachsens Kirchen-Galerie (1837): Inspectionen Dresden, Meissen und St. Afra, Bd. 1. – Dresden.

Sächsischer Landfrauenverband (2000): Kalkabbau im Jahnatal. – Döbeln.

SAW (Hg., 2001): Sächsische Akademie der Wissenschaften zu Leipzig, Arbeitsstelle „Naturhaushalt und Gebietscharakter": Naturräume und Naturraumpotentiale des Freistaates Sachsen im Maßstab 1:50 000 als Grundlage für die Landesentwicklungs- und Regionalplanung. Abschlussbericht und CD. – Dresden.

Schanze, Wolfgang (2013): Längst ist die letzte Schicht gefahren. Altbergbau zwischen Triebisch- und Elbtal. – Klipphausen.

Schanze, Wolfgang (2017): Von Mühlen zwischen Triebisch und Elbe. – Klipphausen.

Schattkowsky, Martina (2007): Zwischen Rittergut, Residenz und Reich. Die Lebenswelt des kursächsischen Landadligen Christoph von Loß auf Schleinitz 1574–1620 (= Schriften zur sächsischen Geschichte und Volkskunde 20). – Leipzig.

Schieckel, Harald (1956): Herrschaftsbereich und Ministerialität der Markgrafen von Meißen im 12. und 13. Jahrhundert. Untersuchungen über Stand und Stammort der Zeugen markgräflicher Urkunden (= Mitteldeutsche Forschungen 7). – Köln, Graz.

Schimpfky, R. (1911): Flora der Umgebung von Lommatzsch. Beilage zum Lommatzscher Anzeiger 1911/41.

Schirmer, Uwe (2020): Agrarverfassung, Agrarwirtschaft und ländliche Gesellschaft im spätmittelalterlichen Thüringen und Sachsen (1378–1525), in: Enno Bünz (Hg.): Landwirtschaft und Dorfgesellschaft im ausgehenden Mittelalter (= Vorträge und Forschungen 89). – Ostfildern, S. 251–328.

Schlesinger, Walter (1983): Kirchengeschichte Sachsens im Mittelalter (= Mitteldeutsche Forschungen 27, I u. II). – Köln, Wien.

Schlimpert, Alfred Moritz (1891–1895): Die Flora von Meißen, in: Deutsche Botanische Monatsschrift 9, 10, 11 u. 13.

Schmidt, Hellmuth (1907): Die sächsischen Bauernunruhen des Jahres 1790 (= Mitteilungen des Vereins für Geschichte der Stadt Meissen 7/3). – Meissen.

Schmidt, Otto Eduard (1932): Herrensitze in der Lommatzscher Pflege, in: Mitteilungen des Landesvereins Sächsischer Heimatschutz 21, S. 39–65.

Schmidt, Peter A.; Hempel, W.; Denner, M.; Döring, N.; Gnüchtel, A.; Walter, B. u. D. Wende (2002): Potentielle Natürliche Vegetation Sachsens mit Karte 1:200.000, hg. vom LfUG (= Materialien zu Naturschutz und Landschaftspflege). – Dresden.

Schmidt, Peter A. u. Bernd Schulz (Hgg., 2017): Gehölzflora. Ein Buch zum Bestimmen der in Mitteleuropa wild wachsenden und angepflanzten Bäume und Sträucher. 13. Aufl. – Wiebelsheim.

Schmidt-Gödelitz, Axel (2017): Rittergut Gödelitz – Flucht und Rückkehr einer Familie, in: Sächsische Heimatblätter 64/4, S. 385–389.

Schneider, K. (2008): Alte Halde – Dolomitgebiet Ostrau, in: Klenke, Friedemann (Red.): Naturschutzgebiete in Sachsen, hg. vom SMUL, S. 296 f.

Schniebs, Katrin; Reise, Heike u. Ulrich Bössneck (2006): Rote Liste Mollusken Sachsens, hg. vom LfULG. 2. Aufl. – Dresden.

Schniebs, Katrin (2018): Bericht über die 53. Frühjahrstagung der Deutschen Malakozoologischen Gesellschaft vom 6. bis 9. Juni 2014 in Meißen (Freistaat Sachsen) mit Nachweis von Mediterranea inopinata (Uličný 1887), in: Mitteilungen der Deutschen Malakozoologischen Gesellschaft 99, S. 51–60.

Schöne, Jens (2008): Das sozialistische Dorf. Bodenreform und Kollektivierung in der Sowjetzone und DDR. – Leipzig.

Schumann, August (1825): Vollständiges Staats-, Post- und Zeitungs-Lexikon von Sachsen, Band 12. – Zwickau.

Schumann, Rudolf (1939): An der alten Silberstraße von Scharfenberg und Munzig nach Freiberg, in: Mitteilungen des Landesvereins Sächsischer Heimatschutz 28, S. 97–123.

Schwab, Elke (2022a): Kühe und Stall, in: Hof Mahlitzsch. Online: https://hofmahlitzsch.de/inhalte/kuehe.html, letzter Zugriff: 04.04.2022.

Schwab, Elke (2022b): Wer wir sind, in: Hof Mahlitzsch. Online: https://www.hofmahlitzsch.de/uber-uns/unser-anliegen.html, letzter Zugriff: 04.04.2022.

Sebastian, Ulrich (2013): Die Geologie des Erzgebirges. – Berlin.

Siebert, Hans (2001): Briefmitteilung des Kriegsgefangenen vom 20. November 2001 im Archiv des FKHK. – Oberwartha.

Siegert, Theodor (1906): Erläuterungen zur geologischen Specialkarte des Königreiches Sachsen. Section Kötzschenbroda-Oberau. Blatt 49 (4848). 2. Aufl. – Leipzig.

SMUL (Hg., 2000): Ökologische Studie – Beiträge zur Entwicklung eines ökologischen Leitbildes für Flusslandschaften am Beispiel der Jahna, einem Nebenfluss der Elbe in Sachsen. – Dresden.

SMUL (Hg., 2008a): Naturschutzgebiete in Sachsen. – Dresden.

SMUL (Hg., 2008b): Natura 2000. Sachsen und das europaweite Schutzgebietsnetz. – Dresden.

SMUL (Hg., 2012): Streuobst in Sachsen Leitfaden zum Anlegen, Pflegen und Nutzen von Streuobstpflanzungen. 4. Aufl. – Dresden.

Spehr, Reinhard (1994): Christianisierung und früheste Kirchenorganisation in der Mark Meißen. Ein Versuch, in: Oexle, Judith (Hg.): Frühe Kirchen in Sachsen, Ergebnisse archäologischer und baugeschichtlicher Untersuchungen (= Veröffentlichungen des Landesamtes für Archäologie mit Landesmuseum für Vorgeschichte 23). – Dresden.

Spehr, Reinhard (2011): Gana – Paltzschen – Zehren. Eine archäologisch-historische Wanderung durch das Lommatzscher Land. – Dresden.

Spitzner, Oliver u. Michael Strobel (2012): Zwei Jahre baubegleitende Untersuchungen in der Lommatzscher Innenstadt – eine Zwischenbilanz, in: Ausgrabungen in Sachsen, Bd. 3, H. 24, 183–187.

Stadtverwaltung Wilsdruff (1978): Generalbebauungsplan Wilsdruff, in: Wilsdruffer Verwaltungsarchiv, Stadtratsakte C-215.

Stadtverwaltung Wilsdruff (2019): Wilsdruff – Informationsbroschüre der Stadt Wilsdruff. – Wilsdruff.

Steffens, Rolf; Nachtigall, Winfried; Rau, Steffen; Trapp, Hendrik u. Joachim Ulbricht (2013): Brutvögel in Sachsen, hg. vom LfULG. – Dresden.

Strobel, Michael (2017): Wächter an der Rauen Furt (= Archäologie in Deutschland 6). – Stuttgart, S. 22–25.

Strobel, Michael u. Thomas Westphalen (2017): 7500 Jahre bäuerliche Besiedlung in der Lommatzscher Pflege. Von den Anfängen im 5. Jahrtausend v. Chr. bis ins 11. Jahrhundert n. Chr., in: Sächsische Heimatblätter 2017/4, S. 292–310.

Strobel, Michael u. Thomas Westphalen (2018): Steingewinnung und archäologische Denkmalpflege in Sachsen zwischen den Gründerzeitjahren und 1945 – Rückblick und Bilanz, in: Mitteilungen des Landesvereins Sächsischer Heimatschutz 2018, 2/3, S. 27–38.

Strobel, Michael; Buthmann, Norbert; Riese, Torsten u. Richard Vogt (2020a): Ein Grabenwerk am Übergang vom frühen zum jüngeren Mittelneolithikum (spätes 5. Jahrtausend v. Chr.) von Nössige, Gemeinde Käbschütztal, Lkr. Meißen. Die Ausgrabung NOS-02 und die geomagnetische Prospektion NOS-05, in: Smolnik, Regina (Hg.): Ausgrabungen in Sachsen 7. Arbeits- u. Forschungsberichte der Sächsischen Bodendenkmalpflege, Beiheft 34. – Dresden, S. 92–108.

Strobel, Michael; Döhlert-Albani, Norman; Grabo, Armin; Kübler, Iris; Kübler, Hartwig; Schmidt, Andreas; Decken, Julius von der u. Thomas Westphalen (2020b): Archäologische Denkmalpflege und teilflächengesteuerte Bodenbearbeitung – das EIP-Projekt „Entwicklung und praxisnahe Anwendung eines Precision Farming-Systems zur Sicherung flächenhafter Schutzgüter (z. B. archäologische Bodendenkmale) auf ackerbaulich genutzten Flächen", in: Smolnik, Regina (Hg.): Ausgrabungen in Sachsen 7. Arbeits- u. Forschungsberichte der Sächsischen Bodendenkmalpflege, Beiheft 34. – Dresden, S. 364–374.

Stuchly, Dieter (2008): Archäologische Untersuchungen auf der Burg Scharfenberg bei Meißen in den Jahren 1981 bis 1983, in: Arbeits- und Forschungsberichte zur sächsischen Bodendenkmalpflege 50, S. 307–331.

Teufert, Steffen; Berger, Heinz; Kuschka, Volkmar u. Wolf-Rüdiger Grosse (2022): Reptilien in Sachsen, hg. vom LfULG. – Dresden.

Thielemann, Martin (1954): Meißen – Stadt und Land (= Wanderbuch 1). – Leipzig.

Thieme, André (Bearb., 2004): Repertorium Saxonicum. Online-Datenbank.

Thieme, André u. Manfred Kobuch (2005): Die Landschaft Nisan vom 10. bis 12. Jahrhundert – Siedlung, Herrschaft und Kirche, in: BLASCHKE, Karlheinz (Hg.): Von den Anfängen bis zum Ende des Dreißigjährigen Krieges (= Geschichte der Stadt Dresden 1). – Stuttgart, S. 63–88, 645–649.

THÜMMEL, Rainer (2015): Glocken in Sachsen, Klang zwischen Himmel und Erde, hg. vom Evangelisch-Lutherischen Landeskirchenamt Sachsens. 2. Aufl. – Leipzig.

THÜMMEL, Rainer; KRESS, Roy u. Christian SCHUMANN (2017): Als die Glocken ins Feld zogen … Die Vernichtung sächsischer Bronzeglocken im Ersten Weltkrieg, hg. vom Evangelisch-Lutherischen Landeskirchenamt Sachsens. – Leipzig.

UNB MEISSEN (2011): Würdigung für das Naturschutzgebiet „Trockenhänge südöstlich Lommatzsch". Unveröff. Manuskript. – Meißen.

WAGENBRETH, Otfried u. Eberhard WÄCHTLER (1985): Der Freiberger Bergbau – Technische Denkmale und Geschichte. – Leipzig.

WAGNER, Heinz (2013): Geschichte und Geschichten. Die neue Kirche zu Naustadt, in: Scharfenberger Heimatblätter 6, S. 82–86.

WALTHER, Hans (1967): Ortsnamenchronologie und Besiedlungsgang in der Altlandschaft Daleminze, in: FISCHER, Rudolf u. Ernst EICHLER (Hgg.): Onomastica Slavogermanica III (= Abhandlungen der Sächsischen Akademie der Wissenschaften zu Leipzig, Philologisch-historische Klasse 58, H. 3). – Berlin, S. 99–107.

WALTHER, Hans (1998): Atlas zur Geschichte und Landeskunde von Sachsen, G II 1: Ortsnamen (Siedlungs- und Wüstungsnamen). – Leipzig, Dresden.

WELICH, Dirk (2002): Der Chronos aus Seerhausen, in: Jahrbuch der Staatlichen Schlösser, Burgen und Gärten Sachsens 9, S. 46–57.

WENZEL, Walter (2017): Die slawische Frühgeschichte Sachsens im Licht der Namen, hg. von Andrea BRENDLER und Silvio BRENDLER. – Hamburg.

WESTPHALEN, Thomas (2022): Blick in eine dunkle Epoche – das slawische Mittelalter in Sachsen, in: WOLFRAM, Sabine (Hg.): Diversität in der Archäologie: erforschen, ausstellen, vermitteln. Band zur gleichnamigen Tagung vom 15.05. bis 17.05.2019 am Staatlichen Museum für Archäologie Chemnitz – smac. – Chemnitz, S. 76–95.

WIEGAND, S. (1994): Landwirtschaft in den neuen Bundesländern – Struktur, Probleme und zukünftige Entwicklung, Agrarökonomische Monographien und Sammelwerke. Zugl. Diss. Frankfurt am Main. – Kiel.

WOOG, Moritz Carl Christian (1727): Die Leiber Wiedergebohrner Christen, Als Tempel des Heiligen Geistes, Wurden in der Der … Frauen Charlotta Johanna gebohrnen von Schleinitz, Auf Seerhausen u. Groptitz [et]c. Hoch-Würdigen … Herrn Christoph Dietrich Bosens … Liebgewesenen Frauen Gemahlin Am 30. Jun. Anno 1727. gehaltenen Gedächtniß-Predigt. – Eisleben.

WÜSTENROT HAUS- UND STÄDTEBAU GMBH (Hg., 2017): Entwurf. Integriertes städtebauliches Entwicklungskonzept (INSEK) Stadt Wilsdruff. Online: https://www.wilsdruff.de/media/1187, letzter Zugriff: 17.06.2021.

ZMP-BILANZ (1992 u. 2002): Getreide. – Bonn.

ZÖPHEL, Ulrich u. Rolf STEFFENS (2002): Atlas der Amphibien Sachsens, hg. vom LfUG. – Dresden.

ZÜHLKE, Dietrich (Red., 1977): Um Oschatz und Riesa. Ergebnisse der heimatkundlichen Bestandsaufnahme in den Gebieten von Wellerswalde, Riesa, Oschatz und Stauchitz (= Werte unserer Heimat 30). – Berlin.

ZÜHLKE, Dietrich (Red., 1979): Elbtal und Lösshügelland bei Meissen. Ergebnisse der heimatkundlichen Bestandsaufnahme in den Gebieten von Hirschstein und Meißen (= Werte unserer Heimat 32). 2. Aufl. 1982. – Berlin.

REGISTER

Personenregister

A

Albertiner, Dynastie 249. *Siehe auch* Wettiner
Alighieri, Dante 122
Amalie Auguste von Bayern, Königin von Sachsen 125
Andrä, Georg 274
Andrä, Max 170, 185, 186
Anna, Prinzessin Reuß zu Köstritz 244
Arndt, Julius-Friedrich 263
Arnold, Friedrich 184
Arnolt, Johannes 100
August, Kurfürst von Sachsen 64, 230

B

Bach, Familie 194
Bähr, George 265, 291
Balzer, Paul 156
Bärenstein, Magnus von 253
Barth, Familie 202
Batensdorph, Heinricus de 224
Baumann, Wilfried 175
Beeger, Familie 202
Beeger, Helmut 202
Bellmann, Gregor William 266
Benno, Bischof von Meißen 59, 237
Bernhard von Kamenz, Bischof von Meißen 228
Berthold, Burggraf von Meißen und Graf von Hartenstein 146
Bierbaum, Georg 170
Bilau, Kurt 145
Bingen, Hildegard von 109
Bischoffshausen, Günther Freiherr von 199
Bismarck, Otto Eduard Leopold Fürst von, Herzog zu Lauenburg 276
Boleslaw Chrobry, Herzog von Polen 169
Bor, Adliger 59, 104
Bora, Familie von 245
Bora, Katharina von 245
Borcht, Pieter van der 97

Bose, Carl Gottlob von 111, 193
Bose, Christoph Dietrich von, d. J. 128
Bose, Familie von 111, 193, 208
Bose, Joachim Dietrich von 110, 193
Bose, Johanna Charlotta von, geb. von Schleinitz 129
Böttger, Johann Friedrich 182
Braun, Familie 288
Breitenbuch, Familie von 242
Brühl, Heinrich Graf von 129
Buhlig, Familie 202
Burnitz, Rudolf Heinrich 129

C

Carlowitz, Anna von, geb. Freiin von Ferber 130
Carlowitz, Barbara von, geb. von Witzleben 130
Carlowitz, Familie von 130
Claus, Familie 164
Corvey, Widukind von 58, 94, 96, 181
Cosmas von Prag 262

D

Dahl, Johan Christian Clausen 227
Daimler, Familie 288
Decken, Familie von der 98
Decken, Georg von der 98
Decken, Maria Elisabeth von der, geb. von 98
Deichmüller, Johannes 144, 162, 170, 181, 185, 190
Dietrich, Anton 234
Dietrich, Familie 114
Dietze, Inge 186
Dittrich, Familie 113
Donath, Matthias 200
Drude, Oscar 47, 160
Dünnbier, George 230

E

Eberspächer, Familie 288
Eckersberg, Familie von 265

Eckersberg, Heinrich von 265
Ekbert II., Markgraf von Meißen und
    Graf von Friesland 262
Ende, Carl von 199
Ende, Familie von 199, 242
Ernst Heinrich Ferdinand Franz Joseph
    Otto Maria Melchiades, Prinz von Sachsen 122

F

Fehre, Johann 230
Fehre, Johann Gottfried 230
Feilitzsch, Henriette Ernestine von,
    geb. von Schönberg 245
Ferber, Rosalie Freifrau von, geb. Freiin von
    Pfister 130
Ferber, Victor Freiherr von 130
Findeisen, Arthur 214
Fleischer, Carl 283
Fletcher, Maximilian Robert von 244
Franz Xaver Albert August Ludwig Benno,
    Prinz von Sachsen und Polen, Graf von der
    Lausitz, Administrator des Kurfürstentums
    Sachsen 204, 205
Friedrich August II., König von Sachsen 122
Friedrich August II., Kurfürst von Sachsen,
    als August III. König von Polen 291
Friedrich August III., Kurfürst von Sachsen,
    seit 1806 als Friedrich August I. König von
    Sachsen 194, 205
Friedrich der Freidige, Markgraf von Meißen und
    Landgraf von Thüringen, auch genannt der
    Gebissene 228
Friedrich Heinrich Ludwig, Prinz von Preußen 292
Friedrich II., König von Preußen, genannt der
    Große 292
Friedrich II., König von Sizilien, deutscher König
    und Kaiser des Heiligen Römischen Reiches
    228
Friedrich II., Landgraf von Thüringen und
    Markgraf von Meißen, genannt der Ernst-
    hafte 183
Friedrich III., Landgraf von Thüringen und
    Markgraf von Meißen, genannt der Strenge
    60, 228
Friesen, Familie von 193, 195, 224
Friesen, Marie Josephe Freifrau von, geb. von
    Carlowitz 193
Friesen, Stephan Freiherr von 194

Fritsch, Carl Anton Emil Freiherr von 129
Fritsch, Carl Friedrich Christian Wilhelm Freiherr
    von 129
Fritsch, Thomas Freiherr von 129
Fröbel, Friedrich 221
Fuchs, Johann Gregor 98

G

Gadegast, Carl August 204
Gaius Julius Cäsar 199
Geisler, Herbert 115
Georg, Herzog von Sachsen und Sagan,
    genannt der Bärtige 224
Georg, König von Sachsen 164
Gersdorff, Charlotte Justine Freifrau von 97
Gertrud, Prinzessin Reuß zu Köstritz 244
Gessner, Conrad 109
Gießmann, Familie 202
Gorenczk, Johannes de 164
Gotthardt, Familie 153
Grau, Reinhard 130
Grellmann, Familie 112
Grimm, Bruno 266
Günderode, Albrecht von 265
Günderode, Barbara von, geb. von Geusau 265
Günderode, Familie von 265
Günderode, Gottschalk von 265
Günther, Emil 164
Gunzelin von Kuckenburg, Markgraf von
    Meißen 169

H

Haenel, Carl Moritz 239
Hahnefeld, Familie 233
Hardenberg, Georg Philipp Friedrich von,
    genannt Novalis 227
Hartitzsch, Julius Alexander von 184
Hartwig, Leberecht 293
Harz, Gert 174
Hase, Ulrich 130
Haugwitz, Familie von 60
Heinrich, Markgraf von Schweinfurt 169
Heinrich I., Herzog von Sachsen, ostfränkischer
    König 58, 94
Heinrich II., deutscher König und Kaiser des
    Heiligen Römischen Reiches 169
Heinrich III., deutscher König und Kaiser des
    Heiligen Römischen Reiches 104

Heinrich III., Markgraf von Meißen und der Lausitz, Landgraf von Thüringen und Pfalzgraf von Sachsen, genannt der Erlauchte 228
Heinrich IV., deutscher König und Kaiser des Heiligen Römischen Reiches 112, 262
Heinrich V., deutscher König und Kaiser des Heiligen Römischen Reiches 262
Hempel, Werner 254
Hennig, Alfred 170
Hensel, A. 160
Herder, August Freiherr von 251
Hermann, Woldemar 245
Heynitz, Benno von 239, 240, 253
Heynitz, Familie von 60, 210, 236, 239, 240
Heynitz, Krafft von 239, 253
Hingst, Carl Wilhelm 108
Hoffmann, Johann 108
Homer 140
Honsberg, Familie von 60
Hopfgarten, Georg Wilhelm von 122
Hottenroth, Isidor 173
Huber, Klaus 208, 209, 210
Huber, Xaver 209

J

Jahna, Familie von (de Gana) 99
Jahna, Heidenreich von 99
Jahn, Friedrich Nikolaus 254
Jenichen, Familie 147
Jenichen, Gustav 145
Johann Georg II., Kurfürst von Sachsen 100
Johann VII. von Schleinitz, Bischof von Meißen 130
Johann IX. von Haugwitz, Bischof von Meißen 60
Johann, König von Sachsen 122, 125
Jurisch, Karl 238

K

Kaempfe, Familie 242
Kaendler, Johann Joachim 230, 231
Kandler, Woldemar 231
Karl Ernst, Prinz von Schönburg 234
Karl II., König von Etrurien, Herzog von Lucca und Parma, Infant von Spanien 265
Karl III., König von Spanien 204
Kayser, Familie 290
Keil, Adolph 266

Keller, Franz Emil 100, 108
Kluge, Familie 290
Knöffel, Johann Christoph 115
Köhler, Hans, d. Ä. 230
Köhler, Hans, d. J. 230
Kohl, Familie 193, 194
Kohl, Helmut 254
Konrad, Markgraf von Meißen, genannt der Große 183
Kötteritz, August von 122, 125
Kötzschke, Rudolf 92
Kramer, Manfred 196
Krause, Robert 266
Kretschmar, Familie 114
Kühne, Familie 153, 158
Kühne, Michael 108
Kunert, Christian F. 164

L

Leder, Gottfried 136, 137
Lehmann, Bruno 156
Lempe, Familie 220
Leopold I., Fürst von Anhalt-Dessau, genannt der Alte Dessauer 291
Leopold I., deutscher König und Kaiser des Heiligen Römischen Reiches deutscher Nation 199
Leuben, Herren von 196
Lippold, Leo 227
Locke, Samuel 115
Loß, Christoph von 192
Loß, Familie von 208
Lothar III. von Supplinburg, Herzog von Sachsen, deutscher König und Kaiser des Heiligen Römischen Reiches 262
Lucas, Johann Simon 100
Luckowin, Nikolaus Ernst von 236
Luther, Martin 245, 249

M

Maltitz, Balthasar von 226
Maltitz, Familie von 60
Mannich, Johann 100
Maria Antonia Walpurgis Symphorosa von Bayern, Kurfürstin von Sachsen 205
Maria Luisa Carlota von Bourbon-Parma, Prinzessin von Sachsen 265
Maria Theresia, Erzherzogin von Österreich, Königin von Böhmen und Ungarn, Kaiserin

des Heiligen Römischen Reiches deutscher Nation 291
Marschall von Bieberstein, Carl Leonhard 115
Marschall von Bieberstein, Familie 60, 115
Mattielli, Lorenzo 98
Maximilian Maria Joseph Anton Johann Baptist Johann Evangelista Ignaz Augustin Xaver Aloys Johann Nepomuk Januar Hermenegild Agnellus Paschalis, Prinz von Sachsen 265
Mayenburg, Ottomar Heinsius von 208
Mehner, Otto 170
Meinher III., Burggraf von Meißen 183
Meinher von Werben, Burggraf von Meißen und Graf von Hartenstein 146, 183
Melzer, Familie 202
Menzel, Carl 153, 156
Mergenthal, Familie von 60
Mergenthal, Hans von 245
Mergenthal, Hans von, d. J. 245
Mergenthal, Philipp August von 245
Meusebach, Rahel Sophie von, geb. von Friesen 129
Miltitz, Alexander von 230
Miltitz, Carl Borromäus von 227
Miltitz, Dietrich von 227, 231
Miltitz, Dietrich von, d. J. 236
Miltitz, Ernst von 224
Miltitz, Ernst Wilhelm von 230
Miltitz, Familie von 60, 224, 226, 227, 230, 236, 242
Miltitz, Hans Dietrich von 198
Miltitz, Karl von 237
Miltitz, Magdalena von, geb. von Pflug 230
Mirtschin, Alfred 94, 186
Möbius, Familie 202
Mochau, Familie von 112
Mönch, Familie 198
Moreno, Familie 205
Motte-Fouqué, Friedrich de la 227
Muhammad, Ali Nasir 137

N

Nacke, Emil 234
Nagel, August 292
Nagel, Christian August 186
Naumann, Arno 47, 160
Naumann, Carl Friedrich 161
Nienborg, Hans August 126

Nitsche, Familie 143
Novotny, Kurt 286

O

Obendorfer, Georg 274
Oehme, Ernst Ferdinand 227
Oehmichen, Diana, geb. Prinzessin von Bourbon-Parma 115
Oehmichen, Familie von 231
Oehmichen, Friedrich (Fritz) 115
Oehmichen, Fritz 115
Oehmichen, Hans Joachim 115
Oehmichen, Olga, geb. Steiger 115
Oehmichen, Wilhelm 115
Oer, Theobald Reinhold Anton Freiherr von 205
Otte, Valentin 108
Otto, Markgraf von Meißen, genannt der Reiche 112, 241
Otto III., deutscher König und Kaiser des Heiligen Römischen Reiches 168
Otto, Willi 114

P

Permoser, Balthasar 128
Pflugk, Sophie 234
Pielitz, Johann David 145
Pius X., Papst 284
Plötz, Christoph Dietrich von 122, 125
Poitz, Karl Wilhelm 256
Polenz, Familie von 150
Ponickau, Johann August von 243
Pöppelmann, Johann Daniel 243
Porsch, Theodor 283
Prausitz, Dietrich von 146
Preiß, Familie 288
Preusker, Karl Benjamin 140, 180
Pulzan, Lampertus de 150

R

Raab, Johann Jacob 128
Ramp, Familie 248
Rechenberg, Hans 164
Rendler, Louis Alfred 94
Reuß-Köstritz, Familie von 257
Richdag, Graf 114
Richter, Johann 108
Richter, Martin 229
Rollenhagen, Gabriel 97

Römer, Jobst Christoph von 210
Rothschütz, Bernhard von 265
Rudolphi, Johann Christian 244
Rüssing, Adam Theodor 98

S

Saalhausen, Familie von 60
Schelest, Pjotr 137
Schiegl, Familie 114
Schleinitz, Abraham von 192, 193
Schleinitz, Brigitte 284
Schleinitz, Christoph von 97
Schleinitz, Dietrich von, d. Ä. 97
Schleinitz, Dietrich von, d. J. 97, 129
Schleinitz, Familie von 60, 98, 122, 126, 129, 130, 164, 208
Schleinitz, Georg (Jörg) von 130
Schleinitz, Georg von 130, 164
Schleinitz, Hans von 164, 198
Schleinitz, Jan von 122
Schleinitz, Johann Georg von 126
Schleinitz, Katharina von, geb. von Starschedel 97
Schleinitz, Michael 284
Schlönvogt, Matthias 284
Schmidt-Gödelitz, Axel 111, 112
Schmidt-Gödelitz, Familie 111, 259
Schmidt, Helmut 111
Schmidt, Johanna 111
Schmidt, Max 111
Scholl, Familie 156, 158
Schönberg, Antonius von 249
Schönberg, Familie von 60, 248, 249, 250, 274, 276, 280, 282
Schönberg, Hanns Burkhard von 249
Schönberg, Hans Heinrich von 274
Schönberg, Nikolaus von 249
Schönberg, Reinhard von 248
Schönberg, Xaver Maria Cäsar von 250
Schönberg-Roth-Schönberg, Familie 249, 274
Schönberg-Roth-Schönberg, Joseph von 249, 274, 284
Schramm, Christian 196
Schreiber, Bernhard 234
Schröber, Familie 184
Schulze, Christian Friedrich 222
Schuster, Familie 231
Schwerdtner, Friedrich Leo von 248
Seyffertitz, Adolph Freiherr von 265

Simon, Johann Christian 243
Sodann, Peter 88, 183, 184
Sophia, Burggräfin von Meißen 198
Spehr, Reinhard 149
Stalin, Josef 69, 70
Starke, Johann Christian 194
Staucha, Gerlach von 146
Staucha, Martin von 183
Steiger, Adolph 203, 204, 205
Steiger, Carl Christian 203
Steiger, Christian Adolph Leberecht 203
Steiger, Familie 66, 70, 203, 211
Steiger, Heinrich Adolf 203
Steiger, Johann Gottlieb 203
Steiger, Otto 66, 203
Steinbach, Arndt 285
Steiner, Rudolf 239, 253
Stoph, Willy 137
Stuchly, Dieter 227

T

Talon, Ludwig 205
Tamme, Emil 114
Taubenheim, Adalbert von 241
Teichmann, Familie 288
Thielau, Maria Elisabeth von, geb. Rüssing 98
Thieme, Carl Gottlieb 218
Thietmar, Bischof von Merseburg 58, 59, 145, 148, 152, 166, 169
Thomae, Johann Benjamin 243, 244
Thumshirn, Friedrich Wilhelm von 199
Tottleben, Familie von 265
Tottleben, Gottlob Curt Heinrich Graf von 266

U

Ulrich, Peter 153

V

Voigt, Familie 244
Volkmann, Robert 157
Vries, Hans Vredemann de 97, 129

W

Wachs, Familie 114
Wackler, Familie 288
Wagner, Richard 244
Wallrabe, Oskar 170, 171, 173
Wallrabe, Rudolf 171

Wallrabe, Wolfgang 171
Walther, Familie 288
Walther, Wilhelm 234
Wartha, Heinrich von 261, 262
Watzdorf, Eike von 240
Watzdorf, Elisabeth von 240
Wellhöfer, Familie 267
Werner, Abraham Gottlob 222
Westfalen, Arnold von 196
Wettiner, Dynastie 60, 196, 226
Wilhelm I., Markgraf von Meißen,
    genannt der Einäugige 150
Wilhelm III., Herzog von Sachsen,
    genannt der Tapfere 130
Winkelmann, Johann Joachim 86
Wirth, Bernhard 190
Wladislaw I., Fürst von Böhmen 262
Wöhrmann, Christian Heinrich Freiherr von 245
Wolfframsdorff, Hermann von 100
Wratislaw II., König von Böhmen und zeitweise
    Markgraf der Lausitz 262

Z

Zahn, Louis 153
Zehmen, Familie von 193, 208
Zehmen, Friedrich von 111, 193, 194
Zehmen, Ludwig von 66
Zehmen, Magdalena Elisabeth von 184
Zehmen, Oscar Horst von 111
Zick, Familie 243
Ziegler, Christoph 257
Ziegler, Familie von 234, 257
Ziegler, Hieronymus 257
Zinzendorf, Maria Elisabeth Gräfin von,
    geb. Freiin Teufel von Gundersdorf 97
Zinzendorf und Pottendorf, Familie von 98
Zinzendorf und Pottendorf, Friedrich Christian
    Graf von 98
Zinzendorf und Pottendorf, Georg Ludwig
    Graf von 97
Zinzendorf und Pottendorf, Nikolaus Ludwig
    Graf von 97
Zlinitz, Goteboldus de 192

Ortsregister

A

Albertitz 80, 90
Alpen, -raum 55, 194
Alte Halde - Dolomitgebiet Ostrau, NSG 47, 100, 102, 103
Altlommatzsch 55, 57, 58, 80, 150, 151, 152, 157
Altsattel 80, 136, 184
Altzella 100, 112, 248, 281
Apolda 244
Arntitz 20, 80, 184, 187, 233
Ascherhübel 269
Aue 233
Auermanns Kreuz 269
Auewald Jahnishausen, NSG 47
Australien, australisch 204, 205
Auterwitz 108, 112
Awarenreich 57

B

Baden, badisch 216
Baderitz 30, 90, 101, 104, 108, 117, 120, 121
Badersen 19, 40, 110, 207
Bad Langensalza 70
Balkan 50
Baltikum, baltisch 55
Barmenitz 80, 135, 136, 137
Barnitz 115, 219
Batzdorf 224, 225, 226, 230
Bautzen 203
Bayerhöhe 15
Bayern, bayerisch 60, 200, 274
Beicha 110, 193
Beiersdorf 60
Belgien, belgisch 68
Bergwerk, Ortsteil von Scharfenberg 232
Berlin 79, 111, 136, 202, 227, 286
Berntitz 184
Beulichs Aue 113
Bierallee 263
Binnewitz 99
Birkenhain 81, 280, 286, 289
Birkenhain-Limbach 280
Birmenitz 52, 80, 170, 173
Birmenitzer (Dorf-)Bach(-tal) 102, 103, 173
Bischofswerda 273
Blankenstein 19, 42, 44, 81, 233, 251, 270, 271, 272, 274, 276, 277, 279, 289, 290
Blauberg 19, 207, 208
Blauer Bruch 238
Bloßnitz 117
Bochum 255
Bockwen 230
Böhmen, böhmisch 56, 57, 85, 135, 139, 169, 216, 262, 282
Böhmerwall 261, 262, 263
Borna 97, 193
Borsdorfbach 255
Bosel 48
Brand 251
Brandenburg an der Havel 94
Brandenburg, brandenburgisch 50
Braunsdorf 81, 289, 291, 292
Brehna 60
Briesnitz 261, 262
Brockwitz 59
Brottewitz 132
Bundesautobahn 4 260, 288, 291
Bundesautobahn 17 292
Bundesstraße 6 126, 228
Bundesstraße 101 49, 177, 211, 219
Bundesstraße 169 49
Bundesstraße 173 292
Burgberg Höfgen 215
Burgberg Löbsal 139, 143
Burgberg Niederwartha 261, 262, 263
Burgberg Zehren 164, 167, 168, 169
Burgberg Ziegenhain 214, 215
Burgberg Zschaitz 59, 99, 101, 103, 104, 105, 109, 110
Burkhardswalde 233, 241
Buschbad 177, 222, 270

C

Calden 138
Canitz 211, 213, 219
Chemnitz 81, 108, 125, 132, 153, 158

China, chinesisch 169, 199
Choren 94, 114, 115
Choren-Formation 19
Churschütz 20, 80, 186, 187, 193, 196
Churschützer Bach, Wasser 187, 196
Chutuci, Gau 58
Clanzschwitz 99
Clausmühle 217
Collmberg 26
Constappel 234, 235, 256, 257, 259
Cossebaude 261
Coswig 48, 69

D

Dachselberg-Formation 19
Daleminze, Daleminzien, Gau (= Zlomekia, Glomaci, Lommatzsch) 57, 58, 59, 89, 94, 99, 104, 106, 114, 145, 148, 152, 169, 181, 195, 234, 241, 281
Dänemark, dänisch 209
Daubnitz 80, 160
Deila 203
Dennschütz 80, 184
Dessau 203
Deutsche Demokratische Republik (DDR) 13, 70, 71, 72, 73, 77, 90, 98, 111, 112, 114, 132, 136, 137, 145, 156, 157, 161, 184, 195, 200, 202, 203, 218, 227, 235, 240, 261, 266, 285, 287
Deutschenbora 92, 245, 248
Deutsches Reich 115, 293
Deutschland, Bundesrepublik 73, 76, 77, 111, 112, 137, 243, 291
Deutschland, deutsch 12, 13, 35, 58, 60, 67, 69, 73, 78, 90, 92, 99, 104, 109, 112, 133, 158, 162, 169, 175, 178, 182, 194, 201, 203, 208, 209, 213, 225, 237, 240, 241, 245, 256, 274, 276, 281, 284, 292
Diebsgrund 232, 267, 268
Diera-Zehren 143
Dietrichmühle 277, 290
Dippoldiswalde, Landkreis 291
Döbeln 49, 62, 71, 79, 108, 111, 112, 113, 114, 132, 133, 152, 157, 183, 190, 196, 203
Döbeln, Amt 196
Dobernitz 31, 97, 184
Dobritz 182, 216, 217, 222, 233
Dobschütz 195
Döhlener Senke 17, 19

Dohna 281
Döllnitz 48, 57
Dolomit 101, 233
Dolomitgebiet Ostrau und Jahnatal, FFH-Gebiet 44, 102
Domselwitz 83, 158
Dorfberg Miltitz 236
Dörgenhausen 60
Dörschnitz 31, 80, 131, 145, 195
Döschütz 104, 108, 203
Dösitz 184
Dragonerberg 107, 163, 182
Dreißiger Wasser 193, 196, 207
Dresden 48, 79, 81, 84, 98, 100, 108, 128, 132, 157, 160, 161, 171, 173, 174, 181, 184, 186, 190, 192, 196, 205, 208, 218, 227, 229, 230, 234, 254, 255, 256, 257, 260, 263, 264, 265, 274, 281, 282, 284, 286, 287, 288, 289, 291, 292, 293
Dresden, Landkreis 291
Dresden-Nickern 57
Dresden-Pillnitz 79, 259
Dresdner Berg 100
Dürrweitzschen 108, 112

E

Eckardsberg 55, 143, 144
Eckberg 208
Eichberg 103
Eichhörnchengrund 47
Eisenach 184
Elbe 13, 16, 17, 33, 34, 35, 43, 47, 48, 50, 51, 55, 56, 57, 59, 86, 106, 117, 139, 141, 142, 143, 145, 152, 160, 163, 166, 177, 186, 196, 198, 200, 205, 217, 224, 228, 230, 258, 261, 269, 270, 271, 281
Elberadweg 177
Elbe, SS-Oberabschnitt 68
Elbhügelland 37, 226, 235
Elbleiten, NSG 47
Elbtal 14, 16, 17, 19, 21, 38, 48, 50, 56, 57, 74, 141, 181, 224, 225, 226, 255, 261, 263, 265, 293
Elster 139
Erzgebirge 14, 17, 21, 55, 60, 86, 158, 238, 241, 249, 251, 273, 279
Erzgebirgischer Kreis 112
Erzgebirgsvorland 281
Estonka 264
Eulitz 55, 56, 196, 203, 220

Europa, europäisch 55, 69, 73, 77, 79, 182, 192, 237
Europäische Union 35, 44, 45, 73, 77, 79, 117, 120, 192, 269, 271

F

Faule Pfütze 269
Feuerstein 50, 51, 135, 140, 143, 222, 269
Fichtelgebirgisch-Erzgebirgische Antiklinalzone 17, 273
Fichtenmühle 217, 222, 237
Flandern, flämisch 60
Flemmingen 60
Flossenbürg 68
Frankenau 60
Franken, fränkisch 60, 110, 241, 289
Fränkisches Reich 106
Frankreich, französisch 111, 115, 129, 193, 199, 220
Freiberg 60, 108, 226, 229, 251, 270, 281, 282
Freiberger Mulde 49, 59
Freiberger Revier 228, 232, 267
Freiberg-Zug 79
Freital 198, 222, 230, 280, 289
Freital, Kreis 284, 289, 291
Freundlicher Bergmann Erbstolln, Grube 232, 267, 268
Friedewald 48
Frohburg 114
Furkertmühle 238

G

Galgenberg Weistropp 265
Gana 58, 94, 99, 181
Garsebach 21, 22, 33, 217, 222, 237, 270, 271
Garsebacher Schweiz 222, 270
Gasern 90
Gauernitz 35, 47, 234, 260
Geringswalde 265
Germanen, germanisch 152
Gernitz 190
Gertitz 113, 114
Gleina 28, 29, 184
Gödelitz 64, 110, 111, 112, 193, 205, 208, 259
Gohlberg 234
Göhrisch 50, 139, 140, 141, 142, 143
Göhrischberg, -felsen, -massiv 17, 139, 142
Gohrischheide 48

Göhrisch-Plateau 55
Goldhausen 70, 99
Goldkuppe 143
Golkwald 48
Gompitz 292
Görna 219
Görtitz 219
Goselitz 70
Götterfelsen 47, 217, 222, 270
Gozne 59
Graupzig 70, 110, 193, 196, 197, 208, 209, 210
Grauswitz 80, 90, 184
Grillenburg 269, 291
Groitzsch 19, 233, 250, 277
Groitzscher Mulde 250
Großenhain 48, 79, 126, 140, 161, 193
Großenhainer Pflege 141
Große Triebisch 146, 276, 277
Großholz Schleinitz, FFH-Gebiet 43, 44, 188
Großholz Schleinitz und Petzschwitzer Holz, NSG 47, 187, 188, 193
Großsteinbach 112
Gruben, Ortsteil von Scharfenberg 228, 232
Grubnitz 122, 130
Grumbach 31, 35, 81, 82, 255, 274, 289
Grund 81, 269, 289
Grünschönberg 249
Grutschenbach 185

H

Hahnefeld 120
Halle an der Saale 79
Halsbrücke 251
Hamburg 204
Hartha 60, 236
Hasela 241
Hasslach 15
Hebchen 264
Heiliger Hain 261, 262, 263
Helbigsdorf 19, 81, 233, 251, 271, 272, 276, 277, 289, 290
Helmmühle 252, 253
Herrnhut 97
Herzogswalde 19, 81, 269, 270, 271, 272, 289, 290
Hessen, hessisch 138
Hexenkessel 206
Heyda 131
Heyneberg 277

Heynitz 79, 111, 239, 240, 253
Heynitzbach 240
Hilfe-Gottes-Stolln 268
Hirschfeld-Formation 19
Hirschstein 48, 50, 68, 139, 150
Höckendorf 229
Höfgen 57, 214, 220
Hof/Stauchitz 58, 94, 96, 97, 98, 99, 101, 117, 120, 121, 128, 183
Hohe Eifer 237, 270
Hohenwussen 97, 220
Hohnstein 204
Holländer, holländisch 129
Höllbach 176
Hoyerswerda 60
Hubertusburg 115
Hühndorf 265
Hühndorfer Höhe 288
Hussiten, hussitisch 152, 254
Huthübel 94, 185

I

Ibanitz 184
Ickowitz 80, 164
Ilkendorf 248
Italien, italienisch 98, 122, 237, 245

J

Jahna-Auenwälder, NSG 117, 122, 125
Jahnaaue, -tal 94, 99, 100, 101, 103, 112, 116, 117, 121, 122, 130, 211
Jahnabach(-tal) 99, 116, 122, 126, 128, 185, 198, 199
Jahna, Fluss 14, 24, 28, 30, 31, 33, 34, 35, 40, 43, 48, 57, 58, 98, 104, 106, 112, 116, 117, 119, 120, 121, 122, 126, 128, 131, 138, 146, 170, 183, 198
Jahnaniederung, FFH-Gebiet 44, 121
Jahna, Ort 67, 70, 99, 100, 164, 183, 200, 202, 220
Jahnatal, Kirchengemeinde 108
Jahnatal, LSG 46, 130
Jahnishausen, Auwaldkomplex 48
Jahnishausen (früher Watzschwitz) 97, 117, 121, 122, 124, 125, 128
Jemen, jemenitisch 137
Jessen 80, 87, 136, 157, 190
Jesseritz 185, 198

K

Käbschütz 57
Käbschützbach, -aue, -tal 14, 16, 17, 30, 31, 33, 36, 40, 42, 106, 175, 176, 177, 180, 195, 203, 206, 214
Käbschützgrund 175
Käbschütztal, Gemeinde 212, 219, 221
Kagen 202
Kaisitz 164, 200, 201, 202, 206
Karlsruhe 231
Karpatenbecken 55
Kaschka 212
Katzenberger Höhe, Schwelle 51, 176
Kaufbach 81, 255, 289, 291, 292
Keilbusch 198
Kellerberg 125
Kelzgebach 115, 116, 214
Keppritz 131, 138
Keppritzbach, -tal 31, 33, 34, 36, 122, 125, 131, 146
Kesselsdorf 19, 81, 82, 289, 291, 292
Kettewitz 241
Ketzerbach, -tal 13, 14, 16, 17, 21, 30, 31, 33, 34, 35, 36, 38, 40, 42, 43, 46, 47, 57, 106, 146, 160, 161, 162, 163, 164, 165, 166, 173, 174, 175, 177, 178, 180, 181, 188, 191, 195, 196, 197, 206, 207, 208, 214, 258
Kiebitz 100
Kirchberg Leuben 195
Kirstenmühle 253
Klappendorf 70, 80
Kleditzsch, -bach 266
Kleinbautzen 203
Kleine Jahna 31, 116
Kleiner Göhrisch 140
Kleine Triebisch 31, 37, 40, 146, 242, 243, 251, 252, 253, 270, 280
Kleinkagen 164
Kleinmockritz 110, 112, 114
Kleinopitz 81, 289, 291
Kleinschönberg 234, 235, 249, 256, 265
Klipphausen (früher Röhrsdorf bzw. Kleinröhrsdorf) 31, 35, 47, 64, 204, 222, 243, 244, 249, 253, 256, 257, 260
Kmehlen 52
Kobeln 131
Kobitzsch 251, 252, 253
Koboldsberg 195

Kohlsdorf 198, 291
Kohren 114
Köllitsch 79
Königstein 194
Köpenick 286
Korbitz 222
Korbitzer Schanzen 217, 224, 237
Korea, koreanisch 112
Kottewitz 277
Kraichgau 216
Kreina 97
Krepta 80, 193, 194
Krillemühle (früher Obermühle) 272, 277
Krilleteich, Oberer 271
Kroatenwasser 269
Krögis 30, 155, 180, 195, 219, 220, 221, 253, 259

L

Laasenbach, -tal 115, 116
Laasenteich 115
Lampersdorf 251, 253
Landberg 35, 255
Lauchhammer 244, 255
Lausitz 51, 126
Lausitzer Antiklinalzone 17
Lausitzer Massiv 17
Lausitzer Überschiebung 17, 143
Lautzschen 80
Lehmannmühle 257
Leippen 30, 170
Leipzig 81, 92, 126, 129, 132, 170, 234, 284, 286, 288
Leipziger Tieflandsbucht 139
Leisnig 60, 108
Leuben 17, 30, 34, 44, 59, 181, 183, 188, 193, 195, 196, 197, 207, 220
Leuben-Schleinitz, Bahnhof 196
Leuben-Schleinitz, Gemeinde 195, 207
Leuben-Ziegenhain-Planitz, Kirchgemeinde 218
Leuteritz 261
Leutewitz 17, 66, 70, 79, 176, 177, 203, 204, 205, 206, 211
Leutholdmühle 277
Liebersee 57
Limbach 67, 81, 249, 274, 276, 280, 281, 289
Lindenallee bei Birkenhain, ND 47
Lindenberg 245

Linkselbische Bachtäler, SPA 45, 225
Linkselbischer Vulkanitkomplex 233
Linkselbische Täler zwischen Dresden und Meißen, FFH-Gebiet 225
Linkselbische Täler zwischen Dresden und Meißen, LSG 234, 263
Löbschbach 219
Löbschütz 80, 219
Lohmen 204, 230
Lommatzsch 12, 13, 16, 17, 24, 25, 27, 33, 35, 41, 42, 43, 48, 57, 59, 62, 64, 66, 68, 71, 78, 80, 82, 83, 84, 85, 90, 92, 93, 113, 122, 132, 133, 136, 137, 146, 152, 153, 154, 155, 156, 157, 158, 159, 161, 164, 174, 180, 186, 187, 190, 195, 196, 202, 203, 208, 211, 212, 218, 259, 284
Lommatzscher Bodenkomplex 28
Lommatzscher Pflege 12, 13, 14, 16, 17, 20, 22, 23, 24, 28, 35, 36, 38, 39, 40, 41, 44, 45, 46, 50, 51, 53, 56, 57, 60, 61, 62, 64, 65, 66, 67, 68, 69, 70, 71, 72, 73, 75, 77, 78, 79, 80, 85, 86, 87, 88, 89, 90, 92, 93, 97, 99, 104, 106, 107, 109, 111, 112, 114, 116, 119, 132, 133, 135, 136, 137, 145, 148, 149, 152, 155, 157, 158, 163, 164, 169, 170, 173, 178, 184, 188, 190, 191, 192, 193, 195, 196, 200, 204, 207, 208, 212, 214, 218, 219, 220, 233, 240, 246, 253, 259, 278, 279
Lommatzscher Pflege, Kooperation 136
Lommatzscher Wasser 161
London 205
Lossen 110, 193, 207
Lößnitzhöhe 264
Löthain 20, 30, 97, 177, 182, 188, 198, 203, 210, 211, 212, 213, 217, 232, 233
Löthainer Bach 210
Löthainer Becken 213
Lotzebach, -tal 263, 264
Lotzen 251
Ludwigsbusch 290
Luga 219
Lüttewitz 104, 108, 121, 207
Lützschnitzer Bach 173

M

Mahlitzsch 79, 240, 253, 254
Marienberg 210
Markritz 207
Markritzer Bach 207
Marschütz 80, 184

Mauna 52, 180, 219

Mehltheuer 62, 117, 135, 137, 138, 139

Mehltheuerbach 31, 138

Mehren 20, 198, 212, 217, 218, 232

Meila 110, 193

Meißen 17, 21, 23, 24, 33, 47, 48, 55, 58, 60, 61, 62, 71, 72, 74, 108, 132, 133, 139, 141, 142, 146, 150, 152, 156, 161, 164, 165, 169, 174, 175, 177, 180, 182, 184, 186, 190, 192, 198, 200, 211, 212, 213, 216, 217, 218, 220, 222, 224, 230, 231, 232, 233, 234, 237, 245, 255, 260, 262, 268, 271, 281, 283, 284, 289

Meißen, (Albrechts-)Burg 58, 60, 74, 169, 183, 234

Meißen, Amt, Erb-, Prokuratur- 62, 99, 104, 150, 164, 183, 289, 291

Meißen, Amtshauptmannschaft 207, 291

Meißen, Bistum, Bischöfe von 58, 59, 60, 104, 152, 169, 226, 228, 234, 253, 261, 281

Meißen, Burggrafschaft, Burggrafen von 59, 60, 62, 183, 184, 196, 198

Meißen, Domkapitel, Hochstift 99, 104, 105, 112, 218, 263, 291

Meißener Hochland, Lösshügelland 20, 22, 23, 24, 39, 213, 217, 222

Meißener Massiv 15, 17, 19, 142, 159, 160, 161, 177, 187, 197, 207, 216, 217, 222, 226, 228, 233, 234, 238, 256, 267, 268

Meißen, Evangelisch-Lutherischer Kirchenbezirk 276

Meißen, (Land-)Kreis 47, 67, 70, 71, 78, 80, 174, 207, 224, 251, 254, 256, 260

Meißen, Markgrafschaft, Markgrafen von 16, 59, 60, 61, 62, 106, 112, 146, 228, 232, 236, 239, 248, 262

Meißen, St. Afra, Chorherrenstift, später Landesschule 104, 146, 222

Meißen-Triebischtal 132, 133, 252, 257

Melsungen 288

Mergenthal 245

Merschwitz 152

Merseburg, Bistum, Bischöfe von 58, 61, 166

Mertitz 113, 180, 190, 191, 206

Merxleben 70

Meschwitz 219

Messa 158

Mettelwitz 56, 173, 195

Mettelwitzer Graben 180

Michaelsberg 216

Michelsberger Kultur 138, 216

Miltitz 18, 19, 44, 222, 226, 233, 236, 237, 238, 239, 267, 270, 271, 272

Miltitzer Ländchen 236

Miltitz-Roitzschen 19, 238

Miltitz-Roitzschener Wiesengrund 238

Mischwitz 170

Mitteldeutsches Hügelland 255

Mitteldeutschland, mitteldeutsch 129, 216, 288

Mittelelbe-Saale-Gebiet 162

Mitteleuropa, mitteleuropäisch 14, 20, 29, 216, 222

Mittelhochdeutsch 261

Mittelmeerraum 55

Mittelsachsen, mittelsächsisch 22, 26, 27, 28, 180, 186, 278

Mittelsächsisches Lössgebiet, -hügelland 12, 14, 15, 16, 21, 24, 35, 48, 50, 52, 89, 131, 141, 187

Mittelsächsische Störung 17, 273

Mittweida 60

Möbertitz 108

Mobschatz 261

Mochau 30, 57, 59, 94, 108, 112, 113, 114, 117, 155

Mockritzbach, -tal (Aspenbach) 232, 267

Mögen 80, 86

Mohlis 212, 213, 232

Mohorn 25, 81, 82, 269, 271, 289

Mönchsäule 128, 130

Moritzburg 48

Mügeln 14, 57, 60, 62, 64, 112, 132, 233

Mügeln, Amt 99, 100

Mügelner Senke (früher Mügelner Becken) 17, 19, 101

Mügeln-Lommatzscher Hügelland 22, 27

Mühlbach 187

Mühlbach-Nossen-Gruppe 273

Mühlberg an der Elbe 68

Mühlgraben 238

Mühlhügel Prositz 160, 161, 162

Muldenstruktur 19, 101

Mulde, -tal 14, 49, 56, 57, 59, 106, 205

Münchhof 20, 100, 101, 102

Munzig 33, 232, 268, 270, 272, 277

Munzig-Weitzschen, Erzbergbaurevier 232, 267

Mutzschwitz 110

N

Nasenberg 97
Naumburg, Domkapitel 61
Naundorf 28, 97, 98, 143, 144
Naußlitz 112
Naustadt 225, 229, 230, 231
Neckanitz 27, 34, 80, 88, 173, 233, 278, 279, 284
Neckargebiet 216
Neletici, Gau 58
Nelkanitz 110
Neudeckmühle 234, 235, 255, 256, 257
Neumark 203, 210
Neu-Tanneberg 19
Nickritz 34, 120, 131
Niederhermsdorf 198, 291
Niederjahna 55, 70, 99, 164, 198, 199, 200, 218, 221
Niederlande, niederländisch 97. *Siehe auch* Holland, holländisch
Niederlommatzsch 17
Niedermühle 252, 271, 272, 277, 280
Niedermunzig 19, 232, 267
Niedermuschütz 139
Niederösterreich, niederösterreichisch 97
Niederpolenz 253
Niedersachsen, niedersächsisch 58, 60, 94
Niedersedlitz 265
Niederstaucha 183, 184
Niederwartha 17, 261, 262, 263, 264, 265
Niederwutschwitz 70, 108
Nimtitz 198, 202
Nisan (Dresden), Gau 234, 261, 281
Nizza 266
Nonnenwald 49
Nordamerika, nordamerikanisch 99
Norddeutscher Bund 115
Norddeutsches Zechsteinmeer 101
Norddeutsche Tiefebene 139
Norddeutschland, norddeutsch 53
Nördlinger Ries 216
Nordsächsisches (Moränen-)Platten- und Hügelland 14
Nordwestsachsen, nordwestsächsisch 101
Nordwestsächsischer Eruptivkomplex, Synklinorium 17, 101
Norwegen, norwegisch 209
Noschkowitz 108

Nossen 49, 62, 79, 80, 88, 89, 108, 132, 133, 154, 174, 187, 194, 195, 196, 207, 208, 218, 240, 248, 253, 260, 274, 280, 281, 283, 289
Nossen, Amt 112
Nossen, Autobahndreieck 245
Nossener Land, Kirchspiel 218
Nossen-Wilsdruffer Schiefergebirge, Synklinorium 17, 18, 19, 37, 187, 197, 207, 209, 232, 233, 238, 251, 267, 268, 273, 277
Nössige 53, 57, 138, 214, 215, 216, 221
Nürnberg 100

O

Oberau 103
Oberfrankleben 128
Obergarsebach 222
Obergrauschwitz 64
Oberhermsdorf 81, 261, 262, 289, 291
Oberjahna 64, 200
Oberlausitz 86
Oberlützschera 64
Obermeisa 198
Obermühle 252, 253, 277
Obermuschütz 143, 144, 164
Oberpolenz 253
Oberstaucha 183, 184
Obersteinbach 112, 116
Oberwartha 261, 263, 264
Oberwutzschwitz 108
Oschatz 21, 62, 71, 126, 132, 204
Oschatzer Land, Kirchengemeinde 98
Oschatz, Kreis 70
Ossig 112
Österreich, österreichisch 280, 291
Osterzgebirgischer Antiklinalbereich 17
Osteuropa, osteuropäisch 53, 77, 226
Ostfranken, ostfränkisch 57, 58, 59
Ostrau 20, 27, 31, 33, 41, 44, 94, 99, 100, 101, 102, 108, 116, 117, 120, 233
Ostseeraum 55
Ottewig 108

P

Pahrenz 145, 146
Paltzschen 55, 57, 80, 145, 148, 150, 198, 259
Paltzschener See 57, 145, 148, 149, 152
Panitz 97, 184
Pauschwitz 219

Pausitz 125, 135
Pechsteinklippen Garsebach 47, 222, 237
Pegenau 231
Perba 196
Perne 19, 233, 250, 251, 277
Petzschwitz 64, 80, 110, 120, 192, 193, 196, 208
Petzschwitzer Holz 188
Pillnitz 259
Pinzchenberg 177, 180, 181
Pirna 153, 291
Piskowitz 52, 55, 57, 80, 160, 162, 163, 164, 241
Pitschütz 52, 80, 157, 169, 172
Planitz 195
Plotitz 20, 184
Pohrsdorf 35, 255
Pöhsig 184
Poititz 80, 193, 194
Polen, polnisch 67, 112, 115, 126, 169, 274
Polenz 251, 252, 253
Polst 261
Poppitz 50, 117
Porschnitz 214
Potschappel 218, 283
Präbschütz 112, 116
Prag 94, 262, 288
Praterschütz 110
Prausitz 35, 54, 131, 132, 133, 134, 135, 147
Preiskermühle 252, 253
Pretzsch 243
Preußen, preußisch 280, 291
Priestewitz 64
Prinzbach, -tal 234, 235, 236, 256, 258
Pröda 193, 207, 217, 232
Proschwitz 74, 249
Prositz 47, 80, 160, 161, 162, 164, 184
Prositz-Wachnitzer-Hang 161
Prüfern 110, 112
Pulsitz 79, 99, 101, 183, 220
Pulsnitz 60

Q

Questenberg 198

R

Radebeul 48, 161
Radewitz 62
Radewitzer Höhe 15, 34

Ragewitz 122, 127, 128, 129, 130, 131
Raitzen 97, 99, 203
Raschützwald 48
Raßlitz 30, 196
Rauba 80, 157
Raue Furt 55, 139, 141, 143
Raußlitz 195, 218
Rechenberg 249
Regenbach 245
Regensburg 132
Reichenbach 210
Reinsberg 249
Reppen 94
Rhein 138
Rheinland 216
Riemsdorf 253
Riesa 24, 48, 53, 62, 71, 94, 108, 125, 132, 133, 135, 138, 141, 153, 156, 186
Riesaer Lössplatten 22, 23, 24
Riesa, Kreis 130
Riesengebirge 194
Rittmitz 97, 101
Robschütz 222, 270
Rochlitz 125, 150
Rochzahn 99
Röhrleite 273
Röhrsdorf 155, 243, 244, 257, 260
Roitzsch 31, 80, 135, 137, 138, 261
Roitzschen 17, 238, 268
Roßwein 49, 62, 133
Rostock 102
Rötha 193
Rothschönberg 19, 67, 233, 248, 249, 250, 251, 270, 271, 272, 273, 274, 276, 279, 280, 289
Rothschönberger Stolln 250, 251
Rüdiger Linden 290
Rügen 69
Rüsseina 218, 219
Russland, russisch 111, 164

S

Saale 60, 89, 139, 169
Sachsendorf 60
Sachsen, sächsisch 12, 16, 28, 29, 35, 36, 39, 41, 42, 43, 44, 47, 48, 57, 58, 62, 65, 66, 67, 69, 70, 72, 73, 76, 77, 78, 87, 92, 97, 98, 101, 103, 104, 106, 108, 109, 110, 114, 115, 116, 118, 121, 126, 128, 129, 130, 131, 137, 141, 142, 144, 145, 146,

152, 153, 154, 160, 161, 162, 163, 169, 174, 175, 181, 182, 184, 185, 188, 190, 191, 192, 193, 194, 196, 199, 200, 203, 204, 205, 206, 210, 222, 225, 228, 232, 234, 236, 237, 239, 241, 245, 253, 258, 259, 262, 265, 266, 267, 274, 278, 281, 282, 283, 289, 291

Sachsen, sächsisch, Freistaat 39, 80, 81, 90, 138, 203

Sachsen, sächsisch, Herzogtum 60, 62, 249

Sachsen, sächsisch, Königreich 66, 94, 97, 115, 161, 164, 170, 186, 190, 251

Sachsen, sächsisch, Kurfürstentum 64, 112, 115, 128, 193, 224

Sachsen-Weimar, Großherzogtum 129

Sächsische Schweiz 204

Sächsische Schweiz-Osterzgebirge, Landkreis 81, 116, 291

Salbitz 52, 79, 99, 183

Saubach, -tal (Tal der Wilden Sau) 44, 234, 235, 236, 255, 256, 257, 258

Schallhausen 112

Schänitz 56, 195

Scharfenberg 17, 47, 224, 225, 226, 227, 228, 229, 230, 232, 260, 267

Scheerau 57, 80, 157

Schiebockmühle (Prinz-Mühle) 234

Schieritz 44, 47, 72, 97, 107, 146, 160, 163, 164, 198, 201

Schleinitz 47, 55, 64, 68, 88, 97, 110, 186, 188, 192, 193, 194, 196, 208, 220, 246, 259

Schleinitzbach 192, 194

Schleinitzer Großholz 36

Schleinitzhöhe 186, 187, 188

Schlesien, schlesisch 69, 126, 139, 199, 204, 291

Schletta 20, 182, 200, 212, 232

Schlossberg Blankenstein 276, 277

Schlossberg Schieritz 164

Schmiedewalde 233, 277

Schmorren 99

Schönberg. Siehe auch Rothschönberg

Schönbergburg, Schönenberg 256, 257

Schönbergsches Lager 280

Schönnewitz 219

Schrebitz 100, 108

Schrebitzer Bach 214, 215

Schreib 176

Schweden, schwedisch 153, 209

Schweimnitz 110, 112

Schweiz, schweizerisch 109, 209, 276

Schweta 59

Schwochau 39, 80, 144, 157, 164, 171, 173, 174, 187, 193

Seebschütz 56, 170, 185, 186, 198

Seeligstadt 241

Seerhausen 64, 70, 101, 117, 121, 122, 126, 127, 128, 129, 130, 131, 135, 164

Seilitz 20, 163, 164, 182, 198, 213, 217, 232, 233

Seilitzer Plateaurand 30

Semmelmühle 271

Semmelsberg 217, 251, 253, 270

Seußlitz 48

Seußlitzer und Gauernitzer Gründe, NSG 47, 228

Sewastopol 265

Siebeneichen 224, 226

Sieglitz 52, 80, 164, 185, 198

Silbertal 264

Simselwitz 101

Skandinavien, skandinavisch 55

Slawen, slawisch 57, 58, 59, 60, 89, 90, 104, 106, 112, 145, 148, 149, 152, 169, 183, 195, 198, 201, 218, 219, 245, 261, 269, 281

Sönitz 18, 20, 238, 241, 268, 269

Sonnenberg 290

Soppen 15, 89, 219, 278, 279

Sora 241, 254, 255, 257

Sorben, (alt-)sorbisch 90, 92, 100, 104, 200, 207, 234, 241, 261

Sörnewitz 283

Sornitz 70, 177, 201, 206

Sotchi 264

Sowjetische Besatzungszone 68, 69, 70, 184, 208, 274

Sowjetunion, sowjetisch, UdSSR 70, 205, 254, 264, 265

Spanien, spanisch 204, 265

Spiegelbrücke 130

Spiegelteich 126, 128

Stahnaer Bach 209

Staucha 27, 52, 88, 97, 183, 184, 185, 195, 196

Stauchitz 31, 58, 66, 67, 70, 94, 97, 101, 111, 117, 121, 122, 184

Steinbach 277, 290

Steinhübel 255, 292

Steudten 53, 94, 184, 185

Stiel-Eichen-Allee an der L171, ND 47

Stolpen 60, 204

Stösitz 70, 184

Striegis 49

Striegnitz 27, 80, 135, 136, 137

Stroischen 177, 198

Struth 35, 251, 280, 281

Stuttgart 276

Südafrika, südafrikanisch 111

Südamerika, südamerikanisch 111

Süddeutschland, süddeutsch 215, 216, 230

Sudetenland 69

Südosteuropa, südosteuropäisch 52, 53

T

Täler südöstlich Lommatzsch, FFH-Gebiet 44, 192

Tanneberg 270, 272, 273, 276, 277

Tanneberg-Formation 19, 208, 267

Tännichtbach, -grund 248, 249, 261, 263, 270, 273

Tanzberg 55, 57, 160, 162, 163, 164

Taubenheim 30, 59, 64, 92, 241, 242, 243, 251, 254, 268

Thal 204

Tharandter Wald 35, 49, 241, 255, 269

Theeschütz 112

Thüringen, thüringisch 60, 70

Thüringer Reich 57

Transdanubien 50

Trebanitz 170

Treben 184

Triebisch 14, 15, 28, 30, 31, 33, 34, 37, 39, 40, 43, 48, 57, 106, 217, 222, 237, 238, 248, 250, 251, 252, 269, 270, 271, 272, 276, 277, 290

Triebischtal 47, 48

Triebischtal, -aue, -hang 17, 18, 19, 20, 25, 44, 177, 217, 222, 224, 229, 232, 233, 236, 237, 241, 249, 250, 252, 267, 268, 271, 272, 276, 277, 280, 290

Triebischtäler, LSG 44, 46, 178, 271, 273

Triebischtal, Gemeinde 243, 260

Triefenstein am Main 276

Trockenhänge südöstlich Lommatzsch, NSG 47, 160, 175, 176, 177, 192

Trogen 57, 80

Tronitzberg 206

Tummelsberg 20, 143

Türkei, türkisch 112

Turmhügel 107, 256, 261

U

Ukraine, ukrainisch 137

Ullendorf 241

Ungarn, ungarisch 69

Unkersdorf 19, 255, 259, 292, 293

Unterfrankleben 128

Untergrombach 216

Unterrotliegendes 17

Urmitz 138

V

Vereinigte Mulde 59

Vogelherd 289

Vogtland 210

W

Wachtnitz 80, 160, 162

Wahnitz 193, 196, 197

Wardin 203

Watzschwitz. Siehe Jahnishausen

Wauden 55, 187, 190, 198

Weichteritz 99

Weinberg bei Rothschönberg 19

Weinböhla 260

Weißeritz 261

Weißeritzkreis 291

Weistropp 260, 263, 265, 266, 289

Weistropper Block, Plateaurand 30, 226

Weitzschen 267

Weitzschengrund 232

Weitzschenhain 67, 80, 184

Wendischbora (zeitweise Altenbora) 30, 34, 92, 155, 218, 222, 245, 248, 278

Wermsdorf 115

Westdeutschland, westdeutsch 69, 77, 111, 157, 202, 215, 216, 218

Westerwald 213

Westsachsen, westsächsisch 86

Wetterbusch 293

Wetterhöhe 15

Wettewitzer Höhe 51

Wildberg 265

Wildemann Erbstolln 232, 267, 268

Wilde Sau 33, 35, 43, 146, 234, 235, 236, 255, 256, 257. *Siehe auch* Saubach, -tal (Tal der Wilden Sau)

Wilde Weißeritz 235

Wilschwitz 184

Wilsdruff 12, 13, 17, 19, 22, 23, 24, 35, 42, 43, 48, 60, 62, 66, 67, 68, 80, 81, 82, 83, 84, 85, 92, 113, 132, 133, 154, 155, 178, 193, 234, 235, 241, 243, 248, 249, 252, 254, 255, 257, 273, 274, 276, 279, 280, 281, 282, 283, 284, 285, 286, 287, 288, 289, 291, 292

Wilsdruffer Hochfläche, Hochland, Hügelland, Land, Lössplateau, Raum, Region 12, 13, 16, 22, 23, 24, 35, 36, 39, 40, 41, 45, 46, 66, 67, 69, 132, 178, 258, 274, 281, 283, 290, 291, 292

Wilsdruff, Gerichtsamt 291

Windmühlenberg 145

Wolfsschlucht 47

Wölkisch 20, 143

Wölkischer Wasser 144

Wuhnitz 20, 27, 34, 80, 184, 187, 233

Wunschwitz 239

Wurgwitz 19, 198, 291

Württemberg, württembergisch 216

Wurzen 60, 99

Z

Zadel 59, 169

Zaschendorf 90

Zaschwitz 116

Zehren 17, 34, 59, 122, 160, 163, 164, 166, 168, 169, 177, 182, 196

Zellwald 49

Ziegenhain 71, 197, 214

Zimtberg 164, 190, 191, 192

Zittau 231

Zöllmen 291

Zöthain 80, 176, 177, 180, 181, 206

Zöthainer Schanze 177, 180, 181, 195

Zschaitz 20, 30, 94, 99, 103, 104, 105, 108, 109, 116, 195

Zschaitz-Ottewig 108, 117

Zschanscher Loch 177, 180, 181

Zscheilitz 80, 164

Zschochau 20, 100, 103

Zschon 261

Zschopau 49, 117

Zunschwitz 108

Sachregister

A

Adel 55, 59, 60, 61, 62, 64, 66, 69, 97, 98, 99, 111, 122, 164, 193, 198, 236, 239, 245, 246, 248, 274
Alaunschiefer 18, 19, 250
Altertümer 190
Altsiedellandschaft 51, 57, 141
Altsteinzeit, Paläolithikum 50, 140
Amphore 53, 134, 144, 166, 185
Archiv 40, 144, 162, 170, 190, 235, 243
Ausgrabung 96, 131, 138, 150, 168, 172, 185, 215, 216
Autobahn 21, 89, 178, 245, 260, 281, 284

B

Baalberger Kultur 131, 166
Bach 17, 40, 42, 103, 116, 146, 173, 177, 187, 194, 207, 209, 214, 215, 235, 236, 269, 290
Bahnhof 113, 121, 133, 190, 196, 211, 212, 238, 252, 288, 289
Barock 97, 98, 100, 115, 124, 125, 129, 130, 164, 184, 196, 198, 203, 220, 221, 224, 225, 230, 237, 240, 243, 248, 249, 253, 254, 291
Becher 53, 54, 135, 144, 216
Befestigung 55, 57, 58, 94, 96, 97, 104, 106, 107, 139, 140, 141, 148, 149, 150, 168, 169, 180, 195, 214, 261, 263
Beigabe 54, 55, 145, 152, 163
Beil 51, 145, 170, 185, 190
Bergbau 19, 43, 44, 60, 100, 101, 187, 210, 217, 225, 228, 229, 230, 232, 233, 238, 251, 267, 268, 270, 271
Bewuchsmerkmal 106, 166, 168, 171
Biotitgranodiorit 17, 142, 160, 175, 177, 190, 197, 226, 228
Biotop 47, 160, 175, 262
Blattspitze 50
Blühfläche 171
Boden 14, 16, 20, 25, 30, 31, 35, 37, 39, 41, 48, 50, 51, 57, 85, 87, 92, 109, 117, 118, 144, 158, 169, 181, 188, 190, 210, 226, 235, 252, 272, 281
Bodenabtrag 79, 117, 118, 119, 177
Bodenreform 13, 69, 73, 76, 98, 129, 193, 195, 202, 210, 224, 237, 246, 249, 284

Brandbestattung 55
Braunkohle 20, 187, 210, 233
Bronzezeit 12, 52, 54, 55, 103, 118, 131, 134, 135, 139, 140, 141, 142, 144, 145, 148, 150, 162, 163, 166, 170, 171, 181, 190, 198
Bruchstein 67, 70, 85, 159, 160, 177, 278, 279
Brunnen 33, 115, 148, 210, 211, 227, 243
Burg 55, 57, 58, 59, 90, 94, 96, 97, 99, 103, 104, 106, 107, 109, 112, 114, 115, 139, 140, 141, 148, 149, 150, 164, 166, 168, 169, 181, 183, 192, 198, 214, 226, 227, 228, 243, 248, 256, 261, 262, 269, 276, 290, 291
Burgberg 59, 60, 94, 101, 103, 104, 105, 109, 110, 112, 139, 143, 164, 167, 168, 169, 214, 215, 261, 262, 263
Burgwall 106, 261
Burgward 57, 58, 59, 104, 106, 108, 112, 169, 181, 183, 195, 196, 261, 262

C

Chloritgneis 277

D

Dauergrünland 171, 181, 254
Deckgebirgsstockwerk 19, 142
Demographie 13, 80, 81, 82, 83, 85, 91, 292
Denkmal 47, 87, 128, 131, 145, 148, 165, 171, 217, 230, 231, 281, 288, 290
Denkmal, Boden- 99, 110, 170
Denkmal, Garten- 116, 237, 266
Denkmalerfassung 190
Denkmalpflege 85, 87, 88, 99, 209, 224, 225, 290
Denkmalschutz 99, 100, 108, 115, 124, 173, 209, 214, 225, 248, 252, 253, 265, 276, 287
Deponierung 135, 148, 173, 190
Depot 55, 190, 227, 292

E

Eisenbahn 13, 66, 108, 132, 133
Eisenzeit 52, 55, 58, 96, 106, 140, 163, 170, 175, 185
Elster-Kaltzeit 20, 101, 143, 177, 187, 213, 235
Erdwerk 131, 138, 215, 216

Erosion 13, 15, 16, 30, 31, 39, 53, 79, 91, 117, 118, 119, 120, 170, 171, 176, 177, 181, 187, 188

F

Flächennaturdenkmal 46, 47, 161, 175, 214, 237, 267, 290
Flora-Fauna-Habitat-Richtlinie 44, 45, 102, 121, 128, 182, 188, 192, 225, 236
Fluidalgefüge 197
Flurnamen 89, 90
Fluss 33, 40, 42, 140, 143, 235, 236, 271
fluviatil 142, 187, 213, 235, 268
Friedhof 39, 55, 56, 57, 94, 113, 135, 150, 151, 152, 162, 168, 183, 184, 195, 196, 218, 220, 229, 234, 236, 276, 292
Fund 56, 110, 131, 135, 140, 162, 168, 170, 173, 180, 181, 185, 186, 190, 195, 216, 261
Fundort, -stelle 44, 49, 51, 52, 54, 56, 57, 103, 131, 149, 170, 173, 186, 190

G

Geländemodell 106, 138, 141, 214, 215, 263
Geographie 24, 92
Geologie 35, 143, 249
Geomagnetik 96, 104, 139, 215, 216
Geotop 222
Gesundheitswesen 70
Gewässer 33, 34, 35, 43, 48, 117, 120, 126, 144, 145, 148, 251, 264, 269, 271
Gewerbe, -gebiet 81, 84, 85, 100, 114, 126, 153, 158, 178, 219, 260, 285, 288, 291, 292
Gips 20, 233
glazial 14, 16, 20, 25, 27, 33, 94
glazifluviatil 143, 159, 187, 268
Glockenbecherkultur 54
Gotik 100, 108, 184, 192, 196, 239, 242, 244, 249, 289
Grabanlage 131, 134, 138, 139
Graben 58, 96, 98, 104, 106, 117, 118, 121, 122, 125, 126, 127, 128, 131, 138, 139, 146, 148, 149, 163, 165, 166, 168, 180, 192, 194, 214, 215, 238, 242, 256, 261, 274
Grabenwerk 53, 131, 138, 139, 163, 215
Gräberfeld 150, 151, 152, 170, 185
Grabhügel 53, 96, 144, 150, 166, 171, 185
Grube 29, 96, 131, 137, 138, 143, 148, 150, 163, 172, 173, 177, 182, 187, 211, 213, 215, 217, 228, 230, 232, 233, 268

Grubenhaus 104
Grundgebirgsstockwerk 18, 142
Grünland 79, 109, 117, 118, 181, 205, 270

H

Halbtrockenrasen 13, 39, 40, 41, 109, 110, 160, 161, 162, 165, 175, 177, 180, 181, 182, 191, 197, 224, 225, 235, 236, 258
Handel 58, 152, 158, 260
Handwerk 58, 62, 86, 152, 153, 158, 195, 239
Hausgrundriss 54, 141, 172, 173
Haustier 51
Heimatschutz 47, 160, 174, 190, 196, 262, 290
Herrenhaus 88, 111, 112, 115, 130, 164, 183, 184, 198, 199, 200, 203, 210, 214, 224, 225, 236, 239, 245, 246, 248, 253, 266, 274. *Siehe auch* Schloss
Hockerbestattung 94, 134, 144, 150, 166
Hornblende 17, 206, 234, 235, 256
Hortfund 148, 190
Hügel 14, 53, 94, 117, 142, 143, 144, 150, 152, 163, 176, 181, 261
Hügelland 14, 30, 236, 255, 273

I

Industrie 13, 35, 217, 233, 239, 270, 284
Infrastruktur 84, 114, 157, 200, 260, 276
Insekt 142, 160, 175, 178, 191, 198, 206, 224, 252, 258, 262

J

Jäger 50, 140
Jungsteinzeit, Neolithikum 12, 15, 36, 38, 49, 51, 53, 54, 55, 94, 103, 104, 131, 137, 138, 139, 149, 150, 152, 166, 173, 185, 215, 216

K

Käfer 42, 43, 126, 142, 162, 174, 176, 182, 187, 188, 191, 194, 206, 213, 225, 226, 235, 236, 258, 259
Kaiserzeit, Römische 54, 55, 57, 150, 152, 162, 163, 164
Kalk 44, 47, 100, 101, 159, 232, 233, 238, 239, 277, 280
Kalkstein 19, 20, 101, 233, 238, 239, 250, 267, 277
Kaolin 20, 182, 211, 212, 213, 217, 233
Keramik 51, 52, 53, 55, 56, 58, 94, 96, 106, 135, 140, 141, 144, 148, 150, 152, 164, 168, 169, 185, 214, 287

Kieselschiefer 19, 143, 207, 208, 250
Kiesgrube 20, 28, 94, 143, 186, 187, 214, 268
Kirche 68, 97, 98, 100, 104, 108, 112, 125, 135, 152, 153, 155, 157, 164, 181, 183, 184, 195, 196, 197, 218, 219, 221, 230, 231, 234, 236, 241, 242, 243, 244, 245, 248, 254, 255, 265, 276, 284, 290
Kleinbahn 113, 114, 132, 156, 196, 206, 243, 257, 283, 288. *Siehe auch* Schmalspurbahn
Klima 14, 21, 26, 29, 35, 101, 258
Klimawandel 25
Konzentrationslager 239
Körperbestattung 58, 150
Kreisgrabenanlage 52
Krieg 58, 96, 166, 168
Krieg, Bauern- 64
Krieg, Dreißigjähriger 64, 153, 226, 240, 254
Krieg, Erster Welt- 114, 221, 231, 274, 280, 283
Krieg, sächsischer Bruder- 152
Krieg, Siebenjähriger 129, 204, 226, 280, 292
Krieg, Zweiter Schlesischer 291
Krieg, Zweiter Welt- 13, 67, 68, 73, 101, 102, 114, 125, 139, 157, 163, 173, 203, 222, 231, 239, 244, 248, 253, 255, 257, 261, 280, 284
Kriege, Napoleonische 204
Kriegsgefangene 67, 111, 264
Kulturlandschaft 87, 205, 224, 258, 259
Kulturpflanze 109, 235
Kupfer 53, 54, 55, 190, 228, 232, 267, 268

L

Landschaft 14, 35, 44, 47, 48, 51, 57, 85, 87, 88, 89, 90, 100, 106, 139, 141, 143, 145, 148, 178, 248
Landschaftsschutzgebiet 44, 46, 128, 130, 234, 263, 271
Landwirtschaft 13, 20, 30, 33, 36, 39, 50, 53, 55, 65, 66, 67, 69, 70, 71, 72, 73, 74, 75, 76, 77, 78, 79, 86, 87, 106, 118, 119, 136, 137, 154, 157, 158, 160, 170, 177, 178, 180, 181, 190, 195, 198, 200, 203, 204, 211, 239, 240, 253, 282, 284, 292
Laubwald 270, 280
Lausitzer Kultur 140, 141, 150
Leichenbrand 150, 163
Lesefund 173, 183, 261
Linienbandkeramik 50, 51, 53, 150, 172
Löss 14, 16, 20, 24, 25, 27, 28, 29, 30, 31, 33, 109, 144, 152, 158, 159, 177, 182, 187, 188, 213, 226, 235, 251

Lösshügelland 12, 14, 22, 23, 24, 48, 50, 52, 53, 55, 57, 89, 119, 131, 141, 166, 172
Lösskeller 158, 159
Lösslehm 14, 33, 159, 177, 217, 235, 269
Lössrandstufe 21, 31, 51, 94, 117
Luftbild 57, 96, 104, 106, 138, 141, 148, 149, 166, 168, 214

M

Mahlstein 135, 148
Markt 59, 73, 77, 153, 155, 289
Megalith 53
Mittelalter 12, 13, 16, 51, 56, 60, 89, 90, 92, 93, 97, 101, 103, 104, 109, 149, 152, 166, 173, 177, 181, 184, 185, 192, 198, 228, 232, 233, 234, 235, 242, 246, 257, 281, 291
Mittelalter, Früh- 55, 57, 58, 94, 96, 99, 104, 106, 145, 148, 149, 150, 168, 214, 261
Mittelalter, Hoch- 118, 227, 241, 257, 261, 281
Mittelalter, Spät- 240
Mittelsteinzeit, Mesolithikum 50
Möbel, -produktion 243, 283, 284, 285, 288
Molassestockwerk 19, 142
Monzonit 17, 197, 206, 207, 234, 235, 256
Museum 79, 88, 94, 133, 145, 147, 195, 211, 217, 236

N

Nachkriegszeit 218
Nadel 140
Nadelwald 270
Naturdenkmal 46, 47, 116, 125, 128, 207, 226, 240, 262, 264, 276, 280
Naturraum 14, 117
Naturschutz 101, 122, 160, 205
Naturschutzgebiet 44, 46, 47, 100, 102, 103, 117, 121, 122, 125, 160, 162, 164, 174, 175, 176, 177, 187, 188, 191, 192, 193, 226, 228
Nekropole 55, 140, 162, 163, 185
Neogotik 184, 242, 281
Neoproterozoikum 17
Neoromanik 126, 234

O

Oberkarbon 17, 19, 142, 197, 206, 217, 222, 233, 234
Obsidian 222
Orthofoto 138, 175
Ortsnamen 60, 90, 91, 92, 198, 241, 257, 261